T0237697

Partielle Differentialgleichungen
der Geometrie und der Physik

Springer
Berlin
Heidelberg
New York
Hongkong
London
Mailand
Paris
Tokio

Friedrich Sauvigny

Partielle Differentialgleichungen der Geometrie und der Physik

Grundlagen und Integraldarstellungen

Unter Berücksichtigung der Vorlesungen
von E. Heinz

 Springer

Prof. Dr. Friedrich Sauvigny

Brandenburgische Techn. Universität Cottbus
Fakultät 1, Lehrstuhl Mathematik, insbes. Analysis
Universitätsplatz ¾
03044 Cottbus, Deutschland
e-mail: sauvigny@math.tu-cottbus.de

Bibliografische Information Der Deutschen Bibliothek
Die Deutsche Bibliothek verzeichnet diese Publikation in der Deutschen Nationalbibliografie;
detaillierte bibliografische Daten sind im Internet über <http://dnb.ddb.de> abrufbar.

Mathematics Subject Classification (2000): 35, 30, 31, 45, 46, 49, 53

ISBN 3-540-20453-9 Springer-Verlag Berlin Heidelberg New York

Springer-Verlag ist ein Unternehmen von Springer Science+Business Media

springer.de

© Springer-Verlag Berlin Heidelberg 2004

Einbandgestaltung: *design & production*, Heidelberg
Satz: Datenerstellung durch den Autor unter Verwendung eines Springer LATEX- Makropakets
Gedruckt auf säurefreiem Papier   44/3142CK-5 4 3 2 1 0

Vorwort zu Band 1 - Grundlagen und Integraldarstellungen

Partielle Differentialgleichungen treten sowohl in der Physik als auch in der Geometrie auf. Innerhalb der Mathematik einigen sie die Funktionentheorie, die Differentialgeometrie und die Variationsrechnung. Ihre Untersuchung hat ganz wesentlich zur Entwicklung der Funktionalanalysis beigetragen. Während gewöhnliche Differentialgleichungen recht einheitlich zu behandeln sind, konkurrieren bei den partiellen Differentialgleichungen verschiedene Methoden. Wir wollen nun mit diesem zweibändigen Lehrbuch Studenten mittleren Semesters dieses theorie- und anwendungsreiche Gesamtgebiet PARTIELLE DIFFERENTIALGLEICHUNGEN vorstellen. Wir setzen Grundkenntnisse der Analysis voraus, wie sie etwa in S. Hildebrandts wunderschönen Vorlesungen [Hi1,2] oder den Skripten [S1,2] dargestellt sind. Zur Bequemlichkeit des Lesers entwickeln wir die weiteren Grundlagen der Analysis in einer Form, wie sie für die partiellen Differentialgleichungen angemessen ist. So könnte dieses Lehrbuch für einen mehrsemestrigen Kurs verwendet werden. Eine Gesamtübersicht über die behandelten Themen ist dem Inhaltsverzeichnis zu entnehmen. Fortgeschrittene Leser können jedes Kapitel auch unabhängig voneinander studieren.

In Kapitel I wird die Differentiation und Integration auf Mannigfaltigkeiten behandelt, wobei wir das uneigentliche Riemannsche Integral verwenden. Nach dem Weierstraßschen Approximationssatz in § 1 werden in § 2 Differentialformen als Funktionale auf Flächen wie in [R] eingeführt. Ihre Rechenregeln ergeben sich sofort aus den Determinantengesetzen und der Transformationsformel für mehrfache Integrale. Mit Hilfe der Zerlegung der Eins und geeigneter Approximation wird dann in § 4 der Stokessche Integralsatz bewiesen für Mannigfaltigkeiten, welche neben einem regulären auch einen singulären Rand der Kapazität Null haben. Wir erhalten in § 5 insbesondere den Gaußschen Integralsatz für singuläre Gebiete wie in [H1], welcher für die Theorie partieller Differentialgleichungen unverzichtbar ist. Nach den Kurvenintegralen in § 6 werden wir [GL] folgend in § 7 A. Weils Beweis des Poincaréschen Lemmas darstellen. In § 8 konstruieren wir explizit den ∗-Operator für gewisse Differentialformen und erklären damit die Beltrami-Operatoren. Schließlich stellen wir den Laplace-Operator in n-dimensionalen Kugelkoordinaten dar.

In Kapitel II werden konstruktiv die Grundlagen der Funktionalanalysis bereitgestellt. Nachdem wir in § 1 das Daniellsche Integral vorgestellt haben, können wir in § 2 das Riemannsche Integral fortsetzen zum Lebesgue-Integral. Letzteres ist durch Konvergenzsätze für punktweise konvergente Funktionenfolgen ausgezeichnet. Die Theorie der Lebesgue- meßbaren Mengen und Funktionen ergibt sich auf natürliche Weise in § 3 und § 4. In § 5 vergleichen wir das Lebesgue- mit dem Riemann-Integral. Dann behandeln wir Banach- und Hilbert-Räume in § 6 und stellen in § 7 als klassische Banach-Räume die Lebesgueschen Räume $L^p(X)$ vor. Von zentraler Bedeutung sind Auswahlsätze bezüglich der fast-überall- Konvergenz von H. Lebesgue und bezüglich schwacher Konvergenz von D. Hilbert. Mit Ideen von J. v. Neumann untersuchen wir in § 8 beschränkte lineare Funktionale auf $L^p(X)$. Für dieses Kapitel habe ich sehr profitiert von einem Proseminar über Funktionalanalysis bei meinem akademischen Lehrer, Herrn Prof. Dr. E. Heinz, an welchem ich als Student mitarbeiten konnte.

In Kapitel III werden die topologischen Eigenschaften stetiger Abbildungen im $\mathbb{R}^n$ studiert und das Lösen nichtlinearer Gleichungssysteme untersucht. Hierzu verwendet man den Brouwerschen Abbildungsgrad, für welchen man E. Heinz eine geniale Integraldarstellung verdankt (vgl. [H8]). Neben den Fundamentaleigenschaften des Abbildungsgrades erhalten wir klassische Sätze der Topologie, wie etwa den Igelsatz von Poincaré oder das Theorem von Jordan-Brouwer über topologische Sphären im $\mathbb{R}^n$. Im Fall $n = 2$ ergibt sich die Theorie der Umlaufszahl. In diesem Kapitel stellen wir im wesentlichen den ersten Teil der Vorlesung [H4] von E. Heinz über Fixpunktsätze dar.

In Kapitel IV behandeln wir Funktionentheorie im eigentlichen Sinne, nämlich die Theorie holomorpher Funktionen in einer und mehreren komplexen Veränderlichen. Da wir den Stokesschen Integralsatz verwenden, kommen wir sehr schnell zu den wohlbekannten Aussagen der Funktionentheorie in § 2 und § 3. In den nachfolgenden Paragraphen studieren wir auch die Lösungen der inhomogenen Cauchy-Riemannschen Differentialgleichung, die vollständig von L. Bers und I. N. Vekua (siehe [V]) untersucht worden ist. In § 6 stellen wir Aussagen über pseudoholomorphe Funktionen zusammen, welche in ihrem Nullstellenverhalten den holomorphen Funktionen ähnlich sind. In § 7 beweisen wir den Riemannschen Abbildungssatz mit einer Extremalmethode und untersuchen in § 8 das Randverhalten konformer Abbildungen. In diesem Kapitel hoffen wir vom Glanz der Vorlesung [Gr] von H. Grauert über Funktionentheorie etwas vermitteln zu können.

Dann widmen wir uns in Kapitel V der Potentialtheorie im $\mathbb{R}^n$. Mit Hilfe des Gaußschen Integralsatzes wird in § 1 und § 2 die Poissonsche Differentialgleichung studiert und insbesondere ein Analytizitätstheorem bewiesen. Mit der Perronschen Methode wird in § 3 das Dirichletproblem für die Laplacegleichung gelöst. Aus der Poissonschen Integraldarstellung wird in § 4 und § 5 die Theorie der Kugelfunktionen im $\mathbb{R}^n$ entwickelt, welche von Legendre begründet und von G. Herglotz in dieser Eleganz dargestellt wurde. Auch in diesem Kapitel habe ich entscheidend von der Vorlesung [H2] über Partielle Differentialgleichungen meines akademischen Lehrers, Herrn Professor Dr. E. Heinz in Göttingen, profitiert.

In Kapitel VI betrachten wir lineare, partielle Differentialgleichungen im $\mathbb{R}^n$. Wir beginnen in § 1 mit dem Maximumprinzip für elliptische Differentialgleichungen und wenden dieses in § 2 auf quasilineare, elliptische Differentialgleichungen an (vgl. die Vorlesung [H6]). In § 3 wenden wir uns der Wärmeleitungsgleichung zu und präsentieren das parabolische Maximum-Minimum-Prinzip. Dann wollen wir in § 4 die Bedeutung charakteristischer Flächen verstehen und eine Energieabschätzung für die Wellengleichung beweisen. In § 5 wird das Cauchysche Anfangswertproblem der Wellengleichung im $\mathbb{R}^n$ für die Dimensionen $n = 1, 3, 2$ gelöst. Mit Hilfe der Abelschen Integralgleichung lösen wir dieses Problem für alle $n \geq 2$ in § 6 (vgl. die Vorlesung [H5]). Dann betrachten wir in § 7 die inhomogene Wellengleichung und ein Anfangsrandwertproblem. Für parabolische und hyperbolische Gleichungen empfehlen wir die Lehrbücher [GuLe] und [J].

Schließlich klassifizieren wir die linearen, partiellen Differentialgleichungen zweiter Ordnung in § 8. Als invariante Transformationen für die Wellengleichung erhalten wir die Lorentztransformationen (vgl. [G]).

Mit den Kapiteln V und VI haben wir versucht, eine geometrisch orientierte Einführung in die Theorie partieller Differentialgleichungen zu geben, ohne funktionalanalytische Kenntnisse voraussetzen zu müssen.

Mein ganz herzlicher Dank gilt Herrn Dr. Steffen Fröhlich und Herrn Dr. Frank Müller für ihre unermüdliche Mitarbeit bei der Anfertigung der zugrunde liegenden Vorlesungsskripten an der BTU Cottbus. Für die vielen wertvollen Hinweise und die Erstellung des gesamten TEX-Manuskripts bin ich Herrn Dr. Frank Müller von Herzen dankbar. Er hat in gewohnt souveräner Weise dieses Lehrbuch ausgearbeitet. Dem Springer-Verlag danke ich für die verständnisvolle Zusammenarbeit.

Cottbus, im September 2003   *Friedrich Sauvigny*

Inhaltsverzeichnis von Band 1 - Grundlagen und Integraldarstellungen

Inhaltsverzeichnis von Band 2 - Funktionalanalytische Lösungsmethoden

I

Differentiation und Integration auf Mannigfaltigkeiten

Wir bezeichnen mit $\mathbb{R}^n$ den n-dimensionalen Euklidischen Raum mit den Punkten $x = (x_1, \ldots, x_n)$, $x_i \in \mathbb{R}$, und setzen

$$|x| = \left(\sum_{i=1}^{n} x_i^2 \right)^{\frac{1}{2}}.$$

Unter Ω verstehen wir i.a. eine offene Teilmenge im $\mathbb{R}^n$. Mit $\overline{M}$ deuten wir den topologischen Abschluß und mit $\overset{\circ}{M}$ den offenen Kern einer Menge $M \subset \mathbb{R}^n$ an. Wir verwenden die folgenden linearen Funktionenräume:

$C^0(\Omega)$ ...... stetige Funktionen auf Ω

$C^k(\Omega)$ ...... k-mal stetig differenzierbare Funktionen auf Ω

$C_0^k(\Omega)$ ...... k-mal stetig differenzierbare Funktionen f auf Ω mit kompaktem Träger $\operatorname{supp} f = \overline{\{x \in \Omega : f(x) \neq 0\}} \subset \Omega$

$C^k(\overline{\Omega})$ ...... k-mal stetig differenzierbare Funktionen auf Ω, deren Ableitungen bis zur Ordnung k stetig nach $\overline{\Omega}$ fortgesetzt werden können

$C_0^k(\Omega \cup \Theta)$ .. k-mal stetig differenzierbare Funktionen f auf Ω, deren Ableitungen bis zur Ordnung k stetig nach $\overline{\Omega}$ fortgesetzt werden können mit $\operatorname{supp} f \subset \Omega \cup \Theta$

$C_*^*(*, K)$ ... Raum von Funktionen wie oben mit Werten in $K = \mathbb{R}^n$ oder $K = \mathbb{C}$.

Schließlich benutzen wir die Bezeichnungen

∇u .... Gradient $(u_{x_1}, \ldots, u_{x_n})$ einer Funktion $u = u(x_1, \ldots, x_n) \in C^1(\mathbb{R}^n)$

Δu .... Laplace-Operator $\sum_{i=1}^{n} u_{x_i x_i}$ einer Funktion $u \in C^2(\mathbb{R}^n)$

J_f .... Funktional-Determinante einer Funktion $f : \mathbb{R}^n \to \mathbb{R}^n \in C^1(\mathbb{R}^n, \mathbb{R}^n)$.

§1 Der Weierstraßsche Approximationssatz

Seien $\Omega \subset \mathbb{R}^n$, $n \in \mathbb{N}$, eine offene Menge und $f(x) \in C^k(\Omega)$, $k \in \mathbb{N} \cup \{0\} =: \mathbb{N}_0$, eine k-mal stetig differenzierbare Funktion. Unser Ziel ist der Beweis folgender Aussage:

Es gibt eine Folge von Polynomen $p_m(x)$, $x \in \mathbb{R}^n$, $m = 1, 2, \ldots$, welche auf jeder kompakten Teilmenge $C \subset \Omega$ gleichmäßig gegen die Funktion $f(x)$ konvergieren. Weiter konvergieren alle partiellen Ableitungen bis zur Ordnung k der Polynome p_m gleichmäßig auf C gegen die entsprechenden Ableitungen der Funktion f.

Die Koeffizienten der Polynome p_m hängen i.a. von der Approximation ab. Andernfalls wäre die Funktion

$$f(x) = \begin{cases} \exp\left(-\dfrac{1}{x^2}\right), & x > 0 \\[2mm] 0, & x \le 0 \end{cases}$$

in eine Potenzreihe entwickelbar, was wegen

$$0 \equiv \sum_{k=0}^{\infty} \frac{f^{(k)}(0)}{k!} x^k$$

offenbar nicht der Fall ist.

Im folgenden Hilfssatz betrachten wir einen 'mollifier', mit dessen Hilfe Funktionen geglättet werden.

Hilfssatz 1. *Zu jedem $\varepsilon > 0$ betrachten wir die Funktion*

$$\begin{aligned} K_\varepsilon(z) &:= \frac{1}{\sqrt{\pi\varepsilon}^n} \exp\left(-\frac{|z|^2}{\varepsilon}\right) \\ &= \frac{1}{\sqrt{\pi\varepsilon}^n} \exp\left(-\frac{1}{\varepsilon}(z_1^2 + \ldots + z_n^2)\right), \qquad z \in \mathbb{R}^n. \end{aligned}$$

Dann besitzt $K_\varepsilon = K_\varepsilon(z)$ die folgenden Eigenschaften:

1. $K_\varepsilon(z) > 0$ für alle $z \in \mathbb{R}^n$;

2. $\displaystyle\int_{\mathbb{R}^n} K_\varepsilon(z)\,dz = 1$;

3. Für jedes $\delta > 0$ gilt: $\displaystyle\lim_{\varepsilon \to 0+} \int_{|z| \ge \delta} K_\varepsilon(z)\,dz = 0.$

Beweis:

1. Die Exponentialfunktion ist positiv, die Behauptung ist also klar.

2. Wir substituieren $z = \sqrt{\varepsilon}x$, also $dz = \sqrt{\varepsilon}^n\, dx$. Dann gilt

$$\int\limits_{\mathbb{R}^n} K_\varepsilon(z)\, dz = \frac{1}{\sqrt{\pi\varepsilon}^n} \int\limits_{\mathbb{R}^n} \exp\left(-\frac{|z|^2}{\varepsilon}\right)\, dz$$

$$= \frac{1}{\sqrt{\pi}^n} \int\limits_{\mathbb{R}^n} \exp\left(-|x|^2\right)\, dx = \left(\frac{1}{\sqrt{\pi}} \int\limits_{-\infty}^{+\infty} \exp\left(-t^2\right)\, dt\right)^n = 1.$$

3. Wir verwenden die Substitution aus Teil 2 und erhalten

$$\int\limits_{|z|\geq\delta} K_\varepsilon(z)\, dz = \frac{1}{\sqrt{\pi}^n} \int\limits_{|x|\geq\delta/\sqrt{\varepsilon}} \exp\left(-|x|^2\right)\, dx \longrightarrow 0 \qquad \text{für} \quad \varepsilon \to 0+.$$

q.e.d.

Hilfssatz 2. *Sei $f(x) \in C_0^0(\mathbb{R}^n)$ und sei für $\varepsilon > 0$ die Funktion*

$$f_\varepsilon(x) := \int\limits_{\mathbb{R}^n} K_\varepsilon(y - x) f(y)\, dy, \qquad x \in \mathbb{R}^n,$$

erklärt. Dann gilt

$$\sup_{x\in\mathbb{R}^n} |f_\varepsilon(x) - f(x)| \longrightarrow 0 \qquad \text{für} \quad \varepsilon \to 0+,$$

also konvergiert $f_\varepsilon(x)$ gleichmäßig auf dem $\mathbb{R}^n$ gegen die Funktion $f(x)$.

Beweis: Wegen dem kompakten Träger ist $f(x)$ gleichmäßig stetig auf dem $\mathbb{R}^n$. Zu vorgegebenem $\eta > 0$ gibt es also ein $\delta = \delta(\eta) > 0$, so daß gilt

$$x, y \in \mathbb{R}^n, \ |x - y| \leq \delta \quad \Longrightarrow \quad |f(x) - f(y)| \leq \eta.$$

Da f beschränkt ist, gibt es weiterhin ein $\varepsilon_0 = \varepsilon_0(\eta) > 0$ mit

$$2 \sup_{y\in\mathbb{R}^n} |f(y)| \int\limits_{|y-x|\geq\delta} K_\varepsilon(y - x)\, dy \leq \eta \qquad \text{für alle} \quad 0 < \varepsilon < \varepsilon_0.$$

Beachten wir noch

$$|f_\varepsilon(x) - f(x)| = \left| \int\limits_{\mathbb{R}^n} K_\varepsilon(y - x)\, f(y)\, dy - f(x) \int\limits_{\mathbb{R}^n} K_\varepsilon(y - x)\, dy \right|$$

$$\leq \left| \int\limits_{|y-x|\leq\delta} K_\varepsilon(y - x)\, \{f(y) - f(x)\}\, dy \right|$$

$$+ \left| \int\limits_{|y-x|\geq\delta} K_\varepsilon(y - x)\, \{f(y) - f(x)\}\, dy \right|,$$

so erhalten wir für alle $x \in \mathbb{R}^n$ und alle $0 < \varepsilon < \varepsilon_0$ die Abschätzung

$$
\begin{aligned}
|f_\varepsilon(x) - f(x)| \leq & \int\limits_{|y-x| \leq \delta} K_\varepsilon(y-x) \, |f(y) - f(x)| \, dy \\
& + \int\limits_{|y-x| \geq \delta} K_\varepsilon(y-x) \, \{|f(y)| + |f(x)|\} \, dy \\
\leq & \; \eta + 2 \sup_{y \in \mathbb{R}^n} |f(y)| \int\limits_{|y-x| \geq \delta} K_\varepsilon(y-x) \, dy \leq 2\eta.
\end{aligned}
$$

Insgesamt folgt

$$
\sup_{x \in \mathbb{R}^n} |f_\varepsilon(x) - f(x)| \longrightarrow 0 \qquad \text{für} \quad \varepsilon \to 0+.
$$

q.e.d.

Im folgenden benötigen wir den

Hilfssatz 3. (Partielle Integration im $\mathbb{R}^n$)
Seien die Funktionen $f(x) \in C_0^1(\mathbb{R}^n)$ und $g(x) \in C^1(\mathbb{R}^n)$ gegeben, so gilt

$$
\int\limits_{\mathbb{R}^n} g(x) \frac{\partial}{\partial x_i} f(x) \, dx = -\int\limits_{\mathbb{R}^n} f(x) \frac{\partial}{\partial x_i} g(x) \, dx, \qquad i = 1, \dots, n.
$$

Beweis: Wegen $f(x) \in C_0^1(\mathbb{R}^n)$ gibt es ein $r > 0$, so daß $f(x) = 0$ sowie $f(x)g(x) = 0$ richtig ist für alle $x \in \mathbb{R}^n$ mit $|x_j| \geq r$ für mindestens ein $j \in \{1, \dots, n\}$. Nach dem Fundamentalsatz der Differential- und Integralrechnung gilt dann

$$
\begin{aligned}
& \int\limits_{\mathbb{R}^n} \frac{\partial}{\partial x_i} \left\{ f(x)g(x) \right\} dx \\
& = \int\limits_{-r}^{+r} \cdots \int\limits_{-r}^{+r} \left(\int\limits_{-r}^{+r} \frac{\partial}{\partial x_i} \left\{ f(x)g(x) \right\} dx_i \right) dx_1 \dots dx_{i-1} dx_{i+1} \dots dx_n = 0.
\end{aligned}
$$

Somit folgt

$$
0 = \int\limits_{\mathbb{R}^n} \frac{\partial}{\partial x_i} \left\{ f(x)g(x) \right\} dx = \int\limits_{\mathbb{R}^n} g(x) \frac{\partial}{\partial x_i} f(x) \, dx + \int\limits_{\mathbb{R}^n} f(x) \frac{\partial}{\partial x_i} g(x) \, dx.
$$

q.e.d.

Hilfssatz 4. *Sei die Funktion $f(x) \in C_0^k(\mathbb{R}^n, \mathbb{C})$ mit $k \in \mathbb{N}_0$ gegeben. Dann gibt es eine Folge von Polynomen mit komplexen Koeffizienten*

$$
p_m(x) = \sum_{j_1, \dots, j_n = 0}^{N(m)} c_{j_1 \dots j_n}^{(m)} x_1^{j_1} \dots x_n^{j_n}, \qquad m = 1, 2, \dots,
$$

derart, daß die Relationen

$$D^\alpha p_m(x) \longrightarrow D^\alpha f(x) \qquad \text{für} \quad m \to \infty, \quad |\alpha| \le k,$$

gleichmäßig in jeder Hyperkugel $B_R := \{x \in \mathbb{R}^n : |x| \le R\}$ mit $0 < R < +\infty$ erfüllt sind. Dabei wird der Differentialoperator D^α, $\alpha = (\alpha_1, \dots, \alpha_n)$, erklärt durch

$$D^\alpha := \frac{\partial^{|\alpha|}}{\partial x_1^{\alpha_1} \dots \partial x_n^{\alpha_n}}, \qquad |\alpha| := \alpha_1 + \dots + \alpha_n,$$

mit $\alpha_1, \dots, \alpha_n \ge 0$ ganzzahlig.

Beweis: Wir differenzieren die Funktion $f_\varepsilon(x)$ nach der Variablen x_i und erhalten mit Hilfssatz 3

$$\begin{aligned}
\frac{\partial}{\partial x_i} f_\varepsilon(x) &= \int_{\mathbb{R}^n} \left\{ \frac{\partial}{\partial x_i} K_\varepsilon(y - x) \right\} f(y)\, dy \\
&= -\int_{\mathbb{R}^n} \left\{ \frac{\partial}{\partial y_i} K_\varepsilon(y - x) \right\} f(y)\, dy \\
&= \int_{\mathbb{R}^n} K_\varepsilon(y - x) \frac{\partial}{\partial y_i} f(y)\, dy
\end{aligned}$$

für $i = 1, \dots, n$. Durch wiederholte Anwendung dieses Verfahrens erhalten wir

$$D^\alpha f_\varepsilon(x) = \int_{\mathbb{R}^n} K_\varepsilon(y - x) D^\alpha f(y)\, dy, \qquad |\alpha| \le k.$$

Dabei ist $D^\alpha f(y) \in C_0^0(\mathbb{R}^n)$. Nach Hilfssatz 2 konvergiert nun für alle $|\alpha| \le k$ die Funktionenschar $D^\alpha f_\varepsilon(x)$ gleichmäßig auf dem $\mathbb{R}^n$ gegen $D^\alpha f(x)$ für $\varepsilon \to 0+$. Wir wählen nun ein $R > 0$ so, daß $\operatorname{supp} f \subset B_R$ gilt. Zu festem $\varepsilon > 0$ betrachten wir die Potenzreihe

$$K_\varepsilon(z) = \frac{1}{\sqrt{\pi \varepsilon}^n} \exp\left(-\frac{|z|^2}{\varepsilon} \right) = \frac{1}{\sqrt{\pi \varepsilon}^n} \sum_{j=0}^{\infty} \frac{1}{j!} \left(-\frac{|z|^2}{\varepsilon} \right)^j,$$

welche in B_{2R} gleichmäßig konvergiert. Darum gibt es zu jedem $\varepsilon > 0$ ein $N_0 = N_0(\varepsilon, R)$, so daß für das Polynom

$$P_{\varepsilon, R}(z) := \frac{1}{\sqrt{\pi \varepsilon}^n} \sum_{j=0}^{N_0(\varepsilon, R)} \frac{1}{j!} \left(-\frac{z_1^2 + \dots + z_n^2}{\varepsilon} \right)^j$$

folgendes gilt:

$$\sup_{|z| \le 2R} |K_\varepsilon(z) - P_{\varepsilon, R}(z)| \le \varepsilon.$$

Mit

$$\widetilde{f}_{\varepsilon,R}(x) := \int\limits_{\mathbb{R}^n} P_{\varepsilon,R}(y - x) f(y)\, dy$$

erhalten wir für jedes $\varepsilon > 0$ ein Polynom in den Veränderlichen $x_1, \ldots, x_n$ und schließen wie oben

$$D^\alpha \widetilde{f}_{\varepsilon,R}(x) = \int\limits_{\mathbb{R}^n} P_{\varepsilon,R}(y - x) D^\alpha f(y)\, dy \qquad \text{für alle} \quad x \in \mathbb{R}^n, \quad |\alpha| \le k.$$

Nun gilt für alle $|\alpha| \le k$ und $|x| \le R$ die Abschätzung

$$
\begin{aligned}
|D^\alpha f_\varepsilon(x) - D^\alpha \widetilde{f}_{\varepsilon,R}(x)| &= \Big| \int\limits_{|y| \le R} \big\{ K_\varepsilon(y - x) - P_{\varepsilon,R}(y - x) \big\} D^\alpha f(y)\, dy \Big| \\
&\le \int\limits_{|y| \le R} |K_\varepsilon(y - x) - P_{\varepsilon,R}(y - x)| |D^\alpha f(y)|\, dy \\
&\le \varepsilon \int\limits_{|y| \le R} |D^\alpha f(y)|\, dy.
\end{aligned}
$$

Somit konvergieren die Polynome $D^\alpha \widetilde{f}_{\varepsilon,R}(x)$ gleichmäßig auf B_R gegen die Ableitungen $D^\alpha f(x)$. Wählen wir nun die Nullfolge $\varepsilon = \frac{1}{m}$, $m = 1, 2, \ldots$, so erhalten wir mit

$$p_{m,R}(x) := \widetilde{f}_{\frac{1}{m},R}(x)$$

eine in B_R approximierende Polynom-Folge, die noch vom Radius R abhängt. Wir setzen $r = 1, 2, \ldots$ und finden Polynome $p_r = p_{m_r, r}$ mit

$$\sup_{x \in B_r} |D^\alpha p_r(x) - D^\alpha f(x)| \le \frac{1}{r} \qquad \text{für alle} \quad |\alpha| \le k.$$

Die Folge p_r genügt der Behauptung.   q.e.d.

Nach diesen Vorbereitungen kommen wir nun zu

Satz 1. (Weierstraßscher Approximationssatz)
Seien $\Omega \subset \mathbb{R}^n$ eine offene Menge und $f(x) \in C^k(\Omega, \mathbb{C})$ mit $k \in \mathbb{N}_0$. Dann gibt es eine Folge von Polynomen mit komplexen Koeffizienten vom Grad $N(m) \in \mathbb{N}_0$,

$$f_m(x) = \sum_{j_1, \ldots, j_n = 0}^{N(m)} c^{(m)}_{j_1 \ldots j_n} x_1^{j_1} \cdot \ldots \cdot x_n^{j_n}, \qquad x \in \mathbb{R}^n, \quad m = 1, 2, \ldots,$$

derart, daß die Relationen

$$D^\alpha f_m(x) \longrightarrow D^\alpha f(x) \qquad \text{für} \quad m \to \infty, \quad |\alpha| \le k,$$

gleichmäßig auf jeder kompakten Menge $C \subset \Omega$ erfüllt sind.

Beweis: Wir betrachten eine Folge $\Omega_1 \subset \Omega_2 \subset \ldots \subset \Omega$ beschränkter, offener Mengen, die Ω ausschöpft. Dabei gelte $\overline{\Omega_j} \subset \Omega_{j+1}$ für alle j. Mit Hilfe der Zerlegung der Eins (vgl. Satz 4) konstruieren wir eine Folge von Funktionen $\phi_j(x) \in C_0^\infty(\Omega)$ mit $0 \le \phi_j(x) \le 1$, $x \in \Omega$, und $\phi_j(x) = 1$ auf $\overline{\Omega_j}$ für $j = 1, 2, \ldots$ Wir betrachten dann die Funktionenfolge

$$f_j(x) := \begin{cases} f(x)\phi_j(x), & x \in \Omega \\ 0, & x \in \mathbb{R}^n \setminus \Omega \end{cases}$$

mit den folgenden Eigenschaften:

$$f_j(x) \in C_0^k(\mathbb{R}^n) \quad \text{und} \quad D^\alpha f_j(x) = D^\alpha f(x), \qquad x \in \Omega_j, \quad |\alpha| \le k.$$

Da Ω_j beschränkt ist, gibt es nun nach Hilfssatz 4 zu jedem $f_j(x)$ ein Polynom $p_j(x)$ mit

$$\sup_{x \in \Omega_j} |D^\alpha p_j(x) - D^\alpha f_j(x)| = \sup_{x \in \Omega_j} |D^\alpha p_j(x) - D^\alpha f(x)| \le \frac{1}{j}, \qquad |\alpha| \le k.$$

Für eine beliebige kompakte Menge $C \subset \Omega$ gibt es ein $j_0 = j_0(C) \in \mathbb{N}$, so daß $C \subset \Omega_j$ für alle $j \ge j_0(C)$ richtig ist. Somit folgt

$$\sup_{x \in C} |D^\alpha p_j(x) - D^\alpha f(x)| \le \frac{1}{j}, \qquad j \ge j_0(C), \quad |\alpha| \le k.$$

Im Grenzfall $j \to \infty$ erhalten wir schließlich

$$\sup_{x \in C} |D^\alpha p_j(x) - D^\alpha f(x)| \longrightarrow 0$$

für alle $|\alpha| \le k$ und alle kompakten Teilmengen $C \subset \Omega$.   q.e.d.

Der obige Satz 1 liefert uns eine gleichmäßige Approximation im Inneren des Definitionsbereichs der zu approximierenden Funktion. Auf kompakten Mengen definierte stetige Funktionen können bis zum Rand, d.h. auf dem gesamten Definitionsbereich gleichmäßig approximiert werden. Um das zu zeigen, benötigt man zunächst folgenden

Satz 2. (Tietzescher Ergänzungssatz)
Sei $C \subset \mathbb{R}^n$ eine kompakte Menge und $f(x) \in C^0(C, \mathbb{C})$ eine auf C stetige Funktion. Dann gibt es eine stetige Erweiterung von f auf den ganzen $\mathbb{R}^n$, das heißt es gibt eine Funktion $g(x) \in C^0(\mathbb{R}^n, \mathbb{C})$ mit

$$f(x) = g(x) \qquad \text{für alle} \quad x \in C.$$

Beweis:

1. Für $x \in \mathbb{R}^n$ erklären wir die Funktion

$$d(x) := \min_{y \in C} |y - x|,$$

welche die Distanz eines Punktes x zur Menge C mißt. Da C kompakt ist, gibt es zu jedem $x \in \mathbb{R}^n$ ein $\overline{y} \in C$ mit

$$|\overline{y} - x| = d(x).$$

Sind nun $x_1, x_2 \in \mathbb{R}^n$, so folgt für $\overline{y}_2 \in C$ mit $|\overline{y}_2 - x_2| = d(x_2)$ die Ungleichung

$$d(x_1) - d(x_2) = \inf_{y \in C} \left(|x_1 - y| \right) - |x_2 - \overline{y}_2| \right)$$

$$\leq |x_1 - \overline{y}_2| - |x_2 - \overline{y}_2|$$

$$\leq |x_1 - x_2|.$$

Durch Vertauschen von x_1 und x_2 erhält man eine analoge Ungleichung, so daß

$$|d(x_1) - d(x_2)| \leq |x_1 - x_2| \qquad \text{für alle} \quad x_1, x_2 \in \mathbb{R}^n$$

folgt. Insbesondere ist also $d : \mathbb{R}^n \to \mathbb{R}$ eine stetige Funktion.

2. Für $x \notin C$, $a \in \mathbb{R}^n$, betrachten wir die Funktion

$$\varrho(x, a) := \max \left\{ 2 - \frac{|x - a|}{d(x)}, 0 \right\}.$$

Für festes a ist die Funktion $\varrho(x, a)$ im $\mathbb{R}^n \setminus C$ nach obigen Betrachtungen stetig. Weiter haben wir $0 \leq \varrho(x, a) \leq 2$ sowie

$$\varrho(x, a) = 0 \qquad \text{für} \quad |a - x| \geq 2d(x),$$

$$\varrho(x, a) \geq \frac{1}{2} \qquad \text{für} \quad |a - x| \leq \frac{3}{2} d(x).$$

3. Sei nun $\left\{ a^{(k)} \right\} \subset C$ eine in C dichte Punktfolge. Da $f(x) : C \to \mathbb{C}$ beschränkt ist, konvergieren die Reihen

$$\sum_{k=1}^{\infty} 2^{-k} \varrho\left(x, a^{(k)}\right) f\left(a^{(k)}\right) \qquad \text{und} \qquad \sum_{k=1}^{\infty} 2^{-k} \varrho\left(x, a^{(k)}\right)$$

gleichmäßig für alle $x \in \mathbb{R}^n \setminus C$ und stellen dort stetige Funktionen in x dar. Ferner wird

$$\sum_{k=1}^{\infty} 2^{-k} \varrho\left(x, a^{(k)}\right) > 0 \qquad \text{für} \quad x \in \mathbb{R}^n \setminus C,$$

denn zu jedem $x \in \mathbb{R}^n \setminus C$ gibt es mindestens ein k mit $\varrho(x, a^{(k)}) > 0$. Somit ist die Funktion

$$h(x) := \frac{\sum_{k=1}^{\infty} 2^{-k} \varrho\left(x, a^{(k)}\right) f\left(a^{(k)}\right)}{\sum_{k=1}^{\infty} 2^{-k} \varrho\left(x, a^{(k)}\right)} = \sum_{k=1}^{\infty} \varrho_k(x) f\left(a^{(k)}\right), \quad x \in \mathbb{R}^n \setminus C,$$

stetig. Hierbei haben wir

$$\varrho_k(x) := \frac{2^{-k} \varrho\left(x, a^{(k)}\right)}{\sum_{k=1}^{\infty} 2^{-k} \varrho\left(x, a^{(k)}\right)} \quad \text{für} \quad x \in \mathbb{R}^n \setminus C$$

gesetzt. Auf $\mathbb{R}^n \setminus C$ gilt weiterhin

$$\sum_{k=1}^{\infty} \varrho_k(x) \equiv 1.$$

4. Wir erklären nun die Funktion

$$g(x) := \begin{cases} f(x), & x \in C \\ h(x), & x \in \mathbb{R}^n \setminus C \end{cases}.$$

Wir haben nur noch die Stetigkeit von g auf ∂C zu zeigen. Für $z \in C$ und $x \notin C$ gilt die Abschätzung

$$|h(x) - f(z)| = \left| \sum_{k=1}^{\infty} \varrho_k(x) \left\{ f\left(a^{(k)}\right) - f(z) \right\} \right|$$

$$\leq \sum_{k:|a^{(k)}-x| \leq 2d(x)} \varrho_k(x) \left| f\left(a^{(k)}\right) - f(z) \right|$$

$$\leq \sup_{a \in C:|a-x| \leq 2d(x)} |f(a) - f(z)|$$

$$\leq \sup_{a \in C:|a-z| \leq 2d(x)+|x-z|} |f(a) - f(z)|$$

$$\leq \sup_{a \in C:|a-z| \leq 3|x-z|} |f(a) - f(z)|.$$

Da $f : C \to \mathbb{C}$ gleichmäßig stetig ist, folgt

$$\lim_{\substack{x \to z \\ x \notin C}} h(x) = f(z) \quad \text{für} \quad z \in \partial C \quad \text{und} \quad x \notin C.$$

q.e.d.

Die in diesem Satz geforderte Kompaktheit der Teilmenge C ist für die Aussage wichtig. Die Funktion $f(x) = \sin(1/x)$, $x \in (0, \infty)$, kann man schon nicht mehr stetig in den Nullpunkt fortsetzen.

Satz 1 und Satz 2 zusammen liefern uns nun den

Satz 3. *Sei $f(x) \in C^0(C, \mathbb{C})$ eine auf der kompakten Menge $C \subset \mathbb{R}^n$ stetige Funktion. Dann gibt es zu jedem $\varepsilon > 0$ ein Polynom $p_\varepsilon(x)$ mit der Eigenschaft*

$$|p_\varepsilon(x) - f(x)| \leq \varepsilon \qquad \text{für alle} \quad x \in C.$$

Wir wollen jetzt gewisse Glättungsfunktionen konstruieren, welche uns bald gute Dienste leisten werden. Man zeigt leicht, daß die Funktion

$$\psi(t) := \begin{cases} \exp\left(-\dfrac{1}{t}\right), & \text{falls } t > 0 \\ 0, & \text{falls } t \leq 0 \end{cases} \tag{1}$$

zur Regularitätsklasse $C^\infty(\mathbb{R})$ gehört. Zu beliebigem $R > 0$ betrachten wir die Funktion

$$\varphi_R(x) := \psi\left(|x|^2 - R^2\right), \qquad x \in \mathbb{R}^n. \tag{2}$$

Es gilt dann $\varphi_R \in C^\infty(\mathbb{R}^n, \mathbb{R})$. Wir haben $\varphi_R(x) > 0$ falls $|x| > R$, $\varphi_R(x) = 0$ falls $|x| \leq R$, also

$$\text{supp}(\varphi_R) = \left\{ x \in \mathbb{R}^n \; : \; |x| \geq R \right\}.$$

Weiter konstruieren wir aus $\psi(t)$ die Funktion

$$\varrho = \varrho(t) : \mathbb{R} \to \mathbb{R} \in C^\infty(\mathbb{R}) \qquad \text{vermöge} \qquad t \mapsto \varrho(t) := \psi(1-t)\psi(1+t), \tag{3}$$

welche symmetrisch ist, d.h. $\varrho(-t) = \varrho(t)$ für alle $t \in \mathbb{R}$. Desweiteren gilt $\varrho(t) > 0$ für alle $t \in (-1, 1)$, $\varrho(t) = 0$ sonst und somit

$$\text{supp}(\varrho) = [-1, 1].$$

Schließlich erklären wir zu $\xi \in \mathbb{R}^n$ und $\varepsilon > 0$ die Kugel

$$B_\varepsilon(\xi) := \left\{ x \in \mathbb{R}^n \; : \; |x - \xi| \leq \varepsilon \right\} \tag{4}$$

und die Funktionen

$$\varphi_{\xi,\varepsilon}(x) := \varrho\left(\frac{|x - \xi|^2}{\varepsilon^2}\right), \qquad x \in \mathbb{R}^n. \tag{5}$$

Es ist dann $\varphi_{\xi,\varepsilon} \in C^\infty(\mathbb{R}^n, \mathbb{R})$ richtig, und wir lesen ab $\varphi_{\xi,\varepsilon}(x) > 0$ für alle $x \in \overset{\circ}{B}_\varepsilon(\xi)$, $\varphi_{\xi,\varepsilon}(x) = 0$ falls $|x - \xi| \geq \varepsilon$. Damit gilt

$$\text{supp}(\varphi_{\xi,\varepsilon}) = B_\varepsilon(\xi).$$

Ein grundlegendes Beweismittel lernen wir nun kennen im folgenden

Satz 4. (Zerlegung der Eins)

Es sei $K \subset \mathbb{R}^n$ eine kompakte Menge, und zu jedem $x \in K$ bezeichne $\mathcal{O}_x \subset \mathbb{R}^n$ eine offene Menge mit $x \in \mathcal{O}_x$. Wir können dann endlich viele Punkte $x^{(1)}, x^{(2)}, \ldots, x^{(m)} \in K$ auswählen $(m \in \mathbb{N})$, so daß

$$K \subset \bigcup_{\mu=1}^{m} \mathcal{O}_{x^{(\mu)}}$$

gilt. Weiter finden wir Funktionen $\chi_\mu = \chi_\mu(x) : \mathcal{O}_{x^{(\mu)}} \to [0, +\infty)$ mit $\chi_\mu \in C_0^\infty(\mathcal{O}_{x^{(\mu)}})$ für $\mu = 1, \ldots, m$, so daß die Funktion

$$\chi(x) := \sum_{\mu=1}^{m} \chi_\mu(x), \qquad x \in \mathbb{R}^n, \tag{6}$$

die folgenden Eigenschaften hat:

(a) $\chi \in C_0^\infty(\mathbb{R}^n)$.
(b) Für alle $x \in K$ gilt $\chi(x) = 1$.
(c) Für alle $x \in \mathbb{R}^n$ ist $0 \le \chi(x) \le 1$ richtig.

Beweis:

1. Da $K \subset \mathbb{R}^n$ kompakt ist, gibt es ein $R > 0$ mit $K \subset B := B_R(0)$. Zu jedem $x \in B$ wählen wir nun eine offene Kugel $\overset{\circ}{B}_{\varepsilon_x}(x)$ vom Radius $\varepsilon_x > 0$ derart, daß $B_{\varepsilon_x}(x) \subset \mathcal{O}_x$ für $x \in K$ und $B_{\varepsilon_x}(x) \subset \mathbb{R}^n \setminus K$ für $x \in B \setminus K$ erfüllt ist. Das Mengensystem $\left\{ \overset{\circ}{B}_{\varepsilon_x}(x) \right\}_{x \in B}$ liefert dann eine offene Überdeckung der kompakten Menge B. Nach dem Heine-Borelschen Überdeckungssatz genügen dafür endlich viele offene Mengen, sagen wir

$$\overset{\circ}{B}_{\varepsilon_1}(x^{(1)}), \overset{\circ}{B}_{\varepsilon_2}(x^{(2)}), \ldots, \overset{\circ}{B}_{\varepsilon_m}(x^{(m)}), \overset{\circ}{B}_{\varepsilon_{m+1}}(x^{(m+1)}), \ldots \overset{\circ}{B}_{\varepsilon_{m+M}}(x^{(m+M)}).$$

Hierbei gelte $x^{(\mu)} \in K$ für $\mu = 1, 2, \ldots, m$ und $x^{(\mu)} \in B \setminus K$ für $\mu = m+1, \ldots, m+M$, und wir haben $\varepsilon_\mu := \varepsilon_{x^{(\mu)}}$, $\mu = 1, \ldots, m+M$, gesetzt. Mit der in (5) erklärten Funktion betrachten wir nun die nichtnegativen Funktionen $\varphi_\mu(x) := \varphi_{x^{(\mu)}, \varepsilon_\mu}(x)$ und bemerken $\varphi_\mu \in C_0^\infty(\mathcal{O}_{x^{(\mu)}})$ für $\mu = 1, \ldots, m$ beziehungsweise $\varphi_\mu \in C_0^\infty(\mathbb{R}^n \setminus K)$ für $\mu = m+1, \ldots, m+M$. Ferner setzen wir $\varphi_{m+M+1}(x) := \varphi_R(x)$, wobei φ_R in (2) definiert wurde. Offenbar folgt dann

$$\sum_{\mu=1}^{m+M+1} \varphi_\mu(x) > 0 \qquad \text{für alle} \quad x \in \mathbb{R}^n.$$

2. Wir erklären nun die Funktionen χ_μ gemäß

$$\chi_\mu(x) := \left[\sum_{\mu=1}^{m+M+1} \varphi_\mu(x) \right]^{-1} \varphi_\mu(x), \quad x \in \mathbb{R}^n,$$

für $\mu = 1, \ldots, m+M+1$. Die χ_μ und φ_μ gehören dann jeweils den gleichen Regularitätsklassen an, und wir haben zusätzlich

$$\sum_{\mu=1}^{m+M+1} \chi_\mu(x) = \left[\sum_{\mu=1}^{m+M+1} \varphi_\mu(x) \right]^{-1} \sum_{\mu=1}^{m+M+1} \varphi_\mu(x) \equiv 1 \quad \text{für alle} \quad x \in \mathbb{R}^n.$$

Die Eigenschaften (a), (b) und (c) der Funktion $\chi(x) = \sum_{\mu=1}^{m} \chi_\mu(x)$ liest man nun direkt aus der obigen Konstruktion ab.   q.e.d.

Definition 1. *Die Funktionen $\chi_1, \chi_2, \ldots, \chi_m$ aus Satz 4 nennen wir eine der offenen Überdeckung $\{\mathcal{O}_x\}_{x \in K}$ von K untergeordnete Zerlegung der Eins.*

§2 Parameterinvariante Integrale und Differentialformen

In den Grundvorlesungen zur Analysis beweist man folgende Aussage, die fundamental für alles weitere ist.

Satz 1. (Transformationsformel für mehrfache Integrale)
Es seien $\Omega, \Theta \subset \mathbb{R}^n$, $n \in \mathbb{N}$, offene Mengen und $y = (y_1(x_1, \ldots, x_n), \ldots, y_n(x_1, \ldots, x_n)) : \Omega \to \Theta$ bezeichne eine bijektive Abbildung der Klasse $C^1(\Omega, \mathbb{R}^n)$, für die gelte

$$J_y(x) := \det\left(\frac{\partial y_i(x)}{\partial x_j} \right)_{i,j=1,\ldots,n} \neq 0 \qquad \text{für alle} \quad x \in \Omega.$$

Die Funktion $f = f(y) : \Theta \to \mathbb{R} \in C^0(\Theta)$ sei vorgelegt, und es sei

$$\int_\Theta |f(y)| \, dy < +\infty$$

für das uneigentliche Riemannsche Integral von $|f|$ erfüllt. Dann gilt die Transformationsformel

$$\int_\Theta f(y) \, dy = \int_\Omega f(y(x)) \, |J_y(x)| \, dx.$$

Im folgenden wollen wir Differentialformen über m-dimensionale Flächen im $\mathbb{R}^n$ integrieren.

Definition 1. *Sei die offene Menge $T \subset \mathbb{R}^m$ mit $m \in \mathbb{N}$ als Parameterbereich gegeben. Weiter sei*

$$X(t) = \begin{pmatrix} x_1(t_1,\ldots,t_m) \\ \vdots \\ x_n(t_1,\ldots,t_m) \end{pmatrix} : T \longrightarrow \mathbb{R}^n \in C^k(T,\mathbb{R}^n)$$

mit $k,n \in \mathbb{N}$ und $m \le n$ eine Abbildung, deren Funktionalmatrix

$$\partial X(t) = \left(X_{t_1}(t),\ldots,X_{t_m}(t) \right), \qquad t \in T,$$

für alle $t \in T$ den Rang m hat. Dann nennen wir X eine parametrisierte, reguläre Fläche mit der Parameterdarstellung $X(t) : T \to \mathbb{R}^n$.
Sind $X : T \to \mathbb{R}^n$ und $\widetilde{X} : \widetilde{T} \to \mathbb{R}^n$ zwei Parameterdarstellungen, so nennen wir diese äquivalent, wenn es eine topologische Abbildung

$$t = t(s) = \left(t_1(s_1,\ldots,s_m),\ldots,t_m(s_1,\ldots,s_m) \right) : \widetilde{T} \longrightarrow T \in C^k(\widetilde{T},T)$$

gibt mit den folgenden Eigenschaften:

1. $J(s) := \dfrac{\partial(t_1,\ldots,t_m)}{\partial(s_1,\ldots,s_m)}(s) = \begin{vmatrix} \frac{\partial t_1}{\partial s_1}(s) & \cdots & \frac{\partial t_1}{\partial s_m}(s) \\ \vdots & & \vdots \\ \frac{\partial t_m}{\partial s_1}(s) & \cdots & \frac{\partial t_m}{\partial s_m}(s) \end{vmatrix} > 0 \qquad für \ alle \quad s \in \widetilde{T};$

2. $\widetilde{X}(s) = X\left(t(s) \right)$ für alle $s \in \widetilde{T}$.

Man sagt, $\widetilde{X}$ enstehe aus X durch orientierungstreues Umparametrisieren. Die Äquivalenzklasse $[X]$ aller zu X äquivalenten Parameterdarstellungen nennen wir eine offene, orientierte, m-dimensionale, reguläre Fläche der Klasse C^k im $\mathbb{R}^n$. Wir nennen eine Fläche eingebettet in den $\mathbb{R}^n$, falls zusätzlich $X : T \to \mathbb{R}^n$ injektiv ist.

Beispiel 1. (Kurven im $\mathbb{R}^n$)
Auf $T = (a,b) \subset \mathbb{R}$ betrachten wir die Abbildung

$$X = X(t) = \left(x_1(t),\ldots,x_n(t) \right) \in C^1(T,\mathbb{R}^n), \qquad t \in T,$$

mit

$$|X'(t)| = \sqrt{\{x_1'(t)\}^2 + \ldots + \{x_n'(t)\}^2} > 0 \qquad \text{für alle} \quad t \in T.$$

Dann gibt

$$L(X) = \int_a^b |X'(t)|\, dt$$

die *Bogenlänge der Kurve* $X = X(t)$ an.

Beispiel 2. (Flächen im $\mathbb{R}^3$)

Sei $T \subset \mathbb{R}^2$ der offene Parameterbereich, so betrachten wir die Flächendarstellung

$$X(u,v) = \Big(x(u,v), y(u,v), z(u,v)\Big) : T \longrightarrow \mathbb{R}^3 \in C^1(T, \mathbb{R}^3).$$

Der Vektor in Richtung der *Normalen* an die Fläche lautet

$$X_u \wedge X_v = \left(\frac{\partial(y,z)}{\partial(u,v)}, \frac{\partial(z,x)}{\partial(u,v)}, \frac{\partial(x,y)}{\partial(u,v)} \right)$$

$$= (y_u z_v - z_u y_v, z_u x_v - x_u z_v, x_u y_v - x_v y_u).$$

Den *Einheitsnormalenvektor* an die Fläche X definieren wir durch

$$N(u,v) := \frac{X_u \wedge X_v}{|X_u \wedge X_v|}.$$

Damit gelten

$$|N(u,v)| = 1, \quad N(u,v) \cdot X_u(u,v) = N(u,v) \cdot X_v(u,v) = 0$$

für alle $(u,v) \in T$. Wir erhalten mit dem Integral

$$A(X) := \iint_T |X_u \wedge X_v|\, du dv$$

den *Flächeninhalt der Fläche* $X = X(u,v)$. Wir berechnen

$$|X_u \wedge X_v|^2 = (X_u \wedge X_v) \cdot (X_u \wedge X_v) = |X_u|^2 |X_v|^2 - (X_u \cdot X_v)^2,$$

so daß schließlich

$$A(X) = \iint_T \sqrt{|X_u|^2 |X_v|^2 - (X_u \cdot X_v)^2}\, du dv$$

folgt.

Beispiel 3. (Hyperflächen im $\mathbb{R}^n$)

Sei $X : T \to \mathbb{R}^n$, $T \subset \mathbb{R}^{n-1}$, eine reguläre Fläche. Für alle $t \in T$ sind die $(n-1)$ Vektoren $X_{t_1}, \ldots, X_{t_{n-1}}$ linear unabhängig und spannen im Punkt $X(t) \in \mathbb{R}^n$ den *Tangentialraum* an die Fläche auf. Wir wollen nun den *Normaleneinheitsvektor* $\nu(t) \in \mathbb{R}^n$ konstruieren. Es sollen also

$$|\nu(t)| = 1 \quad \text{und} \quad \nu(t) \cdot X_{t_k}(t) = 0 \qquad \text{für alle} \quad k = 1, \ldots, n-1$$

gelten sowie

$$\det\left(X_{t_1}(t), \ldots, X_{t_{n-1}}(t), \nu(t)\right) > 0 \qquad \text{für alle} \quad t \in T;$$

die Vektoren $X_{t_1}, \ldots, X_{t_{n-1}}$ und ν bilden also ein Rechtssystem. Wir erklären hierzu die Funktionen

$$D_i(t) := (-1)^{n+i} \, \frac{\partial(x_1, x_2, \ldots, x_{i-1}, x_{i+1}, \ldots, x_n)}{\partial(t_1, \ldots, t_{n-1})}, \qquad i = 1, \ldots, n.$$

Dann gilt die Identität

$$\begin{vmatrix} \frac{\partial x_1}{\partial t_1} & \cdots & \frac{\partial x_n}{\partial t_1} \\ \vdots & & \vdots \\ \frac{\partial x_1}{\partial t_{n-1}} & \cdots & \frac{\partial x_n}{\partial t_{n-1}} \\ \lambda_1 & \cdots & \lambda_n \end{vmatrix} = \sum_{i=1}^n \lambda_i D_i \qquad \text{für alle} \quad \lambda_1, \ldots, \lambda_n \in \mathbb{R}.$$

Wir erklären nun den *Einheitsnormalenvektor*

$$\nu(t) = \Big(\nu_1(t), \ldots, \nu_n(t)\Big) = \frac{1}{\sqrt{\displaystyle\sum_{j=1}^n (D_j(t))^2}} \Big(D_1(t), \ldots, D_n(t)\Big), \qquad t \in T.$$

Es gilt offensichtlich $|\nu(t)| = 1$. Weiter berechnen wir

$$\sum_{i=1}^n D_i \frac{\partial x_i}{\partial t_j} = \begin{vmatrix} \frac{\partial x_1}{\partial t_1} & \cdots & \frac{\partial x_n}{\partial t_1} \\ \vdots & & \vdots \\ \frac{\partial x_1}{\partial t_{n-1}} & \cdots & \frac{\partial x_n}{\partial t_{n-1}} \\ \frac{\partial x_1}{\partial t_j} & \cdots & \frac{\partial x_n}{\partial t_j} \end{vmatrix} = 0, \qquad 1 \le j \le n-1.$$

Somit folgt $X_{t_j}(t) \cdot \nu(t) = 0$ für $t \in T$ und $j = 1, \ldots, n-1$. Für das *Oberflächenelement* erhalten wir

$$d\sigma := \begin{vmatrix} \frac{\partial x_1}{\partial t_1} & \cdots & \frac{\partial x_n}{\partial t_1} \\ \vdots & & \vdots \\ \frac{\partial x_1}{\partial t_{n-1}} & \cdots & \frac{\partial x_n}{\partial t_{n-1}} \\ \nu_1 & \cdots & \nu_n \end{vmatrix} dt_1 \ldots dt_{n-1}$$

$$= \sum_{j=1}^n \nu_j D_j \, dt_1 \ldots dt_{n-1}$$

$$= \sqrt{\sum_{j=1}^n (D_j(t))^2} \, dt_1 \ldots dt_{n-1}.$$

Folglich berechnet sich der Flächeninhalt von X als das uneigentliche Integral

$$A(X) := \int_T \sqrt{\sum_{j=1}^n (D_j(t))^2}\, dt.$$

Beispiel 4. Eine offene Menge $\Omega \subset \mathbb{R}^n$ kann auch als Fläche im $\mathbb{R}^n$ angesehen werden, und zwar vermittels der Abbildung

$$X(t) := t, \qquad \text{mit} \quad t \in T \quad \text{und} \quad T := \Omega \subset \mathbb{R}^n.$$

Beispiel 5. (m-dimensionale Flächen im $\mathbb{R}^n$)

Seien $X(t) : T \to \mathbb{R}^n$ eine Fläche mit $T \subset \mathbb{R}^m$ als Parameterbereich und $1 \le m \le n$. Mit

$$g_{ij}(t) := X_{t_i} \cdot X_{t_j}, \qquad i,j = 1, \dots, m,$$

bezeichnen wir den *metrischen Tensor* oder *Maßtensor* der Fläche X. Ferner heißt

$$g(t) := \det \left(g_{ij}(t) \right)_{i,j=1,\dots,m}$$

seine *Gramsche Determinante.* Ergänzen wir im $\mathbb{R}^n$ das System $\{X_{t_i}\}_{i=1,\dots,m}$ in jedem Punkt $X(t)$ durch Vektoren ξ_j, $j = 1, \dots, n-m$, mit den Eigenschaften

(a) $\xi_j \cdot \xi_k = \delta_{jk}$ für alle $j, k = 1, \dots, n-m$;
(b) $X_{t_i} \cdot \xi_j = 0$ für alle $i = 1, \dots, m$ und $j = 1, \dots, n-m$;
(c) $\det \left(X_{t_1}, \dots, X_{t_m}, \xi_1, \dots, \xi_{n-m} \right) > 0$;

so können wir wie folgt das Oberflächenelement berechnen:

$$d\sigma(t) = \det \left(X_{t_1}, \dots, X_{t_m}, \xi_1, \dots, \xi_{n-m} \right) dt_1 \dots dt_m$$

$$= \sqrt{\det \left\{ (X_{t_1}, \dots, \xi_{n-m})^t \circ (X_{t_1}, \dots, \xi_{n-m}) \right\}}\, dt_1 \dots dt_m$$

$$= \sqrt{\det \left(g_{ij}(t) \right)_{i,j=1,\dots,m}}\, dt_1 \dots dt_m$$

$$= \sqrt{g(t)}\, dt_1 \dots dt_m\,.$$

Um das Oberflächenelement durch die Jacobi-Matrix $\partial X(t)$ auszudrücken, benötigen wir den folgenden

Hilfssatz 1. *Seien A, B zwei $n \times m$-Matrizen, $m \le n$. Für $1 \le i_1 < \dots < i_m \le n$ bezeichne $A_{i_1 \dots i_m}$ die Matrix, die aus den Zeilen $i_1, \dots, i_m$ der Matrix A besteht; entsprechend seien die Untermatrizen von B definiert. Dann gilt*

$$det\,(A^t \circ B) = \sum_{1 \le i_1 < \ldots < i_m \le n} \det A_{i_1 \ldots i_m}\,\det B_{i_1 \ldots i_m}.$$

Beweis: Wir fixieren A und zeigen, daß die Identität für alle Matrizen B gilt.

1. Seien $e_1, \ldots, e_n$ die Spalteneinheitsvektoren des $\mathbb{R}^n$, so gilt obige Formel zunächst für alle $B = (e_{j_1}, \ldots, e_{j_m})$ mit $j_1, \ldots, j_m \in \{1, \ldots, n\}$.
2. Gilt obige Formel für die Matrix $B = (b_1, \ldots, b_m)$, so gilt sie auch für die Matrix $B' = (b_1, \ldots, \lambda b_i, \ldots, b_m)$.
3. Gilt die Formel für Matrizen $B' = (b_1, \ldots, b_i', \ldots, b_m)$ und $B'' = (b_1, \ldots, b_i'', \ldots, b_m)$, so auch für die Matrix $B = (b_1, \ldots, b_i' + b_i'', \ldots, b_m)$.   q.e.d.

Folgerung: Für eine $n \times m$-Matrix A gilt

$$\det\,(A^t \circ A) = \sum_{1 \le i_1 < \ldots < i_m \le n} (\det A_{i_1 \ldots i_m})^2.$$

Schreiben wir nun den metrischen Tensor in der Form

$$\Big(g_{ij}(t)\Big)_{i,j=1,\ldots,m} = \partial X(t)^t \circ \partial X(t)$$

mit $\partial X(t) = \Big(X_{t_1}(t), \ldots X_{t_m}(t)\Big)$, so folgt

$$g(t) = \det \Big(g_{ij}(t)\Big)_{i,j=1,\ldots,m}$$

$$= \sum_{1 \le i_1 < \ldots < i_m \le n} \left(\frac{\partial(x_{i_1}, \ldots, x_{i_m})}{\partial(t_1, \ldots, t_m)}(t)\right)^2.$$

Also ergibt sich für das *Oberflächenelement*

$$d\sigma(t) = \sqrt{g(t)}\,dt_1 \ldots dt_m$$

$$= \sqrt{\sum_{1 \le i_1 < \ldots < i_m \le n} \left(\frac{\partial(x_{i_1}, \ldots, x_{i_m})}{\partial(t_1, \ldots, t_m)}(t)\right)^2}\,dt_1 \ldots dt_m\,.$$

Definition 2. *Unter dem Flächeninhalt einer offenen, orientierten, m-dimensionalen, regulären C^1-Fläche im $\mathbb{R}^n$ mit einer Parameterdarstellung $X(t) : T \to \mathbb{R}^n$ verstehen wir das uneigentliche Riemannsche Integral*

$$A(X) := \int_T \sqrt{\sum_{1 \le i_1 < \ldots < i_m \le n} \left(\frac{\partial(x_{i_1}, \ldots, x_{i_m})}{\partial(t_1, \ldots, t_m)}\right)^2}\,dt_1 \ldots dt_m,$$

wobei $T \subset \mathbb{R}^m$ offen und $1 \le m \le n$ erfüllt ist. Falls $A(X) < +\infty$ ausfällt, hat die Fläche $[X]$ einen endlichen Flächeninhalt.

Bemerkungen:

1. Mit Hilfe der Transformationsformel für mehrfache Integrale stellt man fest, daß der Wert des Flächeninhalts unabhängig von der Auswahl der Parameterdarstellung ist.
2. Im Falle $m = 1$ erhalten wir mit $A(X)$ die Bogenlänge der Kurve $X : T \to \mathbb{R}^n$. Der Fall $m = 2$, $n = 3$ führt uns auf den klassischen Flächeninhalt einer Fläche X im $\mathbb{R}^3$. Für $m = n - 1$ berechnen wir den Flächeninhalt von Hyperflächen im $\mathbb{R}^n$.

In der Physik und in der Geometrie treten häufig Integrale auf, die nur von der m-dimensionalen Fläche und nicht von ihrer Parameterdarstellung abhängen. Auf diese Weise werden wir zu Integralen über sogenannte Differentialformen geführt.

Definition 3. *Auf der offenen Menge $\mathcal{O} \subset \mathbb{R}^n$ seien die Funktionen $a_{i_1 \ldots i_m} \in C^k(\mathcal{O})$, $k \in \mathbb{N}_0$, mit $i_1, \ldots, i_m \in \{1, \ldots, n\}$, $1 \leq m \leq n$, gegeben. Wir erklären die Menge*

$$\mathcal{F} := \Big\{ X \mid X : T \to \mathbb{R}^n \text{ ist reguläre, orientierte, } m\text{- dimensionale}$$
$$\text{Fläche mit endlichem Flächeninhalt und } X(T) \subset\subset \mathcal{O} \Big\}.$$

Unter einer Differentialform vom Grade m der Klasse $C^k(\mathcal{O})$,

$$\omega := \sum_{i_1, \ldots, i_m = 1}^{n} a_{i_1 \ldots i_m}(x)\, dx_{i_1} \wedge \ldots \wedge dx_{i_m},$$

oder kurz einer m-Form der Klasse $C^k(\mathcal{O})$, verstehen wir die Funktion $\omega : \mathcal{F} \to \mathbb{R}$ erklärt durch

$$\omega(X) := \int_T \sum_{i_1, \ldots, i_m = 1}^{n} a_{i_1 \ldots i_m}(X(t)) \frac{\partial(x_{i_1}, \ldots, x_{i_m})}{\partial(t_1, \ldots, t_m)}\, dt_1 \ldots dt_m, \qquad X \in \mathcal{F}.$$

Bemerkungen:

1. Wir schreiben $A \subset\subset \mathcal{O}$, falls $\overline{A} \subset \mathbb{R}^n$ kompakt ist und $\overline{A} \subset \mathcal{O}$ erfüllt ist.
2. Da die Koeffizientenfunktionen $a_{i_1 \ldots i_m}(X(t))$, $t \in T$, beschränkt sind und die Fläche endlichen Flächeninhalt hat, ist das auftretende Integral absolut konvergent.
3. Sind

$$\omega = \sum_{i_1, \ldots, i_m = 1}^{n} a_{i_1 \ldots i_m}(x)\, dx_{i_1} \wedge \ldots \wedge dx_{i_m}$$

und

$$\widetilde{\omega} = \sum_{i_1, \ldots, i_m = 1}^{n} \widetilde{a}_{i_1 \ldots i_m}(x)\, dx_{i_1} \wedge \ldots \wedge dx_{i_m}$$

zwei Differentialsymbole, so können wir unter diesen die Äquivalenzrelation

$$\omega \sim \tilde{\omega} \iff \omega(X) = \tilde{\omega}(X) \qquad \text{für alle} \quad X \in \mathcal{F}$$

erklären. Eine Differentialform kann somit als *Äquivalenzklasse* von Differentialsymbolen aufgefaßt werden, wobei dann ein Repräsentant zu ihrer Kennzeichnung gewählt wird.

4. Sind $X, \tilde{X} \in \mathcal{F}$ zwei äquivalente Darstellungen der Fläche $[X]$, so gilt

$$\omega(\tilde{X}) = \int\limits_{\tilde{T}} \sum_{i_1,\ldots,i_m=1}^{n} a_{i_1\ldots i_m}\left(\tilde{X}(s)\right) \frac{\partial(\tilde{x}_{i_1},\ldots,\tilde{x}_{i_m})}{\partial(s_1,\ldots,s_m)}\, ds_1 \ldots ds_m$$

$$= \int\limits_{\tilde{T}} \sum_{i_1,\ldots,i_m=1}^{n} a_{i_1\ldots i_m}\left(X(t(s))\right) \frac{\partial(x_{i_1},\ldots,x_{i_m})}{\partial(t_1,\ldots,t_m)} \frac{\partial(t_1,\ldots,t_m)}{\partial(s_1,\ldots,s_m)}\, ds_1 \ldots ds_m$$

$$= \int\limits_{T} \sum_{i_1,\ldots,i_m=1}^{n} a_{i_1\ldots i_m}\left(X(t)\right) \frac{\partial(x_{i_1},\ldots,x_{i_m})}{\partial(t_1,\ldots,t_m)}\, dt_1 \ldots dt_m$$

$$= \omega(X).$$

Somit ist ω eine Abbildung, die auf den Äquivalenzklassen der orientierten Flächen $[X]$, $X \in \mathcal{F}$, erklärt ist.

5. Bei einer orientierungsumkehrenden Parametertransformation $t = t(s)$ mit $J(s) < 0$, $s \in \tilde{T}$, ändert sich das Vorzeichen: $\omega(\tilde{X}) = -\omega(X)$.

Definition 4. *Eine 0-Form der Klasse $C^k(\mathcal{O})$ ist eine Funktion $f(x) \in C^k(\mathcal{O})$, d.h.*

$$\omega = f(x), \qquad x \in \mathcal{O}.$$

Zu $1 \leq m \leq n$ nennen wir

$$\beta^m := dx_{i_1} \wedge \ldots \wedge dx_{i_m}, \qquad 1 \leq i_1,\ldots,i_m \leq n,$$

eine Basis–m-Form.

Definition 5. *Seien $\omega, \omega_1, \omega_2$ m-Formen der Klasse $C^0(\mathcal{O})$, und sei $c \in \mathbb{R}$. Dann erklären wir die Differentialformen $c\omega$ und $\omega_1 + \omega_2$ durch*

$$(c\omega)(X) := c\omega(X) \qquad \text{für alle} \quad X \in \mathcal{F}$$

bzw.

$$(\omega_1 + \omega_2)(X) := \omega_1(X) + \omega_2(X) \qquad \text{für alle} \quad X \in \mathcal{F}.$$

Die m-dimensionalen Differentialformen bilden dann einen Vektorraum mit dem Nullelement

$$o(X) = 0 \qquad \text{für alle} \quad X \in \mathcal{F}.$$

Definition 6. (Äußeres Produkt von Differentialformen)
Seien die Differentialformen

$$\omega_1 = \sum_{1 \leq i_1,\ldots,i_l \leq n} a_{i_1\ldots i_l}(x)\, dx_{i_1} \wedge \ldots \wedge dx_{i_l}$$

vom Grade l, sowie

$$\omega_2 = \sum_{1 \leq j_1,\ldots,j_m \leq n} b_{j_1\ldots j_m}(x)\, dx_{j_1} \wedge \ldots \wedge dx_{j_m}$$

vom Grade m der Klasse $C^k(\mathcal{O})$, $k \in \mathbb{N}_0$, gegeben. Dann erklären wir das äußere Produkt von ω_1 und ω_2 als die $(l+m)$-Form

$$\omega = \omega_1 \wedge \omega_2 := \sum_{1 \leq i_1,\ldots,i_l,j_1,\ldots,j_m \leq n} a_{i_1\ldots i_l}(x) b_{j_1\ldots j_m}(x)\, dx_{i_1} \wedge \ldots \wedge dx_{i_l} \wedge dx_{j_1} \wedge \ldots \wedge dx_{j_m}$$

der Klasse $C^k(\mathcal{O})$.

Bemerkungen:

1. Für beliebige Differentialformen $\omega_1, \omega_2, \omega_3$ gilt das Assoziativgesetz

$$(\omega_1 \wedge \omega_2) \wedge \omega_3 = \omega_1 \wedge (\omega_2 \wedge \omega_3).$$

2. Seien ω_1, ω_2 zwei l-Formen und ω_3 eine m-Form, so gilt das Distributivgesetz

$$(\omega_1 + \omega_2) \wedge \omega_3 = \omega_1 \wedge \omega_3 + \omega_2 \wedge \omega_3.$$

3. Wegen des alternierenden Charakters der Determinante gilt

$$dx_{i_1} \wedge \ldots \wedge dx_{i_l} = \text{sign}\,(\pi)\, dx_{i_{\pi(1)}} \wedge \ldots \wedge dx_{i_{\pi(l)}}.$$

   Dabei ist $\pi : \{1,\ldots,l\} \to \{1,\ldots,l\}$ eine Permutation mit dem Vorzeichen $\text{sign}\,(\pi)$.

4. Stimmen insbesondere zwei Indizes i_{j_1} und i_{j_2} überein, so wird $dx_{i_1} \wedge \ldots \wedge dx_{i_l} = 0$. Daher ist jede m-Form im $\mathbb{R}^n$ mit $m > n$ identisch Null.

5. Für eine l-Form ω_1 und eine m–Form ω_2 gilt die Vertauschungsregel

$$\omega_1 \wedge \omega_2 = (-1)^{lm} \omega_2 \wedge \omega_1.$$

   Das äußere Produkt ist also nicht kommutativ.

6. Wir können jede m-Form in der folgenden Weise darstellen:

$$\omega = \sum_{1 \leq i_1 < \ldots < i_m \leq n} a_{i_1\ldots i_m}(x)\, dx_{i_1} \wedge \ldots \wedge dx_{i_m}.$$

   Die Basis-m-Formen $dx_{i_1} \wedge \ldots \wedge dx_{i_m}$, $1 \leq i_1 < \ldots < i_m \leq n$, bilden eine Basis des Raumes der Differentialformen mit Koeffizientenfunktionen der Klasse $C^k(\mathcal{O})$ mit $k \in \mathbb{N}_0$.

Definition 7. *Sei*

$$\omega = \sum_{1 \leq i_1 < \ldots < i_m \leq n} a_{i_1 \ldots i_m}(x)\, dx_{i_1} \wedge \ldots \wedge dx_{i_m}, \qquad x \in \mathcal{O},$$

eine stetige Differentialform auf der offenen Menge $\mathcal{O} \subset \mathbb{R}^n$, $1 \leq m \leq n$. Dann erklären wir das uneigentliche Riemannsche Integral der Differentialform ω über die Fläche $[X] \subset \mathcal{O}$,

$$\int_{[X]} \omega := \int_T \sum_{1 \leq i_1 < \ldots < i_m \leq n} a_{i_1 \ldots i_m}\Big(X(t)\Big) \frac{\partial(x_{i_1}, \ldots, x_{i_m})}{\partial(t_1, \ldots, t_m)}\, dt_1 \ldots dt_m,$$

falls ω absolut integrierbar ist über X, also

$$\int_{[X]} |\omega| := \int_T \left| \sum_{1 \leq i_1 < \ldots < i_m \leq n} a_{i_1 \ldots i_m}\Big(X(t)\Big) \frac{\partial(x_{i_1}, \ldots, x_{i_m})}{\partial(t_1, \ldots, t_m)} \right| dt_1 \ldots dt_m$$

$$< +\infty$$

erfüllt ist.

Bemerkung: Mit Hilfe der Transformationsformel zeigt man, daß diese Integrale von der Auswahl des Repräsentanten der Fläche unabhängig sind. Wir können also

$$\int_{[X]} |\omega| = \int_X |\omega|, \qquad \int_{[X]} \omega = \int_X \omega$$

schreiben.

Beispiel 6. (Kurvenintegrale)
Seien $a(x) = \Big(a_1(x_1, \ldots, x_n), \ldots, a_n(x_1, \ldots, x_n)\Big)$ ein stetiges Vektorfeld und

$$\omega = \sum_{i=1}^n a_i(x)\, dx_i$$

die zugehörige 1-Form oder *Pfaffsche Form*. Sei weiter

$$X(t) = \Big(x_1(t), \ldots, x_n(t)\Big) : T \to \mathbb{R}^n \in C^1(T)$$

eine reguläre C^1-Kurve auf dem Parameterintervall $T = (a, b)$. Dann folgt

$$\int_X \omega = \int_a^b \left(\sum_{i=1}^n a_i\Big(X(t)\Big) x_i'(t) \right) dt.$$

Wir werden Kurvenintegrale in § 6 genauer untersuchen.

Beispiel 7. (Oberflächenintegrale)

Seien das stetige Vektorfeld $a(x) = \Big(a_1(x_1,\ldots,x_n),\ldots,a_n(x_1,\ldots,x_n)\Big)$ und die zugehörige $(n-1)$-Form

$$\omega = \sum_{i=1}^{n} a_i(x)(-1)^{n+i}\, dx_1 \wedge \ldots \wedge dx_{i-1} \wedge dx_{i+1} \wedge \ldots \wedge dx_n$$

gegeben. Weiter sei $X(t_1,\ldots,t_{n-1}) : T \to \mathbb{R}^n$ eine reguläre C^1- Fläche. Dann gilt

$$\int_X \omega = \int_T \sum_{i=1}^{n} a_i\Big(X(t)\Big)(-1)^{n+i}\frac{\partial(x_1,\ldots,x_{i-1},x_{i+1},\ldots,x_n)}{\partial(t_1,\ldots,t_{n-1})}\, dt_1\ldots dt_{n-1}$$

$$= \int_T \left(\sum_{i=1}^{n} a_i\Big(X(t)\Big)D_i(t)\right)\, dt_1\ldots dt_{n-1}$$

$$= \int_T \{a(X(t)\} \cdot \nu(t))\, d\sigma(t).$$

Auf dieses Oberflächenintegral werden wir im §5 bei der Untersuchung des Gaußschen Integralsatzes näher eingehen.

Beispiel 8. (Gebietsintegrale)

Seien $f = f(x_1,\ldots,x_n)$ eine stetige Funktion und $\omega = f(x)\, dx_1 \wedge \ldots \wedge dx_n$ die zugehörige n-Form. Weiter sei $X = X(t) : T \to \mathbb{R}^n$ eine reguläre C^1- Fläche. Dann folgt

$$\int_X \omega = \int_T f\Big(X(t)\Big)\frac{\partial(x_1,\ldots,x_n)}{\partial(t_1,\ldots,t_n)}\, dt_1\ldots dt_n.$$

Dieses parameterinvariante Integral eignet sich sehr gut für Gebietstransformationen.

§3 Die äußere Ableitung von Differentialformen

Definition 1. *Für eine 0-Form $f(x)$ der Klasse $C^1(\mathcal{O})$ erklären wir ihre äußere Ableitung als das Differential*

$$df(x) = \sum_{i=1}^{n} f_{x_i}(x)\, dx_i, \qquad x \in \mathcal{O}.$$

Ist

$$\omega = \sum_{1 \le i_1 < \ldots < i_m \le n} a_{i_1\ldots i_m}(x)\, dx_{i_1} \wedge \ldots \wedge dx_{i_m}$$

eine m-Form der Klasse $C^1(\mathcal{O})$, so erklären wir ihre äußere Ableitung als die $(m+1)$-Form

$$dw := \sum_{1 \leq i_1 < \ldots < i_m \leq n} \left(da_{i_1 \ldots i_m}(x) \right) \wedge dx_{i_1} \wedge \ldots \wedge dx_{i_m}.$$

Bemerkungen:

1. Sind ω_1 und ω_2 zwei m-Formen im $\mathbb{R}^n$ und $\alpha_1, \alpha_2 \in \mathbb{R}$, so gilt

$$d(\alpha_1 \omega_1 + \alpha_2 \omega_2) = \alpha_1 d\omega_1 + \alpha_2 d\omega_2.$$

Der Differentialoperator d ist also ein linearer Operator.

2. Ist λ eine l-Form und ω eine m-Form der Klasse $C^1(\mathcal{O})$, so gilt

$$d(\omega \wedge \lambda) = (d\omega) \wedge \lambda + (-1)^m \omega \wedge d\lambda.$$

Wir wollen nun die letzte Behauptung beweisen. Offenbar reicht es dazu aus, den folgenden Fall zu betrachten:

$$\omega = f(x)\beta^m, \quad \lambda = g(x)\beta^l.$$

Dabei sind β^m und β^l Basisformen der Ordnung m bzw. l. Nun ist

$$\omega \wedge \lambda = f(x)g(x)\beta^m \wedge \beta^l,$$

woraus folgt

$$\begin{aligned}
d(\omega \wedge \lambda) &= d\Big(f(x)g(x) \Big) \wedge \beta^m \wedge \beta^l \\
&= \Big(g(x)df(x) + f(x)dg(x) \Big) \wedge \beta^m \wedge \beta^l \\
&= d\omega \wedge \lambda + (-1)^m \omega \wedge d\lambda.
\end{aligned}$$

Beispiel 1. Sei $f(x) \in C^1(\mathcal{O})$. Wir können die Differentialform df sofort über Kurven integrieren. Sei $X(t) = \Big(x_1(t), \ldots, x_n(t) \Big) \in C^1([a,b], \mathbb{R}^n)$ eine Kurve, so berechnen wir

$$\begin{aligned}
\int_X df &= \int_a^b \sum_{i=1}^n f_{x_i}\Big(X(t) \Big) \dot{x}_i(t)\, dt \\
&= \int_a^b \frac{d}{dt} f\Big(X(t) \Big)\, dt \\
&= f\Big(X(b) \Big) - f\Big(X(a) \Big).
\end{aligned}$$

Beispiel 2. Sei

$$\omega = \sum_{i=1}^{n} a_i(x)\, dx_i$$

eine Pfaffsche Form der Klasse $C^1(\mathcal{O})$. Wir berechnen dann ihre äußere Ableitung zu

$$d\omega = \sum_{j=1}^{n} da_j(x) \wedge dx_j = \sum_{i,j=1}^{n} \frac{\partial a_j}{\partial x_i}\, dx_i \wedge dx_j$$

$$= \sum_{1 \le i < j \le n} \left(\frac{\partial a_j}{\partial x_i} - \frac{\partial a_i}{\partial x_j} \right) dx_i \wedge dx_j .$$

Offenbar gilt $d\omega = 0$ genau dann, wenn die Funktionalmatrix $\left(\dfrac{\partial a_i}{\partial x_j} \right)_{i,j=1,\ldots,n}$ symmetrisch ist. Für den Fall $n = 3$ berechnen wir speziell

$$d\omega = \left(\frac{\partial a_2}{\partial x_1} - \frac{\partial a_1}{\partial x_2} \right) dx_1 \wedge dx_2 + \left(\frac{\partial a_3}{\partial x_1} - \frac{\partial a_1}{\partial x_3} \right) dx_1 \wedge dx_3$$

$$+ \left(\frac{\partial a_3}{\partial x_2} - \frac{\partial a_2}{\partial x_3} \right) dx_2 \wedge dx_3$$

$$= b_1(x)\, dx_2 \wedge dx_3 + b_2(x)\, dx_3 \wedge dx_1 + b_3(x)\, dx_1 \wedge dx_2 .$$

Dabei haben wir

$$\Big(b_1(x), b_2(x), b_3(x) \Big) = \left(\frac{\partial a_3}{\partial x_2} - \frac{\partial a_2}{\partial x_3}, \frac{\partial a_1}{\partial x_3} - \frac{\partial a_3}{\partial x_1}, \frac{\partial a_2}{\partial x_1} - \frac{\partial a_1}{\partial x_2} \right)$$

$$= \nabla \wedge (a_1, a_2, a_3)(x) =: \operatorname{rot} a(x).$$

gesetzt, wobei $\nabla := \left(\frac{\partial}{\partial x_1}, \frac{\partial}{\partial x_2}, \frac{\partial}{\partial x_3} \right)$ den *Nabla-Operator* bezeichnet. Die Integration dieser Differentialform $d\omega$ über Flächen im $\mathbb{R}^3$ wird uns später der klassische Stokessche Integralsatz ermöglichen.

Definition 2. *Wir nennen*

$$\operatorname{rot} a(x) = \left(\frac{\partial a_3}{\partial x_2} - \frac{\partial a_2}{\partial x_3}, \frac{\partial a_1}{\partial x_3} - \frac{\partial a_3}{\partial x_1}, \frac{\partial a_2}{\partial x_1} - \frac{\partial a_1}{\partial x_2} \right)$$

die Rotation des Vektorfeldes $a(x) = \Big(a_1(x), a_2(x), a_3(x) \Big) \in C^1(\mathcal{O}, \mathbb{R}^3)$.

Beispiel 3. Wir betrachten nun die $(n-1)$-Form im $\mathbb{R}^n$

$$\omega = \sum_{i=1}^{n} a_i(x)(-1)^{i+1}\, dx_1 \wedge \ldots \wedge dx_{i-1} \wedge dx_{i+1} \wedge \ldots \wedge dx_n .$$

Ihre äußere Ableitung berechnet sich zu

$$d\omega = \sum_{i=1}^{n} (-1)^{i+1} \Big(da_i(x) \Big) \wedge dx_1 \wedge \ldots \wedge dx_{i-1} \wedge dx_{i+1} \wedge \ldots \wedge dx_n$$

$$= \sum_{i,j=1}^{n} (-1)^{i+1} \frac{\partial a_i}{\partial x_j}(x) \, dx_j \wedge dx_1 \wedge \ldots \wedge dx_{i-1} \wedge dx_{i+1} \wedge \ldots \wedge dx_n$$

$$= \sum_{i=1}^{n} (-1)^{i+1} \frac{\partial a_i}{\partial x_i}(x) \, dx_i \wedge dx_1 \wedge \ldots \wedge dx_{i-1} \wedge dx_{i+1} \wedge \ldots \wedge dx_n$$

$$= \left(\sum_{i=1}^{n} \frac{\partial a_i}{\partial x_i}(x) \right) dx_1 \wedge \ldots \wedge dx_n$$

$$= \Big(\operatorname{div} a(x) \Big) dx_1 \wedge \ldots \wedge dx_n.$$

Definition 3. *Für ein Vektorfeld* $a(x) = \Big(a_1(x), \ldots, a_n(x) \Big) \in C^1(\mathcal{O}, \mathbb{R}^n)$ *auf der offenen Menge* $\mathcal{O} \subset \mathbb{R}^n$ *erklären wir dessen Divergenz (Quelldichte) als*

$$\operatorname{div} a(x) := \sum_{i=1}^{n} \frac{\partial a_i}{\partial x_i}(x), \qquad x \in \mathcal{O}.$$

Beispiel 4. Wir können die n-Form $d\omega = (\operatorname{div} a(x)) \, dx_1 \wedge \ldots \wedge dx_n$ über einen n-dimensionalen Quader integrieren. Diese Differentialform können wir auch über große Klassen von krummlinig berandeten Gebieten im $\mathbb{R}^n$ mit Hilfe des Gaußschen Integralsatzes integrieren, eines der wichtigsten Sätze der Analysis.

Wir integrieren $d\omega$ zunächst über einen Halbwürfel. Für $r > 0$ sei der Halbwürfel

$$H := \Big\{ x = (x_1, \ldots, x_n) \in \mathbb{R}^n \mid x_1 \in (-r, 0), \ x_i \in (-r, +r), \ i = 2, \ldots, n \Big\}$$

mit der oberen begrenzenden Seite

$$S := \Big\{ x = (0, x_2, \ldots, x_n) \mid |x_i| < r, \ i = 2, \ldots, n \Big\}$$

gegeben. Der äußere Normalenvektor an S ist $e_1 = (1, 0, \ldots, 0) \in \mathbb{R}^n$. H und S fassen wir also als Flächen im $\mathbb{R}^n$ auf:

$$H : X(t_1, \ldots, t_n) = (t_1, \ldots, t_n), \qquad (t_1, \ldots, t_n) \in H,$$

bzw.

$$S : Y(\tilde{t}_1, \ldots, \tilde{t}_{n-1}) = (0, \tilde{t}_1, \ldots, \tilde{t}_{n-1}), \qquad |\tilde{t}_i| < r, \quad i = 1, \ldots, n-1.$$

Wir setzen nun $\omega \in C_0^1(H \cup S)$ voraus. Dann erhalten wir

$$\int\limits_{H} d\omega = \int\limits_{X} d\omega = \int\limits_{-r}^{0} \int\limits_{-r}^{+r} \ldots \int\limits_{-r}^{+r} \left(\frac{\partial a_1}{\partial x_1} + \ldots + \frac{\partial a_n}{\partial x_n} \right) dx_1 \ldots dx_n$$

$$= \int\limits_{-r}^{+r} \ldots \int\limits_{-r}^{+r} a_1(0, x_2, \ldots, x_n) \, dx_2 \ldots dx_n \;=\; \int\limits_{S} \omega.$$

Wir wollen nun untersuchen, wie sich Differentialformen unter Abbildungen im Raum verhalten.

Definition 4. (Transformierte Differentialform)
Sei

$$\omega = \sum_{1 \leq i_1 < \ldots < i_m \leq n} a_{i_1 \ldots i_m}(x) \, dx_{i_1} \wedge \ldots \wedge dx_{i_m}$$

eine stetige m-Form in einer offenen Menge $\mathcal{O} \subset \mathbb{R}^n$. Sei weiter $T \subset \mathbb{R}^l$, $l \in \mathbb{N}$, eine offene Menge und die Abbildung

$$x = (x_1, \ldots, x_n) = \Phi(y)$$

$$= (\varphi_1(y_1, \ldots, y_l), \ldots, \varphi_n(y_1, \ldots, y_l)) : T \to \mathcal{O}$$

der Klasse $C^1(T, \mathbb{R}^n)$ gegeben. Mit

$$d\varphi_i = \sum_{j=1}^{l} \frac{\partial \varphi_i}{\partial y_j}(y) \, dy_j, \qquad i = 1, \ldots, n,$$

und

$$\omega_\Phi := \sum_{1 \leq i_1 < \ldots < i_m \leq n} a_{i_1 \ldots i_m}\Big(\Phi(y)\Big) \, d\varphi_{i_1} \wedge \ldots \wedge d\varphi_{i_m}$$

erhalten wir die unter der Abbildung Φ transformierte m-Form ω_Φ.

Bemerkungen:

1. Sind ω_1, ω_2 zwei m-Formen und $\alpha_1, \alpha_2 \in \mathbb{R}$, so folgt

$$(\alpha_1 \omega_1 + \alpha_2 \omega_2)_\Phi = \alpha_1 (\omega_1)_\Phi + \alpha_2 (\omega_2)_\Phi.$$

2. Sind λ eine l-Form und ω eine m-Form, so gilt

$$(\omega \wedge \lambda)_\Phi = \omega_\Phi \wedge \lambda_\Phi.$$

Beim Auswerten der Integrale von Differentialformen über Flächen ist der folgende Satz wichtig.

Satz 1. (Zurückziehen der Differentialform)

Sei ω eine stetige m-Form in der offenen Menge $\mathcal{O} \subset \mathbb{R}^n$. Weiter sei auf der offenen Menge $T \subset \mathbb{R}^m$ eine Fläche X durch die Parameterdarstellung

$$x = \Phi(y) : T \longrightarrow \mathcal{O} \in C^1(T)$$

mit $\Phi(T) \subset\subset \mathcal{O}$ gegeben. Schließlich erklären wir die Fläche

$$Y(t) = (t_1, \ldots, t_m), \qquad t \in T$$

und beachten

$$X(t) = \Phi \circ Y(t), \qquad t \in T.$$

Dann gilt folgende Identität:

$$\int_X \omega = \int_Y \omega_\Phi.$$

Beweis: Wir berechnen

$$d\varphi_{i_1} \wedge \ldots \wedge d\varphi_{i_m} = \left(\sum_{j_1=1}^{m} \frac{\partial \varphi_{i_1}}{\partial y_{j_1}} \, dy_{j_1} \right) \wedge \ldots \wedge \left(\sum_{j_m=1}^{m} \frac{\partial \varphi_{i_m}}{\partial y_{j_m}} \, dy_{j_m} \right)$$

$$= \frac{\partial(\varphi_{i_1}, \ldots, \varphi_{i_m})}{\partial(y_1, \ldots, y_m)} \, dy_1 \wedge \ldots \wedge dy_m,$$

sowie

$$\omega_\Phi = \sum_{1 \le i_1 < \ldots < i_m \le n} a_{i_1 \ldots i_m}(\Phi(y)) \frac{\partial(\varphi_{i_1}, \ldots, \varphi_{i_m})}{\partial(y_1, \ldots, y_m)} \, dy_1 \wedge \ldots \wedge dy_m.$$

Es folgt somit

$$\int_Y \omega_\Phi = \int_T \sum_{1 \le i_1 < \ldots < i_m \le n} a_{i_1 \ldots i_m}(X(t)) \frac{\partial(x_{i_1}, \ldots, x_{i_m})}{\partial(t_1, \ldots, t_m)} \, dt_1 \ldots dt_m$$

$$= \int_X \omega,$$

und der Satz ist bewiesen.   q.e.d.

Satz 2. *Sei ω eine m-Form in der offenen Menge $\mathcal{O} \subset \mathbb{R}^n$ der Regularitätsklasse $C^1(\mathcal{O})$. Auf der offenen Menge $T \subset \mathbb{R}^l$, $l \in \mathbb{N}$, sei die Abbildung*

$$x = \Phi(y) : T \longrightarrow \mathcal{O} \in C^2(T)$$

gegeben. Dann gilt

$$d(\omega_\Phi) = (d\omega)_\Phi.$$

Beweis: Zunächst gilt für eine beliebige Funktion $\Psi(y) \in C^2(\mathcal{O})$ die Identität

$$d^2\Psi = d(d\Psi) = d\left(\sum_{i=1}^{n} \Psi_{y_i} \, dy_i\right) = \sum_{i,j=1}^{n} \Psi_{y_i y_j} \, dy_j \wedge dy_i = 0.$$

Wir beachten nun

$$\omega_{\Phi} = \sum_{1 \leq i_1 < ... < i_m \leq n} a_{i_1...i_m}\left(\Phi(y)\right) d\varphi_{i_1} \wedge ... \wedge d\Phi_{i_m}$$

und erhalten

$$d\omega_{\Phi} = \sum_{1 \leq i_1 < ... < i_m \leq n} da_{i_1...i_m}\left(\Phi(y)\right) \wedge d\varphi_{i_1} \wedge ... \wedge d\varphi_{i_m}$$

$$= \sum_{1 \leq i_1 < ... < i_m \leq n} \sum_{j=1}^{n} \sum_{k=1}^{l} \frac{\partial a_{i_1...i_m}}{\partial x_j}\left(\Phi(y)\right) \frac{\partial \varphi_j}{\partial y_k} dy_k \wedge d\varphi_{i_1} \wedge ... \wedge d\varphi_{i_m}$$

$$= \sum_{1 \leq i_1 < ... < i_m \leq n} \sum_{j=1}^{n} \frac{\partial a_{i_1...i_m}}{\partial x_j}\left(\Phi(y)\right) d\varphi_j \wedge d\varphi_{i_1} \wedge ... \wedge d\varphi_{i_m},$$

also

$$d\omega_{\Phi} = (d\omega)_{\Phi}.$$

q.e.d.

Satz 3. (Kettenregel für Differentialformen)

Sei ω eine stetige m-Form in einer offenen Menge $\mathcal{O} \subset \mathbb{R}^n$. Auf den offenen Mengen $T' \subset \mathbb{R}^{l'}$ und $T'' \subset \mathbb{R}^{l''}$ mit $l', l'' \in \mathbb{N}$ seien die C^1-Funktionen Φ, Ψ gemäß

$$\Psi : T'' \to T', \quad \Phi : T' \to \mathcal{O} \qquad mit \qquad z \overset{\Psi}{\longmapsto} y \overset{\Phi}{\longmapsto} x$$

gegeben. Dann gilt

$$(\omega_{\Phi})_{\Psi} = \omega_{\Phi \circ \Psi}.$$

Beweis: Wir berechnen

$$\omega_{\Phi \circ \Psi} = \sum_{i_1,...,i_m} a_{i_1...i_m}\left(\Phi \circ \Psi(z)\right) d(\varphi_{i_1} \circ \Psi) \wedge ... \wedge d(\varphi_{i_m} \circ \Psi)$$

$$= \sum_{\substack{i_1,...,i_m \\ j_1,...,j_m \\ k_1,...,k_m}} a_{i_1...i_m}\left(\Phi \circ \Psi(z)\right) \left(\frac{\partial \varphi_{i_1}}{\partial y_{j_1}} \frac{\partial \psi_{j_1}}{\partial z_{k_1}} dz_{k_1}\right) \wedge ... \wedge \left(\frac{\partial \varphi_{i_m}}{\partial y_{j_m}} \frac{\partial \psi_{j_m}}{\partial z_{k_m}} dz_{k_m}\right)$$

$$= \sum_{\substack{i_1,...,i_m \\ j_1,...,j_m}} a_{i_1...i_m}\left(\Phi \circ \Psi(z)\right) \left(\frac{\partial \varphi_{i_1}}{\partial y_{j_1}} d\psi_{j_1}\right) \wedge ... \wedge \left(\frac{\partial \varphi_{i_m}}{\partial y_{j_m}} d\psi_{j_m}\right)$$

$$= \left(\sum_{i_1,...,i_m} a_{i_1...i_m}\left(\Phi(y)\right) d\varphi_{i_1} \wedge ... \wedge d\varphi_{i_m}\right)_{y = \Psi(z)},$$

also
$$\omega_{\Phi\circ\Psi} = (\omega_\Phi)_\Psi \, ,$$
wobei über $i_1,\ldots,i_m \in \{1,\ldots,n\}$, $j_1,\ldots,j_m \in \{1,\ldots,l'\}$ und $k_1,\ldots,k_m \in \{1,\ldots,l''\}$ summiert wird.

q.e.d.

§4 Der Stokessche Integralsatz für Mannigfaltigkeiten

Wir wählen $m \in \mathbb{N}$ und betrachten die m-dimensionale Ebene
$$\mathbb{E}^m := \Big\{ (0,y_1,\ldots,y_m) \in \mathbb{R}^{m+1} : (y_1,\ldots,y_m) \in \mathbb{R}^m \Big\}.$$

Ähnlich wie im Beispiel 4 aus §3 erklären wir zu vorgegebenem $\eta \in \mathbb{R}^{m+1}$ und $r > 0$ den *Halbwürfel*

$$H_r(\eta) := \Big\{ y \in \mathbb{R}^{m+1} : y_1 \in (\eta_1-r,\eta_1),\ y_j \in (\eta_j-r,\eta_j+r)\ \text{für}\ j=2,\ldots,m+1 \Big\}$$

der Kantenlänge $2r$. Dieser hat die obere begrenzende Seite

$$S_r(\eta) := \Big\{ y \in \mathbb{R}^{m+1} : y_1 = \eta_1, y_j \in (\eta_j-r,\eta_j+r)\ \text{für}\ j=2,\ldots,m+1 \Big\}.$$

$H_r(\eta)$ und $S_r(\eta)$ fassen wir als Flächen im $\mathbb{R}^{m+1}$ auf:

$$H_r(\eta)\ :\ Y(t_1,\ldots,t_{m+1}) = (\eta_1+t_1,\ldots,\eta_{m+1}+t_{m+1})$$

$$\text{mit}\quad -r < t_1 < 0,\quad |t_j| < r,\quad j=2,\ldots,m+1$$

sowie

$$S_r(\eta)\ :\ Y(t_1,\ldots,t_m) := (\eta_1,\eta_2+t_1,\ldots,\eta_{m+1}+t_m)$$

$$\text{mit}\quad |t_j| < r,\quad j=1,\ldots,m.$$

Seien nun $\eta \in \mathbb{E}^m$ und $r > 0$ fest gewählt, so setzen wir $H := H_r(\eta)$ bzw. $S := S_r(\eta)$. Sei für $n > m$ weiter

$$\Phi = \Phi(y_1,\ldots,y_{m+1})\ :\ \overline{H} \longrightarrow \mathbb{R}^n \in C^1(\overline{H},\mathbb{R}^n)$$

eine Fläche, welche auf eine $\overline{H}$ enthaltende offene Menge im $\mathbb{R}^{m+1}$ fortsetzbar ist. Setzen wir

$$X(t_1,\ldots,t_{m+1}) := \Phi(t_1,\ldots,t_{m+1}),\qquad (t_1,\ldots,t_{m+1}) \in \overline{H},$$

so erhalten wir die $(m+1)$-dimensionale Fläche im $\mathbb{R}^n$

$$\mathcal{F} := \Big\{ X(t) \in \mathbb{R}^n : t \in H \Big\},$$

deren Rand die m-dimensionale Fläche

$$\mathcal{S} := \left\{ X(t) \in \mathbb{R}^n \ : \ t \in S \right\}$$

enthält. Auf $\overline{\mathcal{F}} = \Phi(\overline{H})$ sei nun die m-Form

$$\omega = \sum_{i_1,\ldots,i_m=1}^{n} a_{i_1\ldots i_m}(x)\, dx_{i_1} \wedge \ldots \wedge dx_{i_m}, \quad x \in \overline{\mathcal{F}},$$

der Klasse $C_0^0(\mathcal{F} \cup \mathcal{S}) \cap C^1(\mathcal{F})$ gegeben. Dabei bedeutet $\omega \in C^1(\mathcal{F})$, daß es eine offene Menge $\mathcal{O} \subset \mathbb{R}^n$ mit $\mathcal{F} \subset \mathcal{O}$ derart gibt, daß $\omega \in C^1(\mathcal{O})$ erfüllt ist. Schließlich sei $d\omega$ absolut integrierbar über $\mathcal{F}$, also

$$\int_{\mathcal{F}} |d\omega| := \int_H \left| \sum_{i_1,\ldots,i_{m+1}=1}^{n} \frac{\partial a_{i_1\ldots i_m}}{\partial x_{i_{m+1}}}\big(X(t)\big) \frac{\partial(x_{i_1},\ldots,x_{i_{m+1}})}{\partial(t_1,\ldots,t_{m+1})} \right| dt_1 \ldots dt_{m+1}$$
$$< +\infty.$$

Wir beweisen nun den folgenden

Hilfssatz 1. (Lokaler Stokesscher Satz)

Sei die Fläche $\mathcal{F}$ mit dem Randstück $\mathcal{S}$ wie oben gegeben, und sei weiter ω eine m-dimensionale Differentialform der Klasse $C_0^0(\mathcal{F} \cup \mathcal{S}) \cap C^1(\mathcal{F})$ mit

$$\int_{\mathcal{F}} |d\omega| < +\infty.$$

Dann gilt

$$\int_{\mathcal{F}} d\omega = \int_{\mathcal{S}} \omega.$$

Beweis:

1. Wir beweisen zunächst die Formel unter den stärkeren Voraussetzungen $\Phi \in C^2(\overline{H})$ und $\omega \in C_0^1(\mathcal{F} \cup \mathcal{S})$. Unter Verwendung von Satz 2 sowie Beispiel 4 aus § 3 folgt

$$\int_{\mathcal{F}} d\omega = \int_X d\omega = \int_H (d\omega)_\Phi = \int_H d(\omega_\Phi) = \int_S \omega_\Phi = \int_S \omega.$$

2. Falls nun $\Phi \in C^1(\overline{H})$ und $\omega \in C^1(\mathcal{F}) \cap C_0^0(\mathcal{F} \cup \mathcal{S})$ gelten, so approximieren wir Φ gleichmäßig in H bis zu den ersten Ableitungen durch Funktionen $\Phi^{(k)}(y) \in C^\infty$ nach dem Weierstraßschen Approximationssatz. H schöpfen wir dabei durch die Quader

$$H^{(l)} := H_{r-\frac{2}{l}}\left(\eta_1 - \frac{1}{l}, \eta_2, \ldots, \eta_{m+1}\right) \subset H$$

mit der oberen begrenzenden Seite

$$S^{(l)} := S_{r-\frac{2}{l}}\left(\eta_1 - \frac{1}{l}, \eta_2, \ldots, \eta_{m+1}\right)$$

aus. Nach den Betrachtungen im Teil 1.) folgt nun

$$\int\limits_{H^{(l)}} (d\omega)_{\Phi^{(k)}} = \int\limits_{S^{(l)}} \omega_{\Phi^{(k)}} \qquad \text{für alle} \quad k, l \geq N \in \mathbb{N}.$$

Für $k \to \infty$ erhalten wir

$$\int\limits_{H^{(l)}} (d\omega)_{\Phi} = \int\limits_{S^{(l)}} \omega_{\Phi}.$$

Wegen $\int_{\mathcal{F}} |d\omega| < +\infty$ liefert der Grenzübergang $l \to \infty$ mit

$$\int\limits_{\mathcal{F}} d\omega = \int\limits_{H} (d\omega)_{\Phi} = \int\limits_{S} \omega_{\Phi} = \int\limits_{S} \omega.$$

die gesuchte Identität.   q.e.d.

Wir führen nun den grundlegenden Begriff der differenzierbaren Mannigfaltigkeit ein.

Definition 1. *Seien $1 \leq m \leq n$ sowie die Menge $\mathcal{M} \subset \mathbb{R}^n$ gegeben. Wir nennen $\mathcal{M}$ eine m-dimensionale C^k-Mannigfaltigkeit, falls es zu jedem $\xi \in \mathcal{M}$ ein $\eta \in \mathbb{R}^m$ und offene Umgebungen $U \subset \mathbb{R}^n$ von $\xi \in U$ und $V \subset \mathbb{R}^m$ von $\eta \in V$ sowie eine reguläre eingebettete Fläche*

$$x = \Phi(y) : V \longrightarrow U \in C^k(V)$$

gibt, so daß

$$\xi = \Phi(\eta) \quad und \quad \Phi(V) = \mathcal{M} \cap U$$

richtig ist; dabei ist $k \in \mathbb{N}$ gewählt worden. Wir nennen (Φ, V) eine Karte der Mannigfaltigkeit. Die Gesamtheit aller Karten

$$\mathcal{A} := \left\{ (\Phi_\iota, V_\iota) : \iota \in J \right\}$$

bildet einen Atlas der Mannigfaltigkeit. Sind $\Phi_j : V_j \to U_j \cap \mathcal{M}$, $j = 1, 2$, zwei Karten von $\mathcal{A}$, so daß

$$W_{1,2} := \mathcal{M} \cap U_1 \cap U_2 \neq \emptyset$$

richtig ist, dann betrachten wir die Parametertransformation $\Phi_{2,1} := \Phi_2^{-1} \circ \Phi_1$. Falls für solche beliebige Karten aus dem Atlas jeweils für die Funktionaldeterminante $J_{\Phi_{2,1}} > 0$ auf $\Phi_1^{-1}(W_{1,2})$ gilt, so ist die Mannigfaltigkeit durch den Atlas orientiert.

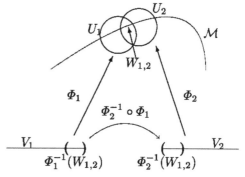

Definition 2. *Sei $\mathcal{M}$ eine beschränkte, $(m+1)$-dimensionale, orientierte C^1-Mannigfaltigkeit im $\mathbb{R}^n$ mit $n > m$. Den topologischen Abschluß der Punktmenge $\mathcal{M}$ bezeichnen wir mit $\overline{\mathcal{M}}$ und die Menge der Randpunkte mit $\dot{\mathcal{M}} := \overline{\mathcal{M}} \setminus \mathcal{M}$. Wir nennen $\xi \in \dot{\mathcal{M}}$ einen regulären Randpunkt der Mannigfaltigkeit $\mathcal{M}$, wenn folgendes gilt:*

Es gibt einen Halbwürfel $H_r(\eta)$ im $\mathbb{R}^{m+1}$ mit $\eta \in \mathbb{E}^m$ und $r > 0$, eine reguläre eingebettete Fläche

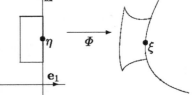

$$\Phi(y) : \overline{H_r(\eta)} \to \mathbb{R}^n \in C^1(\overline{H_r(\eta)}),$$

so daß $\Phi|_{H_r(\eta)}$ zum orientierten Atlas $\mathcal{A}$ von $\mathcal{M}$ gehört, und eine offene Umgebung $U \subset \mathbb{R}^n$ von $\xi \in U$ mit den folgenden Eigenschaften:

$$\Phi(\eta) = \xi, \quad \Phi\big(S_r(\eta)\big) = \dot{\mathcal{M}} \cap U, \quad \Phi\big(H_r(\eta)\big) = \mathcal{M} \cap U.$$

Die Menge der regulären Randpunkte bezeichnen wir mit $\partial \mathcal{M}$.

Definition 3. *Für die beschränkte Mannigfaltigkeit $\mathcal{M}$ aus Definition 2 erklären wir die Menge der singulären Randpunkte $\triangle \mathcal{M}$ gemäß*

$$\triangle \mathcal{M} := \dot{\mathcal{M}} \setminus \partial \mathcal{M}.$$

Im Falle $\triangle \mathcal{M} = \emptyset$ erhalten wir eine kompakte Mannigfaltigkeit mit regulärem Rand. Falls zusätzlich $\partial \mathcal{M} = \emptyset$ gilt, sprechen wir von einer geschlossenen Mannigfaltigkeit.

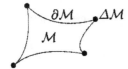

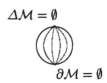

Hilfssatz 2. (Induzierte Orientierung auf $\partial \mathcal{M}$)
Seien $\mathcal{M}$ und $\partial \mathcal{M}$ aus Definition 2 mit den Karten $\Phi : \overline{H_r(\eta)} \to \mathbb{R}^n$ gegeben. Dann ist

$$\Big\{ \Phi|_{S_r(\eta)} : \Phi|_{H_r(\eta)} \text{ gehört zum orientierten Atlas } \mathcal{A} \text{ von } \mathcal{M} \Big\} =: \partial \mathcal{A}$$

ein orientierter Atlas von $\partial \mathcal{M}$. Somit ist $\partial \mathcal{M}$ eine orientierte C^1-Mannigfaltigkeit.

Beweis: Wir betrachten $\Phi(\eta) = \xi = \widetilde{\Phi}(\widetilde{\eta})$. Die Vektoren $\Phi_{y_2}(\eta), \dots, \Phi_{y_{m+1}}(\eta)$ beziehungsweise $\widetilde{\Phi}_{y_2}(\widetilde{\eta}), \dots, \widetilde{\Phi}_{y_{m+1}}(\widetilde{\eta})$ spannen im Punkt ξ den m-dimensionalen Tangentialraum $T_{\partial \mathcal{M}}(\xi)$ an $\partial \mathcal{M}$ auf. Fügen wir nun die Vektoren $\Phi_{y_1}(\eta)$ bzw. $\widetilde{\Phi}_{y_1}(\widetilde{\eta})$ hinzu, so wird der Tangentialraum $T_{\mathcal{M}}(\xi)$ an $\mathcal{M}$ aufgespannt.

Wir konstruieren nun ein Orthonormalsystem $N^1, \dots, N^{n-m} \in \mathbb{R}^n$, welches senkrecht auf $T_{\partial\mathcal{M}}(\xi)$ steht. Indem wir den Vektor $N^1 \in T_{\mathcal{M}}(\xi)$ so wählen, daß er im Punkt ξ aus der Fläche heraus zeigt, erhalten wir

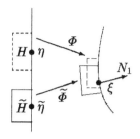

$$\Phi_{y_1}(\eta) \cdot N^1 > 0, \quad \widetilde{\Phi}_{y_1}(\widetilde{\eta}) \cdot N^1 > 0.$$

Für $0 \le \tau \le 1$ betrachten wir die Matrizen

$$M(\tau) := \begin{pmatrix} (1-\tau)\Phi_{y_1}(\eta) + \tau N^1 \\ \Phi_{y_2}(\eta) \\ \vdots \\ \Phi_{y_{m+1}}(\eta) \\ N^2 \\ \vdots \\ N^{n-m} \end{pmatrix}, \quad \widetilde{M}(\tau) := \begin{pmatrix} (1-\tau)\widetilde{\Phi}_{y_1}(\widetilde{\eta}) + \tau N^1 \\ \widetilde{\Phi}_{y_2}(\widetilde{\eta}) \\ \vdots \\ \widetilde{\Phi}_{y_{m+1}}(\widetilde{\eta}) \\ N^2 \\ \vdots \\ N^{n-m} \end{pmatrix}.$$

Weiter setzen wir $\Psi := \Phi\big|_{S_r(\eta)}$ und $\widetilde{\Psi} := \widetilde{\Phi}\big|_{S_r(\widetilde{\eta})}$. Nun sind $\det M(\tau)$ und $\det \widetilde{M}(\tau)$ in $[0,1]$ stetige Funktionen mit $\det M(\tau) \ne 0$ und $\det \widetilde{M}(\tau) \ne 0$ für alle $0 \le \tau \le 1$. Folglich ist die nachfolgend notierte Funktion stetig in $[0,1]$, und es gilt

$$\det\left(\widetilde{M}(\tau)^{-1} \circ M(\tau)\right) \ne 0, \qquad 0 \le \tau \le 1.$$

Nun gelten nach Voraussetzung

$$\det\left(\widetilde{M}(0)^{-1} \circ M(0)\right) = \det \partial(\widetilde{\Phi}^{-1} \circ \Phi)\big|_{\eta} > 0$$

und aus Stetigkeitsgründen

$$\det \partial(\widetilde{\Psi}^{-1} \circ \Psi)\big|_{\eta} = \det\left(\widetilde{M}(1)^{-1} \circ M(1)\right) > 0.$$

Somit ist $\partial\mathcal{A}$ ein orientierter Atlas von $\partial\mathcal{M}$.   q.e.d.

Unser Ziel ist es nun, für Mannigfaltigkeiten $\mathcal{M}$ mit dem regulären Rand $\partial\mathcal{M}$ und dem singulären Rand $\triangle\mathcal{M}$ den Stokesschen Integralsatz

$$\int_{\mathcal{M}} d\omega = \int_{\partial\mathcal{M}} \omega$$

unter schwachen Voraussetzungen zu beweisen. Den Übergang vom lokalen Stokesschen Satz zum globalen Satz liefert die Methode der Zerlegung der Eins.

Sei $\mathcal{M} \subset \mathbb{R}^\backslash$ eine $(m+1)$-dimensionale, beschränkte, orientierte C^1-Mannigfaltigkeit mit dem regulären Rand $\partial\mathcal{M}$. Sei weiter

$$\lambda = \sum_{1 \leq i_1 < \ldots < i_{m+1} \leq n} b_{i_1 \ldots i_{m+1}}(x)\, dx_{i_1} \wedge \ldots \wedge dx_{i_{m+1}}, \qquad x \in \mathcal{M},$$

eine auf $\mathcal{M}$ stetige Differentialform.

Wir wollen nun untersuchen, unter welchen Bedingungen an λ wir das *uneigentliche Integral*

$$\int_{\mathcal{M}} \lambda$$

der Differentialform λ über die Mannigfaltigkeit $\mathcal{M}$ erklären können.

1. Sei zunächst

$$\operatorname{supp}\lambda := \overline{\{x \in \mathcal{M} : \lambda(x) \neq 0\}} \subset \mathcal{M} \cup \partial\mathcal{M}$$

kompakt. Es gibt dann offene Mengen $V_\iota \subset \mathbb{R}^{m+1}$ und $U_\iota \subset \mathbb{R}^n \setminus \Delta\mathcal{M}$, $\iota \in J$, sowie Karten $\Phi_\iota : V_\iota \to U_\iota \cap \mathcal{M}$, so daß die offenen Mengen $\{U_\iota\}_{\iota \in J}$ die kompakte Menge $\operatorname{supp}\lambda$ überdecken. Wir wählen nun im $\mathbb{R}^n$ eine den Mengen $\{U_\iota\}$ untergeordnete Partition der Eins und erhalten

$$\alpha_k(x) : \mathcal{M} \longrightarrow [0,1] \in C^1 \quad \text{mit} \quad \operatorname{supp}\alpha_k \subset U_{\iota_k} \qquad \text{für} \quad k = 1, \ldots, k_0$$

und

$$\sum_{k=1}^{k_0} \alpha_k(x) = 1 \qquad \text{für alle} \quad x \in \operatorname{supp}\lambda.$$

Wir definieren nun

$$\int_{\mathcal{M}} \lambda := \sum_{k=1}^{k_0} \int_{\mathcal{M}} \alpha_k \lambda = \sum_{k=1}^{k_0} \int_{V_k} (\alpha_k\lambda)_{\Phi_k}, \qquad (1)$$

falls

$$\int_{\mathcal{M}} \alpha_k|\lambda| < +\infty \qquad \text{für} \quad k = 1, \ldots, k_0$$

richtig ist.

Wir wollen zeigen, daß das in Gleichung (1) angegebene Integral unabhängig von der Überdeckung des Trägers von λ und der verwendeten Zerlegung der Eins ist.

Ist $\widetilde{\Phi}_\iota : \widetilde{V}_\iota \to \widetilde{U}_\iota \cap \mathcal{M}, \iota \in \widetilde{J}$, ein anderes supp λ überdeckendes System von Karten, so wählen wir wieder eine dem System $\{\widetilde{U}_\iota\}_\iota$ untergeordnete Teilung der Eins von supp λ. Wir erhalten

$$\widetilde{\alpha}_l : \mathcal{M} \to [0,1] \in C^1, \quad \operatorname{supp} \widetilde{\alpha}_l \subset \widetilde{U}_{\iota_l}, \qquad l = 1, \ldots, l_0,$$

sowie

$$\sum_{l=1}^{l_0} \widetilde{\alpha}_l(x) = 1 \qquad \text{für alle} \quad x \in \operatorname{supp} \lambda.$$

Wir beachten $\operatorname{supp}(\alpha_k \widetilde{\alpha}_l) \subset U_k \cap U_l \cap \mathcal{M}$ und transformieren unter der Abbildung $\Phi_k^{-1} \circ \widetilde{\Phi}_l$ für alle $k = 1, \ldots, k_0$ und $l = 1, \ldots, l_0$ die Integrale

$$\int\limits_{V_k} (\alpha_k \widetilde{\alpha}_l \lambda)_{\Phi_k} = \int\limits_{\widetilde{V}_l} (\alpha_k \widetilde{\alpha}_l \lambda)_{\widetilde{\Phi}_l}. \tag{2}$$

Summation ergibt

$$\sum_{k=1}^{k_0} \int\limits_{V_k} (\alpha_k \lambda)_{\Phi_k} = \sum_{k=1}^{k_0} \sum_{l=1}^{l_0} \int\limits_{V_k} (\alpha_k \widetilde{\alpha}_l \lambda)_{\Phi_k}$$

$$= \sum_{k=1}^{k_0} \sum_{l=1}^{l_0} \int\limits_{\widetilde{V}_l} (\alpha_k \widetilde{\alpha}_l \lambda)_{\widetilde{\Phi}_l} = \sum_{l=1}^{l_0} \int\limits_{\widetilde{V}_l} (\widetilde{\alpha}_l \lambda)_{\widetilde{\Phi}_l}.$$

Somit ist das in (1) aufgeschriebene Integral unabhängig von der Auswahl der Karten und der Zerlegung der Eins. Entsprechend erklären wir $\int_{\mathcal{M}} |\lambda|$ und $\int_{\partial \mathcal{M}} \lambda$.

2. Die Differentialform $\lambda \in C^0(\mathcal{M})$ ist *absolut integrierbar über* $\mathcal{M}$, in Zeichen

$$\int\limits_{\mathcal{M}} |\lambda| < +\infty,$$

falls es eine Konstante $M \in [0, +\infty)$ gibt, so daß die Ungleichung

$$\int\limits_{\mathcal{M}} |\beta \lambda| \leq M \qquad \text{für alle} \quad \beta \in C_0^0(\mathcal{M} \cup \partial \mathcal{M}, [0,1])$$

richtig ist. Die Funktionenfolge $\beta_k \in C_0^0(\mathcal{M} \cup \partial \mathcal{M}, [0,1])$ nennen wir eine die Mannigfaltigkeit *ausschöpfende Funktionenfolge*, wenn für jede kompakte Menge $K \subset \mathcal{M} \cup \partial \mathcal{M}$ ein $k_0 = k_0(K) \in \mathbb{N}$ existiert mit

$$\beta_k(x) = 1 \qquad \text{für alle} \quad x \in K, \quad k \geq k_0.$$

Ist nun $\int_{\mathcal{M}} |\lambda| < +\infty$, so zeigt man wie bei uneigentlichen Integralen, daß für jede ausschöpfende Funktionenfolge $\{\beta_k\}_{k=1,2,\ldots}$ der Ausdruck

$$\lim_{k \to \infty} \int_{\mathcal{M}} \beta_k \lambda$$

existiert und den gleichen Wert hat. Wir setzen

$$\int_{\mathcal{M}} \lambda := \lim_{k \to \infty} \int_{\mathcal{M}} \beta_k \lambda. \tag{3}$$

Entsprechend sind alle im folgenden auftretenden uneigentlichen Integrale zu verstehen.

Definition 4. *Der singuläre Rand $\triangle\mathcal{M}$ der Mannigfaltigkeit $\mathcal{M}$ hat die Kapazität Null, falls es zu jedem $\varepsilon > 0$ und jeder kompakten Menge $K \subset \mathcal{M} \cup \partial\mathcal{M}$ eine Funktion $\chi \in C_0^1(\mathcal{M} \cup \partial\mathcal{M}, [0,1])$ gibt mit den folgenden Eigenschaften:*

1. Für alle $x \in K$ gilt $\chi(x) = 1$.

2. Es gilt

$$\int_{\mathcal{M}} \sqrt{\boldsymbol{\nabla}(\chi,\chi)} \, d^{m+1}\sigma \le \varepsilon.$$

Dabei bezeichnet $d^{m+1}\sigma$ das $(m+1)$-dimensionale Oberflächenelement auf $\mathcal{M}$, und wir setzen

$$\boldsymbol{\nabla}(\chi,\chi)\Big|_x := sup\Big\{ |\nabla\chi \cdot \xi|^2 \ : \ \xi \in T_{\mathcal{M}}(x), \ |\xi| = 1 \Big\}.$$

Wir kommen nun zum zentralen Resultat, nämlich

Satz 1. (Stokesscher Integralsatz für Mannigfaltigkeiten)
Voraussetzungen:

1. Sei $\mathcal{M}$ eine beschränkte, orientierte, $(m+1)$-dimensionale C^1-Mannigfaltigkeit im $\mathbb{R}^n$, $n > m$, mit dem Atlas $\mathcal{A}$. Durch den induzierten Atlas $\partial\mathcal{A}$ wird der reguläre Rand $\partial\mathcal{M}$ zu einer beschränkten, orientierten, m-dimensionalen C^1-Mannigfaltigkeit. Wir fordern, daß der reguläre Rand endlichen Flächeninhalt hat, d.h. es gelte

$$\int_{\partial\mathcal{M}} d^m\sigma < +\infty.$$

Weiter habe der singuläre Rand $\triangle\mathcal{M}$ die Kapazität Null.

2. Sei

$$\omega = \sum_{1 \le i_1 < \dots < i_m \le n} a_{i_1\dots i_m}(x) \, dx_{i_1} \wedge \dots \wedge dx_{i_m}, \qquad x \in \overline{\mathcal{M}},$$

eine m-dimensionale Differentialform der Klasse $C^1(\mathcal{M}) \cap C^0(\overline{\mathcal{M}})$, so daß $d\omega$ absolut integrierbar ist, d.h.

$$\int_{\mathcal{M}} |d\omega| < +\infty.$$

Behauptung: Dann gilt die Identität

$$\int_{\mathcal{M}} d\omega = \int_{\partial\mathcal{M}} \omega.$$

Beweis:

1. Sei zunächst $\omega \in C^1(\mathcal{M}) \cap C_0^0(\mathcal{M} \cup \partial\mathcal{M})$ erfüllt. Wie oben wählen wir eine Zerlegung der Eins $\{\alpha_k\}$, $k = 1,\ldots,k_0$, auf supp$\omega \subset \mathcal{M} \cup \partial\mathcal{M}$, die dem überdeckenden Kartensystem untergeordnet ist. Nun folgt unter Verwendung von Hilfssatz 1

$$\int_{\partial\mathcal{M}} \omega = \sum_{k=1}^{k_0} \int_{\partial\mathcal{M}} \alpha_k\omega = \sum_{k=1}^{k_0} \int_{\mathcal{M}} d(\alpha_k\omega) = \int_{\mathcal{M}} d\omega.$$

2. Sei nun ω beliebig. Wir wählen dann eine Folge $\{\beta_k\}_{k=1,2,\ldots}$ welche die Mannigfaltigkeit $\mathcal{M}$ ausschöpft und die Eigenschaft

$$\int_{\mathcal{M}} \sqrt{\boldsymbol{\nabla}(\beta_k,\beta_k)}\, d^{m+1}\sigma \to 0 \qquad \text{für} \quad k \to \infty$$

besitzt. Wir erhalten für $k = 1,2,\ldots$ gemäß Teil 1

$$\int_{\partial\mathcal{M}} \beta_k\omega = \int_{\mathcal{M}} d(\beta_k\omega) = \int_{\mathcal{M}} \beta_k\, d\omega + \int_{\mathcal{M}} d\beta_k \wedge \omega. \qquad (4)$$

Zunächst gilt

$$\left| \int_{\mathcal{M}} d\beta_k \wedge \omega \right| \le c \int_{\mathcal{M}} \sqrt{\boldsymbol{\nabla}(\beta_k,\beta_k)}\, d^{m+1}\sigma \to 0 \qquad \text{für} \quad k \to \infty.$$

Weiter gilt

$$\int_{\partial\mathcal{M}} |\beta_k\omega| \le \int_{\partial\mathcal{M}} |\omega| \le c \int_{\partial\mathcal{M}} d^{m+1}\sigma < +\infty \qquad \text{für} \quad k = 1,2,\ldots$$

Es folgt also

$$\lim_{k\to\infty} \int_{\partial\mathcal{M}} \beta_k\omega =: \int_{\partial\mathcal{M}} \omega < +\infty.$$

Wegen $\int_{\mathcal{M}} |d\omega| < +\infty$ folgt

$$\lim_{k\to\infty} \int_{\mathcal{M}} \beta_k\, d\omega =: \int_{\mathcal{M}} d\omega < +\infty.$$

Insgesamt erhalten wir durch Grenzübergang $k \to \infty$ in (4) die Gleichung

$$\int_{\partial\mathcal{M}} \omega = \int_{\mathcal{M}} d\omega,$$

was der Behauptung entspricht.   q.e.d.

§5 Der Gaußsche und der Stokessche Integralsatz

Eine beschränkte, offene Menge $\Omega \subset \mathbb{R}^n$ statten wir mit der Karte $X(t) = t$, $t \in \Omega$, aus, die einen Atlas $\mathcal{A}$ liefert. Hierdurch erhalten wir eine beschränkte, orientierte n-dimensionale Mannigfaltigkeit $\mathcal{M} = \Omega$ im $\mathbb{R}^n$. Ist nun

$$f(x) = \Big(f_1(x), \ldots, f_n(x)\Big) : \Omega \longrightarrow \mathbb{R}^n \in C^1(\Omega, \mathbb{R}^n)$$

ein n-dimensionales Vektorfeld im $\mathbb{R}^n$ mit der Divergenz

$$\operatorname{div} f(x) = \frac{\partial}{\partial x_1} f_1(x) + \ldots + \frac{\partial}{\partial x_n} f_n(x), \qquad x \in \Omega,$$

so betrachten wir die $(n-1)$-Form

$$\omega = \sum_{i=1}^{n} f_i(x)(-1)^{i+1}\, dx_1 \wedge \ldots \wedge dx_{i-1} \wedge dx_{i+1} \wedge \ldots \wedge dx_n.$$

Die Menge der regulären Punkte $\partial\Omega$ mit dem induzierten Atlas $\partial\mathcal{A}$ wird zu einer $(n-1)$-dimensionalen beschränkten, orientierten Mannigfaltigkeit im $\mathbb{R}^n$. Wir werden

$$\int_{\partial\Omega} \omega = \int_{\partial\Omega} \Big(f(x) \cdot \xi(x)\Big)\, d^{n-1}\sigma$$

zeigen, wobei $\xi(x)$ die äußere Normale an Ω im Punkt x ist. Beachten wir ferner

$$d\omega = \Big(\operatorname{div} f(x)\Big)\, dx_1 \wedge \ldots \wedge dx_n,$$

so liefert Satz 1 aus §4 die fundamentale *Identität von Gauß*:

$$\int_{\Omega} \operatorname{div} f(x)\, d^n x = \int_{\partial\Omega} \Big(f(x) \cdot \xi(x)\Big)\, d^{n-1}\sigma. \tag{1}$$

Wir wollen nun mit Hilfe von Satz 1 aus §4 unter sehr allgemeinen, für die Anwendungen relevanten, Bedingungen an Ω und f die Identität (1) herleiten und erhalten den *Gaußschen Integralsatz*.

Voraussetzung (A):

Sei $\Omega \subset \mathbb{R}^n$ eine beschränkte, offene Menge mit dem topologischen Rand $\dot\Omega = \overline{\Omega} \setminus \Omega$. Zu jedem Randpunkt $x \in \dot\Omega$ gebe es eine Punktfolge

$$\left\{ x^{(p)} \right\} \subset \mathbb{R}^n \setminus \overline{\Omega}, \qquad p = 1, 2, \ldots,$$

für die $x^{(p)} \to x$ für $p \to \infty$ richtig ist, d.h. jeder Randpunkt ist 'von außen erreichbar'.

Voraussetzung (B):

Seien als Parameterbereiche die $N \in \mathbb{N}$ beschränkten Gebiete $T_i \subset \mathbb{R}^{n-1}$, $i = 1, 2, \ldots, N$ gewählt. Es gebe N reguläre Hyperflächen im $\mathbb{R}^n$,

$$\mathcal{F}_i : X^{(i)}(t) = \left(x_1^{(i)}(t_1, \ldots, t_{n-1}), \ldots, x_n^{(i)}(t_1, \ldots, t_{n-1}) \right) : \overline{T}_i \to \mathbb{R}^n,$$

wobei $X^{(i)}(t) \in C^1(T_i) \cap C^0(\overline{T}_i)$ injektiv sei und für alle $t \in T_i$ und alle $i = 1, \ldots, N$ der Rang der Funktionalmatrix $\operatorname{rg} \partial X^{(i)}(t) = n - 1$ erfülle. Weiter gelte für die Flächeninhalte

$$A(\mathcal{F}_i) := \int\limits_{T_i} d^{n-1}\sigma^{(i)}(t) < +\infty, \qquad i = 1, \ldots, N.$$

Für $i = 1, \ldots, N$ setzen wir

$$F_i := X^{(i)}(T_i), \quad \overline{F}_i := X^{(i)}(\overline{T}_i), \quad \dot{F}_i := X^{(i)}(\dot{T}_i).$$

Der Rand von Ω sei Vereinigung dieser endlich vielen Hyperflächenstücke F_i, d.h.

$$\dot{\Omega} = \overline{F}_1 \cup \ldots \cup \overline{F}_N.$$

Weiter gelte

$$\overline{F}_i \cap \overline{F}_j = \dot{F}_i \cap \dot{F}_j \qquad \text{für alle} \quad i, j \in \{1, \ldots, N\} \quad \text{mit} \quad i \neq j;$$

zwei verschiedene Flächen haben also höchstens Randpunkte gemeinsam.

Hilfssatz 1. *Die Punktmenge $\Omega \subset \mathbb{R}^n$ genüge den Voraussetzungen (A) und (B). Weiter sei $x^0 \in F_l$ ein beliebiger Punkt der Fläche F_l mit $l \in \{1, \ldots, N\}$. Dann gibt es einen Index $k = k(x^0) \in \{1, \ldots, n\}$ und zwei positive Zahlen $\varrho = \varrho(x^0)$ bzw. $\sigma = \sigma(x^0)$, so daß für den Quader*

$$Q(x^0, \varrho, \sigma) := \left\{ x \in \mathbb{R}^n : |x_i - x_i^0| < \varrho, \ i = 1, \ldots, n \ \text{mit} \ i \neq k; \ |x_k - x_k^0| < \sigma \right\}$$

folgendes gilt:

$$\dot{\Omega} \cap Q = \left\{ x \in \mathbb{R}^n : |x_i - x_i^0| < \varrho, \ i \neq k; \ x_k = \Phi(x_1, \ldots, x_{k-1}, x_{k+1}, \ldots, x_n) \right\}.$$

Dabei ist Φ eine C^1-Funktion auf dem angegebenen Definitionsbereich mit $|\Phi - x_k^0| < \frac{1}{2}\sigma$. Weiter gilt entweder

$$\Omega \cap Q = \left\{ x \in \mathbb{R}^n : |x_i - x_i^0| < \varrho \ \text{für} \ i \neq k, \right.$$
$$\left. |x_k - x_k^0| < \sigma, \ x_k < \Phi(x_1, \ldots, x_{k-1}, x_{k+1}, \ldots, x_n) \right\}$$

oder

$$\Omega \cap Q = \left\{ x \in \mathbb{R}^n : |x_i - x_i^0| < \varrho \ \text{für} \ i \neq k, \right.$$
$$\left. |x_k - x_k^0| < \sigma, \ x_k > \Phi(x_1, \ldots, x_{k-1}, x_{k+1}, \ldots, x_n) \right\}.$$

Die nebenstehende Skizze veranschau-
licht die Aussage des Hilfssatzes.

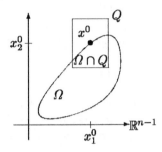

Beweis:

1. Sei $T \subset \mathbb{R}^{n-1}$ offen. Die Fläche $F = F_l$ sei dargestellt durch

$$X(t) = \Big(x_1(t_1, \ldots, t_{n-1}), \ldots, x_n(t_1, \ldots, t_{n-1})\Big) : T \longrightarrow \mathbb{R}^n.$$

Wegen $\operatorname{rg} \partial X(t) = n - 1$ für alle $t \in T$ gibt es ein $k = k(x^0) \in \{1, \ldots, n\}$, $x^0 = X(t^0)$, so daß

$$\frac{\partial(x_1, \ldots, x_{k-1}, x_{k+1}, \ldots, x_n)}{\partial(t_1, \ldots, t_{n-1})}\bigg|_{t=t^0} \neq 0$$

richtig ist. Nun gibt es nach dem Satz über die inverse Abbildung eine
offene Menge $U \subset \mathbb{R}^{n-1}$ und einen Quader

$$R_\varrho := (x_1^0 - \varrho, x_1^0 + \varrho) \times \ldots \times (x_{k-1}^0 - \varrho, x_{k-1}^0 + \varrho)$$
$$\times (x_{k+1}^0 - \varrho, x_{k+1}^0 + \varrho) \times \ldots\ldots \times (x_n^0 - \varrho, x_n^0 + \varrho)$$

mit hinreichend kleinem $\varrho = \varrho(x^0) > 0$, so daß

$$f(t_1, \ldots, t_{n-1}) := \Big(x_1(t), \ldots, x_{k-1}(t), x_{k+1}(t), \ldots, x_n(t)\Big) : U \longrightarrow R_\varrho$$

einen C^1-Diffeomorphismus darstellt, d.h. f ist bijektiv, f sowie f^{-1} sind
stetig differenzierbar, und es gilt $J_f(t) \neq 0$ für alle $t \in U$. Wir setzen nun

$$\overset{k}{\overset{\vee}{x}} := (x_1, \ldots, x_{k-1}, x_{k+1}, \ldots, x_n) \in R_\varrho \subset \mathbb{R}^{n-1}$$

und erklären die Funktion

$$\Phi(\overset{k}{\overset{\vee}{x}}) := x_k\Big(f^{-1}(\overset{k}{\overset{\vee}{x}})\Big), \qquad \overset{k}{\overset{\vee}{x}} \in R_\varrho.$$

Wir beachten

$$\Phi \in C^1(R_\varrho, \mathbb{R}), \quad X(U) = \Big\{(x_1, \ldots, x_n) : \overset{k}{\overset{\vee}{x}} \in R_\varrho, \; x_k = \Phi(\overset{k}{\overset{\vee}{x}})\Big\}.$$

Nun ist

$$x^0 \in \dot{\Omega} \setminus \bigcup_{\substack{m=1 \\ m \neq l}}^{N} \overline{F}_m,$$

und folglich

$$\text{dist}\,(x^0, \bigcup_{\substack{m=1 \\ m \neq l}}^{N} \overline{F}_m) > 0.$$

Wir wählen $\varrho > 0$ und $\sigma > 0$ hinreichend klein, so daß

$$Q(x^0, \varrho, \sigma) \cap \dot{\Omega} = Q(x^0, \varrho, \sigma) \cap F_l \quad \text{sowie} \quad |\Phi(\overset{k}{\overset{\vee}{x}}) - x_k^0| < \frac{1}{2}\sigma$$

für alle $\overset{k}{\overset{\vee}{x}} \in R_\varrho$ gelten. Insgesamt erhalten wir dann

$$\dot{\Omega} \cap Q(x^0, \varrho, \sigma) = \left\{ x \in \mathbb{R}^n : \overset{k}{\overset{\vee}{x}} \in R_\varrho,\; x_k = \Phi(\overset{k}{\overset{\vee}{x}}) \right\}.$$

2. Wir erklären nun die Punktmengen

$$P^+ := \left\{ x \in Q(x^0, \varrho, \sigma) : x_k > \Phi(\overset{k}{\overset{\vee}{x}}) \right\},$$

$$P^0 := \left\{ x \in Q(x^0, \varrho, \sigma) : x_k = \Phi(\overset{k}{\overset{\vee}{x}}) \right\},$$

$$P^- := \left\{ x \in Q(x^0, \varrho, \sigma) : x_k < \Phi(\overset{k}{\overset{\vee}{x}}) \right\}.$$

Diese zerlegen die Menge $Q(x^0, \varrho, \sigma)$ gemäß

$$Q(x^0, \varrho, \sigma) = P^- \cup P^0 \cup P^+. \tag{2}$$

Nach dem ersten Teil gilt

$$\dot{\Omega} \cap Q(x^0, \varrho, \sigma) = P^0. \tag{3}$$

Nun gibt es wegen $x^0 \in \dot{\Omega}$ und der Voraussetzung (A) zwei Punkte $y \in \Omega \cap Q$ und $z \in (\mathbb{R}^n \setminus \overline{\Omega}) \cap Q$. Wir unterscheiden zwei mögliche Fälle, nämlich den Fall 1: $y \in P^-$ und den Fall 2: $y \in P^+$.

Fall 1. Sei $\widetilde{y} \in P^-$ ein beliebiger weiterer Punkt, so gibt es eine stetige Kurve $\Gamma \subset P^-$ von y nach $\widetilde{y}$, die die Fläche P^0 nicht trifft. Da $y \in \Omega$ und Γ wegen (3) die Menge $\dot{\Omega}$ nicht trifft, folgt $\widetilde{y} \in \Omega$. Wir erhalten schließlich

$$P^- \subset \Omega \cap Q. \tag{4}$$

Nun folgt $z \in P^+$. Jeder weitere Punkt $\widetilde{z} \in P^+$ kann durch eine Kurve Γ in P^+ verbunden werden mit dem Punkt z. Da diese Kurve $\dot{\Omega}$ nicht trifft, folgt wegen $z \in \mathbb{R}^n \setminus \overline{\Omega}$ auch $\widetilde{z} \in \mathbb{R}^n \setminus \overline{\Omega}$. Insgesamt erhalten wir

$$P^+ \subset (\mathbb{R}^n \setminus \overline{\Omega}) \cap Q. \tag{5}$$

Weiter gilt offenbar

$$Q(x^0, \varrho, \sigma) = (\Omega \cap Q) \cup (\dot{\Omega} \cap Q) \cup \Big((\mathbb{R}^n \setminus \overline{\Omega}) \cap Q\Big). \tag{6}$$

Aus den Gleichungen (2) bis (6) folgern wir $P^- = \Omega \cap Q$ und $P^+ = (\mathbb{R}^n \setminus \overline{\Omega}) \cap Q$.

Fall 2. Ebenso wie im ersten Fall zeigt man $P^+ = \Omega \cap Q$ und $P^- = (\mathbb{R}^n \setminus \overline{\Omega}) \cap Q$.

q.e.d.

Bemerkung: Wählen wir in der Umgebung eines regulären Randpunktes

$$x^0 \in \bigcup_{i=1}^{N} F_i$$

die Funktion

$$\Psi(x) := \pm\Big(x_k - \Phi(x_1, \ldots, x_{k-1}, x_{k+1}, \ldots, x_n)\Big)$$

gemäß Hilfssatz 1, so kann man die Menge Ω in dieser Umgebung durch die Ungleichung $\Psi(x) < 0$ charakterisieren.

Hilfssatz 2. *Die Menge $\Omega \subset \mathbb{R}^n$ genüge den Voraussetzungen (A) und (B), und $x^0 \in F_l$ mit $l \in \{1, \ldots, N\}$ sei ein Punkt der Fläche F_l. Weiter gebe es eine offene, den Punkt x^0 enthaltende Menge $U = U(x^0) \subset \mathbb{R}^n$ und eine Funktion $\Psi(x) \in C^1(U)$ mit $|\nabla\Psi(x)| > 0$ für alle $x \in U$, so daß*

$$\Omega \cap U = \{x \in U : \Psi(x) < 0\}.$$

Dann hat der Vektor

$$\xi(x) := |\nabla\Psi(x)|^{-1}\nabla\Psi(x), \qquad x \in \dot{\Omega} \cap U,$$

die folgenden Eigenschaften

1. $\xi\Big(X(t)\Big) \cdot X_{t_i}(t) = 0$ für $i = 1, \ldots, n-1$ nahe $t = t^0$;

2. $|\xi| = 1$ auf $\dot{\Omega} \cap U$;

3. Zu jedem $x \in \dot{\Omega} \cap U$ gibt es eine Zahl $\varrho_0(x) > 0$, so daß

$$x + \varrho\xi \in \begin{cases} \Omega \ \textit{für} \ -\varrho_0 < \varrho < 0 \\ \mathbb{R}^n \setminus \Omega \ \textit{für} \ 0 < \varrho < +\varrho_0 \end{cases}.$$

Durch diese Bedingungen wird ξ eindeutig bestimmt.

Definition 1. *Wir nennen die im Hilfssatz 2 für $x \in F_1 \cup \ldots \cup F_N$ erklärte Funktion $\xi = \xi(x)$ die äußere Normale von $\dot{\Omega}$ im Punkt x.*

Beispiel 1. Sei $\Omega = \{(x_1, \ldots, x_n) \in \mathbb{R}^n : x_1^2 + \ldots + x_n^2 < R^2\}$ mit $R > 0$ und $\Psi(x) := x_1^2 + \ldots + x_n^2 - R^2$. Dann gilt $\nabla\Psi(x) = 2(x_1, \ldots, x_n)$, und für $x \in \partial\Omega$ ist

$$\xi(x) := |\nabla\Psi(x)|^{-1}\nabla\Psi(x) = \frac{1}{R}(x_1, \ldots, x_n)$$

die äußere Normale an $\partial\Omega$.

Beweis von Hilfssatz 2: Die Eindeutigkeit von ξ folgt sofort aus den Eigenschaften 1 bis 3. Wir wollen nun die angegebenen Eigenschaften der Funktion ξ beweisen. Zunächst gilt $\Psi = 0$ auf $\dot{\Omega} \cap U$, und es folgt

$$0 = \Psi\Big(x_1(t), \ldots, x_n(t)\Big), \quad t = (t_1, \ldots, t_{n-1}) \in V(t_1^0, \ldots, t_{n-1}^0) \subset \mathbb{R}^{n-1} \text{ offen,}$$

also

$$0 = \sum_{i=1}^{n} \Psi_{x_i}\Big(X(t)\Big)\frac{\partial x_i}{\partial t_j}, \quad j = 1, \ldots, n-1,$$

und wir erhalten $\xi \cdot X_{t_j} = 0$ in V für $j = 1, \ldots, n-1$, also die Eigenschaft 1. Offenbar ist $|\xi| = 1$ auf $\dot{\Omega} \cap U$ erfüllt. Wir brauchen also nur noch die Eigenschaft 3 nachzuweisen. Für $0 < |\varrho| < \varrho_0$ gilt mit einem $\kappa = \kappa(\varrho) \in (0, 1)$ und für $x \in \dot{\Omega} \cap U$ die Ungleichung

$$\Psi(x + \varrho\xi) = \Psi(x + \varrho\xi) - \Psi(x) = \varrho\sum_{i=1}^{n}\Psi_{x_i}(x + \kappa\varrho\xi)\xi_i$$

$$= \varrho\frac{1}{|\nabla\Psi(x)|}\sum_{i=1}^{n}\Psi_{x_i}(x + \kappa\varrho\xi)\Psi_{x_i}(x)\begin{cases} < 0 \text{ falls } -\varrho_0 < \varrho < 0 \\ > 0 \text{ falls } 0 < \varrho < \varrho_0 \end{cases}.$$

Somit folgt

$$x + \varrho\xi \in \begin{cases} \Omega \text{ falls } -\varrho_0 < \varrho < 0 \\ \mathbb{R}^n \setminus \overline{\Omega} \text{ falls } 0 < \varrho < \varrho_0 \end{cases}.$$

q.e.d.

Bemerkung: Sei das Ω berandende Flächenstück $F = F_l$ durch die Funktion

$$X(t) = X(t_1, \ldots, t_{n-1}) : T \longrightarrow \mathbb{R}^n \quad \text{auf dem Gebiet} \quad T \subset \mathbb{R}^{n-1}$$

mit der Normalen

$$\nu(t) = |X_{t_1} \wedge \ldots \wedge X_{t_{n-1}}|^{-1}X_{t_1} \wedge \ldots \wedge X_{t_{n-1}}(t)$$

$$= \left[\sum_{j=1}^{n}\Big(D_j(t)\Big)^2\right]^{-\frac{1}{2}}(D_1(t), \ldots, D_n(t)), \quad t \in T,$$

dargestellt. Mit einem festen $\varepsilon \in \{\pm 1\}$ gilt dann

$$\xi\Big(X(t)\Big) = \varepsilon\nu(t) \quad \text{für alle} \quad t \in T.$$

Beweis: Zunächst gilt $\xi\big(X(t)\big) = \varepsilon(t)\nu(t)$, $t \in T$, mit $\varepsilon(t) \in \{\pm 1\}$. Nun ist

$$\varepsilon(t) = \xi\big(X(t)\big) \cdot \nu(t), \qquad t \in T,$$

stetig auf dem Gebiet T, und wir erhalten $\varepsilon(t) \equiv +1$ oder $\varepsilon(t) \equiv -1$ auf T.

q.e.d.

Definition 2. *Die Menge $\Omega \subset \mathbb{R}^n$ genüge den Voraussetzungen (A) und (B). Wir setzen dann*

$$\partial\Omega := \bigcup_{j=1}^{N} F_j$$

als regulären Rand von Ω. Weiter sei $g(x) : \partial\Omega \to \mathbb{R}$ eine stetige, beschränkte Funktion auf $\partial\Omega$. Wir erklären durch

$$\int_{\partial\Omega} g(x)\, d^{n-1}\sigma := \sum_{j=1}^{N} \int_{F_j} g(x)\, d^{n-1}\sigma_j$$

das Oberflächenintegral von g über den regulären Rand $\partial\Omega$.

Als Voraussetzung an das zu integrierende Vektorfeld formulieren wir

Voraussetzung (C):
Die Funktion $f(x) = (f_1(x), \ldots, f_n(x))$, $x \in \overline{\Omega}$, gehöre zur Regularitätsklasse $C^1(\Omega, \mathbb{R}^n) \cap C^0(\overline{\Omega}, \mathbb{R}^n)$, und es gelte

$$\int_{\Omega} |\operatorname{div} f(x)|\, dx < +\infty.$$

Wir stellen nun eine Bedingung an den singulären Rand $\dot{F}_1 \cup \ldots \cup \dot{F}_N$, welche die Gültigkeit der Gaußschen Identität (1) garantiert:

Voraussetzung (D):
Die Menge $\dot{F}_1 \cup \ldots \cup \dot{F}_N$ habe den $(n-1)$-dimensionalen *Hausdorffschen Inhalt Null* bzw. sie sei eine $(n-1)$-dimensionale *Haudorffsche Nullmenge*. Genauer gibt es zu jedem $\varepsilon > 0$ endlich viele Hyperkugeln

$$K_j := \Big\{ x \in \mathbb{R}^n : |x - x^{(j)}| \le \varrho_j \Big\}, \qquad j = 1, \ldots, J,$$

mit $x^{(j)} \in \mathbb{R}^n$ und $\varrho_j > 0$, so daß folgendes gilt:

1. $\dot{F}_1 \cup \ldots \cup \dot{F}_N \subset \bigcup_{j=1}^{J} K_j$ (Überdeckungseigenschaft)

2. $\sum_{j=1}^{J} \varrho_j^{n-1} \le \varepsilon$ (Kleinheit der Gesamtoberfläche).

Bemerkung: Die Voraussetzung (D) ist zum Beispiel erfüllt, wenn für alle Flächenstücke F_l mit $l = 1, \ldots, N$ folgendes gilt: Wird F_l parametrisiert durch $X = X(t) : \overline{T}_l \to \overline{F}_l$, so seien die folgenden Eigenschaften gültig:

1. die Menge $\overline{T}_l$ ist ein Jordanbereich im $\mathbb{R}^{n-1}$, d.h. dessen Rand $\dot{T}_l$ ist eine Jordansche Nullmenge im $\mathbb{R}^{n-1}$,

2. die Abbildung $X(t)$ genügt auf $\overline{T}_l$ einer *Lipschitzbedingung*

$$|X(t') - X(t'')| \le L|t' - t''| \qquad \text{für alle} \quad t', t'' \in \overline{T}_l$$

mit einer Lipschitzkonstanten $L > 0$.

Wir kommen nun zum zentralen Satz der n-dimensionalen Integralrechnung.

Satz 1. (Gaußscher Integralsatz)
Sei $\Omega \subset \mathbb{R}^n$ eine beschränkte, offene Menge, die den Voraussetzungen (A), (B) und (D) genügt. Weiter erfülle die Vektorfunktion $f(x)$ die Voraussetzung (C). Dann gilt die Identität

$$\int\limits_{\Omega} \operatorname{div} f(x)\, dx = \int\limits_{\partial\Omega} f(x) \cdot \xi(x)\, d\sigma.$$

Beweis: (E. Heinz)
Wir werden die Aussage auf Satz 1 aus § 4 zurückführen.

1. Wir fassen $\mathcal{M} = \Omega \subset \mathbb{R}^n$ als n-dimensionale Mannigfaltigkeit im $\mathbb{R}^n$ auf mit dem Atlas $\mathcal{A} : X(t) = t, \ t \in \Omega$. Nun gibt es für jeden Punkt

$$x^0 \in \bigcup_{l=1}^{N} F_l \subset \dot{\Omega}$$

einen Quader $Q(x^0, \varrho, \sigma)$ gemäß Hilfssatz 1, so daß gilt

$$\Omega \cap Q = \Big\{ x \in \mathbb{R}^n \ : \ |x_i - x_i^0| < \varrho \, (i \ne k),$$
$$x_k \lesseqgtr \Phi(x_1, \ldots, x_{k-1}, x_{k+1}, \ldots, x_n), \ |x_k - x_k^0| < \sigma \Big\}.$$

Auf dem Halbwürfel

$$H := \Big\{ t \in \mathbb{R}^n \ : \ t_1 \in (-\varrho, 0), \ |t_i| < \varrho, \ i = 2, \ldots, n \Big\}$$

mit der oberen begrenzenden Seite in e_1-Richtung

$$S := \Big\{ t \in \mathbb{R}^n \ : \ t_1 = 0, \ |t_i| < \varrho, \ i = 2, \ldots, n \Big\}$$

betrachten wir die Transformation

$$Y(t) = \Big(x_1^0 + \varepsilon_2 t_2, \ldots, x_{k-1}^0 + \varepsilon_k t_k, \Phi(x_1^0 + \varepsilon_2 t_2, \ldots, x_{k-1}^0 + \varepsilon_k t_k,$$
$$x_{k+1}^0 + \varepsilon_{k+1} t_{k+1}, \ldots, x_n^0 + \varepsilon_n t_n) + \varepsilon_1 t_1, x_{k+1}^0 + \varepsilon_{k+1} t_{k+1}, \ldots, x_n^0 + \varepsilon_n t_n \Big)$$

mit $\varepsilon_k \in \{\pm 1\}$ $k = 1, \dots, n$. Wählen wir die Vorzeichen $\varepsilon_1, \dots, \varepsilon_n$ geeignet, so erreichen wir

$$Y(H) \subset \Omega \cap Q, \quad Y(S) = \dot\Omega \cap Q \quad \text{und} \quad J_Y(0) = +1$$

für die Funktionaldeterminante von Y. Somit ist Y verträglich mit der obigen Karte X, und wir statten $\partial\mathcal{M} = \partial\Omega$ mit dem induzierten Atlas aus. Wegen $J_Y(0) > 0$ zeigt die durch $\partial\Omega$ orientierte Normale $\nu(t)$ an ein Flächenstück in Richtung der äußeren Normalen ξ an $\partial\Omega$.

Wir betrachten nun die $(n-1)$-Form

$$\omega = \sum_{i=1}^{n} (-1)^{i+1} f_i(x)\, dx_1 \wedge \dots \wedge dx_{i-1} \wedge dx_{i+1} \wedge \dots \wedge dx_n \in C^1(\mathcal{M}) \cap C^0(\overline{\mathcal{M}}).$$

Wegen obiger Überlegungen sehen wir

$$\int_{\partial\Omega} \omega = \int_{\partial\Omega} f(x) \cdot \xi(x)\, d\sigma$$

ein.

2. Wegen Voraussetzung (D) gibt es zu jedem $\varepsilon > 0$ endlich viele Kugeln

$$K_j := \left\{ x \in \mathbb{R}^n : |x - x^{(j)}| \leq \varrho_j \right\}, \qquad j = 1, \dots, J,$$

mit

$$\dot F_1 \cup \dots \cup \dot F_N \subset \bigcup_{j=1}^{J} K_j \quad \text{und} \quad \sum_{j=1}^{J} \rho_j^{n-1} \leq \epsilon.$$

Wir zeigen nun, daß die Kapazität des singulären Randes Null ist. Hierzu konstruieren wir zunächst eine Funktion $\Psi(r) : [0, +\infty) \to [0,1] \in C^1$ mit

$$\Psi(r) = \begin{cases} 0, & 0 \leq r \leq 2 \\ 1, & 3 \leq r \end{cases} \quad \text{und} \quad M := \sup_{r \geq 0} |\Psi'(r)| < +\infty.$$

Für $j = 1, \dots, J$ betrachten wir die Funktionen

$$\chi_j(x) := \Psi\left(|x - x^{(j)}| / \varrho_j \right), \qquad x \in \mathbb{R}^n,$$

mit $\chi_j \in C^1(\mathbb{R}^n)$ und

$$\chi_j(x) = \begin{cases} 1, & |x - x^{(j)}| \geq 3\varrho_j \\ 0, & |x - x^{(j)}| \leq 2\varrho_j \end{cases}.$$

Ist E_n das Volumen der n-dimensionalen Einheitskugel, so berechnen wir

$$\int\limits_{\mathbb{R}^n} |\nabla\chi_j(x)|\, dx = \int\limits_{2\varrho_j \leq |x-x^{(j)}| \leq 3\varrho_j} \left| \Psi'\left(\frac{1}{\varrho_j}|x - x^{(j)}|\right)\right| \frac{1}{\varrho_j}\, dx$$

$$\leq \frac{M}{\varrho_j} E_n(3^n\varrho_j^n - 2^n\varrho_j^n)$$

$$= M E_n(3^n - 2^n)\varrho_j^{n-1}$$

mit $j = 1, \ldots, J$ gilt. Wir erhalten eine Funktion

$$\chi(x) := \chi_1(x) \cdot \ldots \cdot \chi_J(x) \in C_0^1\left(\overline{\Omega} \setminus (\dot{F}_1 \cup \ldots \cup \dot{F}_N)\right)$$

mit

$$\int\limits_{\Omega} |\nabla\chi(x)|\, dx \leq \sum_{j=1}^{J} \int\limits_{\mathbb{R}^n} |\nabla\chi_j(x)|\, dx$$

$$\leq M E_n(3^n - 2^n) \sum_{j=1}^{J} \varrho_j^{n-1}$$

$$\leq M E_n(3^n - 2^n)\varepsilon\,.$$

Somit hat $\dot{F}_1 \cup \ldots \cup \dot{F}_n \subset \dot{\Omega}$ die Kapazität Null.

3. Der Stokessche Integralsatz für Mannigfaltigkeiten liefert schließlich

$$\int\limits_{\partial\Omega} f(x) \cdot \xi(x)\, d\sigma = \int\limits_{\partial\mathcal{M}} \omega = \int\limits_{\mathcal{M}} d\omega = \int\limits_{\Omega} \operatorname{div} f(x)\, dx,$$

was der Behauptung entspricht.   q.e.d.

Aus Satz 1 erhalten wir sofort die *Greensche Formel*, welche grundlegend für die Potentialtheorie ist.

Satz 2. (Greensche Formel)
Sei $\Omega \subset \mathbb{R}^n$ eine offene, beschränkte Menge im $\mathbb{R}^n$, die den Voraussetzungen (A), (B) und (D) genügt. Weiter seien die Funktionen $f(x)$ und $g(x)$ der Klasse $C^1(\overline{\Omega}) \cap C^2(\Omega)$ mit

$$\int\limits_{\Omega} \left(|\Delta f(x)| + |\Delta g(x)|\right) dx < +\infty$$

gegeben, wobei Δ den Laplace-Operator gemäß

$$\Delta f(x) := \sum_{i=1}^{n} \frac{\partial^2 f}{\partial x_i \partial x_j}(x)$$

bedeutet. Dann gilt

$$\int_{\Omega} \left(f \Delta g - g \Delta f \right) dx = \int_{\partial \Omega} \left(f \frac{\partial g}{\partial \xi} - g \frac{\partial f}{\partial \xi} \right) d\sigma$$

mit den Bezeichnungen

$$\frac{\partial f}{\partial \xi} := \nabla f(x) \cdot \xi(x), \quad \frac{\partial g}{\partial \xi} := \nabla g(x) \cdot \xi(x), \quad x \in \partial \Omega.$$

Beweis: Wir wenden den Gaußschen Integralsatz auf das Vektorfeld

$$h(x) := f(x) \nabla g(x) - g(x) \nabla f(x)$$

an. Es folgt

$$\operatorname{div} h(x) = \nabla h(x) = f(x) \Delta g(x) - g(x) \Delta f(x),$$

und wir erhalten schließlich

$$\int_{\Omega} \left(f(x) \Delta g(x) - g(x) \Delta f(x) \right) dx = \int_{\partial \Omega} h(x) \cdot \xi(x) \, d\sigma$$

$$= \int_{\partial \Omega} \left(f(x) \frac{\partial g}{\partial \xi}(x) - g(x) \frac{\partial f}{\partial \xi}(x) \right) d\sigma,$$

woraus die Behauptung folgt.   q.e.d.

Wir wollen nun den Stokesschen Integralsatz für Mannigfaltigkeiten speziali-sieren auf 2- dimensionale Flächen im $\mathbb{R}^3$. Da wir diesen Satz auch für Flächen mit singulärem Rand bereitstellen wollen, benötigen wir das folgende Resul-tat.

Satz 3. (Oszillationslemma von Courant–Lebesgue)
Sei

$$B := \left\{ w = u + iv = (u, v) \in \mathbb{C} \cong \mathbb{R}^2 : |w| < 1 \right\}$$

die offene Einheitskreisscheibe. Weiter sei

$$X(u, v) = \Big(x_1(u, v), \ldots, x_n(u, v) \Big) : B \to \mathbb{R}^n \in C^1(B)$$

eine vektorwertige Funktion mit endlichem Dirichletschen Integral $D(X)$, d.h. es gilt

$$D(X) := \iint_B \left(|X_u(u, v)|^2 + |X_v(u, v)|^2 \right) du\,dv \leq N < +\infty.$$

Dann gibt es zu jedem Punkt $w_0 = u_0 + iv_0 \in \overline{B}$ und jedem $\delta \in (0, 1)$ eine Zahl $\delta^* \in [\delta, \sqrt{\delta}]$, so daß die Ungleichung

$$L := \int\limits_{\substack{|w-w_0|=\delta^* \\ w \in B}} d\sigma(w) \le 2\sqrt{\frac{\pi N}{\log \frac{1}{\delta}}}$$

für die Länge L der Kurve X(w), $|w - w_0| = \delta^*$, $w \in B$, erfüllt ist.

Um den Beweis dieses Satzes zu führen, benötigen wir folgenden

Hilfssatz 3. *Seien $a < b$ und $f(x) : [a, b] \to \mathbb{R}$ eine stetige Funktion. Dann gilt*

$$\int\limits_a^b |f(x)|\, dx \le \sqrt{b-a} \sqrt{\int\limits_a^b |f(x)|^2\, dx}.$$

Beweis: Sei $\mathcal{Z} : a = x_0 < x_1 < \ldots < x_N = b$ eine äquidistante Zerlegung des Intervalls $[a, b]$ mit $x_j := a + j\frac{b-a}{N}$, $j = 0, 1, \ldots, N$. Sind nun $\xi_j \in [x_j, x_{j+1}]$ beliebige Zwischenwerte, so gilt nach der Cauchy-Schwarzschen Ungleichung

$$\sum_{j=0}^{N-1} |f(\xi_j)|(x_{j+1} - x_j) \le \sqrt{\sum_{j=0}^{N-1} |f(\xi_j)|^2 (x_{j+1} - x_j)} \sqrt{\sum_{j=0}^{N-1} (x_{j+1} - x_j)}$$

$$= \sqrt{b-a} \sqrt{\sum_{j=0}^{N-1} |f(\xi_j)|^2 (x_{j+1} - x_j)}\,.$$

Wir erhalten nach Grenzübergang $N \to \infty$ die Ungleichung

$$\int\limits_a^b |f(x)|\, dx \le \sqrt{b-a} \sqrt{\int_a^b |f(x)|^2\, dx}$$

und damit die gesuchte Ungleichung.   q.e.d.

Beweis von Satz 3: Wir führen um den Punkt $w_0 = u_0 + iv_0$ Polarkoordinaten ein, d.h.

$$u = u_0 + \varrho\cos\varphi, \quad v = v_0 + \varrho\sin\varphi, \qquad 0 \le \varrho \le \sqrt{\delta}, \quad \varphi_1(\varrho) \le \varphi \le \varphi_2(\varrho).$$

Weiter definieren wir die Funktion

$$\Psi(\varrho, \varphi) := X(u_0 + \varrho\cos\varphi, v_0 + \varrho\sin\varphi)$$

und berechnen

$$\Psi_\varrho = X_u \cos\varphi + X_v \sin\varphi,$$
$$\Psi_\varphi = -X_u \varrho \sin\varphi + X_v \varrho \cos\varphi$$

sowie

$$|\Psi_\varrho|^2 + \frac{1}{\varrho^2}\,|\Psi_\varphi|^2 = |X_u|^2 + |X_v|^2\,.$$

Unter Verwendung des Mittelwertsatzes der Integralrechnung und Hilfssatz 3 erhalten wir

$$N \geq D(X) = \iint_B \left(|X_u|^2 + |X_v|^2\right) du\,dv \geq \int_\delta^{\sqrt{\delta}} \int_{\varphi_1(\varrho)}^{\varphi_2(\varrho)} \left(|\Psi_\varrho|^2 + \frac{1}{\varrho^2}\,|\Psi_\varphi|^2\right) \varrho\,d\varrho\,d\varphi$$

$$\geq \int_\delta^{\sqrt{\delta}} \frac{1}{\varrho} \left(\int_{\varphi_1(\varrho)}^{\varphi_2(\varrho)} |\Psi_\varphi|^2\,d\varphi\right) d\varrho = \left(\int_{\varphi_1(\delta^*)}^{\varphi_2(\delta^*)} |\Psi_\varphi(\delta^*,\varphi)|^2\,d\varphi\right) \int_\delta^{\sqrt{\delta}} \frac{d\varrho}{\varrho}$$

$$\geq \frac{1}{2} \left(\log \frac{1}{\delta}\right) \frac{1}{\varphi_2(\delta^*) - \varphi_1(\delta^*)} \left(\int_{\varphi_1(\delta^*)}^{\varphi_2(\delta^*)} |\Psi_\varphi(\delta^*,\varphi)|\,d\varphi\right)^2$$

$$\geq \frac{1}{4\pi} \log\left(\frac{1}{\delta}\right) \left(\int_{\varphi_1(\delta^*)}^{\varphi_2(\delta^*)} |\Psi_\varphi(\delta^*,\varphi)|\,d\varphi\right)^2$$

für ein $\delta^* \in [\delta, \sqrt{\delta}]$. Schließlich folgt mit

$$L = \int_{\varphi_1(\delta^*)}^{\varphi_2(\delta^*)} |\Psi_\varphi(\delta^*,\varphi)|\,d\varphi \leq \sqrt{\frac{4\pi N}{\log\frac{1}{\delta}}} = 2\sqrt{\frac{\pi N}{\log\frac{1}{\delta}}}$$

die Behauptung.   q.e.d.

Bemerkung: Falls wir $w_0 \in B$ im Satz 3 wählen, brauchen wir nur $X \in C^1(B \setminus \{w_0\})$ vorauszusetzen.

Satz 4. (Der klassische Stokessche Integralsatz mit singulärem Rand)

1. *Auf dem Rand der abgeschlossenen Einheitskreisscheibe $\overline{B}$ seien $k_0 \in \mathbb{N} \cup \{0\}$ Punkte $w_k = exp(i\varphi_k)$, $k = 1, \ldots, k_0$, mit $0 \leq \varphi_1 < \ldots < \varphi_{k_0} < 2\pi$ gegeben. Nehmen wir die Punkte w_k, $k = 1, \ldots, k_0$, aus den Mengen $\overline{B}$ und ∂B heraus, erhalten wir die Mengen $\overline{B}'$ bzw. $\partial B'$.*
2. *Weiter sei die injektive Abbildung*

$$X(u,v) = \Big(x_1(u,v), x_2(u,v), x_3(u,v)\Big) : \overline{B} \longrightarrow \mathbb{R}^3 \in C^1(\overline{B}') \cap C^0(\overline{B})$$

mit $X_u \wedge X_v \neq 0$ für alle $(u,v) \in \overline{B}'$ und endlichem Dirichletintegral $D(X) < +\infty$ gegeben. Bezeichnen wir mit

$$\overline{X}(\varphi) := X\left(e^{i\varphi}\right), \qquad 0 \le \varphi \le 2\pi,$$

die Einschränkung von X auf ∂B, so erhalten wir das Linienelement

$$d^1\sigma(\varphi) = |\overline{X}'(\varphi)|\,d\varphi, \qquad 0 \le \varphi \le 2\pi, \quad \varphi \notin \{\varphi_1, \ldots, \varphi_{k_0}\}\,.$$

Wir fordern, daß die Kurve $\overline{X}(\varphi)$ endliche Länge hat, d.h. es gelte

$$L(\overline{X}) = \sum_{k=0}^{k_0-1} \int_{\varphi_k}^{\varphi_{k+1}} d^1\sigma(\varphi) < +\infty,$$

wobei $\varphi_0 := \varphi_{k_0} - 2\pi$ gesetzt wurde.

3. Wir bezeichnen mit

$$\nu(u,v) := |X_u \wedge X_v|^{-1} X_u \wedge X_v, \qquad (u,v) \in \overline{B}',$$

den Einheitsnormalenvektor und mit

$$d^2\sigma(u,v) := |X_u \wedge X_v|\,du\,dv$$

das Oberflächenelement der Fläche $X(u,v)$. Für den Tangentialvektor an die Randkurve schreiben wir

$$T(\varphi) := \frac{\overline{X}'(\varphi)}{|\overline{X}'(\varphi)|}\,.$$

4. Sei $\mathcal{O} \supset X(B) =: \mathcal{M}$ eine offene Menge im $\mathbb{R}^3$, und sei das Vektorfeld

$$a(x) = \left(a_1(x_1,x_2,x_3), a_2(x_1,x_2,x_3), a_3(x_1,x_2,x_3)\right) \in C^1(\mathcal{O}) \cap C^0(\overline{\mathcal{M}})$$

mit

$$\iint_B |\mathrm{rot}\,a(X(u,v))|\,d^2\sigma(u,v) < +\infty$$

gegeben.

Dann gilt die Stokessche Identität

$$\iint_B \left\{\mathrm{rot}\,a\Big(X(u,v)\Big) \cdot \nu(u,v)\right\} d^2\sigma(u,v) = \int_0^{2\pi} \left\{a\Big(\overline{X}(\varphi)\Big) \cdot T(\varphi)\right\} d^1\sigma(\varphi). \tag{7}$$

Bemerkung: Ist die Fläche *konform parametrisiert*, d.h. gelten

$$|X_u| = |X_v|, \quad X_u \cdot X_v = 0 \qquad \text{für alle} \quad (u,v) \in B,$$

so ist die Bedingung $D(X) < +\infty$ wegen

$$D(X) = 2 \iint\limits_{B} d^2\sigma(u,v) =: 2A(X)$$

äquivalent zur Endlichkeit des Flächeninhalts von X.

Beweis von Satz 4:

1. Wir wollen den Stokesschen Integralsatz für Mannigfaltigkeiten anwenden. Die Menge $\mathcal{M} := X(B)$ ist eine beschränkte, orientierte, 2-dimensionale C^1-Mannigfaltigkeit im $\mathbb{R}^3$ mit der Karte $X(u,v): B \to \mathcal{M}$. Der reguläre Rand $\partial\mathcal{M} := X(\partial B')$ erhält durch die Abbildung $\overline{X}(\varphi)$, $0 \le \varphi \le 2\pi$, eine Orientierung und hat wegen $L(\overline{X}) < +\infty$ endliche Länge. Wir zeigen zunächst, daß der singuläre Rand $\Delta\mathcal{M} := X(\{w_1, \dots, w_{k_0}\}) \subset \dot{\mathcal{M}} \subset \mathbb{R}^3$ die Kapazität Null hat.

2. Sei $w^* \in \partial B$ ein singulärer Punkt der Fläche, so führen wir in der Umgebung von w^* Polarkoordinaten ein:

$$w = w^* + \varrho e^{i\varphi}, \qquad 0 < \varrho < \varrho^*, \quad \varphi_1(\varrho) < \varphi < \varphi_2(\varrho).$$

Zu vorgegebenem $\eta > 0$ gibt es nach dem Courant-Lebesgueschen Oszillationslemma ein $\delta \in (0, \rho^*)$ mit folgender Eigenschaft: Sei $Y(\varrho, \varphi) := X(w^* + \varrho e^{i\varphi})$, $0 < \rho < \rho^*$, $\varphi_1(\rho) < \varphi < \varphi_2(\rho)$, so gilt für mindestens ein $\delta^* \in [\delta, \sqrt{\delta}]$ die Ungleichung

$$\int\limits_{\varphi_1(\delta^*)}^{\varphi_2(\delta^*)} |Y_\varphi(\delta^*, \varphi)| \, d\varphi \le 2\sqrt{\frac{\pi D(X)}{\log \frac{1}{\delta}}} \le \eta. \tag{8}$$

Folglich gibt es Zahlen $0 < \varrho_1 < \delta^* < \varrho_2 < \varrho^*$ mit der Eigenschaft

$$\int\limits_{\varphi_1(\varrho)}^{\varphi_2(\varrho)} |Y_\varphi(\varrho, \varphi)| \, d\varphi \le 2\eta \qquad \text{für alle} \quad \varrho \in [\varrho_1, \varrho_2].$$

Wir betrachten nun die schwach monoton steigende Glättungsfunktion

$$\Psi(\varrho) : [0, \varrho^*] \longrightarrow [0,1] \in C^1$$

mit

$$\Psi(\varrho) = \begin{cases} 0, & 0 \le \varrho \le \varrho_1 \\ 1, & \varrho_2 \le \varrho \le \varrho^* \end{cases}.$$

In einer Umgebung der Fläche $\mathcal{M}$ konstruieren wir nun eine Funktion

$$\chi = \chi(x_1, x_2, x_3) \in C^1(\mathcal{M})$$

mit

$$\Psi(\varrho) = \chi \circ Y(\varrho, \varphi), \ 0 < \varrho < \varrho^*, \ \varphi_1(\varrho) < \varphi < \varphi_2(\varrho).$$

Es folgt

$$\Psi'(\varrho) = \nabla\chi\big|_{Y(\varrho,\varphi)} \cdot Y_\varrho(\varrho, \varphi)$$

$$= |\boldsymbol{\nabla}\chi(Y(\varrho,\varphi))||Y_\varrho(\varrho,\varphi)| \cos \angle(\ \boldsymbol{\nabla}\chi(Y(\varrho,\varphi)), Y_\varrho(\varrho,\varphi))$$

$$= |\boldsymbol{\nabla}\chi(Y(\varrho,\varphi))||Y_\varrho(\varrho,\varphi)| \sin \angle(Y_\varrho(\varrho,\varphi), Y_\varphi(\varrho,\varphi)).$$

Wir schließen

$$\iint\limits_{w \in B \cap B_{\varrho^*}(w^*)} |\boldsymbol{\nabla}\chi| \, d^2\sigma(u,v)$$

$$\leq \int\limits_0^{\varrho^*} \left(\int\limits_{\varphi_1(\varrho)}^{\varphi_2(\varrho)} |\boldsymbol{\nabla}\chi(Y(\varrho,\varphi))||Y_\varrho||Y_\varphi| \sin \angle(Y_\varrho, Y_\varphi) \, d\varphi \right) d\varrho$$

$$= \int\limits_0^{\varrho^*} \Psi'(\varrho) \left(\int\limits_{\varphi_1(\varrho)}^{\varphi_2(\varrho)} |Y_\varphi(\varrho,\varphi)| \, d\varphi \right) d\varrho$$

$$= \int\limits_{\varrho_1}^{\varrho_2} \Psi'(\varrho) \left(\int\limits_{\varphi_1(\varrho)}^{\varphi_2(\varrho)} |Y_\varphi(\varrho,\varphi)| \, d\varphi \right) d\varrho \leq 2\eta \int\limits_{\varrho_1}^{\varrho_2} \Psi'(\varrho) \, d\varrho = 2\eta$$

für alle $\eta > 0$. Wir sehen so, daß der Randpunkt $X(w^*) \in \dot{\mathcal{M}}$ Kapazität Null hat. Folglich haben die endlich vielen Randpunkte $X(\{w_1, \ldots, w_{k_0}\})$ die Kapazität Null.

3. Wir betrachten nun die Pfaffsche Form

$$\omega = a_1(x) \, dx_1 + a_2(x) \, dx_2 + a_3(x) \, dx_3 \in C^1(\mathcal{M}) \cap C^0(\overline{\mathcal{M}}),$$

welche

$$\int\limits_{\mathcal{M}} |d\omega| \leq \iint\limits_B |\mathrm{rot}\, a\big(X(u,v)\big)| \, d^2\sigma(u,v) < +\infty$$

erfüllt. Satz 1 aus § 4 liefert mit

$$\iint\limits_B \left\{ \mathrm{rot}\, a\big(X(u,v)\big) \cdot \nu \right\} d^2\sigma$$

$$= \int\limits_{\mathcal{M}} d\omega = \int\limits_{\partial\mathcal{M}} \omega = \int\limits_0^{2\pi} \left\{ a\big(\overline{X}(\varphi)\big) \cdot T(\varphi) \right\} d^1\sigma(\varphi)$$

die Behauptung.   q.e.d.

§6 Kurvenintegrale

Wir beginnen mit dem

Beispiel 1. (Gravitationspotential)
Seien ein Körper der Masse $M > 0$ und ein Körper der Masse $m > 0$ mit
$m \ll M$ gegeben (zum Beispiel das System Sonne-Erde). Nach der Gravitationstheorie von Newton läßt sich die Bewegung in dem entstehenden Kraftfeld
durch das *Newtonsche Potential*

$$F(x) = \gamma \frac{mM}{r}, \qquad r = r(x) = \sqrt{x_1^2 + x_2^2 + x_3^2}, \quad x \in \mathbb{R}^3 \setminus \{0\},$$

beschreiben; dabei ist $\gamma > 0$ die Gravitationskonstante. Für zwei Punkte P
und Q berechnen wir die Arbeit, die bei der Bewegung von P nach Q geleistet
wird, gemäß

$$W = F(Q) - F(P).$$

Aus dem Potential läßt sich durch Differentiation das *Kraftfeld* berechnen,
nämlich

$$f(x) = \Big(f_1(x), f_2(x), f_3(x)\Big) = \nabla F(x)$$

$$= -\gamma \frac{mM}{r^3} (x_1, x_2, x_3) = -\gamma \frac{mM}{r^3} x.$$

Wir verbinden damit die Pfaffsche Form

$$\omega = f_1(x)\, dx_1 + f_2(x)\, dx_2 + f_3(x)\, dx_3$$

$$= -\gamma \frac{mM}{r^3} (x_1\, dx_1 + x_2\, dx_2 + x_3\, dx_3).$$

Ist nun

$$X(t) : [a,b] \longrightarrow \mathbb{R}^3 \setminus \{0\} \in C^1([a,b])$$

ein beliebiger Weg mit $X(a) = P$ und $X(b) = Q$, so folgt

$$\int_X \omega = \int_a^b \Big(F_{x_1} x_1'(t) + F_{x_2} x_2'(t) + F_{x_3} x_3'(t) \Big)\, dt$$

$$= \int_a^b \frac{d}{dt} \Big(F(X(t)) \Big)\, dt$$

$$= F\Big(X(a)\Big) - F\Big(X(b)\Big).$$

Somit ist das Integral nur von den Endpunkten und nicht vom Weg abhängig.
Wir sprechen dann von einem konservativen Kraftfeld; Bewegungen entlang
geschlossener Kurven erfordern keine Energie.

Wir wollen nun die Theorie der Kurvenintegrale entwickeln.

Definition 1. *Seien $\Omega \subset \mathbb{R}^n$, $n \geq 2$, ein Gebiet und $P, Q \in \Omega$ zwei Punkte. Dann definieren wir die Klasse $C(\Omega, P, Q)$ der stückweise stetig differenzierbaren Wege in Ω von P nach Q gemäß*

$$C(\Omega, P, Q) := \Big\{ X(t) : [a, b] \longrightarrow \Omega \in C^0([a, b]) :$$

$$-\infty < a < b < +\infty, \ X(a) = P, \ X(b) = Q;$$

$$\text{es gibt eine Zerlegung } a = t_0 < t_1 < \ldots < t_N = b, \text{ so daß}$$

$$X\big|_{[t_i, t_{i+1}]} \in C^1([t_i, t_{i+1}], \Omega) \text{ für } i = 0, \ldots, N-1 \text{ gilt} \Big\}.$$

Mit

$$C(\Omega) := \bigcup_{P \in \Omega} C(\Omega, P, P)$$

erhalten wir die Menge der geschlossenen Wege in Ω. Falls $X(t) \equiv P$, $a \leq t \leq b$, gilt, so sprechen wir von einer Punktkurve.

Bemerkung: Insbesondere sind in $C(\Omega, P, Q)$ die Polygonzüge von P nach Q enthalten.

Definition 2. *Seien*

$$\omega = \sum_{i=1}^{n} f_i(x) \, dx_i, \qquad x \in \Omega,$$

eine stetige Pfaffsche Form in dem Gebiet Ω und $X \in C(\Omega, P, Q)$ ein stückweise stetig differenzierbarer Weg zwischen den Punkten $P, Q \in \Omega$. Mit

$$X^{(j)} := X\big|_{[t_j, t_{j+1}]} \in C^1([t_j, t_{j+1}]), \qquad j = 0, \ldots, N-1,$$

setzen wir

$$\int_X \omega := \sum_{j=0}^{N-1} \int_{X^{(j)}} \omega = \sum_{j=0}^{N-1} \int_{t_j}^{t_{j+1}} \sum_{i=1}^{n} f_i\Big(X(t)\Big) x_i'(t) \, dt$$

für das Wegintegral von ω über X.

Definition 3. *Sei*

$$\omega = \sum_{i=1}^{n} f_i(x) \, dx_i, \qquad x \in \Omega,$$

eine stetige Pfaffsche Form im Gebiet $\Omega \subset \mathbb{R}^n$. Wir nennen dann $F(x) \in C^1(\Omega)$ eine Stammfunktion von ω, falls

$$dF = \omega \qquad in \quad \Omega$$

bzw.

$$F_{x_i}(x) = f_i(x) \quad \text{für} \quad x \in \Omega \quad \text{und} \quad i = 1,\dots,n$$

gilt. Falls ω eine Stammfunktion besitzt, sprechen wir von einer exakten Pfaffschen Form.

Satz 1. (Erster Hauptsatz über Kurvenintegrale)
Seien $\Omega \subset \mathbb{R}^n$ ein Gebiet und ω eine stetige Pfaffsche Form in Ω. Genau dann besitzt ω eine Stammfunktion F in Ω, wenn für jede geschlossene Kurve $X \in \mathcal{C}(\Omega, P, P)$ mit einem $P \in \Omega$ die Identität

$$\int_X \omega = 0$$

richtig ist. In diesem Falle erhalten wir eine Stammfunktion wie folgt: Für ein festes $P \in \Omega$ und ein beliebiges $Q \in \Omega$ gilt

$$F(Q) := \gamma + \int_Y \omega, \qquad Y \in \mathcal{C}(\Omega, P, Q),$$

wobei $\gamma \in \mathbb{R}$ eine Konstante ist.

Beweis:

1. ω besitzt eine Stammfunktion F, das heißt

$$\omega = \sum_{i=1}^n f_i(x)\,dx_i = \sum_{i=1}^n F_{x_i}(x)\,dx_i, \qquad x \in \Omega.$$

Seien nun $X \in \mathcal{C}(\Omega, P, P)$ mit $P \in \Omega$ sowie

$$X^{(j)} := X\big|_{[t_j, t_{j+1}]} \in C^1([t_j, t_{j+1}]), \qquad j = 0,\dots,N-1,$$

gegeben. Dann folgt

$$\int_X \omega = \sum_{j=0}^{N-1} \int_{X^{(j)}} \omega = \sum_{j=0}^{N-1} \int_{t_j}^{t_{j+1}} \left(\sum_{i=1}^n F_{x_i}\big(X(t)\big) x_i'(t)\,dt \right)$$

$$= \sum_{j=0}^{N-1} \int_{t_j}^{t_{j+1}} \frac{d}{dt} F\big(X(t)\big)\,dt = \sum_{j=0}^{N-1} \left\{ F\big(X(t_{j+1})\big) - F\big(X(t_j)\big) \right\}$$

$$= F\big(X(t_N)\big) - F\big(X(t_0)\big) = F(P) - F(P) = 0.$$

2. Nun sei

$$\int\limits_X \omega = 0 \qquad \text{für alle} \quad X \in \mathcal{C}(\Omega, P, P) \quad \text{mit} \quad P \in \Omega$$

erfüllt. Zu festem $P \in \Omega$ und beliebigem $Q \in \Omega$ wählen wir einen Weg

$$X \in \mathcal{C}(\Omega, P, Q)$$

und erklären

$$F(Q) := \int\limits_X \omega.$$

Wir haben die Unabhängigkeit dieser Definition von der Auswahl der Kurve X zu zeigen. Sei also

$$Y \in \mathcal{C}(\Omega, P, Q)$$

eine weitere Kurve, so müssen wir

$$\int\limits_X \omega = \int\limits_Y \omega$$

nachweisen. Zu $X : [a, b] \to \mathbb{R}^n$ und $Y : [c, d] \to \mathbb{R}^n$ betrachten wir die Kurve

$$Z(t) := \begin{cases} X(t), t \in [a, b] \\ Y(b + d - t), t \in [b, b + d - c] \end{cases}.$$

Offensichtlich gilt $Z \in \mathcal{C}(\Omega, P, P)$, und es folgt

$$0 = \int\limits_Z \omega = \int\limits_X \omega - \int\limits_Y \omega,$$

also

$$\int\limits_X \omega = \int\limits_Y \omega.$$

3. Schließlich haben wir noch

$$F_{x_i}(Q) = f_i(Q), \qquad i = 1, \dots, n,$$

zu zeigen. Hierzu gehen wir bei festem $i \in \{1, \dots, n\}$ von Q zu

$$Q_\varepsilon := Q + \varepsilon e_i, \quad e_i := (0, \dots, \underbrace{1}_{i-te}, \dots, 0),$$

auf dem Weg

$$Y(t) := [0, \varepsilon] \to \mathbb{R}, \quad Y(t) = Q + t e_i.$$

Nun ist

$$F(Q_\varepsilon) = F(Q) + F(Q_\varepsilon) - F(Q) = F(Q) + \int_Y \omega$$

$$= F(Q) + \int_0^\varepsilon \sum_{i=1}^n f_i\Big(Y(t)\Big) y_i'(t)\, dt$$

$$= F(Q) + \int_0^\varepsilon f_i(Q + te_i)\, dt,$$

und wir erhalten schließlich

$$\frac{d}{dx_i} F\Big|_Q = \frac{d}{d\varepsilon} F(Q_\varepsilon)\Big|_{\varepsilon=0} = f_i(Q), \qquad i = 1, \ldots, n,$$

weshalb die Behauptung folgt.   q.e.d

Sei nun

$$\omega = \sum_{i=1}^n f_i(x)\, dx_i$$

eine exakte Differentialform der Klasse $C^1(\Omega)$ in einem Gebiet $\Omega \subset \mathbb{R}^n$. Dann gibt es eine Funktion $F(x) : \Omega \longrightarrow \mathbb{R} \in C^2(\Omega)$ mit der Eigenschaft

$$dF = \omega \quad \text{bzw.} \quad f_i(x) = F_{x_i}(x).$$

Es folgt dann

$$d\omega = d^2 F = d \sum_{i=1}^n F_{x_i}\, dx_i = \sum_{i,j=1}^n F_{x_i x_j}\, dx_j \wedge dx_i = 0,$$

da die Matrix $(F_{x_i x_j})_{i,j=1,\ldots,n}$ symmetrisch ist.

Definition 4. *Eine m-Form $\omega \in C^1(\Omega)$ in einem Gebiet $\Omega \subset \mathbb{R}^n$ heißt geschlossen, falls $d\omega = 0$ in Ω gilt.*

Bemerkung: Die Pfaffsche Form

$$\omega = \sum_{i=1}^n f_i(x)\, dx_i, \qquad x \in \Omega,$$

ist genau dann geschlossen, wenn die Matrix

$$\left(\frac{\partial f_i(x)}{\partial x_j} \right)$$

symmetrisch ist.

Nach obigen Überlegungen ist also eine exakte Pfaffsche Form stets geschlossen. Wir wollen nun der Frage nachgehen, unter welchen Bedingungen eine geschlossene Pfaffsche Form exakt ist, also eine Stammfunktion besitzt.

Beispiel 2. Betrachte im $\mathbb{R}^2 \setminus \{0,0\}$ die Pfaffsche Form

$$\omega = \frac{-y}{x^2 + y^2}\, dx + \frac{x}{x^2 + y^2}\, dy, \qquad x^2 + y^2 > 0.$$

Diese 1-Form ist geschlossen, denn es gelten

$$\frac{\partial}{\partial y}\left(\frac{-y}{x^2 + y^2}\right) = \frac{-(x^2 + y^2) - (-y)2y}{(x^2 + y^2)^2} = \frac{-x^2 + y^2}{(x^2 + y^2)^2}$$

sowie

$$\frac{\partial}{\partial x}\left(\frac{x}{x^2 + y^2}\right) = \frac{x^2 + y^2 - x(2x)}{(x^2 + y^2)^2} = \frac{y^2 - x^2}{(x^2 + y^2)^2},$$

und somit

$$d\omega = \frac{\partial}{\partial y}\left(\frac{-y}{x^2 + y^2}\right) dy \wedge dx + \frac{\partial}{\partial x}\left(\frac{x}{x^2 + y^2}\right) dx \wedge dy = 0.$$

Betrachten wir nun die Kurve

$$X(t) := (\cos t, \sin t), \qquad 0 \le t \le 2\pi,$$

so berechnen wir

$$\int_X \omega = \int_0^{2\pi} \left(-\sin t(-\sin t) + \cos t \cos t\right) dt = 2\pi.$$

Nach Satz 1 existiert keine Stammfunktion zu ω in $\mathbb{R}^2 \setminus \{0,0\}$, die Differentialform ist dort also nicht exakt.

Das Nichtverschwinden des Kurvenintegrals liegt darin begründet, daß die Kurve X in $\mathbb{R}^2 \setminus \{0,0\}$ nicht auf eine *Punktkurve* zusammenziehbar ist.

Definition 5. *Sei $\Omega \subset \mathbb{R}^n$ ein Gebiet. Zwei geschlossene Kurven*

$$X(t) : [a, b] \longrightarrow \Omega, \quad Y(t) : [a, b] \longrightarrow \Omega, \qquad X, Y \in C(\Omega),$$

heißen homotop in Ω, falls es eine Abbildung

$$Z(t, s) : [a, b] \times [0, 1] \longrightarrow \Omega \in C^0([a, b] \times [0, 1], \mathbb{R}^n)$$

mit den Eigenschaften

$$Z(a, s) = Z(b, s) \qquad \text{für alle} \quad s \in [0, 1]$$

sowie

$$Z(t, 0) = X(t), \quad Z(t, 1) = Y(t) \qquad \text{für alle} \quad t \in [a, b]$$

gibt.

Satz 2. (Zweiter Hauptsatz über Kurvenintegrale)
*Sei $\Omega \subset \mathbb{R}^n$ ein Gebiet, in dem die beiden geschlossenen Kurven $X, Y \in \mathcal{C}(\Omega)$
zueinander homotop sind. Schließlich sei*

$$\omega = \sum_{i=1}^{n} f_i(x)\, dx_i, \qquad x \in \Omega,$$

eine geschlossene Pfaffsche Form der Klasse $C^1(\Omega)$. Dann gilt

$$\int_X \omega = \int_Y \omega.$$

Zum Beweis benötigen wir den folgenden

Hilfssatz 1. (Kurvenglättung)
Sei

$$X(t) : [a, b] \longrightarrow \mathbb{R}^n \in \mathcal{C}(\Omega)$$

eine geschlossene Kurve, die wir mittels

$$X\Big(t + k(b - a)\Big) = X(t), \qquad t \in \mathbb{R}, \quad k \in \mathbb{Z},$$

periodisch auf ganz $\mathbb{R}$ mit der Periode $(b - a)$ fortsetzen. Weiter sei

$$\chi(t) \in C_0^\infty((-1, +1), [0, \infty))$$

eine Glättungsfunktion mit den Eigenschaften

$$\chi(-t) = \chi(t) \qquad \text{für alle} \quad \in (-1, 1)$$

sowie

$$\int_{-1}^{+1} \chi(t)\, dt = 1.$$

Setzen wir

$$\chi_{t,\varepsilon}(\tau) := \frac{1}{\varepsilon}\, \chi\left(\frac{\tau - t}{\varepsilon}\right), \qquad \tau \in \mathbb{R},$$

so erhalten wir als geglättete Funktion

$$X^\varepsilon(t) := \int_{-\infty}^{+\infty} X(\tau)\chi_{t,\varepsilon}(\tau)\, d\tau = \int_{-\infty}^{+\infty} X(\tau)\frac{1}{\varepsilon}\, \chi\left(\frac{\tau - t}{\varepsilon}\right)\, d\tau,$$

welche wiederum die Periode $(b - a)$ hat. Es gilt dann

$$\lim_{\varepsilon \to 0+} X^\varepsilon(t) = X(t) \qquad \text{gleichmäßig auf} \quad [a, b].$$

Weiter gehört $X^\varepsilon(t)$ zur Klasse $C^\infty(\mathbb{R})$, und wir erhalten die Abschätzung

$$\left|\frac{d}{dt}X^\varepsilon(t)\right| \le C \qquad \textit{für alle} \quad t \in [a,b], \quad 0 < \varepsilon < \varepsilon_0,$$

mit einer Konstanten $C > 0$ und einem hinreichend kleinen ε_0. Für alle kompakten Teilmengen

$$T \subset (t_0, t_1) \cup (t_1, t_2) \cup \ldots \cup (t_{N-1}, t_N) \subset (a, b)$$

gilt

$$\frac{d}{dt}X^\varepsilon(t) \longrightarrow X'(t) \qquad \textit{für} \quad \varepsilon \to 0+ \quad \textit{gleichmäßig in} \quad T.$$

Beweis: Wie in §1, Hilfssatz 2, zeigt man

$$X^\varepsilon(t) \longrightarrow X(t) \qquad \text{für alle} \quad t \in [a, b] \quad \text{gleichmäßig für} \quad \varepsilon \to 0+.$$

Da X stückweise differenzierbar und stetig ist, folgt durch partielle Integration

$$\frac{d}{dt}X^\varepsilon(t) = \int_{-\infty}^{+\infty} X(\tau)\frac{d}{dt}\chi_{t,\varepsilon}(\tau)\, d\tau = \int_{-\infty}^{+\infty} X(\tau)\left(-\frac{d}{d\tau}\chi_{t,\varepsilon}(\tau)\right)\, d\tau$$
$$= \int_{-\infty}^{+\infty} X'(\tau)\chi_{t,\varepsilon}(\tau)\, d\tau.$$

Somit erhalten wir

$$\left|\frac{d}{dt}X^\varepsilon(t)\right| \le \int_{-\infty}^{+\infty} |X'(\tau)|\chi_{t,\varepsilon}(\tau)\, d\tau \le C \int_{-\infty}^{+\infty} \chi_{t,\varepsilon}(\tau)\, d\tau = C \qquad \text{für alle} \quad t \in \mathbb{R},$$

da $|X'(\tau)| \le C$ auf $\mathbb{R}$ gilt. Schließlich folgt wiederum wie in §1, Hilfssatz 2

$$\lim_{\varepsilon \to 0+}\frac{d}{dt}X^\varepsilon(t) = X'(t) \qquad \text{gleichmäßig in} \quad T \subset (t_0, t_1) \cup \ldots \cup (t_{N-1}, t_N)$$

was zu zeigen war.   q.e.d.

Wir kommen nun zum

Beweis von Satz 2:

1. Seien $X, Y \in \mathcal{C}(\Omega)$ zwei zueinander homotope, geschlossene Kurven. Dann gibt es eine stetige Funktion

$$Z(t, s) : [a, b] \times [0, 1] \longrightarrow \Omega \in C^0([a, b] \times [0, 1], \mathbb{R}^n)$$

mit den Eigenschaften

$$Z(a, s) = Z(b, s) \qquad \text{für alle} \quad s \in [0, 1]$$

sowie

$$Z(t, 0) = X(t), \quad Z(t, 1) = Y(t) \qquad \text{für alle} \quad t \in [a, b].$$

Wir setzen Z auf das Rechteck $[a, b] \times [-2, 3]$
fort zu

$$\Phi(t, s) := \begin{cases} X(t), \, (t, s) \in [a, b] \times [-2, 0] \\ Z(t, s), \, (t, s) \in [a, b] \times [0, 1] \\ Y(t), \, (t, s) \in [a, b] \times [1, 3] \end{cases} .$$

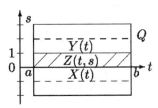

Mittels

$$\Phi\Big(t + k(b - a), s\Big) = \Phi(t, s) \qquad \text{für} \quad t \in \mathbb{R}, \quad s \in [-2, 3] \quad \text{und} \quad k \in \mathbb{Z}$$

setzen wir die Funktion auf den Streifen $\mathbb{R} \times [-2, 3]$ fort zu einer stetigen, in der ersten Variablen periodischen Funktion mit der Periode $(b - a)$.

2. In dem Quader $Q := [a, b] \times [-1, 2]$ betrachten wir die Funktion

$$\Phi^\varepsilon(u, v) := \int\limits_{-\infty}^{+\infty} \int\limits_{-\infty}^{+\infty} \Phi(\xi, \eta) \chi_{u,\varepsilon}(\xi) \chi_{v,\varepsilon}(\eta) \, d\xi d\eta \qquad \text{für alle} \quad 0 < \varepsilon < 1.$$

Nun ist $\Phi^\varepsilon \in C^\infty(Q)$ erfüllt, und es gilt

$$\Phi^\varepsilon(u, v) \longrightarrow \Phi(u, v) \qquad \text{für} \quad \varepsilon \to 0 \quad \text{gleichmäßig in} \quad [a, b] \times [-1, 2].$$

Somit folgt $\Phi^\varepsilon(Q) \subset \Omega, \, 0 < \varepsilon < \varepsilon_0$. Weiter ist

$$\Phi^\varepsilon\Big(u + k(b - a), v\Big) = \Phi^\varepsilon(u, v) \qquad \text{für alle} \quad (u, v) \in \mathbb{R} \times [-1, 2], \quad k \in \mathbb{Z},$$

erfüllt, und für $a \leq u \leq b$ haben wir

$$\Phi^\varepsilon(u, -1) = \int\limits_{-\infty}^{+\infty} \int\limits_{-\infty}^{+\infty} \Phi(\xi, \eta) \chi_{u,\varepsilon}(\xi) \chi_{-1,\varepsilon}(\eta) \, d\xi d\eta$$

$$= \int\limits_{-\infty}^{+\infty} \int\limits_{-\infty}^{+\infty} X(\xi) \chi_{u,\varepsilon}(\xi) \chi_{-1,\varepsilon}(\eta) \, d\xi d\eta$$

$$= \int\limits_{-\infty}^{+\infty} X(\xi) \chi_{u,\varepsilon}(\xi) \, d\xi = X^\varepsilon(u),$$

und ebenso

$$\Phi^\varepsilon(u, 2) = Y^\varepsilon(u), \qquad a \leq u \leq b.$$

3. Mit dem Stokesschen Integralsatz für den Quader Q erhalten wir für alle $0 < \varepsilon < \varepsilon_0$

$$\int\limits_{X^\varepsilon} \omega - \int\limits_{Y^\varepsilon} \omega = \oint\limits_{\partial Q} \omega_{\Phi^\varepsilon} = \int\limits_{Q} d(\omega_{\Phi^\varepsilon}) = \int\limits_{Q} (d\omega)_{\Phi^\varepsilon} = 0.$$

Für für $\varepsilon \to 0+$ liefert Hilfssatz 1 mit

$$0 = \lim\limits_{\varepsilon \to 0+} \left(\int\limits_{X^\varepsilon} \omega - \int\limits_{Y^\varepsilon} \omega \right) = \int\limits_{X} \omega - \int\limits_{Y} \omega$$

die Behauptung.   q.e.d

Definition 6. *Seien das Gebiet $\Omega \subset \mathbb{R}^n$ sowie die Punkte $P, Q \in \Omega$ gegeben. Zwei Kurven*

$$X(t), Y(t) \,:\, [a, b] \longrightarrow \Omega \in \mathcal{C}(\Omega, P, Q)$$

heißen homotop in Ω mit festem Anfangspunkt P und Endpunkt Q, falls es eine stetige Abbildung

$$Z(t, s) \,:\, [a, b] \times [0, 1] \longrightarrow \Omega$$

mit den folgenden Eigenschaften gibt:

$$Z(a, s) = P, \quad Z(b, s) = Q \qquad \text{für alle} \quad s \in [0, 1]$$

sowie

$$Z(t, 0) = X(t), \quad Z(t, 1) = Y(t) \qquad \text{für alle} \quad t \in [a, b].$$

Wir erhalten nun leicht aus Satz 2 den

Satz 3. *Seien $\Omega \subset \mathbb{R}^n$ ein Gebiet und $P, Q \in \Omega$ zwei beliebige Punkte. Weiter seien die zueinander homotopen Kurven $X(t), Y(t) \in \mathcal{C}(\Omega, P, Q)$ mit festem Anfangs- und Endpunkt gegeben. Schließlich sei*

$$\omega = \sum\limits_{i=1}^{n} f_i(x) \, dx_i, \qquad x \in \Omega,$$

eine geschlossene Pfaffsche Form der Klasse $C^1(\Omega)$. Dann gilt

$$\int\limits_{X} \omega = \int\limits_{Y} \omega.$$

Beweis: Wir betrachten die folgende Homotopie geschlossener Kurven in Ω :

$$\Phi(t, s) \,:\, [a, 2b - a] \times [0, 1] \longrightarrow \Omega$$

mit

$$\Phi(t,s) = \begin{cases} X(t), \, a \leq t \leq b \\ Z(2b-t,s), \, b \leq t \leq 2b-a \end{cases}.$$

Wir beachten

$$\Phi(t,0) = \begin{cases} X(t), \, a \leq t \leq b \\ X(2b-t), \, b \leq t \leq 2b-a \end{cases}.$$

Hierbei wird die Kurve X von P nach Q und dann zurück von Q nach P durchlaufen; es folgt also

$$\int_{\Phi(\cdot,0)} \omega = 0.$$

Weiter gilt

$$\Phi(t,1) = \begin{cases} X(t), \, a \leq t \leq b \\ Y(2b-t), \, b \leq t \leq 2b-a \end{cases}.$$

Hier wird zunächst die Kurve X von P nach Q durchlaufen, anschließend die Kurve Y von Q nach P. Satz 2 liefert nun

$$0 = \int_{\Phi(\cdot,0)} \omega = \int_{\Phi(\cdot,1)} \omega = \int_X \omega - \int_Y \omega.$$

q.e.d.

Besonders einfach wird das Studium von Kurvenintegralen in folgenden Gebieten.

Definition 7. *Ein Gebiet $\Omega \subset \mathbb{R}^n$ heißt einfach zusammenhängend, falls jede geschlossene Kurve $X(t) \in \mathcal{C}(\Omega)$ homotop zu einer Punktkurve in Ω ist, jede geschlossene Kurve sich also auf einen Punkt zusammenziehen läßt.*

Der Kreisring ist ein einfaches Beispiel für ein nicht einfach zusammenhängendes Gebiet. In einer Kreisscheibe (ohne Löcher) ist jede geschlossene Kurve $X(t)$ homotop zu einer Punktkurve

$$Y(t) \equiv P,$$

also ist sie einfach zusammenhängend.

Satz 4. (Kurvenintegrale in einfach zusammenhängenden Gebieten)
Seien $\Omega \subset \mathbb{R}^n$ ein einfach zusammenhängendes Gebiet und

$$\omega = \sum_{i=1}^n f_i(x)\,dx_i, \qquad x \in \Omega,$$

eine Pfaffsche Form der Klasse $C^1(\Omega)$. Dann sind folgende Aussagen äquivalent:

1. ω ist eine exakte Pfaffsche Form, besitzt also eine Stammfunktion F.

2. Für alle $X \in \mathcal{C}(\Omega, P, P)$ *mit einem* $P \in \Omega$ *gilt*

$$\int_X \omega = 0.$$

3. ω ist eine geschlossene Pfaffsche Form, d.h. es gilt

$$d\omega = 0 \quad in \quad \Omega$$

bzw. die Matrix

$$\left(\frac{\partial f_i}{\partial x_j}(x) \right)_{i,j=1,\dots,n}$$

ist symmetrisch für alle $x \in \Omega$.

Beweis: Nach dem ersten Hauptsatz über Kurvenintegrale gilt die Äquivalenz „1. ⇔ 2.". Die Aussage „1. ⇒ 3." ergeben die Überlegungen vor der Definition 4. Wir haben nur noch die Richtung „3. ⇒ 2." zu zeigen. Sei dazu

$$X(t) \in \mathcal{C}(\Omega, P, P)$$

eine geschlossene Kurve, so ist diese Kurve X nach Voraussetzung an das Gebiet Ω homotop zu einer Punktkurve

$$Y(t) \equiv P, \qquad a \leq t \leq b.$$

Anwendung von Satz 2 liefert uns schließlich

$$\int_X \omega = \int_Y \omega = \int_a^b \sum_{i=1}^n f_i\big(Y(t)\big) y_i'(t)\, dt = 0,$$

woraus der Satz folgt.   q.e.d.

Bemerkung: Im $\mathbb{R}^3$ besagt die Bedingung 3 aus Satz 4, daß das Vektorfeld

$$f(x) = \big(f_1(x), f_2(x), f_3(x)\big), \qquad x \in \Omega,$$

wirbelfrei ist, d.h. es gilt

$$\operatorname{rot} f(x) = 0 \quad in \quad \Omega.$$

Nach Satz 4 existiert in einem einfach zusammenhängenden Gebiet $\Omega \subset \mathbb{R}^3$ also eine Stammfunktion $F : \Omega \to \mathbb{R} \in C^2(\Omega)$ mit der Eigenschaft

$$\nabla F(x) = f(x), \qquad x \in \Omega.$$

§7 Das Poincarésche Lemma

Eine Übertragung der Theorie der Kurvenintegrale auf die höherdimensionale Situation der Oberflächenintegrale wurde insbesondere von de Rham durchgeführt (vgl. G. de Rham, Varietés differentiables, Hermann, Paris 1955). Wir verweisen in diesem Zusammenhang auch auf Paragraph 20 im Lehrbuch von H. Holmann und H. Rummler, Alternierende Differentialformen, BI-Wissenschaftsverlag, 2.Auflage, 1981.

Wir werden Stammfunktionen beliebiger m-Formen konstruieren, welche Vektorpotentialen entsprechen, allerdings nur in sogenannten „zusammenziehbaren" Gebieten. Hierzu benötigen wir den Stokesschen Integralsatz nicht!

Definition 1. *Eine stetige m-Form, $1 \leq m \leq n$, in einer offenen Menge $\Omega \subset \mathbb{R}^n$, $n \in \mathbb{N}$,*

$$\omega = \sum_{1 \leq i_1 < \ldots < i_m \leq n} a_{i_1 \ldots i_m}(x)\, dx_{i_1} \wedge \ldots \wedge dx_{i_m}, \qquad x \in \Omega,$$

heißt exakt, wenn es eine $(m-1)$-Form

$$\lambda = \sum_{1 \leq i_1 < \ldots < i_{m-1} \leq n} b_{i_1 \ldots i_{m-1}}(x)\, dx_{i_1} \wedge \ldots \wedge dx_{i_{m-1}}, \qquad x \in \Omega,$$

der Klasse $C^1(\Omega)$ gibt mit der Eigenschaft

$$d\lambda = \omega \quad in \quad \Omega.$$

Satz 1. *Eine exakte Differentialform $\omega \in C^1(\Omega)$ ist geschlossen.*

Beweis: Wir berechnen

$$d\omega = d(d\lambda) = d \sum_{1 \leq i_1 < \ldots < i_{m-1} \leq n} db_{i_1 \ldots i_{m-1}}(x) \wedge dx_{i_1} \wedge \ldots \wedge dx_{i_{m-1}}$$

$$= \sum_{1 \leq i_1 < \ldots < i_{m-1} \leq n} \left(d\, db_{i_1 \ldots i_{m-1}}(x) \right) \wedge dx_{i_1} \wedge \ldots \wedge dx_{i_{m-1}} = 0,$$

woraus die Behauptung folgt. \hfill q.e.d.

Wir wollen nun eine Bedingung an das Gebiet Ω formulieren, die hinreichend dafür ist, daß eine geschlossene Differentialform exakt ist.

Definition 2. *Sei $\Omega \subset \mathbb{R}^n$ ein Gebiet mit dem zugehörigen Zylinder*

$$\widehat{\Omega} := \Omega \times [0,1] \subset \mathbb{R}^{n+1}.$$

Weiter gebe es ein $x_0 \in \Omega$ und eine Abbildung

$$F = F(x,t) = \Big(f_1(x_1,\ldots,x_n,t),\ldots,f_n(x_1,\ldots,x_n,t)\Big) \,:\, \widehat{\Omega} \longrightarrow \Omega$$

der Klasse $C^2(\widehat{\Omega}, \mathbb{R}^n)$, so daß folgendes gilt:

$$F(x,0) = x_0\,, \quad F(x,1) = x \quad \text{für alle} \quad x \in \Omega.$$

Dann nennen wir das Gebiet Ω (auf den Punkt x_0) zusammenziehbar.

Bemerkungen:

1. Sei das Gebiet Ω *sternförmig* bezüglich einem Punkt $x_0 \in \Omega$, d.h.

$$(tx + (1-t)x_0) \in \Omega \quad \text{für alle} \quad t \in [0,1], \quad x \in \Omega.$$

Dann ist Ω zusammenziehbar mit der Kontraktionsabbildung

$$F(x,t) := tx + (1-t)x_0\,, \qquad x \in \Omega, \quad t \in [0,1].$$

2. Jedes zusammenziehbare Gebiet $\Omega \subset \mathbb{R}^n$ ist auch einfach zusammenhängend. Ist nämlich $X(s)$, $0 \le s \le 1$, mit $X(0) = X(1)$ eine geschlossene Kurve in Ω, so ist sie auf den Punkt x_0 zusammenziehbar vermittels

$$Y(s,t) := F\Big(X(s),t\Big), \qquad 0 \le s \le 1, \quad 0 \le t \le 1.$$

In einem zusammenziehbaren Gebiet kann die Kontraktion einer beliebigen Kurve $X(s)$ also durch die gemeinsame Abbildung F durchgeführt werden. Die Zusammenziehung ist somit in gewissem Sinne unabhängig von der Auswahl der Kurve X!

3. Wir können folgende Kette von Implikationen für Gebiete im $\mathbb{R}^n$ aufstellen:

$$\text{konvex} \Longrightarrow \text{sternförmig}$$
$$\Longrightarrow \text{zusammenziehbar}$$
$$\Longrightarrow \text{einfach zusammenhängend.}$$

Auf dem Zylinder $\widehat{\Omega}$ betrachten wir nun die l-Form

$$\gamma(x,t) := \sum_{1 \le i_1 < \ldots < i_l \le n} c_{i_1 \ldots i_l}(x,t)\, dx_{i_1} \wedge \ldots \wedge dx_{i_l}$$

der Klasse $C^1(\widehat{\Omega})$. Wir verwenden die Abkürzung $\frac{d}{dt} := \dot{}$ für die zeitliche Ableitung und erklären

$$\dot{\gamma}(x,t) := \sum_{1 \le i_1 < \ldots < i_l \le n} \dot{c}_{i_1 \ldots i_l}(x,t)\, dx_{i_1} \wedge \ldots \wedge dx_{i_l}.$$

Weiter setzen wir

$$\int\limits_0^1 \gamma(x,t)\, dt := \sum_{1 \le i_1 < \ldots < i_l \le n} \left(\int\limits_0^1 c_{i_1 \ldots i_l}(x,t)\, dt \right) dx_{i_1} \wedge \ldots \wedge dx_{i_l}.$$

Nach dem Fundamentalsatz der Differential- und Integralrechnung gilt nun

$$\int_0^1 \dot{\gamma}(x,t)\,dt = \gamma(x,1) - \gamma(x,0). \tag{1}$$

Für eine Funktion $g(x,t) : \widehat{\Omega} \to \mathbb{R} \in C^1(\widehat{\Omega})$ berechnen wir die äußere Ableitung zu

$$dg = \sum_{k=1}^n \frac{\partial g}{\partial x_k}\,dx_k + \dot{g}(x,t)\,dt =: d_x g + \dot{g}\,dt.$$

Wir erhalten somit

$$d\gamma = d_x\gamma + dt \wedge \dot{\gamma},$$

wenn wir

$$d_x\gamma := \sum_{1 \le i_1 < \ldots < i_l \le n} \Big(d_x c_{i_1 \ldots i_l}(x,t)\Big) \wedge dx_{i_1} \wedge \ldots \wedge dx_{i_l}$$

setzen. Schließlich wollen wir die Identität

$$d\left(\int_0^1 \gamma(x,t)\,dt\right) = \int_0^1 \Big(d_x\gamma(x,t)\Big)\,dt \tag{2}$$

beweisen. Dazu berechnen wir

$$d\left(\int_0^1 \gamma(x,t)\,dt\right)$$

$$= \sum_{1 \le i_1 < \ldots < i_l \le n}\ \sum_{i=1}^n \frac{\partial}{\partial x_i}\left(\int_0^1 c_{i_1 \ldots i_l}(x,t)\,dt\right) dx_i \wedge dx_{i_1} \wedge \ldots \wedge dx_{i_l}$$

$$= \sum_{1 \le i_1 < \ldots < i_l \le n}\ \sum_{i=1}^n \left(\int_0^1 \frac{\partial}{\partial x_i} c_{i_1 \ldots i_l}(x,t)\,dt\right) dx_i \wedge dx_{i_1} \wedge \ldots \wedge dx_{i_l}$$

$$= \int_0^1 \left\{ \sum_{1 \le i_1 < \ldots < i_l \le n} \left(\sum_{i=1}^n \frac{\partial}{\partial x_i} c_{i_1 \ldots i_l}(x,t)\,dx_i\right) \wedge dx_{i_1} \wedge \ldots \wedge dx_{i_l} \right\} dt$$

$$= \int_0^1 \Big(d_x\gamma(x,t)\Big)\,dt.$$

Satz 2. (Das Poincarésche Lemma)
Seien $\Omega \subset \mathbb{R}^n$ ein zusammenziehbares Gebiet und $1 \le m \le n$. Dann ist jede geschlossene m- Form ω in Ω exakt.

Beweis (A. Weil):

1. Da Ω zusammenziehbar ist, gibt es eine Abbildung

$$F = F(x,t) : \widehat{\Omega} \longrightarrow \Omega \in C^2(\widehat{\Omega})$$

mit

$$F(x,0) = x_0, \quad F(x,1) = x \quad \text{für alle} \quad x \in \Omega.$$

Wir betrachten auf $\widehat{\Omega} = \Omega \times [0,1]$ die transformierte Differentialform

$$\begin{aligned}
\widehat{\omega}(x,t) &:= \omega \circ F(x,t) \\
&= \sum_{1 \leq i_1 < \ldots < i_m \leq n} a_{i_1 \ldots i_m}(F(x,t)) \, df_{i_1} \wedge \ldots \wedge df_{i_m} \\
&= \sum_{1 \leq i_1 < \ldots < i_m \leq n} a_{i_1 \ldots i_m}(F(x,t)) \, d_x f_{i_1} \wedge \ldots \wedge d_x f_{i_m} + dt \wedge \omega_2(x,t) \\
&= \omega_1 + dt \wedge \omega_2.
\end{aligned}$$

Dabei haben wir

$$df_{i_k} = d_x f_{i_k} + \dot{f}_{i_k} \, dt \quad \text{für} \quad k = 1, \ldots, m$$

benutzt. Die Differentialformen $\omega_1(x,t)$ und $\omega_2(x,t)$ sind unabhängig von dt und haben den Grad m bzw. $(m-1)$. Weiter gelten

$$\omega_1(x,0) = 0 \quad \text{und} \quad \omega_1(x,1) = \omega(x).$$

2. Wir berechnen

$$\begin{aligned}
0 = (d\omega) \circ F = d(\omega \circ F) = d\widehat{\omega} \\
= d\omega_1 + d(dt \wedge \omega_2) = d_x\omega_1 + dt \wedge \dot{\omega}_1 - dt \wedge d\omega_2 \\
= d_x\omega_1 + dt \wedge \dot{\omega}_1 - dt \wedge (d_x\omega_2 + dt \wedge \dot{\omega}_2) \\
= d_x\omega_1 + dt \wedge (\dot{\omega}_1 - d_x\omega_2).
\end{aligned}$$

Somit folgt

$$\dot{\omega}_1 = d_x\omega_2. \tag{3}$$

3. Wir erklären nun die $(m-1)$-Form

$$\lambda := \int_0^1 \omega_2(x,t) \, dt.$$

Mit Hilfe der Identitäten (1), (2) sowie (3) berechnen wir

$$d\lambda = \int\limits_0^1 \Big(d_x\omega_2(x,t)\Big)\, dt = \int\limits_0^1 \dot\omega_1(x,t)\, dt = \omega_1(x,1) - \omega_1(x,0) = \omega(x),$$

womit alles gezeigt ist.   q.e.d.

Beispiel 1. In einem sternförmigen Gebiet $\Omega \subset \mathbb{R}^3$ sei das quellenfreie Vektorfeld

$$b(x) = \Big(b_1(x), b_2(x), b_3(x)\Big) : \Omega \longrightarrow \mathbb{R}^3 \in C^1(\Omega, \mathbb{R}^3)$$

mit

$$\operatorname{div} b(x) = 0$$

gegeben. Dann ist die zugehörige 2-Form

$$\omega = b_1(x)\, dx_2 \wedge dx_3 + b_2(x)\, dx_3 \wedge dx_1 + b_3(x)\, dx_1 \wedge dx_2$$

geschlossen. Nach Satz 2 gibt es eine Pfaffsche Form

$$\lambda = a_1(x)\, dx_1 + a_2(x)\, dx_2 + a_3(x)\, dx_3 \in C^2(\Omega)$$

mit $d\lambda = \omega$. Wie wir in § 3 ausgerechnet haben, bedeutet das für das Vektorfeld $a(x) = (a_1(x), a_2(x), a_3(x))$, daß

$$\operatorname{rot} a(x) = b(x) \qquad \text{für alle} \quad x \in \Omega$$

erfüllt ist. Wir haben also für das quellenfreie Vektorfeld $b(x)$ ein Vektorpotential $a(x)$ gefunden.

§8 Die Coableitung und der Laplace-Beltrami-Operator

In diesem Abschnitt wollen wir ein Skalarprodukt für Differentialformen einführen. Wir betrachten den

$$\mathbb{R}^n := \Big\{ \overline{x} = (\overline{x}_1, \dots, \overline{x}_n) : \overline{x}_i \in \mathbb{R},\ i = 1, \dots, n \Big\}$$

und eine darin enthaltene offene Teilmenge $\Theta \subset \mathbb{R}^n$. Weiter seien auf Θ zwei stetige m- Formen gegeben, nämlich

$$\overline{\alpha} := \sum_{1 \le i_1 < \dots < i_m \le n} \overline{a}_{i_1 \dots i_m}(\overline{x})\, d\overline{x}_{i_1} \wedge \dots \wedge d\overline{x}_{i_m}, \qquad \overline{x} \in \Theta,$$

sowie

$$\overline{\beta} := \sum_{1 \le i_1 < \dots < i_m \le n} \overline{b}_{i_1 \dots i_m}(\overline{x})\, d\overline{x}_{i_1} \wedge \dots \wedge d\overline{x}_{i_m}, \qquad \overline{x} \in \Theta.$$

Wir erklären wie folgt ein *Skalarprodukt* zwischen den m-Formen $\overline{\alpha}$ und $\overline{\beta}$:

$$(\overline{\alpha}, \overline{\beta})_m := \sum_{1 \leq i_1 < \ldots < i_m \leq n} \overline{a}_{i_1 \ldots i_m}(\overline{x}) \, \overline{b}_{i_1 \ldots i_m}(\overline{x}), \qquad m = 0, 1, \ldots, n. \tag{1}$$

Das Skalarprodukt ordnet also zwei m-Formen eine 0-Form zu. Es ist eine symmetrische Bilinearform auf dem Vektorraum der m-Formen.

Wir betrachten nun die Parametertransformation

$$\overline{x} = \Phi(x) = \Big(\Phi_1(x_1, \ldots, x_n), \ldots, \Phi_n(x_1, \ldots, x_n)\Big) : \Omega \longrightarrow \Theta \in C^2(\Omega)$$

auf der offenen Menge $\Omega \subset \mathbb{R}^n$. Die Abbildung Φ erfüllt

$$J_\Phi(x) = \det\Big(\partial \Phi(x)\Big) \neq 0 \qquad \text{für alle} \quad x \in \Omega. \tag{2}$$

Wir setzen

$$g(x) := \Big(J_\Phi(x)\Big)^2 = \det\Big(\partial \Phi(x)^t \circ \partial \Phi(x)\Big), \qquad x \in \Omega.$$

Der Transformation $\overline{x} = \Phi(x)$ ist in natürlicher Weise die Volumenform

$$\omega = \sqrt{g(x)} \, dx_1 \wedge \ldots \wedge dx_n, \qquad x \in \Omega, \tag{3}$$

zugeordnet. Die m-Formen $\overline{\alpha}$ und $\overline{\beta}$ transformieren sich in die m- Formen

$$\alpha := \overline{\alpha}_\Phi = \sum_{1 \leq i_1 < \ldots < i_m \leq n} \overline{a}_{i_1 \ldots i_m}\Big(\Phi(x)\Big) \, d\Phi_{i_1}(x) \wedge \ldots \wedge d\Phi_{i_m}(x)$$

$$=: \sum_{1 \leq i_1 < \ldots < i_m \leq n} a_{i_1 \ldots i_m}(x) \, dx_{i_1} \wedge \ldots \wedge dx_{i_m}$$

bzw.

$$\beta := \overline{\beta}_\Phi = \sum_{1 \leq i_1 < \ldots < i_m \leq n} \overline{b}_{i_1 \ldots i_m}\Big(\Phi(x)\Big) \, d\Phi_{i_1}(x) \wedge \ldots \wedge d\Phi_{i_m}(x)$$

$$=: \sum_{1 \leq i_1 < \ldots < i_m \leq n} b_{i_1 \ldots i_m}(x) \, dx_{i_1} \wedge \ldots \wedge dx_{i_m}.$$

Wir wollen nun ein Skalarprodukt $(\alpha, \beta)_m$ zwischen den transformierten m-Formen α und β so definieren, daß folgendes gilt:

$$(\alpha, \beta)_m(x) = (\overline{\alpha}, \overline{\beta})_m\Big(\Phi(x)\Big), \qquad x \in \Omega. \tag{4}$$

Für Differentialformen der Ordnungen $0, 1, n-1, n$ werden wir das Skalarprodukt in einfacher Weise darstellen.

1. Sei $m = 0$. Wir betrachten die 0-Formen

$$\overline{\alpha} = \overline{a}(\overline{x}), \quad \overline{\beta} = \overline{b}(\overline{x}).$$

Dann ist

$$\alpha = \overline{\alpha}_\Phi = \overline{a}\Big(\Phi(x)\Big), \quad \beta = \overline{\beta}_\Phi = \overline{b}\Big(\Phi(x)\Big).$$

Setzen wir

$$(\alpha, \beta)_0(x) := a(x)b(x),$$

so erhalten wir

$$(\alpha, \beta)_0(x) = a(x)b(x) = \overline{a}\Big(\Phi(x)\Big)\,\overline{b}\Big(\Phi(x)\Big)$$

$$= (\overline{\alpha}, \overline{\beta})_0\Big(\Phi(x)\Big), \qquad x \in \Omega.$$

2. Sei $m = n$. Wir betrachten die n-Formen

$$\overline{\alpha} = \overline{a}(\overline{x})\, d\overline{x}_1 \wedge \ldots \wedge d\overline{x}_n, \quad \overline{\beta} = \overline{b}(\overline{x})\, d\overline{x}_1 \wedge \ldots \wedge d\overline{x}_n.$$

Wir berechnen

$$\alpha = \overline{\alpha}_\Phi = \overline{a}\Big(\Phi(x)\Big)\, d\Phi_1 \wedge \ldots \wedge d\Phi_n$$

$$= \overline{a}\Big(\Phi(x)\Big)\left(\sum_{i_1=1}^{n} \frac{\partial \Phi_1}{\partial x_{i_1}}\, dx_{i_1}\right) \wedge \ldots \wedge \left(\sum_{i_n=1}^{n} \frac{\partial \Phi_n}{\partial x_{i_n}}\, dx_{i_n}\right)$$

$$= \overline{a}\Big(\Phi(x)J_\Phi(x)\Big)\, dx_1 \wedge \ldots \wedge dx_n.$$

Wir haben also

$$a(x) = \overline{a}\Big(\Phi(x)\Big)J_\Phi(x), \quad b(x) = \overline{b}\Big(\Phi(x)\Big)J_\Phi(x), \qquad x \in \Omega.$$

Setzen wir nun

$$(\alpha, \beta)_n(x) := \frac{1}{g(x)}\, a(x)b(x), \qquad x \in \Omega,$$

wobei $g(x) = \Big(J_\Phi(x)\Big)^2$ gilt, so folgt

$$(\alpha, \beta)_n(x) = \frac{1}{\Big(J_\Phi(x)\Big)^2}\, \overline{a}\Big(\Phi(x)\Big)\, J_\Phi(x)\, \overline{b}\Big(\Phi(x)\Big)\, J_\Phi(x)$$

$$= \overline{a}\Big(\Phi(x)\Big)\, \overline{b}\Big(\Phi(x)\Big)(\overline{\alpha}, \overline{\beta})_n\Big(\Phi(x)\Big).$$

3. Sei $m = 1$. Wir betrachten die Pfaffschen Formen

$$\overline{\alpha} = \sum_{i=1}^{n} \overline{a}_i(\overline{x})\, d\overline{x}_i, \quad \overline{\beta} = \sum_{i=1}^{n} \overline{b}_i(\overline{x})\, d\overline{x}_i$$

und berechnen

$$\alpha = \overline{\alpha}_\Phi = \sum_{i=1}^{n} \overline{a}_i\Big(\Phi(x)\Big)\, d\Phi_i$$

$$= \sum_{i=1}^{n} \overline{a}_i\Big(\Phi(x)\Big) \left(\sum_{j=1}^{n} \frac{\partial \Phi_i}{\partial x_j}\, dx_j \right)$$

$$= \sum_{j=1}^{n} \left(\sum_{i=1}^{n} \overline{a}_i\Big(\Phi(x)\Big) \frac{\partial \Phi_i}{\partial x_j} \right) dx_j\,.$$

Damit erhalten wir

$$\alpha = \overline{\alpha}_\Phi = \sum_{j=1}^{n} a_j(x)\, dx_j \quad \text{mit} \quad a_j(x) = \sum_{i=1}^{n} \overline{a}_i\Big(\Phi(x)\Big) \frac{\partial \Phi_i}{\partial x_j},$$

$$\beta = \overline{\beta}_\Phi = \sum_{j=1}^{n} b_j(x)\, dx_j \quad \text{mit} \quad b_j(x) = \sum_{i=1}^{n} \overline{b}_i\Big(\Phi(x)\Big) \frac{\partial \Phi_i}{\partial x_j},$$

wobei $j = 1, \ldots, n$. Für die *Funktionalmatrix* führen wir die Abkürzung

$$F(x) := \left(\frac{\partial \Phi_i}{\partial x_j}(x) \right)_{i,j=1,\ldots,n}, \qquad x \in \Omega,$$

ein. Die Vektoren

$$a(x) = \Big(a_1(x), \ldots, a_n(x)\Big), \quad \overline{a}(x) = \Big(\overline{a}_1(\overline{x}), \ldots, \overline{a}_n(\overline{x})\Big)$$

und

$$b(x) = \Big(b_1(x), \ldots, b_n(x)\Big), \quad \overline{b}(x) = \Big(\overline{b}_1(\overline{x}), \ldots, \overline{b}_n(\overline{x})\Big)$$

genügen dann den Transformationsgesetzen

$$a(x) = \overline{a}\Big(\Phi(x)\Big) \circ F(x), \quad b(x) = \overline{b}\Big(\Phi(x)\Big) \circ F(x),$$

bzw.

$$a(x) \circ F^{-1}(x) = \overline{a}\Big(\Phi(x)\Big), \quad b(x) \circ F^{-1}(x) = \overline{b}\Big(\Phi(x)\Big).$$

Wir erklären die *Transformationsmatrix*

$$G(x) = \Big(g_{ij}(x)\Big)_{i,j=1,\ldots,n} := F(x)^t \circ F(x)$$

mit der inversen Matrix

$$G^{-1}(x) = \Big(g^{ij}(x)\Big)_{i,j=1,\ldots,n} = F^{-1}(x) \circ \Big(F^{-1}(x)\Big)^t.$$

Offenbar gelten

$$\sum_{j=1}^{n} g^{ij}(x)g_{jk}(x) = \delta_k^i, \qquad i,k = 1,\ldots,n,$$

und

$$g(x) = \Big(J_\Phi(x)\Big)^2 = \det G(x).$$

Wir setzen nun

$$(\alpha,\beta)_1(x) := \sum_{i,j=1}^{n} g^{ij}(x)a_i(x)b_j(x).$$

Dann folgt

$$(\alpha,\beta)_1(x) = a(x) \circ G^{-1}(x) \circ \Big(b(x)\Big)^t$$

$$= \overline{a}\Big(\Phi(x)\Big) \circ F(x) \circ F^{-1}(x) \circ \Big(F^{-1}(x)\Big)^t \circ \Big(F(x)\Big)^t \circ \Big(\overline{b}(\Phi(x))\Big)^t$$

$$= \overline{a}\Big(\Phi(x)\Big) \circ \Big(\overline{b}(\Phi(x))\Big)^t$$

$$= (\overline{\alpha},\overline{\beta})_1\Big(\Phi(x)\Big).$$

4. Sei $m = n - 1$. Wir erklären die $(n-1)$-Formen

$$\overline{\theta}_i := (-1)^{i-1} d\overline{x}_1 \wedge \ldots \wedge d\overline{x}_{i-1} \wedge d\overline{x}_{i+1} \wedge \ldots \wedge d\overline{x}_n$$

für $1 \le i \le n$ und betrachten die $(n-1)$-Formen

$$\overline{\alpha} = \sum_{i=1}^{n} \overline{a}_i(\overline{x})\overline{\theta}_i, \quad \overline{\beta} = \sum_{i=1}^{n} \overline{b}_i(\overline{x})\overline{\theta}_i.$$

Wir vereinbaren, durch ⌣ das Weglassen eines Faktors anzudeuten. Mit

$$\theta_j := (-1)^{j-1} dx_1 \wedge \ldots \wedge dx_{j-1} \wedge dx_{j+1} \wedge \ldots \wedge dx_n$$

für $j = 1,\ldots,n$ berechnen wir

$$\alpha = \overline{\alpha}_\Phi = \sum_{i=1}^{n} \overline{a}_i\Big(\Phi(x)\Big)(-1)^{i-1}\, d\Phi_1 \wedge \ldots \wedge d\Phi_{i-1} \wedge d\Phi_{i+1} \wedge \ldots \wedge d\Phi_n$$

$$= \sum_{i=1}^{n} \overline{a}_i\Big(\Phi(x)\Big)(-1)^{i-1}\left(\sum_{j_1=1}^{n} \frac{\partial \Phi_1}{\partial x_{j_1}}\, dx_{j_1} \right) \wedge \ldots \wedge \left(\sum_{j_{i-1}=1}^{n} \frac{\partial \Phi_{i-1}}{\partial x_{j_{i-1}}}\, dx_{j_{i-1}} \right)$$

$$\wedge \left(\sum_{j_{i+1}=1}^{n} \frac{\partial \Phi_{i+1}}{\partial x_{j_{i+1}}}\, dx_{j_{i+1}} \right) \wedge \ldots \wedge \left(\sum_{j_n=1}^{n} \frac{\partial \Phi_n}{\partial x_{j_n}}\, dx_{j_n} \right)$$

$$= \sum_{i=1}^{n} \overline{a}_i\Big(\Phi(x)\Big)(-1)^{i-1} \sum_{j=1}^{n} \frac{\partial(\Phi_1,\ldots,\check{\Phi}_i,\ldots,\Phi_n)}{\partial(x_1,\ldots,\check{x}_j,\ldots,x_n)} \cdot$$

$$\cdot\, dx_1 \wedge \ldots \wedge d\check{x}_j \wedge \ldots \wedge dx_n$$

$$= \sum_{j=1}^{n}\left(\sum_{i=1}^{n} \overline{a}_i\Big(\Phi(x)\Big)(-1)^{i+j} \frac{\partial(\Phi_1,\ldots,\check{\Phi}_i,\ldots,\Phi_n)}{\partial(x_1,\ldots,\check{x}_j,\ldots,x_n)} \right)\theta_j =: \sum_{j=1}^{n} a_j(x)\theta_j \;.$$

Entsprechend erklären wir $b_j(x)$, $j = 1,\ldots,n$. Nun gilt für die Matrix der Adjunkten von $F(x)$, nämlich

$$E(x) := \left((-1)^{i+j} \frac{\partial(\Phi_1,\ldots,\check{\Phi}_i,\ldots,\Phi_n)}{\partial(x_1,\ldots,\check{x}_j,\ldots,x_n)} \right)_{i,j=1,\ldots,n},$$

die Gleichung

$$\Big(F(x)^t\Big)^{-1} = \left(\left(\frac{\partial \Phi_j}{\partial x_i}(x) \right)_{i,j=1,\ldots,n} \right)^{-1} = \frac{1}{J_\Phi(x)} E(x),$$

bzw.

$$E(x) = J_\Phi(x)\Big(F(x)^t\Big)^{-1}. \tag{5}$$

Seien

$$\overline{\alpha}_\Phi = \alpha = \sum_{j=1}^{n} a_j(x)\theta_j, \quad \overline{\beta}_\Phi = \beta = \sum_{j=1}^{n} b_j(x)\theta_j$$

die transformierten $(n-1)$-Formen, so gilt für die Koeffizientenvektoren

$$a(x) = \Big(a_1(x),\ldots,a_n(x)\Big), \quad \overline{a}(x) = \Big(\overline{a}_1(\overline{x}),\ldots,\overline{a}_n(\overline{x})\Big)$$

bzw.

$$b(x) = \Big(b_1(x),\ldots,b_n(x)\Big), \quad \overline{b}(x) = \Big(\overline{b}_1(\overline{x}),\ldots,\overline{b}_n(\overline{x})\Big)$$

das Transformationsgesetz

$$a(x) = \overline{a}\Big(\Phi(x)\Big) \circ E(x) = J_\Phi(x)\overline{a}\Big(\Phi(x)\Big) \circ \Big(F(x)^t\Big)^{-1},$$

$$b(x) = \overline{b}\Big(\Phi(x)\Big) \circ E(x) = J_\Phi(x)\overline{b}\Big(\Phi(x)\Big) \circ \Big(F(x)^t\Big)^{-1}.$$

Wir setzen jetzt als Skalarprodukt

$$(\alpha, \beta)_{n-1}(x) := \frac{1}{g(x)} \sum_{i,j=1}^{n} g_{ij}(x)a_i(x)b_j(x).$$

Dann folgt schließlich

$$(\alpha, \beta)_{n-1}(x) = \frac{1}{\Big(J_\Phi(x)\Big)^2} a(x) \circ G(x) \circ \Big(b(x)\Big)^t$$

$$= \overline{a}\Big(\Phi(x)\Big) \circ \Big(F(x)^t\Big)^{-1} \circ F(x)^t \circ F(x) \circ \Big(F(x)\Big)^{-1} \circ \Big(\overline{b}(\Phi(x))\Big)^t$$

$$= \overline{a}\Big(\Phi(x)\Big) \circ \Big(\overline{b}(\Phi(x))\Big)^t = (\overline{\alpha}, \overline{\beta})_{n-1}\Big(\Phi(x)\Big).$$

In der Menge der Differentialformen führen wir nun eine weitere Operation ein.

Definition 1. *Für* $k \in K := \{0, 1, n-1, n\}$ *ordnen wir jeder* k-*Form* α *ihre duale* $(n-k)$-*Form* $*\alpha$ *wie folgt zu:*

1. Seien $k = 0$, $\alpha = a(x)$. *Dann setzen wir*

$$*\alpha := a(x)\omega,$$

   wobei

$$\omega = \sqrt{g(x)}\, dx_1 \wedge \ldots \wedge dx_n$$

die Volumenform bedeutet (vgl. (3)).

2. Seien $k = 1$ *und*

$$\alpha = \sum_{i=1}^{n} a_i(x)\, dx_i.$$

Dann setzen wir

$$*\alpha := \sqrt{g(x)} \sum_{i=1}^{n} \left(\sum_{j=1}^{n} g^{ij}(x)a_j(x) \right) \theta_i.$$

3. Seien $k = n - 1$ *und*

$$\alpha = \sum_{i=1}^{n} a_i(x)\theta_i.$$

Dann setzen wir

$$*\alpha := \frac{(-1)^{n-1}}{\sqrt{g(x)}} \sum_{i=1}^{n} \left(\sum_{j=1}^{n} g_{ij}(x) a_j(x) \right) dx_i.$$

4. Seien $k = n$, $\alpha = a(x)\omega$. Dann ist

$$*\alpha = a(x).$$

Wir geben nun einige *Eigenschaften des $*$-Operators* an.

1. Der $*$-Operator ist ein linearer Operator vom Vektorraum der k-Formen in den Vektorraum der $(n-k)$-Formen. Er ist eine *Involution*, d.h. es gilt

$$**\alpha = (-1)^{k(n-k)}\alpha$$

für alle k-Formen α mit $k \in K$.

2. Für die k-Form α und die $(n-k)$-Form β gilt

$$(\alpha, *\beta)_k = (*\alpha, \beta)_{n-k}(-1)^{k(n-k)}, \qquad k \in K.$$

Wir beweisen diese Behauptung für alle $k \in K$:

a) Seien $k = 0$, $\alpha = a(x)$, $\beta = b(x)\omega$, $*\beta = b(x)$, $*\alpha = a(x)\omega$. Dann erhalten wir

$$(\alpha, *\beta)_0 = a(x)b(x) = a(x)b(x)(\omega, \omega)_n = (a(x)\omega, b(x)\omega)_n = (*\alpha, \beta)_n .$$

b) Seien $k = n$, α eine n-Form, β eine 0-Form. Wir berechnen mit Hilfe von Eigenschaft 1 und (a)

$$(\alpha, *\beta)_n = (*(*\alpha), *\beta)_n = (*\alpha, *(*\beta))_0 = (*\alpha, \beta)_0 .$$

c) Sei $k = 1$. Wir betrachten die Formen

$$\alpha = \sum_{i=1}^{n} a_i(x)\, dx_i, \quad \beta = \sum_{i=1}^{n} b_i(x)\theta_i.$$

Dann erhalten wir

$$(\alpha, *\beta)_1 = \frac{(-1)^{n-1}}{\sqrt{g(x)}} \sum_{i,j=1}^{n} g^{ij}(x) a_i(x) \left(\sum_{k=1}^{n} g_{jk}(x) b_k(x) \right)$$

$$= \frac{(-1)^{n-1}}{\sqrt{g(x)}} \sum_{i,j=1}^{n} a_i(x) \left(\sum_{k=1}^{n} g^{ij}(x) g_{jk}(x) b_k(x) \right)$$

$$= \frac{(-1)^{n-1}}{\sqrt{g(x)}} \sum_{i=1}^{n} a_i(x) \left(\sum_{k=1}^{n} \delta_k^i b_k(x) \right)$$

$$= \frac{(-1)^{n-1}}{\sqrt{g(x)}} \sum_{i=1}^{n} a_i(x) b_i(x),$$

sowie

$$(*\alpha, \beta)_{n-1} = \frac{\sqrt{g(x)}}{g(x)} \sum_{i,j=1}^{n} g_{ij}(x) \left(\sum_{k=1}^{n} g^{ik}(x) a_k(x) \right) b_j(x)$$

$$= \frac{1}{\sqrt{g(x)}} \sum_{i,j=1}^{n} b_j(x) \left(\sum_{k=1}^{n} g_{ij}(x) g^{ik}(x) a_k(x) \right)$$

$$= \frac{1}{\sqrt{g(x)}} \sum_{j,k=1}^{n} b_j(x) \left(\delta_j^k a_k(x) \right)$$

$$= \frac{1}{\sqrt{g(x)}} \sum_{i=1}^{n} a_i(x) b_i(x) \,.$$

Hieraus folgt $(\alpha, *\beta)_1 = (-1)^{n-1} (*\alpha, \beta)_{n-1}$.

d) Es verbleibt $k = n - 1$. Für die $(n-1)$-Form α und die 1-Form β ermitteln wir mit Hilfe von Eigenschaft 1 und (c)

$$(\alpha, *\beta)_{n-1} = (-1)^{n-1} (*(*\alpha), *\beta)_{n-1}$$

$$= (*\alpha, *(*\beta))_1 = (-1)^{n-1} (*\alpha, \beta)_1 \,.$$

3. Für zwei k-Formen α und β mit $k \in K$ gilt

$$(*\alpha, *\beta)_{n-k} = (-1)^{k(n-k)} (*(*\alpha), \beta)_k$$

$$= \left((-1)^{k(n-k)} \right)^2 (\alpha, \beta)_k = (\alpha, \beta)_k \,.$$

Somit ist der $*$-Operator eine *Isometrie*.

4. Für zwei k-Formen α und β gilt die Identität

$$\alpha \wedge (*\beta) = (-1)^{k(n-k)} (*\alpha) \wedge \beta = (\alpha, \beta)_k \omega, \qquad k \in K.$$

Zum Beweis genügt es, die Identiät

$$\alpha \wedge (*\beta) = (\alpha, \beta)_k \omega \tag{6}$$

zu zeigen. Dann folgt nämlich für die $(n-k)$-Form $*\alpha$ und die k-Form β

$$(-1)^{k(n-k)} (*\alpha) \wedge \beta = \beta \wedge (*\alpha) = (\beta, \alpha)_k \omega = (\alpha, \beta)_k \omega = \alpha \wedge (*\beta) \,.$$

a) Seien $k = 0$, $\alpha = a(x)$, $\beta = b(x)$, $*\beta = b(x)\omega$. Es folgt

$$\alpha \wedge (*\beta) = a(x) b(x) \omega = (\alpha, \beta)_0 \omega.$$

b) Seien $k = 1$, sowie

$$\alpha = \sum_{i=1}^{n} a_i(x)\, dx_i, \quad \beta = \sum_{i=1}^{n} b_i(x)\, dx_i$$

und

$$*\beta = \sqrt{g(x)} \sum_{i=1}^{n} \left(\sum_{j=1}^{n} g^{ij}(x) b_j(x) \right) \theta_i.$$

Wir berechnen

$$\alpha \wedge (*\beta) = \sqrt{g(x)} \left(\sum_{i,j=1}^{n} g^{ij}(x) a_i(x) b_j(x) \right) dx_1 \wedge \ldots \wedge dx_n = (\alpha, \beta)_1 \omega.$$

c) Für $k = n - 1$ und

$$\alpha = \sum_{i=1}^{n} a_i(x)\theta_i, \quad \beta = \sum_{i=1}^{n} b_i(x)\theta_i$$

sowie

$$*\beta = \frac{(-1)^{n-1}}{\sqrt{g(x)}} \sum_{i=1}^{n} \left(\sum_{j=1}^{n} g_{ij}(x) b_j(x) \right) dx_i$$

folgt

$$\alpha \wedge (*\beta) = \left(\sum_{i=1}^{n} a_i(x)\theta_i \right) \wedge \left(\frac{(-1)^{n-1}}{\sqrt{g(x)}} \sum_{i=1}^{n} \left(\sum_{j=1}^{n} g_{ij}(x) b_j(x) \right) dx_i \right)$$

$$= \left(\frac{1}{\sqrt{g(x)}} \sum_{i,j=1}^{n} g_{ij}(x) a_i(x) b_j(x) \right) dx_1 \wedge \ldots \wedge dx_n$$

$$= (\alpha, \beta)_{n-1} \sqrt{g(x)}\, dx_1 \wedge \ldots \wedge dx_n = (\alpha, \beta)_{n-1} \omega.$$

d) Schließlich seien $k = n$, $\alpha = a(x)\omega$ und $\beta = b(x)\omega$. Es folgt

$$\alpha \wedge (*\beta) = a(x)\omega b(x) = a(x) b(x)\omega = (\alpha, \beta)_n \omega.$$

5. Seien

$$\alpha = \sum_{i=1}^{n} a_i(x) dx_i$$

eine Pfaffsche Form und

$$x = \Phi(\overline{x}) = \Big(\Phi_1(\overline{x}_1, \ldots, \overline{x}_n), \ldots, \Phi_n(\overline{x}_1, \ldots, \overline{x}_n) \Big)$$

eine Parametertransformation. Dann folgt $(*\alpha)_\Phi = *(\alpha_\Phi)$.

Unter Benutzung der Invarianz des Skalarproduktes sowie der Eigenschaften 4 berechnen wir für eine beliebige 1-Form

$$\beta = \sum_{i=1}^{n} b_i(x)\, dx_i$$

mit der zugehörigen transformierten 1-Form β_Φ die Identität

$$\beta_\Phi \wedge *(\alpha_\Phi) = (\beta_\Phi, \alpha_\Phi)_1 \omega_\Phi = \{(\beta, \alpha)_1\}_\Phi \omega_\Phi$$

$$= \{(\beta, \alpha)_1 \omega\}_\Phi = \{\beta \wedge (*\alpha)\}_\Phi = \beta_\Phi \wedge (*\alpha)_\Phi \,.$$

Wir erhalten

$$\beta_\Phi \wedge (*(\alpha_\Phi) - (*\alpha)_\Phi) = 0 \qquad \text{für alle} \quad \beta$$

und somit

$$*(\alpha_\Phi) = (*\alpha)_\Phi.$$

Definition 2. *Für eine 1-Form*

$$\alpha = \sum_{i=1}^{n} a_i(x)\, dx_i\,, \qquad x \in \Omega,$$

der Klasse $C^1(\Omega)$ erklären wir die Coableitung $\delta\alpha$ gemäß

$$\delta\alpha := *d * \alpha.$$

Bemerkung: δ ist ein parameterinvarianter Differentialoperator erster Ordnung und ordnet einer 1-Form eine 0-Form zu. Wir berechnen δ in beliebigen Koordinaten. Seien

$$\alpha = \sum_{i=1}^{n} a_i(x)\, dx_i, \quad *\alpha = \sqrt{g(x)} \sum_{i=1}^{n} \left(\sum_{j=1}^{n} g^{ij}(x) a_j(x) \right) \theta_i.$$

Dann folgt

$$d * \alpha = \sum_{i=1}^{n} \frac{\partial}{\partial x_i} \left(\sqrt{g(x)} \sum_{j=1}^{n} g^{ij}(x) a_j(x) \right) dx_1 \wedge \ldots \wedge dx_n$$

$$= \frac{1}{\sqrt{g(x)}} \sum_{i=1}^{n} \frac{\partial}{\partial x_i} \left(\sqrt{g(x)} \sum_{j=1}^{n} g^{ij}(x) a_j(x) \right) \omega.$$

Anwendung des $*$-Operators auf $d * \alpha$ liefert uns nun

$$\delta\alpha = *d * \alpha = \frac{1}{\sqrt{g(x)}} \sum_{i=1}^{n} \frac{\partial}{\partial x_i} \left(\sqrt{g(x)} \sum_{j=1}^{n} g^{ij}(x) a_j(x) \right). \qquad (7)$$

Satz 1. (Partielle Integration in beliebigen Parametern)
Sei $\Omega \subset \mathbb{R}^n$ ein Gebiet, das die Voraussetzungen (A), (B) und (D) des Gaußschen Integralsatzes erfüllt. Die Parametertransformation

$$\overline{x} = \Phi(x) \; : \; \Omega \longrightarrow \Theta \in C^1(\overline{\Omega})$$

sei bijektiv und erfülle die Bedingung

$$J_\Phi(x) \geq \eta > 0 \qquad \text{für alle} \quad x \in \overline{\Omega}.$$

Weiter seien eine 1-Form

$$\alpha = \sum_{i=1}^{n} a_i(x)\, dx_i, \qquad x \in \overline{\Omega},$$

und eine 0-Form $\beta = b(x)$, $x \in \overline{\Omega}$, der Klasse $C^1(\overline{\Omega})$ gegeben. Dann gilt

$$\int\limits_\Omega (\alpha, d\beta)_1 \omega + \int\limits_\Omega (\delta\alpha, \beta)_0 \omega = \int\limits_{\partial\Omega} (*\alpha) \wedge \beta.$$

Dabei trägt $\partial\Omega$ die induzierte kanonische Orientierung des $\mathbb{R}^n$.

Beweis: Insbesondere wegen der Voraussetzungen an die Parametertransformation Φ sind alle auftretenden Funktionen in der Klasse $C^1(\overline{\Omega})$. Wir wenden den Stokesschen Integralsatz an und erhalten mit Hilfe von (6)

$$\int\limits_\Omega (\alpha, d\beta)_1 \omega = \int\limits_\Omega \alpha \wedge (*d\beta) = (-1)^{n-1} \int\limits_\Omega (*\alpha) \wedge d\beta$$

$$= \int\limits_\Omega d\big((*\alpha) \wedge \beta\big) - \int\limits_\Omega (d*\alpha) \wedge \beta$$

$$= \int\limits_{\partial\Omega} (*\alpha) \wedge \beta - \int\limits_\Omega (d*\alpha) \wedge (**\beta)$$

$$= \int\limits_{\partial\Omega} (*\alpha) \wedge \beta - \int\limits_\Omega (d*\alpha, *\beta)_n \omega$$

$$= \int\limits_{\partial\Omega} (*\alpha) \wedge \beta - \int\limits_\Omega (*d*\alpha, \beta)_0 \omega$$

$$= \int\limits_{\partial\Omega} (*\alpha) \wedge \beta - \int\limits_\Omega (\delta\alpha, \beta)_0 \omega.$$

Umstellen liefert die Behauptung   q.e.d.

Folgerung: Setzen wir in Satz 1 Nullrandwerte der Funktion β voraus, d.h. $\beta \in C_0^1(\Omega)$, so folgt

$$\int\limits_\Omega (\alpha, d\beta)_1 \omega + \int\limits_\Omega (\delta\alpha, \beta)_0 \omega = 0.$$

Man nennt deshalb δ auch die *adjungierte Ableitung* zur äußeren Ableitung d.

Definition 3. *Für zwei Funktionen $\psi(x)$ und $\chi(x)$ der Klasse $C^1(\Omega)$ mit den zugehörigen Differentialen*

$$d\psi = \sum_{i=1}^n \psi_{x_i}\, dx_i, \quad d\chi = \sum_{i=1}^n \chi_{x_i}\, dx_i$$

erklären wir den Beltramioperator erster Ordnung gemäß

$$\nabla(\psi, \chi) := (d\psi, d\chi)_1(x) = \sum_{i,j=1}^n g^{ij}(x)\psi_{x_i}(x)\chi_{x_j}(x).$$

Bemerkung: Offenbar ist

$$\nabla(\psi, \chi)(x) = \nabla(\overline{\psi}, \overline{\chi})\big(\Phi(x)\big)$$

erfüllt, wobei

$$\overline{\psi}\big(\Phi(x)\big) = \psi(x), \quad \overline{\chi}\big(\Phi(x)\big) = \chi(x)$$

gelten. Somit ist ∇ ein parameterinvarianter Differentialoperator erster Ordnung.

Definition 4. *Für eine Funktion $\psi(x) \in C^2(\Omega)$ erklären wir den Laplace–Beltrami-Operator*

$$\Delta\psi(x) := \delta d\psi(x), \quad x \in \Omega.$$

Bemerkung: Da d und δ parameterinvariant sind, so ist auch Δ parameterinvariant, d.h.

$$\Delta\psi(x) = \Delta\overline{\psi}\big(\Phi(x)\big), \quad x \in \Omega.$$

Wir notieren Δ unter Verwendung von (7) in Koordinaten:

$$\Delta\psi = \delta d\psi = \delta\left(\sum_{j=1}^n \psi_{x_j}\, dx_j\right)$$

$$= \frac{1}{\sqrt{g(x)}} \sum_{i=1}^n \frac{\partial}{\partial x_i}\left(\sqrt{g(x)} \sum_{j=1}^n g^{ij}(x)\psi_{x_j}\right). \tag{8}$$

Satz 2. *Sei $\Omega \subset \mathbb{R}^n$ ein Gebiet, das den Voraussetzungen (A), (B) und (D) des Gaußschen Satzes genügt. Weiter sei die Parametertransformation*

$$\overline{x} = \Phi(x) : \overline{\Omega} \longrightarrow \overline{\Theta}$$

bijektiv und gehöre zur Klasse $C^2(\overline{\Omega})$. $\Phi(x)$ erfülle die Bedingung

$$J_\Phi(x) \geq \eta > 0 \qquad \text{für alle} \quad x \in \overline{\Omega}.$$

Schließlich seien die Funktionen $\psi(x) \in C^2(\overline{\Omega})$ sowie $\chi(x) \in C^1(\overline{\Omega})$ gegeben. Dann gilt

$$\int\limits_\Omega \boldsymbol{\nabla}(\psi, \chi)\omega + \int\limits_\Omega (\boldsymbol{\Delta}\psi, \chi)_0 \omega = \int\limits_{\partial\Omega} (*d\psi)\chi.$$

Beweis: Wir verwenden Satz 1 und setzen

$$\alpha = d\psi \in C^1(\overline{\Omega}), \quad \beta = \chi(x) \in C^1(\overline{\Omega}).$$

Zunächst erhalten wir also

$$\int\limits_\Omega (d\psi, d\chi)_1 \omega + \int\limits_\Omega (\delta d\psi, \beta)_0 \omega = \int\limits_{\partial\Omega} (*d\psi)\chi.$$

Unter Verwendung der Definitionen 3 und 4 folgt schließlich mit

$$\int\limits_\Omega \boldsymbol{\nabla}(\psi, \chi)\omega + \int\limits_\Omega (\boldsymbol{\Delta}\psi, \chi)_0 \omega = \int\limits_{\partial\Omega} (*d\psi)\chi.$$

die Behauptung.   q.e.d.

Bemerkungen:

1. Wir berechnen den Laplace–Operator in Zylinderkoordinaten,

$$x = r\cos\varphi, \quad y = r\sin\varphi, \quad z = h,$$

wobei $0 < r < +\infty$, $0 \leq \varphi < 2\pi$, $-\infty < h < +\infty$ gelten. Es ist also $n = 3$, und wir wählen

$$x_1 = r, \quad x_2 = \varphi, \quad x_3 = h.$$

Für den Fundamentaltensor ergibt sich

$$(g_{ij}) = \begin{pmatrix} 1 & 0 & 0 \\ 0 & r^2 & 0 \\ 0 & 0 & 1 \end{pmatrix}, \quad (g^{ij}) = \begin{pmatrix} 1 & 0 & 0 \\ 0 & \frac{1}{r^2} & 0 \\ 0 & 0 & 1 \end{pmatrix}.$$

Damit folgt

$$g(x) = \det(g_{ij}) = r^2.$$

Für die Rechnung brauchen wir also nur noch die Hauptdiagonalelemente berücksichtigen, so daß wir unter Verwendung von Gleichung (8)

$$\Delta = \frac{1}{r}\left\{\frac{\partial}{\partial r}\left(r\frac{\partial}{\partial r}\right) + \frac{\partial}{\partial\varphi}\left(\frac{1}{r}\frac{\partial}{\partial\varphi}\right) + \frac{\partial}{\partial h}\left(r\frac{\partial}{\partial h}\right)\right\}$$

$$= \frac{1}{r}\left(\frac{\partial}{\partial r} + r\frac{\partial^2}{\partial r^2} + \frac{1}{r}\frac{\partial^2}{\partial\varphi^2} + r\frac{\partial^2}{\partial h^2}\right)$$

$$= \frac{\partial^2}{\partial r^2} + \frac{1}{r}\frac{\partial}{\partial r} + \frac{1}{r^2}\frac{\partial^2}{\partial\varphi^2} + \frac{\partial^2}{\partial h^2}$$

erhalten. In ebenen Polarkoordinaten wählt man $z \equiv 0$, so daß sich obiger Ausdruck auf

$$\Delta = \frac{\partial^2}{\partial r^2} + \frac{1}{r}\frac{\partial}{\partial r} + \frac{1}{r^2}\frac{\partial^2}{\partial\varphi^2}$$

reduziert. Definieren wir

$$\Lambda := \frac{\partial^2}{\partial\varphi^2}$$

für den Winkelausdruck, so können wir Δ in die Form

$$\Delta = \frac{\partial^2}{\partial r^2} + \frac{1}{r}\frac{\partial}{\partial r} + \frac{1}{r^2}\Lambda$$

bringen (vgl. Laplace–Operator in Kugelkoordinaten).

2. Wir führen Kugelkoordinaten

$$x = r\cos\varphi\sin\theta, \quad y = r\sin\varphi\sin\theta, \quad z = r\cos\theta$$

mit $0 < r < +\infty$, $0 \le \varphi < 2\pi$ und $0 < \theta < \pi$ ein. Eine zu Bemerkung 1 analoge Rechnung ergibt

$$\Delta = \frac{1}{r^2}\left\{\frac{\partial}{\partial r}\left(r^2\frac{\partial}{\partial r}\right) + \frac{1}{\sin\theta}\frac{\partial}{\partial\theta}\left(\sin\theta\frac{\partial}{\partial\theta}\right) + \frac{1}{\sin^2\theta}\frac{\partial^2}{\partial\varphi^2}\right\}$$

$$= \frac{\partial^2}{\partial r^2} + \frac{2}{r}\frac{\partial}{\partial r} + \frac{1}{r^2}\left\{\frac{1}{\sin\theta}\frac{\partial}{\partial\theta}\left(\sin\theta\frac{\partial}{\partial\theta}\right) + \frac{1}{\sin^2\theta}\frac{\partial^2}{\partial\varphi^2}\right\}$$

$$=: \frac{\partial^2}{\partial r^2} + \frac{2}{r}\frac{\partial}{\partial r} + \frac{1}{r^2}\Lambda.$$

Dabei hängt Λ wiederum nicht von r, sondern nur von den Winkeln φ, θ ab.

Bei der Untersuchung von Kugelfunktionen benötigt man den Laplace-Operator in Kugelkoordinaten in n Dimensionen. Wir wollen auf diesen allgemeinen Fall eingehen.

Sei die Einheitssphäre im $\mathbb{R}^n$,

$$\Sigma = \left\{ \xi = (\xi_1, \ldots, \xi_n) \in \mathbb{R}^n \; : \; |\xi| = 1 \right\},$$

parametrisiert durch

$$\xi = \xi(t) = \left(\xi_1(t_1, \ldots, t_{n-1}), \ldots, \xi_n(t_1, \ldots, t_{n-1}) \right)^t : T \longrightarrow \Sigma \in C^2(T)$$

mit $T \subset \mathbb{R}^{n-1}$ offen. Mit der Abbildung

$$X(r, t) := r\xi(t_1, \ldots, t_{n-1}), \qquad r \in (0, +\infty), \quad t \in T,$$

erhalten wir Polarkoordinaten im $\mathbb{R}^n$. Weiter gilt für die Funktionalmatrix

$$\partial X(r, t) = (X_r, X_{t_1}, \ldots, X_{t_{n-1}}) = (\xi, r\xi_{t_1}, \ldots, r\xi_{t_{n-1}}).$$

Für den metrischen Tensor ergibt sich

$$G(r, t) = \Big(g_{ij}(r, t) \Big)_{i,j} = \begin{pmatrix} 1 & 0 & \cdots & 0 \\ 0 & r^2 h_{11} & \cdots & r^2 h_{1,n-1} \\ \vdots & \cdots & & \vdots \\ 0 & r^2 h_{n-1,1} & \cdots & r^2 h_{n-1,n-1} \end{pmatrix} = \begin{pmatrix} 1 & 0 & \cdots & 0 \\ 0 & & & \\ \vdots & & r^2 H(t) & \\ 0 & & & \end{pmatrix},$$

wobei wir

$$H(t) = \Big(h_{ij}(t) \Big)_{i,j=1,\ldots,n-1} := \Big(\xi_{t_i}(t) \cdot \xi_{t_j}(t) \Big)_{i,j=1,\ldots,n-1}$$

gesetzt haben. Sind nun

$$H^{-1}(t) = \Big(h^{ij}(t) \Big)_{i,j=1,\ldots,n-1}, \quad G^{-1}(r, t) = \Big(g^{ij}(r, t) \Big)_{i,j=1,\ldots,n},$$

so folgt

$$G^{-1}(r, t) = \Big(g^{ij}(r, t) \Big)_{i,j} = \begin{pmatrix} 1 & 0 & \cdots & 0 \\ 0 & & & \\ \vdots & & \dfrac{H^{-1}(t)}{r^2} & \\ 0 & & & \end{pmatrix} = \begin{pmatrix} 1 & 0 & \cdots & 0 \\ 0 & \dfrac{h^{11}}{r^2} & \cdots & \dfrac{h^{1,n-1}}{r^2} \\ \vdots & \cdots & & \vdots \\ 0 & \dfrac{h^{n-1,1}}{r^2} & \cdots & \dfrac{h^{n-1,n-1}}{r^2} \end{pmatrix}.$$

Weiter setzen wir

$$g(r, t) := \det G(r, t), \quad h(t) := \det H(t)$$

und erhalten

$$g(r, t) = r^{2(n-1)} h(t).$$

Sind nun $u = u(r,t)$ und $v = v(r,t)$ zwei Funktionen, so berechnen wir den Beltrami-Differentialoperator erster Ordnung gemäß

$$\boldsymbol{\nabla}(u,v) = \sum_{i,j=1}^{n} g^{ij}(x) u_{x_i} v_{x_j}$$

$$= \frac{\partial u}{\partial r} \frac{\partial v}{\partial r} + \frac{1}{r^2} \sum_{i,j=1}^{n-1} h^{ij}(t) \frac{\partial u}{\partial t_i} \frac{\partial v}{\partial t_j}.$$

Setzen wir nun für den *invarianten Beltrami–Operator erster Ordnung auf der Sphäre Σ* den Ausdruck

$$\boldsymbol{\Gamma}(u,v) := \sum_{i,j=1}^{n-1} h^{ij}(t) \frac{\partial u}{\partial t_i} \frac{\partial v}{\partial t_j},$$

so ergibt sich

$$\boldsymbol{\nabla}(u,v) = \frac{\partial u}{\partial r} \frac{\partial v}{\partial r} + \frac{1}{r^2} \boldsymbol{\Gamma}(u,v) \qquad \text{für alle} \quad u = u(r,t), \quad v = v(r,t). \qquad (9)$$

Wir berechnen den Laplace–Beltrami–Operator in Kugelkoordinaten. Sei

$$u = u(r,t) = u(r, t_1, \ldots, t_{n-1}),$$

so folgt unter Verwendung von $\sqrt{g(r,t)} = r^{n-1} \sqrt{h(t)}$ und Formel (8) die Identität

$$\boldsymbol{\Delta} u = \frac{1}{\sqrt{g(r,t)}} \operatorname{div}_{(r,t)} \left\{ \sqrt{g(r,t)}\, G^{-1}(r,t) \circ \begin{pmatrix} u_r \\ u_{t_1} \\ \vdots \\ u_{t_{n-1}} \end{pmatrix} \right\}$$

$$= \frac{1}{\sqrt{g(r,t)}} \frac{\partial}{\partial r} \left(\sqrt{g(r,t)}\, \frac{\partial u}{\partial r} \right)$$

$$+ \frac{1}{\sqrt{g(r,t)}} \operatorname{div}_t \left\{ r^{n-1} \sqrt{h(t)}\, \frac{1}{r^2} H^{-1}(t) \circ \begin{pmatrix} u_{t_1} \\ \vdots \\ u_{t_{n-1}} \end{pmatrix} \right\}$$

$$= \frac{\partial^2 u}{\partial r^2} + \frac{n-1}{r} \frac{\partial u}{\partial r} + \frac{1}{r^2} \frac{1}{\sqrt{h(t)}} \operatorname{div}_t \left\{ \sqrt{h(t)}\, H^{-1}(t) \circ \begin{pmatrix} u_{t_1} \\ \vdots \\ u_{t_{n-1}} \end{pmatrix} \right\}.$$

Erklären wir den *Laplace–Beltrami–Operator auf der Sphäre Σ* als

$$\Lambda u := \frac{1}{\sqrt{h(t)}} \sum_{i=1}^{n-1} \frac{\partial}{\partial t_i} \left(\sqrt{h(t)} \sum_{j=1}^{n} h^{ij}(t) \frac{\partial u}{\partial t_j} \right), \qquad t \in T,$$

so erhalten wir die Identität

$$\Delta u = \frac{\partial^2 u}{\partial r^2} + \frac{n-1}{r} \frac{\partial u}{\partial r} + \frac{1}{r^2} \Lambda u \qquad \text{für alle} \quad u = u(r,t) \in C^2((0,+\infty) \times T).$$

$$(10)$$

Wir zeigen nun noch die Symmetrie des Laplace–Beltrami–Operators auf der Sphäre.

Satz 3. *Seien* $f, g \in C^2(\Sigma)$, *so gilt*

$$\int\limits_{\Sigma} f(\xi)\Big(\Lambda g(\xi)\Big)\, d\sigma(\xi) = -\int\limits_{\Sigma} \boldsymbol{\Gamma}(f,g)\, d\sigma(\xi) = \int\limits_{\Sigma} \Big(\Lambda f(\xi)\Big) g(\xi)\, d\sigma(\xi).$$

Dabei ist $d\sigma$ *das Oberflächenelement auf* Σ.

Beweis: Sei $0 < \varepsilon < 1$, so betrachten wir das Gebiet

$$\Omega_\varepsilon := \Big\{ x \in \mathbb{R}^n : 1 - \varepsilon < |x| < 1 + \varepsilon \Big\}.$$

Seien weiter

$$u(r,\xi) := f(\xi), \quad v(r,\xi) := g(\xi), \qquad r \in (1-\varepsilon, 1+\varepsilon), \quad \xi \in \Sigma.$$

Nach Satz 2 gilt nun

$$\int\limits_{\Omega_\varepsilon} \boldsymbol{\nabla}(u,v)\,\omega + \int\limits_{\Omega_\varepsilon} (\Delta u, v)_0\,\omega = \int\limits_{\partial\Omega_\varepsilon} (*du)v = \int\limits_{\partial\Omega_\varepsilon} v\frac{\partial u}{\partial \nu}\, d\sigma,$$

wobei ν die äußere Normale an $\partial\Omega_\varepsilon$ ist. Die hier auftretenden parameterinvarianten Integrale berechnen wir in (r,ξ)-Koordinaten und erhalten mit Hilfe der Identitäten (9) und (10) unter Beachtung von

$$\frac{\partial u}{\partial \nu} = \pm\frac{\partial u}{\partial r} \equiv 0 \qquad \text{auf} \quad \partial\Omega_\varepsilon$$

die Beziehung

$$0 = \int\limits_{1-\varepsilon}^{1+\varepsilon} \left(\int\limits_{\Sigma} \frac{1}{r^2} \boldsymbol{\Gamma}(f,g)\, d\sigma(\xi)\, r^{n-1} \right) dr + \int\limits_{1-\varepsilon}^{1+\varepsilon} \left(\int\limits_{\Sigma} \frac{1}{r^2} \Lambda(f)\, g\, d\sigma(\xi)\, r^{n-1} \right) dr$$

$$= \left(\int\limits_{1-\varepsilon}^{1+\varepsilon} r^{n-3}\, dr \right) \int\limits_{\Sigma} \Big(\boldsymbol{\Gamma}(f,g) + \Lambda(f)\, g \Big) d\sigma(\xi).$$

Somit folgt

$$\int\limits_{\Sigma} \Big(\Lambda f(\xi)\Big) g(\xi)\, d\sigma(\xi) = -\int\limits_{\Sigma} \boldsymbol{\Gamma}(f,g)\, d\sigma(\xi).$$

Entsprechend folgt die zweite Identität in der Behauptung.   q.e.d.

II

Grundlagen der Funktionalanalysis

Ausgehend vom Riemann-Integral und den Riemann-integrierbaren Funktionen läßt sich durch einen Fortsetzungsprozeß eine größere Klasse integrierbarer Funktionen konstruieren. Man spricht dann vom Lebesgue-Integral, welches sich durch Konvergenzsätze für *punktweise* konvergente Funktionenfolgen auszeichnet. Der Fortsetzungsprozeß vom Riemann-Integral zum Lebesgue-Integral läßt sich verallgemeinern; wir werden hier das Daniellsche Integral vorstellen. Die Maßtheorie wird sich dann als Integrationstheorie der charakteristischen Funktionen ergeben. Wir werden klassische Sätze der Maß- und Integrationstheorie vorstellen.

Danach werden die Lebesgueschen Räume L^p, $1 \leq p \leq +\infty$, als klassische Banachräume behandelt. Im Hilbertraum L^2 werden insbesondere orthogonale Funktionensysteme betrachtet. Mit Ideen von J. von Neumann bestimmen wir den Dualraum $(L^p)^* = L^q$ und zeigen die schwache Kompaktheit der Lebesgueräume.

§1 Das Daniellsche Integral mit Beispielen

Ausgangspunkt unserer Untersuchungen ist die

Definition 1. *Seien X eine beliebige Menge und $M = M(X)$ ein Raum von Funktionen $f : X \to \mathbb{R}$ mit folgenden Eigenschaften:*

- *M ist ein linearer Raum, d.h.*

$$\text{für alle } f, g \in M \text{ und alle } \alpha, \beta \in \mathbb{R} \text{ gilt} \quad \alpha f + \beta g \in M. \qquad (1)$$

- *M ist abgeschlossen hinsichtlich der Betragsbildung, d.h.*

$$\text{für alle } f \in M \text{ gilt} \quad |f| \in M. \qquad (2)$$

Weiter sei $I : M \to \mathbb{R}$ ein Funktional auf M, welches die folgenden Bedingungen erfüllt:

– *I ist linear, d.h.*

  für alle $f, g \in M$ und alle $\alpha, \beta \in \mathbb{R}$ gilt $I(\alpha f + \beta g) = \alpha I(f) + \beta I(g)$. (3)

– *I ist nicht negativ, d.h.*

$$\text{für alle } f \in M \text{ mit } f \geq 0 \text{ gilt}\quad I(f) \geq 0. \qquad (4)$$

Dabei bedeutet $f \geq 0$, daß $f(x) \geq 0$ für alle $x \in X$ richtig ist.

– *I ist stetig bezüglich monotoner Konvergenz in M, d.h.*

  für jede Folge $\{f_n\}_{n=1,2,\ldots} \subset M$ mit $f_n \downarrow 0$ gilt $\displaystyle\lim_{n\to\infty} I(f_n) = I(0) = 0$.
$$\qquad (5)$$

Dabei bedeutet $f_n \downarrow 0$, daß für alle $x \in X$ die Folge $\{f_n(x)\}_{n=1,2,\ldots} \subset \mathbb{R}$ schwach monoton fallend ist und daß $\displaystyle\lim_{n\to\infty} f_n(x) = 0$ gilt.

Dann heißt I ein auf M erklärtes Daniellsches Integral.

Bemerkungen:

1. Aus der Linearität (1) und der Eigenschaft (2) folgen für $f, g \in M$

$$\max(f, g) = \frac{1}{2}\Big(f + g + |f - g|\Big) \in M$$

und

$$\min(f, g) = \frac{1}{2}\Big(f + g - |f - g|\Big) \in M.$$

Insbesondere gelten für $f \in M$

$$f^+(x) := \max\Big(f(x), 0\Big) = \frac{1}{2}\Big(f(x) + |f(x)|\Big) \in M$$

sowie

$$f^-(x) := \max\Big(-f(x), 0\Big) = (-f)^+(x) \in M.$$

Wir nennen f^+ den *positiven Teil von f* und f^- den *negativen Teil von f*. Aus der Definition von f^+ und f^- erkennt man sofort

$$f = f^+ - f^- \quad \text{und} \quad |f| = f^+ + f^- = f^+ + (-f)^+.$$

Somit ist die Bedingung (2) äquivalent zu

$$f \in M \quad \Longrightarrow \quad f^+ \in M. \qquad (2')$$

Allgemeiner sieht man, daß mit endlich vielen Funktionen $f_1, \ldots, f_m \in M$, $m \in \mathbb{N}$, auch

$$\max(f_1, \ldots, f_m) \in M \quad \text{und} \quad \min(f_1, \ldots, f_m) \in M$$

gelten.

2. Die Bedingung (4) ist äquivalent zur Monotonie des Integrals, nämlich

$$I(f) \geq I(g) \quad \text{für alle} \quad f, g \in M \text{ mit } f \geq g. \tag{4'}$$

3. Die Bedingung (5) ist äquivalent zur Bedingung:

Für alle Folgen $\{f_n\}_{n=1,2,\ldots} \subset M$ mit $f_n \uparrow f$ und $f, g \in M$
mit $g \leq f$ gilt $\tag{5'}$
$$I(g) \leq \lim_{n \to \infty} I(f_n).$$

Beweis: Wir zeigen zunächst die Richtung $(5') \Rightarrow (5)$.
Sei die Funktionenfolge $\{f_n\}_{n=1,2,\ldots} \subset M$ mit $f_n \downarrow 0$ gegeben. Dann folgt $(-f_n) \uparrow 0$. Wir setzen $f(x) \equiv 0 \equiv g(x)$. Aus der Linearität von I folgt dann $I(g) = 0$. Insgesamt erhält man mit (5') und (4)

$$0 = I(g) \leq \lim_{n \to \infty} I(-f_n) = -\lim_{n \to \infty} \underbrace{I(f_n)}_{\geq 0} \leq 0,$$

woraus sich direkt ablesen läßt, daß $\lim\limits_{n \to \infty} I(f_n) = I(0) = 0$ gilt.

Wir zeigen nun $(5) \Rightarrow (5')$.
Für $\{f_n\}_{n=1,2,\ldots}$ gelte nun $f_n \uparrow f$ mit einem $f \in M$, woraus sich sofort $(f - f_n) \downarrow 0$ ergibt. Aus (5) folgt dann

$$0 = \lim_{n \to \infty} I(f - f_n),$$

und die Linearität von I liefert

$$0 = I(f) - \lim_{n \to \infty} I(f_n).$$

Mit $g \leq f$ und (4') erhält man somit

$$\lim_{n \to \infty} I(f_n) = I(f) \geq I(g)$$

womit alles bewiesen ist.   q.e.d.

Im folgenden wollen wir Beispiele Daniellscher Integrale angeben. Dazu benötigen wir den

Satz 1. (Dini)
Auf der kompakten Menge $K \subset \mathbb{R}^n$ seien die stetigen Funktionen $f_1, f_2, \ldots,$ $f \in C^0(K, \mathbb{R})$ gegeben. Es gelte $f_l \uparrow f$, d.h. für alle $x \in K$ ist die Folge $\{f_l(x)\} \subset \mathbb{R}$ schwach monoton steigend, und es gilt

$$\lim_{l \to \infty} f_l(x) = f(x).$$

Dann konvergiert die Folge $\{f_l\}_{l=1,2,\ldots}$ gleichmäßig auf K gegen f.

Bemerkung: Durch Übergang zu den Funktionen $g_l := f - f_l$ sieht man, daß obige Aussage äquivalent ist zu:

Für eine Funktionenfolge $\{g_l\}_{l=1,2,\ldots} \subset C^0(K, \mathbb{R})$ mit $g_l \downarrow 0$ folgt, daß $\{g_l\}_{l=1,2,\ldots}$ gleichmäßig auf K gegen 0 konvergiert.

Beweis von Satz 1: Sei $\{g_l\}_{l=1,2,\ldots} \subset C^0(K, \mathbb{R})$ eine Folge mit $g_l \downarrow 0$. Zu zeigen ist, daß

$$\sup_{x \in K} |g_l(x)| \longrightarrow 0$$

richtig ist. Wäre diese Aussage falsch, dann gäbe es Indizes $\{l_i\}$ mit $l_i < l_{i+1}$ und Punkte $\xi_i \in K$, so daß

$$g_{l_i}(\xi_i) \geq \varepsilon > 0 \qquad \text{für alle} \quad i \in \mathbb{N}$$

mit einem festen $\varepsilon > 0$ gilt. Nach dem Weierstraßschen Häufungsstellensatz können wir o.B.d.A. annehmen, daß $\xi_i \to \xi$ für $i \to \infty$ mit $\xi \in K$ richtig ist. Zu festem l_* wählen wir nun ein $i_* = i(l_*) \in \mathbb{N}$, so daß $l_i \geq l_*$ für alle $i \geq i_*$ gilt. Die Monotonieeigenschaft der Funktionenfolge $\{g_l\}$ liefert dann

$$g_{l_*}(\xi_i) \geq g_{l_i}(\xi_i) \geq \varepsilon \qquad \text{für alle} \quad i \geq i_*.$$

Da g_{l_*} nach Voraussetzung stetig ist, folgt

$$g_{l_*}(\xi) = \lim_{i \to \infty} g_{l_*}(\xi_i) \geq \varepsilon \qquad \text{für alle} \quad l_* \in \mathbb{N}.$$

Somit ist $\{g_l(\xi)\}$ keine Nullfolge, im Widerspruch zur Voraussetzung.   q.e.d.

Hauptbeispiel 1: Seien $X = \Omega$ mit der offenen Menge $\Omega \subset \mathbb{R}^n$ und der lineare Raum

$$M_1 = M_1(X) := \left\{ f(x) \in C^0(\Omega, \mathbb{R}^n) : \int_\Omega |f(x)| \, dx < +\infty \right\}$$

gegeben. Dabei ist

$$\int_\Omega |f(x)| \, dx$$

das uneigentliche Riemannsche Integral über die Menge Ω. Dann erfüllt M_1 die Bedingungen (1) und (2). Wir wählen nun als Funktional

$$I_1(f) := \int_\Omega f(x) \, dx, \qquad f \in M_1,$$

wobei rechts wieder das uneigentliche Integral über Ω gemeint ist. Da das Riemannsche Integral linear und nicht negativ ist, sind die Bedingungen (3) und

(4) erfüllt. Zu zeigen bleibt noch die Stetigkeit bezüglich monotoner Konvergenz (5). Sei $\{f_n\}_{n=1,2,\ldots} \subset M_1$ eine Funktionenfolge mit $f_n \downarrow 0$. Ist $K \subset \Omega$ eine kompakte Teilmenge, so liefert der Dinische Satz, daß $\{f_n\}$ gleichmäßig auf K gegen 0 konvergiert. Da weiter $0 \le f_n(x) \le f_1(x)$ für alle $n \in \mathbb{N}$, $x \in \Omega$, und

$$\int\limits_{\Omega} |f_1(x)| \, dx < +\infty$$

richtig sind, liefert der Konvergenzsatz für uneigentliche Riemann-Integrale

$$\lim_{n \to \infty} I_1(f_n) = \lim_{n \to \infty} \int\limits_{\Omega} f_n(x) \, dx = \int\limits_{\Omega} \Big(\underbrace{\lim_{n \to \infty} f_n(x)}_{=0} \Big) \, dx = 0.$$

Somit ist I_1 ein Daniellsches Integral auf der Menge M_1.

Bemerkung: Die Menge M_1 enthält nicht alle Funktionen, deren uneigentliches Riemannsches Integral existiert. Das Daniellsche Integral benötigt nämlich zusätzlich noch die Abgeschlossenheit des Funktionenraums bezüglich der Betrags-Bildung, d.h. die Eigenschaft (2). So ist zum Beispiel das Integral

$$\int\limits_{1}^{\infty} \frac{\sin x}{x^\alpha} \, dx \qquad \text{für} \quad \alpha \in (0, 1)$$

nicht absolut konvergent, existiert aber als uneigentliches Integral. Es gilt nämlich

$$\int\limits_{1}^{\infty} \frac{\sin x}{x^\alpha} \, dx = \lim_{R \to \infty} \int\limits_{1}^{R} \frac{\sin x}{x^\alpha} \, dx$$

$$= \lim_{R \to \infty} \left(\left[-\frac{\cos x}{x^\alpha} \right]_{1}^{R} - \alpha \int\limits_{1}^{R} \frac{\cos x}{x^{\alpha+1}} \, dx \right)$$

$$= \cos 1 - \alpha \underbrace{\int\limits_{1}^{\infty} \frac{\cos x}{x^{\alpha+1}} \, dx}_{\text{absolut konvergent}} .$$

Hauptbeispiel 2: Wie in Kapitel I, §4 beschrieben, sei $\mathcal{M} \subset \mathbb{R}^n$ eine beschränkte m-dimensionale Mannigfaltigkeit der Klasse C^1 mit dem regulären Rand $\partial\mathcal{M}$. Dann können wir $\overline{\mathcal{M}}$ mit endlich vielen Karten überdecken, und das für Funktionen der Klasse

$$M_2 := \Big\{ f(x) : \overline{\mathcal{M}} \to \mathbb{R} \; : \; f \text{ ist stetig in } \overline{\mathcal{M}} \Big\}$$

mittels *Zerlegung der Eins* definierte Riemannsche Integral über $\mathcal{M}$, nämlich

$$I_2(f) := \int\limits_{\overline{\mathcal{M}}} f(x) \, d^m \sigma(x), \qquad f \in M_2,$$

als Daniellsches Integral verwenden. Dabei ist $d^m \sigma$ das m-dimensionale Oberflächenelement auf $\mathcal{M}$. Der Raum M_2 ist linear und abgeschlossen bezüglich der Betrags-Bildung. Die Eigenschaften (1) und (2) sind also erfüllt. Die Existenz des Integrals folgt aus der Stetigkeit (und damit Beschränktheit) von f auf dem Kompaktum $\overline{\mathcal{M}}$. Linearität und positive Definitheit sind ohne weiteres einzusehen. Die Stetigkeit bezüglich monotoner Konvergenz folgt wiederum aus dem Satz von Dini.

§2 Fortsetzung des Daniell-Integrals zum Lebesgue-Integral

Kennzeichnend für die Hauptbeispiele aus §1 ist, daß wir bereits einen Integralbegriff haben, für den zumindest die stetigen Funktionen mit kompaktem Träger integrierbar sind. Wir betrachten nun ein beliebiges Daniellsches Integral $I : M \to \mathbb{R}$ gemäß Definition 1 aus §1. Wir wollen dieses Integral auf einen größeren linearen Raum

$$L(X) \supset M(X)$$

fortsetzen, um dann die Konvergenzeigenschaften des entstandenen Integrals auf dem Raum $L(X)$ zu studieren. Dieser Fortsetzungsprozeß beruht im wesentlichen auf der Monotonieeigenschaft (4) und der Stetigkeitseigenschaft (5) des Integrals.

Indem wir die Integrationstheorie auch für *charakteristische Funktionen*

$$\chi_A(x) := \begin{cases} 1, \, x \in A \\ 0, \, x \in X \setminus A \end{cases}$$

von Teilmengen $A \subset X$ mitentwickeln, erhalten wir eine von I abhängige Maßtheorie für die Teilmengen von X.

Das hier vorgestellte Fortsetzungsverfahren wurde von Carathéodory initiiert, von Daniell für das Funktional I durchgeführt, und von Stone wurde die Verbindung zur Maßtheorie hergestellt.

Zur Vorbereitung betrachten wir zunächst die Funktion

$$\Phi(t) := \begin{cases} 0, \, t \le 0 \\ t, \, t \ge 0 \end{cases},$$

welche stetig und schwach monoton steigend ist, und ferner sei

$$f^+(x) := \Phi(f(x)) = \max(f(x), 0), \qquad x \in X.$$

Hieraus erhalten wir die folgenden Eigenschaften der Zuordnung $f \mapsto f^+$:

i.) $f(x) \le f^+(x)$ für alle $x \in X$;

ii.) $f_1(x) \le f_2(x) \qquad \Longrightarrow \qquad f_1^+(x) \le f_2^+(x)$ für alle $x \in X$;

iii.) $f_n(x) \to f(x) \qquad \Longrightarrow \qquad f_n^+(x) \to f^+(x$ für alle $x \in X$;

iv.) $f_n(x) \downarrow f(x) \qquad \Longrightarrow \qquad f_n^+(x) \downarrow f^+(x)$ für alle $x \in X$;

v.) $f_n(x) \uparrow f(x) \qquad \Longrightarrow \qquad f_n^+(x) \uparrow f^+(x)$ für alle $x \in X$.

Hilfssatz 1. *Seien $\{g_n\} \subset M$ und $\{g_n'\} \subset M$, $n = 1, 2, \ldots$, zwei Folgen mit $g_n(x) \uparrow g(x)$ und $g_n'(x) \uparrow g'(x)$ in X. Dabei seien $g, g' : X \longrightarrow \mathbb{R} \cup \{+\infty\}$ zwei Funktionen mit der Eigenschaft $g'(x) \ge g(x)$. Dann gilt*

$$\lim_{n \to \infty} I(g_n') \ge \lim_{n \to \infty} I(g_n).$$

Beweis: Da $\{I(g_n)\}_{n=1,2,\ldots}$ und $\{I(g_n')\}_{n=1,2,\ldots}$ monoton nichtfallende Folgen sind, existieren ihre Limites für $n \to \infty$ in $\mathbb{R} \cup \{+\infty\}$. Für den Fall $\lim\limits_{n \to \infty} I(g_n') = +\infty$ ist obige Ungleichung offensichtlich erfüllt. Sei also ohne Einschränkung $\lim\limits_{n \to \infty} I(g_n') < +\infty$. Mit einem festen Index m gilt wegen

$$(g_m - g_n')^+ \downarrow (g_m - g')^+ = 0 \qquad \text{für} \quad n \to \infty$$

und der Eigenschaften des Daniellschen Integrals I

$$I(g_m) - \lim_{n \to \infty} I(g_n') = \lim_{n \to \infty} \left(I(g_m) - I(g_n') \right) = \lim_{n \to \infty} I(g_m - g_n')$$

$$\le \lim_{n \to \infty} I\left((g_m - g_n')^+ \right) = 0.$$

Es folgt also

$$I(g_m) \le \lim_{n \to \infty} I(g_n') \qquad \text{für alle} \quad m \in \mathbb{N},$$

so daß wir letztlich

$$\lim_{m \to \infty} I(g_m) \le \lim_{n \to \infty} I(g_n')$$

erhalten.   q.e.d.

Gilt nun im obigen Hilfssatz $g = g'$ auf X, so folgt die Gleichheit der beiden Grenzwerte. Das rechtfertigt die folgende Definition.

Definition 1. *Es sei $V(X)$ die Menge aller Funktionen $f : X \to \mathbb{R} \cup \{+\infty\}$, die schwach monoton steigend aus $M(X)$ approximiert werden können, d.h. zu f gibt es eine Folge $\{f_n\}_{n=1,2,\ldots}$ aus $M(X)$ mit der Eigenschaft*

$$f_n(x) \uparrow f(x) \qquad \text{für} \quad n \to \infty \quad \text{und für alle} \quad x \in X.$$

Für $f \in V$ setzen wir dann

$$I(f) := \lim_{n \to \infty} I(f_n),$$

womit $I(f) \in \mathbb{R} \cup \{+\infty\}$ gilt.

Definition 2. *Wir setzen*

$$-V := \Big\{ f : X \to \mathbb{R} \cup \{-\infty\} \ : \ -f \in V \Big\}$$

und definieren

$$I(f) := -I(-f) \in \mathbb{R} \cup \{-\infty\} \qquad \text{für alle} \quad f \in -V.$$

Bemerkungen:

1. Die Menge $-V$ ist die Menge aller Funktionen f, die schwach monoton fallend aus M approximiert werden können, d.h. es gibt eine Folge
   $\{f_n\}_{n=1,2,\dots} \subset M$, für die $f_n \downarrow f$ gilt. Wir erhalten

$$I(f) = \lim_{n \to \infty} I(f_n).$$

2. Ist $f \in V \cap (-V)$, so gibt es Folgen $\{f_n'\}_{n=1,2,\dots}$ und $\{f_n''\}_{n=1,2,\dots}$ aus M,
   für welche $f_n' \uparrow f$ und $f_n'' \downarrow f$ erfüllt sind. Nun folgt $f_n'' - f_n' \downarrow 0$, und mit
   (5)

$$0 = \lim_{n \to \infty} I(f_n'' - f_n') = \lim_{n \to \infty} I(f_n'') - \lim_{n \to \infty} I(f_n'),$$

   bzw.

$$\lim_{n \to \infty} I(f_n'') = \lim_{n \to \infty} I(f_n').$$

   Somit ist I auf $V \cup (-V) \supset V \cap (-V) \supset M$ eindeutig definiert.

3. Zu V gehört $f(x) \equiv +\infty$ als monoton steigender Limes von $f_n(x) = n$,
   jedoch nicht $g(x) \equiv -\infty$. V ist also kein linearer Raum.

Nach Hilfssatz 1 ist das Funktional I auf V monoton, d.h. für zwei Elemente $f, g \in V$ mit $f \le g$ folgt

$$I(f) \le I(g).$$

Weiter ist mit $\alpha \ge 0$ und $\beta \ge 0$ auch die Linearkombination $\alpha f + \beta g$ aus
V, und es gilt

$$I(\alpha f + \beta g) = \alpha I(f) + \beta I(g).$$

Hilfssatz 2. *Für eine Funktion $f : X \to [0, +\infty]$ gilt*

$$f \in V \quad \Longleftrightarrow \quad f(x) = \sum_{n=1}^{\infty} \varphi_n(x),$$

wobei $\varphi_n \in M(X)$ und $\varphi_n \ge 0$ für alle $n \in \mathbb{N}$ gelten.

Beweis: Die Richtung „$\Longleftarrow$" ergibt sich aus der Definition des Raumes V von selbst: f wird aus den Funktionen $\varphi_n \in M$ entwickelt, und das ist die Behauptung.

Es bleibt die Richtung „$\Longrightarrow$" zu beweisen. Für $f \in V$ gibt es eine Folge $\{f_n\}_{n=1,2,\ldots} \subset M$ mit $f_n \uparrow f$, und somit gilt $f_n^+ \uparrow f^+ = f$. Setzen wir

$$f_0(x) \equiv 0 \quad \text{und} \quad \varphi_n(x) := f_n^+(x) - f_{n-1}^+(x),$$

so folgt

$$f_k^+(x) = \sum_{n=1}^{k} \varphi_n(x) \uparrow f(x)$$

bzw.

$$\sum_{n=1}^{\infty} \varphi_n(x) = f(x).$$

Offenbar sind $\varphi_n(x) \in M$ und $\varphi_n(x) \geq 0$ für alle $n \in \mathbb{N}$ erfüllt.   q.e.d.

Hilfssatz 3. *Sei $f_i \in V$, $f_i \geq 0$, $i = 1, 2, \ldots$ Dann gehört die Funktion*

$$f(x) := \sum_{i=1}^{\infty} f_i(x)$$

zu der Menge V, und es gilt

$$I(f) = \sum_{i=1}^{\infty} I(f_i).$$

Beweis: Sei $c_{ij} \in \mathbb{R}$ mit $c_{ij} \geq 0$, so gilt

$$\sum_{i,j=1}^{\infty} c_{ij} = \sum_{i=1}^{\infty} \left(\sum_{j=1}^{\infty} c_{ij} \right) = \lim_{n \to \infty} \sum_{i,j=1}^{n} c_{ij}. \tag{1}$$

Diese Aussage gilt sowohl für konvergente als auch bestimmt divergente Doppelreihen. Wegen $f_i \in V$ gibt es Funktionen $\varphi_{ij} \in M$, $\varphi_{ij} \geq 0$, so daß

$$f_i(x) = \sum_{j=1}^{\infty} \varphi_{ij}(x) \qquad \text{für alle} \quad x \in X \quad \text{und alle} \quad i \in \mathbb{N}$$

richtig ist. Nach Definition 1 gilt nun

$$I(f_i) = \lim_{n \to \infty} I\left(\sum_{j=1}^{n} \varphi_{ij} \right) = \lim_{n \to \infty} \left\{ \sum_{j=1}^{n} I(\varphi_{ij}) \right\} = \sum_{j=1}^{\infty} I(\varphi_{ij}).$$

Ferner gilt für alle $x \in X$

$$f(x) = \sum_{i=1}^{\infty} f_i(x) = \sum_{i=1}^{\infty} \left(\sum_{j=1}^{\infty} \varphi_{ij}(x) \right) = \sum_{i,j=1}^{\infty} \varphi_{ij}(x) = \lim_{n \to \infty} \left(\sum_{i,j=1}^{n} \varphi_{ij}(x) \right).$$

Somit folgt also $f \in V$, und Definition 1 liefert

$$I(f) = \lim_{n \to \infty} I \left(\sum_{i,j=1}^{n} \varphi_{ij} \right) = \lim_{n \to \infty} \sum_{i,j=1}^{n} I(\varphi_{ij})$$

$$= \sum_{i,j=1}^{\infty} I(\varphi_{ij}) = \sum_{i=1}^{\infty} \left(\sum_{j=1}^{\infty} I(\varphi_{ij}) \right) = \sum_{i=1}^{\infty} I(f_i).$$

q.e.d.

Definition 3. *Für eine beliebige Funktion $f : X \to \overline{\mathbb{R}} = \mathbb{R} \cup \{\pm\infty\}$ setzen wir*

$$I^+(f) := \inf \left\{ I(h) : h \in V, h \geq f \right\}, \quad I^-(f) := \sup \left\{ I(g) : g \in -V, g \leq f \right\}.$$

Wir nennen $I^+(f)$ das obere und $I^-(f)$ das untere Daniellsche Integral von f.

Hilfssatz 4. *Seien $f : X \to \overline{\mathbb{R}}$ eine beliebige Funktion und (g, h) ein Funktionenpaar mit $g \in -V$, $h \in V$ und $g(x) \leq f(x) \leq h(x)$ für alle $x \in X$. Dann gilt*

$$I(g) \leq I^-(f) \leq I^+(f) \leq I(h).$$

Beweis: Aus Definition 3 folgen $I(h) \geq I^+(f)$ und $I(g) \leq I^-(f)$. Weiter gibt es Folgen $\{g_n\}_{n=1,2,\dots} \subset -V$ und $\{h_n\}_{n=1,2,\dots} \subset V$ mit $g_n \leq f \leq h_n$, $n \in \mathbb{N}$, so daß

$$\lim_{n \to \infty} I(g_n) = I^-(f) \quad \text{und} \quad \lim_{n \to \infty} I(h_n) = I^+(f)$$

gelten. Für beliebiges $n \in \mathbb{N}$ folgt dann wegen $0 \leq h_n + (-g_n) \in V$

$$0 \leq I \Big(h_n + (-g_n) \Big) = I(h_n) + I(-g_n),$$

bzw.

$$I(g_n) \leq I(h_n),$$

und somit

$$I^-(f) = \lim_{n \to \infty} I(g_n) \leq \lim_{n \to \infty} I(h_n) = I^+(f).$$

q.e.d.

Da wir im folgenden im erweiterten reellen Zahlensystem $\overline{\mathbb{R}} = \mathbb{R} \cup \{-\infty\} \cup \{+\infty\}$ arbeiten werden, müssen wir zuvor Vereinbarungen über Verknüpfungen in $\overline{\mathbb{R}}$ treffen.

− *Addition:*

$$a + (+\infty) = \quad (+\infty) + a \quad = +\infty \text{ für alle } a \in \mathbb{R} \cup \{+\infty\}$$

$$a + (-\infty) = \quad (-\infty) + a \quad = -\infty \text{ für alle } a \in \mathbb{R} \cup \{-\infty\}$$

$$(-\infty) + (+\infty) = (+\infty) + (-\infty) = \quad 0$$

− *Multiplikation:*

$$\left.\begin{array}{ll} a\,(+\infty) = (+\infty)\,a = +\infty \\ a\,(-\infty) = (-\infty)\,a = -\infty \end{array}\right\} \quad \text{für alle } 0 < a \leq +\infty$$

$$0\,(+\infty) = (+\infty)\,0 = +\infty$$

$$0\,(-\infty) = (-\infty)\,0 = -\infty$$

$$\left.\begin{array}{ll} a\,(+\infty) = (+\infty)\,a = -\infty \\ a\,(-\infty) = (-\infty)\,a = +\infty \end{array}\right\} \quad \text{für alle } -\infty \leq a < 0$$

− *Subtraktion:* Für $a, b \in \overline{\mathbb{R}}$ definieren wir

$$a - b := a + (-b),$$

wobei

$$-(+\infty) = -\infty \quad \text{und} \quad -(-\infty) = +\infty$$

zu setzen sind.

− *Anordnung:* Es gilt

$$-\infty \leq a \leq +\infty \qquad \text{für alle} \quad a \in \overline{\mathbb{R}}.$$

Bemerkung: $\overline{\mathbb{R}}$ ist kein Körper, denn z.B. die Addition ist nicht assoziativ:

$$(-\infty) + \Big((+\infty) + (+\infty)\Big) = (-\infty) + (+\infty) = 0,$$

$$\Big((-\infty) + (+\infty)\Big) + (+\infty) = 0 + (+\infty) = +\infty.$$

Mit den so erklärten Rechenoperationen in $\overline{\mathbb{R}}$ werden für zwei Funktionen $f : X \to \overline{\mathbb{R}}$ und $g : X \to \overline{\mathbb{R}}$ und für beliebiges $c \in \mathbb{R}$ die Funktionen $f + g$, $f - g$, cf eindeutig erklärt, und es ist $f \leq g$ genau dann, wenn $g - f \geq 0$ gilt.

Definition 4. *Eine Funktion $f : X \to \overline{\mathbb{R}}$ gehört zur Klasse $L = L(X) = L(X, I)$ genau dann, wenn*

$$-\infty < I^-(f) = I^+(f) < +\infty$$

gilt. Wir setzen dann

$$I(f) := I^-(f) = I^+(f)$$

und sagen, f ist Lebesgue-integrierbar (bezüglich I).

Bemerkungen: Im Hauptbeispiel 1 aus § 1 erhalten wir mit der offenen Teilmenge $\Omega \subset \mathbb{R}^n$ die Klasse $L(X) =: L(\Omega)$ der *Lebesgue-integrierbaren Funktionen in* Ω. Im Hauptbeispiel 2 ergibt sich mit $L(X) =: L(\mathcal{M})$ die Klasse der *Lebesgue-integrierbaren Funktionen auf der Mannigfaltigkeit* $\mathcal{M}$.

Hilfssatz 5. *Die Funktion* $f : X \to \overline{\mathbb{R}}$ *gehört genau dann zu* $L(X)$, *wenn es zu jedem* $\varepsilon > 0$ *eine Funktion* $g \in -V$ *und eine Funktion* $h \in V$ *gibt mit*

$$g(x) \le f(x) \le h(x), \qquad x \in X,$$

sowie

$$I(h) - I(g) < \varepsilon.$$

Insbesondere sind $I(g)$ *und* $I(h)$ *endlich.*

Beweis:

„$\Longrightarrow$" Sei $f \in L(X)$. Dann gilt $I^-(f) = I^+(f) \in \mathbb{R}$. Nach Definition 3 gibt es dann Funktionen $g \in -V$ und $h \in V$ mit $g \le f \le h$ und

$$I(h) - I(g) < \varepsilon.$$

„$\Longleftarrow$" Zu jedem $\varepsilon > 0$ gibt es Funktionen $g \in -V$ und $h \in V$ mit $g \le f \le h$ und $I(h) - I(g) < \varepsilon$. Damit gilt wegen $I(h) \in (-\infty, +\infty]$ und $I(g) \in [-\infty, +\infty)$, daß $I(h), I(g) \in \mathbb{R}$. Aus Hilfssatz 4 erhalten wir für beliebiges $\varepsilon > 0$

$$0 \le I^+(f) - I^-(f) \le I(h) - I(g) < \varepsilon$$

und somit $I^+(f) = I^-(f) \in \mathbb{R}$, also $f \in L(X)$.   q.e.d.

Satz 1. (Rechenregeln für Lebesgue-integrierbare Funktionen)
Für die Menge $L(X)$ *der Lebesgue-integrierbaren Funktionen gelten folgende Aussagen:*

a) Es ist

$$f \in L(X) \qquad \text{für jedes} \quad f \in V(X) \quad \text{mit} \quad I(f) < +\infty$$

richtig, und die in den Definitionen 1 und 4 erklärten Integrale stimmen überein. Somit ist $I : M(X) \to \mathbb{R}$ *auf* $L(X) \supset M(X)$ *fortgesetzt. Weiter gilt*

$$I(f) \ge 0 \qquad \text{für alle} \quad f \in L(X) \quad \text{mit} \quad f \ge 0.$$

b) Der Raum $L(X)$ *ist linear, d.h. es gilt*

$$c_1 f_1 + c_2 f_2 \in L(X) \qquad \text{für alle} \quad f_1, f_2 \in L(X) \quad \text{und} \quad c_1, c_2 \in \mathbb{R}.$$

Ferner ist $I : L(X) \to \mathbb{R}$ *ein lineares Funktional. Es ist also*

$$I(c_1 f_1 + c_2 f_2) = c_1 I(f_1) + c_2 I(f_2) \qquad \text{für alle} \quad f_1, f_2 \in L(X), \quad c_1, c_2 \in \mathbb{R}$$

erfüllt.

c) Mit $f \in L(X)$ *ist auch* $|f| \in L(X)$, *und es gilt* $\big|I(f)\big| \le I\big(|f|\big)$.

Beweis:

a) Sei $f \in V(X)$ mit $I(f) < +\infty$. Dann gibt es eine Folge $\{f_n\}_{n=1,2,\ldots} \subset M(X)$ mit $f_n \uparrow f$. Setzen wir $g_n := f_n$ und $h_n := f$ für alle $n \in \mathbb{N}$, so gelten $g_n \leq f \leq h_n$, mit $g_n \in -V$, $h_n \in V$, sowie $I(h_n) - I(g_n) = I(f) - I(f_n) \to 0$. Hilfssatz 5 liefert somit $f \in L(X)$, und nach Definition 4 gilt

$$-\infty < I(f) := I^+(f) = I^-(f) = \lim_{n \to \infty} I(f_n) < +\infty.$$

Ist $0 \leq f \in L(X)$, so ist mit $0 \in -V$ offensichtlich $0 \leq I^-(f) = I(f)$ erfüllt.

b) Wir zeigen zunächst: Ist $f \in L(X)$, so gelten $-f \in L(X)$ sowie $I(-f) = -I(f)$.

Sei $f \in L(X)$, so gibt es zu jedem $\varepsilon > 0$ Funktionen $g \in -V$ und $h \in V$ mit $g \leq f \leq h$ und $I(h) - I(g) < \varepsilon$. Daraus lassen sich $-h \leq -f \leq -g$, $-h \in -V$ sowie $-g \in V$ ablesen, und mit $I(-g) = -I(g)$ bzw. $I(-h) = -I(h)$ erhalten wir

$$I(-g) - I(-h) = -I(g) + I(h) < \varepsilon \qquad \text{für alle} \quad \varepsilon > 0,$$

somit also $-f \in L(X)$ und $I(-f) = -I(f)$.

Wir zeigen nun: Mit $f \in L(X)$ und $c > 0$ gelten $cf \in L(X)$ sowie $I(cf) = cI(f)$.

Seien also $f \in L(X)$, $c > 0$, so gibt es zu jedem $\varepsilon > 0$ Funktionen $g \in -V$ und $h \in V$ mit $g \leq f \leq h$, $I(h) - I(g) < \varepsilon$, woraus $cg \leq cf \leq ch$, $cg \in -V$, $ch \in V$ und schließlich auch

$$I(ch) - I(cg) = c\left(I(h) - I(g)\right) < c\varepsilon$$

folgen. Es gelten also $cf \in L(X)$ sowie $I(cf) = cI(f)$.

Schließlich zeigen wir noch: Aus $f_1, f_2 \in L(X)$ folgen $f_1 + f_2 \in L(X)$ und $I(f_1 + f_2) = I(f_1) + I(f_2)$.

Für $f_1, f_2 \in L(X)$ gibt es zu jedem $\varepsilon > 0$ Funktionen $g_1, g_2 \in -V$ und $h_1, h_2 \in V$ mit $g_i \leq f_i \leq h_i$ und $I(h_i) - I(g_i) < \varepsilon$, $i = 1, 2$. Daraus folgen sofort $h_1 + h_2 \in V$, $g_1 + g_2 \in -V$, $g_1 + g_2 \leq f_1 + f_2 \leq h_1 + h_2$ und

$$I(h_1 + h_2) - I(g_1 + g_2) < 2\varepsilon.$$

Also ist $f_1 + f_2 \in L(X)$, und es gilt $I(f_1 + f_2) = I(f_1) + I(f_2)$.

Insgesamt erhalten wir also, daß $I : L(X) \to \mathbb{R}$ ein lineares Funktional auf dem linearen Raum $L(X)$ ist.

c) Sei $f \in L(X)$, so gibt es zu jedem $\varepsilon > 0$ Funktionen $g \in -V$ und $h \in V$ mit $g \leq f \leq h$, $I(h) - I(g) < \varepsilon$, und somit $g^+ \leq f^+ \leq h^+$. Weiter gibt es Folgen $g_n \downarrow g$ und $h_n \uparrow h$ in $M(X)$, woraus wir $g_n^+ \downarrow g^+$ und $h_n^+ \uparrow h^+$ erhalten. Somit sind $h^+ \in V$, $g^+ \in -V$, also $h^+ - g^+ \in V$. Wegen $h \geq g$ folgt $h^+ - g^+ \leq h - g$, und es gilt

$$I(h^+) - I(g^+) = I(h^+) + I(-g^+) = I(h^+ - g^+)$$

$$\leq I(h - g) = I(h) - I(g) < \varepsilon.$$

Wir haben also $f^+ \in L(X)$ und $|f| = f^+ + (-f)^+ \in L(X)$. Nun gehören mit $f \in L(X)$ auch $-f$ und $|f|$ zu $L(X)$, und mit $f \leq |f|$ und $-f \leq |f|$ folgen $I(f) \leq I(|f|)$, $-I(f) = I(-f) \leq I(|f|)$ bzw. $|I(f)| \leq I(|f|)$. q.e.d.

Wir wollen nun Konvergenzsätze für das Lebesguesche Integral herleiten. Grundlegend dafür ist der nachfolgende

Hilfssatz 6. *Sei eine Folge* $\{f_k\}_{k=1,2,\ldots} \subset L(X)$ *mit* $f_k \geq 0$, $k \in \mathbb{N}$, *und* $\sum\limits_{k=1}^{\infty} I(f_k) < +\infty$ *gegeben. Dann ist*

$$f(x) := \sum_{k=1}^{\infty} f_k(x) \in L(X),$$

und es gilt

$$I(f) = \sum_{k=1}^{\infty} I(f_k).$$

Beweis: Zu vorgegebenem $\varepsilon > 0$ gibt es wegen $f_k \in L(X)$ Funktionen $g_k \in -V$ und $h_k \in V$ mit $0 \leq g_k \leq f_k \leq h_k$ und $I(h_k) - I(g_k) < \varepsilon \, 2^{-k}$, $k \in \mathbb{N}$. Somit gelten

$$I(g_k) > I(h_k) - \frac{\varepsilon}{2^k} \geq I(f_k) - \frac{\varepsilon}{2^k} \quad \text{und} \quad I(h_k) < I(g_k) + \frac{\varepsilon}{2^k} \leq I(f_k) + \frac{\varepsilon}{2^k} \; .$$

Wir wählen nun n so groß, daß $\sum\limits_{k=n+1}^{\infty} I(f_k) \leq \varepsilon$ richtig ist. Setzen wir

$$g := \sum_{k=1}^{n} g_k, \qquad h := \sum_{k=1}^{\infty} h_k,$$

so haben wir $g \in -V$ und $h \in V$ nach Hilfssatz 3, und es gilt $g \leq f \leq h$. Weiter folgen

$$I(g) = \sum_{k=1}^{n} I(g_k) > \sum_{k=1}^{n} \left(I(f_k) - \frac{\varepsilon}{2^k} \right) \geq \sum_{k=1}^{\infty} I(f_k) - 2\varepsilon$$

sowie

$$I(h) = \sum_{k=1}^{\infty} I(h_k) < \sum_{k=1}^{\infty} \left(I(f_k) + \frac{\varepsilon}{2^k} \right) = \sum_{k=1}^{\infty} I(f_k) + \varepsilon.$$

Wir erhalten also $I(h) - I(g) < 3\varepsilon$ und somit $f \in L(X)$. Schließlich können wir noch

$$I(f) = \sum_{k=1}^{\infty} I(f_k).$$

ablesen.   q.e.d.

Satz 2. (Satz über monotone Konvergenz von B.Levi)
Sei $\{f_n\}_{n=1,2,\ldots} \subset L(X)$ eine Folge mit

$$f_n(x) \neq \pm\infty \qquad \text{für alle} \quad x \in X \quad \text{und alle} \quad n \in \mathbb{N}.$$

Weiter seien

$$f_n(x) \uparrow f(x), \quad x \in X, \qquad \text{und} \quad I(f_n) \leq C, \quad n \in \mathbb{N},$$

mit einem $C \in \mathbb{R}$ richtig. Dann gelten $f \in L(X)$ und

$$\lim_{n \to \infty} I(f_n) = I(f).$$

Beweis: Wegen $f_k(x) \in \mathbb{R}$ ist das Assoziativgesetz für die Addition gültig. Setzen wir

$$\varphi_k(x) := (f_k(x) - f_{k-1}(x)) \in L(X), \qquad k = 2, 3, \ldots,$$

so folgen $\varphi_k \geq 0$ als auch

$$\sum_{k=2}^{n} \varphi_k(x) = f_n(x) - f_1(x), \qquad x \in X.$$

Nun ergibt sich

$$C - I(f_1) \geq I(f_n) - I(f_1) = \sum_{k=2}^{n} I(\varphi_k) \qquad \text{für alle} \quad n \geq 2.$$

Hilfssatz 6 liefert nun

$$f - f_1 = \sum_{k=2}^{\infty} \varphi_k \in L(X)$$

sowie

$$\lim_{n \to \infty} I(f_n) - I(f_1) = \sum_{k=2}^{\infty} I(\varphi_k) = I\left(\sum_{k=2}^{\infty} \varphi_k \right) = I(f - f_1) = I(f) - I(f_1).$$

Somit folgt $f \in L(X)$, und es gilt

$$\lim_{n \to \infty} I(f_n) = I(f).$$

                                                                        q.e.d.

Bemerkung: Die einschränkende Voraussetzung $f_n(x) \neq \pm\infty$ werden wir im nächsten Paragraphen eliminieren.

Satz 3. (Konvergenzsatz von Fatou)
Sei $\{f_n\}_{n=1,2,\ldots} \subset L(X)$ eine Folge von Funktionen mit

$$0 \le f_n(x) < +\infty \quad \textit{für alle} \quad x \in X \quad \textit{und alle} \quad n \in \mathbb{N}.$$

Ferner sei

$$\liminf_{n \to \infty} I(f_n) < +\infty.$$

Dann gehört die Funktion $g(x) := \liminf_{n \to \infty} f_n(x)$ zu $L(X)$, und es gilt

$$I(g) \le \liminf_{n \to \infty} I(f_n).$$

Beweis: Wir beachten

$$g(x) = \liminf_{n \to \infty} f_n(x) = \lim_{n \to \infty} \left(\inf_{m \ge n} f_m(x) \right) = \lim_{n \to \infty} \left(\lim_{k \to \infty} g_{n,k}(x) \right)$$

mit

$$g_{n,k}(x) := \min \left(f_n(x), f_{n+1}(x), \ldots, f_{n+k}(x) \right) \in L(X).$$

Definieren wir

$$g_n(x) := \inf_{m \ge n} f_m(x),$$

so gelten $g_{n,k} \downarrow g_n$ sowie $-g_{n,k} \uparrow -g_n$ für $k \to \infty$. Weiter erhalten wir $I(-g_{n,k}) \le 0$ wegen $f_n(x) \ge 0$. Nach Satz 2 folgen $-g_n \in L(X)$ und somit auch $g_n \in L(X)$ für alle $n \in \mathbb{N}$.

Weiter gilt $g_n(x) \le f_m(x)$, $x \in X$, für alle $m \ge n$, und deshalb ist

$$I(g_n) \le \inf_{m \ge n} I(f_m) \le \lim_{n \to \infty} \left(\inf_{m \ge n} I(f_m) \right) = \liminf_{n \to \infty} I(f_n) < +\infty$$

für alle $n \in \mathbb{N}$ richtig. Wegen $g_n \uparrow g$ und mit Hilfe von Satz 2 erhalten wir $g \in L(X)$ sowie

$$I(g) = \lim_{n \to \infty} I(g_n) \le \liminf_{n \to \infty} I(f_n). \qquad \text{q.e.d.}$$

Satz 4. *Sei $\{f_n\}_{n=1,2,\ldots} \subset L(X)$ eine Folge mit*

$$|f_n(x)| \le F(x) < +\infty, \qquad n \in \mathbb{N}, \quad x \in X,$$

wobei $F(x) \in L(X)$ richtig ist. Ferner seien

$$g(x) := \liminf_{n \to \infty} f_n(x) \quad \textit{und} \quad h(x) := \limsup_{n \to \infty} f_n(x)$$

gesetzt. Dann gehören g und h zu $L(X)$, und es gelten die Ungleichungen

$$I(g) \le \liminf_{n \to \infty} I(f_n), \quad I(h) \ge \limsup_{n \to \infty} I(f_n).$$

Beweis: Wir wenden Satz 3 auf die beiden Folgen $\{F + f_n\}$ und $\{F - f_n\}$ nichtnegativer, endlichwertiger Funktionen aus $L(X)$ an. Es gilt

$$I(F \pm f_n) \le I(F + F) \le 2I(F) < +\infty \qquad \text{für alle} \quad n \in \mathbb{N}.$$

Somit folgt

$$L(X) \ni \liminf_{n \to \infty}(F + f_n) = F + \liminf_{n \to \infty} f_n = F + g,$$

also $g \in L(X)$, und Satz 3 liefert

$$I(F) + I(g) = I(F + g) \le \liminf_{n \to \infty} I(F + f_n) = I(F) + \liminf_{n \to \infty} I(f_n)$$

bzw.

$$I(g) \le \liminf_{n \to \infty} I(f_n).$$

Ebenso sieht man

$$L(X) \ni \liminf_{n \to \infty}(F - f_n) = F - \limsup_{n \to \infty} f_n = F - h,$$

also $h \in L(X)$ und

$$I(F) - I(h) = I(F - h) \le \liminf_{n \to \infty} I(F - f_n) = I(F) - \limsup_{n \to \infty} I(f_n)$$

bzw.

$$I(h) \ge \limsup_{n \to \infty} I(f_n). \qquad \text{q.e.d.}$$

Satz 5. (Satz über majorisierte Konvergenz von H.Lebesgue)
Sei $\{f_n\}_{n=1,2,\ldots} \subset L(X)$ eine Folge mit

$$f_n(x) \to f(x) \qquad \text{für} \quad n \to \infty, \quad x \in X.$$

Weiter gelten

$$|f_n(x)| \le F(x) < +\infty, \qquad n \in \mathbb{N}, \quad x \in X,$$

wobei $F \in L(X)$ richtig ist. Dann folgen $f \in L(X)$ sowie

$$\lim_{n \to \infty} I(f_n) = I(f).$$

Beweis: Wegen

$$\lim_{n \to \infty} f_n(x) = f(x), \qquad x \in X$$

folgt

$$\liminf_{n \to \infty} f_n(x) = f(x) = \limsup_{n \to \infty} f_n(x).$$

Nach Satz 4 gelten $f \in L(X)$ sowie

$$\limsup_{n\to\infty} I(f_n) \le I(f) \le \liminf_{n\to\infty} I(f_n).$$

Somit existiert der Grenzwert

$$\lim_{n\to\infty} I(f_n),$$

und es gilt

$$I(f) = \lim_{n\to\infty} I(f_n).$$

q.e.d.

§3 Meßbare Mengen

Zunächst treffen wir folgende

Zusätzliche Voraussetzungen an die Mengen X und $M(X)$:

- Es gelte $X \subset \mathbb{R}^n$ für ein $n \in \mathbb{N}$. X wird dann wie folgt zu einem topologischen Raum: Eine Teilmenge $A \subset X$ ist offen (abgeschlossen), genau dann wenn es eine offene (abgeschlossene) Teilmenge $\hat{A} \subset \mathbb{R}^n$ so gibt, daß $A = X \cap \hat{A}$ gilt.
- Wir nehmen weiter an, daß $C_b^0(X,\mathbb{R}) \subset M(X) \subset C^0(X,\mathbb{R})$ erfüllt ist. Dabei ist $C_b^0(X,\mathbb{R})$ die Menge der beschränkten stetigen Funktionen. Dies ist in Hauptbeispiel 2 der Fall; ebenso im Hauptbeispiel 1, sofern dort die offene Menge $\Omega \subset \mathbb{R}^n$ die Bedingung

$$\int_\Omega 1\,dx < +\infty$$

erfüllt. Man sieht sofort, daß dann speziell auch die Funktion $f_0 \equiv 1$, $x \in X$, zu $M(X)$ gehört.

Wir spezialisieren nun unsere Integrationstheorie aus §2 auf die charakteristischen Funktionen und erhalten eine Maßtheorie. Für eine beliebige Menge $A \subset X$ erklären wir ihre *charakteristische Funktion* durch

$$\chi_A(x) := \begin{cases} 1,\, x \in A \\ 0,\, x \in X \setminus A \end{cases}.$$

Definition 1. *Eine Teilmenge $A \subset X$ nennen wir endlich meßbar (oder auch integrierbar), falls ihre charakteristische Funktion $\chi_A \in L(X)$ erfüllt. Wir nennen*

$$\mu(A) := I(\chi_A)$$

das Maß der Menge A bezüglich dem Integral I. Die Menge aller endlich meßbaren Mengen in X bezeichnen wir mit $S(X)$.

Wegen obiger Zusatzvorausetzung $f_0 \equiv 1 \in M(X)$ ist $\chi_X \in M(X) \subset L(X)$, somit also $X \in \mathcal{S}(X)$. Wir sprechen daher gleichwertig von endlich meßbaren und meßbaren Mengen.

Hilfssatz 1. (σ-Additivität des Maßes)
Sei $\{A_i\}_{i=1,2,\ldots} \subset \mathcal{S}(X)$ eine Folge paarweise disjunkter Mengen. Dann gehört auch die Menge

$$A := \bigcup_{i=1}^{\infty} A_i$$

zu $\mathcal{S}(X)$, und es gilt

$$\mu(A) = \sum_{i=1}^{\infty} \mu(A_i).$$

Beweis: Wir betrachten die Funktionenfolge

$$f_k := \sum_{l=1}^{k} \chi_{A_l} \uparrow \chi_A \leq \chi_X \in L(X).$$

Nun gilt $f_k \in L(X)$, $k \in \mathbb{N}$. Nach dem Lebesgueschen Konvergenzsatz folgt $\chi_A \in L(X)$, also $A \in \mathcal{S}(X)$. Wir berechnen

$$\mu(A) = I(\chi_A) = \lim_{k\to\infty} I(f_k)$$

$$= \lim_{k\to\infty} I(\chi_{A_1} + \ldots + \chi_{A_k})$$

$$= \lim_{k\to\infty} \Big(\mu(A_1) + \ldots + \mu(A_k)\Big)$$

$$= \sum_{l=1}^{\infty} \mu(A_l).$$

q.e.d.

Wir wollen nun zeigen, daß mit $A, B \in \mathcal{S}(X)$ auch $A \cap B$ zu $\mathcal{S}(X)$ gehört. Wegen $\chi_{A \cap B} = \chi_A \chi_B$ müssen wir nachweisen, daß mit $\chi_A, \chi_B \in L(X)$ auch $\chi_A \chi_B \in L(X)$ gilt. Im allgemeinen muß das Produkt zweier Funktionen aus $L(X)$ nicht zu $L(X)$ gehören, wie das folgende Beispiel zeigt.

Beispiel: Mit $X = (0,1)$ seien

$$M(X) = \left\{ f : (0,1) \to \mathbb{R} \in C^0\big((0,1),\mathbb{R}\big) \ : \ \int_0^1 |f(x)|\,dx < +\infty \right\}$$

und das uneigentliche Riemannsche Integral

$$I(f) = \int\limits_0^1 f(x)\,dx$$

erklärt. Dann haben wir

$$f(x) := \frac{1}{\sqrt{x}} \in L(X), \quad \text{aber} \quad f^2(x) := \frac{1}{x} \notin L(X).$$

Es gilt aber der

Satz 1. (Stetige Kombination beschränkter L-Funktionen)
Seien $f_k(x) \in L(X)$, $k = 1, \ldots, \kappa$, endlich viele beschränkte Funktionen, das heißt es gibt eine Konstante $c \in (0, +\infty)$, so daß die Abschätzung

$$|f_k(x)| \le c \quad \text{für alle} \quad x \in X \quad \text{und alle} \quad k \in \{1, \ldots, \kappa\}$$

gilt. Weiter sei $\Phi = \Phi(y_1, \ldots, y_\kappa) : \mathbb{R}^\kappa \to \mathbb{R} \in C^0(\mathbb{R}^\kappa, \mathbb{R})$ gegeben. Dann gehört die Funktion

$$g(x) := \Phi\Big(f_1(x), \ldots, f_\kappa(x)\Big), \qquad x \in X,$$

zur Klasse $L(X)$ und ist beschränkt.

Beweis:

1. Sei $f : X \to \mathbb{R} \in L(X)$ eine beschränkte Funktion. Wir zeigen zunächst, daß dann auch $f^2 \in L(X)$ gilt. Wegen $f^2(x) = \{f(x) - \lambda\}^2 + 2\lambda f(x) - \lambda^2$ folgt

$$f^2(x) \ge 2\lambda f(x) - \lambda^2 \quad \text{für alle} \quad \lambda \in \mathbb{R},$$

und die Gleichheit gilt nur für $\lambda = f(x)$. Wir können dafür

$$f^2(x) = \sup_{\lambda \in \mathbb{R}} \Big(2\lambda f(x) - \lambda^2\Big)$$

schreiben. Da die Funktion $\lambda \mapsto (2\lambda f(x) - \lambda^2)$ für jedes feste $x \in X$ stetig bezüglich λ ist, genügt es, das Supremum über die rationalen Zahlen zu bilden. Weiter gilt $\mathbb{Q} = \{\lambda_l\}_{l=1,2,\ldots}$, und es folgt

$$f^2(x) = \sup_{l \in \mathbb{N}} \Big(2\lambda_l f(x) - \lambda_l^2\Big) = \lim_{m \to \infty} \Big(\max_{1 \le l \le m} \big(2\lambda_l f(x) - \lambda_l^2\big)\Big).$$

Mit

$$\varphi_m(x) := \max_{1 \le l \le m} \Big(2\lambda_l f(x) - \lambda_l^2\Big)$$

erhalten wir

$$f^2(x) = \lim_{m \to \infty} \varphi_m(x) = \lim_{m \to \infty} \varphi_m^+(x),$$

wobei die letzte Gleichheit aus der Positivität von $f^2(x)$ folgt. Da $f \in L(X)$, sind wegen der Linearität und der Abgeschlossenheit bezüglich der Maximumsbildung von $L(X)$ auch die φ_m, und somit auch die φ_m^+ aus $L(X)$. Weiter gilt für alle $x \in X$ und alle $m \in \mathbb{N}$ die Abschätzung

$$0 \leq \varphi_m^+(x) \leq f^2(x) \leq c$$

mit einer Konstante $c \in (0, +\infty)$. Da wegen $f_0(x) \equiv 1 \in L(X)$ auch $f_c(x) \equiv c \in L(X)$ gilt, haben die Funktionen φ_m^+ eine integrable Majorante, und der Lebesguesche Konvergenzsatz liefert

$$f^2(x) = \lim_{m \to \infty} \varphi_m^+(x) \in L(X).$$

2. Sind $f, g \in L(X)$ beschränkte Funktionen, so ist auch $f \cdot g$ eine beschränkte Funktion. Wegen Teil 1 sowie

$$fg = \frac{1}{4}(f+g)^2 - \frac{1}{4}(f-g)^2$$

gilt dann auch $fg \in L(X)$.

3. Auf dem Quader

$$Q := \left\{ y = (y_1, \ldots, y_\kappa) \in \mathbb{R}^\kappa : |y_k| \leq c, \ k = 1, \ldots, \kappa \right\}$$

können wir die stetige Funktion Φ gleichmäßig durch Polynome

$$\Phi_l = \Phi_l(y_1, \ldots, y_\kappa), \qquad l = 1, 2, \ldots,$$

approximieren. Wegen Teil 2 sind die Funktionen

$$g_l(x) := \Phi_l\Big(f_1(x), \ldots, f_\kappa(x)\Big), \qquad x \in X,$$

beschränkt und aus der Klasse $L(X)$. Es gilt

$$|g_l(x)| \leq C \qquad \text{für alle} \quad x \in X \quad \text{und alle} \quad l \in \mathbb{N}$$

mit einer festen Konstante $C \in (0, +\infty)$. Da die Funktion $\varphi(x) \equiv C \in L(X)$ ist, liefert der Lebesguesche Konvergenzsatz

$$g(x) = \Phi\Big(f_1(x), \ldots, f_\kappa(x)\Big) = \lim_{l \to \infty} g_l(x) \in L(X).$$

q.e.d.

Folgerung aus Satz 1: Ist $f(x) \in L(X)$ eine beschränkte Funktion, so gehört für alle $p > 0$ die Funktion $|f|^p$ zur Klasse $L(X)$.

Hilfssatz 2. *Mit den Mengen $A, B \in S(X)$ gehören auch die Mengen $A \cap B$, $A \cup B$, $A \setminus B$ und $A^c := X \setminus A$ zu $S(X)$.*

Beweis: Seien also $A, B \in \mathcal{S}(X)$. Dann sind χ_A, χ_B beschränkt und aus der Klasse $L(X)$. Mit Satz 1 folgen

$$\chi_{A \cap B} = \chi_A \chi_B \in L(X) \quad \text{bzw.} \quad A \cap B \in \mathcal{S}(X).$$

Nun gilt $A \cup B \in \mathcal{S}(X)$ wegen $\chi_{A \cup B} = \chi_A + \chi_B - \chi_{A \cap B} \in L(X)$. Weiter ist

$$\chi_{A \setminus B} = \chi_{A \setminus (A \cap B)} = \chi_A - \chi_{A \cap B} \in L(X) \quad \text{bzw.} \quad A \setminus B \in L(X).$$

Wegen $X \in \mathcal{S}(X)$ ist schließlich $A^c = (X \setminus A) \in \mathcal{S}(X)$.   q.e.d.

Hilfssatz 3. (σ-Subadditivität)
Sei $\{A_i\}_{i=1,2,\ldots} \subset \mathcal{S}(X)$ eine Folge von Mengen. Dann gehört auch die Menge

$$A := \bigcup_{i=1}^{\infty} A_i$$

zu $\mathcal{S}(X)$, und es gilt

$$\mu(A) \leq \sum_{i=1}^{\infty} \mu(A_i) \in [0, +\infty].$$

Beweis: Von der Folge $\{A_i\}_{i=1,2,\ldots}$ gehen wir zu einer Folge $\{B_i\}_{i=1,2,\ldots}$ paarweise disjunkter Mengen über:

$$B_1 := A_1, \ B_2 := A_2 \setminus B_1, \ldots, \ B_k := A_k \setminus (B_1 \cup \cdots \cup B_{k-1}), \ldots$$

Nach Hilfssatz 2 gilt $\{B_i\}_{i=1,2,\ldots} \subset \mathcal{S}(X)$. Weiter ist offensichtlich $B_i \subset A_i$ für alle $i \in \mathbb{N}$, und es gilt $A = \bigcup_{i=1}^{\infty} B_i$. Aus Hilfssatz 1 folgt $A \in \mathcal{S}(X)$ sowie

$$\mu(A) = \sum_{i=1}^{\infty} \mu(B_i) \leq \sum_{i=1}^{\infty} \mu(A_i).$$

q.e.d.

Definition 2. *Ein System $\mathcal{A}$ von Teilmengen einer Menge X heißt σ- Algebra, wenn:*

1. $X \in \mathcal{A}$.
2. Mit $B \in \mathcal{A}$ ist auch $B^c = (X \setminus B) \in \mathcal{A}$.
3. Für jede Folge von Mengen $\{B_i\}_{i=1,2,\ldots}$ aus $\mathcal{A}$ liegt auch $\bigcup_{i=1}^{\infty} B_i$ in $\mathcal{A}$.

Bemerkung: Aus den angegebenen Bedingungen folgt $\emptyset \in \mathcal{A}$. Weiter ist mit $\{B_i\}_{i=1,2,\ldots} \subset \mathcal{A}$ auch $\bigcap_{i=1}^{\infty} B_i \in \mathcal{A}$.

Definition 3. *Eine Funktion $\mu : \mathcal{A} \to [0, +\infty]$ auf einer σ-Algebra $\mathcal{A}$ heißt Maß, wenn*

1. $\mu(\emptyset) = 0$

2. $\mu\left(\bigcup\limits_{i=1}^{\infty} B_i \right) = \sum\limits_{i=1}^{\infty} \mu(B_i)$ *für paarweise disjunkte Mengen* $\{B_i\}_{i=1,2,\dots} \subset \mathcal{A}$

gilt. Wir nennen das Maß endlich, falls $\mu(X) < +\infty$ *gilt.*

Bemerkung: Eigenschaft 2 bezeichnen wir als σ-Additivität des Maßes. Liegt nur endliche Additivität vor, das heißt, es gilt

$$\mu\left(\bigcup_{i=1}^{N} B_i \right) = \sum_{i=1}^{N} \mu(B_i)$$

für paarweise disjunkte Mengen $\{B_i\}_{i=1,2,\dots,N} \subset \mathcal{A}$, so sprechen wir von einem *Inhalt.*

Aus den Hilfssätzen 1 bis 3 folgt sofort der

Satz 2. *Die Menge* $\mathcal{S}(X)$ *der endlich meßbaren Teilmengen von* X *ist eine* σ-*Algebra. Die Vorschrift*

$$\mu(A) := I(\chi_A), \qquad A \in \mathcal{S}(X),$$

liefert ein endliches Maß auf der σ-*Algebra* $\mathcal{S}(X)$.

Bemerkung: Von Carathéodory wurde axiomatisch eine Maßtheorie aufgebaut, die dann in eine Integrationstheorie weiterentwickelt werden kann. Wir sind hier den umgekehrten Weg gegangen. Die axiomatische Maßtheorie beginnt mit obigen Definitionen 2 und 3.

Definition 4. *Eine Menge* $A \subset X$ *heißt Nullmenge, falls* $A \in \mathcal{S}(X)$ *und* $\mu(A) = 0$ *gelten.*

Bemerkung: Für das Maß μ aus Definition 1 gilt, daß jede Teilmenge einer Nullmenge wieder eine Nullmenge ist. Für $B \subset A$ und $A \in \mathcal{S}(X)$, $\mu(A) = 0$, gilt nämlich

$$0 = I^+(\chi_A) \geq I^+(\chi_B) \geq I^-(\chi_B) \geq 0\,,$$

also folgt

$$I^+(\chi_B) = I^-(\chi_B) = 0,$$

das heißt $\chi_B \in L(X)$ bzw. $B \in \mathcal{S}(X)$ mit $\mu(B) = 0$.

Hilfssatz 3 entnimmt man sofort

Satz 3. *Die abzählbare Vereinigung von Nullmengen ist wieder eine Nullmenge.*

Nun zeigen wir den

Satz 4. *Jede offene und jede abgeschlossene Menge* $A \subset X$ *gehört zu* $\mathcal{S}(X)$.

Beweis:

1. Sei zunächst A abgeschlossen in X und beschränkt im $\mathbb{R}^n \supset X$. Dann gibt es eine kompakte Menge $\widehat{A}$ im $\mathbb{R}^n$ mit $A = \widehat{A} \cap X$. Zu $\widehat{A}$ konstruieren wir nach dem Tietzeschen Ergänzungssatz eine Folge von Funktionen $f_l : \mathbb{R}^n \to \mathbb{R} \in C_0^0(\mathbb{R}^n)$, so daß für $l = 1, 2, \ldots$ gilt

$$f_l(x) = \begin{cases} 1, & x \in \widehat{A} \\ 0, & x \in \mathbb{R}^n \text{ mit } \operatorname{dist}(x, \widehat{A}) \geq \dfrac{1}{l} \\ \in [0,1], \text{ sonst} \end{cases}.$$

Es gilt offensichtlich $f_l(x) \to \chi_{\widehat{A}}(x)$. Wir setzen nun $g_l = f_l \big|_X$ und erhalten

$$g_l \in C_b^0(X) \subset M(X) \subset L(X)$$

sowie

$$0 \leq g_l(x) \leq 1 \quad \text{und} \quad g_l(x) \to \chi_A(x), \qquad x \in X.$$

Wegen $f_0(x) \equiv 1 \in M(X)$ ist der Lebesguesche Konvergenzsatz anwendbar und liefert

$$\chi_A(x) = \lim_{l \to \infty} g_l(x) \in L(X).$$

Somit ist $A \in \mathcal{S}(X)$.

2. Für eine beliebige abgeschlossene Menge $A \subset X$ betrachten wir die Folge

$$A_l := A \cap \Big\{ x \in \mathbb{R}^n : |x| \leq l \Big\}.$$

Die Mengen A_l gehören nach Teil 1 zu $\mathcal{S}(X)$ und somit auch $A = \bigcup_{l=1}^{\infty} A_l$. Schließlich gehören die offenen Mengen als Komplemente abgeschlossener Mengen zu $\mathcal{S}(X)$.

q.e.d.

Hilfssatz 4. *Sei $f \in V(X)$. Dann ist die Menge*

$$\mathcal{O}(f,a) := \Big\{ x \in X : f(x) > a \Big\} \subset X$$

für alle $a \in \mathbb{R}$ offen.

Beweis: Wegen $f \in V(X)$ gibt es eine Folge

$$\{f_n\}_{n=1,2,\ldots} \subset M(X) \subset C^0(X, \mathbb{R})$$

mit $f_n \uparrow f$ auf X. Sei nun $\xi \in \mathcal{O}(f,a)$, das heißt $f(\xi) > a$. Dann gibt es ein $n_0 \in \mathbb{N}$ mit $f_{n_0}(\xi) > a$. Da $f_{n_0} : X \to \mathbb{R}$ stetig ist, gibt es eine offene Umgebung $U \subset X$ von ξ, so daß $f_{n_0}(x) > a$ für alle $x \in U$ gilt. Wegen $f_{n_0} \leq f$ auf X folgt $f(x) > a$ für alle $x \in U$, das heißt $U \subset \mathcal{O}(f,a)$. Somit ist $\mathcal{O}(f,a)$ offen.

q.e.d.

Satz 5. *Eine Menge $B \subset X$ gehört genau dann zu $\mathcal{S}(X)$, wenn es für alle $\delta > 0$ eine abgeschlossene Menge $A \subset X$ und eine offene Menge $O \subset X$ gibt, für die $A \subset B \subset O$ und $\mu(O \setminus A) < \delta$ gilt.*

Beweis:

„$\Longrightarrow$" Sei $B \in \mathcal{S}(X)$. Dann ist $\chi_B \in L(X)$, und nach §2, Hilfssatz 5 gibt es eine Funktion $f \in V(X)$ mit $0 \leq \chi_B \leq f$ und $I(f) - \mu(B) < \varepsilon$ für alle $\varepsilon > 0$. Gemäß Hilfssatz 4 sind die Mengen $\mathcal{O}_\varepsilon := \{x \in X \mid f(x) > 1 - \varepsilon\} \supset B$ mit $\varepsilon > 0$ offen in X. Nun gilt

$$\chi_B \leq \chi_{\mathcal{O}_\varepsilon} = \frac{1}{1-\varepsilon}(1-\varepsilon)\chi_{\mathcal{O}_\varepsilon} \leq \frac{1}{1-\varepsilon}f \quad \text{in } X,$$

und es folgt

$$\mu(\mathcal{O}_\varepsilon) - \mu(B) = I(\chi_{\mathcal{O}_\varepsilon}) - \mu(B) \leq \frac{1}{1-\varepsilon}I(f) - \mu(B)$$

$$= \frac{1}{1-\varepsilon}\Big(I(f) - \mu(B)\Big) + \frac{\varepsilon}{1-\varepsilon}\mu(B)$$

$$< \frac{\varepsilon}{1-\varepsilon}\Big(1 + \mu(B)\Big)$$

für alle $\varepsilon > 0$. Zu vorgegebenem $\delta > 0$ wählen wir nun ein hinreichend kleines $\varepsilon > 0$, so daß $O := \mathcal{O}_\varepsilon \supset B$ die Ungleichung

$$\mu(O) - \mu(B) < \frac{\delta}{2}$$

erfüllt. Weiter wählen wir zur meßbaren Menge $B^c = X \setminus B$ eine offene Menge $\widetilde{O} = A^c$ mit $A^c = \widetilde{O} \supset B^c$ und $\mu(\widetilde{O} \cap B) < \frac{\delta}{2}$. Für die abgeschlossene Menge $A \subset X$ gilt somit $A \subset B \subset O$ und

$$\mu(O \setminus A) = \mu(O) - \mu(A) = \Big(\mu(O) - \mu(B)\Big) + \Big(\mu(B) - \mu(A)\Big)$$

$$< \frac{\delta}{2} + \mu(B \setminus A) = \frac{\delta}{2} + \mu(B \cap \widetilde{O})$$

$$< \delta.$$

„$\Longleftarrow$" Zu vorgegebenem $\delta > 0$ gibt es eine offene Menge $O \supset B$ und eine abgeschlossene Menge $A \subset B$, die nach Satz 4 meßbar sind, mit

$$I(\chi_O - \chi_A) < \delta.$$

Da $\chi_A, \chi_O \in L(X)$ erfüllt ist, gibt es nach §2, Hilfssatz 5 Funktionen $g \in -V(X)$ und $h \in V(X)$ mit

$$g \leq \chi_A \leq \chi_B \leq \chi_O \leq h \quad \text{in} \quad X$$

und

$$I(h - g) < 3\delta.$$

Ebenfalls nach § 2, Hilfssatz 5 folgen $\chi_B \in L(X)$ und somit $B \in \mathcal{S}(X)$.

q.e.d.

Im folgenden werden wir uns eingehender mit Nullmengen beschäftigen. Diese treten als Ausnahmemengen bei den Lebesgue-integrierbaren Funktionen auf und können bei der Integration vernachlässigt werden. Wir beginnen unsere Untersuchung mit dem

Hilfssatz 5. *Eine Menge $N \subset X$ ist genau dann Nullmenge, wenn es eine Funktion $h \in V(X)$ gibt, die $h(x) \geq 0$ für alle $x \in X$, $h(x) = +\infty$ für alle $x \in N$ und $I(h) < +\infty$ erfüllt.*

Beweis:

„$\Longrightarrow$" Sei $N \subset X$ eine Nullmenge. Dann ist $\chi_N \in L(X)$, und es gilt $I(\chi_N) = 0$. Nach § 2, Hilfssatz 5 gibt es zu jedem $k \in \mathbb{N}$ eine Funktion $h_k \in V(X)$ mit $0 \leq \chi_N \leq h_k$ in X und $I(h_k) \leq 2^{-k}$. Nach § 2, Hilfssatz 3 gehört

$$h(x) := \sum_{k=1}^{\infty} h_k(x)$$

zu $V(X)$, und es gilt

$$I(h) = \sum_{k=1}^{\infty} I(h_k) \leq 1.$$

Andererseits folgt wegen $h_k(x) \geq 1$ in N für alle $k \in \mathbb{N}$, daß $h(x) = +\infty$ für alle $x \in N$ richtig ist, und wegen $h_k(x) \geq 0$ in X ist auch $h(x) \geq 0$ für alle $x \in X$ erfüllt.

„$\Longleftarrow$" Seien $h \in V(X)$, $h(x) \geq 0$ für alle $x \in X$, $h(x) = +\infty$ für alle $x \in N$ und $I(h) < +\infty$ erfüllt. Setzen wir

$$h_\varepsilon(x) := \frac{\varepsilon}{1 + I(h)}\, h(x),$$

so gilt $h_\varepsilon \in V(X)$, $h_\varepsilon(x) \geq 0$ für alle $x \in X$ und $I(h_\varepsilon) < \varepsilon$ für alle $\varepsilon > 0$. Wegen $h(x) = +\infty$ für alle $x \in N$ folgt

$$0 \leq \chi_N(x) \leq h_\varepsilon(x) \quad \text{in} \quad X \quad \text{für alle} \quad \varepsilon > 0.$$

Nach § 2, Hilfssatz 5 ist dann $I(\chi_N) = 0$, das heißt N ist eine Nullmenge.

q.e.d.

Definition 5. *Eine Eigenschaft gilt fast überall in X (in Zeichen: f.ü.), wenn es eine Nullmenge $N \subset X$ gibt, so daß diese Eigenschaft für alle $x \in X \setminus N$ richtig ist.*

Satz 6. (f.ü.-Endlichkeit von L-Funktionen)
Sei die Funktion $f \in L(X)$ gegeben. Dann ist die Menge

$$N := \left\{ x \in X : |f(x)| = +\infty \right\}$$

eine Nullmenge.

Beweis: Sei $f \in L(X)$. Dann ist auch $|f| \in L(X)$, und es gibt eine Funktion $h \in V(X)$ mit $0 \leq |f(x)| \leq h(x)$ in X und mit $I(h) < +\infty$. Weiter ist $h(x) = +\infty$ in N, und nach Hilfssatz 5 ist N eine Nullmenge.
q.e.d.

Satz 7. *Sei die Funktion $f \in L(X)$ gegeben, und es gelte $I(|f|) = 0$. Dann ist die Menge*

$$N := \left\{ x \in X : f(x) \neq 0 \right\}$$

eine Nullmenge.

Beweis: Sei $f \in L(X)$. Dann ist auch $|f| \in L(X)$. Setzen wir

$$f_k(x) := |f(x)|, \qquad k \in \mathbb{N},$$

so gilt

$$\sum_{k=1}^{\infty} I(f_k) = 0,$$

und nach § 2, Hilfssatz 6 ist dann auch

$$g(x) := \sum_{k=1}^{\infty} f_k(x)$$

Lebesgue-integrierbar. Nun gilt $N = \{x \in X : g(x) = +\infty\}$, und nach Satz 6 ist dann N eine Nullmenge.
q.e.d.

Wir wollen nun noch zeigen, daß wir eine L-Funktion auf einer Nullmenge beliebig abändern können, ohne daß sich der Wert des Integrals ändert. Auf diese Weise können wir uns später auf die Betrachtung *endlichwertiger Funktionen* $f \in L(X)$ beschränken, das heißt Funktionen f mit $f(x) \in \mathbb{R}$ für alle $x \in X$. Eine beschränkte Funktion ist endlichwertig, jedoch eine endlichwertige Funktion nicht notwendig beschränkt. (Betrachte z.B. die Funktion $f(x) = \frac{1}{x}$, $x \in (0,1)$.)

Hilfssatz 6. *Sei $N \subset X$ eine Nullmenge. Weiter sei $f : X \to \overline{\mathbb{R}}$ eine Funktion mit $f(x) = 0$ für alle $x \in X \setminus N$. Dann folgt $f \in L(X)$, und es gilt $I(f) = 0$.*

Beweis: Nach Hilfssatz 5 gibt es eine Funktion $h \in V(X)$ mit $h(x) \geq 0$ für alle $x \in X$, $h(x) = +\infty$ für alle $x \in N$ und $I(h) < +\infty$. Für alle $\varepsilon > 0$ sind dann $\varepsilon h \in V$ und $-\varepsilon h \in -V$, und es gilt

$$-\varepsilon h(x) \le f(x) \le \varepsilon h(x) \qquad \text{für alle} \quad x \in X.$$

Weiter ist

$$I(\varepsilon h) - I(-\varepsilon h) = 2\varepsilon I(h) \qquad \text{für alle} \quad \varepsilon > 0$$

richtig. Nach § 2, Hilfssatz 5 ist dann $f \in L(X)$, und es gilt $I(f) = 0$.   q.e.d.

Satz 8. *Seien $f \in L(X)$ und $N \subset X$ eine Nullmenge. Weiter sei die Funktion $\widetilde{f} : X \to \overline{\mathbb{R}}$ mit der Eigenschaft $\widetilde{f}(x) = f(x)$ für alle $x \in X \setminus N$ gegeben. Dann folgen $\widetilde{f} \in L(X)$ und $I(|f - \widetilde{f}|) = 0$, und somit*

$$I(f) = I(\widetilde{f}).$$

Beweis: Da $f \in L(X)$, ist nach Satz 6 die Menge

$$N_1 := \Big\{ x \in X \ : \ |f(x)| = +\infty \Big\}$$

eine Nullmenge. Nun gibt es eine Funktion $\varphi(x) : X \to \overline{\mathbb{R}}$, so daß

$$\widetilde{f}(x) = f(x) + \varphi(x) \qquad \text{für alle} \quad x \in X$$

gilt. Offenbar ist $\varphi(x) = 0$ außerhalb der Nullmenge $N \cup N_1$. Hilfssatz 6 liefert nun $\varphi \in L(X)$ und $I(\varphi) = 0$. Somit folgt $\widetilde{f} \in L(X)$, und es gilt

$$I(\widetilde{f}) = I(f + \varphi) = I(f) + I(\varphi) = I(f).$$

Wenden wir diese Argumentation auf die Funktion

$$\psi(x) := |f(x) - \widetilde{f}(x)|, \qquad x \in X,$$

an, so liefert Hilfssatz 6, daß $\psi \in L(X)$ und

$$0 = I(\psi) = I(|f - \widetilde{f}|)$$

gelten.   q.e.d.

Bemerkung: Stimmt also eine Funktion $\widetilde{f}$ f.ü. mit einer L-Funktion f überein, so ist auch $\widetilde{f} \in L(X)$, und die Integrale stimmen überein.

Wir können nun die allgemeinen Konvergenzsätze der Integrationstheorie beweisen.

Satz 9. (Allgemeiner Konvergenzsatz von B. Levi)
Sei $\{f_k\}_{k=1,2,\ldots} \subset L(X)$ eine Folge mit $f_k \uparrow f$ f.ü. in X. Weiter gelte $I(f_k) \le c$ für alle $k \in \mathbb{N}$ und eine Konstante $c \in \mathbb{R}$. Dann folgen $f \in L(X)$ und

$$\lim_{k \to \infty} I(f_k) = I(f).$$

Beweis: Wir betrachten die Nullmengen

$$N_k := \Big\{ x \in X \ : \ |f_k(x)| = +\infty \Big\} \qquad \text{für} \quad k \in \mathbb{N}$$

sowie

$$N_0 := \Big\{ x \in X \ : \ f_k(x) \uparrow f(x) \text{ ist nicht erfüllt} \Big\}.$$

Sei die Nullmenge

$$N := \bigcup_{k=0}^{\infty} N_k$$

erklärt, so ändern wir f, f_k auf N zu 0 ab, und erhalten Funktionen $\widetilde{f_k} \in L(X)$ mit

$$I(\widetilde{f_k}) = I(f_k) \le c \qquad \text{für alle} \quad k \in \mathbb{N}$$

und $\widetilde{f}$ mit $\widetilde{f_k} \uparrow \widetilde{f}$. Nach Satz 2 aus §2 ist dann $\widetilde{f} \in L(X)$, und es gilt

$$\lim_{k \to \infty} I(\widetilde{f_k}) = I(\widetilde{f}).$$

Satz 8 liefert nun $f \in L(X)$ und

$$I(f) = I(\widetilde{f}) = \lim_{k \to \infty} I(\widetilde{f_k}) = \lim_{k \to \infty} I(f_k).$$

q.e.d.

Ebenso durch Abändern der Funktionen zu 0 auf den jeweiligen Nullmengen beweist man die folgenden Sätze 10 und 11 mit Hilfe von Satz 3 bzw. 5 aus §2.

Satz 10. (Allgemeiner Konvergenzsatz von Fatou)
Sei $\{f_k\}_{k=1,2,\dots} \subset L(X)$ eine Funktionenfolge mit $f_k(x) \ge 0$ f.ü. in X für alle $k \in \mathbb{N}$, und es gelte

$$\liminf_{k \to \infty} I(f_k) < +\infty.$$

Dann gehört auch die Funktion

$$g(x) := \liminf_{k \to \infty} f_k(x)$$

zu $L(X)$, und es gilt

$$I(g) \le \liminf_{k \to \infty} I(f_k).$$

Satz 11. (Allgemeiner Konvergenzsatz von Lebesgue)
Sei $\{f_k\}_{k=1,2,\dots} \subset L(X)$ eine Folge mit $f_k \to f$ f.ü. auf X und $|f_k(x)| \le F(x)$ f.ü. in X für alle $k \in \mathbb{N}$, wobei $F \in L(X)$ gilt. Dann folgt $f \in L(X)$, und es gilt

$$\lim_{k \to \infty} I(f_k) = I(f).$$

Satz 12. *Das Lebesguesche Integral* $I : L(X) \to \mathbb{R}$ *ist ein Daniellsches Integral.*

Beweis: Nach § 2, Satz 1 ist $L(X)$ ein linearer und bezüglich der Betragsbildung abgeschlossener Raum. $L(X)$ erfüllt also die Eigenschaften (1) und (2) in § 1. Desweiteren ist das Lebesguesche Integral I nichtnegativ, linear und nach Satz 9 auch abgeschlossen bezüglich monotoner Konvergenz. I erfüllt somit die Eigenschaften (3)–(5) in § 1. Das Lebesguesche Integral $I : L(X) \to \mathbb{R}$ ist also nach § 1, Definition 1 ein Daniellsches Integral.   q.e.d.

§4 Meßbare Funktionen

Grundlegend ist die folgende

Definition 1. *Eine Funktion* $f : X \to \overline{\mathbb{R}}$ *heißt meßbar, wenn für alle* $a \in \mathbb{R}$ *die oberhalb dem Niveau* a *gelegene Punktmenge*

$$\mathcal{O}(f,a) := \left\{ x \in X \, : \, f(x) > a \right\}$$

meßbar ist.

Bemerkung: Jede stetige Funktion $f : X \to \mathbb{R} \in C^0(X, \mathbb{R})$ ist meßbar. Es ist dann $\mathcal{O}(f,a) \subset X$ für alle $a \in \mathbb{R}$ eine offene Menge, welche nach § 3, Satz 4 meßbar ist. Weiter ist auch jede Funktion $f \in V(X)$ nach § 3, Hilfssatz 4 meßbar.

Hilfssatz 1. *Sei* $f : X \to \overline{\mathbb{R}}$ *eine meßbare Funktion. Weiter seien* $a, b \in \overline{\mathbb{R}}$ *mit* $a \leq b$ *sowie das Intervall* $I = [a,b]$ *oder für* $a < b$ *auch die Intervalle* $I = (a,b]$, $I = [a,b)$, $I = (a,b)$ *gegeben. Dann sind die Mengen*

$$A := \left\{ x \in X \, : \, f(x) \in I \right\}$$

meßbar.

Beweis: Aus Definition 1 folgt, daß die Mengen

$$\mathcal{O}_1(f,c) := \mathcal{O}(f,c) = \left\{ x \in X \, : \, f(x) > c \right\}$$

für alle $c \in \mathbb{R}$ meßbar sind. Wir wählen nun zu $c \in \mathbb{R}$ eine Folge $\{c_n\}_{n=1,2,\dots}$ mit $c_n \uparrow c$ und erhalten mit

$$\mathcal{O}_2(f,c) := \left\{ x \in X \, : \, f(x) \geq c \right\} = \bigcap_{n=1}^{\infty} \left\{ x \in X \, : \, f(x) > c_n \right\}$$

eine meßbare Menge, da die meßbaren Mengen $\mathcal{S}(X)$ eine σ-Algebra bilden vgl. § 3, Definition 2 und Satz 2). Weiter gelten

$$\mathcal{O}_2(f,+\infty) = \bigcap_{n=1}^{\infty} \mathcal{O}_2(f,n), \quad \mathcal{O}_1(f,-\infty) = \bigcup_{n=1}^{\infty} \mathcal{O}_1(f,-n),$$

damit sind auch diese Mengen meßbar. Durch Übergang zu den Komplementen folgt, daß

$$\mathcal{O}_3(f,c) := \Big\{x \in X \,:\, f(x) \le c\Big\} \quad \text{und} \quad \mathcal{O}_4(f,c) := \Big\{x \in X \,:\, f(x) < c\Big\}$$

für alle $c \in \overline{\mathbb{R}}$ meßbar sind. Die Mengen

$$A := \Big\{x \in X \,:\, f(x) \in I\Big\}$$

lassen sich nun durch Durchschnittsbildung von je zwei der Mengen $\mathcal{O}_1$–$\mathcal{O}_4$ erzeugen, indem c entsprechend durch a oder b ersetzt wird, woraus sich die Meßbarkeit der Mengen A ergibt.

q.e.d.

Wir erklären nun für $a,b \in \overline{\mathbb{R}}$ mit $a < b$ die Funktion

$$\phi_{a,b}(t) := \begin{cases} a, & -\infty \le t \le a \\ t, & a \le t \le b \\ b, & b \le t \le +\infty \end{cases}$$

als *Abschneidefunktion*. Für eine Funktion $f : X \to \overline{\mathbb{R}}$ setzen wir

$$f_{a,b}(x) := \phi_{a,b}(f(x)) := \begin{cases} a, & -\infty \le f(x) \le a \\ f(x), & a \le f(x) \le b \\ b, & b \le f(x) \le +\infty \end{cases}.$$

Offenbar gilt

$$|f_{a,b}(x)| \le \max(|a|,|b|) < +\infty \qquad \text{für alle} \quad x \in X, \quad a,b \in \mathbb{R}.$$

Weiter sind

$$f^+(x) = f_{0,+\infty}(x) \quad \text{und} \quad f^-(x) = f_{-\infty,0}(x), \qquad x \in X.$$

Satz 1. *Eine Funktion $f : X \to \overline{\mathbb{R}}$ ist genau dann meßbar, wenn für alle $a,b \in \mathbb{R}$ mit $a < b$ die Funktion $f_{a,b}$ zu $L(X)$ gehört.*

Beweis:

„$\Longrightarrow$" Seien $f : X \to \overline{\mathbb{R}}$ meßbar und $-\infty < a < b < +\infty$. Wir erklären die Intervalle

$$I_0 := [-\infty,a); \quad I_k := \Big[a + (k-1)\frac{b-a}{m}, \; a + k\frac{b-a}{m}\Big); \quad I_{m+1} := [b,+\infty]$$

mit $k = 1, \ldots, m$ und für beliebiges $m \in \mathbb{N}$. Weiter wählen wir Zwischenwerte

$$\eta_l = a + (l-1)\frac{b-a}{m}, \qquad l = 0, \ldots, m+1.$$

Nach Hilfssatz 1 sind nun die Mengen

$$A_l := \Big\{ x \in X \, : \, f(x) \in I_l \Big\}$$

meßbar. Die Funktion

$$f_m := \sum_{l=0}^{m+1} \eta_l \, \chi_{A_l}$$

ist Lebesgue-integrierbar, und es gilt

$$| \, f_m(x) | \le \max \left(| \, 2a - b|, | \, b| \right) \qquad \text{für alle} \quad x \in X \quad \text{und alle} \quad m \in \mathbb{N}.$$

Da konstante Funktionen integrierbar sind, liefert der Lebesguesche Konvergenzsatz

$$f_{a,b}(x) = \lim_{m \to \infty} f_m(x) \; \in L(X).$$

„$\Longleftarrow$" Wir haben zu zeigen, daß für alle $\tilde{a} \in \mathbb{R}$ die Menge $\mathcal{O}(f, \tilde{a})$ meßbar ist. Hierzu zeigen wir, daß für alle $b \in \mathbb{R}$ die Menge $\{ x \in X \, : \, f(x) \ge b \}$ meßbar ist und erhalten dann, daß

$$\mathcal{O}(f, \tilde{a}) = \bigcup_{l=1}^{\infty} \Big\{ x \in X \, | \, f(x) \ge \tilde{a} + \frac{1}{l} \Big\}$$

meßbar ist wegen §3, Hilfssatz 3. Sei also $b \in \mathbb{R}$ beliebig, so wählen wir $a = b - 1$ und betrachten die Funktion

$$g(x) := f_{a,b}(x) - a \in L(X).$$

Offensichtlich gilt $g : X \to [0,1]$, und wir haben

$$g(x) = 1 \quad \Longleftrightarrow \quad f(x) \ge b.$$

Die Folgerung aus §3, Satz 1 liefert $g^l(x) \in L(X)$ für alle $l \in \mathbb{N}$, und mit dem Lebesgueschen Konvergenzsatz folgt

$$\chi(x) := \lim_{l \to \infty} g^l(x) = \begin{cases} 1, & x \in X \text{ mit } f(x) \ge b \\ 0, & x \in X \text{ mit } f(x) < b \end{cases} \in L(X),$$

und somit ist $\{ x \in X \, : \, f(x) \ge b \}$ für alle $b \in \mathbb{R}$ meßbar.   q.e.d.

Folgerung: Jede Funktion $f \in L(X)$ ist meßbar.

Beweis: Ist $f \in L(X)$, so ist $N := \{ x \in X \, : \, |f(x)| = +\infty \}$ eine Nullmenge. Wir erklären

$$\tilde{f}(x) := \begin{cases} f(x)\,, & x \in X \setminus N \\ 0\,, & x \in N \end{cases} \quad \in L(X).$$

Aufgrund von Definition 1 ist f genau dann meßbar, wenn $\tilde{f}$ meßbar ist. Wir wenden nun auf $\tilde{f}$ das Kriterium aus Satz 1 an. Sei $-\infty < a < b < +\infty$ beliebig, so folgt zunächst

$$\tilde{f}_{-\infty,b}(x) = \min\left(\tilde{f}(x),b\right) = \frac{1}{2}\left(\tilde{f}(x)+b\right) - \frac{1}{2}\,|\,\tilde{f}(x)-b|\quad \in L(X),$$

da $\tilde{f} \in L(X)$. Analog sieht man $g_{a,+\infty} \in L(X)$, falls $g \in L(X)$. Bedenkt man weiter, daß

$$\tilde{f}_{a,b} = \left(\tilde{f}_{-\infty,b}\right)_{a,+\infty}$$

gilt, so folgt $\tilde{f}_{a,b} \in L(X)$. \hfill q.e.d.

Im folgenden Satz wird der für meßbare Funktionen angemessene Konvergenz-begriff erscheinen.

Satz 2. (f.ü.-Konvergenz)
Sei $\{f_k\}_{k=1,2,\dots}$ eine Folge meßbarer Funktionen mit der Eigenschaft $f_k(x) \to f(x)$ f.ü. in X. Dann ist f meßbar.

Beweis: Seien $a,b \in \mathbb{R}$ mit $a < b$. Dann gehören die Funktionen $(f_k)_{a,b}$ zu $L(X)$ für alle $k \in \mathbb{N}$, und es gelten

$$|(f_k)_{a,b}(x)| \le \max(|a|,|b|) \quad \text{und} \quad (f_k)_{a,b} \to f_{a,b} \quad \text{f.ü. in}\quad X.$$

Der allgemeine Lebesguesche Konvergenzsatz liefert $f_{a,b} \in L(X)$. Wegen Satz 1 ist f meßbar. \hfill q.e.d.

Satz 3. (Kombination von meßbaren Funktionen)
Es gelten die folgenden Aussagen:

a) *Lineare Kombination: Seien f und g meßbar, $\alpha,\beta \in \mathbb{R}$, so sind auch $\alpha f + \beta g$, $\max(f,g)$, $\min(f,g)$ und $|f|$ meßbar.*

b) *Nichtlineare Kombination: Seien mit $f_1,\dots,f_\kappa$, $\kappa \in \mathbb{N}$, endlichwertige, meßbare Funktionen und $\phi = \phi(y_1,\dots,y_\kappa) \in C^0(\mathbb{R}^\kappa,\mathbb{R})$ gegeben. Dann ist die Funktion $g(x) := \phi\Big(f_1(x),\dots,f_\kappa(x)\Big)$, $x \in X$, meßbar.*

Beweis:

a) Nach Satz 1 gilt $f_{-p,p}\,,g_{-p,p} \in L(X)$ für alle $p \in \mathbb{R}$. Beachten wir weiter $f = \lim\limits_{p\to\infty} f_{-p,p}$, so liefert Satz 2 und die Linearität des Raumes $L(X)$, daß

$$\alpha f + \beta g = \lim_{p\to+\infty}(\alpha f_{-p,p} + \beta g_{-p,p})$$

für alle $\alpha,\beta \in \mathbb{R}$ meßbar ist. Genauso sind

$$\max(f,g) = \lim_{p \to +\infty} \max(f_{-p,p}, g_{-p,p})$$

und

$$\min(f,g) = \lim_{p \to +\infty} \min(f_{-p,p}, g_{-p,p})$$

meßbar und wegen $|f| = \max(f, -f)$ auch $|f|$.

b) Für alle $p > 0$ und $k = 1, \ldots, \kappa$ sind $(f_k)_{-p,p} \in L(X)$ beschränkte Funktionen. Nach § 3, Satz 1 und § 4, Satz 1 gehört dann die Funktion $\phi\big((f_1)_{-p,p}(x), \ldots, (f_\kappa)_{-p,p}(x)\big)$ zu $L(X)$. Weiter gilt

$$g(x) = \lim_{p \to +\infty} \phi\big((f_1)_{-p,p}(x), \ldots, (f_\kappa)_{-p,p}(x)\big)$$

für alle $x \in X$, und Satz 2 liefert die Meßbarkeit von g.   q.e.d.

Definition 2. *Für eine nichtnegative, meßbare Funktion f setzen wir*

$$I(f) := \lim_{N \to +\infty} I(f_{0,N}) \in [0, +\infty].$$

Satz 4. *Eine meßbare Funktion f gehört genau dann zu $L(X)$, wenn der Grenzwert*

$$\lim_{\substack{a \to -\infty \\ b \to +\infty}} I(f_{a,b}) \in \mathbb{R}$$

existiert. In diesem Fall ist

$$I(f) = \lim_{\substack{a \to -\infty \\ b \to +\infty}} I(f_{a,b}) = I(f^+) - I(f^-).$$

Eine meßbare Funktion f gehört also genau dann zu $L(X)$, wenn $I(f^+) < +\infty$ und $I(f^-) < +\infty$ richtig sind.

Beweis: Wegen $f_{a,b} = (f^+)_{0,b} - (f^-)_{0,-a}$ für alle $-\infty < a < 0 < b < +\infty$ gilt

$$\lim_{\substack{a \to -\infty \\ b \to +\infty}} I(f_{a,b}) \text{ existiert in } \mathbb{R} \quad \Longleftrightarrow \quad \lim_{N \to +\infty} I\big((f^\pm)_{0,N}\big) \text{ existieren in } \mathbb{R}.$$

Es genügt also zu zeigen: $f \in L(X) \quad \Longleftrightarrow \quad \lim_{N \to +\infty} I\big((f^\pm)_{0,N}\big)$ existieren in $\mathbb{R}$.

„$\Longrightarrow$": Sei also $f \in L(X)$. Dann sind auch $f^\pm \in L(X)$, und der Satz über monotone Konvergenz von B.Levi liefert

$$\lim_{N \to +\infty} I\big((f^\pm)_{0,N}\big) = I(f^\pm) \in \mathbb{R}.$$

„$\Longleftarrow$": Falls

$$\lim_{N \to +\infty} I\big((f^\pm)_{0,N}\big)$$

in $\mathbb{R}$ existieren, so liefert der Satz von Levi $f^\pm \in L(X)$, und wegen $f = f^+ - f^-$ ist auch $f \in L(X)$.

q.e.d.

Satz 5. *Sei $f : X \to \overline{\mathbb{R}}$ eine meßbare Funktion, die*

$$|f(x)| \leq F(x), \qquad x \in X,$$

mit $F \in L(X)$ erfüllt. Dann folgen

$$f \in L(X) \quad und \quad I(|f|) \leq I(F).$$

Beweis: Nach Satz 3 sind f^+ und f^- meßbar, und es gilt $0 \leq f^\pm \leq F$. Somit sind $0 \leq (f^\pm)_{0,N} \leq F$ und $(f^\pm)_{0,N} \in L(X)$ richtig. Weiter gilt

$$I\left((f^\pm)_{0,N}\right) \leq I(F) < +\infty \qquad \text{für alle} \quad N > 0.$$

Der Satz von Levi liefert nun $I(f^\pm) < +\infty$ und $f^\pm \in L(X)$, und somit $f \in L(X)$. Wegen der Monotonie des Lebesgue-Integrals folgt $I(|f|) \leq I(F)$ aus $|f(x)| \leq F(x)$.

q.e.d.

Satz 6. *Sei $\{f_l\}_{l=1,2,\dots}$ eine Folge nichtnegativer, meßbarer Funktionen mit $f_l(x) \uparrow f(x)$, $x \in X$. Dann ist f meßbar, und es gilt*

$$I(f) = \lim_{l \to \infty} I(f_l).$$

Beweis: Nach Satz 2 ist f meßbar. Gemäß Definition 2 gilt für zwei meßbare Funktionen $0 \leq g \leq h$ die Ungleichung $I(g) \leq I(h)$. Daher ist $\{I(f_l)\}_{l=1,2,\dots} \in [0, +\infty]$ eine monoton nichtfallende Folge mit $I(f) \geq I(f_l)$ für alle $l \in \mathbb{N}$. Wir unterscheiden die folgenden Fälle:

a) Sei

$$\lim_{l \to \infty} I(f_l) \leq c < +\infty.$$

Dann gilt $I(f_l) \leq c$, woraus $f_l \in L(X)$ folgt, wegen Satz 4. Der Satz von Levi liefert nun $f \in L(X)$ und

$$I(f) = \lim_{l \to \infty} I(f_l).$$

b) Sei

$$\lim_{l \to \infty} I(f_l) = +\infty.$$

Dann haben wir wegen $I(f) \geq I(f_l)$ für alle $l \in \mathbb{N}$ sofort

$$I(f) = +\infty = \lim_{l \to \infty} I(f_l).$$

q.e.d.

Definition 3. *Eine Funktion $g : X \to \overline{\mathbb{R}}$ heißt einfach, wenn es endlich viele paarweise disjunkte Mengen $A_1, \dots, A_{n^*} \in \mathcal{S}(X)$ und $\eta_1, \dots, \eta_{n^*} \in \mathbb{R}$ mit $n^* \in \mathbb{N}$ gibt, so daß in X die folgende Darstellung gilt:*

$$g = \sum_{k=1}^{n^*} \eta_k \, \chi_{A_k}$$

Bemerkung: Offenbar sind dann $g \in L(X)$ mit

$$I(g) = \sum_{k=1}^{n^*} \eta_k \, \mu(A_k)$$

richtig.

Seien nun $\mathcal{Z} : -\infty < y_0 < y_1 < \ldots < y_{n^*} < +\infty$ eine beliebige Zerlegung in $\mathbb{R}$ mit den Intervallen $I_k := [y_{k-1}, y_k)$, $k = 1, \ldots, n^*$, und $f : X \to \overline{\mathbb{R}}$ eine beliebige meßbare Funktion. Wir wählen beliebige Zwischenwerte $\eta_k \in I_k$, $k = 1, \ldots, n^*$. Nun ordnen wir $f, \mathcal{Z}$ und η die einfache Funktion

$$f^{(\mathcal{Z}, \eta)} := \sum_{k=1}^{n^*} \eta_k \, \chi_{A_k}$$

mit $A_k := \{x \in X : f(x) \in I_k\}$, $k = 1, \ldots, n^*$, zu und beachten

$$I\left(f^{(\mathcal{Z}, \eta)}\right) = \sum_{k=1}^{n^*} \eta_k \, \mu(A_k).$$

Unter einer ausgezeichneten Zerlegungsfolge verstehen wir eine Folge von Zerlegungen, deren Anfangs- und Endpunkt gegen $-\infty$ bzw. $+\infty$ strebt und deren maximale Intervalllänge gegen 0 konvergiert.

Satz 7. *Falls* $f : X \to \overline{\mathbb{R}} \in L(X)$ *gilt, so haben wir für jede ausgezeichnete Zerlegungsfolge* $\{\mathcal{Z}^{(p)}\}_{p=1,2,\ldots}$ *in* $\mathbb{R}$ *und jede Wahl der Zwischenwerte* $\{\eta^{(p)}\}_{p=1,2,\ldots}$ *die Identität*

$$I(f) = \lim_{p \to \infty} I\left(f^{(\mathcal{Z}^{(p)}, \eta^{(p)})}\right) = \lim_{p \to \infty} \sum_{k=1}^{n^{(p)}} \eta_k^{(p)} \mu(A_k^{(p)}) \; .$$

Bemerkung: Somit kann das Lebesgue-Integral durch die angegebenen Lebesgueschen Summen approximiert werden, und die Bezeichnung

$$I(f) = \int_X f(x) \, d\mu(x)$$

ist gerechtfertigt. Allerdings sind die Lebesgueschen Summen im Vergleich zu den Riemannschen Zwischensummen in der Regel schlechter numerisch auswertbar.

Beweis von Satz 7: Sei $f \in L(X)$. Zu einer Zerlegung $\mathcal{Z}$ mit $\delta(\mathcal{Z}) = \max\{(y_k - y_{k-1}) : k = 1, \ldots, n^*\}$ und für beliebige Zwischenwerte $\{\eta_k\}_{k=1,\ldots,n^*}$ gilt

$$|f^{(\mathcal{Z}, \eta)}(x)| \leq \delta(\mathcal{Z}) + |f(x)| \qquad \text{für alle} \quad x \in X \, .$$

Ist $\{\mathcal{Z}^{(p)}\}_{p=1,2,\ldots}$ eine ausgezeichnete Zerlegungsfolge und sind $\{\eta^{(p)}\}_{p=1,2,\ldots}$ beliebige Zwischenwerte, so gilt

$$f^{(\mathcal{Z}^{(p)},\eta^{(p)})}(x) \to f(x) \qquad \text{f.ü. für} \quad p \to \infty,$$

nämlich für alle $x \in X$ mit $|f(x)| \neq +\infty$. Nach dem Lebesgueschen Konvergenzsatz folgt

$$I(f) = \lim_{p\to\infty} I\Big(f^{(\mathcal{Z}^{(p)},\eta^{(p)})}\Big) = \lim_{p\to\infty} \sum_{k=1}^{n^{(p)}} \eta_k^{(p)} \mu(A_k^{(p)}).$$

q.e.d.

Wir wollen nun einen Auswahlsatz bezüglich der f.ü.-Konvergenz kennenlernen.

Satz 8. (Lebesguescher Auswahlsatz)
Sei $\{f_k\}_{k=1,2,\ldots}$ eine Folge aus $L(X)$ mit

$$\lim_{k,l\to\infty} I(|f_k - f_l|) = 0.$$

Dann gibt es eine Nullmenge $N \subset X$ und eine monoton wachsende Teilfolge $\{k_m\}_{m=1,2,\ldots}$, so daß die Funktionenfolge $\{f_{k_m}(x)\}_{m=1,2,\ldots}$ für alle $x \in X \setminus N$ konvergiert, und für den Grenzwert gilt

$$\lim_{m\to\infty} f_{k_m}(x) =: f(x) \in L(X).$$

Aus einer Cauchy-Folge bez. dem Integral I können wir also eine f.ü. konvergente Teilfolge auswählen.

Beweis: Auf der Nullmenge

$$N_1 := \bigcup_{k=1}^{\infty} \Big\{ x \in X \, : \, f_k(x)| = +\infty \Big\}$$

ändern wir die Funktionen f_k zu

$$\widetilde{f}_k(x) := \begin{cases} f_k(x)\,, & x \in X \setminus N_1 \\ 0\,, & x \in N_1 \end{cases}$$

ab. So können wir o.E. die Funktionen $\{f_k\}_{k=1,2,\ldots}$ als endlichwertig annehmen. Wegen

$$\lim_{p,l\to\infty} I(|f_p - f_l|) = 0$$

gibt es eine Teilfolge $k_1 < k_2 < \cdots$ mit der Eigenschaft

$$I(|f_p - f_l|) \leq \frac{1}{2^m} \qquad \text{für alle} \quad p,l \geq k_m, \quad m = 1, 2, \ldots$$

Insbesondere folgen nun

$$I(|f_{k_{m+1}} - f_{k_m}|) \le \frac{1}{2^m}, \qquad m = 1, 2, \ldots$$

und

$$\sum_{m=1}^{\infty} I(|f_{k_{m+1}} - f_{k_m}|) \le 1.$$

Nach dem Satz von Levi gehört die Funktion

$$g(x) := \sum_{m=1}^{\infty} |f_{k_{m+1}}(x) - f_{k_m}(x)|, \qquad x \in X,$$

zu $L(X)$, und $N_2 := \{x \in X \setminus N_1 : |g(x)| = +\infty\}$ ist eine Nullmenge. Also konvergiert die Reihe

$$\sum_{m=1}^{\infty} |f_{k_{m+1}}(x) - f_{k_m}(x)| \qquad \text{für alle} \quad x \in X \setminus N \quad \text{mit} \quad N := N_1 \cup N_2,$$

und folglich auch die Reihe

$$\sum_{m=1}^{\infty} \Big(f_{k_{m+1}}(x) - f_{k_m}(x)\Big).$$

Der Grenzwert

$$\lim_{m \to \infty} \Big(f_{k_m}(x) - f_{k_1}(x)\Big) =: f(x) - f_{k_1}(x)$$

existiert also für alle $x \in X \setminus N$, und somit ist die Folge $\{f_{k_m}\}_{m=1,2,\ldots}$ auf $X \setminus N$ konvergent gegen f. Wegen $g \in L(X)$ und

$$|f_{k_m}(x) - f_{k_1}(x)| \le |g(x)|$$

ist der Lebesguesche Konvergenzsatz anwendbar. Es folgen $f \in L(X)$ und

$$I(f) = \lim_{m \to \infty} I(f_{k_m}).$$

q.e.d.

Hilfssatz 2. (Approximation bez. I)
Sei $f \in L(X)$. Dann gibt es zu jedem $\varepsilon > 0$ eine Funktion $f_\varepsilon \in M(X)$ mit

$$I(|f - f_\varepsilon|) < \varepsilon.$$

Beweis: Da $f \in L(X)$, gibt es nach § 2, Hilfssatz 5 zwei Funktionen $g \in -V$ und $h \in V$ mit

$$g(x) \le f(x) \le h(x), \quad x \in X, \quad \text{und} \quad I(h) - I(g) < \frac{\varepsilon}{2}.$$

Nach der Definition des Raumes $V(X)$ gibt es eine Funktion $h'(x) \in M(X)$ mit

$$h'(x) \leq h(x), \quad x \in X, \quad \text{und} \quad I(h) - I(h') < \frac{\varepsilon}{2}.$$

Es folgt

$$|f - h'| \leq |f - h| + |h - h'| \leq (h - g) + (h - h'),$$

und Monotonie und Linearität des Integrals liefern

$$I(|f - h'|) \leq (I(h) - I(g)) + (I(h) - I(h')) < \frac{\varepsilon}{2} + \frac{\varepsilon}{2} = \varepsilon.$$

Mit $f_\varepsilon := h'$ erhalten wir die gesuchte Funktion.   q.e.d.

Satz 9. (f.ü.-Approximation)
Sei f eine meßbare Funktion mit $|f(x)| \leq c$, $x \in X$, $c \in (0, +\infty)$. Dann gibt es eine Folge $\{f_k\}_{k=1,2,\dots} \subset M(X)$ mit $|f_k(x)| \leq c$, $x \in X$, $k \in \mathbb{N}$, so daß $f_k(x) \to f(x)$ f.ü. in X gilt.

Beweis: Da f meßbar ist und durch die konstante Funktion $c \in L(X)$ majorisiert wird, ist $f \in L(X)$ nach Satz 5. Nach Hilfssatz 2 gibt es eine Folge $\{g_k(x)\}_{k=1,2,\dots} \subset M(X)$ mit $I(|f - g_k|) \to 0$ für $k \to \infty$. Wir setzen

$$h_k(x) := (g_k)_{-c,c}(x)$$

und beachten $h_k \in M(X)$, $|h_k(x)| \leq c$ für alle $x \in X$ und alle $k \in \mathbb{N}$. Wegen

$$|h_k - f| = |(g_k)_{-c,c} - f_{-c,c}| = |(g_k - f)_{-c,c}| \leq |g_k - f|$$

folgt

$$\lim_{k \to \infty} I(|h_k - f|) \leq \lim_{k \to \infty} I(|g_k - f|) = 0.$$

Wegen

$$I(|h_k - h_l|) \leq I(|h_k - f|) + I(|f - h_l|) \longrightarrow 0 \qquad \text{für} \quad k, l \to \infty$$

liefert der Lebesguesche Auswahlsatz eine Nullmenge $N_1 \subset X$ und eine monoton wachsende Teilfolge $\{k_m\}_{m=1,2,\dots}$, so daß

$$h(x) := \lim_{m \to \infty} h_{k_m}(x)$$

für alle $x \in X \setminus N_1$ existiert. Wir setzen h auf die Nullmenge fort durch $h(x) := 0$ für alle $x \in N_1$. Nun gilt

$$\lim_{m \to \infty} |h_{k_m}(x) - f(x)| = |h(x) - f(x)| \qquad \text{in} \quad X \setminus N_1.$$

Der Satz von Fatou liefert

$$I(|h - f|) \leq \lim_{m \to \infty} I(|h_{k_m} - f|) = 0.$$

Somit gibt es eine Nullmenge $N_2 \subset X$, so daß

$$f(x) = h(x) \qquad \text{für alle} \quad x \in X \setminus N_2$$

gilt. Setzen wir $N := N_1 \cup N_2$ und $f_m(x) := h_{k_m}(x)$, so ist offensichtlich $f_m(x) \in M(X)$, $|f_m(x)| \leq c$ für alle $x \in X$ und alle $m \in \mathbb{N}$, und es gilt

$$\lim_{m \to \infty} f_m(x) = \lim_{m \to \infty} h_{k_m} \overset{x \notin N_1}{=} h(x) \overset{x \notin N_2}{=} f(x) \qquad \text{für alle} \quad x \in X \setminus N.$$

Somit folgt $f_m(x) \to f(x)$ für alle $x \in X \setminus N$. \hfill q.e.d.

Die f.ü.-Konvergenz und die gleichmäßige Konvergenz werden verknüpft durch den

Satz 10. (Egorov)
Seien die meßbare Menge $B \subset X$ und die meßbaren f.ü. endlichwertigen Funktionen $f : B \to \overline{\mathbb{R}}$ und $f_k : B \to \overline{\mathbb{R}}$, $k \in \mathbb{N}$, mit der Eigenschaft $f_k(x) \to f(x)$ f.ü. in B gegeben. Dann gibt es zu jedem $\delta > 0$ eine abgeschlossene Menge $A \subset B$ mit $\mu(B \setminus A) < \delta$, so daß $f_k(x) \to f(x)$ gleichmäßig auf A gilt.

Beweis: Wir betrachten die Nullmenge

$$N := \Big\{ x \in B : f_k(x) \to f(x) \text{ ist nicht erfüllt} \Big\}$$

$$= \left\{ x \in B : \begin{array}{c} \text{zu } m \in \mathbb{N} \text{ und für alle } l \in \mathbb{N} \text{ existiert} \\ \text{ein } k \geq l \text{ mit } |f_k(x) - f(x)| > \dfrac{1}{m} \end{array} \right\}$$

$$= \bigcup_{m=1}^{\infty} \bigcap_{l=1}^{\infty} \bigcup_{k \geq l} \left\{ x \in B : |f_k(x) - f(x)| > \frac{1}{m} \right\} = \bigcup_{m=1}^{\infty} B_m,$$

wobei

$$B_m := \bigcap_{l=1}^{\infty} \bigcup_{k \geq l} \left\{ x \in B : |f_k(x) - f(x)| > \frac{1}{m} \right\}$$

gesetzt wurde. Es gilt $B_m \subset N$ und somit $\mu(B_m) = 0$ für alle $m \in \mathbb{N}$. Mit

$$B_{m,l} := \bigcup_{k \geq l} \left\{ x \in B : |f_k(x) - f(x)| > \frac{1}{m} \right\}$$

folgt $B_{m,l} \supset B_{m,l+1}$ für alle $m, l \in \mathbb{N}$. Aus

$$B_m = \bigcap_{l=1}^{\infty} B_{m,l}$$

erhalten wir dann

$$0 = \mu(B_m) = \lim_{l \to \infty} \mu(B_{m,l}).$$

Somit gibt es zu jedem $m \in \mathbb{N}$ ein $l_m \in \mathbb{N}$ mit $l_m < l_{m+1}$, so daß

$$\mu\left(\bigcup_{k \geq l_m}\left\{x \in B : |f_k(x) - f(x)| > \frac{1}{m}\right\}\right) = \mu(B_{m,l_m}) < \frac{\delta}{2^{m+1}}$$

gilt. Wir setzen

$$\widehat{B}_m := B_{m,l_m} \quad \text{und} \quad \widehat{B} := \bigcup_{m=1}^{\infty} \widehat{B}_m.$$

Offenbar ist $\widehat{B}$ meßbar, und es ist

$$\mu(\widehat{B}) \leq \sum_{m=1}^{\infty} \mu(\widehat{B}_m) \leq \frac{\delta}{2}$$

erfüllt. Erklären wir noch $\widehat{A} := B \setminus \widehat{B}$, so finden wir

$$\widehat{A} = B \cap \left(\bigcup_{m=1}^{\infty} \widehat{B}_m\right)^c = B \cap \left(\bigcap_{m=1}^{\infty} \widehat{B}_m^c\right)$$

$$= \bigcap_{m=1}^{\infty}\left\{x \in B : |f_k(x) - f(x)| \leq \frac{1}{m} \text{ für alle } k \geq l_m\right\}.$$

Für alle $x \in \widehat{A}$ gibt es also zu vorgegebenem $m \in \mathbb{N}$ ein $l_m \in \mathbb{N}$, so daß

$$|f_k(x) - f(x)| \leq \frac{1}{m}$$

für alle $k \geq l_m$ gilt. Folglich konvergiert $\{f_k|_{\widehat{A}}\}_{k=1,2,\ldots}$ gleichmäßig gegen $f|_{\widehat{A}}$. Gemäß §3, Satz 5 wählen wir nun eine abgeschlossene Menge $A \subset \widehat{A}$ mit

$$\mu(\widehat{A} \setminus A) < \frac{\delta}{2}.$$

Dann konvergiert wegen $A \subset \widehat{A}$ auch $\{f_k|_A\}_{k=1,2,\ldots}$ gleichmäßig gegen $f|_A$. Beachten wir noch $B \setminus \widehat{A} = \widehat{B}$, so folgt

$$\mu(B \setminus A) = \mu(B \setminus \widehat{A}) + \mu(\widehat{A} \setminus A) < \frac{\delta}{2} + \frac{\delta}{2} = \delta.$$

q.e.d.

Satz 11. (Lusin)
Sei $f : B \to \mathbb{R}$ eine meßbare Funktion auf der meßbaren Menge $B \subset X$. Dann gibt es zu jedem $\delta > 0$ eine abgeschlossene Menge $A \subset X$ mit $\mu(B \setminus A) < \delta$, so daß $f|_A : A \to \mathbb{R}$ stetig ist.

Beweis: Für $j = 1, 2, \ldots$ betrachten wir die abgeschnittenen Funktionen

$$f_j(x) := \begin{cases} -j \, , \, f(x) \in [-\infty, -j] \\ f(x) \, , \, f(x) \in [-j, +j] \\ +j \, , \, f(x) \in [+j, +\infty] \end{cases} .$$

Die Funktionen $f_j : B \to \mathbb{R}$ sind meßbar, und es gilt

$$| f_j(x) | \leq j \qquad \text{für alle} \quad x \in B.$$

Nach Satz 9 und wegen $M(X) \subset C^0(X)$ existiert für jedes $j \in \mathbb{N}$ eine Folge stetiger Funktionen $f_{j,k} : B \to \mathbb{R}$ mit

$$\lim_{k \to \infty} f_{j,k}(x) = f_j(x) \qquad \text{f.ü. in} \quad B.$$

Nach dem Egorovschen Satz gibt es nun zu $j = 1, 2, \ldots$ eine abgeschlossene Menge $A_j \subset B$ mit

$$\mu(B \setminus A_j) < \frac{\delta}{2^{j+1}} \, ,$$

so daß die Funktionenfolgen $\{ f_{j,k} |_{A_j} \}_{k=1,2,\ldots}$ gleichmäßig gegen $f_j |_{A_j}$ konvergieren. Nach dem Weierstraßschen Konvergenzsatz ist dann $f_j |_{A_j}$ für alle $j \in \mathbb{N}$ stetig. Die Menge

$$\widehat{A} := \bigcap_{j=1}^{\infty} A_j \subset B$$

ist abgeschlossen, und es gilt

$$\mu(B \setminus \widehat{A}) \leq \sum_{j=1}^{\infty} \mu(B \setminus A_j) < \sum_{j=1}^{\infty} \frac{\delta}{2^{j+1}} = \frac{\delta}{2}.$$

Nun sind für alle $j \in \mathbb{N}$ die Funktionen $f_j : \widehat{A} \to \mathbb{R}$ stetig, und wir wissen

$$f(x) = \lim_{j \to \infty} f_j(x) \qquad \text{in} \quad \widehat{A}.$$

Nach dem Egorovschen Satz gibt es eine abgeschlossene Menge $A \subset \widehat{A}$ mit

$$\mu(\widehat{A} \setminus A) < \frac{\delta}{2} \, ,$$

so daß f_j gleichmäßig auf A gegen f konvergiert. Damit ist $f |_A$ stetig, und es gilt

$$\mu(B \setminus A) = \mu(B \setminus \widehat{A}) + \mu(\widehat{A} \setminus A) < \frac{\delta}{2} + \frac{\delta}{2} = \delta.$$

q.e.d.

Bemerkung: Wir haben in der Maßtheorie die *drei Prinzipien Littlewoods* kennengelernt. J.E.LITTLEWOOD: „There are three principles roughly expressible in the following terms: Every measurable set is nearly a finite union of intervals; every measurable function is nearly continuous; every a.e. convergent sequence of measurable functions is nearly uniformly convergent."

§5 Das Riemannsche und Lebesguesche Integral auf Quadern

Zu $d \in (0, +\infty)$ betrachten wir den Quader

$$Q := \left\{ x = (x_1, \ldots, x_n) \in \mathbb{R}^n : |x_j| \leq d, \ j = 1, \ldots, n \right\}, \qquad n \in \mathbb{N}.$$

Wir setzen im Hauptbeispiel 1 jetzt $X = \Omega := \overset{\circ}{Q}$ und erweitern das uneigentliche Riemannsche Integral

$$I : M(X) \longrightarrow \mathbb{R}, \qquad \text{vermöge} \quad f \mapsto I(f) := \int\limits_\Omega f(x)\,dx$$

vom Raum

$$M(X) := \left\{ f \in C^0(\Omega) : \int\limits_\Omega |f(x)|\,dx < +\infty \right\}$$

auf den Raum $L(X) \supset M(X)$ zum Lebesgue-Integral $I : L(X) \to \mathbb{R}$.

Satz 1. *Für eine Menge $E \subset \Omega$ sind die folgenden Aussagen äquivalent:*

(1) E ist eine Nullmenge.
(2) Zu jedem $\varepsilon > 0$ gibt es abzählbar viele Quader $\{Q_k\}_{k=1,2,\ldots} \subset \Omega$ mit

$$E \subset \bigcup_{k=1}^\infty Q_k \quad \text{und} \quad \sum_{k=1}^\infty |Q_k| < \varepsilon.$$

Beweis:

$(1) \Longrightarrow (2)$: Da E eine Nullmenge ist, gibt es nach §3, Hilfssatz 5 eine Funktion $h \in V(X)$ mit $h \geq 0$ auf X, $h = +\infty$ auf E und $I(h) < +\infty$. Für alle $c \in [1, +\infty)$ betrachten wir die offene - und somit meßbare - Menge

$$E_c := \left\{ x \in \Omega : h(x) > c \right\} \supset E,$$

und wir sehen

$$\mu(E_c) = I(\chi_{E_c}) = \frac{1}{c} I(c\chi_{E_c}) \leq \frac{1}{c} I(h) < \varepsilon$$

für $c > \frac{I(h)}{\varepsilon}$ ein. Die offene Menge E_c kann als Vereinigung von abzählbar vielen abgeschlossenen Quadern Q_k dargestellt werden, die höchstens Randpunkte gemeinsam haben. Es gilt also

$$E \subset E_c = \bigcup_{k=1}^\infty Q_k.$$

Da die Menge der Randpunkte eines Quaders eine Nullmenge ist, folgt

$$\sum_{k=1}^{\infty} |Q_k| = \mu(E_c) < \varepsilon.$$

$(2) \Longrightarrow (1)$: Für jedes $k \in \mathbb{N}$ gibt es eine Funktion $h_k \in C_0^0(\Omega)$ mit

$$h_k(x) = \begin{cases} 1 & , \ x \in Q_k \\ \in [0,1] & , \ x \in \mathbb{R}^n \setminus Q_k \end{cases} \quad \text{und} \quad I(h_k) \le 2|Q_k|.$$

Da die Folge $\{g_l(x)\}_{l=1,2,\dots}$ mit

$$g_l(x) := \sum_{k=1}^{l} h_k(x)$$

monoton konvergiert und aus $M(X)$ ist, folgt

$$h(x) := \sum_{k=1}^{\infty} h_k(x) \in V(X).$$

Weiter gilt $\chi_E(x) \le h(x)$, $x \in \mathbb{R}^n$. Somit folgt

$$0 \le I^-(\chi_E) \le I^+(\chi_E) \le I(h) = \sum_{k=1}^{\infty} I(h_k) \le 2 \sum_{k=1}^{\infty} |Q_k| < 2\varepsilon$$

für alle $\varepsilon > 0$. Damit ist E eine Nullmenge. \hfill q.e.d.

Satz 2. *Eine beschränkte Funktion $f : \Omega \to \mathbb{R}$ ist genau dann Riemann-integrierbar, wenn die Menge K aller Unstetigkeitsstellen eine Nullmenge ist. In diesem Fall gehört f zu $L(\Omega)$, und es gilt*

$$I(f) = \int_{\Omega} f(x) \, dx = \int_{Q} f(x) \, dx,$$

d.h. das Riemann-Integral von f stimmt mit dem Lebesgue-Integral überein. Hierbei haben wir f zu 0 auf den $\mathbb{R}^n$ fortgesetzt.

Beweis: Wir betrachten die Funktionen

$$m^+(x) := \lim_{\varepsilon \to 0+} \sup_{|y-x|<\varepsilon} f(y) \quad \text{und} \quad m^-(x) := \lim_{\varepsilon \to 0+} \inf_{|y-x|<\varepsilon} f(y), \ x \in \mathbb{R}^n.$$

Es gilt $m^+(x) = m^-(x)$ genau dann, wenn f im Punkt x stetig ist. Sei

$$\mathcal{Z} : Q = \bigcup_{k=1}^{N} Q_k$$

eine kanonische Zerlegung von Q in N abgeschlossene Quader Q_k. Wir setzen

$$m_k^+ := \sup_{Q_k} f(y), \quad m_k^- := \inf_{Q_k} f(y) \quad \text{und} \quad f_{\mathcal{Z}}^{\pm}(x) := \sum_{k=1}^{N} m_k^{\pm} \chi_{Q_k}(x) \in L(X).$$

Offenbar gilt

$$I(f_{\mathcal{Z}}^{\pm}) = \sum_{k=1}^{N} m_k^{\pm} |Q_k|,$$

so daß das Lebesgue-Integral der Funktionen $f_{\mathcal{Z}}^{\pm}$ mit den Riemannschen Ober- bzw. Untersummen von f zur Zerlegung $\mathcal{Z}$ übereinstimmt. Bezeichnen wir mit

$$\partial \mathcal{Z} := \bigcup_{k=1}^{N} \partial Q_k$$

die Menge der Randpunkte der Zerlegung $\mathcal{Z}$, so ist $\partial \mathcal{Z}$ eine Nullmenge im $\mathbb{R}^n$. Für eine beliebige ausgezeichnete Zerlegungsfolge $\{\mathcal{Z}_p\}_{p=1,2,\dots}$ von Q gilt

$$\lim_{p \to \infty} f_{\mathcal{Z}_p}^{\pm}(x) = m^{\pm}(x) \qquad \text{für alle} \quad x \in \Omega \setminus N,$$

wobei

$$N = \bigcup_{p=1}^{\infty} \partial \mathcal{Z}_p \subset Q$$

eine Nullmenge ist. Wir wählen nun eine geeignete ausgezeichnete Zerlegungsfolge, so daß

$$\underline{\int_Q} f(x)\,dx = \lim_{p \to \infty} I(f_{\mathcal{Z}_p}^-) \quad \text{und} \quad \overline{\int_Q} f(x)\,dx = \lim_{p \to \infty} I(f_{\mathcal{Z}_p}^+).$$

Nach dem Lebesgueschen Konvergenzsatz folgt dann

$$\underline{\int_Q} f(x)\,dx = I(m^-) \quad \text{und} \quad \overline{\int_Q} f(x)\,dx = I(m^+).$$

Wir beachten nun, daß $f : \Omega \to \mathbb{R}$ genau dann Riemann-integrierbar ist, wenn

$$I(m^+) = \overline{\int_Q} f(x)\,dx = \underline{\int_Q} f(x)\,dx = I(m^-) \quad \text{bzw.} \quad I(m^+ - m^-) = 0$$

gilt. Wegen $m^+ \geq m^-$ ist das genau dann der Fall, wenn $m^+ = m^-$ f.ü. in Q, also wenn f f.ü. auf Q stetig ist.

q.e.d.

Seien nun $Q \subset \mathbb{R}^p$ und $R \subset \mathbb{R}^q$ zwei offene, beschränkte Quader. Wir wollen den Satz von Fubini beweisen. Wir beginnen mit

Hilfssatz 1. *Sei $f = f(x,y) : Q \times R \to \overline{\mathbb{R}} \in V(Q \times R)$. Dann gehört für jedes $x \in Q$ die Funktion $f(x,y)$, $y \in R$, zu $V(R)$ und*

$$\varphi(x) := \int\limits_R f(x,y)\, dy$$

gehört zu $V(Q)$. Ferner gilt

$$\iint\limits_{Q \times R} f(x,y)\, dxdy = \int\limits_Q \varphi(x)\, dx.$$

Beweis: Da $f \in V(Q \times R)$ gilt, gibt es eine Folge $\{f_n(x,y)\}_{n=1,2,\ldots} \subset C_0^0(Q \times R)$ mit $f_n(x,y) \uparrow f(x,y)$. Für jedes $x \in Q$ gehören die Funktionen $f_n(x,y)$, $y \in R$, zu $C_0^0(R)$ und damit $f(x,y)$ zu $V(R)$. Setzen wir

$$\varphi_n(x) := \int_R f_n(x,y)\, dy, \qquad x \in Q.$$

Dann folgen $\varphi_n \in C_0^0(Q)$ und $\varphi_n(x) \uparrow \varphi(x)$ in Q. Somit ist

$$\iint\limits_{Q \times R} f(x,y)\, dxdy := \lim_{n \to \infty} \iint\limits_{Q \times R} f_n(x,y)\, dxdy = \lim_{n \to \infty} \int\limits_Q \varphi_n(x)\, dx = \int\limits_Q \varphi(x)\, dx.$$

$$\text{q.e.d.}$$

Hilfssatz 2. *Seien N eine Nullmenge in $Q \times R$ und*

$$N_x := \Big\{ y \in R : (x,y) \in N \Big\}.$$

Dann gibt es eine Nullmenge $E \subset Q$, so daß für alle $x \in Q \setminus E$ die Menge N_x eine Nullmenge in R ist.

Beweis: Da N eine Nullmenge ist, gibt es eine Funktion $h(x,y) \in V(Q \times R)$ mit $h \geq 0$ auf $Q \times R$ und $h(x,y) = +\infty$ für alle $(x,y) \in N$, so daß wegen Hilfssatz 1

$$+\infty > \iint\limits_{Q \times R} h(x,y)\, dxdy = \int\limits_Q \varphi(x)\, dx \qquad \text{mit} \quad \varphi(x) := \int\limits_R h(x,y)\, dy \geq 0.$$

gilt. Wegen $\varphi \in V(Q)$ und

$$\int\limits_Q \varphi(x)\, dx < +\infty$$

folgt $\varphi \in L(Q)$, und es gibt eine Nullmenge $E \subset Q$ mit $\varphi(x) < +\infty$ für alle $x \in Q \setminus E$. Somit ist für alle $x \in Q \setminus E$ wegen $h = +\infty$ auf N die Menge N_x eine Nullmenge.

$$\text{q.e.d.}$$

Satz 3. (Fubini) *Sei $f(x,y) : Q \times R \to [0,+\infty]$ eine meßbare Funktion. Dann gibt es eine Nullmenge $E \subset Q$, so daß für alle $x \in Q \setminus E$ die Funktion $f(x,y)$, $y \in R$, meßbar ist. Setzen wir nun*

$$\varphi(x) := \begin{cases} \displaystyle\int_R f(x,y)\, dy\,, & x \in Q \setminus E \\[2mm] 0\,, & x \in E \end{cases},$$

so ist φ eine nichtnegative meßbare Funktion, und es gilt

$$\iint_{Q \times R} f(x,y)\, dxdy = \int_Q \varphi(x)\, dx.$$

Beweis: Für $n = 1, 2, \ldots$ betrachten wir

$$f_n(x,y) := \begin{cases} f(x,y), & \text{falls } f(x,y) \in [0,n] \\[2mm] n, & \text{sonst} \end{cases}$$

mit $f_n \in L(Q \times R)$. Zu jedem $n \in \mathbb{N}$ gibt es nach §4, Satz 9 eine Nullmenge $N_n \subset Q \times R$ und eine Funktionenfolge $f_{n,m}(x,y) \in C_0^0(Q \times R)$ mit $|f_{n,m}| \leq n$ auf $Q \times R$, so daß folgendes gilt:

$$\lim_{m \to \infty} f_{n,m}(x,y) = f_n(x,y) \qquad \text{für alle} \quad (x,y) \in (Q \times R) \setminus N_n.$$

Für jedes feste $n \in \mathbb{N}$ gibt es eine Nullmenge $E_n \subset Q$, so daß für alle $x \in Q \setminus E_n$ die Menge $\{y \in R : (x,y) \in N_n\} \subset R$ eine Nullmenge ist. Der Lebesguesche Konvergenzsatz liefert nun

$$\iint_{Q \times R} f_n(x,y)\, dxdy = \lim_{m \to \infty} \iint_{Q \times R} f_{n,m}(x,y)\, dxdy$$

$$= \lim_{m \to \infty} \int_Q \left(\int_R f_{n,m}(x,y)\, dy \right) dx$$

$$= \lim_{m \to \infty} \int_{Q \setminus E_n} \left(\int_R f_{n,m}(x,y)\, dy \right) dx$$

$$= \int_{Q \setminus E_n} \left(\int_R \underbrace{f_n(x,y)}_{\in L(R)}\, dy \right) dx.$$

Nun ist auch

$$E := \bigcup_{n=1}^{\infty} E_n \subset Q$$

eine Nullmenge, und es gilt

$$\iint\limits_{Q \times R} f_n(x,y)\,dx dy = \int\limits_{Q \setminus E} \left(\int\limits_R f_n(x,y)\,dy \right) dx.$$

Der Satz 6 aus § 4 liefert nun

$$\iint\limits_{Q \times R} f(x,y)\,dx dy = \lim_{n \to \infty} \left(\iint\limits_{Q \times R} f_n(x,y)\,dx dy \right)$$

$$= \lim_{n \to \infty} \int\limits_{Q \setminus E} \left(\int\limits_R f_n(x,y)\,dy \right) dx$$

$$= \int\limits_{Q \setminus E} \left(\int\limits_R f(x,y)\,dy \right) dx$$

$$= \int\limits_Q \varphi(x)\,dx.$$

q.e.d.

§6   Banach- und Hilberträume

Viele der Grundgedanken zur Untersuchung der im folgenden auftretenden linearen Räume verdankt man den Mathematikern D. Hilbert und S. Banach. Dabei können die Betrachtungen sowohl über reelle, als auch über komplexe Vektorräume geführt werden.

Definition 1. *Sei $\mathcal{M}$ ein reeller (bzw. komplexer) linearer Raum, d.h.*

$$f, g \in \mathcal{M}, \ \alpha, \beta \in \mathbb{R} \ (bzw.\, \mathbb{C}) \quad \Longrightarrow \quad \alpha f + \beta g \in \mathcal{M}.$$

Dann nennen wir $\mathcal{M}$ einen normierten reellen (bzw. komplexen) linearen Raum oder normierten Vektorraum, wenn eine Funktion

$$\| \cdot \| : \mathcal{M} \longrightarrow [0, +\infty)$$

existiert mit den folgenden Eigenschaften:

(N1) $\|f\| = 0 \iff f = 0$
(N2) Dreiecksungleichung: $\|f + g\| \leq \|f\| + \|g\|$ für alle $f, g \in \mathcal{M}$
(N3) Homogenität: $\|\lambda f\| = |\lambda| \|f\|$ für alle $f \in \mathcal{M}, \ \lambda \in \mathbb{R} \ (bzw.\, \mathbb{C})$

Die Funktion $\| \cdot \|$ nennen wir die Norm auf $\mathcal{M}$.

Bemerkung: Aus den Axiomen (N1), (N2) und (N3) folgt unmittelbar die Ungleichung

$$\|f - g\| \geq \Big| \|f\| - \|g\| \Big| \qquad \text{für alle} \quad f, g \in \mathcal{M},$$

denn es gilt

$$\|f\| - \|g\| = \|f - g + g\| - \|g\| \leq \|f - g\| + \|g\| - \|g\| = \|f - g\|,$$

und nach Vertauschen von f und g erhält man die Behauptung.

Definition 2. *Der normierte Vektorraum $\mathcal{M}$ heißt vollständig, falls jede Cauchy-Folge in $\mathcal{M}$ konvergiert, d.h. ist $\{f_n\} \subset \mathcal{M}$ eine Folge mit*

$$\lim_{k,l \to \infty} \|f_k - f_l\| = 0,$$

so gibt es ein $f \in \mathcal{M}$ mit

$$\lim_{k \to \infty} \|f - f_k\| = 0.$$

Definition 3. *Ein vollständiger normierter Vektorraum heißt Banachraum.*

Beispiel 1. Sei $K \subset \mathbb{R}^n$ kompakt. Dann wird $\mathcal{B} := C^0(K, \mathbb{R})$ zu einem Banachraum durch die Norm

$$\|f\| := \sup_{x \in K} |f(x)| = \max_{x \in K} |f(x)|, \qquad f \in \mathcal{B}.$$

Diese Norm erzeugt die gleichmäßige Konvergenz.

Definition 4. *Ein komplexer linearer Raum $\mathcal{H}'$ heißt Prä-Hilbertraum, falls in $\mathcal{H}'$ ein Skalarprodukt definiert ist, d.h. eine Funktion*

$$(\cdot, \cdot) : \mathcal{H}' \times \mathcal{H}' \longrightarrow \mathbb{C}$$

mit den folgenden Eigenschaften:

(H1) $(f + g, h) = (f, h) + (g, h)$ für alle $f, g, h \in \mathcal{H}'$;
(H2) $(f, \lambda g) = \lambda(f, g)$ für alle $f, g \in \mathcal{H}'$, $\lambda \in \mathbb{C}$;
(H3) Hermitescher Charakter: $(f, g) = \overline{(g, f)}$ für alle $f, g \in \mathcal{H}'$;
(H4) Positive Definitheit: $(f, f) > 0$, falls $f \neq 0$.

Bemerkungen:

1. Aus den Axiomen (H1) bis (H4) entnehmen wir sofort
   (H5) Für alle $f, g, h \in \mathcal{H}'$ gilt

$$(f, g + h) = \overline{(g + h, f)} = \overline{(g, f)} + \overline{(h, f)} = (f, g) + (f, h).$$

(H6) Ferner ist

$$(\lambda f, g) = \overline{\lambda}(f, g) \qquad \text{für alle} \quad f, g \in \mathcal{H}', \quad \lambda \in \mathbb{C},$$

erfüllt.

Das Skalarprodukt ist somit antilinear im ersten und linear im zweiten Argument.

2. In einem *reellen linearen Raum* $\mathcal{H}'$ wird ein Skalarprodukt sinngemäß ebenfalls durch die Eigenschaften (H1) bis (H4) charakterisiert, wobei (H3) dann der Symmetrieeigenschaft

$$(f, g) = (g, f) \qquad \text{für alle} \quad f, g \in \mathcal{H}'$$

entspricht.

Beispiel 2. Seien $-\infty < a < b < +\infty$ sowie $\mathcal{H}' := C^0([a, b], \mathbb{C})$ gegeben. Mit dem Skalarprodukt

$$(f, g) := \int_a^b \overline{f(x)} g(x) \, dx$$

wird $\mathcal{H}'$ zu einem Prä-Hilbertraum.

Satz 1. *Sei $\mathcal{H}'$ ein Prä-Hilbertraum. Mit der Norm*

$$\|f\| := \sqrt{(f, f)}$$

wird $\mathcal{H}'$ zu einem normierten Vektorraum.

Beweis:

1. Wir zeigen zunächst die Gültigkeit der folgenden Ungleichung in $\mathcal{H}'$:

$$|(g, f)| = |(f, g)| \le \|f\| \|g\| \qquad \text{für alle} \quad f, g \in \mathcal{H}'.$$

Zu $f, g \in \mathcal{H}'$ betrachten wir folgende quadratische Form in $\lambda, \mu \in \mathbb{C}$:

$$
\begin{aligned}
0 \le Q(\lambda, \mu) &:= (\lambda f - \mu g, \lambda f - \mu g) \\
&= |\lambda|^2 (f, f) - \lambda \overline{\mu}(g, f) - \overline{\lambda}\mu(f, g) + |\mu|^2(g, g).
\end{aligned}
$$

Für $(g, f) = (f, g) = 0$, speziell also für $f = 0$ oder $g = 0$, gilt die Ungleichung offensichtlich. Andernfalls wählen wir speziell

$$\lambda = 1, \quad \overline{\mu} = \frac{\|f\|^2}{(g, f)}.$$

Dann folgt aus der Nichtnegativität von Q, welche eine Konsequenz von $(H4)$ ist, die Ungleichung

$$0 \leq -\|f\|^2 + \frac{\|f\|^4\|g\|^2}{|(f,g)|^2}$$

und nach Umstellen schließlich

$$|(f,g)| \leq \|f\|\,\|g\| \qquad \text{für alle} \quad f,g \in \mathcal{H}'.$$

2. Wir haben nun zu zeigen, daß $\|f\| := \sqrt{(f,f)}$ die Normeigenschaften (N1) bis (N3) erfüllt. Für alle $f,g \in \mathcal{H}'$ und $\lambda \in \mathbb{C}$ gelten

   i.) $\|f\| \geq 0$, und wegen (H4) ist $\|f\| = 0$ genau dann erfüllt, wenn $f = 0$ richtig ist;

   ii.) $\|\lambda f\| = \sqrt{(\lambda f, \lambda f)} = \sqrt{\lambda\bar{\lambda}(f,f)} = |\lambda|\,\|f\|$;

   iii.)

$$\begin{aligned}
\|f+g\|^2 = (f+g, f+g) &= (f,f) + 2\mathrm{Re}(f,g) + (g,g) \\
&\leq \|f\|^2 + 2|(f,g)| + \|g\|^2 \\
&\leq \|f\|^2 + 2\|f\|\,\|g\| + \|g\|^2 \\
&= (\|f\| + \|g\|)^2,
\end{aligned}$$

   also

$$\|f+g\| \leq \|f\| + \|g\|.$$

Somit liefert $\|\cdot\|$ eine Norm auf $\mathcal{H}'$. $\hspace{4cm}$ q.e.d.

Definition 5. *Ein Prä-Hilbertraum $\mathcal{H}$ nennen wir einen Hilbertraum, falls $\mathcal{H}$ mit der Norm*

$$\|f\| := \sqrt{(f,f)}, \qquad f \in \mathcal{H},$$

vollständig, d.h. ein Banachraum ist.

Bemerkungen:

1. Wir zeigen, daß das Skalarprodukt (f,g) in $\mathcal{H}$ stetig ist. Dazu betrachten wir für $f, g, f_n, g_n \in \mathcal{H}$ die Abschätzung

$$\begin{aligned}
|(f_n, g_n) - (f,g)| = |(f_n, g_n) - (f_n, g) &+ (f_n, g) - (f,g)| \\
&\leq |(f_n, g_n) - (f_n, g)| + |(f_n, g) - (f,g)| \\
&\leq |(f_n, g_n - g)| + |(f_n - f, g)| \\
&\leq \|f_n\|\,\|g_n - g\| + \|f_n - f\|\,\|g\|,
\end{aligned}$$

d.h. wenn $f_n \to f$ und $g_n \to g$ für $n \to \infty$ in $\mathcal{H}$ gelten, folgt

$$\lim_{n \to \infty} (f_n, g_n) = (f,g).$$

Man beachte, daß die Vollständigkeit des Raumes $\mathcal{H}$ für den Nachweis der Stetigkeit des Skalarproduktes nicht gebraucht wird.

2. Der Prä-Hilbertraum aus Beispiel 2 ist nicht vollständig, also kein Hilbertraum.

3. Wir können ähnlich wie beim Übergang von rationalen Zahlen zu den
reellen Zahlen jeden Prä-Hilbertraum $\mathcal{H}'$ einbetten in einen Hilbertraum
$\mathcal{H}$, d.h. es gilt $\mathcal{H}' \subset \mathcal{H}$, und $\mathcal{H}'$ ist dicht in $\mathcal{H}$ (vgl. Kap. VIII, § 3).

4. Hilberträume sind spezielle Banachräume. Die Existenz eines Skalarproduktes in $\mathcal{H}$ erlaubt es uns, den Begriff der *Orthogonalität* einzuführen:
Zwei Elemente $f, g \in \mathcal{H}$ heißen *zueinander orthogonal*, wenn $(f, g) = 0$
gilt.

Sei $\mathcal{M} \subset \mathcal{H}$ ein beliebiger, linearer Teilraum. Wir erklären den *Orthogonal-
raum* zu $\mathcal{M}$ vermittels

$$\mathcal{M}^\perp := \Big\{ g \in \mathcal{H} \ : \ (g, f) = 0 \text{ für alle } f \in \mathcal{M} \Big\}.$$

Man sieht sofort, daß $\mathcal{M}^\perp$ ein linearer Teilraum von $\mathcal{H}$ ist. Aus der oben
gezeigten Stetigkeit des Skalarproduktes resultiert ferner die

Bemerkung: Sei $\mathcal{M} \subset \mathcal{H}$ ein beliebiger Teilraum. Dann ist $\mathcal{M}^\perp$ abgeschlossen,
d.h. sei $\{f_n\} \subset \mathcal{M}^\perp$ eine Folge mit $f_n \to f$ für $n \to \infty$, so folgt $f \in \mathcal{M}^\perp$.

Beweis: Da $\{f_n\} \subset \mathcal{M}^\perp$ gilt, folgt zunächst $(f_n, g) = 0$ für alle $n \in \mathbb{N}$ und
$g \in \mathcal{M}$. Wir erhalten somit

$$0 = \lim_{n \to \infty} (f_n, g) = (f, g) \qquad \text{für alle} \quad g \in \mathcal{M},$$

und das war zu zeigen.   q.e.d.

Satz 2. (Projektionssatz)
*Sei $\mathcal{M} \subset \mathcal{H}$ ein abgeschlossener, linearer Teilraum eines Hilbertraumes $\mathcal{H}$.
Dann gilt für alle Elemente $f \in \mathcal{H}$ die folgende Darstellung:*

$$f = g + h \qquad \text{mit} \quad g \in \mathcal{M} \quad \text{und} \quad h \in \mathcal{M}^\perp.$$

Die Elemente g und h sind dabei eindeutig bestimmt.

Der Satz besagt, daß sich der Hilbertraum $\mathcal{H}$ in die beiden orthogonalen Un-
terräume $\mathcal{M}$ und $\mathcal{M}^\perp$ aufspalten läßt. Wir schreiben dafür

$$\mathcal{H} = \mathcal{M} \oplus \mathcal{M}^\perp.$$

Beweis:

1. Wir zeigen zunächst die Eindeutigkeit. Sei ein Element $f \in \mathcal{H}$ mit

$$f = g_1 + h_1 = g_2 + h_2, \qquad g_j \in \mathcal{M}, \quad h_j \in \mathcal{M}^\perp,$$

gegeben. Zunächst sehen wir

$$0 = f - f = (g_1 - g_2) + (h_1 - h_2).$$

Die Eindeutigkeit folgt nun aus

$$0 = \|(g_1 - g_2) + (h_1 - h_2)\|^2$$

$$= ((g_1 - g_2) + (h_1 - h_2), (g_1 - g_2) + (h_1 - h_2))$$

$$= \|g_1 - g_2\|^2 + \|h_1 - h_2\|^2.$$

2. Es bleibt die Existenz der gewünschten Darstellung zu zeigen. Zu vorgegebenem $f \in \mathcal{H}$ lösen wir folgendes Variationsproblem: Finde ein $g \in \mathcal{M}$, so daß

$$\|f - g\| = \inf_{\tilde{g} \in \mathcal{M}} \|f - \tilde{g}\| =: d$$

gilt. Wir wählen zunächst eine Folge $\{g_k\} \subset \mathcal{M}$ mit der Eigenschaft

$$\lim_{k \to \infty} \|f - g_k\| = d.$$

Wir zeigen, daß diese Folge gegen ein $g \in \mathcal{M}$ konvergiert. Hierzu benutzen wir die *Parallelogrammgleichung*

$$\left\|\frac{\varphi + \psi}{2}\right\|^2 + \left\|\frac{\varphi - \psi}{2}\right\|^2 = \frac{1}{2}\left(\|\varphi\|^2 + \|\psi\|^2\right) \qquad \text{für alle} \quad \varphi, \psi \in \mathcal{H},$$

die man durch Ausrechnen der Skalarprodukte auf beiden Seiten leicht überprüft. Diese wenden wir nun auf die Elemente

$$\varphi = f - g_k, \quad \psi = f - g_l, \qquad k, l \in \mathbb{N},$$

an und erhalten

$$\left\|f - \frac{g_k + g_l}{2}\right\|^2 + \left\|\frac{g_k - g_l}{2}\right\|^2 = \frac{1}{2}\left(\|f - g_k\|^2 + \|f - g_l\|^2\right).$$

Umstellen dieser Gleichungen bringt

$$0 \le \left\|\frac{g_k - g_l}{2}\right\|^2 = \frac{1}{2}\left(\|f - g_k\|^2 + \|f - g_l\|^2\right) - \left\|f - \frac{g_k + g_l}{2}\right\|^2$$

$$\le \frac{1}{2}\left(\|f - g_k\|^2 + \|f - g_l\|^2\right) - d^2.$$

Nach Ausführen des Grenzübergangs $k, l \to \infty$ folgt nun die Cauchy-Folgen-Eigenschaft für die Folge $\{g_k\}$. Aus der Abgeschlossenheit des linearen Teilraumes $\mathcal{M}$ folgt damit, daß ein Grenzwert $g \in \mathcal{M}$ der Folge $\{g_k\}$ existiert.
Wir zeigen schließlich $h = (f - g) \in \mathcal{M}^\perp$ und erhalten dann die gewünschte Darstellung

$$f = g + (f - g) = g + h.$$

Sei $\varphi \in \mathcal{M}$ beliebig gewählt und $\varepsilon \in (-\varepsilon_0, \varepsilon_0)$, so folgt

$$\|(f - g) + \varepsilon\varphi\|^2 \geq d^2 = \|f - g\|^2.$$

Zunächst ist nun

$$\|f - g\|^2 + 2\varepsilon \operatorname{Re}(f - g, \varphi) + \varepsilon^2\|\varphi\|^2 \geq \|f - g\|^2,$$

also

$$2\varepsilon \operatorname{Re}(f - g, \varphi) + \varepsilon^2\|\varphi\|^2 \geq 0,$$

und zwar für alle $\varphi \in \mathcal{M}$ und alle $\varepsilon \in (-\varepsilon_0, \varepsilon_0)$. Es muß also

$$\operatorname{Re}(f - g, \varphi) = 0 \qquad \text{für alle} \quad \varphi \in \mathcal{M}$$

gelten. Ersetzen wir φ durch $i\varphi$, so erhalten wir $(f - g, \varphi) = 0$. Da φ beliebig aus $\mathcal{M}$ gewählt wurde, ist $(f - g) \in \mathcal{M}^\perp$ gezeigt.   q.e.d.

Definition 6. *Seien $\{\mathcal{M}_1, \|\cdot\|_1\}$ und $\{\mathcal{M}_2, \|\cdot\|_2\}$ zwei normierte lineare Räume und $A : \mathcal{M}_1 \to \mathcal{M}_2$ eine lineare Abbildung. Dann heißt A stetig im Punkte $f \in \mathcal{M}_1$, wenn es für alle $\varepsilon > 0$ ein $\delta = \delta(\varepsilon, f) > 0$ gibt, so daß gilt*

$$g \in \mathcal{M}_1, \ \|g - f\|_1 < \delta \quad \Longrightarrow \quad \|A(g) - A(f)\|_2 < \varepsilon.$$

Satz 3. *Sei $A : \mathcal{M} \to \mathbb{C}$ ein lineares Funktional auf dem linearen normierten Raum $\mathcal{M}$, d.h.*

$$A(\alpha f + \beta g) = \alpha A(f) + \beta A(g) \qquad \text{für alle} \quad f, g \in \mathcal{M}, \quad \alpha, \beta \in \mathbb{C}.$$

Dann sind die folgenden Aussagen äquivalent:

(i) A ist stetig in allen Punkten $f \in \mathcal{M}$.
(ii) A ist stetig in einem Punkt $f \in \mathcal{M}$.
(iii) A ist beschränkt, d.h. es gibt eine Konstante $\alpha \in [0, +\infty)$, so daß gilt

$$|A(f)| \leq \alpha\|f\| \qquad \text{für alle} \quad f \in \mathcal{M}$$

gilt.

Beweis:

(i) $\Rightarrow$ *(iii)* : A ist stetig in $\mathcal{M}$, insbesondere also in $0 \in \mathcal{M}$. Zu $\varepsilon = 1$ gibt es also ein $\delta(\varepsilon) > 0$, so daß mit $\|f\| \leq \delta$ folgt, daß $|A(f)| \leq 1$ gilt. Wir erhalten

$$|A(f)| \leq \frac{1}{\delta}\|f\| \qquad \text{für alle} \quad f \in \mathcal{M}.$$

(iii) $\Rightarrow$ *(ii)* : Aus der Beschränktheit von A folgt die Stetigkeit von A im Punkte 0.

$(ii) \Rightarrow (i)$: A sei stetig in einem Punkte $f_0 \in \mathcal{M}$. Zu einem $\varepsilon > 0$ existiert also ein $\delta > 0$ mit

$$\varphi \in \mathcal{M}, \ \|\varphi\| \le \delta \quad \Longrightarrow \quad |A(f_0 + \varphi) - A(f_0)| \le \varepsilon.$$

Wegen der Linearität des Funktionals A erhalten wir dann für alle $f \in \mathcal{M}$

$$\varphi \in \mathcal{M}, \ \|\varphi\| \le \delta \quad \Longrightarrow \quad |A(f + \varphi) - A(f)| \le \varepsilon.$$

A ist also stetig für alle $f \in \mathcal{M}$. q.e.d.

Bemerkung: Der Satz gilt entsprechend für lineare Abbildungen

$$A : \mathcal{M}_1 \to \mathcal{M}_2$$

mit den normierten Räumen $\{\mathcal{M}_1, \|\cdot\|_1\}$ und $\{\mathcal{M}_2, \|\cdot\|_2\}$. Dabei bedeutet A *ist beschränkt*, daß es ein $\alpha \in [0, +\infty)$ gibt, so daß

$$\|A(f)\|_2 \le \alpha \|f\|_1 \qquad \text{für alle} \quad f \in \mathcal{M}_1$$

gilt.

Definition 7. *Für ein beschränktes, lineares Funktional $A : \mathcal{M} \to \mathbb{C}$ auf dem normierten, linearen Raum $\mathcal{M}$ nennen wir*

$$\|A\| := \sup_{f \in \mathcal{M}, \ \|f\| \le 1} |A(f)|$$

die Norm des Funktionals A.

Definition 8. *Mit*

$$\mathcal{M}^* := \Big\{ A : \mathcal{M} \to \mathbb{C} \ : \ A \text{ ist beschränkt auf } \mathcal{M} \Big\}$$

bezeichnen wir den Dualraum des normierten, linearen Raumes $\mathcal{M}$.

Bemerkungen:

1. Man zeigt leicht, daß $\mathcal{M}^*$ mit der Norm aus Definition 7 ein Banachraum ist.

2. Sei $\mathcal{H}$ ein Hilbertraum. Dann ist $\mathcal{H}^*$ isomorph zu $\mathcal{H}$, wie der folgende Satz zeigt.

Satz 4. (Darstellungssatz von Fréchet-Riesz)
Jedes beschränkte, lineare Funktional $A : \mathcal{H} \to \mathbb{C}$ auf einem Hilbertraum $\mathcal{H}$ läßt sich in der Form

$$A(f) = (g, f) \qquad \text{für alle} \quad f \in \mathcal{H}$$

mit einem eindeutig bestimmten, erzeugenden Element $g \in \mathcal{H}$ darstellen.

Beweis:

1. Wir zeigen zunächst die Eindeutigkeit. Seien $f \in \mathcal{H}$ und $g_1, g_2 \in \mathcal{H}$ zwei erzeugende Elemente. Dann gilt

$$A(f) = (g_1, f) = (g_2, f) \qquad \text{für alle} \quad f \in \mathcal{H}.$$

Wir subtrahieren beide Gleichungen voneinander und erhalten

$$(g_1, f) - (g_2, f) = (g_1 - g_2, f) = 0 \qquad \text{für alle} \quad f \in \mathcal{H}.$$

Wählen wir nun $f = g_1 - g_2$, so folgt $g_1 = g_2$ wegen

$$0 = (g_1 - g_2, g_1 - g_2) = \|g_1 - g_2\|^2.$$

2. Zum Nachweis der Existenz von g betrachten wir

$$\mathcal{M} := \left\{ f \in \mathcal{H} \, : \, A(f) = 0 \right\} \subset \mathcal{H}.$$

$\mathcal{M}$ ist ein abgeschlossener linearer Teilraum von $\mathcal{H}$.

i.) Sei $\mathcal{M} = \mathcal{H}$. Dann folgt für $g = 0 \in \mathcal{H}$ unmittelbar die Identität

$$A(f) = (g, f) = 0 \qquad \text{für alle} \quad f \in \mathcal{H}.$$

ii.) Sei $\mathcal{M} \subsetneq \mathcal{H}$. Nach dem Projektionssatz gilt $\mathcal{H} = \mathcal{M} \oplus \mathcal{M}^{\perp}$ mit $\{0\} \neq \mathcal{M}^{\perp}$. Es existiert also ein $h \in \mathcal{M}^{\perp}$ mit $h \neq 0$. Wir bestimmen nun ein $\alpha \in \mathbb{C}$, so daß für $g = \alpha h$ die Identität

$$A(h) = (g, h)$$

richtig ist, oder, was äquivalent dazu ist,

$$A(h) = (g, h) = (\alpha h, h) = \overline{\alpha} \, (h, h) = \overline{\alpha} \, \|h\|^2$$

beziehungsweise

$$g = \frac{\overline{A(h)}}{\|h\|^2} \, h.$$

Nun gilt $A(f) = (g, f)$ für alle $f \in \mathcal{M}$ und für $f = h$. Für beliebiges $f \in \mathcal{H}$ setze nun $c := \frac{A(f)}{A(h)}$. Dann gelten für $\widetilde{f} := f - ch$ die Identität

$$A(\widetilde{f}) = A(f) - cA(h) = A(f) - \frac{A(f)}{A(h)} \, A(h) = 0$$

und somit $\widetilde{f} \in \mathcal{M}$. Wir haben also für $f \in \mathcal{H}$ die Darstellung $f = \widetilde{f} + ch$, wobei $\widetilde{f} \in \mathcal{M}$ und $ch \in \mathcal{M}^{\perp}$ gelten. Damit wird

$$A(f) = A(\widetilde{f}) + cA(h) = (g, \widetilde{f}) + c(g, h) = (g, \widetilde{f} + ch) = (g, f)$$

richtig für alle $f \in \mathcal{H}$.   q.e.d.

Definition 9. *Einen Banachraum nennen wir separabel, falls es eine Folge* $\{f_k\} \subset \mathcal{B}$ *gibt, die in* $\mathcal{B}$ *dicht liegt, d.h. zu jedem* $f \in \mathcal{B}$ *und jedem* $\varepsilon > 0$ *gibt es ein* $k \in \mathbb{N}$ *mit*

$$\|f - f_k\| < \varepsilon.$$

Definition 10. *Sei* $\mathcal{H}'$ *ein Prä-Hilbertraum. Ein System von abzählbar unendlich vielen Elementen* $\{\varphi_1, \varphi_2, \ldots\} \subset \mathcal{H}'$ *nennen wir orthonormiert, falls*

$$(\varphi_i, \varphi_j) = \delta_{ij}, \qquad i, j \in \mathbb{N},$$

richtig ist.

Bemerkung: Haben wir in $\mathcal{H}'$ ein System von abzählbar vielen linear unabhängigen Elementen, so können wir das *Orthogonalisierungsverfahren* von E. Schmidt anwenden, um daraus ein orthonormiertes System zu erhalten.

Seien dazu $\{f_1, \ldots, f_N\} \subset \mathcal{H}'$ linear unabhängige Elemente des Prä- Hilbertraumes $\mathcal{H}'$. Dann setzen wir

$$\varphi_1 := \frac{1}{\|f_1\|} f_1,$$

$$\varphi_2 := \frac{f_2 - (\varphi_1, f_2)\varphi_1}{\|f_2 - (\varphi_1, f_2)\varphi_1\|},$$

$$\vdots$$

$$\varphi_N := \frac{f_N - \sum_{j=1}^{N-1} (\varphi_j, f_N)\varphi_j}{\left\| f_N - \sum_{j=1}^{N-1} (\varphi_j, f_N)\varphi_j \right\|}.$$

Die von $\{f_1, \ldots, f_N\}$ und $\{\varphi_1, \ldots, \varphi_N\}$ aufgespannten Vektorräume stimmen überein, und es gilt

$$(\varphi_i, \varphi_j) = \delta_{ij}, \qquad i, j = 1, \ldots, N.$$

Hilfssatz 1. *Sei* $\{\varphi_k\}$, $k = 1, \ldots, N$, *ein System orthonormierter Elemente im Prä-Hilbertraum* $\mathcal{H}'$. *Weiter gelte* $f \in \mathcal{H}'$. *Dann haben wir für beliebige* $c_1, \ldots, c_N \in \mathbb{C}$ *die Identität*

$$\left\| f - \sum_{k=1}^{N} c_k \varphi_k \right\|^2 = \left\| f - \sum_{k=1}^{N} (\varphi_k, f)\varphi_k \right\|^2 + \sum_{k=1}^{N} |c_k - (\varphi_k, f)|^2.$$

Beweis: Wir setzen zunächst

$$g := f - \sum_{k=1}^{N} (\varphi_k, f)\varphi_k, \qquad h := \sum_{k=1}^{N} \left((\varphi_k, f) - c_k \right)\varphi_k.$$

Dann können wir

$$f - \sum_{k=1}^{N} c_k \varphi_k = f - \sum_{k=1}^{N} (\varphi_k, f) \varphi_k + \sum_{k=1}^{N} \Big((\varphi_k, f) - c_k \Big) \varphi_k = g + h$$

schreiben. Wir berechnen

$$(g, h) = \left(f - \sum_{k=1}^{N} (\varphi_k, f) \varphi_k \, , \, \sum_{l=1}^{N} \Big((\varphi_l, f) - c_l \Big) \varphi_l \right)$$

$$= \sum_{l=1}^{N} \Big((\varphi_l, f) - c_l \Big) \overline{(\varphi_l, f)} - \sum_{k,l=1}^{N} \overline{(\varphi_k, f)} \Big((\varphi_l, f) - c_l \Big) (\varphi_k, \varphi_l).$$

Wegen $(\varphi_k, \varphi_l) = \delta_{kl}$ erhalten wir $(g, h) = 0$. Damit folgt

$$\left\| f - \sum_{k=1}^{N} c_k \varphi_k \right\|^2 = (g + h, g + h) = \|g\|^2 + \|h\|^2$$

$$= \left\| f - \sum_{k=1}^{N} (\varphi_k, f) \varphi_k \right\|^2 + \sum_{k,l=1}^{N} \overline{\Big((\varphi_k, f) - c_k \Big)} \Big((\varphi_l, f) - c_l \Big) (\varphi_k, \varphi_l)$$

$$= \left\| f - \sum_{k=1}^{N} (\varphi_k, f) \varphi_k \right\|^2 + \sum_{k=1}^{N} |(\varphi_k, f) - c_k|^2.$$

q.e.d.

Folgerung: Für alle $c_1, \ldots, c_N \in \mathbb{C}$ gilt

$$\left\| f - \sum_{k=1}^{N} c_k \varphi_k \right\|^2 \geq \left\| f - \sum_{k=1}^{N} (\varphi_k, f) \varphi_k \right\|^2,$$

und Gleichheit wird nur angenommen, falls $c_k = (\varphi_k, f)$, $k = 1, \ldots, N$, gilt. Die auf diese Weise bestimmten c_k nennen wir *Fourier-Koeffizienten* von f (bezüglich des Systems (φ_k)).

Setzen wir $c_1 = \ldots = c_N = 0$, so erhalten wir den

Hilfssatz 2. *Es gilt*

$$\left\| f - \sum_{k=1}^{N} (\varphi_k, f) \varphi_k \right\|^2 = \|f\|^2 - \sum_{k=1}^{N} |(\varphi_k, f)|^2 \geq 0.$$

Daraus entnehmen wir sofort

Satz 5. *Sei $\{\varphi_k\}$, $k = 1, 2, \ldots$, ein orthonormiertes System im Prä-Hilbert-raum $\mathcal{H}'$. Dann gilt für alle $f \in \mathcal{H}'$ die Besselsche Ungleichung*

$$\sum_{k=1}^{\infty} |(\varphi_k, f)|^2 \leq \|f\|^2.$$

Für ein $f \in \mathcal{H}'$ gilt die Gleichung

$$\sum_{k=1}^{\infty} |(\varphi_k, f)|^2 = \|f\|^2$$

genau dann, wenn

$$\lim_{N \to \infty} \left\| f - \sum_{k=1}^{N} (\varphi_k, f)\varphi_k \right\| = 0$$

richtig ist.

Bemerkung: Letztere Aussage bedeutet, daß $f \in \mathcal{H}'$ bezüglich der Hilbertraumnorm $\|\cdot\|$ durch die *Fourier-Reihe*

$$\sum_{k=1}^{\infty} (\varphi_k, f)\varphi_k$$

dargestellt wird.

Definition 11. *Ein Orthonormalsystem $\{\varphi_k\}$ heißt vollständig, kurz v.o.n.S., wenn für jedes $f \in \mathcal{H}'$ des Prä-Hilbertraumes $\mathcal{H}'$ die Vollständigkeitsrelation*

$$\|f\|^2 = \sum_{k=1}^{\infty} |(\varphi_k, f)|^2$$

erfüllt ist.

Beispiel 3. Im Prä-Hilbertraum $\mathcal{H}' = C^0([0, 2\pi], \mathbb{C})$ mit dem Skalarprodukt aus Beispiel 2, nämlich

$$(f, g) = \int\limits_{0}^{2\pi} \overline{f(x)} g(x)\, dx,$$

bilden die Funktionen

$$\left\{ f_k(x) = \frac{1}{\sqrt{2\pi}} \exp(ikx) \right\}, \qquad x \in [0, 2\pi], \quad k \in \mathbb{Z},$$

ein vollständiges Orthonormalsystem.

Bemerkungen:

1. Mit dem Schmidtschen Orthogonalisierungsverfahren kann man in jedem separablen Hilbertraum ein vollständiges Orthonormalsystem konstruieren.

2. Haben wir ein vollständiges Orthonormalsystem $\{\varphi_k\} \subset \mathcal{H}'$, $k = 1, 2, \ldots$, im Prä- Hilbertraum $\mathcal{H}'$, so gilt die Darstellung durch die Fourierreihe

$$f = \sum_{k=1}^{\infty} (\varphi_k, f) \varphi_k$$

zunächst nur bezüglich der Konvergenz in der Hilbertraumnorm.

3. Im Prä-Hilbertraum aus Beispiel 3 mit dem dort angegebenen Orthonormalsystem können andere Konvergenzarten der Fourier-Reihen untersucht werden. Insbesondere sind Aussagen über punktweise oder sogar gleichmäßige Konvergenz interessant (siehe dazu z.B. H. Heuser: *Analysis II*. B. G. Teubner-Verlag, Stuttgart, 1992).

§7 Die Lebesgueschen Räume $L^p(X)$

Wir setzen nun unsere Überlegungen aus § 1 bis § 4 fort.

Zu $n \in \mathbb{N}$ sei $X \subset \mathbb{R}^n$ eine Teilmenge, die wir mit der *Relativtopologie* des $\mathbb{R}^n$ ausstatten,

$$A \subset X \text{ ist } \left\{ \begin{array}{c} \text{offen} \\ \text{abgeschlossen} \end{array} \right\}$$

$$\Longleftrightarrow \quad \text{Es gibt } B \subset \mathbb{R}^n \left\{ \begin{array}{c} \text{offen} \\ \text{abgeschlossen} \end{array} \right\} \text{ mit } A = B \cap X.$$

Mit $M(X)$ bezeichnen wir einen linearen Raum von stetigen Funktionen $f : X \to \overline{\mathbb{R}} = \mathbb{R} \cup \{\pm\infty\}$ mit den folgenden Eigenschaften:

(M1) *Linearität:* Mit $f, g \in M(X)$, $\alpha, \beta \in \mathbb{R}$ gilt $\alpha f + \beta g \in M(X)$.

(M2) *Verbandseigenschaft:* Aus $f \in M(X)$ folgt $|f| \in M(X)$.

(M3) $f(x) \equiv 1$, $x \in X$, liegt in $M(X)$.

Ein auf $M = M(X)$ erklärtes lineares Funktional $I : M \to \mathbb{R}$ heißt *Daniellsches Integral*, falls folgende Eigenschaften erfüllt sind:

(D1) *Linearität:* $I(\alpha f + \beta g) = \alpha I(f) + \beta I(g)$ für alle $f, g \in M$, $\alpha, \beta \in \mathbb{R}$;

(D2) *Nichtnegativität:* $I(f) \geq 0$ für alle $f \in M$ mit $f \geq 0$;

(D3) Für alle $\{f_k\} \subset M(X)$ mit $f_k(x) \downarrow 0$ $(k \to \infty)$ auf X folgt $I(f_k) \to 0$ $(k \to \infty)$.

Beispiel 1. Sei $X = \Omega \subset \mathbb{R}^n$ offen und beschränkt. Dann definieren wir

$$M = M(X) := \left\{ f : X \to \mathbb{R} \in C^0(X) : \int\limits_{\Omega} |f(x)| \, dx < +\infty \right\}.$$

Wir setzen als lineares Funktional auf der Menge X das uneigentliche Riemannsche Integral

$$I(f) := \int_\Omega f(x)\, dx, \qquad f \in M.$$

Beispiel 2. Wir betrachten auf der Sphäre

$$X = S^{n-1} := \left\{ x \in \mathbb{R}^n \ : \ |x| = 1 \right\}$$

die Menge M aller stetigen Funktionen $M(X) = C^0(S^{n-1})$. Wir setzen

$$I(f) := \int_{S^{n-1}} f(x)\, do^{n-1}(x), \qquad f \in M.$$

In § 2 haben wir das Funktional I von $M(X)$ auf den Raum $L(X)$ der *Lebesgue-integrierbaren Funktionen* fortgesetzt. In § 3 untersuchten wir Mengen, welche Lebesgue-meßbar sind, also solche Mengen A, deren charakteristische Funktion χ_A integrierbar ist.

Definition 1. *Sei $1 \le p < +\infty$. Wir nennen eine meßbare Funktion $f : X \to \mathbb{R}$ p-fach integrierbar, falls $|f|^p \in L(X)$ richtig ist. In diesem Fall schreiben wir $f \in L^p(X)$. Mit*

$$\|f\|_p := \|f\|_{L^p(X)} := \left(\int_X |f(x)|^p \, d\mu(x) \right)^{\frac{1}{p}} = \left(I(|f|^p) \right)^{\frac{1}{p}}$$

erhalten wir die L^p-Norm der Funktion $f \in L^p(X)$; dabei ist μ das Lebesgue-sche Maß auf X.

Bemerkung: Offensichtlich gilt $L^1(X) = L(X)$.

Satz 1. (Höldersche Ungleichung)
Seien $p, q \in (1, +\infty)$ konjugierte Exponenten, d.h. es gelte $p^{-1} + q^{-1} = 1$. Weiter seien $f \in L^p(X)$ und $g \in L^q(X)$ gegeben. Dann folgt $fg \in L^1(X)$, und es gilt

$$\|fg\|_{L^1(X)} \le \|f\|_{L^p(X)} \|g\|_{L^q(X)}.$$

Beweis: Wir brauchen nur den Fall $\|f\|_p > 0$ und $\|g\|_q > 0$ zu untersuchen. Sei anderenfalls $\|f\|_p = 0$, so folgt $f = 0$ f.ü., also auch $f \cdot g = 0$ f.ü., und analog betrachten wir den Fall $\|g\|_q = 0$. Wir wenden die *Youngsche Ungleichung*

$$ab \le \frac{a^p}{p} + \frac{b^q}{q}$$

auf die Funktionen

$$\varphi(x) = \frac{1}{\|f\|_p} |f(x)|, \quad \psi(x) = \frac{1}{\|g\|_q} |g(x)|, \qquad x \in X,$$

an, so erhalten wir

$$\frac{1}{\|f\|_p\|g\|_q}\,|f(x)g(x)| = \varphi(x)\psi(x) \le \frac{1}{p}\,\frac{|f(x)|^p}{\|f\|_p^p} + \frac{1}{q}\,\frac{|g(x)|^q}{\|g\|_q^q}$$

für alle $x \in X$. Nach § 4, Satz 5 folgt $fg \in L(X) = L^1(X)$. Integration liefert nun

$$\frac{1}{\|f\|_p\|g\|_q}I(|fg|) \le \frac{1}{p}\,\frac{1}{\|f\|_p^p}\,I(|f|^p) + \frac{1}{q}\,\frac{1}{\|g\|_q^q}\,I(|g|^q) = 1,$$

also schließlich

$$I(|fg|) \le \|f\|_p\|g\|_q. \tag*{q.e.d.}$$

Satz 2. (Minkowskische Ungleichung)
Seien $p \in [1, +\infty)$ und $f, g \in L^p(X)$. Dann folgt $f + g \in L^p(X)$, und es gilt

$$\|f + g\|_{L^p(X)} \le \|f\|_{L^p(X)} + \|g\|_{L^p(X)}.$$

Beweis: Den Fall $p = 1$ kann man leicht nachweisen, indem man die Dreiecksungleichung auf den Integranden $|f + g|$ ansetzt. Seien also $p, q \in (1, +\infty)$ mit $p^{-1} + q^{-1} = 1$. Zunächst gelten aus Konvexitätsgründen

$$|f(x) + g(x)|^p \le 2^{p-1}\left(|f(x)|^p + |g(x)|^p\right)$$

und somit $f + g \in L^p$ bzw. $I(|f + g|^p) < +\infty$. Nun ist

$$\begin{aligned}
|f(x) + g(x)|^p &= |f(x) + g(x)|^{p-1}|f(x) + g(x)| \\
&\le |f(x) + g(x)|^{p-1}|f(x)| + |f(x) + g(x)|^{p-1}|g(x)| \\
&= |f(x) + g(x)|^{\frac{p}{q}}|f(x)| + |f(x) + g(x)|^{\frac{p}{q}}|g(x)|.
\end{aligned}$$

Die Faktoren der Summanden der rechten Seite sind nun L^q- bzw. L^p-Funktionen. Damit erhalten wir

$$I(|f + g|^p) \le I(|f + g|^p)^{\frac{1}{q}}(\|f\|_p + \|g\|_p).$$

Schließlich folgt

$$(I(|f + g|^p)^{\frac{1}{p}} \le \|f\|_p + \|g\|_p,$$

also die gewünschte Behauptung

$$\|f + g\|_p \le \|f\|_p + \|g\|_p. \tag*{q.e.d.}$$

Bemerkung: Die Minkowski-Ungleichung ist gerade die Dreiecksungleichung für die Norm $\|\cdot\|_p$ im Raum L^p.

Der folgende Satz beweist die Vollständigkeit der L^p-Räume, das heißt jede Cauchy-Folge konvergiert gegen eine Funktion im entsprechenden Raum.

Satz 3. (Fischer-Riesz)
Seien $p \in [1, +\infty)$ sowie $\{f_k\}_{k=1,2,\ldots} \subset L^p(X)$ eine Folge mit

$$\lim_{k,l \to \infty} \|f_k - f_l\|_{L^p(X)} = 0.$$

Dann gibt es eine Funktion $f \in L^p(X)$ mit der Eigenschaft

$$\lim_{k \to \infty} \|f_k - f\|_{L^p(X)} = 0.$$

Beweis: Mit Hilfe der Hölderschen Ungleichung zeigt man die Identität

$$\lim_{k,l \to \infty} I(|f_k - f_l|) = 0.$$

Dazu schätzt man im Fall $p > 1$ wie folgt ab:

$$I(|f_k - f_l|) = I(|f_k - f_l| \cdot 1) \leq \|f_k - f_l\|_p \|1\|_q \longrightarrow 0.$$

Nach dem Lebesgueschen Auswahlsatz gibt es nun eine Teilfolge $k_1 < k_2 < k_3 < \ldots$ und eine Nullmenge $N \subset X$, so daß

$$\lim_{m \to \infty} f_{k_m}(x) = f(x), \qquad x \in X \setminus N,$$

gilt. Die Funktion f ist meßbar. Sind nun $l \geq N(\varepsilon)$ und $k_m \geq N(\varepsilon)$, wobei $\|f_k - f_l\|_p \leq \varepsilon$ für alle $k, l \geq N(\varepsilon)$ gilt, so folgt

$$I(|f_{k_m} - f_l|^p) = \|f_{k_m} - f_l\|_{L^p(X)}^p \leq \varepsilon^p.$$

Mit dem Fatouschen Satz erhalten wir nun für $m \to \infty$

$$I(|f - f_l|^p) \leq \varepsilon^p \qquad \text{für alle} \quad l \geq N(\varepsilon),$$

bzw.

$$\|f - f_l\|_{L^p(X)} \leq \varepsilon \qquad \text{für alle} \quad l \geq N(\varepsilon).$$

Da $L^p(X)$ linear ist und f_l sowie $(f - f_l)$ Elemente dieses Raumes sind, folgt $f \in L^p(X)$. Ferner gilt

$$\lim_{l \to \infty} \|f - f_l\|_p = 0.$$

q.e.d.

Definition 2. *Eine meßbare Funktion $f : X \to \overline{\mathbb{R}}$ gehört zur Klasse $L^\infty(X)$, falls es eine Nullmenge $N \subset X$ und eine Konstante $c \in [0, +\infty)$ mit der Eigenschaft*

$$|f(x)| \leq c \qquad \text{für alle} \quad x \in X \setminus N$$

gibt. Wir nennen

$$\|f\|_\infty = \|f\|_{L^\infty(X)} = \operatorname*{ess\,sup}_{x \in X} |f(x)|$$

$$= \inf \left\{ c \geq 0 : \begin{array}{l} \text{es gibt eine Nullmenge} N \subset X \\ \text{mit } |f(x)| \leq c \text{ für alle } x \in X \setminus N \end{array} \right\}$$

die L^∞-Norm bzw. das wesentliche Supremum der Funktion f.

Bemerkung: Offenbar gilt die Inklusion

$$L^\infty(X) \subset \bigcap_{p \in [1, +\infty)} L^p(X).$$

Satz 4. *Eine Funktion* $f \in \bigcap_{p \geq 1} L^p(X)$ *gehört genau dann zur Funktionenklasse* $L^\infty(X)$, *wenn*

$$\limsup_{p \to \infty} \|f\|_{L^p(X)} < +\infty$$

ausfällt. In diesem Fall gilt

$$\|f\|_{L^\infty(X)} = \lim_{p \to \infty} \|f\|_{L^p(X)} < +\infty,$$

wobei der Grenzwert auf der rechten Seite existiert.

Beweis: Sei $f \in \bigcap_{p \geq 1} L^p(X)$. Setzen wir $f \in L^\infty(X)$ voraus, so haben wir zunächst $0 \leq \|f\|_\infty < +\infty$ sowie

$$|f|^p = |f|^q |f|^{p-q} \leq |f|^q \|f\|_\infty^{p-q} \qquad \text{f.ü auf } X.$$

Damit erhalten wir

$$\|f\|_p \leq \|f\|_\infty^{1 - \frac{q}{p}} \|f\|_q^{\frac{q}{p}}$$

und schließlich

$$\limsup_{p \to \infty} \|f\|_p \leq \|f\|_\infty < +\infty. \tag{1}$$

Um die Gegenrichtung zu zeigen, betrachten wir die Menge

$$A_a := \left\{ x \in X \; : \; |f(x)| > a \right\}$$

für ein beliebiges $a < \|f\|_\infty$. A_a ist damit keine Nullmenge. Wir erhalten die Abschätzung

$$+\infty > \limsup_{p \to \infty} \|f\|_p \; \geq \; \liminf_{p \to \infty} \|f\|_p$$

$$= \liminf_{p \to \infty} \left(I(|f|^p) \right)^{\frac{1}{p}} \; \geq \; a \liminf_{p \to \infty} \left(\mu(A_a) \right)^{\frac{1}{p}} \; = \; a.$$

Es folgt also

$$+\infty > \liminf_{p \to \infty} \|f\|_p \geq \|f\|_\infty \tag{2}$$

und somit $f \in L^\infty(X)$. Die angegebenen Ungleichungen implizieren nun die Existenz von

$$\lim_{p \to \infty} \|f\|_p = \|f\|_\infty. \qquad \text{q.e.d.}$$

Folgerung: Die Höldersche Ungleichung gilt auch für den Fall $p = 1$ und $q = \infty$. Die Minkowskische Ungleichung gilt ebenfalls für den Fall $p = \infty$.

Definition 3. *Sei* $1 \leq p \leq +\infty$, *so führen wir auf dem Raum* $L^p(X)$ *wie folgt eine Äquivalenzrelation ein:*

$$f \sim g \quad \Longleftrightarrow \quad f(x) = g(x) \ \ f.\ddot{u}. \ in \ X.$$

Mit $[f]$ *bezeichnen wir die zu* $f \in L^p(X)$ *gehörige Äquivalenzklasse. Wir nennen*

$$\mathcal{L}^p(X) := \Big\{ [f] : f \in L^p(X) \Big\}$$

den Lebesgueschen Raum der Ordnung $1 \leq p \leq +\infty$.

Wir fassen unsere Überlegungen zu folgendem Satz zusammen:

Satz 5. *Für jedes feste* p *mit* $1 \leq p \leq +\infty$ *ist der Lebesguesche Raum* $\mathcal{L}^p(X)$ *ein reeller Banachraum mit der angegebenen* L^p-*Norm. Weiter gilt für alle* $1 \leq r < s \leq +\infty$ *die Inklusion*

$$\mathcal{L}^r(X) \supset \mathcal{L}^s(X),$$

und es gilt

$$\|f\|_{\mathcal{L}^r(X)} \leq C(r,s) \|f\|_{\mathcal{L}^s(X)} \qquad \textit{für alle} \ \ f \in \mathcal{L}^s(X)$$

mit einer Konstanten $C(r,s) \in [0, +\infty)$. *Das bedeutet, daß die Einbettungs-abbildung*

$$\Phi : \mathcal{L}^s(X) \longrightarrow \mathcal{L}^r(X), \quad f \mapsto \Phi(f) = f$$

stetig ist. Eine im Raum $\mathcal{L}^s(X)$ *konvergente Folge ist somit auch im Raum* $\mathcal{L}^r(X)$ *konvergent.*

Beweis:

1. Wir zeigen zunächst, daß die $\mathcal{L}^p(X)$ normierte Räume sind. Sei $[f] \in \mathcal{L}^p(X)$, so gilt $\|[f]\|_p = 0$ genau dann, wenn $\|f\|_p = 0$, also $f = 0$ f.ü. in X erfüllt ist. Daher ist $[f] = 0$, und das ist die Normeigenschaft (N1). Die Minkowskische Ungleichung (vgl. Satz 2) sichert die Normeigenschaft (N2), wobei Satz 4 die Dreiecksungleichung im Raum $L^\infty(X)$ bereitstellt. Die Homogenitätseigenschaft, die Normeigenschaft (N3), ist offensichtlich erfüllt.

2. Dem Satz von Fischer-Riesz entnehmen wir die Vollständigkeit der Räume $\mathcal{L}^p$ für $1 \leq p < +\infty$. Wir müssen also noch die Vollständigkeit von $\mathcal{L}^\infty$ zeigen. Sei dazu eine Folge $\{f_k\} \subset L^\infty$ mit

$$\|f_k - f_l\|_\infty \to 0 \qquad \text{für} \quad k, l \to \infty,$$

also eine Cauchy-Folge gegeben. Somit folgt für alle $k \in \mathbb{N}$ die Ungleichung $\|f_k\|_\infty \leq c$ mit einem $c \in (0, +\infty)$. Es gibt dann eine Nullmenge $N_0 \subset X$ mit $|f_k(x)| \leq c$ für alle $x \in X \setminus N_0$ und alle $k \in \mathbb{N}$. Ferner gibt es Nullmengen $N_{k,l}$ mit

$$|f_k(x) - f_l(x)| \le \|f_k - f_l\|_\infty \qquad \text{für} \quad x \in X \setminus N_{k,l}.$$

Setze

$$N := N_0 \cup \bigcup_{k,l} N_{k,l}.$$

Dann gilt

$$\lim_{k,l \to \infty} \sup_{x \in X \setminus N} |f_k(x) - f_l(x)| = 0.$$

Mit

$$f(x) := \begin{cases} \lim_{k \to \infty} f_k(x) \,, & x \in X \setminus N \\ 0 & , \ x \in N \end{cases} \in L^\infty(X)$$

folgt

$$\lim_{k \to \infty} \sup_{x \in X \setminus N} |f_k(x) - f(x)| = 0,$$

und damit ist schließlich

$$\lim_{k \to \infty} \|f_k - f\|_{L^\infty(X)} = 0.$$

3. Sei $1 \le r < s \le +\infty$. Für $f \in L^s(X)$ gilt nun

$$\|f\|_r = \left(I(|f|^r)\right)^{\frac{1}{r}} = \left(I(|f|^r \cdot 1)\right)^{\frac{1}{r}}$$

$$\le \left\{ \left(I(|f|^s)\right)^{\frac{r}{s}} \left(\mu(X)\right)^{\frac{s-r}{s}} \right\}^{\frac{1}{r}}$$

$$= \left(\mu(X)\right)^{\frac{s-r}{rs}} \|f\|_s,$$

und zwar für alle $f \in L^s(X)$.   q.e.d.

Definition 4. *Seien $\mathcal{B}_1$ und $\mathcal{B}_2$ zwei Banachräume mit $\mathcal{B}_1 \subset \mathcal{B}_2$. Dann heißt $\mathcal{B}_1$ stetig in $\mathcal{B}_2$ eingebettet, falls die Abbildung*

$$I_1 : \mathcal{B}_1 \longrightarrow \mathcal{B}_2, \quad f \mapsto I_1(f) = f,$$

stetig ist, das heißt es gilt

$$\|f\|_{\mathcal{B}_2} \le c\|f\|_{\mathcal{B}_1} \qquad \text{für alle} \ \ f \in \mathcal{B}_1$$

mit einer Konstanten $c \in [0, +\infty)$. Wir schreiben dann $\mathcal{B}_1 \hookrightarrow \mathcal{B}_2$.

Bemerkungen:

1. Die Äquivalenzklassenbildung machen wir stillschweigend, so daß wir $\mathcal{L}^p(X)$ und $L^p(X)$ identifizieren können.
2. Es gilt $\mathcal{L}^s(X) \hookrightarrow \mathcal{L}^r(X)$ für alle $1 \le r \le s \le +\infty$.

3. Auf dem Raum $C^0(X)$ erhalten wir mit

$$\|f\|_0 := \sup_{x \in X} |f(x)|, \qquad f \in C^0(X),$$

die *Supremumsnorm*, die gleichmäßige Konvergenz induziert. Wir haben mit den L^p-Normen $\|\cdot\|_p$ eine Schar von Normen für $1 \le p \le +\infty$ vor uns, die mit der schwächsten Norm, nämlich der L^1-Norm, bis zur stärksten Norm, nämlich der L^∞- Norm bzw. C^0-Norm, kontinuierlich sind. Genau auf der Mitte für $p = 2$ finden wir den Hilbertraum $\mathcal{H} = L^2(X)$.

Beispiel 3. Sei

$$\mathcal{H} = L^2(X, \mathbb{C}) := \left\{ f = g + ih \ : \ g, h \in L^2(X, \mathbb{R}) \right\}$$

mit dem Skalarprodukt

$$(f_1, f_2)_{\mathcal{H}} := I(\overline{f_1} f_2) \qquad \text{für} \quad f_j = g_j + ih_j \ \in \mathcal{H}, \quad j = 1, 2,$$

ausgestattet. Wie üblich erklären wir hierbei

$$I(f) = I(g + ih) := I(g) + i\, I(h).$$

Dann ist $\mathcal{H}$ ein Hilbertraum.

Wir verwenden im folgenden den Funktionenraum

$$M^\infty(X) := \left\{ f \in M(X) \ : \ \sup_{x \in X} |f(x)| < +\infty \right\} = M(X) \cap L^\infty(X).$$

Satz 6. (Approximationssatz)
Für jedes $p \in [1, +\infty)$ liegt der Raum $M^\infty(X)$ dicht in $L^p(X)$, das heißt für jede Funktion $f \in L^p(X)$ und jedes $\varepsilon > 0$ gibt es eine Funktion $f_\varepsilon \in M^\infty(X)$ mit

$$\|f - f_\varepsilon\|_{L^p(X)} < \varepsilon.$$

Beweis: Sei $\varepsilon > 0$ vorgegeben. Für jedes $K > 0$ gilt für die abgeschnittene Funktion

$$f_{-K,+K}(x) := \begin{cases} f(x), \ x \in X \text{ mit } |f(x)| \le K \\ -K, \ x \in X \text{ mit } f(x) \le -K \\ +K, \ x \in X \text{ mit } f(x) \ge +K \end{cases}$$

die Ungleichung

$$|f(x) - f_{-K,+K}(x)|^p \le |f(x)|^p.$$

Weiter ist

$$\lim_{K \to \infty} |f(x) - f_{-K,+K}(x)|^p = 0$$

fast überall in X. Nach dem Lebesgueschen Konvergenzsatz ist nun

$$\lim_{K \to \infty} I(|f - f_{-K,+K}|^p) = 0,$$

und es gibt folglich ein $K = K(\varepsilon) > 0$ mit

$$\|f(x) - f_{-K,+K}(x)\|_p \le \frac{\varepsilon}{2}.$$

Nach § 4, Satz 9 gibt es zu $f_{-K,+K}$ eine Folge $\{\varphi_k\}_{k=1,2,\dots} \subset M(X)$, $|\varphi_k(x)| \le K$, mit

$$\varphi_k(x) \longrightarrow f_{-K,+K}(x) \qquad \text{f.ü. in } X.$$

Der Lebesguesche Konvergenzsatz liefert

$$\|f_{-K,+K} - \varphi_k\|_p^p = I(|f_{-K,+K} - \varphi_k|^p) \longrightarrow 0$$

für $k \to \infty$. Somit gibt es ein $k = k(\varepsilon)$ mit

$$\|f_{-K,+K} - \varphi_k\|_p \le \frac{\varepsilon}{2}.$$

Die durch $K(\varepsilon)$ auf X gleichmäßig beschränkte Funktion $f_\varepsilon := \varphi_{k(\varepsilon)} \in M(X)$ erfüllt

$$\|f - f_\varepsilon\|_p \le \|f - f_{-K,+K}\|_p + \|f_{-K,+K} - \varphi_{k(\varepsilon)}\|_p \le \frac{\varepsilon}{2} + \frac{\varepsilon}{2} = \varepsilon. \qquad \text{q.e.d.}$$

Satz 7. (Separabilität)
Sei $X \subset \mathbb{R}^n$ kompakt. Für jedes $p \in [1, +\infty)$ ist der Banachraum $L^p(X)$ separabel; genauer gibt es eine Folge von Funktionen $\{\varphi_k(x)\}_{k=1,2,\dots} \subset C_0^\infty(X) \subset L^p(X)$, die in $L^p(X)$ dicht liegen.

Beweis: Sei

$$\mathcal{R} := \left\{ g(x) = \sum_{i_1,\dots,i_n=0}^{N} a_{i_1 \dots i_n} x_1^{i_1} \dots x_n^{i_n} \; : \; a_{i_1 \dots i_n} \in \mathbb{Q}, \; N \in \mathbb{N} \cup \{0\} \right\}$$

die Menge der Polynome im $\mathbb{R}^n$ mit rationalen Koeffizienten. Weiter sei

$$\chi_j(x) : X \longrightarrow \mathbb{R} \in C_0^\infty(X), \qquad j = 1, 2, \dots,$$

eine ausschöpfende Folge der Menge X, das heißt

$$\chi_j(x) \le \chi_{j+1}(x), \quad \lim_{j \to \infty} \chi_j(x) = 1,$$

und zwar für alle $x \in X$. Wir zeigen, daß die abzählbare Menge

$$\mathcal{D}(X) := \left\{ h(x) = \chi_j(x) g(x) \; : \; j \in \mathbb{N}, \; g \in \mathcal{R} \right\}$$

dicht in $L^p(X)$ liegt. Seien dazu $f \in L^p(X)$ und $\varepsilon > 0$ beliebig vorgegeben. Dann gibt es ein $g \in M^\infty(X)$ mit $\|f - g\|_p \le \varepsilon$. Nun gilt

$$\|g - \chi_j g\|_p^p = \int\limits_X |g(x) - \chi_j(x)g(x)|^p \, d\mu(x)$$

$$= \int\limits_X \left(1 - \chi_j(x)\right)^p |g(x)|^p \, d\mu(x) \longrightarrow 0$$

nach dem Satz von Levi. Somit gibt es ein $j \in \mathbb{N}$ mit $\|g - \chi_j g\|_p \le \varepsilon$. Nun hat die Funktion $\chi_j g$ kompakten Träger in X. Nach dem Weierstraßschen Approximationssatz gibt es ein Polynom $h(x) \in \mathcal{R}$, so daß

$$\sup_{x \in X} \chi_j |g - h| \le \delta(\varepsilon)$$

mit einem gegebenen $\delta(\varepsilon) > 0$ richtig ist. Somit gibt es ein Polynom $h(x) \in \mathcal{R}$ mit der Eigenschaft

$$\|\chi_j g - \chi_j h\|_p \le \varepsilon.$$

Also folgt

$$\|f - \chi_j h\|_p \le \|f - g\|_p + \|g - \chi_j g\|_p + \|\chi_j g - \chi_j h\|_p \le 3\varepsilon.$$

Somit ist $\mathcal{D}(X)$ dicht in $L^p(X)$.   q.e.d.

§8 Beschränkte lineare Funktionale auf $L^p(X)$ und schwache Konvergenz

Satz 1. (Fortsetzungssatz)
Sei $p \in [1, +\infty)$, und sei $A : M^\infty(X) \to \mathbb{R}$ ein lineares Funktional mit folgender Eigenschaft: Es gibt eine Konstante $\alpha \in [0, +\infty)$, so daß

$$|A(f)| \le \alpha \|f\|_{L^p(X)} \qquad \text{für alle} \quad f \in M^\infty(X)$$

gilt. Dann gibt es genau ein beschränktes lineares Funktional $\widehat{A} : L^p(X) \to \mathbb{R}$ mit

$$\|\widehat{A}\| \le \alpha \quad \text{und} \quad \widehat{A}(f) = A(f) \qquad \text{für alle} \quad f \in M^\infty(X).$$

Somit ist das Funktional $\widehat{A}$ von $M^\infty(X)$ auf $L^p(X)$ eindeutig fortsetzbar.

Beweis: A ist ein beschränktes, lineares Funktional auf $\{M^\infty(X), \|\cdot\|_{L^p(X)}\}$ und somit stetig. Nach §7, Satz 6 gibt es zu jedem $f \in L^p(X)$ eine Folge $\{f_k\}_{k=1,2,\ldots} \subset M^\infty(X)$ mit

$$\|f_k - f\|_{L^p(X)} \to 0 \qquad \text{für} \quad k \to \infty.$$

Wir setzen dann

$$\widehat{A}(f) := \lim_{k \to \infty} A(f_k).$$

Man prüft leicht nach, daß $\widehat{A}$ unabhängig von der gewählten Folge $\{f_k\}_{k=1,2,\ldots}$ erklärt ist, und daß $\widehat{A} : L^p(X) \to \mathbb{R}$ linear ist. Weiter gilt

$$\|\widehat{A}\| = \sup_{f \in L^p, \, \|f\|_p \leq 1} |\widehat{A}(f)| = \sup_{f \in M^\infty, \, \|f\|_p \leq 1} |A(f)| \leq \alpha.$$

Sind $\widehat{A}$ und $\widehat{B}$ zwei Fortsetzungen von A auf $L^p(X)$, so folgt $\widehat{A} = \widehat{B}$ auf $M^\infty(X)$. Da $\widehat{A}$ und $\widehat{B}$ stetig sind und $M^\infty(X)$ dicht in $L^p(X)$ ist, erhalten wir $\widehat{A} = \widehat{B}$ auf $L^p(X)$.

q.e.d.

Wir betrachten nun *Multiplikationsfunktionale A_g* :

Satz 2. *Sei $1 \leq p \leq +\infty$ und $q \in [1, +\infty]$ der konjugierte Exponent mit*

$$\frac{1}{p} + \frac{1}{q} = 1.$$

Für jedes $g \in L^q(X)$ ist dann $A_g : L^p(X) \to \mathbb{R}$ mit

$$A_g(f) := I(fg), \qquad f \in L^p(X),$$

ein beschränktes lineares Funktional mit $\|A_g\| = \|g\|_q$.

Beweis: Offenbar ist $A_g : L^p(X) \to \mathbb{R}$ ein lineares Funktional. Die Höldersche Ungleichung liefert für alle $f \in L^p(X)$

$$|A_g(f)| = |I(fg)| \leq I(|f||g|) \leq \|f\|_p \|g\|_q \,,$$

und daraus folgt

$$\|A_g\| \leq \|g\|_q \,.$$

Ist nun $1 < p < +\infty$, so wählen wir

$$f(x) = |g(x)|^{\frac{q}{p}} \operatorname{sign} g(x)$$

und berechnen

$$A_g(f) = I(fg) = I\left(|g|^{\frac{q}{p}+1}\right) = I(|g|^q)$$

$$= \|g\|_q^q = \|g\|_q \|g\|_q^{\frac{q}{p}} = \|g\|_q \left(I(|f|^p)\right)^{\frac{1}{p}} = \|g\|_q \|f\|_p \,.$$

Daraus folgt

$$\frac{A_g(f)}{\|f\|_p} = \|g\|_q \,, \qquad \text{also} \quad \|A_g\| \geq \|g\|_q \,, \tag{1}$$

und damit $\|A_g\| = \|g\|_q$ für alle $1 < p < +\infty$. Im Falle $p = +\infty$ wählen wir

$$f(x) = \operatorname{sign} g(x),$$

und wir erhalten

$$A_g(f) = I(g \operatorname{sign} g) = I(|g|) = \|g\|_1 \|f\|_\infty,$$

woraus wir

$$\frac{A_g(f)}{\|f\|_\infty} = \|g\|_1, \qquad \text{also} \quad \|A_g\| = \|g\|_1$$

schließen. Ist $p = 1$, so wählen wir für alle $\varepsilon > 0$ zu $g \in L^q(X) = L^\infty(X)$ die Funktion

$$f_\varepsilon(x) := \begin{cases} 1, & x \in X \text{ mit } g(x) \geq \|g\|_\infty - \varepsilon \\ 0, & x \in X \text{ mit } |g(x)| < \|g\|_\infty - \varepsilon \\ -1, & x \in X \text{ mit } g(x) \leq -\|g\|_\infty + \varepsilon \end{cases}.$$

Damit haben wir

$$A_g(f_\varepsilon) = I(g f_\varepsilon) \geq (\|g\|_\infty - \varepsilon)\|f_\varepsilon\|_1 \qquad \text{für alle} \quad \varepsilon > 0,$$

woraus wir

$$\frac{A_g(f_\varepsilon)}{\|f_\varepsilon\|_1} \geq \|g\|_\infty - \varepsilon$$

erhalten. Es ist also $\|A_g\| \geq \|g\|_\infty - \varepsilon$, und schließlich folgt $\|A_g\| = \|g\|_\infty$.
q.e.d.

Wir wollen nun zeigen, daß sich jedes beschränkte lineare Funktional auf dem $L^p(X)$, $1 \leq p < \infty$, als Multiplikationsfunktional A_g mit einem $g \in L^q(X)$, $p^{-1} + q^{-1} = 1$, darstellen läßt.

Satz 3. (Regularitätssatz im $L^p(X)$)
Seien $1 \leq p < +\infty$ und $g \in L^1(X)$. Weiter gebe es eine Konstante $\alpha \in [0, +\infty)$, so daß

$$|A_g(f)| = |I(fg)| \leq \alpha\|f\|_p \qquad \text{für alle} \quad f \in M^\infty(X) \tag{2}$$

gilt. Dann folgen $g \in L^q(X)$ und $\|g\|_q \leq \alpha$.
Beweis:

1. Zunächst folgern wir aus (2) die Ungleichung

$$|I(fg)| \leq \alpha\|f\|_p \qquad \text{für alle} \quad f \text{ meßbar, beschränkt.} \tag{3}$$

Nach Satz 9 aus §4 existiert nämlich zu einer beschränkten, meßbaren Funktion $f : X \to \mathbb{R}$ eine Funktionenfolge $\{f_k\}_{k=1,2,\dots} \subset M^\infty(X)$ mit

$$f_k(x) \to f(x) \qquad \text{f.ü. in } X$$

und

$$\sup_X |f_k(x)| \leq \sup_X |f(x)| =: c \in [0, +\infty).$$

Mit dem Lebesgueschen Konvergenzsatz folgt

$$|I(fg)| = \lim_{k\to\infty} |I(f_k g)| \leq \lim_{k\to\infty} \alpha\|f_k\|_p = \alpha\|f\|_p.$$

2. Sei zunächst $1 < p < +\infty$. Wir betrachten die Funktionen

$$g_k(x) := \begin{cases} g(x) \,, & x \in X \text{ mit } |g(x)| \le k \\ 0 \,, & x \in X \text{ mit } |g(x)| > k \end{cases}.$$

Die Funktionen

$$f_k(x) = |g_k(x)|^{\frac{q}{p}} \operatorname{sign} g_k(x), \qquad x \in X,$$

sind dann meßbar und beschränkt. Somit können wir $f_k(x)$ in (3) einsetzen und erhalten

$$I(f_k g) = I\Big(|g_k|^{\frac{q}{p}+1}\Big) = I(|g_k|^q) = \|g_k\|_q^q,$$

nach (3) also

$$I(f_k g) \le \alpha \|f_k\|_p = \alpha (I(|g_k|^q))^{\frac{1}{p}} = \alpha \|g_k\|_q^{\frac{q}{p}}.$$

Wir haben also für $k = 1, 2, \ldots$ die Abschätzung

$$\alpha \ge \|g_k\|_q^{q-\frac{q}{p}} = \|g_k\|_q\,, \quad \alpha^q \ge I(|g_k|^q).$$

Der Fatousche Satz liefert

$$|g(x)|^q \overset{\text{f.ü.}}{=} \liminf_{k \to \infty} |g_k(x)|^q \in L(X),$$

sowie

$$\alpha^q \ge I(|g|^q), \qquad \text{also} \quad \|g\|_q \le \alpha.$$

3. Sei $p = 1$. Zu $\varepsilon > 0$ betrachten wir die Menge

$$E := \Big\{ x \in X \,:\, |g(x)| \ge \alpha + \varepsilon \Big\}.$$

Wir setzen $f = \chi_E \operatorname{sign} g$ in (3) ein und erhalten

$$\alpha \mu(E) = \alpha \|f\|_1 \ge |I(fg)| \ge (\alpha + \varepsilon) \mu(E),$$

und damit $\mu(E) = 0$ für alle $\varepsilon > 0$, schließlich $\|g\|_\infty \le \alpha$.   q.e.d.

Bisher haben wir ein festes Daniellsches Integral $I : M^\infty(X) \to \mathbb{R}$ betrachtet, das wir auf den Raum $L^1(X)$ fortsetzen konnten. Wenn sich Aussagen auf dieses Funktional beziehen, werden wir das Funktional I nicht extra notieren: Wir vereinfachen z.B. $L^p(X) = L^p(X, I)$, oder $f(x) = 0$ fast überall in X genau dann, wenn eine I-Nullmenge $N \subset X$ existiert mit $f(x) = 0$ für alle $x \in X \setminus N$. Wir wissen bereits, daß

$$M^\infty(X) \subset L^\infty(X) \subset L^p(X), \qquad 1 \le p \le +\infty,$$

richtig ist. Zusätzlich betrachten wir nun ein Daniellsches Integral J.

Definition 1. *Ein Daniellsches Integral*

$$J : M^\infty(X) \longrightarrow \mathbb{R},$$

das die Bedingungen (M1) bis (M3) und (D1) bis (D3) aus § 7 erfüllt und auf $L^1(X, J) \supset L^\infty(X)$ fortsetzbar ist, nennen wir absolut stetig bezüglich I, falls folgendes gilt:

(D4)   Jede I-Nullmenge ist eine J-Nullmenge.

Mit Ideen von John v. Neumann (siehe L.H. Loomis: Abstract harmonic analysis) beweisen wir nun den

Satz 4. (Radon–Nikodym)
Sei das Daniellsche Integral J absolut stetig bezüglich I. Dann gibt es eine eindeutig bestimmte Funktion $g \in L^1(X)$, so daß

$$J(f) = I(fg) \qquad \text{für alle} \quad f \in M^\infty(X)$$

gilt.

Beweis:

1. Sei $f \in L^\infty(X)$ gegeben, so gibt es eine Nullmenge $N \subset X$ und eine Konstante $c \in [0, +\infty)$, so daß

$$|f(x)| \leq c \qquad \text{für alle} \quad x \in X \backslash N$$

   erfüllt ist. Wegen (D4) ist N auch eine J-Nullmenge, und es folgt $f \in L^\infty(X, J)$. Für eine Folge $\{f_k\}_{k=1,2,\dots} \subset L^\infty(X)$ mit $f_k \downarrow 0$ $(k \to \infty)$ f.ü. auf X folgt

$$f_k \downarrow 0 \qquad \text{J-f.ü. auf} \quad X \quad \text{für} \quad k \to \infty$$

   aus (D4). Nach dem Satz von Levi auf dem Raum $L^1(X, J)$ gilt dann

$$\lim_{k \to \infty} J(f_k) = 0.$$

   Also ist $J : L^\infty(X) \to \mathbb{R}$ ein Daniellsches Integral. Wir betrachten nun das Daniellsche Integral

$$K(f) := I(f) + J(f), \quad f \in L^\infty(X). \tag{4}$$

   Dieses setzen wir wie in § 2 auf den Raum $L^1(X, K)$ fort; hierzu reichen die f.ü.-Eigenschaften aus. Wir beachten $L^1(X, K) \supset L^p(X, K)$ für alle $p \in [1, +\infty]$.

2. Für $f \in M^\infty(X)$ und $p, q \in [1, +\infty]$ mit $p^{-1} + q^{-1} = 1$ gilt

$$|J(f)| \leq J(|f|) \leq K(|f|)$$

$$\leq \|f\|_{L^p(X,K)} \|1\|_{L^q(X,K)}$$

$$= \left(I(1) + J(1) \right)^{\frac{1}{q}} \|f\|_{L^p(X,K)}.$$

J ist somit ein lineares beschränktes Funktional auf dem Raum $L^p(X,K)$ für beliebiges $p \in [1,+\infty)$. Für den Hilbertraum $L^2(X,K)$ können wir den Darstellungssatz von Frechet-Riesz anwenden und erhalten

$$J(f) = K(fh) \qquad \text{für alle} \quad f \in M^\infty(X) \tag{5}$$

mit einem $h \in L^2(X,K)$. Nun können wir Satz 3 mit $p = 1$ anwenden, und wir sehen $h \in L^\infty(X,K)$. Da J nichtnegativ ist, folgt $h(x) \geq 0$ K-f.ü. auf X. Da ferner wegen (4) und Voraussetzung (D4) die K-Nullmengen mit den I-Nullmengen übereinstimmen, erhalten wir

$$h(x) \geq 0 \qquad \text{f.ü. in} \quad X.$$

3. Für $f \in M^\infty(X)$ können wir somit (5) und (4) iterieren

$$\begin{aligned}
J(f) = K(fh) &= I(fh) + J(fh) \\
&= I(fh) + K(fh^2) \\
&= I(fh) + I(fh^2) + J(fh^2) = \ldots
\end{aligned}$$

und erhalten

$$J(f) = I\left(f \sum_{k=1}^{l} h^k\right) + J(fh^l), \qquad l = 1, 2, \ldots \tag{6}$$

Seien

$$A := \left\{x \in X \; : \; h(x) \geq 1\right\}$$

und $f = \chi_A$. Durch Approximation sieht man leicht ein, daß dieses f in (6) eingesetzt werden kann. Wir erhalten

$$+\infty > J(f) \geq I\left(f \sum_{k=1}^{l} h^k\right) \geq l\, I(\chi_A) \qquad \text{für alle} \quad l \in \mathbb{N}$$

bzw. $I(\chi_A) = 0$. Somit folgen $0 \leq h(x) < 1$ f.ü. in X und

$$h^l(x) \downarrow 0 \qquad \text{f.ü. in} \quad X \quad \text{für} \quad l \to \infty. \tag{7}$$

Durch den Grenzübergang $l \to \infty$ in (6) erhalten wir mit dem Satz von Levi

$$J(f) = I\left(f \sum_{k=1}^{\infty} h^k\right) \qquad \text{für alle} \quad f \in M^\infty(X),$$

wenn wir noch $f = f^+ - f^-$ beachten. Speziell für $f(x) \equiv 1$ in X folgt, daß

$$g(x) = \sum_{k=1}^{\infty} h^k(x) \overset{\text{f.ü.}}{=} \frac{h(x)}{1-h(x)} \in L^1(X)$$

erfüllt ist.   q.e.d.

Satz 5. (Zerlegungssatz von Jordan-Hahn)

Sei $A : M^\infty(X) \to \mathbb{R}$ ein beschränktes lineares Funktional auf dem linearen normierten Raum $\{M^\infty(X), \|\cdot\|_p\}$, wobei $1 \leq p < +\infty$ gelte. Dann gibt es zwei nichtnegative beschränkte lineare Funktionale $A^\pm : M^\infty(X) \to \mathbb{R}$ mit $A = A^+ - A^-$, d.h. es gilt

$$A(f) = A^+(f) - A^-(f) \qquad \text{für alle} \quad f \in M^\infty(X)$$

mit

$$A^\pm(f) \geq 0 \qquad \text{für alle} \quad f \in M^\infty(X) \quad \text{mit} \quad f \geq 0.$$

Ferner sind

$$\|A^\pm\| \leq 2\|A\|, \quad \|A^-\| \leq 3\|A\|$$

erfüllt. Dabei gelten

$$\|A\| := \sup_{f \in M^\infty, \, \|f\|_p \leq 1} |A(f)|, \quad \|A^\pm\| := \sup_{f \in M^\infty, \, \|f\|_p \leq 1} |A^\pm(f)|.$$

Beweis:

1. Für $f \in M^\infty(X)$ mit $f \geq 0$ setzen wir

$$A^+(f) := \sup \Big\{ A(g) : g \in M^\infty(X), \, 0 \leq g \leq f \Big\}. \tag{8}$$

Offenbar ist $A^+(f) \geq 0$ für alle $f \geq 0$, und für alle $f \geq 0$ und $c \geq 0$ gilt

$$A^+(cf) = \sup \Big\{ A(g) : 0 \leq g \leq cf \Big\} = \sup \Big\{ A(cg) : 0 \leq g \leq f \Big\}$$

$$= c \sup \Big\{ A(g) : 0 \leq g \leq f \Big\} = cA^+(f).$$

Seien nun $f_j \in M^\infty(X)$ mit $f_j \geq 0$, j=1,2, so folgt

$A^+(f_1) + A^+(f_2)$

$$= \sup \Big\{ A(g_1) : 0 \leq g_1 \leq f_1 \Big\} + \sup \Big\{ A(g_2) : 0 \leq g_2 \leq f_2 \Big\}$$

$$= \sup \Big\{ A(g_1 + g_2) : 0 \leq g_1 \leq f_1, \, 0 \leq g_2 \leq f_2 \Big\}$$

$$\leq \sup \Big\{ A(g) : 0 \leq g \leq f_1 + f_2 \Big\} = A^+(f_1 + f_2).$$

Zu gegebenem g mit $0 \leq g \leq f_1 + f_2$ setzen wir

$$g_1 := \min(g, f_1) \quad \text{und} \quad g_2 := (g - f_1)^+.$$

Dann gelten $g_j \leq f_j$, $j = 1, 2$, sowie $g_1 + g_2 = g$. Damit erhält man sofort

$$A^+(f_1 + f_2) \leq A^+(f_1) + A^+(f_2)$$

und schließlich
$$A^+(f_1 + f_2) = A^+(f_1) + A^+(f_2).$$

Weiter gilt für alle $f \in M^\infty(X)$ mit $f \geq 0$

$$|A^+(f)| = \left| \sup \left\{ A(g) : g \in M^\infty(X), \, 0 \leq g \leq f \right\} \right|$$

$$\leq \sup \left\{ |A(g)| : g \in M^\infty(X), \, 0 \leq g \leq f \right\}$$

$$\leq \sup \left\{ \|A\| \, \|g\|_p : g \in M^\infty(X), \, 0 \leq g \leq f \right\}$$

$$\leq \|A\| \, \|f\|_p.$$

2. Wir erweitern nun $A^+ : M^\infty(X) \to \mathbb{R}$ wie folgt:

$$M^\infty(X) \ni f(x) = f^+(x) - f^-(x) \qquad \text{mit} \quad f^\pm(x) \geq 0$$

und setzen
$$A^+(f) := A^+(f^+) - A^+(f^-).$$

Somit wird $A^+ : M^\infty(X) \to \mathbb{R}$ eine lineare Abbildung, die beschränkt ist. Es gilt nämlich für alle $f \in M^\infty(X)$

$$|A^+(f)| \leq |A^+(f^+)| + |A^+(f^-)|$$

$$\leq \|A\| \left(\|f^+\|_p + \|f^-\|_p \right) \leq 2\|A\| \, \|f\|_p,$$

also $\|A^+\| \leq 2\|A\|$.

3. Wir setzen nun

$$A^-(f) := A^+(f) - A(f) \qquad \text{für alle} \quad f \in M^\infty(X).$$

Offenbar ist A^- ein beschränktes lineares Funktional, denn es gilt

$$|A^-(f)| \leq |A^+(f)| + |A(f)| \leq 2\|A\| \cdot \|f\|_p + \|A\| \, \|f\|_p,$$

also $\|A^-\| \leq 3\|A\|$. Schließlich ist für alle $f \in M^\infty(X)$ mit $f \geq 0$

$$A^-(f) = A^+(f) - A(f) = \sup \left\{ A(g) : 0 \leq g \leq f \right\} - A(f) \geq 0$$

erfüllt. q.e.d.

Satz 6. (Rieszscher Darstellungssatz)
Sei $1 \leq p < +\infty$. Zu jedem beschränkten linearen Funktional $A \in (\mathcal{L}^p(X))^*$ gibt es genau ein $g \in \mathcal{L}^q(X)$ mit der Eigenschaft

$$A(f) = I(fg) \quad \text{für alle} \quad f \in \mathcal{L}^p(X).$$

Dabei ist $p^{-1} + q^{-1} = 1$ für den konjugierten Exponenten $q \in (1, +\infty]$ erfüllt.

Beweis: Wir führen den Beweis in zwei Schritten.

1. *Eindeutigkeit:* Seien Funktionen $g_1, g_2 \in \mathcal{L}^q(X)$ mit

$$A(f) = I(fg_1) = I(fg_2) \qquad \text{für alle} \quad f \in \mathcal{L}^p(X)$$

gegeben, so folgt

$$0 = I\Big(f(g_1 - g_2)\Big) \qquad \text{für alle} \quad f \in \mathcal{L}^p(X).$$

Unter Berücksichtigung von Satz 2 erhalten wir $0 = \|g_1 - g_2\|_{\mathcal{L}^q(X)}$, woraus $g_1 = g_2$ in $\mathcal{L}^q(X)$ folgt.

2. *Existenz:* Für das Funktional $A : M^\infty(X) \to \mathbb{R}$ gilt

$$|A(f)| \le \alpha \|f\|_p \qquad \text{für alle} \quad f \in M^\infty(X) \tag{9}$$

mit einem $\alpha \in [0, +\infty)$. Nach dem Zerlegungssatz von Jordan-Hahn gibt es nichtnegative, beschränkte lineare Funktionale $A^\pm : M^\infty(X) \to \mathbb{R}$ mit

$$\|A^\pm\| \le 3\|A\| \le 3\alpha \quad \text{und} \quad A = A^+ - A^-,$$

wobei $M^\infty(X)$ mit der $\|\cdot\|_p$-Norm ausgestattet ist. Insbesondere gilt $|A^\pm(f)| < +\infty$ für $f(x) = 1$, $x \in X$. Eine Folge $\{f_k\}_{k=1,2,\ldots} \subset M^\infty(X)$ mit $f_k \downarrow 0$ in X konvergiert nach dem Dinischen Satz kompakt gleichmäßig gegen 0. Wir erhalten dann

$$|A^\pm(f_k)| \le 3\alpha \|f_k\|_p \longrightarrow 0 \qquad \text{für} \quad k \to \infty.$$

Wir haben also mit $A^\pm$ zwei Daniellsche Integrale, die absolut stetig bezüglich I sind. Ist nämlich N eine I-Nullmenge, so gilt

$$|A^\pm(\chi_N)| \le 3\alpha \|\chi_N\|_p = 0,$$

und somit ist N auch eine Nullmenge für die Daniellschen Integrale $A^\pm$. Nach dem Satz von Radon-Nikodym gibt es $g^\pm \in \mathcal{L}^1(X)$, so daß

$$A^\pm(f) = I(fg^\pm) \qquad \text{für alle} \quad f \in M^\infty(X)$$

richtig ist. Somit folgt

$$\begin{aligned}
A(f) &= A^+(f) - A^-(f) \\
&= I(fg^+) - I(fg^-) \\
&= I(fg) \qquad \text{für alle} \quad f \in M^\infty(X),
\end{aligned}$$

wobei $g := g^+ - g^- \in \mathcal{L}^1(X)$. Wegen (9) liefert der Regularitätssatz $g \in \mathcal{L}^q(X)$. Setzen wir noch das Funktional stetig auf $\mathcal{L}^p(X)$ fort, so erhalten wir

$$A(f) = I(fg) \qquad \text{für alle} \quad f \in \mathcal{L}^p(X)$$

mit einer Funktion $g \in \mathcal{L}^q(X)$.   q.e.d.

Nach dem Satz von Weierstraß enthält jede beschränkte Folge im $\mathbb{R}^n$ eine konvergente Teilfolge. Diese Aussage liefert die Basis für fast alle Existenzbeweise, die in der Analysis geführt werden. Die Frage nach entsprechenden Auswahlsätzen in unendlichdimensionalen Funktionenräumen soll nun gestellt werden.

Beispiel 1. Zunächst betrachten wir einen reellen Hilbertraum $\mathcal{H}$ mit einem orthonormierten System $\{\varphi_j\}_{j=1,2,\dots}$. Diese Folge ist in der Norm

$$\|\varphi\| := \sqrt{(\varphi,\varphi)}$$

beschränkt, besitzt aber keine konvergente Teilfolge. Mit $\|\varphi_i\| = 1$ für alle $i \in \mathbb{N}$ folgt nämlich

$$\|\varphi_i - \varphi_j\| = \sqrt{(\varphi_i - \varphi_j, \varphi_i - \varphi_j)} = \sqrt{(\varphi_i,\varphi_i) + (\varphi_j,\varphi_j)} = \sqrt{2}$$

für alle $i,j \in \mathbb{N}$ mit $i \neq j$. Ist nun $f \in \mathcal{H}$ beliebig, so liefert die Besselsche Ungleichung

$$+\infty > \|f\|^2 \geq \sum_{i=1}^{\infty} (f,\varphi_i)^2,$$

und somit folgt

$$\lim_{i \to \infty} (f,\varphi_i) = 0.$$

Im unten präzisierten Sinne *konvergiert* die Funktionenfolge $\{\varphi_i\}_{i=1,2,\dots}$ damit *schwach* gegen 0.

Definition 2. *Eine Folge $\{x_k\}_{k=1,2,\dots} \subset \mathcal{B}$ in einem Banachraum $\mathcal{B}$ heißt schwach konvergent gegen ein Element $x \in \mathcal{B}$, in Zeichen $x_k \rightharpoonup x$, wenn für jedes stetige lineare Funktional $A \in \mathcal{B}^*$ die Relation*

$$\lim_{k \to \infty} A(x_k) = A(x)$$

richtig ist.

Satz 7. (Schwache Kompaktheit)
Seien $1 < p < +\infty$ und $\{f_k\}_{k=1,2,\dots} \subset L^p(X)$ eine beschränkte Folge mit

$$\|f_k\|_p \leq c \qquad \text{für ein} \quad c \in [0,+\infty) \quad \text{und alle} \quad k \in \mathbb{N}.$$

Dann gibt es eine Teilfolge $\{f_{k_l}\}_{l=1,2,\dots}$ und ein $f \in L^p(X)$, so daß $f_{k_l} \rightharpoonup f$ in $L^p(X)$ gilt.

Beweis:

1. Nach dem Rieszschen Darstellungssatz gilt $f_l \rightharpoonup f$ genau dann, wenn $I(f_l g) \to I(fg)$ für alle $g \in L^q(X)$ richtig ist; dabei ist wieder $p^{-1} + q^{-1} = 1$. Nach § 7, Satz 7 ist der Raum $L^q(X)$ separabel, es gibt also eine Folge

$\{g_m\}_{m=1,2,\ldots} \subset L^q(X)$, die in $L^q(X)$ dicht liegt. Aus der beschränkten Folge $\{f_k\}_{k=1,2,\ldots} \subset L^p(X)$ mit $\|f_k\|_p \le c$ für alle $k \in \mathbb{N}$ wählen wir nun sukzessive Teilfolgen

$$\{f_k\}_{k=1,2,\ldots} \supset \{f_{k_l^{(1)}}\}_{l=1,2,\ldots} \supset \{f_{k_l^{(2)}}\}_{l=1,2,\ldots} \supset \ldots$$

aus, so daß

$$\lim_{l\to\infty} I(f_{k_l^{(m)}} g_m) =: \alpha_m \in \mathbb{R}, \qquad m = 1, 2, \ldots,$$

gilt. Wir wenden nun das Cantorsche Diagonalverfahren an und gehen zur Diagonalfolge $f_{k_l} := f_{k_l^{(l)}}$, $l = 1, 2, \ldots$, über. Es gilt dann

$$\lim_{l\to\infty} I(f_{k_l} g_m) = \alpha_m, \quad m = 1, 2, \ldots$$

2. Sei mit

$$\mathcal{D} := \left\{ g \in L^q(X) : \begin{array}{c} \text{Es gibt ein } N \in \mathbb{N} \text{ sowie } c_1, \ldots, c_N \in \mathbb{R} \\ \text{und } 1 \le i_1 < \ldots < i_N < +\infty \text{ mit } g = \sum_{k=1}^{N} c_k g_{i_k} \end{array} \right\}$$

der lineare Raum der endlichen Linearkombinationen von $\{g_m\}_{m=1,2,\ldots}$ bezeichnet. Offenbar existiert

$$A(g) := \lim_{l\to\infty} I(f_{k_l} g) \qquad \text{für alle} \quad g \in \mathcal{D}.$$

$A : \mathcal{D} \to \mathbb{R}$ ist ein lineares beschränktes Funktional auf dem in $L^q(X)$ dichten Raum $\mathcal{D}$ mit

$$|A(g)| \le c\|g\|_q \qquad \text{für alle} \quad g \in \mathcal{D}.$$

Wie in Satz 1 setzen wir A von $\mathcal{D}$ auf den Raum $L^q(X)$ fort und erhalten mit dem Darstellungssatz von Riesz ein $f \in L^p(X)$ mit

$$A(g) = I(fg) \quad \text{für alle} \quad g \in L^q(X).$$

3. Wir zeigen nun, daß $f_{k_l} \rightharpoonup f$ in $L^p(X)$ gilt. Zu jedem $g \in L^q(X)$ finden wir eine Folge $\{\tilde{g}_j\}_{j=1,2,\ldots} \subset \mathcal{D}$ mit

$$g \overset{L^q}{=} \lim_{j\to\infty} \tilde{g}_j \in L^q(X).$$

Wir erhalten

$$|I(fg) - I(f_{k_l} g)| \le |I(f(g - \tilde{g}_j))| + |I((f - f_{k_l})\tilde{g}_j)| + |I(f_{k_l}(\tilde{g}_j - g))|$$

$$\le 2C\|g - \tilde{g}_j\|_q + |I((f - f_{k_l})\tilde{g}_j)| \le \varepsilon$$

für hinreichend großes, aber festes j und $l \ge l_0$. \hfill q.e.d.

Bemerkung:

1. Für separable Hilberträume $\mathcal{H}$ liefert der obige Beweis sofort, daß jede in $\mathcal{H}$ be schränkte Folge eine schwach konvergente Teilfolge enthält. Dabei bedeutet $f_k \rightharpoonup f$ in $\mathcal{H}$, daß

$$(f_k, g)_{\mathcal{H}} \to (f, g)_{\mathcal{H}} \qquad \text{für alle} \quad g \in \mathcal{H}$$

   gilt. Der Hilbertsche Auswahlsatz bleibt auch für nichtseparable Hilberträume richtig.

2. Ist $1 \le p_1 \le p_2 < +\infty$, und gilt $f_k \rightharpoonup f$ in $L^{p_2}(X)$, so folgt $f_k \rightharpoonup f$ in $L^{p_1}(X)$; dieses folgt sofort aus $L^{p_2}(X) \hookrightarrow L^{p_1}(X)$.

Satz 8. *Die L^p-Norm ist unterhalbstetig bezüglich schwacher Konvergenz, das heißt*

$$f_k \rightharpoonup f \ \text{in} \ L^p(X) \quad \Longrightarrow \quad \|f\|_p \le \liminf_{k \to \infty} \|f_k\|_p \, ;$$

dabei ist $1 < p < +\infty$ vorausgesetzt.

Beweis: Sei $f_k \rightharpoonup f$ in $L^p(X)$, dann haben wir

$$I(f_k g) \to I(fg) \qquad \text{für alle} \quad g \in L^q(X).$$

Wählen wir

$$g(x) := |f(x)|^{\frac{p}{q}} \operatorname{sign} f(x) \in L^q(X),$$

so folgt

$$I\left(f_k |f|^{\frac{p}{q}} \operatorname{sign} f(x)\right) \to I(|f|^p) = \|f\|_p^p$$

mit $p^{-1} + q^{-1} = 1$. Für alle $\varepsilon > 0$ gibt es somit ein $k_0 = k_0(\varepsilon) \in \mathbb{N}$, so daß für alle $k \ge k_0(\varepsilon)$ folgendes gilt:

$$\|f\|_p^p - \varepsilon \le I\left(f_k |f|^{\frac{p}{q}} \operatorname{sign} f(x)\right) \le I\left(|f_k|\, |f|^{\frac{p}{q}}\right)$$

$$\le \|f_k\|_p \left(I(|f|^p)\right)^{\frac{1}{q}} = \|f_k\|_p (\|f\|_p)^{\frac{p}{q}}$$

für alle $k \ge k_0(\varepsilon)$. Sei nun ohne Einschränkung $\|f\|_p > 0$, dann existiert zu jedem $\varepsilon > 0$ ein $k_0(\varepsilon) \in \mathbb{N}$, so daß

$$\|f_k\|_p \ge \|f\|_p - (\|f\|_p)^{-\frac{p}{q}} \varepsilon \qquad \text{für alle} \quad k \ge k_0(\varepsilon)$$

richtig ist. Somit folgt

$$\liminf_{k \to \infty} \|f_k\|_p \ge \|f\|_p.$$

q.e.d.

III

Der Brouwersche Abbildungsgrad mit geometrischen Anwendungen

Sei $f : [a, b] \to \mathbb{R}$ stetig und $f(a) < 0 < f(b)$. Dann gibt es nach dem Zwischenwertsatz ein $\xi \in (a, b)$ mit $f(\xi) = 0$. Nehmen wir an, daß f differenzierbar ist und daß jede Nullstelle ξ von f *nichtdegeneriert* ist, d.h. $f'(\xi) \ne 0$ erfüllt, so nennen wir

$$i(f, \xi) := \operatorname{sgn} f'(\xi)$$

den *Index von f an der Stelle ξ*. Wir sehen dann leicht die *Indexsummenformel*

$$\sum_{\xi \in (a,b):\ f(\xi)=0} i(f, \xi) = 1$$

ein, wobei die Summe nur endlich viele Terme hat. Unser Ziel in diesem Kapitel besteht nun darin, entsprechende Aussagen für Funktionen in n Veränderlichen herzuleiten. Wir beginnen mit dem Fall $n = 2$, der als Theorie der Umlaufszahl im allgemeinen in der Funktionentheorie behandelt wird.

§1 Die Umlaufszahl

Definition 1. *Zu $k \in \mathbb{N}_0 := \mathbb{N} \cup \{0\}$ erklären wir durch*

$$\Gamma_k := \left\{ \varphi = \varphi(t) : \mathbb{R} \to \mathbb{C} \in C^k(\mathbb{R}, \mathbb{C}) \ : \ \varphi(t + 2\pi) = \varphi(t) \ \text{für alle } t \in \mathbb{R} \right\}$$

die Menge der k-mal stetig differenzierbaren ($k \ge 1$) bzw. stetigen ($k = 0$) periodischen komplexwertigen Funktionen.

Definition 2. *Sei $\varphi \in \Gamma_1$ mit $\varphi(t) \ne 0$ für alle $t \in \mathbb{R}$ gegeben. Dann setzen wir*

$$W(\varphi) = W(\varphi, 0) := \frac{1}{2\pi i} \int\limits_0^{2\pi} \frac{\varphi'(t)}{\varphi(t)}\, dt$$

als Windungszahl (Umlaufszahl) der geschlossenen Kurve $\varphi(t)$, $0 \le t \le 2\pi$, in Bezug auf den Punkt $z = 0$.

Bemerkung: Für $\varphi \in \Gamma_1$ gilt

$$\frac{1}{2\pi i} \int\limits_0^{2\pi} \frac{\varphi'(t)}{\varphi(t)} \, dt = \frac{1}{2\pi i} \int\limits_0^{2\pi} \frac{d}{dt}\Big(\log \varphi(t) \Big) \, dt$$

$$= \frac{1}{2\pi i} \int\limits_0^{2\pi} \frac{d}{dt}\Big(\log |\varphi(t))| + i \arg \varphi(t) \Big) \, dt.$$

Daher erhalten wir

$$W(\varphi) = \frac{1}{2\pi} \int\limits_0^{2\pi} \frac{d}{dt}\Big(\arg \varphi(t) \Big) \, dt = \frac{1}{2\pi} \Big(\arg \varphi(2\pi) - \arg \varphi(0) \Big),$$

wobei man sich die Funktion $\arg \varphi(t)$ längs der Kurve stetig fortgesetzt denken muß. Die Größe $W(\varphi)$ kann daher geometrisch als Anzahl der Umläufe (Windungen) der Kurve φ um den Nullpunkt interpretiert werden.

Satz 1. *Sei $\varphi \in \Gamma_1$ mit $\varphi(t) \neq 0$ für alle $t \in \mathbb{R}$ gegeben. Dann folgt $W(\varphi) \in \mathbb{Z}$.*

Beweis: Wir betrachten die Funktion

$$\Phi(t) := \varphi(t) \exp \Big(- \int\limits_0^t \frac{\varphi'(s)}{\varphi(s)} \, ds \Big), \qquad 0 \leq t \leq 2\pi.$$

Es gelten

$$\Phi'(t) = \exp \Big(- \int\limits_0^t \frac{\varphi'(s)}{\varphi(s)} \, ds \Big) \Big\{ \varphi'(t) + \varphi(t)\Big(- \frac{\varphi'(t)}{\varphi(t)} \Big) \Big\} = 0$$

für alle $0 \leq t \leq 2\pi$ und daher $\Phi(t) = \text{const}$. Insbesondere folgt

$$\varphi(0) = \Phi(0) = \Phi(2\pi) = \varphi(2\pi) \exp \Big(- \int\limits_0^{2\pi} \frac{\varphi'(s)}{\varphi(s)} \, ds \Big)$$

und somit

$$\exp \Big(\int\limits_0^{2\pi} \frac{\varphi'(s)}{\varphi(s)} \, ds \Big) = 1 \quad \text{bzw.} \quad \int\limits_0^{2\pi} \frac{\varphi'(s)}{\varphi(s)} \, ds = 2\pi i k, \qquad k \in \mathbb{Z}.$$

Daraus ergibt sich $W(\varphi) = k \in \mathbb{Z}$.   q.e.d.

Hilfssatz 1. *Für die Funktionen $\varphi_0, \varphi_1 \in \Gamma_1$ gelten $|\varphi_0(t)| > \varepsilon$ und $|\varphi_0(t) - \varphi_1(t)| < \varepsilon$, $t \in \mathbb{R}$, mit einem $\varepsilon > 0$. Dann gilt*

$$W(\varphi_0) = W(\varphi_1).$$

Beweis: Zu $t \in \mathbb{R}$, $0 \leq \tau \leq 1$ betrachten wir die Funktionenschar

$$\Phi_\tau(t) = \varphi(t, \tau) := (1 - \tau)\varphi_0(t) + \tau\varphi_1(t) = \varphi_0(t) + \tau(\varphi_1(t) - \varphi_0(t)).$$

Für diese folgen

$$|\varphi(t, \tau)| \geq |\varphi_0(t)| - \tau|\varphi_1(t) - \varphi_0(t)| > \varepsilon - \tau\varepsilon \geq 0$$

sowie

$$\varphi(t, 0) = \varphi_0(t), \quad \varphi(t, 1) = \varphi_1(t) \qquad \text{für alle} \quad t \in \mathbb{R}.$$

Ferner haben wir

$$W(\Phi_\tau) = \frac{1}{2\pi i} \int_0^{2\pi} \frac{\Phi_\tau'(t)}{\Phi_\tau(t)} \, dt = \frac{1}{2\pi i} \int_0^{2\pi} \frac{(1 - \tau)\varphi_0'(t) + \tau\varphi_1'(t)}{(1 - \tau)\varphi_0(t) + \tau\varphi_1(t)} \, dt,$$

mit einem in $(t, \tau) \in [0, 2\pi] \times [0, 1]$ stetigen Integranden. Die Umlaufszahl $W(\Phi_\tau)$ ist also stetig in $\tau \in [0, 1]$ und wegen Satz 1 auch ganzzahlig. Somit muß $W(\varphi_\tau) = \text{const}$ gelten, und insbesondere folgt $W(\varphi_0) = W(\varphi_1)$.

q.e.d.

Wir wollen nun die Umlaufszahl auch für stetige, geschlossene Kurven definieren. Dem Hilfssatz 1 entnehmen wir sofort den

Hilfssatz 2. *Sei* $\{\varphi_k\}_{k=1,2,\ldots} \subset \Gamma_1$ *eine Folge von Kurven mit* $\varphi_k(t) \neq 0$ *für alle* $t \in \mathbb{R}$ *und* $k \in \mathbb{N}$, *die gleichmäßig in* $[0, 2\pi]$ *gegen eine stetige Funktion* $\varphi \in \Gamma_0$ *konvergiert. Außerdem gelte* $\varphi(t) \neq 0$ *für alle* $t \in \mathbb{R}$. *Dann gibt es ein* $k_0 \in \mathbb{N}$, *so daß*

$$W(\varphi_k) = W(\varphi_l) \qquad \text{für alle} \quad k, l \geq k_0$$

gilt.

Definition 3. *Sei* $\varphi \in \Gamma_0$ *mit* $\varphi(t) \neq 0$ *für alle* $t \in \mathbb{R}$. *Ferner sei eine Folge von Funktionen* $\{\varphi_k\}_{k=1,2,\ldots} \subset \Gamma_1$ *mit* $\varphi_k(t) \neq 0$ *für alle* $t \in \mathbb{R}$ *und* $k \in \mathbb{N}$ *gegeben, die gleichmäßig in* $[0, 2\pi]$ *gegen* φ *konvergiert, d.h. es gilt*

$$\lim_{k \to \infty} \varphi_k(t) = \varphi(t) \qquad \text{für alle} \quad t \in [0, 2\pi].$$

Dann setzen wir

$$W(\varphi) := \lim_{k \to \infty} W(\varphi_k).$$

Bemerkung: Die Existenz einer solchen Folge für jedes $\varphi \in \Gamma_0$ wird durch den üblichen Glättungsprozeß gesichert. Wir müssen noch zeigen, daß der Grenzwert unabhängig von der Wahl der Folge $\{\varphi_k\}_{k=1,2,\ldots} \subset \Gamma_1$ ist. Sind hierzu $\{\varphi_k\}_{k=1,2,\ldots}$ und $\{\widetilde{\varphi}_k\}_{k=1,2,\ldots}$ zwei approximierende Folgen, so gehen wir zur gemischten Folge

$$\varphi_1, \widetilde{\varphi}_1, \varphi_2, \widetilde{\varphi}_2, \ldots =: \{\psi_k\}_{k=1,2,\ldots}$$

über und erhalten wegen Hilfssatz 2

$$\lim_{k\to\infty} W(\widetilde{\varphi}_k) = \lim_{k\to\infty} W(\psi_k) = \lim_{k\to\infty} W(\varphi_k).$$

Nach Satz 1 und Hilfssatz 2 ist $W(\varphi) \in \mathbb{Z}$ für $\varphi \in \Gamma_0$.

Satz 2. (Homotopielemma)
*Sei die Schar von stetigen Kurven $\Phi_\tau(t) = \varphi(t,\tau) \in \Gamma_0$ für $\tau^- \le \tau \le \tau^+$
gegeben. Ferner gelten $\varphi(t,\tau) \in C^0([0,2\pi] \times [\tau^-,\tau^+], \mathbb{R}^2)$ und*

$$\varphi(t,\tau) \ne 0 \qquad \text{für alle} \quad (t,\tau) \in [0,2\pi] \times [\tau^-,\tau^+].$$

Dann ist $W(\varphi_\tau)$ in $[\tau^-,\tau^+]$ konstant.

Bemerkung: Eine Kurvenschar wie im obigen Satz nennen wir eine Homotopie.
Die Umlaufszahl ist also eine Homotopieinvariante.

Beweis von Satz 2: Wegen $\varphi(t,\tau) \ne 0$ und der Kompaktheit der Menge
$[0,2\pi] \times [\tau^-,\tau^+]$ gibt es ein $\varepsilon > 0$, so daß $|\varphi(t,\tau)| > \varepsilon$ für alle $(t,\tau) \in$
$[0,2\pi] \times [\tau^-,\tau^+]$ gilt. Da φ auf $[0,2\pi] \times [\tau^-,\tau^+]$ gleichmäßig stetig ist, gibt
es ein $\delta(\varepsilon) > 0$ mit der Eigenschaft

$$|\varphi(t,\tau^*) - \varphi(t,\tau^{**})| < \varepsilon \qquad \text{für alle} \quad t \in [0,2\pi], \quad \text{falls} \ |\tau^* - \tau^{**}| < \delta(\varepsilon).$$

Seien nun $\{\varphi_k^*\}_{k=1,2,...} \subset \Gamma_1$ und $\{\varphi_k^{**}\}_{k=1,2,...} \subset \Gamma_1$ zwei approximierende
Folgen mit

$$\lim_{k\to\infty} \varphi_k^*(t) = \varphi(t,\tau^*) \quad \text{bzw.} \quad \lim_{k\to\infty} \varphi_k^{**}(t) = \varphi(t,\tau^{**}) \qquad \text{für alle} \quad t \in [0,2\pi].$$

Dann gibt es ein $k_0 \in \mathbb{N}$, so daß für alle $k \ge k_0$ folgendes gilt:

$$|\varphi_k^*(t)| > \varepsilon, \quad |\varphi_k^{**}(t)| > \varepsilon, \quad |\varphi_k^*(t) - \varphi_k^{**}(t)| < \varepsilon \qquad \text{für alle} \quad t \in [0,2\pi].$$

Hilfssatz 1 liefert nun $W(\varphi_k^*) = W(\varphi_k^{**})$ für alle $k \ge k_0$, und es folgt

$$W(\Phi_{\tau^*}) = W(\Phi_{\tau^{**}}) \qquad \text{für alle} \quad \tau^*, \tau^{**} \in [\tau^-,\tau^+] \quad \text{mit} \quad |\tau^* - \tau^{**}| < \delta(\varepsilon).$$

Da $\delta(\varepsilon)$ nicht von τ^*, τ^{**} abhängt und $[\tau^-,\tau^+]$ kompakt ist, liefert ein Fortsetzungsargument $W(\varphi_\tau) = $ const für $\tau \in [\tau^-,\tau^+]$.

                                                                    q.e.d.

Satz 3. *Seien*
$$B_R := \Big\{ z \in \mathbb{C} \ : \ |z| \le R \Big\}$$

*und die stetige Funktion $f : B_R \to \mathbb{C}$ zu festem $R > 0$ gegeben. Die Rand-
funktion $\varphi(t) := f(Re^{it})$ erfülle die Bedingung*

$$\varphi(t) \ne 0 \qquad \text{für} \quad 0 \le t \le 2\pi,$$

*und für die Windungszahl von φ gelte $W(\varphi) \ne 0$. Dann existiert ein $z_* \in \overset{\circ}{B}_R$
mit $f(z_*) = 0$.*

Beweis: Wir nehmen an, f habe keine Nullstelle in B_R und betrachten die Homotopie

$$\Phi_\tau(t) := f(\tau e^{it}), \qquad 0 \leq t \leq 2\pi, \quad 0 \leq \tau \leq R.$$

Nach Satz 2 und wegen $\Phi_0(t) = f(0) = \text{const}$ gilt dann

$$0 = W(\Phi_0) = W(\Phi_R)$$

im Widerspruch zur Voraussetzung $W(\Phi_R) = W(\varphi) \neq 0$. \hfill q.e.d.

Satz 4. (Rouché)
Zu festem $R > 0$ seien $f_0, f_1 : B_R \to \mathbb{C}$ zwei stetige Funktionen mit der Eigenschaft

$$|f_1(z) - f_0(z)| < |f_0(z)| \qquad \text{für alle} \quad z \in \partial B_R.$$

Für die Kurve $\varphi_0(t) := f_0(Re^{it})$ gelten

$$\varphi_0(t) \neq 0 \qquad \text{für} \quad 0 \leq t \leq 2\pi \quad \text{sowie} \quad W(\varphi_0) \neq 0.$$

Dann existiert ein $z_* \in \overset{\circ}{B}_R$ mit $f_1(z_*) = 0$.

Beweis: Wir setzen $\varphi_1(t) := f_1(Re^{it})$, $0 \leq t \leq 2\pi$, und betrachten die Homotopie

$$\Phi_\tau(t) = \varphi(t, \tau) := (1 - \tau)\varphi_0(t) + \tau\varphi_1(t), \qquad 0 \leq t \leq 2\pi.$$

Wegen

$$|\varphi(t, \tau)| = |\varphi_0(t) + \tau(\varphi_1(t) - \varphi_0(t))|$$
$$\geq |\varphi_0(t)| - |\varphi_1(t) - \varphi_0(t)| > 0$$

für alle $(t, \tau) \in [0, 2\pi] \times [0, 1]$ liefert das Homotopielemma $W(\varphi_1) = W(\varphi_0) \neq 0$, und nach Satz 3 existiert ein $z_* \in \overset{\circ}{B}_R$ mit $f_1(z_*) = 0$. \hfill q.e.d.

Satz 5. (Fundamentalsatz der Algebra)
Jedes komplexe Polynom

$$f(z) = z^n + a_{n-1}z^{n-1} + \ldots + a_0$$

vom Grad $n \in \mathbb{N}$ besitzt mindestens eine komplexe Nullstelle.

Beweis: (C.F.Gauß)
Wir setzen $f_0(z) := z^n$, $z \in \mathbb{C}$, und betrachten zu festem $R > 0$ die Funktion

$$\varphi_0(t) := f(Re^{it}) = R^n e^{int}, \qquad 0 \leq t \leq 2\pi.$$

Wir berechnen

$$W(\varphi_0) = \frac{1}{2\pi i} \int\limits_0^{2\pi} \frac{\varphi_0'(t)}{\varphi_0(t)}\, dt = \frac{1}{2\pi i} \int\limits_0^{2\pi} \frac{inR^n e^{int}}{R^n e^{int}}\, dt = n \ \in \mathbb{N}.$$

Wir wählen nun $R > 0$ so groß, daß für alle $z \in \mathbb{C}$ mit $|z| = R$ die Ungleichung

$$|f_0(z)| = R^n > |f(z) - f_0(z)| = |a_{n-1}z^{n-1} + \ldots + a_0|$$

richtig ist. Dann gibt es nach dem Satz von Rouché ein $z_* \in \mathbb{C}$ mit $|z_*| < R$, so daß $f(z_*) = 0$ erfüllt ist.   q.e.d.

Satz 6. (Brouwerscher Fixpunktsatz)
Sei $f(z) : B_R \to B_R$ eine stetige Abbildung. Dann hat f mindestens einen Fixpunkt, d.h. es gibt ein $z_* \in B_R$ mit $f(z_*) = z_*$.

Beweis: Wir betrachten die Schar von Abbildungen

$$g(z, \tau) := z - \tau f(z), \qquad z \in B_R, \quad \tau \in [0, 1).$$

Für alle $z \in \partial B_R$ gilt

$$|g(z, \tau)| \geq |z| - \tau |f(z)| \geq R(1 - \tau) > 0.$$

Nun wenden wir den Satz von Rouché auf die Funktion $f_0(z) := z$ mit der Randfunktion $\varphi_0(t) = Re^{it}$ und auf $f_1(z) := g(z, \tau)$ für ein festes $\tau \in [0, 1)$ an. Wir finden dann für jedes $0 \leq \tau < 1$ ein $z_\tau \in \overset{\circ}{B}_R$ mit der Eigenschaft

$$0 = g_\tau(z_\tau) = z_\tau - \tau f(z_\tau).$$

Wählen wir speziell $\tau_n = 1 - \frac{1}{n}$, $n = 1, 2, \ldots$, so folgt

$$\left(1 - \frac{1}{n}\right) f(z_n) = z_n, \qquad n = 1, 2, \ldots,$$

wobei wir noch $z_n := z_{\tau_n}$ gesetzt haben. Nach Auswahl einer in B_R konvergenten Teilfolge erhalten wir wegen der Stetigkeit von f

$$z_* := \lim_{k \to \infty} z_{n_k} = \lim_{k \to \infty} \tau_{n_k} f(z_{n_k})$$

$$= \lim_{k \to \infty} f(z_{n_k}) = f(z_*).$$
                                                                                q.e.d.

Definition 4. *Sei $z \in \mathbb{C}$ ein beliebiger Punkt, und die Funktion $\varphi(t) \in \Gamma_0$ genüge der Bedingung $\varphi(t) \neq z$ für alle $t \in \mathbb{R}$. Dann nennen wir*

$$W(\varphi, z) := W(\varphi(t) - z)$$

die Umlaufszahl der Kurve φ um den Punkt z.

Satz 7. *Seien $\varphi \in \Gamma_0$ und $\gamma := \{\varphi(t) \in \mathbb{C} : 0 \le t \le 2\pi\}$ die zugehörige Kurve; weiter sei ein Gebiet $G \subset \mathbb{C} \setminus \gamma$ gegeben. Dann ist die Funktion*

$$\psi(z) := W(\varphi, z), \qquad z \in G,$$

konstant. Enthält G einen Punkt z_0 mit $|z_0| > \max\{|\varphi(t)| : 0 \le t \le 2\pi\}$, so folgt

$$\psi(z) \equiv 0, \qquad z \in G.$$

Beweis:

1. Seien z_0 und z_1 zwei Punkte in G, die wir durch den stetigen Weg

$$z = z(\tau) : [0,1] \to G \qquad \text{mit} \quad z(0) = z_0, \; z(1) = z_1$$

verbinden. Wir betrachten dann die Schar von Kurven

$$\varphi_\tau(t) := \varphi(t) - z(\tau) \ne 0, \qquad t \in [0, 2\pi], \quad \tau \in [0,1].$$

Nach dem Homotopielemma gilt

$$\text{const} = W(\varphi_\tau) = W(\varphi - z(\tau)) = W(\varphi, z(\tau)), \qquad \tau \in [0,1],$$

und somit folgt $W(\varphi, z_0) = W(\varphi, z_1)$ für beliebige $z_0, z_1 \in G$.
2. Gibt es ein $z_0 \in G$ mit der Eigenschaft $|z_0| > \max\{|\varphi(t)| : 0 \le t \le 2\pi\}$, dann betrachten wir den Weg

$$z(\tau) := \frac{1}{1-\tau} z_0, \qquad \tau \in [0,1),$$

welcher $z(\tau) \not\in \gamma$ für alle $\tau \in [0,1)$ erfüllt. Nun ist $W(\varphi, z(\tau)) = \text{const}$ für $\tau \in [0,1)$, und unter der Annahme $\varphi \in \Gamma_1$ gilt die Beziehung

$$\lim_{\tau \to 1-} W(\varphi, z(\tau)) = \lim_{\tau \to 1-} \left\{ \frac{1}{2\pi i} \int_0^{2\pi} \frac{\varphi'(t)}{\varphi(t) - z(\tau)} \, dt \right\} = 0.$$

Für $\varphi \in \Gamma_1$ ist somit $W(\varphi, z(\tau)) = 0$ für alle $\tau \in [0,1)$ und $W(\varphi, z_0) = 0$. Durch Approximation sehen wir auch $W(\varphi, z_0) = 0$ für $\varphi \in \Gamma_0$ ein.

q.e.d.

Definition 5. *Sei die stetige Funktion $f = f(z) : \{z \in \mathbb{C} : |z - z_0| \le \varepsilon_0\} \to \mathbb{C}$ mit $z_0 \in \mathbb{C}$ und $\varepsilon_0 > 0$ gegeben, welche in z_0 eine isolierte Nullstelle besitzt, d.h. es gelten*

$$f(z_0) = 0 \quad \text{und} \quad f(z) \ne 0 \quad \text{für alle} \quad 0 < |z - z_0| \le \varepsilon_0.$$

Dann erklären wir den Index von f in Bezug auf $z = z_0$ wie folgt:

$$i(f, z_0) := W(\varphi) \qquad \text{mit} \quad \varphi(t) := f(z_0 + \varepsilon e^{it}), \qquad 0 \le t \le 2\pi, \; 0 < \varepsilon \le \varepsilon_0.$$

Bemerkung: Aufgrund des Homotopielemmas (Satz 2) ist diese Definition gerechtfertigt, da $W(\varphi)$ nicht von ε abhängt.

Beispiel 1. $f(z)$ sei holomorph und habe eine isolierte Nullstelle in z_0. Dann hat f die Darstellung

$$f(z) = (z - z_0)^n g(z), \qquad n \in \mathbb{N},$$

wobei $g(z)$ analytisch ist und $g(z_0) \neq 0$ gilt. Es folgt

$$i(f, z_0) = i((z - z_0)^n, z_0) = n \ \in \mathbb{N}.$$

Beispiel 2. Eine antiholomorphe Funktion $f(z)$ (d.h. $\overline{f}(z)$ ist holomorph) mit der Eigenschaft $f(z_0) = 0$ hat die Darstellung

$$f(z) = (\overline{z - z_0})^n g(\overline{z}).$$

Dabei ist $g(z)$ analytisch, und es gilt $g(\overline{z_0}) \neq 0$. Für den Index von f in Bezug auf z_0 erhält man

$$i(f, z_0) = -n \ \in -\mathbb{N}.$$

Satz 8. (Indexsummenformel)
Die Funktion $f \in C^2(B_R, \mathbb{C})$ habe die Randfunktion $\varphi(t) := f(Re^{it}) \neq 0$, $t \in [0, 2\pi]$. Ferner besitze f in $\overset{\circ}{B}_R$ die paarweise verschiedenen Nullstellen z_k mit zugehörigem Index $i(f, z_k)$, $k = 1, \ldots, p$ und $p \in \mathbb{N}_0$. Dann gilt die Identität

$$W(\varphi) = \sum_{k=1}^{p} i(f, z_k).$$

Beweis:

1. Wir setzen
$$F(x, y) := \log f(x, y), \qquad (x, y) \in B_R,$$

und berechnen

$$W(\varphi) = \frac{1}{2\pi i} \int_0^{2\pi} \frac{\varphi'(t)}{\varphi(t)} \, dt \ = \ \frac{1}{2\pi i} \int_0^{2\pi} \frac{\frac{d}{dt} f(Re^{it})}{f(Re^{it})} \, dt$$

$$= \frac{1}{2\pi i} \int_0^{2\pi} \frac{f_x(Re^{it})(-R\sin t) + f_y(Re^{it})(R\cos t)}{f(Re^{it})} \, dt$$

$$= \frac{1}{2\pi i} \oint_{\partial B_R} \{F_x \, dx + F_y \, dy\} \ = \ \frac{1}{2\pi i} \oint_{\partial B_R} dF$$

mit der 1-Form $dF = F_x(x, y)dx + F_y(x, y)dy$. Dabei wird ∂B_R in mathematisch positivem Sinn durchlaufen.

2. Zu hinreichend kleinem $\varepsilon > 0$ betrachten wir das Gebiet

$$\Omega(\varepsilon) := \left\{ z \in \overset{\circ}{B}_R : \ |z - z_k| > \varepsilon \ \text{für} \ k = 1, \ldots, p \right\}.$$

Setzen wir

$$\varphi_k(t) := f(z_k + \varepsilon e^{it}), \qquad 0 \le t \le 2\pi, \quad k = 1, \ldots, p,$$

so folgt wie in Teil 1 des Beweises

$$W(\varphi_k) = \frac{1}{2\pi i} \oint\limits_{|z - z_k| = \varepsilon} dF, \qquad k = 1, \ldots, p,$$

wobei die Kurven $|z - z_k| = \varepsilon$ in mathematisch positivem Sinn durchlaufen werden. Der Stokessche Integralsatz liefert nun

$$W(\varphi) - \sum_{k=1}^{p} i(f, z_k) = W(\varphi) - \sum_{k=1}^{p} W(\varphi_k)$$

$$= \frac{1}{2\pi i} \oint\limits_{\partial B_R} dF - \frac{1}{2\pi i} \sum_{k=1}^{p} \oint\limits_{|z - z_k| = \varepsilon} dF$$

$$= \frac{1}{2\pi i} \int\limits_{\partial \Omega(\varepsilon)} dF \ = \ \frac{1}{2\pi i} \int\limits_{\Omega(\varepsilon)} ddF$$

$$= 0.$$

q.e.d.

§2 Der Abbildungsgrad im $\mathbb{R}^n$

J.L.E. Brouwer hat den Abbildungsgrad im $\mathbb{R}^n$ durch simpliziale Approximation im Rahmen der kombinatorischen Topologie eingeführt. Will man den Abbildungsgrad analytisch definieren, so muß man das Windungsintegral durch $(n-1)$-dimensionale Oberflächenintegrale im $\mathbb{R}^n$ ersetzen (vgl. G. de Rham: Variétés differentiables). E. Heinz hat nun das Randintegral - nämlich das Windungsintegral - in ein Flächenintegral umgewandelt und so eine Möglichkeit eröffnet, den Abbildunsgrad im $\mathbb{R}^n$ leicht handhabbar zu definieren. Wir wollen diesen Übergang vom Windungsintegral zum Flächenintegral im $\mathbb{R}^2$ durchführen:

Seien $R \in (0, +\infty)$ und $f = f(z) \in C^2(B_R, \mathbb{C})$ mit $\varphi(t) := f(Re^{it}) \neq 0$, $0 \le t \le 2\pi$. Es sei $\varepsilon > 0$ so klein gewählt, daß $\varepsilon < |\varphi(t)|$ für alle $t \in [0, 2\pi]$ gilt. Wir wählen nun eine Funktion

$$\psi(r) = \begin{cases} 0, 0 \le r \le \delta \\ 1, \varepsilon \le r \end{cases} \in C^1([0,+\infty),\mathbb{R})$$

mit $0 < \delta < \varepsilon$ und betrachten das Windungsintegral

$$2\pi i W(\varphi) = \oint_{\partial B_R} \left\{ \frac{f_x}{f}\,dx + \frac{f_y}{f}\,dy \right\} = \oint_{\partial B_R} dF$$

$$= \oint_{\partial B_R} \psi(|f(z)|)dF(z) = \oint_{\partial B_R} \psi(|f(x,y)|)dF(x,y)$$

mit

$$F(x,y) = \log f(x,y) + 2\pi i k, \qquad k \in \mathbb{Z}.$$

Wir bemerken, daß F zwar nur lokal, dF jedoch global erklärt ist. Die 1-Form

$$\psi(|f(x,y)|)\,dF(x,y), \qquad (x,y) \in B_R,$$

gehört der Klasse $C^1(B_R)$ an. Wir berechnen ihre äußere Ableitung. Mit

$$d\Big\{\psi(|f(x,y)|)\Big\} = \psi'(|f(x,y)|)\left\{ \left((f\cdot\overline{f})^{\frac{1}{2}}\right)_x dx + \left((f\cdot\overline{f})^{\frac{1}{2}}\right)_y dy \right\}$$

$$= \frac{\psi'(|f(x,y)|)}{2|f(x,y)|} \left\{ f(\overline{f}_x\,dx + \overline{f}_y\,dy) + \overline{f}(f_x\,dx + f_y\,dy) \right\}$$

erhalten wir

$$d\Big\{\psi(|f|)\,dF\Big\} = d\Big\{\psi(|f|)\Big\} \wedge dF$$

$$= \frac{\psi'(|f(x,y)|)}{2|f(x,y)|} \left\{ f(\overline{f}_x\,dx + \overline{f}_y\,dy) + \overline{f}(f_x\,dx + f_y\,dy) \right\}$$

$$\wedge \left\{ \frac{1}{f}(f_x\,dx + f_y\,dy) \right\}$$

$$= \frac{\psi'(|f(x,y)|)}{2|f(x,y)|} \left\{ \overline{f}_x\,dx + \overline{f}_y\,dy \right\} \wedge \left\{ f_x\,dx + f_y\,dy \right\}$$

$$= \frac{\psi'(|f(x,y)|)}{2|f(x,y)|} \left\{ (\overline{f}_x\,dx \wedge f_y\,dy) - (\overline{\overline{f}_x\,dx \wedge f_y\,dy}) \right\}$$

$$= i\frac{\psi'(|f(x,y)|)}{|f(x,y)|} \mathrm{Im}\{\overline{f}_x\,dx \wedge f_y\,dy\}$$

Setzen wir noch $f = u(x,y) + iv(x,y)$, so folgt

$$d\Big\{\psi(|f|)\,dF\Big\} = i\,\frac{\psi'(|f(x,y)|)}{|f(x,y)|}\,\mathrm{Im}\Big\{(u_x - iv_x)\,dx \wedge (u_y + iv_y)\,dy\Big\}$$

$$= i\,\frac{\psi'(|f(x,y)|)}{|f(x,y)|}\,(u_x v_y - v_x u_y)\,dx \wedge dy$$

$$= i\,\frac{\psi'(|f(x,y)|)}{|f(x,y)|}\,\frac{\partial(u,v)}{\partial(x,y)}\,dx \wedge dy.$$

Der Stokessche Satz liefert somit

$$2\pi W(\varphi) = \iint\limits_{B_R} \frac{\psi'(|f(x,y)|)}{|f(x,y)|}\,\frac{\partial(u,v)}{\partial(x,y)}\,dx dy.$$

Nun erklären wir $\omega(t) := \dfrac{\psi'(t)}{t}$, $t \geq 0$, und beachten

$$\psi(t) = \int\limits_0^t \tau\omega(\tau)d\tau, \qquad t \geq 0.$$

Wir wählen also eine Funktion $\omega(t) \in C^0([0,+\infty),\mathbb{R})$ mit den Eigenschaften

(a) $\omega(t) = 0$ für alle $t \in [0,\delta] \cup [\varepsilon,+\infty)$,

(b) $\displaystyle\int\limits_0^\infty \varrho\omega(\varrho)\,d\varrho = 1.$

Es folgt dann

$$W(\varphi) = \frac{1}{2\pi}\iint\limits_{B_R} \omega(|f(x,y)|)J_f(x,y)\,dx dy.$$

Gehen wir über zu

$$\tilde{\omega}(t) := \frac{1}{2\pi}\,\omega(t),$$

so erhalten wir

(b') $\displaystyle\iint\limits_{\mathbb{R}^2} \tilde{\omega}(|z|)\,dx dy = 1$ mit $z = x + iy$,

und es gilt

$$W(\varphi) = \iint\limits_{B_R} \tilde{\omega}(|f(x,y)|)J_f(x,y)\,dx dy.$$

Diese Überlegungen legen die folgende Definition des Abbildungsgrades im $\mathbb{R}^n$ nahe:

Definition 1. *Seien* $\Omega \subset \mathbb{R}^n$ *eine beschränkte, offene Menge im* $\mathbb{R}^n$ *und*

$$f = (f_1(x_1, \ldots, x_n), \ldots, f_n(x_1, \ldots, x_n)) \in A^k(\Omega) := C^k(\Omega, \mathbb{R}^n) \cap C^0(\overline{\Omega}, \mathbb{R}^n)$$

für $k \in \mathbb{N}$ *eine Funktion mit* $f(x) \neq 0$ *für alle* $x \in \partial\Omega$. *Mit einem* $0 < \varepsilon <$ $\inf\{|f(x)| : x \in \partial\Omega\}$ *betrachten wir eine Funktion* $\omega \in C^0([0, +\infty), \mathbb{R})$ *mit den Eigenschaften*

(a) $\omega(r) = 0$ *für alle* $r \in [0, \delta] \cup [\varepsilon, +\infty)$ *und für ein* $\delta \in (0, \varepsilon)$,
(b) es gelte

$$\int\limits_{\mathbb{R}^n} \omega(|y|)\, dy = 1.$$

Dann erklären wir den Brouwerschen Abbildungsgrad von f *bez.* $y = 0$ *gemäß*

$$d(f, \Omega) = d(f, \Omega, 0) := \int\limits_{\Omega} \omega(|f(x)|)\, J_f(x) dx.$$

Dabei ist

$$J_f(x) = \frac{\partial(f_1, \ldots, f_n)}{\partial(x_1, \ldots, x_n)}, \qquad x \in \Omega,$$

die Funktionaldeterminante der Abbildung f.

Bemerkungen:

1. Durch Einführung von n-dimensionalen Kugelkoordinaten gemäß

$$y = r\eta = (r\eta_1, \ldots, r\eta_n) \in \mathbb{R}^n \qquad \text{mit} \quad r > 0, \, |\eta| = 1$$

sieht man

$$\int\limits_{\mathbb{R}^n} \omega(|y|)\, dy = o_n \int\limits_{0}^{\infty} r^{n-1}\omega(r)\, dr$$

ein, wobei o_n die Oberfläche der $(n-1)$-dimensionalen Einheitssphäre im $\mathbb{R}^n$ angibt.
2. Wir haben noch die Unabhängigkeit von $d(f, \Omega)$ von der gewählten zulässigen Testfunktion ω nachzuweisen.

Grundlegend ist der folgende

Satz 1. *Sei* $\Omega \subset \mathbb{R}^n$ *eine beschränkte, offene Menge mit* $n \in \mathbb{N}$, *und sei* $f \in A^1(\Omega)$ *mit* $|f(x)| > \varepsilon > 0$ *für alle* $x \in \partial\Omega$. *Ferner sei* $\omega(r) \in C^0([0, +\infty))$ *eine Testfunktion mit den Eigenschaften*

(a) $\omega(r) = 0$ *für alle* $r \in [0, \delta] \cup [\varepsilon, +\infty)$, $0 < \delta < \varepsilon$,
(b) $\int\limits_{0}^{\infty} r^{n-1}\omega(r)\, dr = 0.$

Dann gilt

$$\int\limits_{\Omega} \omega\big(|f(x)|\big) J_f(x)\, dx = 0.$$

Beweis:

1. Es genügt, die angegebene Identität für alle Funktionen $f \in A^2(\Omega)$ zu zeigen. Durch Approximation erhalten wir diese dann für alle $f \in A^1(\Omega)$.

2. Seien nun $f(x) = (f_1(x), \ldots, f_n(x)) \in A^2(\Omega)$ und ein beliebiges Vektorfeld $a(y) = (a_1(y), \ldots, a_n(y)) \in C^1(\mathbb{R}^n, \mathbb{R}^n)$ gegeben. Für die $(n-1)$-Form

$$\lambda := \sum_{i=1}^{n} (-1)^{1+i} a_i(f(x))\, df_1 \wedge \ldots \wedge df_{i-1} \wedge df_{i+1} \wedge \ldots \wedge df_n$$

berechnen mit Hilfe von

$$d\{a_i(f(x))\} = \sum_{j=1}^{n} \frac{d}{dx_j}\Big(a_i(f(x))\Big) dx_j \;=\; \sum_{j,k=1}^{n} \frac{\partial a_i}{\partial y_k}(f(x)) \frac{\partial f_k}{\partial x_j}\, dx_j$$

$$= \sum_{k=1}^{n} \frac{\partial a_i}{\partial y_k}(f(x))\, df_k$$

die äußere Ableitung

$$d\lambda = \sum_{i=1}^{n} (-1)^{i+1} d\{a_i(f(x))\} \wedge df_1 \wedge \ldots \wedge df_{i-1} \wedge df_{i+1} \wedge \ldots \wedge df_n$$

$$= \sum_{i=1}^{n} \frac{\partial a_i}{\partial y_i}(f(x))\, df_1 \wedge \ldots \wedge f_n$$

$$= \operatorname{div} a(f(x))\, J_f(x)\, dx_1 \wedge \ldots \wedge dx_n\,.$$

3. Wir wollen nun $a(y)$ so bestimmen, daß $\omega(|y|) = \operatorname{div} a(y)$ gilt. Mit einer Funktion $\psi(r) \in C_0^1(0, +\infty)$ machen wir den Ansatz $a(y) := \psi(|y|)y$ und realisieren

$$\omega(|y|) = \operatorname{div} a(y) = n\psi(|y|) + \psi'(|y|)\Big(y \cdot \frac{y}{|y|}\Big) = n\psi(|y|) + |y|\psi'(|y|).$$

Mit $r = |y|$ erhalten wir die Differentialgleichung

$$\frac{\omega(r)}{r} = \psi'(r) + n\frac{\psi(r)}{r} = \frac{(r^n\psi(r))'}{r^n}$$

mit der Lösung

$$\psi(r) = r^{-n} \int\limits_0^r \varrho^{n-1}\omega(\varrho)\, d\varrho.$$

Wir beachten insbesondere $\psi(r) = 0$ für $r \in [0, \delta] \cup [\varepsilon, +\infty)$.

4. Mit der $(n-1)$-Form

$$\lambda := \psi\big(|f(x)|\big) \sum_{i=1}^{n} (-1)^{i+1} f_i(x)\, df_1 \wedge \ldots \wedge df_{i-1} \wedge df_{i+1} \wedge \ldots \wedge df_n \quad \in C_0^1(\Omega)$$

erhalten wir also

$$d\lambda = \omega\big(|f(x)|\big) J_f(x)\, dx_1 \wedge \ldots \wedge dx_n\,.$$

Der Stokessche Satz liefert nun

$$\int_\Omega \omega\big(|f(x)|\big) J_f(x)\, dx_1 \wedge \ldots \wedge dx_n = \int_\Omega d\lambda = 0.$$

q.e.d.

Folgerung aus Satz 1: Die Definition 1 ist unabhängig von der Wahl der Testfunktion: Seien ω_1, ω_2 zwei zulässige Testfunktionen; ω_1 erfülle die Bedingung (a) aus Definition 1 zu $\delta_1 \in (0, \varepsilon)$ und ω_2 erfülle die Bedingung (a) zu $\delta_2 \in (0, \varepsilon)$. Dann folgt

$$\int_0^\infty r^{n-1}(\omega_1(r) - \omega_2(r))dr = 0, \quad (\omega_1 - \omega_2)(r) = 0 \quad \text{für} \quad r \in [0, \delta] \cup [\varepsilon, +\infty)$$

mit $\delta := \min\{\delta_1, \delta_2\} \in (0, \varepsilon)$. Satz 1 liefert somit

$$\int_\Omega \Big(\omega_1(|f(x)|) - \omega_2(|f(x)|)\Big) J_f(x) dx = 0$$

beziehungsweise

$$\int_\Omega \omega_1\big(|f(x)|\big) J_f(x) dx = \int_\Omega \omega_2\big(|f(x)|\big) J_f(x) dx.$$

q.e.d.

Zur Vorbereitung des Homotopielemmas beweisen wir zunächst den

Hilfssatz 1. *Für zwei Funktionen $f_1, f_2 \in A^1(\Omega)$ gelte $|f_i(x)| > 5\varepsilon$, $i = 1, 2$, für alle $x \in \partial\Omega$. Weiter sei $|f_1(x) - f_2(x)| < \varepsilon$ für alle $x \in \overline{\Omega}$ erfüllt. Dann folgt*

$$d(f_1, \Omega) = d(f_2, \Omega).$$

Beweis: Sei $\lambda = \lambda(r) \in C^1\big([0, +\infty), [0, 1]\big)$ eine Hilfsfunktion mit

$$\lambda(r) = \begin{cases} 1, & 0 \le r \le 2\varepsilon \\ 0, & 3\varepsilon \le r \end{cases}.$$

Wir betrachten dann die Funktion

$$f_3(x) := \Big(1 - \lambda\big(|f_1(x)|\big)\Big)f_1(x) + \lambda\big(|f_1(x)|\big)f_2(x), \qquad x \in \overline{\Omega},$$

und beachten $f_3 \in A^1(\Omega)$, $|f_3(x)| > 4\varepsilon$ für $x \in \partial\Omega$ sowie

$$|f_3(x) - f_i(x)| \leq \Big(1 - \lambda\big(|f_1(x)|\big)\Big)|f_1(x) - f_i(x)|$$

$$+\lambda\big(|f_1(x)|\big)|f_2(x) - f_i(x)| < \varepsilon, \qquad x \in \overline{\Omega}, \quad i = 1, 2.$$

Nun gilt

$$f_3(x) = \begin{cases} f_1(x) \text{ für alle } x \in \Omega \text{ mit } |f_1(x)| \geq 3\varepsilon \\ f_2(x) \text{ für alle } x \in \Omega \text{ mit } |f_2(x)| \leq \varepsilon \end{cases}.$$

Seien nun $\omega_1(r) \in C_0^0((3\varepsilon, 4\varepsilon), \mathbb{R})$ und $\omega_2 \in C_0^0((0, \epsilon), \mathbb{R})$ zwei zulässige Testfunktionen. Dann folgen

$$\omega_1(|f_1(x)|)J_{f_1}(x) = \omega_1(|f_3(x)|)J_{f_3}(x), \qquad x \in \Omega,$$

und

$$\omega_2(|f_2(x)|)J_{f_2}(x) = \omega_2(|f_3(x)|)J_{f_3}(x), \qquad x \in \Omega.$$

Integration liefert

$$d(f_1, \Omega) = \int_\Omega \omega_1\big(|f_1(x)|\big)J_{f_1}(x)\,dx \;=\; \int_\Omega \omega_1\big(|f_3(x)|\big)J_{f_3}(x)\,dx$$

$$= \int_\Omega \omega_2\big(|f_3(x)|\big)J_{f_3}(x)\,dx \;=\; \int_\Omega \omega_2\big(|f_2(x)|\big)J_{f_2}(x)\,dx \;=\; d(f_2, \Omega).$$
$$\text{q.e.d.}$$

Aus Hilfssatz 1 folgt unmittelbar der

Hilfssatz 2. *Es seien* $f : \Omega \to \mathbb{R}^n \in A^0(\Omega) := C^0(\overline{\Omega}, \mathbb{R}^n)$ *und* $f(x) \neq 0$ *für alle* $x \in \partial\Omega$ *erfüllt. Ferner sei* $\{f_k\}_{k=1,2,\dots} \subset A^1(\Omega)$ *eine Folge mit*

$$f_k(x) \neq 0 \qquad \text{für alle} \quad x \in \partial\Omega \quad \text{und alle} \quad k \in \mathbb{N},$$

und es gelte

$$\lim_{k \to \infty} f_k(x) = f(x)$$

gleichmäßig in $\overline{\Omega}$. *Dann gibt es ein* $k_0 \in \mathbb{N}$, *so daß gilt*

$$d(f_k, \Omega) = d(f_l, \Omega) \qquad \text{für alle} \quad k, l \geq k_0.$$

Wegen Hilfssatz 2 ist die folgende Definition sinnvoll.

Definition 2. *Sei* $f(x) \in A^0(\Omega)$ *mit* $f(x) \neq 0$ *für alle* $x \in \partial\Omega$ *gegeben. Ferner sei* $\{f_k\}_{k=1,2,\dots} \subset A^1(\Omega)$ *eine Funktionenfolge mit*

$$f_k(x) \neq 0 \qquad \text{für alle} \quad x \in \partial\Omega \quad \text{und alle} \quad k \in \mathbb{N},$$

und es gelte

$$f_k(x) \longrightarrow f(x) \qquad \text{für} \quad k \to \infty$$

gleichmäßig in $\overline{\Omega}$. *Dann setzen wir*

$$d(f, \Omega) := \lim_{k \to \infty} d(f_k, \Omega)$$

und nennen dieses den Brouwerschen Abbildungsgrad für stetige Funktionen.

Fundamental ist der folgende

Satz 2. (Homotopielemma)
Sei $f_\tau(x) \in A^0(\Omega)$ *für* $a \leq \tau \leq b$ *eine Schar stetiger Abbildungen mit den Eigenschaften*

(a) $f_\tau(x) = f(x, \tau) : \overline{\Omega} \times [a, b] \to \mathbb{R}^n \in C^0(\overline{\Omega} \times [a, b], \mathbb{R}^n)$,
(b) $f_\tau(x) \neq 0$ *für alle* $x \in \partial\Omega$ *und alle* $\tau \in [a, b]$.

Dann ist $d(f_\tau, \Omega) = const$ *in* $[a, b]$.

Beweis: Zunächst gibt es ein $\varepsilon > 0$, so daß $|f_\tau(x)| > 5\varepsilon$ für alle $x \in \partial\Omega$ und alle $\tau \in [a, b]$ richtig ist. Weiter existiert ein $\delta = \delta(\varepsilon) > 0$, so daß für alle $\tau^*, \tau^{**} \in [a, b]$ mit $|\tau^* - \tau^{**}| < \delta(\epsilon)$ die Ungleichung

$$|f(x, \tau^*) - f(x, \tau^{**})| < \varepsilon \qquad \text{für alle} \quad x \in \overline{\Omega}$$

gilt. Wir wählen nun mit

$$\{f_k^*\}_{k=1,2,\dots}, \ \{f_k^{**}\}_{k=1,2,\dots} \subset A^1(\Omega)$$

zulässige Approximationsfolgen für $f_{\tau^*}(x)$ bzw. $f_{\tau^{**}}(x)$. Dann gibt es ein $k_0 \in \mathbb{N}$, so daß die Ungleichungen

$$|f_k^*(x)| > 5\varepsilon, \quad |f_k^{**}(x)| > 5\varepsilon \qquad \text{für alle} \quad x \in \partial\Omega \quad \text{und alle} \quad k \geq k_0$$

sowie

$$|f_k^*(x) - f_k^{**}(x)| < \varepsilon \qquad \text{für alle} \quad x \in \overline{\Omega} \quad \text{und alle} \quad k \geq k_0$$

erfüllt sind. Hilfssatz 1 liefert nun

$$d(f_k^*, \Omega) = d(f_k^{**}, \Omega) \qquad \text{für alle} \quad k \geq k_0,$$

und es folgt

$$d(f_{\tau^*}, \Omega) = d(f_{\tau^{**}}, \Omega) \quad \text{für alle } \tau^*, \tau^{**} \in [a, b] \text{ mit } |\tau^* - \tau^{**}| < \delta(\varepsilon).$$

Dieses ergibt $d(f_\tau, \Omega) = const$ für $a \leq \tau \leq b$.   q.e.d.

Satz 3. *Sei* $f \in C^0(\overline{\Omega})$ *mit* $f(x) \neq 0$ *für alle* $x \in \partial\Omega$ *und* $d(f, \Omega) \neq 0$. *Dann gibt es ein* $\xi \in \Omega$ *mit* $f(\xi) = 0$.

Beweis: Wäre die Behauptung falsch, so gäbe es ein $\varepsilon > 0$ mit der Eigenschaft $|f(x)| > \varepsilon$ für alle $x \in \overline{\Omega}$. Sei $\{f_k\}_{k=1,2,\dots} \subset A^1(\Omega)$ eine Funktionenfolge mit

$$f_k(x) \longrightarrow f(x) \qquad \text{für} \quad k \to \infty$$

gleichmäßig in $\overline{\Omega}$. Nun gibt es ein $k_0 \in \mathbb{N}$, so daß $|f_k(x)| > \varepsilon$ in $\overline{\Omega}$ für alle $k \geq k_0$ gilt. Ist $\omega = \omega(r) \in C_0^0((0,\varepsilon),\mathbb{R})$ eine zulässige Testfunktion mit

$$\int\limits_{\mathbb{R}^n} \omega(|y|)dy = 1,$$

so folgt

$$d(f_k, \Omega) = \int\limits_{\Omega} \omega(|f_k(x)|) J_{f_k}(x)dx = 0 \qquad \text{für alle} \quad k \geq k_0$$

und somit

$$d(f, \Omega) = \lim_{k \to \infty} d(f_k, \Omega) = 0$$

im Widerspruch zur Voraussetzung. Somit gibt es ein $\xi \in \Omega$ mit $f(\xi) = 0$.
q.e.d.

Satz 4. *Seien Funktionen $f_0, f_1 \in A^0(\Omega)$ mit $|f_0(x) - f_1(x)| < |f_1(x)|$ für alle $x \in \partial\Omega$ gegeben. Dann gilt*

$$d(f_0, \Omega) = d(f_1, \Omega).$$

Beweis: Wir verwenden die lineare Homotopie

$$f_\tau(x) = \tau f_0(x) + (1-\tau)f_1(x), \qquad x \in \overline{\Omega}, \quad \tau \in [0,1],$$

und erhalten wegen $f_\tau(x) \neq 0$ für alle $x \in \partial\Omega$ und alle $\tau \in [0,1]$ mit Satz 2

$$d(f_0, \Omega) = d(f_1, \Omega). \qquad\qquad \text{q.e.d.}$$

Definition 3. *Sei $\Omega \subset \mathbb{R}^n$ eine beschränkte, offene Menge, und $f(x) : \partial\Omega \to \mathbb{R}^n \setminus \{0\}$ sei stetig. Weiter sei $\hat{f}(x) : \mathbb{R}^n \to \mathbb{R}^n \in C^0(\mathbb{R}^n, \mathbb{R}^n)$ mit $\hat{f}(x) = f(x)$ für alle $x \in \partial\Omega$ eine stetige Fortsetzung von f auf den $\mathbb{R}^n$. Dann setzen wir*

$$v(f, \partial\Omega) := d(\hat{f}, \Omega)$$

für die Ordnung von f in Bezug auf den Punkt $z = 0$.

Bemerkungen:

1. Nach dem Tietzeschen Ergänzungssatz existiert stets eine Fortsetzung $\hat{f}$ von f.
2. Wegen Satz 4 ist $v(f, \partial\Omega)$ unabhängig von der gewählten Fortsetzung.

Mit Definition 3 erhalten wir als Folgerung aus dem Homotopielemma den

Satz 5. *Sei $f_\tau(x) = f(x,\tau) : \partial\Omega \times [a,b] \to \mathbb{R}^n \setminus \{0\} \in C^0(\partial\Omega \times [a,b])$ eine stetige Schar nullstellenfreier Abbildungen. Dann folgt $v(f_\tau, \partial\Omega) = const$ in $[a,b]$.*

§3 Geometrische Existenzsätze

Hilfssatz 1. *Sei $\Omega \subset \mathbb{R}^n$ eine beschränkte, offene Punktmenge und $f(x) = \varepsilon(x-\xi)$, $x \in \Omega$, wobei $\varepsilon = \pm 1$ und $\xi \in \Omega$ gewählt sind. Dann gilt $d(f, \Omega) = \varepsilon^n$.*

Beweis: Es gibt ein $\eta > 0$, so daß $|f(x)| > \eta$ für alle $x \in \partial\Omega$ gilt. Sei $\omega \in C_0^0((0, \eta), \mathbb{R})$ eine zulässige Testfunktion mit

$$\int_{\mathbb{R}^n} \omega(|x|)\, dx = 1.$$

Dann folgt

$$d(f, \Omega) = \int_{\Omega} \omega(|f(x)|)\, J_f(x)\, dx = \int_{\Omega} \omega(|x - \xi|)\varepsilon^n\, dx = \varepsilon^n.$$

q.e.d.

Satz 1. *Sei $f_\tau(x) = f(x, \tau) : \overline{\Omega} \times [a, b] \to \mathbb{R}^n \in C^0(\overline{\Omega} \times [a, b], \mathbb{R}^n)$ eine Schar von Abbildungen mit*

$$f_\tau(x) \neq 0 \qquad \text{für alle} \quad x \in \partial\Omega \quad \text{und alle} \quad \tau \in [a, b].$$

Weiter gelte

$$f_a(x) = (x - \xi), \qquad x \in \Omega,$$

mit einem $\xi \in \Omega$. Dann gibt es zu jedem $\tau \in [a, b]$ ein $x_\tau \in \Omega$ mit $f(x_\tau, \tau) = 0$.

Beweis: Das Homotopielemma und Hilfssatz 1 liefern

$$d(f_\tau, \Omega) = d(f_a, \Omega) = 1 \qquad \text{für alle} \quad \tau \in [a, b].$$

Somit existiert nach § 2, Satz 3 zu jedem $\tau \in [a, b]$ ein $x_\tau \in \Omega$ mit $f(x_\tau, \tau) = 0$.
q.e.d.

Satz 2. (Brouwerscher Fixpunktsatz)
Jede stetige Abbildung $f(x) : B \to B$ der Einheitskugel $B := \{x \in \mathbb{R}^n : |x| \le 1\}$ in sich besitzt einen Fixpunkt $\xi \in B$, für welchen also $\xi = f(\xi)$ gilt.

Beweis: Wir betrachten für alle $\tau \in [0, 1)$ die Abbildung

$$f_\tau(x) = x - \tau f(x), \qquad x \in B,$$

welche die Randbedingung

$$|f_\tau(x)| \ge |x| - \tau|f(x)| \ge 1 - \tau > 0 \qquad \text{für alle} \quad x \in \partial B \quad \text{und alle} \quad \tau \in [0, 1)$$

erfüllt. Nach Satz 1 gibt es zu jedem $\tau \in [0, 1)$ ein $x_\tau \in \overset{\circ}{B}$ mit $f_\tau(x_\tau) = 0$ bzw. $\tau f(x_\tau) = x_\tau$. Wir wählen nun eine Folge $\tau_n \uparrow 1$ für $n \to \infty$, so daß $\{x_{\tau_n}\}_{n=1,2,\dots}$ in B konvergiert. Dann folgt

$$\xi := \lim_{n \to \infty} x_{\tau_n} = \lim_{n \to \infty} \tau_n f(x_{\tau_n}) = \lim_{n \to \infty} f(x_{\tau_n}) = f(\xi).$$

q.e.d.

Bemerkung: Der Brouwersche Fixpunktsatz gilt auch für jede zu B homöomorphe Menge.

Satz 3. (Igelsatz von Poincaré und Brouwer)
Sei $n \in \mathbb{N}$ gerade. Mit

$$S^n := \left\{ x \in \mathbb{R}^{n+1} \ : \ |x| = 1 \right\}$$

bezeichnen wir die n-dimensionale Sphäre im $\mathbb{R}^{n+1}$. Dann gibt es kein tangentiales, nullstellenfreies und stetiges Vektorfeld auf der Sphäre S^n.

Beweis: Wäre $\varphi : S^n \to \mathbb{R}^{n+1}$ ein solches Vektorfeld, so wären $|\varphi(x)| > 0$ und $(\varphi(x), x) = 0$ für alle $x \in S^n$ erfüllt. Wir betrachten nun zu $\varepsilon = \pm 1$ die Abbildung $f(x) := \varepsilon x$, $x \in S^n$, und die Homotopie

$$f_\tau(x) = (1 - \tau) f(x) + \tau \varphi(x), \qquad x \in S^n.$$

Es gilt

$$|f_\tau(x)|^2 = (1 - \tau)^2 |f(x)|^2 + \tau^2 |\varphi(x)|^2 > 0$$

für alle $x \in S^n$ und alle $\tau \in [0, 1]$. Nach § 2, Satz 5 folgt

$$v(\varphi, S^n) = v(f_1, S^n) = v(f_0, S^n) = v(f, S^n) = \varepsilon^{n+1}$$

unter Benutzung von Hilfssatz 1. Für gerades n würde also

$$-1 = v(\varphi, S^n) = +1$$

folgen. Das ist aber ein Widerspruch!   q.e.d.

§4 Der Index einer Abbildung

Wir wollen nun die Indexsummenformel im Falle $n = 2$ auf beliebige Dimensionen übertragen. Im Zusammenhang damit werden wir die Ganzzahligkeit des Abbildungsgrades nachweisen. Wir beginnen mit dem

Hilfssatz 1. *Seien $\Omega_j \subset \mathbb{R}^n$, $j = 1, 2$, zwei beschränkte, offene, disjunkte Mengen und $\Omega := \Omega_1 \cup \Omega_2$. Weiter sei $f(x) \in A^0(\Omega)$ eine stetige Abbildung mit*

$$f(x) \neq 0 \qquad \text{für alle} \quad x \in \partial \Omega_1 \cup \partial \Omega_2.$$

Dann gilt

$$d(f, \Omega) = d(f, \Omega_1) + d(f, \Omega_2).$$

Beweis: Für ein hinreichend kleines $\varepsilon > 0$ gilt $|f(x)| > \varepsilon$ für alle $x \in \partial \Omega_1 \cup \partial \Omega_2$, und es gibt eine Folge von Funktionen $\{f_k\}_{k=1,2,\ldots} \subset A^1(\Omega)$ mit $f_k \to f$ gleichmäßig auf $\overline{\Omega}$ und $|f_k(x)| > \varepsilon$ für alle $x \in \partial \Omega_1 \cup \partial \Omega_2$ und alle $k \geq k_0$. Ist $\omega \in C_0^0((0, \varepsilon), \mathbb{R})$ eine zulässige Testfunktion mit $\int\limits_{\mathbb{R}^n} \omega(|y|) dy = 1$, so folgt für $k \geq k_0$

$$d(f_k, \Omega) = \int\limits_{\Omega} \omega\big(|f_k(x)|\big) J_{f_k}(x)\, dx$$

$$= \int\limits_{\Omega_1} \omega\big(|f_k(x)|\big) J_{f_k}(x)\, dx + \int\limits_{\Omega_2} \omega\big(|f_k(x)|\big) J_{f_k}(x)\, dx$$

$$= d(f_k, \Omega_1) + d(f_k, \Omega_2).$$

Somit ergibt sich $d(f, \Omega) = d(f, \Omega_1) + d(f, \Omega_2)$.   q.e.d.

Hilfssatz 2. *Auf der beschränkten, offenen Menge $\Omega \subset \mathbb{R}^n$ sei eine Funktion $f \in A^0(\Omega)$ mit der Nullstellenmenge*

$$F := \Big\{ x \in \overline{\Omega} \;:\; f(x) = 0 \Big\}$$

gegeben, und es sei $\Omega_0 \subset \Omega$ eine offene Menge mit der Eigenschaft $F \subset \Omega_0$. Dann gilt

$$d(f, \Omega) = d(f, \Omega_0).$$

Beweis: Setzen wir $\Omega_1 := (\Omega \setminus \overset{\circ}{\Omega}_0)$, so folgt $\Omega \setminus \partial\Omega_1 = \Omega_0 \overset{\cdot}{\cup} \Omega_1$. Wegen $f(x) \neq 0$ für alle $x \in \overline{\Omega}_1$ liefert § 2, Satz 3 die Aussage $d(f, \Omega_1) = 0$. Nun gilt nach Hilfssatz 1

$$d(f, \Omega) = d(f, \Omega_0) + d(f, \Omega_1) = d(f, \Omega_0).$$ q.e.d.

Definition 1. *Sei $f(x) \in A^0(\Omega)$. Für ein $z \in \Omega$ und ein hinreichend kleines $\varepsilon > 0$ gelte $f(z) = 0$ und $f(x) \neq 0$ für alle $0 < |x - z| \leq \varepsilon$. Dann nennen wir*

$$i(f, z) := d(f, B_\varepsilon(z))$$

den Index von f im Punkt $x = z$. Dabei ist $B_\varepsilon(z) := \{ x \in \mathbb{R}^n \;:\; |x - z| < \varepsilon \}$.

Satz 1. *Sei $f \in A^0(\Omega)$, und die Gleichung $f(x) = 0$, $x \in \overline{\Omega}$, besitze p paarweise verschiedene Lösungen $x^{(1)}, \ldots, x^{(p)} \in \Omega$. Dann gilt*

$$d(f, \Omega) = \sum_{j=1}^{p} i\big(f, x^{(j)}\big).$$

Beweis: Wir wählen ein hinreichend kleines $\varepsilon > 0$, so daß die offenen Mengen

$$\Omega_j := \Big\{ x \in \mathbb{R}^n \;:\; |x - x^{(j)}| < \varepsilon \Big\}$$

paarweise disjunkt sind. Die Hilfssätze 1 und 2 liefern nun

$$d(f, \Omega) = d\Big(f, \bigcup_{j=1}^{p} \Omega_j\Big) = \sum_{j=1}^{p} d(f, \Omega_j) = \sum_{j=1}^{p} i\big(f, x^{(j)}\big).$$ q.e.d.

Hilfssatz 3. *Sei* $A = (a_{ij})_{i,j=1,\dots,n}$ *eine reelle* $n \times n$-*Matrix mit* $\det A \neq 0$. *Dann existieren eine orthogonale Matrix* $S = (s_{ij})_{i,j=1,\dots,n}$ *und eine symmetrische, positiv-definite Matrix* $P = (p_{ij})_{i,j=1,\dots,n}$, *so daß*

$$A = S \circ P$$

gilt.

Beweis: Wegen $\det A \neq 0$ gibt es eine positiv-definite Matrix P mit $P^2 = A^t A$. Es ist nämlich die Matrix $A^t A$ symmetrisch und positiv-definit wegen

$$(A^t A x, x) = |Ax|^2 > 0 \qquad \text{für alle} \quad x \in \mathbb{R}^n \setminus \{0\}.$$

Somit gibt es nach dem Satz über die Hauptachsentransformation eine orthogonale Matrix U und positive Eigenwerte $\lambda_1, \dots, \lambda_n \in (0, +\infty)$, so daß

$$A^t A = U^t \circ \Lambda \circ U \qquad \text{mit} \quad \Lambda = \begin{pmatrix} \lambda_1 & & 0 \\ & \cdot & \\ & & \cdot \\ 0 & & \lambda_n \end{pmatrix} =: \mathrm{Diag}(\lambda_1, \dots, \lambda_n)$$

gilt. Mit

$$P := U^t \circ \Lambda^{1/2} \circ U, \qquad \Lambda^{1/2} := \mathrm{Diag}(\sqrt{\lambda_1}, \dots, \sqrt{\lambda_n})$$

erhalten wir eine symmetrische positiv-definite Matrix, die

$$P^2 = U^t \circ \Lambda \circ U = A^t A$$

erfüllt. Es folgt

$$|Px|^2 = (Px, Px) = (P^2 x, x) = (A^t A x, x) = |Ax|^2$$

und somit

$$|Px| = |Ax| \qquad \text{für alle} \quad x \in \mathbb{R}^n.$$

Wir betrachten nun die Matrix $S := A \circ P^{-1}$. Für alle $x \in \mathbb{R}^n$ gilt

$$|Sx| = |A \circ P^{-1} x| = |P \circ P^{-1} x| = |x|.$$

Somit ist S orthogonal, und es folgt die gewünschte Darstellung $A = S \circ P$. q.e.d.

Satz 2. *Zu* $\varepsilon > 0$ *sei* $f \in C^1(B_\varepsilon(z), \mathbb{R}^n)$ *mit* $f(z) = 0$ *und* $J_f(z) \neq 0$ *gegeben. Dann gilt*

$$i(f, z) = \mathrm{sgn}\, J_f(z) \in \{\pm 1\}.$$

Beweis: Es gibt eine reelle $n \times n$-Matrix A, so daß

$$f(x) = A(x - z) + R(x) \qquad \text{für alle} \quad |x - z| \leq \varrho_0 \quad \text{mit} \quad 0 < \varrho_0 < \varepsilon$$

gilt. Dabei ist $\det A = J_f(z) \neq 0$ erfüllt, und es gilt

$$|R(x)| \leq \eta(\varrho)|x - z| \qquad \text{für alle} \quad |x - z| \leq \varrho \leq \varrho_0 \quad \text{mit} \quad \lim_{\varrho \to 0} \eta(\varrho) = 0.$$

Nach Hilfssatz 3 gibt es eine Zerlegung $A = S \circ P$ mit einer orthogonalen Matrix S und einer positiv-definiten, symmetrischen Matrix P. Zu

$$P = U^t \circ \text{Diag}(\lambda_1, \ldots, \lambda_n) \circ U$$

betrachten wir die Schar der positiv-definiten, symmetrischen Matrizen

$$P_\tau := U^t \circ \text{Diag}\Big(\tau + (1 - \tau)\lambda_1, \ldots, \tau + (1 - \tau)\lambda_n\Big) \circ U,$$

die $P_0 = P$ und $P_1 = E$ erfüllen. Hierbei bezeichnet E die Einheitsmatrix. Sind $\lambda_{\min} > 0$ der kleinste Eigenwert von P und $\lambda := \min(1, \lambda_{\min}) > 0$, so gilt

$$|P_\tau x|^2 = (P_\tau x, P_\tau x) \;=\; (P_\tau^2 x, x)$$

$$= \Big(U^t \circ \text{Diag}\Big([\tau + (1 - \tau)\lambda_1]^2, \ldots, [\tau + (1 - \tau)\lambda_n]^2\Big) \circ Ux, x\Big)$$

$$\geq \Big(U^t \circ \text{Diag}(\lambda^2, \ldots, \lambda^2) \circ Ux, x\Big)$$

$$= \lambda^2(x, x) \;=\; \lambda^2|x|^2,$$

also

$$|P_\tau x| \geq \lambda|x| \qquad \text{für alle} \quad x \in \mathbb{R}^n \quad \text{und alle} \quad \tau \in [0, 1].$$

Wir betrachten nun die Schar von Abbildungen

$$f_\tau(x) = f(x, \tau) = S \circ P_\tau(x - z) + (1 - \tau)R(x), \qquad x \in B_\varepsilon(z), \quad \tau \in [0, 1].$$

Offenbar gelten

$$f_0(x) = S \circ P_0(x - z) + R(x) = S \circ P(x - z) + R(x) = A(x - z) + R(x) = f(x)$$

und

$$f_1(x) = S \circ P_1(x - z) = S(x - z) =: g(x), \qquad x \in B_\varepsilon(z).$$

Weiter schätzen wir für alle $x \in \mathbb{R}^n$ mit $|x - z| = \varrho \in (0, \varrho_0]$ wie folgt ab:

$$|f_\tau(x)| \geq |S \circ P_\tau(x - z)| - (1 - \tau)|R(x)|$$

$$\geq |P_\tau(x - z)| - |R(x)|$$

$$\geq (\lambda - \eta(\varrho))|x - z| \geq \frac{\lambda}{2}|x - z| \;>\; 0,$$

falls $\varrho_0 > 0$ hinreichend klein gewählt wird. Somit folgen nach dem Homotopielemma

$$d(f_\tau, B_\varrho(z)) = \text{const} \qquad \text{für} \quad \tau \in [0,1]$$

und insbesondere

$$i(f, z) = d(f, B_\varrho(z)) = d(f_0, B_\varrho(z)) = d(f_1, B_\varrho(z)) = d(g, B_\varrho(z)).$$

Ist nun $\omega \in C_0^0((0, \varrho), \mathbb{R})$ eine zulässige Testfunktion mit

$$\int\limits_{\mathbb{R}^n} \omega(|y|) dy = 1,$$

so folgt

$$d(g, B_\varrho(z)) = \int\limits_{|x-z|<\varrho} \omega(|g(x)|) J_g(x) dx = (\det S) \int\limits_{\mathbb{R}^n} \omega(|x-z|) dx = \det S.$$

Insgesamt erhalten wir also $i(f, z) = \det S = \operatorname{sgn} J_f(z)$.   q.e.d.

Satz 3. *Die Abbildung $f : \overline{\Omega} \to \mathbb{R}^n$ sei stetig, und die Gleichung*

$$f(x) = 0, \qquad x \in \overline{\Omega},$$

besitze endlich viele Lösungen $x^{(1)}, \ldots, x^{(N)} \in \Omega$. In der Umgebung der Nullstellen $x^{(\nu)}$ sei f stetig differenzierbar, und es gelte $J_f(x^{(\nu)}) \neq 0$, $\nu = 1, \ldots, N$. Dann gilt

$$d(f, \Omega) = \sum_{\nu=1}^{N} \operatorname{sgn} J_f(x^{(\nu)}) = N^+ - N^-.$$

Dabei geben N^+ und N^- die Anzahl der Nullstellen mit $\operatorname{sgn} J_f = +1$ bzw. $\operatorname{sgn} J_f = -1$ an.

Beweis: Dieser folgt sofort aus den Sätzen 1 und 2.   q.e.d.

Unter den Voraussetzungen des obigen Satzes an die Funktion f ergibt sich damit insbesondere, daß der Abbildungsgrad von f ganzzahlig ist. Dies wollen wir im folgenden auch für beliebige Funktionen $f \in A^0(\Omega)$ mit $f|_{\partial\Omega} \neq 0$ nachweisen.

Hilfssatz 4. *Mit $a = (a_1, \ldots, a_n) \in \mathbb{R}^n$ und $h > 0$ erklären wir den Würfel*

$$W := \Big\{ x \in \mathbb{R}^n \ : \ a_i \leq x_i \leq a_i + h, \ i = 1, \ldots, n \Big\}$$

und betrachten eine Funktion $f(x) = (f_1(x_1, \ldots, x_n), \ldots, f_n(x_1, \ldots, x_n)) : W \to \mathbb{R}^n \in C^1(W, \mathbb{R}^n)$. Die zugehörige Bildmenge bezeichnen wir mit

$$W^* := f(W).$$

Für die Funktionalmatrix

$$\partial f(x) = \left(\frac{\partial f_i}{\partial x_j}(x) \right)_{i,j=1,\ldots,n} = (f_{x_1}(x), \ldots, f_{x_n}(x)), \qquad x \in W,$$

bezeichnen wir mit

$$\|\partial f(x)\| := \left(\sum_{i,j=1}^{n} \left(\frac{\partial f_i}{\partial x_j}(x) \right)^2 \right)^{\frac{1}{2}} = \left(\sum_{i=1}^{n} |f_{x_i}(x)|^2 \right)^{\frac{1}{2}}, \qquad x \in W,$$

ihre Norm. Es gebe eine Konstante $M \in [0, +\infty)$ und ein $\varepsilon \in (0, +\infty)$, so daß

$$\|\partial f(x')\| \le M \quad und \quad \|\partial f(x') - \partial f(x'')\| \le \varepsilon \qquad für alle \quad x', x'' \in W$$

gelten. Schließlich existiere ein $\xi \in W$ mit $J_f(\xi) = 0$.

Dann gibt es eine Funktion $\varphi = \varphi(y) \in C_0^0(\mathbb{R}^n, [0,1])$ mit $\varphi(y) = 1$ für alle $y \in W^*$, so daß

$$\int_{\mathbb{R}^n} \varphi(y)\,dy \le K(M,n)h^n\varepsilon$$

mit der Konstante $K(M,n) := 4^n \sqrt{n}^{\,n} M^{n-1}$ richtig ist.

Bemerkung: Somit kann das äußere Maß der Menge W^* durch $K(M,n)h^n\varepsilon$ abgeschätzt werden.

Beweis von Hilfssatz 4:

1. Man stellt leicht fest, daß die Aussage des Hilfssatzes invariant unter Translationen und Drehungen ist. Wir können also ohne Einschränkung $f(\xi) = 0$ annehmen. Wegen $J_f(\xi) = 0$ existiert ein $z \in \mathbb{R}^n \setminus \{0\}$ mit $z \circ \partial f(\xi) = 0$. Nach Ausführung einer Drehung können wir ohne Einschränkung $z = e_n = (0, \ldots, 0, 1) \in \mathbb{R}^n$ annehmen, also

$$0 = e_n \circ \partial f(\xi) = \nabla f_n(\xi).$$

2. Der Mittelwertsatz der Differentialrechnung liefert nun für jede Komponentenfunktion

$$f_i(x) = f_i(x) - f_i(\xi) = \sum_{j=1}^{n} \frac{\partial f_i}{\partial x_j}(z^{(i)})(x_j - \xi_j) = \nabla f_i(z^{(i)}) \cdot (x - \xi)$$

mit einem $z^{(i)} = \xi + t_i(x - \xi)$ und $t_i \in (0,1)$, $i \in \{1, \ldots, n\}$. Somit folgt

$$|f_i(x)| \le |\nabla f_i(z^{(i)})||x - \xi| \le M\sqrt{n}h, \qquad i = 1, \ldots, n-1,$$

$$|f_n(x)| \le |\nabla f_n(z^{(n)})||x - \xi| = |\nabla f_n(z^{(n)}) - \nabla f_n(\xi)||x - \xi| \le \varepsilon\sqrt{n}h$$

für beliebiges $x \in W$. Wir erhalten also

$$W^* \subset W^{**} := \left\{ y \in \mathbb{R}^n \,:\, |y_i| \le M\sqrt{n}h, \ i = 1, \ldots, n-1; \ |y_n| \le \varepsilon\sqrt{n}h \right\}.$$

3. Sei die Funktion $\varrho \in C_0^0(\mathbb{R}, [0,1])$ mit

$$\varrho(t) = \begin{cases} 1, & |t| \leq 1 \\ 0, & |t| \geq 2 \end{cases}$$

gegeben. Wir setzen

$$\varphi = \varphi(y) := \varrho\left(\frac{y_1}{M\sqrt{nh}}\right) \cdot \ldots \cdot \varrho\left(\frac{y_{n-1}}{M\sqrt{nh}}\right) \cdot \varrho\left(\frac{y_n}{\varepsilon\sqrt{nh}}\right), \qquad y \in \mathbb{R}^n.$$

Es gelten $\varphi \in C_0^0(\mathbb{R}^n, [0,1])$ und $\varphi(y) = 1$ für alle $y \in W^{**} \supset W^*$. Weiter erhalten wir

$$\int\limits_{\mathbb{R}^n} \varphi(y)\,dy$$

$$= \int\limits_{-\infty}^{+\infty} \varrho\left(\frac{y_1}{M\sqrt{nh}}\right) dy_1 \cdot \ldots \cdot \int\limits_{-\infty}^{+\infty} \varrho\left(\frac{y_{n-1}}{M\sqrt{nh}}\right) dy_{n-1} \cdot \int\limits_{-\infty}^{+\infty} \varrho\left(\frac{y_n}{\varepsilon\sqrt{nh}}\right) dy_n$$

$$= \left(\int\limits_{-\infty}^{+\infty} \varrho(t)\,dt\right)^n M^{n-1}\sqrt{n}^{\,n}h^n\varepsilon$$

$$\leq \left(4^n M^{n-1}\sqrt{n}^{\,n}\right)h^n\varepsilon = K(M,n)h^n\varepsilon.$$

q.e.d.

Satz 4. (Sardsches Lemma)
Seien $\Omega \subset \mathbb{R}^n$ eine offene Menge und $f : \Omega \to \mathbb{R}^n \in C^1(\Omega, \mathbb{R}^n)$ eine stetig differenzierbare Abbildung. Ferner sei $F \subset \Omega$ kompakt und

$$F^* := \left\{ y = f(x) \, : \, x \in F, \; J_f(x) = 0 \right\}$$

die *Menge ihrer kritischen Werte. Dann ist F^* eine n-dimensionale Lebesgue-Nullmenge.*

Beweis: Wir können ohne Einschränkung annehmen, daß F ein Würfel ist:

$$F = W = \left\{ x \in \mathbb{R}^n \, : \, a_i \leq x_i \leq a_i + h, \; i = 1, \ldots, n \right\}.$$

Wir nehmen nun eine gleichmäßige Zerlegung des Würfels W in N^n Würfel der Kantenlänge $\frac{h}{N}$ mit $N \in \mathbb{N}$, indem wir auf den Achsen die Zerlegung $a_i + j\frac{h}{N}$ mit $i = 1, \ldots, n$, $j = 0, 1, \ldots, N$ zugrunde legen. Damit erhalten wir die Würfel W_α, $\alpha = 1, \ldots, N^n$, mit den Eigenschaften

$$W = \bigcup_{\alpha=1}^{N^n} W_\alpha, \qquad \overset{\circ}{W}_\alpha \cap \overset{\circ}{W}_\beta = \emptyset \; (\alpha \neq \beta).$$

Der Durchmesser eines Würfels W_α berechnet sich gemäß

$$\text{diam}\,(W_\alpha) = \sqrt{n}\,\frac{h}{N}\;.$$

Wir setzen nun

$$M := \sup_{x \in W} \|\partial f(x)\| \quad \text{und} \quad \varepsilon_N := \sup_{\substack{x', x'' \in W \\ |x'-x''| \le \frac{\sqrt{n}h}{N}}} \|\partial f(x') - \partial f(x'')\|.$$

Sei $\mathbf{N} \subset \{1, \ldots, N^n\}$ die Indexmenge, die zu den Würfeln W_α gehört, welche mindestens einen Punkt $\xi \in W_\alpha$ mit $J_f(\xi) = 0$ enthalten. Dann folgt

$$W^* \subset \bigcup_{\alpha \in \mathbf{N}} W_\alpha^* \quad \text{mit} \quad W_\alpha^* := \Big\{ y = f(x) \; : \; x \in W_\alpha \Big\}.$$

Nach Hilfssatz 4 gibt es nun für jedes $\alpha \in \mathbf{N}$ eine Funktion $\varphi_\alpha = \varphi_\alpha(y) \in C_0^0(\mathbb{R}^n, [0,1])$ mit $\varphi_\alpha(y) \ge \chi_{W_\alpha^*}(y)$, $y \in \mathbb{R}^n$, sowie

$$\int_{\mathbb{R}^n} \varphi_\alpha(y)dy \le K(M,n) \Big(\frac{h}{N}\Big)^n \varepsilon_N.$$

Dabei bezeichnet χ_A die charakteristische Funktion einer Menge A. Es folgt

$$\chi_{W^*}(y) \le \sum_{\alpha \in \mathbf{N}} \chi_{W_\alpha^*}(y) \le \sum_{\alpha \in \mathbf{N}} \varphi_\alpha(y), \qquad y \in \mathbb{R}^n,$$

und für die Funktion $\sum\limits_{\alpha \in \mathbf{N}} \varphi_\alpha(y) \in C_0^0(\mathbb{R}^n, [0, +\infty))$ gilt

$$\int_{\mathbb{R}^n} \Big(\sum_{\alpha \in \mathbf{N}} \varphi_\alpha(y) \Big) dy \le \sum_{\alpha \in \mathbf{N}} \Big(K(M,n) \Big(\frac{h}{N}\Big)^n \varepsilon_N \Big) \le |W| K(M,n) \varepsilon_N$$

für alle $N \in \mathbb{N}$. Für $N \to \infty$ folgt schließlich $\varepsilon_N \downarrow 0$, und somit ist W^* eine n-dimensionale Lebesguesche Nullmenge.   q.e.d.

Satz 5. (Generische Endlichkeit)
Sei $\Omega \subset \mathbb{R}^n$ eine beschränkte, offene Menge und $f \in A^1(\Omega)$ mit $\inf\limits_{x \in \partial\Omega} |f(x)| > \varepsilon > 0$.
Dann gibt es ein $z \in \mathbb{R}^n$ mit $|z| \le \varepsilon$, so daß folgendes gilt:

(1) Die Gleichung $f(x) = z$, $x \in \overline{\Omega}$, hat höchstens endlich viele Lösungen $x^{(1)}, \ldots, x^{(N)} \in \Omega$.
(2) Für $\nu = 1, \ldots, N$ ist $J_f\big(x^{(\nu)}\big) \ne 0$ richtig.

Beweis: Sei

$$F := \left\{ x \in \overline{\Omega} \ : \ |f(x)| \leq \varepsilon \right\},$$

so ist $F \subset \mathbb{R}^n$ kompakt, und es gilt $F \subset \Omega$. Die Menge

$$F^* := \left\{ y = f(x) \ : \ x \in F, \ J_f(x) = 0 \right\}$$

der kritischen Werte von f ist nach dem Sardschen Lemma eine Lebesguesche Nullmenge. Somit existiert ein $z \in \mathbb{R}^n$ mit $|z| \leq \varepsilon$ und $z \notin F^*$. Wir zeigen nun, daß mit diesem z die Eigenschaft (1) gilt: Angenommen, die Gleichung $f(x) = z$ hätte unendlich viele Lösungen $x^1, x^2, \ldots \in \overline{\Omega}$, und ohne Einschränkung gelte $x^\nu \to \xi$ für $\nu \to \infty$. Wegen $f(x^\nu) = f(\xi) = z$ für alle $\nu \in \mathbb{N}$ würden sich die z-Stellen von f im Punkt ξ häufen. Da aber $\xi \in \Omega$ und $J_f(\xi) \neq 0$ ist, ist f dort lokal injektiv, und wir erhalten einen Widerspruch. Folglich gibt es nur endlich viele Lösungen der Gleichung $f(x) = z$, $x \in \overline{\Omega}$, die offenbar alle die Eigenschaft (2) haben.

q.e.d.

Satz 6. *Seien $\Omega \subset \mathbb{R}^n$ eine beschränkte, offene Menge und $f : \overline{\Omega} \to \mathbb{R}^n \in A^0(\Omega)$ eine stetige Abbildung mit $f(x) \neq 0$ für alle $x \in \partial\Omega$. Dann ist $d(f, \Omega) \in \mathbb{Z}$ richtig.*

Beweis: Offenbar genügt es, Abbildungen $f \in A^1(\Omega)$ zu betrachten. Wir wählen eine Folge von Punkten $\{z^\nu\}_{\nu=1,2,\ldots} \subset \mathbb{R}^n \setminus f(\partial\Omega)$, die nicht kritische Werte von f sind und

$$\lim_{\nu \to \infty} z^\nu = 0$$

erfüllen. Für die Funktionen

$$f_\nu(x) := f(x) - z^\nu, \qquad x \in \overline{\Omega}, \quad \nu \in \mathbb{N},$$

gilt $d(f_\nu, \Omega) \in \mathbb{Z}$ nach Satz 5 und Satz 3, und es gibt ein $\nu_0 \in \mathbb{N}$, so daß

$$d(f, \Omega) = d(f_\nu, \Omega) \qquad \text{für alle} \quad \nu \geq \nu_0$$

richtig ist. Somit folgt $d(f, \Omega) \in \mathbb{Z}$.

q.e.d.

§5 Der Produktsatz

Sei $f \in A^1(\Omega)$ mit $0 < \varepsilon < \inf_{x \in \partial\Omega} |f(x)|$, und $\omega \in C_0^0((0, \varepsilon), \mathbb{R})$ sei eine zulässige Testfunktion mit

$$\int_{\mathbb{R}^n} \omega(|y|) \, dy = 1.$$

Dann gilt die Identität

$$\int\limits_{\Omega} \omega\big(|f(x)|\big)\, J_f(x)\, dx = d(f,\Omega) \int\limits_{\mathbb{R}^n} \omega(|y|)\, dy.$$

Wir wollen nun diese Identität auf beliebige Testfunktionen $\varphi \in C_0^0(\mathbb{R}^n \setminus f(\partial\Omega), \mathbb{R})$ verallgemeinern. Dieses Ergebnis nutzen wir dann, um eine Berechnungsvorschrift für den Abbildungsgrad $d(g \circ f, \Omega, z)$ einer verketteten Funktion $g \circ f$ mit $f, g \in C^0(\mathbb{R}^n)$ herzuleiten, den sogenannten Produktsatz.

Definition 1. *Sei $\mathcal{O} \subset \mathbb{R}^n$ eine offene Menge und $x \in \mathcal{O}$. Dann nennen wir die Menge*

$$G_x := \left\{ y \in \mathcal{O} : \begin{array}{l} \text{es existiert ein } \varphi(t):[0,1] \to \mathcal{O} \in C^0([0,1]) \\ \text{mit } \varphi(0)=x,\ \varphi(1)=y \end{array} \right\}$$

die Zusammenhangskomponente von x in $\mathcal{O}$.

Bemerkungen:

1. Die Zusammenhangskomponente G_x ist die größte offene und zusammenhängende Teilmenge von $\mathcal{O}$, die den Punkt x enthält.
2. Sind G_x und G_y zwei Zusammenhangskomponenten, so ist entweder $G_x \cap G_y = \emptyset$ oder $G_x = G_y$ erfüllt.

Sehr leicht beweist man den

Hilfssatz 1. *Jede offene Menge $\mathcal{O} \subset \mathbb{R}^n$ läßt sich in abzählbar viele Zusammenhangskomponenten zerlegen, d.h. es gibt Mengen $\{G_i\}_{i \in I}$ mit der Indexmenge $I \subset \mathbb{N}$, so daß $G_i \cap G_j = \emptyset$ für $i, j \in I$ mit $i \neq j$ und*

$$\mathcal{O} = \bigcup_{i \in I} G_i$$

richtig sind. Die Zerlegung ist dabei bis auf Umordnungen eindeutig.

Definition 2. *Zu einer Funktion $\varphi \in C_0^0(\mathbb{R}^n)$ nennen wir*

$$supp\, \varphi = \overline{\left\{ x \in \mathbb{R}^n : \varphi(x) \neq 0 \right\}}$$

den Träger von φ.

Hilfssatz 2. *Sei die offene Menge $\mathcal{O} \subset \mathbb{R}^n$ zerlegbar in die Zusammenhangskomponenten $\{G_i\}_{i=1,2,\dots}$, d.h. $\mathcal{O} = \bigcup\limits_{i=1}^{\infty} G_i$, und sei $\varphi \in C_0^0(\mathcal{O})$. Dann gilt*

$$\int\limits_{\mathcal{O}} \varphi(x)\, dx = \sum_{i=1}^{\infty} \int\limits_{G_i} \varphi(x)\, dx,$$

wobei die Reihe nur endlich viele nichtverschwindende Terme besitzt.

Beweis: Wir erklären die Funktionen

$$\varphi_i(x) := \begin{cases} \varphi(x), & x \in G_i \\ 0, & x \in \mathbb{R}^n \setminus G_i \end{cases}, \qquad i = 1, 2, \dots$$

Nun gibt es ein $N_0 \in \mathbb{N}$, so daß $\varphi_i(x) \equiv 0$, $x \in \mathbb{R}^n$, für alle $i \geq N_0$ richtig ist. Wäre dieses nämlich falsch, so gibt es Punkte $x^{(i_j)} \in G_{i_j}$, $j = 1, 2, \dots$, mit $i_1 < i_2 < \dots$ und $\varphi(x^{(i_j)}) \neq 0$. Da

$$\{x^{(i_j)}\}_{j=1,2,\dots} \subset \operatorname{supp} \varphi$$

gilt und $\operatorname{supp} \varphi$ kompakt ist, können wir wiederum nach Auswahl einer Teilfolge $x^{(i_j)} \to \xi (j \to \infty)$ mit einem $\xi \in \operatorname{supp} \varphi \subset \mathcal{O}$ erreichen. Bezeichnen wir mit $G_{i*} = G_\xi$ die Zusammenhangskomponente von ξ in $\mathcal{O}$, so gibt es also ein $j_0 \in \mathbb{N}$, so daß $x^{(i_j)} \in G_{i*}$ für alle $j \geq j_0$ gilt. Das steht jedoch im Widerspruch zu $x^{(i_j)} \in G_{i_j}$, $j = 1, 2, \dots$ Somit folgt

$$\int\limits_{\mathbb{R}^n} \varphi(x)\, dx = \int\limits_{\mathbb{R}^n} \sum_{i=1}^{N_0} \varphi_i(x)\, dx = \sum_{i=1}^{N_0} \int\limits_{\mathbb{R}^n} \varphi_i(x)\, dx$$

$$= \sum_{i=1}^{N_0} \int\limits_{G_i} \varphi(x)\, dx = \sum_{i=1}^{\infty} \int\limits_{G_i} \varphi(x)\, dx.$$

q.e.d.

Definition 3. *Sei $f \in A^0(\Omega)$ und $z \in \mathbb{R}^n \setminus f(\partial\Omega)$. Dann setzen wir*

$$d(f, \Omega, z) := d(f(x) - z, \Omega, 0)$$

für den Abbildungsgrad von f bez. dem Punkt z.

Hilfssatz 3. *Sei $G \subset \mathbb{R}^n \setminus f(\partial\Omega)$ ein Gebiet, so gilt*

$$d(f, \Omega, z) = const \qquad \text{für alle} \quad z \in G.$$

Beweis: Für zwei beliebige Punkte $z_0, z_1 \in G$ betrachten wir den Weg

$$\varphi(t) : [0, 1] \to G \in C^0([0, 1], G), \qquad \varphi(0) = z_0, \quad \varphi(1) = z_1.$$

Nun ist $f(x) - \varphi(t)$ mit $x \in \Omega$, $t \in [0, 1]$ eine Homotopie. Es folgt

$$d(f, \Omega, \varphi(t)) = d(f - \varphi(t), \Omega, 0) = const, \qquad t \in [0, 1],$$

und insbesondere ist $d(f, \Omega, z_0) = d(f, \Omega, z_1)$.

q.e.d.

Definition 4. *Sei $G \subset \mathbb{R}^n \setminus f(\partial\Omega)$ ein Gebiet, so setzen wir*

$$d(f, \Omega, G) := d(f, \Omega, z) \qquad \text{für ein} \quad z \in G.$$

Bemerkung: Seien $\Omega \subset \mathbb{R}^n$ eine offene, beschränkte Menge und $f \in A^0(\Omega)$. Dann ist $f(\partial\Omega) \subset \mathbb{R}^n$ kompakt. Seien $\{G_i\}_{i=1,\ldots,N_0}$ mit $N_0 \in \{0, 1, \ldots, +\infty\}$ die beschränkten Zusammenhangskomponenten von $\mathbb{R}^n \setminus f(\partial\Omega)$ und G_∞ die unbeschränkte Zusammenhangskomponente, so gilt

$$\mathbb{R}^n \setminus f(\partial\Omega) = \bigcup_{i=1}^{N_0} G_i \cup G_\infty.$$

Da es nun einen Punkt $z \notin f(\overline{\Omega})$ gibt, folgt

$$d(f, \Omega, G_\infty) = d(f, \Omega, z) = 0.$$

Satz 1. *Sei $\{f_k\}_{k=1,2,\ldots} \subset A^1(\Omega)$ eine Folge von Funktionen, die gleichmäßig auf $\overline{\Omega}$ gegen die Funktion $f \in A^0(\Omega)$ konvergiert. Ferner sei*

$$\mathbb{R}^n \setminus f(\partial\Omega) = \bigcup_{i=1}^{N_0} G_i \cup G_\infty, \qquad N_0 \in \{0, 1, \ldots, +\infty\},$$

die Zerlegung in Zusammenhangskomponenten. Zu jeder Funktion $\varphi \in C_0^0(\mathbb{R}^n \setminus f(\partial\Omega))$ gibt es dann eine Zahl $k^* = k^*(\varphi) \in \mathbb{N}$, so daß

$$\int_\Omega \varphi(f_k(x)) J_{f_k}(x)\, dx = \sum_{i=1}^{N_0} d(f, \Omega, G_i) \int_{G_i} \varphi(z)\, dz$$

für alle $k \geq k^*$ richtig ist. Dabei hat die Reihe auch im Fall $N_0 = +\infty$ nur endlich viele nichtverschwindende Terme.

Beweis:

1. Da $\operatorname{supp}\varphi \cap f(\partial\Omega) = \emptyset$ gilt und beide Mengen kompakt sind, gibt es ein $\varepsilon_0 > 0$, so daß $|f(x) - z| > \varepsilon_0$ für alle $x \in \partial\Omega$ und alle $z \in \operatorname{supp}\varphi$ richtig ist. Da $f_k \to f$ gleichmäßig auf $\overline{\Omega}$ konvergiert, gibt es ein $k^* = k^*(\varphi) \in \mathbb{N}$, so daß

$$|f_k(x) - z| > \varepsilon_0 \qquad \text{für alle} \quad x \in \partial\Omega, \quad z \in \operatorname{supp}\varphi, \quad k \geq k^*$$

gilt. Sei $\omega \in C_0^0((0,1), \mathbb{R})$ eine zulässige Testfunktion mit $\int_{\mathbb{R}^n} \omega(|y|)\, dy = 1$. Für $\varepsilon \in (0, \varepsilon_0]$ setzen wir

$$\omega_\varepsilon(r) := \frac{1}{\varepsilon^n} \omega\left(\frac{r}{\varepsilon}\right) \in C_0^0((0,\varepsilon), \mathbb{R}) \qquad \text{mit} \quad \int_{\mathbb{R}^n} \omega_\varepsilon(|y|)\, dy = 1.$$

Schließlich erklären wir noch die Funktion

$$\vartheta(z) := \begin{cases} d(f, \Omega, z), & \text{falls } z \in \mathbb{R}^n \setminus f(\partial\Omega) \\ 0, & \text{falls } z \in f(\partial\Omega) \end{cases}.$$

2. Für alle $z \in \operatorname{supp} \varphi$ und alle $k \geq k^*(\varphi)$ gilt nun

$$\vartheta(z) = d(f, \Omega, z) = \int_\Omega \omega_\varepsilon(|f_k(x) - z|) J_{f_k}(x)\, dx, \qquad 0 < \varepsilon \leq \varepsilon_0.$$

Integration von $\varphi(z)\vartheta(z) \in C_0^0(\mathbb{R}^n \setminus f(\partial\Omega))$ liefert

$$\int_{\mathbb{R}^n} \varphi(z)\vartheta(z)\, dz = \int_{\mathbb{R}^n} \left(\int_\Omega \varphi(z)\omega_\varepsilon(|f_k(x) - z|) J_{f_k}(x)\, dx \right) dz$$

$$= \int_\Omega \left(\int_{\mathbb{R}^n} \varphi(z)\omega_\varepsilon(|f_k(x) - z|)\, dz \right) J_{f_k}(x)\, dx.$$

Andererseits gilt wegen Hilfssatz 2

$$\int_{\mathbb{R}^n} \varphi(z)\vartheta(z)\, dz = \left(\int_{G_\infty} \varphi(z)\, dz \right) \underbrace{d(f, \Omega, G_\infty)}_{=0}$$

$$+ \sum_{i=1}^{N_0} \left(\int_{G_i} \varphi(z)\, dz \right) d(f, \Omega, G_i),$$

wobei die Reihe nur endlich viele nichtverschwindende Terme hat. Für $\varepsilon \to 0+$ erhalten wir wegen

$$\lim_{\varepsilon \to 0+} \int_{\mathbb{R}^n} \varphi(z)\omega_\varepsilon(|f_k(x) - z|)\, dz = \varphi(f_k(x)) \qquad \text{für} \quad x \in \Omega \quad \text{gleichmäßig}$$

die Identität

$$\sum_{i=1}^{N_0} d(f, \Omega, G_i) \int_{G_i} \varphi(z)\, dz = \int_\Omega \varphi(f_k(x)) J_{f_k}(x)\, dx \qquad \text{für alle} \quad k \geq k^*(\varphi).$$

q.e.d.

Satz 2. (Produktsatz)
Seien $f, g \in C^0(\mathbb{R}^n, \mathbb{R}^n)$, und sei $\Omega \subset \mathbb{R}^n$ offen und beschränkt. Wir setzen $E := f(\partial\Omega)$. Mit $\{D_i\}_{i=1,\ldots,N_0}$, $N_0 \in \{0, 1, \ldots, +\infty\}$, bezeichnen wir die beschränkten Zusammenhangskomponenten von $\mathbb{R}^n \setminus E$. Schließlich wählen wir ein $z \in \mathbb{R}^n \setminus g(E)$. Dann gilt die Identität

$$d(g \circ f, \Omega, z) = \sum_{i=1}^{N_0} d(f, \Omega, D_i)\, d(g, D_i, z),$$

wobei die Reihe nur endlich viele nichtverschwindende Terme hat.

Beweis: (L.Bers)

1. Wir setzen

$$h(x) := g \circ f(x).$$

Nach dem Weierstraßschen Approximationssatz aus Kap. I, § 1 können wir Folgen $\{f_l(x)\}_{l=1,2,\dots} \subset C^1(\mathbb{R}^n, \mathbb{R}^n)$ und $\{g_k(y)\}_{k=1,2,\dots} \subset C^1(\mathbb{R}^n, \mathbb{R}^n)$ wählen, die gleichmäßig auf jedem Kompaktum gegen $f(x)$ bzw. $g(y)$ konvergieren. Wir erklären noch die Funktionen

$$h_k(x) := g_k \circ f(x), \quad h_{kl}(x) := g_k \circ f_l(x), \qquad k, l \in \mathbb{N}.$$

Damit folgen

$$h_k(x) \longrightarrow h(x) \qquad \text{für} \quad k \to \infty$$

sowie

$$h_{kl}(x) \longrightarrow h_k(x) \qquad \text{für} \quad l \to \infty$$

gleichmäßig auf jedem Kompaktum.

2. Es gibt ein $\varepsilon > 0$, so daß

$$|h(x) - z| > \varepsilon, \quad |h_k(x) - z| > \varepsilon \qquad \text{für alle} \quad x \in \partial\Omega \quad \text{und alle} \quad k \geq k_0(\varepsilon)$$

richtig ist. Wir wählen nun eine zulässige Testfunktion $\omega \in C_0^0((0, \varepsilon), \mathbb{R})$ mit der Eigenschaft $\int_{\mathbb{R}^n} \omega(|u|)du = 1$. Dann gilt für alle $k \geq k_0(\varepsilon)$ und $l \geq l_0(k)$ die Identität

$$d(h_k, \Omega, z) = d(h_{kl}, \Omega, z) = \int_\Omega \omega(|h_{kl}(x) - z|) J_{h_{kl}}(x)\, dx$$

$$= \int_\Omega \omega(|g_k(f_l(x)) - z|) J_{g_k}(f_l(x)) J_{f_l}(x)\, dx.$$

Setzen wir

$$\varphi_k(y) := \omega(|g_k(y) - z|) J_{g_k}(y) \in C_0^0(\mathbb{R}^n \setminus E) \qquad \text{für} \quad k \geq k_0,$$

so liefert Satz 1

$$d(h_k, \Omega, z) = \int_\Omega \varphi_k(f_l(x)) J_{f_l}(x)\, dx = \sum_{i=1}^{N_0} d(f, \Omega, D_i) \int_{D_i} \varphi_k(y)\, dy$$

für $k \geq k_0$. Hierbei sind nur endlich viele Terme der Summe ungleich 0. Beachten wir noch

$$\int_{D_i} \varphi_k(y)\, dy = \int_{D_i} \omega(|g_k(y) - z|) J_{g_k}(y)\, dy = d(g_k, D_i, z), \qquad k \geq k_0,$$

so folgt

$$d(h_k, \Omega, z) = \sum_{i=1}^{N_0} d(f, \Omega, D_i)\, d(g_k, D_i, z).$$

Nun gibt es ein $k_1 \geq k_0$, so daß

$$d(h_k, \Omega, z) = d(h, \Omega, z) \qquad \text{für alle} \quad k \geq k_1$$

gilt. Weiter gibt es ein $k_2 \geq k_1$, so daß

$$d(g_k, D_i, z) = d(g, D_i, z) \qquad \text{für alle} \quad k \geq k_2 \quad \text{und alle} \quad i = 1, \ldots, N_0$$

richtig ist. Insgesamt erhalten wir

$$d(h, \Omega, z) = \sum_{i=1}^{N_0} d(f, \Omega, D_i)\, d(g, D_i, z).$$

q.e.d.

§6 Die Sätze von Jordan-Brouwer

Ist $F \subset \mathbb{R}^n$ eine kompakte Punktmenge, so bezeichnen wir mit $N(F) \in \{0, 1, \ldots, +\infty\}$ die Anzahl der beschränkten Zusammenhangskomponenten von $\mathbb{R}^n \setminus F$.

Satz 1. (Jordan-Brouwer)
Gegeben seien zwei homöomorphe kompakte Mengen F und F^* im $\mathbb{R}^n$. Dann gilt $N(F) = N(F^*)$.

Beweis: (J. Leray)
Da F und F^* homöomorph sind, gibt es eine topologische Abbildung $\hat{f}$: $F \to F^*$ mit der Umkehrabbildung $\hat{f}^{-1}$: $F^* \to F$. Mit dem Tietzeschen Ergänzungssatz konstruieren wir Abbildungen $f, g \in C^0(\mathbb{R}^n)$ mit $f(x) = \hat{f}(x)$ für alle $x \in F$ und $g(y) = \hat{f}^{-1}(y)$ für alle $y \in F^*$. Wir nehmen nun

$$N := N(F) \neq N(F^*) =: N^*$$

an und können o.E. von $N^* < N$ ausgehen. Somit ist N^* endlich. Wir bezeichnen mit $\{D_i\}_{i=1,\ldots,N}$ und $\{D_i^*\}_{i=1,\ldots,N^*}$ die beschränkten Zusammenhangskomponenten von $\mathbb{R}^n \setminus F$ bzw. $\mathbb{R}^n \setminus F^*$. Ist $z \in D_k$ und $k \in \{1, \ldots, N^* + 1\}$, so liefert der Produktsatz

$$\delta_{ik} = d(g \circ f, D_i, D_k) = d(g \circ f, D_i, z)$$

$$= \sum_{j=1}^{N^*} \underbrace{d(f, D_i, D_j^*)}_{:=a_{ij}}\, \underbrace{d(g, D_j^*, z)}_{:=b_{jk}} = \sum_{j=1}^{N^*} a_{ij} b_{jk} \qquad \text{für} \quad i, k = 1, \ldots, N^* + 1.$$

Nun gibt es ein $\xi = (\xi_1, \ldots, \xi_{N^*+1}) \in \mathbb{R}^{N^*+1} \setminus \{0\}$ mit

$$\sum_{k=1}^{N^*+1} b_{jk}\xi_k = 0 \qquad \text{für} \quad j = 1, \ldots, N^*.$$

Somit erhalten wir in

$$\xi_i = \sum_{j=1}^{N^*} \sum_{k=1}^{N^*+1} a_{ij}b_{jk}\xi_k = \sum_{j=1}^{N^*} a_{ij}\left(\sum_{k=1}^{N^*+1} b_{jk}\xi_k\right) = 0, \qquad i = 1, \ldots, N^*+1,$$

einen Widerspruch. Die Annahme $N \neq N^*$ war also falsch, es gilt die Gleichheit.

$$\text{q.e.d.}$$

Satz 2. (J.-B.) *Sei $S^* \subset \mathbb{R}^n$ homöomorph zur Einheitssphäre $S = \{x \in \mathbb{R}^n : |x| = 1\}$ mit der topologischen Abbildung $\hat{f} : S \to S^*$. Dann zerlegt die topologische Sphäre S^* den $\mathbb{R}^n$ in ein beschränktes Gebiet G_1, das wir* Innengebiet *nennen, und ein unbeschränktes Gebiet G_2, das wir* Außengebiet *nennen. Für $\hat{f}$ gilt*

$$v(\hat{f}, S, z) = \begin{cases} \pm 1, \text{für } z \in G_1 \\ 0, \quad \text{für } z \in G_2 \end{cases}.$$

Beweis: Wie im Beweis von Satz 1 setzen wir die Abbildungen $\hat{f} : S \to S^*$ und $\hat{f}^{-1} : S^* \to S$ zu stetigen Abbildungen f bzw. g auf den $\mathbb{R}^n$ fort. Da die Sphäre S den $\mathbb{R}^n$ in ein Innengebiet und ein Außengebiet zerlegt, folgt

$$N(S^*) = N(S) = 1$$

nach Satz 1. Für die Abbildung $g \circ f$ gilt $g \circ f(x) = x$ für alle $x \in S$. Der Produktsatz liefert

$$1 = d(g \circ f, B, 0) = d(f, B, G_1)\, d(g, G_1, 0), \qquad B := B_1(0).$$

Aus der Ganzzahligkeit des Abbildungsgrades folgt für $z \in G_1$

$$v(\hat{f}, S, z) = d(f, B, G_1) = \pm 1.$$

$$\text{q.e.d.}$$

Bemerkung: Im Fall $n = 2$ erhalten wir den *Jordanschen Kurvensatz*, im Fall $n \in \mathbb{N}$ sprechen wir vom *Brouwerschen Sphärensatz*.

Satz 3. *U_z bezeichne eine n-dimensionale Umgebung des Punktes $z \in \mathbb{R}^n$, und die Abbildung $f : U_z \to \mathbb{R}^n$ sei injektiv und stetig. Weiter gelte $f(z) = 0$. Dann folgt $i(f, z) = \pm 1$.*

Beweis: Sei zunächst $\varrho > 0$ so klein gewählt, daß $B_\varrho(z) := \{x \in \mathbb{R}^n : |x - z| < \varrho\}$ die Bedingung $\overline{B_\varrho(z)} \subset U_z$ erfüllt. Wir betrachten dann die

Sphäre $S := \partial B_\varrho(z)$ und die topologische Sphäre $S^* := f(S)$, wobei G_1 das Innengebiet von S^* bezeichne. Nach Satz 2 gilt

$$d(f, B_\varrho(z), G_1) = \pm 1.$$

Nun sei $y' \in G_1$ mit dem Urbildpunkt $x' \in B_\varrho(z)$ gewählt, es gilt also $f(x') = y'$. Die Strecke

$$\mathbf{s} := \{(1-t)z + tx \; : \; 0 \leq t \leq 1\} \subset B_\varrho(z)$$

hat als Bild $\mathbf{s}^* := f(\mathbf{s}) \subset \mathbb{R}^n \setminus S^*$. Da $y' = f(x') \in f^*$ in G_1 liegt, folgt $0 = f(z) \in G_1$. Wir erhalten somit

$$i(f, z) = d(f, B_\varrho(z), 0) = d(f, B_\varrho(z), G_1) = \pm 1.$$

q.e.d.

Satz 4. (Gebietsinvarianz)
Sei $G \subset \mathbb{R}^n$ ein Gebiet und $f : G \to \mathbb{R}^n$ eine stetige, injektive Abbildung. Dann ist $G^* := f(G)$ wieder ein Gebiet.

Beweis: Da G zusammenhängend und f stetig ist, folgt zunächst, daß $G^* = f(G)$ zusammenhängend ist. Wir zeigen die Offenheit von G^*: Sei $z \in G$ beliebig und $\varrho > 0$ so klein gewählt, daß $\overline{B_\varrho(z)} \subset G$ erfüllt ist. Für die stetige, injektive Abbildung

$$g(x) := f(x) - f(z), \qquad x \in \overline{B_\varrho(z)},$$

gilt $i(g, z) = \pm 1$ nach Satz 3. Somit folgt

$$d(f, B_\varrho(z), f(z)) = d(g, B_\varrho(z), 0) = \pm 1.$$

Mit einem hinreichend kleinen $\varepsilon > 0$ gilt $|f(x) - f(z)| > \varepsilon$ für alle $x \in \partial B_\varrho(z)$. Wir erhalten nun aus dem Homotopiesatz

$$d(f, B_\varrho(z), \zeta) = d(f, B_\varrho(z), f(z)) = \pm 1 \qquad \text{für} \quad |\zeta - f(z)| < \frac{\varepsilon}{2}.$$

Für alle $\zeta \in \mathbb{R}^n$ mit $|\zeta - f(z)| < \frac{\varepsilon}{2}$ existiert also ein $x \in B_\varrho(z)$ mit $f(x) = \zeta$. Das bedeutet $B_{\frac{\varepsilon}{2}}(f(z)) \subset f(G)$. Somit ist f eine offene Abbildung, und die Menge $G^* = f(G)$ ist ein Gebiet.

q.e.d.

Den Satz 2 ergänzend beweisen wir noch den

Satz 5. (J.-B.) *Jede topologische Sphäre $S^* \subset \mathbb{R}^n$ zerlegt den $\mathbb{R}^n$ in ein Innengebiet G_1 und ein Außengebiet G_2, d.h.*

$$\mathbb{R}^n = G_1 \; \dot\cup \; S^* \; \dot\cup \; G_2,$$

und es gilt $\partial G_1 = S^* = \partial G_2$.

Beweis: Wir haben nur $\partial G_i = S^*$ für $i = 1, 2$ zu zeigen. Sei $f : S \to S^*$ die topologische Abbildung, und sei $\tilde{x} \in S^*$ ein beliebiger Punkt. Wir setzen dann $\xi := f^{-1}(\tilde{x}) \in S$ und betrachten die Mengen

$$E := \{x \in S : |x - \xi| \le \varepsilon\}, \qquad F := \{x \in S : |x - \xi| \ge \varepsilon\}$$

mit $S = E \cup F$. Gehen wir zu den Bildmengen $E^* := f(E)$ und $F^* := f(F)$ über, so folgt $S^* = E^* \cup F^*$. Da $\mathbb{R}^n \setminus F$ zusammenhängend ist, bleibt nach Satz 1 auch $\mathbb{R}^n \setminus F^*$ zusammenhängend. Somit gibt es zu festen Punkten $a_1 \in G_1$ und $a_2 \in G_2$ einen stetigen Weg π, der a_1 und a_2 verbindet und F^* nicht trifft. Da jedoch S^* die Gebiete G_1 und G_2 trennt, folgt $\pi \cap S^* \ne \emptyset$ und somit $\pi \cap E^* \ne \emptyset$. Ist nun $a_1' \in \pi$ der erste Punkt von a_1 aus, der E^* trifft und $a_2' \in \pi$ der erste Punkt von a_2 aus, der E^* trifft, so wählen wir Punkte $a_i'' \in G_i$, $i = 1, 2$, auf π mit $|a_i'' - a_i'| \le \varepsilon$. Lassen wir nun $\varepsilon \downarrow 0$ gehen, so erhalten wir Punktfolgen $\{a_{i,j}''\}_{j=1,2,\ldots} \subset G_i$, $i = 1, 2$, mit

$$\lim_{j \to \infty} a_{i,j}'' = \tilde{x} \quad \text{für } i = 1, 2.$$

Somit folgt $\partial G_1 = S^* = \partial G_2$.   q.e.d.

IV

Verallgemeinerte analytische Funktionen

Die Theorie der analytischen Funktionen von einer und mehreren komplexen Veränderlichen wurde von Cauchy, Riemann und Weierstraß begründet und zählt zu den schönsten mathematischen Schöpfungen der Neuzeit. Wir empfehlen die Lehrbücher Behnke-Sommer [BS], Grauert-Fritzsche [Gr], [GF], Hurwitz-Courant [HC] und Vekua [V]. Zur Untersuchung der analytischen Funktionen bez. ihrer differenzierbaren Eigenschaften legen wir die Integralsätze aus Kapitel I zugrunde und bez. ihrer topologischen Eigenschaften die Windungszahl aus Kapitel III. Wir erhalten so einen direkten Zugang auch zu den Lösungen der inhomogenen Cauchy-Riemannschen Differentialgleichung.

§1 Die Cauchy-Riemannsche Differentialgleichung

Wir beginnen mit der

Definition 1. *Auf der offenen Menge $\Omega \subset \mathbb{C}$ sei die Funktion $f = f(z)$: $\Omega \to \mathbb{C}$ erklärt, und $z_0 \in \Omega$ sei ein beliebiger Punkt. Dann heißt f komplex differenzierbar im Punkt z_0, wenn der Grenzwert*

$$\lim_{\substack{z \to z_0 \\ z \neq z_0}} \frac{f(z) - f(z_0)}{z - z_0} =: f'(z_0)$$

existiert. Wir nennen $f'(z_0)$ die komplexe Ableitung der Funktion f an der Stelle z_0. Falls $f'(z)$ für alle $z \in \Omega$ existiert und die Funktion $f' : \Omega \to \mathbb{C}$ stetig ist, nennen wir f holomorph in Ω.

Wir notieren den wohlbekannten

Satz 1. *Wenn die Potenzreihe*

$$f(z) = \sum_{n=0}^{\infty} a_n z^n$$

für $|z| < R$ mit festem Konvergenzradius $R > 0$ konvergiert, dann ist die Funktion $f(z)$ in $\{z \in \mathbb{C} : |z| < R\}$ holomorph, und es gilt

$$f'(z) = \sum_{n=1}^{\infty} na_n z^{n-1}.$$

Beweis:

1. Zunächst zeigen wir die Konvergenz der Reihe

$$\sum_{n=1}^{\infty} na_n z^{n-1}$$

für $|z| < R$. Nach dem Cauchyschen Konvergenzkriterium für Reihen konvergiert diese Reihe genau dann, wenn die Reihe

$$\sum_{n=1}^{\infty} na_n z^n = \sum_{n=1}^{\infty} b_n z^n \qquad \text{mit} \quad b_n := na_n$$

konvergiert. Nun gilt

$$\limsup_{n \to \infty} \sqrt[n]{|b_n|} = \limsup_{n \to \infty} \left(\sqrt[n]{n} \sqrt[n]{|a_n|} \right) = \limsup_{n \to \infty} \sqrt[n]{|a_n|}.$$

Folglich besitzt diese Reihe den gleichen Konvergenzradius $R > 0$ wie $\sum_{n=0}^{\infty} a_n z^n$.

2. Zu festem $z \in \mathbb{C}$ mit $|z| \le R_0 < R$ wählen wir ein $w \ne z$ mit $|w| \le R_0$ und berechnen

$$
\begin{aligned}
\frac{f(w) - f(z)}{w - z} &= \sum_{n=0}^{\infty} a_n \frac{w^n - z^n}{w - z} \\
&= \sum_{n=1}^{\infty} a_n \left(w^{n-1} + w^{n-2}z + \ldots + z^{n-1} \right) \qquad (1) \\
&= \sum_{n=1}^{\infty} a_n g_n(w, z),
\end{aligned}
$$

wobei wir $g_n(w, z) := w^{n-1} + w^{n-2}z + \ldots + z^{n-1}$ für $n \in \mathbb{N}$ gesetzt haben. Wir bemerken

$$|a_n g_n(w, z)| \le n|a_n| R_0^{n-1} \qquad \text{für alle} \quad |w| \le R_0, \, |z| \le R_0.$$

Nun liefert Teil 1 des Beweises

$$\sum_{n=1}^{\infty} n|a_n| R_0^{n-1} < +\infty.$$

Nach dem Weierstraßschen Majorantentest folgt also die gleichmäßige Konvergenz der Reihe in (1) für $|w| \leq R_0$, $|z| \leq R_0$. Vollziehen wir schließlich in (1) den Grenzübergang $w \to z$, so erhalten wir

$$f'(z) = \sum_{n=0}^{\infty} a_n g_n(z,z) = \sum_{n=1}^{\infty} n a_n z^{n-1}.$$

q.e.d.

Jetzt soll der Zusammenhang zwischen komplexer Differenzierbarkeit und partieller Differentiation untersucht werden.

Satz 2. *Sei* $w = f(z) = f(x,y) = u(x,y) + iv(x,y) : \Omega \to \mathbb{C}$ *in der offenen Menge* $\Omega \subset \mathbb{C}$ *holomorph. Dann folgt* $f \in C^1(\Omega, \mathbb{C})$, *und die beiden folgenden gleichwertigen Bedingungen sind erfüllt:*

$$f_x + i f_y = 0 \qquad in \quad \Omega, \tag{2}$$

beziehungsweise

$$u_x = v_y, \quad u_y = -v_x \qquad in \quad \Omega. \tag{3}$$

Die Gleichungen (3) heißen Cauchy-Riemannsche Differentialgleichungen.

Bemerkung: Die Funktionen $u = \operatorname{Re} f(z) : \Omega \to \mathbb{R}$ und $v = \operatorname{Im} f(z) : \Omega \to \mathbb{R}$ bezeichnen den *Real-* bzw. *Imaginärteil der Funktion* f.

Beweis von Satz 2: Da f holomorph in Ω ist, existiert die komplexe Ableitung

$$f'(z) = \lim_{\substack{|\Delta z| \to 0 \\ \Delta z \in \mathbb{C} \setminus \{0\}}} \frac{f(z + \Delta z) - f(z)}{\Delta z}.$$

Mit $\Delta z = \varepsilon > 0$ finden wir insbesondere

$$f'(z) = \lim_{\substack{\varepsilon \to 0 \\ \varepsilon \in \mathbb{R} \setminus \{0\}}} \frac{f(z + \varepsilon) - f(z)}{\varepsilon}$$

$$= \lim_{\substack{\varepsilon \to 0 \\ \varepsilon \in \mathbb{R} \setminus \{0\}}} \frac{f(x + \varepsilon, y) - f(x,y)}{\varepsilon} = f_x(x,y),$$

und für $\Delta z = i\varepsilon$ lesen wir ab

$$f'(z) = \lim_{\substack{\varepsilon \to 0 \\ \varepsilon \in \mathbb{R} \setminus \{0\}}} \frac{f(z + i\varepsilon) - f(z)}{i\varepsilon}$$

$$= \lim_{\varepsilon \to 0 \varepsilon \in \mathbb{R} \setminus \{0\}} \frac{f(x, y + \varepsilon) - f(x,y)}{i\varepsilon} = \frac{1}{i} f_y(x,y).$$

Es folgt also $f \in C^1(\Omega, \mathbb{C})$, und (2) ergibt sich sofort aus $f_x = f' = \frac{1}{i} f_y$ in Ω. Ferner ist (2) wegen

$$f_x + i f_y = (u + iv)_x + i(u + iv)_y = (u_x - v_y) + i(v_x + u_y)$$

genau dann erfüllt, wenn (3) richtig ist.   q.e.d.

Bemerkung: Die Eigenschaft (2) holomorpher Funktionen beinhaltet die Winkeltreue der Abbildung $w = f(z)$ in allen Punkten $z \in \Omega$ mit $f'(z) \neq 0$.

Satz 3. *Sei $f(z) = u(x,y) + iv(x,y) \in C^1(\Omega, \mathbb{C})$ auf der offenen Menge $\Omega \subset \mathbb{R}^2 \cong \mathbb{C}$ definiert, und es gelte (2) bzw. (3). Dann ist f in Ω holomorph.*

Beweis: Wir wenden auf $u = \mathrm{Re}\, f$ und $v = \mathrm{Im}\, f$ getrennt den Mittelwertsatz an. Für $z = x + iy \in \Omega$ und $\Delta z = \Delta x + i \Delta y \in \mathbb{C}$ mit $|\Delta z| < \varepsilon$ erhalten wir

$$
\begin{aligned}
u(z + \Delta z) - u(z) &= u(x + \Delta x, y + \Delta y) - u(x,y) \\
&= u_x(\xi_1, \eta_1)\Delta x + u_y(\xi_1, \eta_1)\Delta y \\
&= u_x(\xi_1, \eta_1)\Delta x - v_x(\xi_1, \eta_1)\Delta y
\end{aligned}
$$

sowie

$$
\begin{aligned}
v(z + \Delta z) - v(z) &= v(x + \Delta x, y + \Delta y) - v(x,y) \\
&= v_x(\xi_2, \eta_2)\Delta x + v_y(\xi_2, \eta_2)\Delta y \\
&= v_x(\xi_2, \eta_2)\Delta x + u_x(\xi_2, \eta_2)\Delta y
\end{aligned}
$$

an Zwischenstellen $(\xi_1, \eta_1), (\xi_2, \eta_2) \in \Omega$, für die gilt $|z - (\xi_k + i\eta_k)| < \varepsilon$ mit $k = 1, 2$. Wir können zusammenfassen

$$
\begin{aligned}
&f(z + \Delta z) - f(z) \\
&= \Big\{ u(x + \Delta x, y + \Delta y) - u(x,y) \Big\} + i \Big\{ v(x + \Delta x, y + \Delta y) - v(x,y) \Big\} \\
&= \Big\{ u_x(\xi_1, \eta_1) + iv_x(\xi_2, \eta_2) \Big\}\Delta x + i \Big\{ u_x(\xi_2, \eta_2) + iv_x(\xi_1, \eta_1) \Big\}\Delta y \\
&= \Big\{ u_x(\xi_1, \eta_1) + iv_x(\xi_2, \eta_2) \Big\}(\Delta x + i\Delta y) \\
&\quad + i \Big\{ \big[u_x(\xi_2, \eta_2) - u_x(\xi_1, \eta_1) \big] + i \big[v_x(\xi_1, \eta_1) - v_x(\xi_2, \eta_2) \big] \Big\}\Delta y.
\end{aligned}
$$

Schreiben wir abkürzend

$$g(z, \Delta z) := \big[u_x(\xi_2, \eta_2) - u_x(\xi_1, \eta_1) \big] + i \big[v_x(\xi_1, \eta_1) - v_x(\xi_2, \eta_2) \big],$$

so finden wir

$$\frac{f(z + \Delta z) - f(z)}{\Delta z} = u_x(\xi_1, \eta_1) + iv_x(\xi_2, \eta_2) + ig(z, \Delta z)\frac{\Delta y}{\Delta z}.$$

Der Grenzübergang $|\Delta z| \to 0$ liefert dann

$$\lim_{\substack{|\Delta z|\to 0 \\ \Delta z\in\mathbb{C}\setminus\{0\}}} \frac{f(z+\Delta z)-f(z)}{\Delta z} = f_x(z) + \lim_{\substack{|\Delta z|\to 0 \\ \Delta z\in\mathbb{C}\setminus\{0\}}} \left\{ ig(z,\Delta z)\frac{\Delta y}{\Delta z}\right\} = f_x(z),$$

wobei wir $f \in C^1(\Omega,\mathbb{C})$ benutzt haben. Also ist $f : \Omega \to \mathbb{C}$ entsprechend Definition 1 holomorph in Ω.

q.e.d.

§2 Holomorphe Funktionen im $\mathbb{C}^n$

Wir schließen mit unseren Überlegungen an die Theorie der Kurvenintegrale aus Kapitel I, §6 an.

Seien $\Omega \subset \mathbb{C}$ ein Gebiet und

$$w = f(z) = u(x,y) + iv(x,y), \qquad (x,y) \in \Omega,$$

eine komplexwertige Funktion mit $u,v \in C^1(\Omega,\mathbb{R})$. Sind nun die Punkte $P,Q \in \Omega$ und die Kurve $X \in \mathcal{C}(\Omega,P,Q)$ gegeben, so betrachten wir das Kurvenintegral

$$\int_X f(z)\,dz = \int_X \left\{ u(x,y) + iv(x,y)\right\}(dx + i\,dy)$$

$$= \int_X (u\,dx - v\,dy) + i\int_X (v\,dx + u\,dy)$$

$$= \int_X \omega_1 + i\int_X \omega_2$$

mit den reellen Differentialformen

$$\omega_1 := u\,dx - v\,dy, \quad \omega_2 := v\,dx + u\,dy.$$

Nun sind die Formen ω_1 und ω_2 genau dann geschlossen, wenn

$$0 = d\omega_1 = -\left(\frac{\partial u}{\partial y} + \frac{\partial v}{\partial x}\right) dx \wedge dy,$$

$$0 = d\omega_2 = \left(\frac{\partial u}{\partial x} - \frac{\partial v}{\partial y}\right) dx \wedge dy$$

in Ω gelten. Daraus folgen die Gleichungen

$$\frac{\partial u(x,y)}{\partial x} = \frac{\partial v(x,y)}{\partial y}, \quad \frac{\partial u(x,y)}{\partial y} = -\frac{\partial v(x,y)}{\partial x} \qquad \text{in} \quad \Omega. \tag{1}$$

Dieses ist das *Cauchy-Riemannsche Differentialgleichungssystem*, welches äquivalent ist zu der Eigenschaft, daß $f : \Omega \to \mathbb{C}$ holomorph ist, also in jedem Punkt $z \in \Omega$ eine komplexe stetige Ableitung besitzt.

Satz 1. (Cauchy, Riemann)
Seien $\Omega \subset \mathbb{C}$ ein einfach zusammenhängendes Gebiet und $f \in C^1(\Omega, \mathbb{C})$.
Dann sind folgende Aussagen äquivalent:

(a) f ist in Ω holomorph;
(b) Realteil und Imaginärteil von $f(x,y) = u(x,y) + iv(x,y)$ erfüllen das Cauchy-Riemannsche Differentialgleichungssystem (1);
(c) für jede geschlossene Kurve $X \in C(\Omega, P, P)$ mit $P \in \Omega$ gilt

$$\int_X f(z)\, dz = 0;$$

(d) es gibt eine holomorphe Funktion $F : \Omega \to \mathbb{C}$ mit

$$F'(z) = f(z), \qquad z \in \Omega,$$

also eine Stammfunktion F von f.

Beweis:

1. Die Äquivalenz $(a) \Leftrightarrow (b)$ wurde bereits in § 1 gezeigt.
2. Wir zeigen $(b) \Leftrightarrow (c)$. Offenbar ist

$$\int_X f(z)\, dz = 0 \qquad \text{für alle} \quad X \in C(\Omega)$$

genau dann erfüllt, wenn gilt

$$\int_X \omega_1 = 0, \quad \int_X \omega_2 = 0 \qquad \text{für alle} \quad X \in C(\Omega).$$

Dies ist wiederum äquivalent zu

$$d\omega_1 = 0, \quad d\omega_2 = 0 \qquad \text{in} \quad \Omega$$

beziehungsweise zu (1).
3. Wir beweisen nun $(c) \Rightarrow (d)$. Dazu wenden wir den Satz 1 aus Kapitel I, § 6 an. Es ist dann (c) äquivalent zur Existenz von Funktionen $U, V \in C^1(\Omega, \mathbb{R})$ mit den Eigenschaften

$$dU(x,y) = \omega_1(x,y), \qquad dV(x,y) = \omega_2(x,y) \qquad \text{in} \quad \Omega$$

bzw.

$$U_x(x,y) = u(x,y), \quad U_y(x,y) = -v(x,y),$$
$$V_x(x,y) = v(x,y), \quad V_y(x,y) = u(x,y). \tag{2}$$

Die Gleichungen (2) sind nun äquivalent zu

$$\frac{\partial}{\partial x}\Big(U(x,y) + iV(x,y)\Big) = u(x,y) + iv(x,y) = f(x,y),$$

$$\frac{1}{i}\frac{\partial}{\partial y}\Big(U(x,y) + iV(x,y)\Big) = u(x,y) + iv(x,y) = f(x,y).$$

(3)

Wir erhalten also mit $F = U + iV$ eine holomorphe Funktion in Ω mit

$$F'(z) = \frac{\partial}{\partial x}F(x,y) = f(z), \qquad z \in \Omega.$$

4. Schließlich zeigen wir noch $(d) \Rightarrow (c)$. Sei $X \in \mathcal{C}(\Omega)$, dann gilt

$$\int\limits_X f(z)\,dz = \int\limits_a^b f\Big(X(t)\Big)X'(t)\,dt = \int\limits_a^b \frac{d}{dt}F\Big(X(t)\Big)\,dt$$

$$= F\Big(X(b)\Big) - F\Big(X(a)\Big) = 0$$

wegen $X(a) = X(b)$. q.e.d.

Bemerkung: Die Aussage $(a) \Rightarrow (c)$ wird als *Cauchyscher Integralsatz* bezeichnet.

Die nachfolgenden Aussagen gelten für beliebige Gebiete $\Omega \subset \mathbb{C}$, welche wir Kapitel I, §6, Satz 2 und Satz 3 entnehmen können.

Satz 2. *Sei $\Omega \subset \mathbb{C}$ ein Gebiet, in dem die beiden geschlossenen Kurven $X, Y \in \mathcal{C}(\Omega)$ zueinander homotop sind. Weiter sei $w = f(z)$, $z \in \Omega$, eine in Ω holomorphe Funktion. Dann gilt*

$$\int\limits_X f(z)\,dz = \int\limits_Y f(z)\,dz.$$

Bei Festhalten der Endpunkte der Kurve erhalten wir den

Satz 3. (Monodromiesatz)
Seien $\Omega \subset \mathbb{C}$ ein Gebiet und $P, Q \in \Omega$ zwei beliebige Punkte. Weiter seien $X, Y \in \mathcal{C}(\Omega, P, Q)$ zwei zueinander homotope Kurven mit festem Anfangspunkt $P \in \Omega$ und Endpunkt $Q \in \Omega$. Ist nun $f : \Omega \to \mathbb{C}$ holomorph, dann gilt

$$\int\limits_X f(z)\,dz = \int\limits_Y f(z)\,dz.$$

Eine Menge $\Theta \subset \mathbb{R}^n$ heißt *kompakt enthalten* in einer Menge $\Omega \subset \mathbb{R}^n$, in Zeichen $\Theta \subset\subset \Omega$, falls $\overline{\Theta}$ kompakt ist und $\overline{\Theta} \subset \Omega$ richtig ist.

Satz 4. (Cauchy, Weierstraß)
Seien $\Omega \subset \mathbb{C}$ ein Gebiet, $z_0 \in \Omega$ sowie $r > 0$ so gegeben, daß die offene Kreisscheibe

$$K = K_r(z_0) := \left\{ z \in \mathbb{C} : |z - z_0| < r \right\}$$

die Inklusion $K \subset\subset \Omega$ erfüllt. Weiter sei $f \in C^1(\Omega, \mathbb{C})$. Dann sind folgende Aussagen äquivalent:

(a) $f(z)$ ist in K holomorph;
(b) es gilt die Cauchysche Integralformel

$$f(z) = \frac{1}{2\pi i} \oint\limits_{\partial K} \frac{f(\zeta)}{\zeta - z} \, d\zeta$$

für alle $z \in K$ mit $\zeta = \xi + i\eta$, wobei das Integral über die positiv orientierte Kreislinie zu verstehen ist;
(c) es gilt

$$f(z) = \sum_{k=0}^{\infty} a_k (z - z_0)^k, \qquad z \in K,$$

mit den Koeffizienten

$$a_k := \frac{1}{k!} f^{(k)}(z_0), \qquad k = 0, 1, 2, \ldots$$

Beweis:

1. Wir zeigen die Richtung $(a) \Rightarrow (b)$. Die Funktion

$$g(\zeta) := \frac{f(\zeta)}{\zeta - z}, \qquad \zeta \in K \setminus \{z\},$$

ist in ihrem Definitionsbereich holomorph. Weiter sind für alle hinreichend kleinen $\varepsilon > 0$ die Kurven

$$X(t) := z + \varepsilon \, e^{it}, \qquad 0 \leq t \leq 2\pi,$$

und

$$Y(t) := z_0 + r \, e^{i\varphi}, \qquad 0 \leq \varphi \leq 2\pi,$$

in $\overline{K} \setminus \{z\}$ zueinander homotop. Somit folgt

$$\oint\limits_{\partial K} \frac{f(\zeta)}{\zeta - z} \, d\zeta = \int\limits_{Y} g(\zeta) \, d\zeta = \int\limits_{X} g(\zeta) \, d\zeta$$

$$= \int\limits_{0}^{2\pi} \frac{f(z + \varepsilon \, e^{it})}{\varepsilon \, e^{it}} \, i\varepsilon \, e^{it} \, dt$$

$$= i \int\limits_{0}^{2\pi} f(z + \varepsilon \, e^{it}) \, dt.$$

Für $\varepsilon \to 0+$ erhalten wir somit

$$\oint_{\partial K} \frac{f(\zeta)}{\zeta - z}\, d\zeta = 2\pi i f(z)$$

und

$$f(z) = \frac{1}{2\pi i} \oint_{\partial K} \frac{f(\zeta)}{\zeta - z}\, d\zeta \qquad \text{für alle} \quad z \in K.$$

2. Wir zeigen $(b) \Rightarrow (c)$. Für alle $z \in K$, $\zeta \in \partial K$ gilt

$$\frac{1}{\zeta - z} = \frac{1}{(\zeta - z_0) - (z - z_0)} = \frac{1}{\zeta - z_0}\, \frac{1}{1 - \dfrac{z - z_0}{\zeta - z_0}}.$$

Nun ist

$$\left| \frac{z - z_0}{\zeta - z_0} \right| < 1,$$

so daß wir den Bruch in die gleichmäßig konvergente geometrische Reihe

$$\frac{1}{\zeta - z_0} \sum_{k=0}^{\infty} \left(\frac{z - z_0}{\zeta - z_0} \right)^k = \sum_{k=0}^{\infty} \frac{1}{(\zeta - z_0)^{k+1}}\, (z - z_0)^k$$

entwickeln können. Daraus folgt

$$f(z) = \frac{1}{2\pi i} \oint_{\partial K} \frac{f(\zeta)}{\zeta - z}\, d\zeta$$

$$= \frac{1}{2\pi i} \sum_{k=0}^{\infty} \left(\oint_{\partial K} \frac{f(\zeta)}{(\zeta - z_0)^{k+1}}\, d\zeta \right) (z - z_0)^k$$

$$= \sum_{k=0}^{\infty} a_k (z - z_0)^k$$

mit den Koeffizienten

$$a_k := \frac{1}{2\pi i} \oint_{\partial K} \frac{f(\zeta)}{(\zeta - z_0)^{k+1}}\, d\zeta = \frac{f^{(k)}(z_0)}{k!}, \qquad k = 0, 1, 2, \ldots$$

3. Die Richtung $(c) \Rightarrow (a)$ wurde §1 gezeigt.   q.e.d.

Bemerkung: Im folgenden verwenden wir stillschweigend die gleichmäßige Konvergenz von Potenzreihen im Innern ihres Konvergenzbereichs.

Satz 5. (Identitätssatz für holomorphe Funktionen)

Auf dem Gebiet $\Omega \subset \mathbb{C}$ seien die beiden holomorphen Funktionen $f, g : \Omega \to \mathbb{C}$ gegeben. Weiter sei $\{z_k\}_{k=1,2,\ldots} \subset \Omega \setminus \{z_0\}$ eine konvergente Folge mit

$$\lim_{k \to \infty} z_k = z_0 \in \Omega.$$

Schließlich sei

$$f(z_k) = g(z_k), \qquad k = 1, 2, \ldots,$$

erfüllt. Dann folgt

$$f(z) \equiv g(z) \quad in \quad \Omega.$$

Beweis: Wir nehmen an, daß die holomorphe Funktion $h(z) := f(z) - g(z)$ nicht identisch verschwindet. Im Punkt $z_0 \in \Omega$ entwickeln wir $h = h(z)$ in eine Potenzreihe

$$h(z) = \sum_{k=0}^{\infty} a_k (z - z_0)^k, \qquad z \in K_\varrho(z_0), \quad \varrho := \mathrm{dist}\,(z_0, \partial\Omega).$$

Wegen $h(z_0) = 0$ gibt es ein $n \in \mathbb{N}$ mit $a_n \neq 0$, so daß

$$h(z) = a_n (z - z_0)^n \left\{ 1 + \alpha(z) \right\} \qquad \mathrm{mit} \quad \lim_{z \to z_0} \alpha(z) = 0$$

gilt. Für hinreichend kleines $\varrho > 0$ erhalten wir

$$|h(z)| \geq |a_n||z - z_0|^n \left(1 - \frac{1}{2} \right) = \frac{|a_n|}{2} |z - z_0|^n, \qquad z \in K_\varrho(z_0).$$

Somit folgt

$$h(z) \neq 0 \qquad \text{für alle} \quad z \in K_\varrho(z_0) \setminus \{z_0\}$$

im Widerspruch zu

$$h(z_k) = f(z_k) - g(z_k) = 0, \qquad k = 1, 2, 3, \ldots$$

q.e.d.

Wir erklären nun die *Wirtingerschen Differentialoperatoren*

$$\frac{\partial}{\partial z} := \frac{1}{2} \left(\frac{\partial}{\partial x} - i \frac{\partial}{\partial y} \right), \quad \frac{\partial}{\partial \bar{z}} := \frac{1}{2} \left(\frac{\partial}{\partial x} + i \frac{\partial}{\partial y} \right).$$

Die Funktion $f(z) = u(x, y) + iv(x, y)$ genügt genau dann dem Cauchy-Riemannschen Differentialgleichungssystem, wenn

$$\frac{\partial}{\partial \bar{z}} f(z) = \frac{1}{2} (f_x + if_y) = \frac{1}{2} \left(u_x + iv_x + i(u_y + iv_y) \right)$$

$$= \frac{1}{2} (u_x - v_y) + \frac{i}{2} (v_x + u_y) = 0$$

gilt. Holomorphe Funktionen genügen also der partiellen Differentialgleichung

$$\frac{\partial}{\partial \overline{z}} f(z) = 0 \quad \text{in} \quad \Omega. \tag{4}$$

Eine Funktion $f(z) = u(x,y) + iv(x,y) : \Omega \to \mathbb{C} \in C^1(\Omega, \mathbb{C})$ kann man nun auch als Funktion der Variablen z und $\overline{z}$ auffassen und $\frac{\partial}{\partial z}$ und $\frac{\partial}{\partial \overline{z}}$ als partielle Ableitungen deuten. Diese Differentiatoren sind $\mathbb{C}$-linear, und es gelten die Produkt- und die Quotientenregel. Weiter haben wir die

Kettenregel: Seien $\Omega, \Theta \subset \mathbb{C}$ zwei Gebiete und $w = f(z) : \Omega \to \Theta$ bzw. $\alpha = g(w) : \Theta \to \mathbb{C}$ zwei C^1-Funktionen. Dann ist auch die zusammengesetzte Funktion

$$h(z) := g\Big(f(z)\Big), \qquad z \in \Omega,$$

eine C^1-Funktion, und es gelten

$$h_z(z) = g_w(f(z))f_z(z) + g_{\overline{w}}(f(z))\overline{f}_z(z),$$

$$h_{\overline{z}}(z) = g_w(f(z))f_{\overline{z}}(z) + g_{\overline{w}}(f(z))\overline{f}_{\overline{z}}(z) \quad \text{in} \quad \Omega. \tag{5}$$

Ferner gelten die folgenden

Rechenregeln: Für eine C^1-Funktion $f(z) : \Omega \to \mathbb{C}$ sind

$$\overline{(f_z(z))} = \overline{f}_{\overline{z}}(z), \quad \overline{(f_{\overline{z}}(z))} = \overline{f}_z(z)$$

sowie

$$J_f(z) = \begin{vmatrix} u_x & u_y \\ v_x & v_y \end{vmatrix} = \begin{vmatrix} f_z & f_{\overline{z}} \\ \overline{f}_z & \overline{f}_{\overline{z}} \end{vmatrix} = |f_z|^2 - |f_{\overline{z}}|^2$$

richtig. Für eine holomorphe Funktion $f : \Omega \to \mathbb{C}$ ist insbesondere

$$J_f(z) = |f'(z)|^2 \geq 0 \quad \text{für alle} \quad z \in \Omega$$

erfüllt. Wegen (4) sind holomorphe Funktionen gerade diejenigen, die unabhängig von der Variablen $\overline{z}$ sind. Diese Aussagen sind dem Buch

R. Remmert: *Funktionentheorie I.* Grundwissen Mathematik **5**, 2. Auflage, Springer-Verlag, S. 52-56,

zu entnehmen. Ist schließlich $f : \Omega \to \mathbb{C} \in C^2(\Omega, \mathbb{C})$, so folgt

$$\frac{\partial}{\partial z} \frac{\partial}{\partial \overline{z}} f(z) = \frac{\partial}{\partial \overline{z}} \frac{\partial}{\partial z} f(z) = \frac{1}{4} \Delta f(z), \qquad z \in \Omega.$$

Wir betrachten nun holomorphe Funktionen in mehreren Veränderlichen.

Definition 1. *Eine im Gebiet $\Omega \subset \mathbb{C}^n$, $n \in \mathbb{N}$, erklärte Funktion*

$$w = f(z) = f(z_1, \ldots, z_n) : \Omega \longrightarrow \mathbb{C}, \qquad (z_1, \ldots, z_n) \in \Omega,$$

nennen wir holomorph, wenn folgende Bedingungen erfüllt sind:

(a) es ist $f \in C^0(\Omega, \mathbb{C})$;

(b) für jedes feste $(z_1, \ldots, z_n) \in \Omega$ und $k \in \{1, \ldots, n\}$ ist die Funktion

$$\Phi(t) := f(z_1, \ldots, z_{k-1}, t, z_{k+1}, \ldots, z_n), \qquad t \in K_{\varepsilon_k}(z_k),$$

mit

$$K_{\varepsilon_k}(z_k) := \left\{ t \in \mathbb{C} : |t - z_k| < \varepsilon_k \right\}$$

bei hinreichend kleinem $\varepsilon_k = \varepsilon_k(z) > 0$ holomorph.

Satz 6. (Cauchysche Integralformel im $\mathbb{C}^n$)

Im Gebiet $\Omega \subset \mathbb{C}^n$ sei die Funktion $f = f(z_1, \ldots, z_n) : \Omega \to \mathbb{C}$ holomorph. Mit $z^0 = (z_1^0, \ldots, z_n^0) \in \Omega$ und $R_1 > 0, \ldots, R_n > 0$ sei auch der Polyzylinder

$$P := \left\{ z = (z_1, \ldots, z_n) : |z_k - z_k^0| < R_k, \ k = 1, \ldots, n \right\}$$

kompakt in Ω enthalten, d.h. es gilt $\overline{P} \subset \Omega$. Für alle $z = (z_1, \ldots, z_n) \in P$ gilt dann die Integraldarstellung

$$f(z_1, \ldots, z_n)$$

$$= \frac{1}{(2\pi i)^n} \oint_{|\zeta_1 - z_1^0| = R_1} \cdots \oint_{|\zeta_n - z_n^0| = R_n} \frac{f(\zeta_1, \ldots, \zeta_n)}{(\zeta_1 - z_1) \cdot \ldots \cdot (\zeta_n - z_n)} \, d\zeta_1 \ldots d\zeta_n$$

$$= \frac{1}{(2\pi i)^n} \int_0^{2\pi} \cdots \int_0^{2\pi} \frac{f(z_1^0 + R_1 e^{it_1}, \ldots, z_n^0 + R_n e^{it_n})}{(z_1^0 + R_1 e^{it_1} - z_1) \cdot \ldots \cdot (z_n^0 + R_n e^{it_n} - z_n)} \cdot$$

$$\cdot (iR_1 e^{it_1}) \cdot \ldots \cdot (iR_n e^{it_n}) \, dt_1 \ldots dt_n \, .$$

Beweis: Die Funktion $f = f(z)$ ist holomorph bezüglich der Veränderlichen $z_1, \ldots, z_n$. Wir berechnen also

$$f(z_1, \ldots, z_n)$$

$$= \frac{1}{2\pi i} \oint_{|\zeta_1 - z_1^0| = R_1} \frac{f(\zeta_1, z_2, \ldots, z_n)}{\zeta_1 - z_1} \, d\zeta_1$$

$$= \frac{1}{(2\pi i)^2} \oint_{|\zeta_1 - z_1^0| = R_1} \frac{d\zeta_1}{\zeta_1 - z_1} \oint_{|\zeta_2 - z_2^0| = R_2} \frac{f(\zeta_1, \zeta_2, z_3, \ldots, z_n)}{\zeta_2 - z_2} \, d\zeta_2$$

$$\vdots$$

$$= \frac{1}{(2\pi i)^n} \oint_{|\zeta_1 - z_1^0| = R_1} \cdots \oint_{|\zeta_n - z_n^0| = R_n} \frac{f(\zeta_1, \ldots, \zeta_n)}{(\zeta_1 - z_1) \cdot \ldots \cdot (\zeta_n - z_n)} \, d\zeta_1 \ldots d\zeta_n \, .$$

Führen wir Polarkoordinaten ein, so folgt auch die zweite Darstellung.

q.e.d.

Satz 7. *Sei $f_k(z_1,\ldots,z_n) : \Omega \to \mathbb{C}$, $k = 1,2,\ldots$, eine Folge holomorpher Funktionen im Gebiet $\Omega \subset \mathbb{C}^n$, die in jedem kompakten Teilbereich von $\Omega \subset \mathbb{C}^n$ gleichmäßig konvergiert. Dann ist die Funktion*

$$f(z_1,\ldots,z_n) := \lim_{k\to\infty} f_k(z_1,\ldots,z_n), \qquad z = (z_1,\ldots,z_n) \in \Omega,$$

in $\Omega \subset \mathbb{C}^n$ holomorph.

Beweis: Wir verwenden die Cauchysche Integralformel im $\mathbb{C}^n$. Sei ein Polyzylinder P wie in Satz 6 gewählt, so folgt für $z \in P$

$$f(z_1,\ldots,z_n) = \lim_{k\to\infty} f_k(z_1,\ldots,z_n)$$

$$= \lim_{k\to\infty} \frac{1}{(2\pi i)^n} \oint_{|\zeta_1-z_1^0|=R_1} \cdots \oint_{|\zeta_n-z_n^0|=R_n} \frac{f_k(\zeta_1,\ldots,\zeta_n)}{(\zeta_1-z_1)\cdot\ldots\cdot(\zeta_n-z_n)} \, d\zeta_1\ldots d\zeta_n$$

$$= \frac{1}{(2\pi i)^n} \oint_{|\zeta_1-z_1^0|=R_1} \cdots \oint_{|\zeta_n-z_n^0|=R_n} \frac{f(\zeta_1,\ldots,\zeta_n)}{(\zeta_1-z_1)\cdot\ldots\cdot(\zeta_n-z_n)} \, d\zeta_1\ldots d\zeta_n\,.$$

Somit ist $f = f(z)$ holomorph in P.   q.e.d.

Satz 8. *Unter den Voraussetzungen von Satz 6 hat man für alle Punkte $z = (z_1,\ldots,z_n)$ mit $|z_k - z_k^0| < R_k$, $k = 1,\ldots,n$, die Potenzreihenentwicklung*

$$f(z_1,\ldots,z_n) = \sum_{k_1,\ldots,k_n=0}^{\infty} a_{k_1\ldots k_n}(z_1 - z_1^0)^{k_1}\cdot\ldots\cdot(z_n - z_n^0)^{k_n}\,.$$

Dabei gilt für die Koeffizienten

$$a_{k_1\ldots k_n} = \frac{1}{(2\pi i)^n} \oint_{|\zeta_1-z_1^0|=R_1} \cdots \oint_{|\zeta_n-z_n^0|=R_n} \frac{f(\zeta_1,\ldots,\zeta_n)}{(\zeta_1-z_1^0)^{k_1+1}\cdot\ldots\cdot(\zeta_n-z_n^0)^{k_n+1}} \, d\zeta_1\ldots d\zeta_n$$

$$= \frac{1}{k_1!\cdot\ldots\cdot k_n!} \left\{ \left(\frac{\partial}{\partial\zeta_1}\right)^{k_1} \cdots \left(\frac{\partial}{\partial\zeta_n}\right)^{k_n} f(\zeta_1,\ldots,\zeta_n) \right\}_{\zeta=z^0}$$

für $k_1,\ldots,k_n = 0,1,2,\ldots$. Sei ferner

$$M := \max_{\substack{|\zeta_k-z_k^0|=R_k \\ k=1,\ldots,n}} |f(\zeta_1,\ldots,\zeta_n)|.$$

Dann gelten die Cauchyschen Abschätzungsformeln

$$|a_{k_1\ldots k_n}| \le \frac{M}{R_1^{k_1}\cdot\ldots\cdot R_n^{k_n}}, \qquad k_1,\ldots k_n = 0,1,2,\ldots$$

Beweis: Wie im Beweis von Satz 4 zeigt man

$$\frac{1}{\zeta_k - z_k} = \sum_{l=0}^{\infty} \frac{(z_k - z_k^0)^l}{(\zeta_k - z_k^0)^{l+1}}$$

für $k = 1, \ldots, n$. Somit folgt wegen der absoluten Konvergenz der Reihen

$$\frac{1}{(\zeta_1 - z_1) \cdot \ldots \cdot (\zeta_n - z_n)} = \sum_{k_1, \ldots, k_n=0}^{\infty} \frac{(z_1 - z_1^0)^{k_1}}{(\zeta_1 - z_1^0)^{k_1+1}} \cdot \ldots \cdot \frac{(z_n - z_n^0)^{k_n}}{(\zeta_n - z_n^0)^{k_n+1}} .$$

Satz 6 liefert nun für alle $z = (z_1, \ldots, z_n)$ mit $|z_k - z_k^0| < R_k$, $k = 1, \ldots, n$, die Identität

$$f(z_1, \ldots, z_n) = \sum_{k_1, \ldots, k_n=0}^{\infty} a_{k_1 \ldots k_n} (z_1 - z_1^0)^{k_1} \cdot \ldots \cdot (z_n - z_n^0)^{k_n} .$$

Die restlichen Behauptungen sind evident.   q.e.d.

Satz 9. (Liouville)

Sei $f(z_1, \ldots, z_n) : \mathbb{C}^n \to \mathbb{C}$ holomorph, und es gebe eine Konstante $M \in [0, +\infty)$, so daß

$$|f(z_1, \ldots, z_n)| \leq M \qquad \text{für alle} \quad (z_1, \ldots, z_n) \in \mathbb{C}^n$$

gilt. Dann gibt es ein $c \in \mathbb{C}$, so daß

$$f(z_1, \ldots, z_n) \equiv c \qquad \text{auf dem} \quad \mathbb{C}^n$$

richtig ist. Also ist jede beschränkte ganze holomorphe Funktion konstant.

Beweis: Man kann $f = f(z)$ auf dem $\mathbb{C}^n$ um $z_1 = 0, \ldots, z_n = 0$ in die Potenzreihe

$$f(z_1, \ldots, z_n) = \sum_{k_1, \ldots, k_n=0}^{\infty} a_{k_1 \ldots k_n} z_1^{k_1} \cdot \ldots \cdot z_n^{k_n}$$

entwickeln. Wählen wir den Polyzylinder

$$P := \left\{ (z_1, \ldots, z_n) \in \mathbb{C}^n : |z_j| < R \text{ für } j = 1, \ldots, n \right\} \subset \mathbb{C}^n,$$

so liefern die Cauchyschen Abschätzungsformeln

$$|a_{k_1 \ldots k_n}| \leq \frac{M}{R^{k_1 + \ldots + k_n}} \longrightarrow 0 \qquad \text{für} \quad R \to \infty$$

für alle $(k_1, \ldots, k_n) \in \mathbb{N}^n$ mit $k_1 + \ldots + k_n > 0$. Somit folgt

$$f(z_1, \ldots, z_n) = a_{0 \ldots 0} =: c \in \mathbb{C} \qquad \text{für alle} \quad (z_1, \ldots, z_n) \in \mathbb{C}^n.$$
                                                                          q.e.d.

Satz 10. (Identitätssatz im $\mathbb{C}^n$)
*Im Gebiet $\Omega \subset \mathbb{C}^n$ seien die Funktionen $f(z) : \Omega \to \mathbb{C}$ und $g(z) : \Omega \to \mathbb{C}$
holomorph. Weiter sei $z^0 = (z_1^0, \ldots, z_n^0) \in \Omega$ ein fester Punkt, an welchem*

$$\left(\frac{\partial}{\partial \zeta_1} \right)^{k_1} \cdots \left(\frac{\partial}{\partial \zeta_n} \right)^{k_n} f(\zeta_1, \ldots, \zeta_n) \Big|_{\zeta = z^0}$$

$$= \left(\frac{\partial}{\partial \zeta_1} \right)^{k_1} \cdots \left(\frac{\partial}{\partial \zeta_n} \right)^{k_n} g(\zeta_1, \ldots, \zeta_n) \Big|_{\zeta = z^0}$$

für $k_1, \ldots, k_n = 0, 1, 2, \ldots$ erfüllt ist. Dann folgt

$$f(z) \equiv g(z) \qquad \text{für alle} \quad z \in \Omega.$$

Beweis: Wir betrachten die Funktion

$$h(z) := f(z) - g(z), \qquad z \in \Omega,$$

und die nichtleere Menge

$$\Theta := \left\{ z \in \Omega \; : \; \begin{array}{c} \left(\dfrac{\partial}{\partial \zeta_1} \right)^{k_1} \cdots \left(\dfrac{\partial}{\partial \zeta_n} \right)^{k_n} h(\zeta) \Big|_{\zeta = z} = 0 \\[2mm] \text{für } k_1, \ldots, k_n = 0, 1, 2, \ldots \end{array} \right\}.$$

Diese Menge ist offenbar abgeschlossen und auch offen, denn in jedem Punkt
$z \in \Theta$ ist $h = h(z)$ in eine verschwindende Potenzreihe entwickelbar. Verbinden wir nun einen beliebigen Punkt $z^1 \in \Omega$ mit dem Punkt $z^0 \in \Theta$ durch
einen Weg $\varphi : [0, 1] \to \Omega \in C^0([0, 1], \Omega)$ mit $\varphi(0) = z^0$ und $\varphi(1) = z^1$, so
liefert ein Fortsetzungsargument $\varphi([0, 1]) \subset \Theta$, denn die Menge Θ ist offen
und abgeschlossen. Somit folgen $z^1 = \varphi(1) \in \Theta$ und damit $\Theta = \Omega$. Dieses
liefert $h(z) \equiv 0$ in Ω, also $f(z) \equiv g(z)$ in Ω.

q.e.d.

Bemerkungen:

1. Stimmen $f = f(z)$ und $g = g(z)$ auf einer offenen Menge überein, so sind
   sie nach Satz 10 identisch.
2. Stimmen $f = f(z)$ und $g = g(z)$ nur auf einer sich im Holomorphiegebiet
   häufenden Punktfolge überein, so sind sie nicht notwendig identisch; man
   betrachte zum Beispiel die Funktion

$$f(z_1, \ldots, z_n) = z_1 \cdot \ldots \cdot z_n, \qquad z = (z_1, \ldots, z_n) \in \mathbb{C}^n.$$

Satz 11. (Holomorphe Parameterintegrale)
Voraussetzungen: *Seien $\Theta \subset \mathbb{R}^m$ und $\Omega \subset \mathbb{C}^n$ Gebiete mit $m, n \in \mathbb{N}$.
Ferner sei*

$$f = f(t, z) = f(t_1, \ldots, t_m, z_1, \ldots, z_n) : \Theta \times \Omega \longrightarrow \mathbb{C} \in C^0(\Theta \times \Omega, \mathbb{C})$$

eine stetige Funktion mit folgenden Eigenschaften:

(a) Für jedes feste $t \in \Theta$ ist

$$\Phi(z) := f(t, z), \qquad z \in \Omega,$$

holomorph.

(b) Es gibt eine stetige Funktion $F(t) : \Theta \longrightarrow [0, +\infty) \in C^0(\Theta, \mathbb{R})$ mit

$$\int\limits_\Theta F(t)\, dt < +\infty,$$

welche die Funktion $f = f(t, z)$ gleichmäßig majorisiert, d.h. es gilt

$$|f(t, z)| \le F(t) \qquad \text{für alle} \quad (t, z) \in \Theta \times \Omega.$$

Behauptung: *Dann ist die Funktion*

$$\varphi(z) := \int\limits_\Theta f(t, z)\, dt, \qquad z \in \Omega,$$

holomorph in Ω.

Beweis:

1. Sei Q ein abgeschlossener Quader mit $Q \subset \Theta$, so zeigen wir, daß die Funktion

$$\Psi(z) := \int\limits_Q f(t, z)\, dt, \qquad z \in \Omega,$$

holomorph ist. Hierzu zerlegen wir den Quader Q mittels

$$\mathcal{Z}_k : Q = \bigcup_{l=1}^{N_k} Q_l$$

in Teilquader, deren Feinheitsmaß $\delta(\mathcal{Z}_k) \to 0$ für $k \to \infty$ erfüllt. Ist nun $K \subset \Omega$ eine beliebige kompakte Menge, so gibt es zu jedem $\varepsilon > 0$ ein $k_0 = k_0(\varepsilon) \in \mathbb{N}$, so daß für alle $k \ge k_0$ die Abschätzung

$$\left| \Psi(z) - \sum_{l=1}^{N_k} f\left(t^{(l)}, z\right)|Q_l| \right| = \left| \int\limits_Q f(t, z)\, dt - \sum_{l=1}^{N_k} f\left(t^{(l)}, z\right)|Q_l| \right| \le \varepsilon$$

für alle $z \in K$ mit $t^{(l)} \in Q_l$ gilt. Auf einem Kompaktum ist die stetige Funktion $f = f(t, z)$ nämlich gleichmäßig stetig. Die Folge holomorpher Funktionen

$$\Psi_k(z) := \sum_{l=1}^{N_k} f\left(t^{(l)}, z\right)|Q_l|, \qquad z \in \Omega, \quad k = 1, 2, 3, \dots,$$

konvergiert auf jedem Kompaktum $K \subset \Omega$ gleichmäßig nach Satz 7 gegen die holomorphe Funktion

$$\Psi(z) := \int_Q f(t,z)\,dt, \qquad z \in \Omega.$$

2. Wir schöpfen nun die offene Menge Θ durch eine Folge $R_1 \subset R_2 \subset R_3 \subset \ldots \subset \Theta$ aus, wobei jede Menge R_k Vereinigung endlich vieler abgeschlossener Quader in Θ ist. Nach dem ersten Punkt ist für jedes $k \in \mathbb{N}$ die Funktion

$$\varphi_k(z) := \int_{R_k} f(t,z)\,dt, \qquad z \in \Omega,$$

holomorph. Weiter gilt bei beliebig vorgegebenem $\varepsilon > 0$

$$\int_{\Theta \backslash R_k} F(t)\,dt \leq \varepsilon \qquad \text{für alle} \quad k \geq k_0(\varepsilon).$$

Somit folgt für alle $z \in \Omega$ die Ungleichung

$$|\varphi(z) - \varphi_k(z)| = \left| \int_{\Theta \backslash R_k} f(t,z)\,dt \right| \leq \int_{\Theta \backslash R_k} F(t)\,dt \leq \varepsilon$$

für $k \geq k_0(\varepsilon)$. Die Folge holomorpher Funktionen $\varphi_k = \varphi_k(z)$, $k = 1, 2, 3, \ldots$, konvergiert also gleichmäßig gegen die holomorphe Funktion

$$\varphi(z) = \int_{\Theta} f(t,z)\,dt, \qquad z \in \Omega,$$

womit alles gezeigt ist.   q.e.d.

Bemerkungen:

1. Der Übergang von der Gleichung $f_{\bar{z}}(z) = 0$ zum System

$$\frac{\partial}{\partial \bar{z}_i} f(z_1, \ldots, z_n) = 0, \qquad i = 1, \ldots, n,$$

ist deshalb so leicht möglich, weil es sich um ein lineares System handelt.
2. Zum weiteren Studium der Funktionentheorie in mehreren komplexen Veränderlichen verweisen wir auf die Monographie [GF].

§3 Geometrisches Verhalten von holomorphen Funktionen in $\mathbb{C}$

Wir beginnen mit dem

Satz 1. *Auf dem Gebiet $G \subset \mathbb{C}$ sei $f : G \to \mathbb{C}$ holomorph, und es sei $z_0 \in G$. Dann sind folgende Aussagen äquivalent:*

(a) f ist lokal injektiv um z_0;
(b) f ist lokal bijektiv um z_0;
(c) es gilt $J_f(z_0) > 0$.

Beweis:

1. Die Richtung $(a) \Rightarrow (b)$ folgt aus den Sätzen von Jordan-Brouwer im $\mathbb{R}^n$ für $n = 2$.
2. Wir zeigen die Richtung $(b) \Rightarrow (c)$. Sei dazu

$$K := \Big\{ z \in \mathbb{C} \ : \ |z - z_0| < \varrho \Big\} \subset\subset G$$

mit hinreichend kleinem $\varrho > 0$ gewählt. Wir setzen

$$F(z) := f(z) - f(z_0), \qquad z \in \overline{K},$$

sowie

$$\varphi(t) := F(\varrho e^{it}) \neq 0, \qquad 0 \leq t \leq 2\pi.$$

Dann liefert die Indexsummenformel

$$\pm 1 = W(\varphi) = i(F, z_0) = n,$$

falls die Entwicklung

$$F(z) = a_n(z - z_0)^n + o(|z - z_0|^n), \qquad z \to z_0, \quad a_n \neq 0, \quad n \in \mathbb{N},$$

richtig ist. Dabei ist

$$\psi(z) := o(|z - z_0|^n)$$

eine Funktion, welche

$$\lim_{\substack{z \to z_0 \\ z \neq z_0}} \frac{\psi(z)}{|z - z_0|^n} = 0$$

erfüllt. Somit folgen $n = 1$ und $F'(z_0) \neq 0$. Schließlich erhalten wir

$$J_f(z_0) = J_F(z_0) = |F'(z_0)|^2 > 0.$$

3. Aus dem Fundamentalsatz über inverse Abbildungen folgern wir die Implikation $(c) \Rightarrow (a)$.

q.e.d.

Beispiel 1. Satz 1 wird falsch für nur reell differenzierbare Funktionen. Betrachte hierzu die Funktion

$$f(x) = x^3, \qquad x \in \mathbb{R},$$

welche bijektiv ist, deren Ableitung $J_f(x) = 2x^2$ in $x = 0$ aber eine Nullstelle besitzt.

Problem: Man versuche die Aussagen von Satz 1 auf holomorphe Funktionen

$$f = \Big(f_1(z_1, \ldots, z_n), \ldots, f_n(z_1, \ldots, z_n) \Big) : G \longrightarrow \mathbb{C}^n$$

auf dem Gebiet $G \subset \mathbb{C}^n$ zu übertragen. (vgl. [GF], Kapitel 1).

Auch für nicht notwendig injektive, holomorphe Abbildungen gilt der

Satz 2. (Gebietstreue)
Seien $G \subset \mathbb{C}$ ein Gebiet und $w = f(z) : G \to \mathbb{C}$, $z \in G$, eine nichtkonstante holomorphe Funktion. Dann ist die Bildmenge

$$G^* := f(G) = \Big\{ w = f(z) : z \in G \Big\}$$

wieder ein Gebiet in $\mathbb{C}$.

Beweis: Man übertrage den Beweis aus Kapitel III, §6, Satz 4 und beachte, daß lokal die Funktion $f = f(z)$ in einem beliebigen Punkt $z_0 \in G$ die Entwicklung

$$f(z) = f(z_0) + a_n(z - z_0)^n + o(|z - z_0|^n) \qquad \text{mit} \quad a_n \in \mathbb{C} \setminus \{0\}$$

besitzt. Somit erfüllt die Funktion

$$g(z) := f(z) - f(z_0), \qquad |z - z_0| \leq \varrho,$$

die Bedingungen

$$i(g, z_0) = n \neq 0 \quad \text{und} \quad g(z) \neq 0$$

für alle $z \in \mathbb{C}$ mit $|z - z_0| = \varrho$; dabei ist $\varrho > 0$ hinreichend klein gewählt. Die Argumente im o.a. Beweis liefern dann die Behauptung.
                                                                              q.e.d.

Satz 3. (Maximumprinzip)
In einem Gebiet $G \subset \mathbb{C}$ sei die nichtkonstante holomorphe Funktion $f : G \to \mathbb{C}$ gegeben. Dann gilt für alle $z \in G$ die Ungleichung

$$|f(z)| < \sup_{\zeta \in G} |f(\zeta)| =: M.$$

Beweis: Falls $M = +\infty$ gilt, so ist nichts zu zeigen. Es sei also $M < +\infty$ erfüllt. Sei nun $z \in G$ beliebig gewählt, dann existiert ein $\delta = \delta(z) > 0$, so daß für die Kreisscheibe

$$B_\delta(f(z)) := \left\{ w \in \mathbb{C} : |w - f(z)| < \delta \right\}$$

die Inklusion

$$B_\delta(f(z)) \subset G^*$$

gemäß Satz 2 richtig ist. Somit folgt mit

$$M := \sup_{\zeta \in G} |f(\zeta)| \geq \sup_{w \in B_\delta(f(z))} |w| = |f(z)| + \delta > |f(z)|$$

die Behauptung.   q.e.d.

Bemerkungen:

1. Sind zusätzlich G beschränkt und $f : \overline{G} \to \mathbb{C}$ stetig, so gibt es ein $z_0 \in \partial G$ mit der Eigenschaft

$$\sup_{\zeta \in G} |f(\zeta)| = |f(z_0)| > |f(z)| \qquad \text{für alle} \quad z \in G.$$

2. Durch Übergang von f zu $\frac{1}{f}$ zeigt man das
   Minimumprinzip für holomorphe Funktionen: Für eine nichtkonstante holomorphe Funktion $f : G \to \mathbb{C} \setminus \{0\}$ in einem Gebiet $G \subset \mathbb{C}$ gilt

$$|f(z)| > \inf_{\zeta \in G} |f(\zeta)| \qquad \text{für alle} \quad z \in G.$$

3. Daß die Bedingung $f \neq 0$ unverzichtbar für das Minimumprinzip ist, zeigt das
   Beispiel 2: Wir betrachten auf dem Gebiet

$$G := \left\{ z \in \mathbb{C} : |z| < 1 \right\}$$

die holomorphe Funktion

$$f(z) := z, \qquad z \in G.$$

Hier nimmt $|f(z)|$ in dem inneren Punkt $z = 0$ ihr Minimum an.

4. Auf dem Gebiet $G \subset \mathbb{C}^n$ sei die Funktion $f(z_1, \ldots, z_n) : G \to \mathbb{C}$ holomorph. Dann folgt

$$f_{\overline{z}_j}(z) = 0 \qquad \text{in} \quad G \quad \text{für} \quad j = 1, \ldots, n.$$

Wir betrachten nun das Quadrat des Betrages der Funktion, nämlich

$$\Phi = \Phi(z) = \Phi(z_1, \ldots, z_n) := |f(z)|^2 = f(z)\overline{f}(z), \qquad z \in G,$$

und berechnen für $j = 1, \ldots, n$ die Ableitungen

$$\Phi_{z_j} = f_{z_j}\overline{f} + f\overline{f}_{z_j} = f_{z_j}\overline{f} + f\overline{(f_{\overline{z}_j})} = f_{z_j}\overline{f} \qquad \text{in} \quad G$$

sowie

$$\Phi_{z_j \bar{z}_j} = f_{z_j \bar{z}_j} \bar{f} + f_{z_j} \bar{f}_{\bar{z}_j} = |f_{z_j}|^2 \quad \text{in} \quad G.$$

Somit folgt

$$\Delta \Phi(z) = 4 \sum_{j=1}^{n} \Phi_{z_j \bar{z}_j}(z) = 4 \sum_{j=1}^{n} |f_{z_j}(z)|^2 \geq 0, \qquad z \in G. \tag{1}$$

Solche Funktionen sind subharmonisch und unterliegen dem Maximumprinzip, wie wir in Kapitel V zeigen werden.

Wir wollen nun die *Spiegelung an der reellen Achse*

$$\tau(z) := \bar{z}, \qquad z \in \mathbb{C}, \tag{2}$$

betrachten. Diese Funktion ist stetig in $\mathbb{C}$, und es gilt

$$\tau(z) = z \quad \Longleftrightarrow \quad z \in \mathbb{R}. \tag{3}$$

Bezeichnen wir die obere bzw. untere Halbebene in $\mathbb{C}$ mit

$$\mathbb{H}^{\pm} := \Big\{ z = x + iy \in \mathbb{C} : \pm y > 0 \Big\},$$

so erhalten wir die topologischen Abbildungen

$$\tau : \mathbb{H}^+ \to \mathbb{H}^-, \quad \tau : \mathbb{R} \to \mathbb{R}, \quad \tau : \mathbb{H}^- \to \mathbb{H}^+.$$

Die Funktion $\tau = \tau(z)$ ist antiholomorph im folgenden Sinne.

Definition 1. *Auf der offenen Menge $\Omega \subset \mathbb{C}$ heißt die Funktion $f : \Omega \to \mathbb{C}$ antiholomorph, falls die Funktion*

$$g(z) := \overline{f(z)}, \qquad z \in \Omega,$$

holomorph in Ω ist.

Satz 4. *Jede holomorphe Funktion $f : \Omega \to \mathbb{C}$ ist orientierungserhaltend, d.h. es gilt*

$$J_f(z) \geq 0 \qquad \text{für alle} \quad z \in \Omega.$$

Jede antiholomorphe Funktion $f : \Omega \to \mathbb{C}$ ist orientierungsumkehrend, d.h. wir haben

$$J_f(z) \leq 0 \qquad \text{für alle} \quad z \in \Omega.$$

Beweis: Falls $f = f(z)$ holomorph ist, folgt

$$J_f(z) = \begin{vmatrix} f_z & f_{\bar{z}} \\ \overline{f}_z & \overline{f}_{\bar{z}} \end{vmatrix} = |f_z|^2 \geq 0 \quad \text{in} \quad \Omega.$$

Ist $f = f(z)$ nun antiholomorph, so betrachten wir die holomorphe Funktion $g(z) := \overline{f(z)}$ für $z \in \Omega$ und berechnen

$$J_f(z) = \begin{vmatrix} f_z & f_{\overline{z}} \\ \overline{f}_z & \overline{f}_{\overline{z}} \end{vmatrix} = \begin{vmatrix} \overline{g}_z & \overline{g}_{\overline{z}} \\ g_z & g_{\overline{z}} \end{vmatrix} = -g_z\overline{g}_{\overline{z}} = -|g_z|^2 \le 0 \quad \text{in} \quad \Omega,$$

womit die Aussagen gezeigt sind.   q.e.d.

Satz 5. (Schwarzsches Spiegelungsprinzip)
In der oberen Halbebene sei die offene Menge $\Omega^+ \subset \mathbb{H}^+$ so gegeben, daß

$$\Gamma := \partial\Omega^+ \cap \mathbb{R} \subset \mathbb{R}$$

eine nichtleere offene Menge darstellt. Weiter erklären wir die offene Menge

$$\Omega^- := \left\{ z \in \mathbb{C} : \overline{z} \in \Omega^+ \right\} \subset \mathbb{H}^-$$

und setzen

$$\Omega := \Omega^+ \,\dot\cup\, \Gamma \,\dot\cup\, \Omega^-.$$

Schließlich sei die Funktion $f : \Omega^+ \cup \Gamma \to \mathbb{C} \in C^1(\Omega^+) \cap C^0(\Omega^+ \cup \Gamma)$ holomorph in Ω^+ und erfülle $f(\Gamma) \subset \mathbb{R}$. Dann ist die Funktion

$$F(z) := \begin{cases} f(z), & z \in \Omega^+ \cup \Gamma \\[2mm] \overline{f(\overline{z})}, & z \in \Omega^- \end{cases} \tag{4}$$

holomorph in der Menge Ω.

Beweis:

1. Offenbar gilt $F \in C^1(\Omega^+ \cup \Omega^-)$. Für alle $z \in \Omega^-$ berechnen wir

$$
\begin{aligned}
F_{\overline{z}}(z) &= \frac{\partial}{\partial \overline{z}} \{\tau \circ f \circ \tau\}(z) \\
&= (\tau \circ f)_w \Big|_{\tau(z)} \tau_{\overline{z}} + (\tau \circ f)_{\overline{w}} \Big|_{\tau(z)} \overline{\tau_{\overline{z}}} \\
&= (\tau \circ f)_w \Big|_{\tau(z)} \\
&= \tau_\zeta \Big|_{f\circ\tau(z)} f_w \Big|_{\tau(z)} + \tau_{\overline{\zeta}} \Big|_{f\circ\tau(z)} \overline{f}_w \Big|_{\tau(z)} \\
&= 0.
\end{aligned}
$$

   Also ist $F = F(z)$ holomorph in $\Omega^+ \cup \Omega^-$.

2. Weiter ist $F = F(z)$ stetig in Ω, also insbesondere auf Γ. Seien nun $z_0 \in \Gamma$ beliebig gewählt und $\{z_k\}_{k=1,2,\dots} \subset \Omega^-$ eine Punktfolge mit der Eigenschaft

$$\lim_{k\to\infty} z_k = z_0.$$

Dann folgt

$$\lim_{k \to \infty} F(z_k) = \lim_{k \to \infty} \overline{f(\overline{z_k})} = \overline{f(\overline{z_0})} = \overline{f(\overline{z_0})}$$
$$= f(z_0) = F(z_0),$$

wobei wir beachten, daß $f = f(z)$ in $\Omega^+ \cup \Gamma$ stetig ist.

3. Wir haben noch die Holomorphie von $F = F(z)$ auf Ω zu zeigen. Sei dazu $z_0 \in \Gamma$ ein beliebiger Punkt, so betrachten wir die Halbkreise

$$H_\varepsilon^\pm := \left\{ z \in \mathbb{C} : |z - z_0| < \varrho, \ \pm \text{Im} \, z > \varepsilon \right\} \subset \Omega^\pm$$

mit hinreichend kleinem festen $\varrho > 0$ und $\varepsilon \to 0+$. Mit Hilfe des Cauchyschen Integralsatzes und der Cauchyschen Integralformel stellen wir folgendes fest: Für jedes $z \in \mathbb{C} \setminus \mathbb{R}$ mit $|z - z_0| < \varrho$ gibt es ein hinreichend kleines $\varepsilon = \varepsilon(z) > 0$ mit der Eigenschaft

$$F(z) = \frac{1}{2\pi i} \oint_{\partial H_\varepsilon^+} \frac{F(\zeta)}{\zeta - z} \, d\zeta + \frac{1}{2\pi i} \oint_{\partial H_\varepsilon^-} \frac{F(\zeta)}{\zeta - z} \, d\zeta. \tag{5}$$

Im Grenzübergang $\varepsilon \to 0+$ heben sich die Integrale auf der reellen Achse gegenseitig weg, und wir erhalten

$$F(z) = \frac{1}{2\pi i} \oint_{|\zeta - z_0| = \varrho} \frac{F(\zeta)}{\zeta - z} \, d\zeta, \qquad |z - z_0| < \varrho. \tag{6}$$

Aus dieser Darstellungsformel erhalten wir schließlich die Holomorphie von $F = F(z)$ um den Punkt $z_0 \in \Gamma$.

q.e.d.

Von fundamentaler Bedeutung ist die *Spiegelung am Einheitskreis*

$$\sigma(z) := \frac{1}{z}, \qquad z \in \mathbb{C} \setminus \{0\}. \tag{7}$$

Diese Funktion ist holomorph mit der Ableitung

$$\sigma'(z) = -\frac{1}{z^2}, \qquad z \in \mathbb{C} \setminus \{0\}.$$

Kombinieren wir sie mit der Spiegelung an der reellen Achse, so erfüllt die Funktion

$$f(z) := \tau \circ \sigma(z) = \frac{1}{\overline{z}}, \qquad z \in \mathbb{C} \setminus \{0\},$$

in Polarkoordinaten die Identität

$$f(re^{i\varphi}) = \frac{1}{r} e^{i\varphi}, \qquad 0 < r < +\infty, \ 0 \le \varphi < 2\pi. \tag{8}$$

Offenbar bleibt die Einheitskreislinie $|z| = 1$ unter der Abbildung $f = f(z)$ fixiert.

Wir fügen der Gaußschen Zahlenebene $\mathbb{C}$ ein weiteres Element hinzu, nämlich den *unendlich fernen Punkt* $\infty \notin \mathbb{C}$, und erhalten die *Riemannsche Zahlenkugel*

$$\overline{\mathbb{C}} := \mathbb{C} \cup \{\infty\}.$$

Wir erklären nun die ε-*Kreisscheibe um den Punkt* ∞ durch

$$K_\varepsilon(\infty) := \left\{ z \in \mathbb{C} : |z| > \frac{1}{\varepsilon} \right\} \cup \{\infty\}, \qquad 0 < \varepsilon < +\infty. \tag{9}$$

Verwenden wir weiter

$$K_\varepsilon(0) := \left\{ z \in \mathbb{C} : |z| < \varepsilon \right\},$$

so erhalten wir für alle $0 < \varepsilon < +\infty$ die topologische Abbildung

$$\sigma : K_\varepsilon(0) \setminus \{0\} \longrightarrow K_\varepsilon(\infty) \setminus \{\infty\}. \tag{10}$$

Definition 2. *Eine Menge* $O \subset \overline{\mathbb{C}}$ *nennen wir offen, falls für jeden Punkt* $z_0 \in O$ *eine Kugel* $K_\varepsilon(z_0)$ *mit hinreichend kleinem Radius* $\varepsilon > 0$ *existiert, so daß*

$$K_\varepsilon(z_0) \subset O$$

erfüllt ist. Wie üblich ist dabei

$$K_\varepsilon(z_0) := \left\{ z \in \mathbb{C} : |z - z_0| < \varepsilon \right\}$$

für alle $z \in \overline{\mathbb{C}}$ *und* $\varepsilon > 0$ *gemeint.*

Satz 6. *Das System der offenen Mengen*

$$\mathcal{T}(\overline{\mathbb{C}}) := \left\{ O \subset \overline{\mathbb{C}} : O \text{ ist offen} \right\}$$

bildet einen topologischen Raum.

Beweis: Übungsaufgabe.

Sei $z_0 \in \overline{\mathbb{C}}$. Wir erklären nun für eine Punktfolge $\{z_k\}_{k=1,2,\ldots} \subset \overline{\mathbb{C}}$ den Grenzwertbegriff

$$\lim_{k \to \infty} z_k = z_0 \quad \Longleftrightarrow \quad \begin{cases} \text{Für alle } \varepsilon > 0 \text{ gibt es ein } k_0 = k_0(\varepsilon) \in \mathbb{N}, \\ \text{so daß } z_k \in K_\varepsilon(z_0) \text{ für alle } k \geq k_0(\varepsilon) \text{ gilt.} \end{cases} \tag{11}$$

Für einen Punkt $z_0 \in \mathbb{C}$ erhalten wir den üblichen Konvergenzbegriff, währen für $z_0 = \infty$

$$\lim_{k \to \infty} z_k = z_0 \quad \Longleftrightarrow \quad \begin{cases} \text{Für alle } \varepsilon > 0 \text{ existiert ein } k_0 = k_0(\varepsilon) \in \mathbb{N}, \\[2mm] \text{so daß } |z_k| > \dfrac{1}{\varepsilon} \text{ für alle } k \geq k_0(\varepsilon) \text{ gilt} \end{cases} \tag{12}$$

richtig ist.

Als Übungsaufgabe beweise man den

Satz 7. *Die Riemannsche Zahlenkugel* $\{\overline{\mathbb{C}}, \mathcal{T}(\overline{\mathbb{C}})\}$ *ist kompakt im folgenden Sinne:*

(a) Zu jeder Punktfolge $\{z_k\}_{k=1,2,\dots} \subset \overline{\mathbb{C}}$ *gibt es eine konvergente Teilfolge* $\{z_{k_l}\}_{l=1,2,\dots} \subset \{z_k\}_{k=1,2,\dots}$ *mit der Eigenschaft*

$$z_0 := \lim_{l \to \infty} z_{k_l} \in \overline{\mathbb{C}}.$$

(b) Jede offene Überdeckung $\{O_\iota\}_{\iota \in J}$ *von* $\overline{\mathbb{C}}$ *enthält eine endliche Teilüberdeckung.*

Definition 3. *Seien* $\Omega \subset \overline{\mathbb{C}}$ *eine offene Menge und* $f : \Omega \to \overline{\mathbb{C}}$ *eine Funktion. Dann heißt* $f = f(z)$ *stetig im Punkt* $z_0 \in \Omega$, *falls es zu jedem* $\varepsilon > 0$ *ein* $\delta = \delta(\varepsilon, z_0) > 0$ *gibt, so daß*

$$f\Big(K_\delta(z_0)\Big) \subset K_\varepsilon\Big(f(z_0)\Big)$$

erfüllt ist. Falls $f = f(z)$ *in jedem Punkt* $z_0 \in \Omega$ *stetig ist, nennen wir die Funktion stetig in* Ω.

Satz 8. *Die Spiegelung am Einheitskreis*

$$\sigma(z) := \begin{cases} \infty, & z = 0 \\[2mm] \dfrac{1}{z}, & z \in \mathbb{C} \setminus \{0\} \\[2mm] 0, & z = \infty \end{cases}$$

stellt eine stetige, bijektive Abbildung $\sigma : \overline{\mathbb{C}} \to \overline{\mathbb{C}}$ *dar. Sie ist holomorph in* $\mathbb{C} \setminus \{0\}$ *mit der Ableitung*

$$\sigma'(z) = -\frac{1}{z^2}, \qquad z \in \mathbb{C} \setminus \{0\}.$$

Beweis: Übungsaufgabe.

Von der Einheitssphäre

$$S^2 := \Big\{ x = (x_1, x_2, x_3) \in \mathbb{R}^3 \ : \ |x| = 1 \Big\}$$
$$= \Big\{ (\sin \vartheta \cos \varphi, \sin \vartheta \sin \varphi, \cos \vartheta) \ : \ 0 \leq \vartheta \leq \pi, \ 0 \leq \varphi < 2\pi \Big\}$$

erklären wir die *stereographische Projektion* in die Ebene $\mathbb{R}^2 = \mathbb{C}$ gemäß

$$\pi : S^2 \longrightarrow \mathbb{R}^2 \cup \{\infty\}, \quad S^2 \ni (x_1, x_2, x_3) \mapsto (p_1, p_2) \in \mathbb{R}^2 \cup \{\infty\} \quad (13)$$

mit

$$x_1 = \sin\vartheta\cos\varphi, \quad x_2 = \sin\vartheta\sin\varphi, \quad x_3 = \cos\vartheta,$$

$$p_1 = \frac{\sin\vartheta\cos\varphi}{1-\cos\vartheta}, \quad p_2 = \frac{\sin\vartheta\sin\varphi}{1-\cos\vartheta}.$$

Diese Abbildung ist bijektiv und auf $S^2 \setminus \{(0,0,1)\}$ konform in dem Sinne, daß die orientierten Winkel zwischen zwei sich schneidenden Kurven unter der Abbildung $\pi : S^2 \setminus \{(0,0,1)\} \to \mathbb{R}^2$ erhalten bleiben. Man siehe hierzu die Monographie [BL].

Für eine Punktfolge $\{x^{(k)}\}_{k=1,2,3,\ldots} \subset S^2 \setminus \{(0,0,1)\}$ mit $x^{(k)} \to (0,0,1)$ für $k \to \infty$ gilt

$$\pi\left(x^{(k)}\right) \longrightarrow \infty \quad \text{für} \quad k \to \infty.$$

Also ist es sinnvoll, $\pi((0,0,1)) := \infty$ zu definieren, um die Abbildung π stetig auf S^2 fortzusetzen.

§4 Isolierte Singularitäten und der allgemeine Residuensatz

Dem Gaußschen Integralsatz in der Ebene entnehmen wir den fundamentalen

Satz 1. (Allgemeiner Residuensatz)
Voraussetzungen:

I. Sei $G \subset \mathbb{C}$ ein beschränktes Gebiet, dessen Randpunkte $\dot{G}$ aus dem Äußeren erreichbar sind, d.h. für alle $z_0 \in \dot{G}$ gibt es eine Folge $\{z_k\}_{k=1,2,\ldots} \subset \mathbb{C} \setminus \overline{G}$ mit

$$\lim_{k\to\infty} z_k = z_0.$$

Weiter gebe es $J \in \mathbb{N}$ reguläre C^1-Kurven

$$X^{(j)}(t) : [a_j, b_j] \longrightarrow \mathbb{C} \in C^1([a_j, b_j], \mathbb{C}), \quad j = 1, \ldots, J,$$

mit den Eigenschaften

$$X^{(j)}\left((a_j, b_j)\right) \cap X^{(k)}\left((a_k, b_k)\right) = \emptyset, \quad j, k \in \{1, \ldots, J\}, \quad j \neq k,$$

sowie

$$\dot{G} = \bigcup_{j=1}^{J} X^{(j)}\left([a_j, b_j]\right).$$

Schließlich liege das Gebiet G zur Linken der Kurven, d.h.

$$-i \left| \frac{d}{dt} X^{(j)}(t) \right|^{-1} \frac{d}{dt} X^{(j)}(t), \qquad t \in (a_j, b_j), \quad j = 1, \ldots, J,$$

stellt den äußeren Normalenvektor an das Gebiet G dar. Das Gesamtintegral über diese Kurven bezeichnen wir mit $\int\limits_{\partial G} \cdots$

II. *Seien ferner N singuläre Punkte (bzw. $N = 0$, also keine singulären Punkte) $\zeta_j \in G$, $j = 1, \ldots, N$, mit $N \in \mathbb{N} \cup \{0\}$ gegeben, so erklären wir die Mengen*

$$G' := G \setminus \{\zeta_1, \ldots, \zeta_N\} \quad sowie \quad \overline{G}' := \overline{G} \setminus \{\zeta_1, \ldots, \zeta_N\}.$$

III. *Sei $f = f(z) : \overline{G}' \to \mathbb{C} \in C^1(G', \mathbb{C}) \cap C^0(\overline{G}', \mathbb{C})$ eine Funktion, welche der inhomogenen Cauchy-Riemann-Gleichung*

$$\frac{\partial}{\partial \overline{z}} f(z) = g(z) \qquad für\ alle \quad z \in G' \tag{1}$$

genügt.

IV. *Schließlich sei*

$$\iint\limits_{G'} |g(z)|\, dx dy < +\infty$$

für die rechte Seite der Differentialgleichung (1) erfüllt.

Behauptung: *Dann existieren die Limites*

$$\mathrm{Res}\,(f, \zeta_k) := \lim_{\varepsilon \to 0+} \left\{ \frac{\varepsilon}{2\pi} \int\limits_0^{2\pi} f(\zeta_k + \varepsilon e^{i\varphi}) e^{i\varphi}\, d\varphi \right\} \tag{2}$$

für $k = 1, \ldots, N$, und es gilt

$$\int\limits_{\partial G} f(z)\, dz - 2i \iint\limits_{G'} g(z)\, dx dy = 2\pi i \sum_{k=1}^N \mathrm{Res}\,(f, \zeta_k). \tag{3}$$

Beweis: Wir wenden den Gaußschen Integralsatz an auf das Gebiet

$$G_\varepsilon := \left\{ z \in G\, :\, |z - \zeta_k| > \varepsilon_k \ \ für\ k = 1, \ldots, N \right\}$$

mit $\varepsilon = (\varepsilon_1, \ldots, \varepsilon_N)$ und $\varepsilon_1 > 0, \ldots, \varepsilon_N > 0$. Mit $f(z) = u(x, y) + iv(x, y)$ sowie

$$\partial G_\varepsilon\, :\, z(t) = x(t) + iy(t), \qquad t \in [a_k, b_k], \quad k = 1, \ldots, K = J + N,$$

erhalten wir

$$\int\limits_{\partial G_\varepsilon} f(z)\,dz = \int\limits_{\partial G_\varepsilon} (u+iv)\,(dx+idy)$$

$$= \int\limits_{\partial G_\varepsilon} (u\,dx - v\,dy) + i \int\limits_{\partial G_\varepsilon} (v\,dx + u\,dy)$$

$$= \sum_{k=1}^{K} \int\limits_{a_k}^{b_k} (ux' - vy')\,dt + i \sum_{k=1}^{K} \int\limits_{a_k}^{b_k} (vx' + uy')\,dt.$$

Für die äußere Normale an das Gebiet G_ε gilt nun

$$\xi(z(t)) = -i \left\{ x'(t)^2 + y'(t)^2 \right\}^{-\frac{1}{2}} \left\{ x'(t) + iy'(t) \right\}$$

$$= \left\{ x'(t)^2 + y'(t)^2 \right\}^{-\frac{1}{2}} \left(y'(t), -x'(t) \right)$$

mit $t \in (a_k, b_k)$ für $k = 1, \dots, K$. Somit folgt mit dem Gaußschen Integralsatz

$$\int\limits_{\partial G_\varepsilon} f(z)\,dz = \sum_{k=1}^{K} \int\limits_{a_k}^{b_k} \left\{ (-v, -u) \cdot \xi \right\} \Big|_{z(t)} d\sigma(t) + i \sum_{k=1}^{K} \int\limits_{a_k}^{b_k} \left\{ (u, -v) \cdot \xi \right\} \Big|_{z(t)} d\sigma(t)$$

$$= \iint\limits_{G_\varepsilon} (-v_x - u_y + iu_x - iv_y)\,dxdy$$

mit dem Linienelement

$$d\sigma(t) = \sqrt{x'(t)^2 + y'(t)^2}\,dt.$$

Beachten wir nun

$$2if_{\bar z} = i(f_x + if_y) = -f_y + if_x = -u_y - iv_y + iu_x - v_x \,,$$

so folgt

$$\int\limits_{\partial G} f(z)\,dz - 2i \iint\limits_{G_\varepsilon} f_{\bar z}(z)\,dxdy = \sum_{k=1}^{N} \oint\limits_{|z - \zeta_k| = \varepsilon_k} f(z)\,dz. \qquad (4)$$

Hierbei wird auf der rechten Seite über die positiv orientierten Kreislinien integriert. Da wir nun auf der linken Seite in (4) für jedes $k \in \{1, \dots, N\}$ den Grenzübergang $\varepsilon_k \to 0_+$ durchführen können, so existiert der Grenzwert auf der rechten Seite, d.h. es gilt

$$\lim_{\varepsilon_k \to 0_+} \oint\limits_{|z - \zeta_k| = \varepsilon_k} f(z)\,dz \in \mathbb{C}.$$

Insbesondere berechnen wir

$$\lim_{\varepsilon_k \to 0+} \oint_{|z-\zeta_k|=\varepsilon_k} f(z)\, dz = \lim_{\varepsilon_k \to 0+} \left\{ \varepsilon_k \int_0^{2\pi} f(\zeta_k + \varepsilon_k e^{i\varphi}) i e^{i\varphi}\, d\varphi \right\}$$

$$= 2\pi i \lim_{\varepsilon_k \to 0+} \left\{ \frac{\varepsilon_k}{2\pi} \int_0^{2\pi} f(\zeta_k + \varepsilon_k e^{i\varphi}) e^{i\varphi}\, d\varphi \right\}$$

$$= 2\pi i \operatorname{Res}(f, \zeta_k)$$

für $k = 1, \ldots, N$. Beim Grenzübergang $\varepsilon \to 0$ in (4) erhalten wir

$$\int_G f(z)\, dz - 2i \iint_{G'} g(z)\, dx dy = 2\pi i \sum_{k=1}^{N} \operatorname{Res}(f, \zeta_k),$$

und damit die Behauptung.   q.e.d.

Definition 1. *Wir nennen $\operatorname{Res}(f, \zeta_k)$ aus (2) das Residuum von f an der Stelle ζ_k.*

Definition 2. *Wir bezeichnen Gebiete $G \subset \mathbb{C}$, die der Voraussetzung I. von Satz 1 genügen, als Normalgebiete.*

Bemerkungen zu Satz 1:

1. Im Fall $N = 0$ ohne singuläre Punkte erhalten wir den *Gaußschen Satz in komplexer Form*

$$\iint_G \frac{\partial}{\partial \bar{z}} f(z)\, dx dy = \frac{1}{2i} \int_{\partial G} f(z)\, dz. \tag{5}$$

2. Im Fall $g(z) \equiv 0$ in G' ist $f = f(z)$ holomorph in G', und es folgt der *Residuensatz*

$$\int_{\partial G} f(z)\, dz = 2\pi i \sum_{k=1}^{N} \operatorname{Res}(f, \zeta_k). \tag{6}$$

3. Ist $f = f(z)$ beschränkt um den Punkt ζ_k, d.h. gilt

$$\sup_{0<|z-\zeta_k|<\varepsilon_k} |f(z)| < +\infty,$$

so folgt $\operatorname{Res}(f, \zeta_k) = 0$.

4. Haben wir die Darstellung

$$f(z) = \frac{\Phi(z)}{z - \zeta_k}, \qquad 0 < |z - \zeta_k| < \varepsilon_k, \tag{7}$$

mit einer in ζ_k stetigen Funktion $\Phi = \Phi(z)$, so ist

$$\text{Res}\,(f, \zeta_k) = \lim_{\varepsilon \to 0+} \left\{ \frac{\varepsilon}{2\pi} \int\limits_0^{2\pi} \frac{\Phi(\zeta_k + \varepsilon e^{i\varphi})}{\varepsilon e^{i\varphi}}\, e^{i\varphi}\, d\varphi \right\}$$

$$= \lim_{\varepsilon \to 0+} \left\{ \frac{1}{2\pi} \int\limits_0^{2\pi} \Phi(\zeta_k + \varepsilon e^{i\varphi})\, d\varphi \right\},$$

also

$$\text{Res}\,(f, \zeta_k) = \Phi(\zeta_k).$$

Satz 2. (Integraldarstellung)
Seien die Voraussetzungen I. bis IV. von Satz 1 erfüllt. Zusätzlich genüge die Funktion $f = f(z)$ der Bedingung

$$\sup_{z \in G'} |f(z)| < +\infty. \tag{8}$$

Dann gilt die Integraldarstellung

$$f(z) = \frac{1}{2\pi i} \int\limits_{\partial G} \frac{f(\zeta)}{\zeta - z}\, d\zeta - \frac{1}{\pi} \iint\limits_{G''} \frac{g(\zeta)}{\zeta - z}\, d\xi d\eta, \qquad z \in G', \tag{9}$$

wobei wir $G'' := G' \setminus \{z\}$ und $\zeta = \xi + i\eta$ benutzen.

Beweis: Für ein festes $z \in G'$ wenden wir Satz 1 auf die Funktion

$$h(\zeta) := \frac{f(\zeta)}{\zeta - z}, \qquad \zeta \in G'',$$

an. Dann berechnen wir

$$\int\limits_{\partial G} h(\zeta)\, d\zeta - 2i \iint\limits_{G''} h_{\overline{\zeta}}(\zeta)\, d\xi d\eta = 2\pi i \sum_{k=1}^{N} \text{Res}\,(h, \zeta_k) + 2\pi i\,\text{Res}\,(h, z)$$

$$= 2\pi i f(z).$$

Also folgt

$$f(z) = \frac{1}{2\pi i} \int\limits_{\partial G} \frac{f(\zeta)}{\zeta - z}\, d\zeta - \frac{1}{\pi} \iint\limits_{G''} \frac{g(\zeta)}{\zeta - z}\, d\xi d\eta, \qquad z \in G',$$

was der Behauptung entspricht.   q.e.d.

Als erste Folgerung erhalten wir den

Satz 3. (Riemannscher Hebbarkeitssatz)
In der punktierten Kreisscheibe

$$\Omega := \left\{ z \in \mathbb{C} : 0 < |z - z_0| \le r \right\}$$

mit $z_0 \in \mathbb{C}$ und $r \in (0, +\infty)$ sei die Funktion $f : \Omega \to \mathbb{C}$ holomorph und beschränkt, d.h. es gilt

$$\sup_{z \in \Omega} |f(z)| < +\infty.$$

Dann ist $f = f(z)$ holomorph auf die Kreisscheibe

$$\hat{\Omega} := \left\{ z \in \mathbb{C} : |z - z_0| \le r \right\}$$

fortsetzbar.

Beweis: Wir wenden Satz 2 auf die Menge Ω und die holomorphe Funktion $f = f(z)$ an und entnehmen der Integraldarstellung

$$f(z) = \frac{1}{2\pi i} \oint\limits_{|\zeta - z_0| = r} \frac{f(\zeta)}{\zeta - z}\, d\zeta, \qquad z \in \Omega, \tag{10}$$

bereits die Behauptung.   q.e.d.

Wir untersuchen nun holomorphe Funktionen in der Umgebung singulärer Stellen.

Satz 4. (Laurent)
In der punktierten Kreisscheibe

$$\Omega := \left\{ z \in \mathbb{C} : 0 < |z - z_0| < r \right\}, \qquad z_0 \in \mathbb{C}, \quad r \in (0, +\infty),$$

sei die Funktion $f = f(z)$ holomorph. Dann gilt die Darstellung

$$f(z) = \sum_{n=-\infty}^{+\infty} a_n (z - z_0)^n \qquad \text{für alle} \quad z \in \Omega \tag{11}$$

mit den Koeffizienten

$$a_n := \frac{1}{2\pi i} \oint\limits_{|\zeta - z_0| = \varrho} \frac{f(\zeta)}{(\zeta - z_0)^{n+1}}\, d\zeta \qquad \text{für} \quad n \in \mathbb{Z},$$

wobei $\varrho \in (0, r)$ beliebig gewählt ist. Die Konvergenz dieser Laurentreihe *mit dem* Hauptteil

$$g(z) := \sum_{n=-1}^{-\infty} a_n (z - z_0)^n, \qquad z \in \Omega,$$

und dem Nebenteil

$$h(z) := \sum_{n=0}^{+\infty} a_n (z - z_0)^n, \qquad z \in \Omega,$$

ist gleichmäßig in jedem Kompaktum in Ω. Schließlich gilt

$$Res\,(f, z_0) = a_{-1}. \tag{12}$$

Bemerkung: Durch Berechnung der Laurentreihe kann man das Residuum als Koeffizient a_{-1} ermitteln und so mit Hilfe des Residuensatzes Integrale berechnen. Die Koeffizienten der Laurentreihe sind eindeutig bestimmt.

Beweis des Satzes: Ohne Einschränkung können wir $z_0 = 0$ wählen. Ist nun $z \in \Omega$, so wählen wir $0 < \varepsilon < |z| < \delta < r$ und wenden den Satz 2 auf das Gebiet

$$G := \Big\{ z \in \mathbb{C} : \varepsilon < |z| < \delta \Big\}$$

an. Dann folgt

$$f(z) = \frac{1}{2\pi i} \oint_{|\zeta|=\delta} \frac{f(\zeta)}{\zeta - z}\, d\zeta - \frac{1}{2\pi i} \oint_{|\zeta|=\varepsilon} \frac{f(\zeta)}{\zeta - z}\, d\zeta \qquad \text{für alle}\quad z \in G.$$

Wie üblich erhalten wir durch Entwicklung die Potenzreihe

$$\frac{1}{2\pi i} \oint_{|\zeta|=\delta} \frac{f(\zeta)}{\zeta - z}\, d\zeta = \sum_{n=0}^{\infty} a_n z^n \qquad \text{für}\quad |z| < \delta,$$

also den Nebenteil der Laurentreihe. Wir entwickeln nun für alle $|\zeta| = \varepsilon$ und $|z| > \varepsilon$ den Ausdruck

$$-\frac{1}{\zeta - z} = \frac{1}{z}\frac{1}{1 - \frac{\zeta}{z}} = \frac{1}{z}\sum_{n=0}^{\infty} \frac{\zeta^n}{z^n} = \sum_{n=0}^{\infty} \zeta^n z^{-n-1},$$

wobei die Konvergenz der Reihe in jedem Kompaktum gleichmäßig ist. Für alle $|z| > \varepsilon$ ist demnach

$$-\frac{1}{2\pi i} \oint_{|\zeta|=\varepsilon} \frac{f(\zeta)}{\zeta - z}\, d\zeta = \sum_{n=0}^{\infty} \left(\frac{1}{2\pi i} \oint_{|\zeta|=\varepsilon} \frac{f(\zeta)}{\zeta^{-n}}\, d\zeta \right) z^{-n-1}$$

$$= \sum_{n=0}^{\infty} a_{-n-1} z^{-n-1}$$

$$= \sum_{n=-1}^{-\infty} a_n z^n,$$

erfüllt, falls $|z| > \varepsilon$ gilt. Dieses liefert den Hauptteil der Laurentreihe. Insgesamt ist nun die gleichmäßige Konvergenz von

$$f(z) = \sum_{n=-\infty}^{+\infty} a_n z^n \qquad \text{für} \quad \varepsilon < |z| < \delta$$

gezeigt, wobei $0 < \varepsilon < \delta < r$ beliebig gewählt werden kann.   q.e.d.

Definition 3. *Die holomorphe Funktion $f = f(z)$ sei gemäß Satz 4 in der Umgebung von $z_0 \in \mathbb{C}$ durch ihre Laurentreihe (11) dargestellt.*

i) *Falls es für jede Zahl $N \in \mathbb{Z}$ einen Koeffizienten $a_n \neq 0$ mit $n \leq N$ gibt, so sagen wir, im Punkt z_0 besitzt die Funktion f eine wesentliche Singularität.*

ii) *Gibt es nun eine Zahl $N \in \mathbb{Z}$ mit $N < 0$, so daß $a_n = 0$ für alle $n < N$ sowie $a_N \neq 0$ erfüllt sind, so sagen wir, f hat im Punkt z_0 einen Pol der Ordnung $(-N) \in \mathbb{N}$.*

iii) *Ist schließlich $a_n = 0$ für alle $n \in \mathbb{Z}$ mit $n < 0$ richtig, sagen wir, f besitzt im Punkt z_0 eine hebbare Singularität.*

Satz 5. (Casorati, Weierstraß)
Seien die Voraussetzungen und Bezeichnungen von Satz 4 gültig, und zusätzlich sei die Funktion $f : \overline{\Omega} \to \overline{\mathbb{C}}$ stetig. Dann besitzt $f = f(z)$ im Punkt z_0 keine wesentliche Singularität. Sie hat in diesem Punkt einen Pol genau dann, wenn $f(z_0) = \infty$ richtig ist, und sie besitzt in z_0 eine hebbare Singularität genau dann, falls $f(z_0) \in \mathbb{C}$ gilt.

Beweis: Da die Funktion $f : \Omega \to \mathbb{C}$ stetig in den Punkt z_0 fortsetzbar ist, gibt es eine Konstante $c \in \mathbb{C}$ und ein $\varepsilon > 0$, so daß

$$f(z) \neq c \qquad \text{für alle} \quad z \in K_\varepsilon(z_0)$$

gilt. Wir gehen nun über zur holomorphen Funktion

$$g(z) := \frac{1}{f(z) - c}, \qquad z \in K_\varepsilon(z_0) \setminus \{z_0\}.$$

Wegen

$$\sup_{0 < |z - z_0| < \varepsilon} |g(z)| < +\infty$$

kann $g = g(z)$ holomorph in den Punkt z_0 nach dem Riemannschen Hebbarkeitssatz fortgesetzt werden. Somit gibt es eine holomorphe Funktion $h = h(z)$, $z \in K_\varepsilon(z_0)$, mit $h(z_0) \neq 0$ sowie ein $n \in \mathbb{N}_0$, so daß

$$\frac{1}{f(z) - c} = g(z) = (z - z_0)^n h(z), \qquad z \in K_\varepsilon(z_0) \setminus \{z_0\},$$

richtig ist. Dann erhalten wir

$$f(z) = c + (z - z_0)^{-n} h(z)^{-1} = \sum_{k=-n}^{+\infty} b_k (z - z_0)^k = (z - z_0)^N \psi(z)$$

für alle $z \in K_\varepsilon(z_0) \setminus \{z_0\}$. Hierbei ist $N \in \mathbb{Z}$ und $\psi = \psi(z)$, $z \in K_\varepsilon(z_0)$ ist eine holomorphe Funktion mit $\psi(z_0) \neq 0$. Nun besitzt $f = f(z)$ in z_0 einen Pol genau dann, wenn

$$\lim_{\substack{z \to z_0 \\ z \neq z_0}} |f(z)| = \lim_{\substack{z \to z_0 \\ z \neq z_0}} \left\{ |z - z_0|^N |\psi(z)| \right\} = |\psi(z_0)| \lim_{\substack{z \to z_0 \\ z \neq z_0}} |z - z_0|^N = +\infty,$$

gilt, also

$$f(z_0) = \infty.$$

Ebenso hat die Funktion im Punkt z_0 eine hebbare Singularität genau dann, wenn

$$\lim_{\substack{z \to z_0 \\ z \neq z_0}} |f(z)| = \lim_{\substack{z \to z_0 \\ z \neq z_0}} \left\{ |z - z_0|^N |\psi(z)| \right\} = |\psi(z_0)| \lim_{\substack{z \to z_0 \\ z \neq z_0}} |z - z_0|^N < +\infty$$

bzw.

$$f(z_0) \in \mathbb{C}$$

richtig ist. Daraus folgt die Behauptung.   q.e.d.

Bemerkung: Mit der oben angegebenen Methode kann man zeigen, daß eine Funktion mit einer wesentlichen Singularität z_0 in der Umgebung dieses Punktes jedem Wert in $\mathbb{C}$ beliebig nahe kommt.

Auf

$$\Omega := \left\{ z \in \mathbb{C} : 0 < |z - z_0| < r \right\}$$

habe die holomorphe Funktion $f : \Omega \to \mathbb{C}$ keine wesentliche Singularität im Punkt z_0. Dann haben wir die Darstellung

$$f(z) = (z - z_0)^n \varphi(z), \qquad z \in \Omega, \quad n \in \mathbb{Z}, \tag{13}$$

mit der holomorphen Funktion $\varphi : \Omega \cup \{z_0\} \to \mathbb{C}$, die $\varphi(z_0) \neq 0$ erfüllt.

Definition 4. *Wir nennen die ganze Zahl $n \in \mathbb{Z}$ aus der Darstellung (13) die Ordnung der Nullstelle z_0.*

Bemerkung: Falls $n \in \mathbb{N}$ gilt, so folgt $f(z_0) = 0$. Für $n = 0$ ist $f(z_0) \neq 0$ erfüllt. Im Falle $n \in -\mathbb{N}$ besitzt $f = f(z)$ in z_0 einen Pol der Ordnung $N = -n \in \mathbb{N}$, und wir haben $f(z_0) = \infty$.

Satz 6. (Prinzip vom Argument)
Seien die Voraussetzungen I. und II. von Satz 1 erfüllt. Die Funktion $f = f(z) : \overline{G}' \to \mathbb{C} \setminus \{0\}$ sei holomorph in $\overline{G}'$ und fortsetzbar in die singulären Punkte als stetige Funktion $f : \overline{G} \to \overline{\mathbb{C}}$. Mit $n_k = n_k(\zeta_k) \in \mathbb{Z}$, $k = 1, \ldots, N$,

bezeichnen wir die Ordnung der Nullstellen von den singulären Punkten ζ_k, $k = 1, \ldots, N$. *Dann gilt die Indexsummenformel*

$$\sum_{k=1}^{N} n_k = \frac{1}{2\pi i} \int_{\partial G} \frac{1}{f(\zeta)} \Big\{ f_\xi(\zeta)\, d\xi + f_\eta(\zeta)\, d\eta \Big\}. \qquad (14)$$

Beweis: Wir wenden den Residuensatz an auf die holomorphe Funktion

$$F(z) := \frac{f'(z)}{f(z)}, \qquad z \in \overline{G}'\,.$$

Wir haben die Entwicklungen

$$f(z) = (z - \zeta_k)^{n_k} \varphi_k(z), \qquad z \in G \setminus \{\zeta_k\}, \quad z \to \zeta_k, \qquad (15)$$

mit den holomorphen Funktionen $\varphi_k = \varphi_k(z)$, die $\varphi_k(\zeta_k) \neq 0$ erfüllen. Es folgt

$$F(z) = \frac{n_k(z-\zeta_k)^{n_k-1}\varphi_k(z) + (z-\zeta_k)^{n_k}\varphi_k'(z)}{(z-\zeta_k)^{n_k}\varphi_k(z)}$$

$$= \frac{n_k}{z - \zeta_k} + \frac{\varphi_k'(z)}{\varphi_k(z)}$$

für $z \in G \setminus \{\zeta_k\}$, $z \to \zeta_k$, und somit

$$\mathrm{Res}\,(F, \zeta_k) = n_k\,, \qquad k = 1, \ldots, N. \qquad (16)$$

Der Residuensatz liefert nun

$$\sum_{k=1}^{N} n_k = \sum_{k=1}^{N} \mathrm{Res}\,(F, \zeta_k) = \frac{1}{2\pi i} \int_{\partial G} F(\zeta)\, d\zeta$$

$$= \frac{1}{2\pi i} \int_{\partial G} \frac{f'(\zeta)}{f(\zeta)}\, d\zeta = \frac{1}{2\pi i} \int_{\partial G} \frac{f_\xi\, d\xi + i f_\xi\, d\eta}{f}$$

$$= \frac{1}{2\pi i} \int_{\partial G} \frac{f_\xi\, d\xi + f_\eta\, d\eta}{f}\,,$$

woraus die Behauptung folgt. \qquad\qquad\qquad\qquad\qquad\qquad q.e.d.

Bemerkung: Man vergleiche Kapitel III, § 1, um den Zusammenhang mit der Windungszahl und die Bezeichnung *Prinzip vom Argument* zu verstehen.

Wir wollen nun die Eigenschaften des singulären Doppelintegrals aus der Darstellung (9) untersuchen.

Definition 5. *Sei $\Omega \subset \mathbb{C}$ eine beschränkte offene Menge, und die beschränkte stetige Funktion*

$$g \in L^\infty(\Omega, \mathbb{C}) \cap C^0(\Omega, \mathbb{C})$$

sei vorgelegt. Dann nennen wir

$$T_\Omega[g](z) := -\frac{1}{\pi} \iint\limits_{\Omega} \frac{g(\zeta)}{\zeta - z} \, d\xi d\eta, \qquad z \in \Omega, \tag{17}$$

den Cauchyschen Integraloperator; dabei ist wie üblich $\zeta = \xi + i\eta$ gesetzt.

Satz 7. (Hadamardsche Abschätzung)
Seien $\Omega \subset \mathbb{C}$ eine beschränkte offene Menge und $g \in C^0(\Omega, \mathbb{C})$ eine Funktion mit der Eigenschaft

$$\|g\|_\infty := \sup_{\zeta \in \Omega} |g(\zeta)| < +\infty.$$

Dann gibt es eine Konstante $\gamma \in (0, +\infty)$, so daß die Funktion

$$\psi(z) := T_\Omega[g](z), \qquad z \in \mathbb{C},$$

die Ungleichung

$$|\psi(z_1) - \psi(z_2)| \le 2\gamma \|g\|_\infty |z_1 - z_2| \log \frac{\vartheta(z_1)}{|z_1 - z_2|} \tag{18}$$

$$\text{für alle } z_1, z_2 \in \mathbb{C} \text{ mit } |z_1 - z_2| \le \frac{1}{2} \vartheta(z_1)$$

erfüllt. Hierbei haben wir

$$\vartheta(z_1) := \sup_{z \in \Omega} |z - z_1|$$

gesetzt.

Beweis: Seien $z_1, z_2 \in \mathbb{C}$ mit $z_1 \ne z_2$, so folgt

$$\begin{aligned}
\psi(z_1) - \psi(z_2) &= \frac{1}{\pi} \iint\limits_{\Omega} \left(\frac{g(\zeta)}{\zeta - z_2} - \frac{g(\zeta)}{\zeta - z_1} \right) d\xi d\eta \\
&= \frac{1}{\pi} \iint\limits_{\Omega} \frac{z_2 - z_1}{(\zeta - z_2)(\zeta - z_1)} g(\zeta) \, d\xi d\eta.
\end{aligned} \tag{19}$$

Mit Hilfe der Transformation

$$\zeta = z_1 + z(z_2 - z_1), \qquad z \in \mathbb{C},$$

mit $0 \mapsto z_1$ bzw. $1 \mapsto z_2$, welche die Funktionaldeterminante $|z_2 - z_1|^2$ besitzt, schätzen wir nun wie folgt ab:

$|\psi(z_1) - \psi(z_2)|$

$$\leq \frac{1}{\pi}|z_2 - z_1|\|g\|_\infty \iint\limits_{\Omega} \frac{1}{|\zeta - z_1||\zeta - z_2|} \, d\xi d\eta$$

$$\leq \frac{1}{\pi}|z_2 - z_1|\|g\|_\infty \iint\limits_{\zeta : |\zeta - z_1| \leq \vartheta(z_1)} \frac{1}{|\zeta - z_1||\zeta - z_2|} \, d\xi d\eta$$

$$= \frac{1}{\pi}|z_2 - z_1|\|g\|_\infty \iint\limits_{z : |z| \leq \frac{\vartheta(z_1)}{|z_2 - z_1|}} \frac{1}{|z(z_2 - z_1)||(z - 1)(z_2 - z_1)|} |z_2 - z_1|^2 \, dx dy$$

$$= \frac{1}{\pi}|z_2 - z_1|\|g\|_\infty \iint\limits_{z : |z| \leq \frac{\vartheta(z_1)}{|z_1 - z_2|}} \frac{1}{|z||z - 1|} \, dx dy.$$

Es existiert nun eine Konstante $\gamma \in (0, +\infty)$, so daß

$$\iint\limits_{|z| \leq R} \frac{1}{|z||z - 1|} \, dx dy \leq \gamma \iint\limits_{1 \leq |z| \leq R} \frac{1}{|z|^2} \, dx dy \qquad \text{für alle} \quad R \in [2, +\infty) \qquad (20)$$

richtig ist. Für die Punkte $z_1, z_2 \in \mathbb{C}$ mit $0 < |z_1 - z_2| \leq \frac{1}{2}\vartheta(z_1)$ folgt

$$2 \leq \frac{\vartheta(z_1)}{|z_1 - z_2|},$$

und somit erhalten wir mit

$$|\psi(z_1) - \psi(z_2)| \leq \frac{\gamma}{\pi}|z_2 - z_1|\|g\|_\infty \iint\limits_{1 \leq |z| \leq \frac{\vartheta(z_1)}{|z_2 - z_1|}} \frac{1}{|z|^2} \, dx dy$$

$$= \frac{\gamma}{\pi}\|g\|_\infty |z_2 - z_1| 2\pi \int\limits_{1}^{\frac{\vartheta(z_1)}{|z_1 - z_2|}} \frac{1}{r^2} r \, dr$$

$$= 2\gamma\|g\|_\infty |z_1 - z_2| \log\frac{\vartheta(z_1)}{|z_1 - z_2|}$$

die Behauptung.   q.e.d.

Definition 6. *Auf einer Menge $\Omega \subset \mathbb{R}^n$ betrachten wir eine Funktion $f : \Omega \to \mathbb{R}^m$ mit $m, n \in \mathbb{N}$. Weiter sei $\omega : [0, +\infty) \to [0, +\infty)$ eine stetige Funktion mit $\omega(0) = 0$, welche einen Stetigkeitsmodul angibt. Dann heißt f Dini-stetig, falls*

$$|f(x) - f(y)| \leq \omega(|x - y|) \qquad \text{für alle} \quad x, y \in \Omega \qquad (21)$$

gilt. Im Spezialfall

$$\omega(t) = Lt, \qquad t \in [0, +\infty),$$

heißt f Lipschitz-stetig mit der Lipschitzkonstanten $L \in [0, +\infty)$. Haben wir

$$\omega(t) = Ht^\alpha, \qquad t \in [0, +\infty),$$

so nennen wir f Hölder-stetig mit der Hölderkonstanten $H \in [0, +\infty)$ und dem Hölderexponenten $\alpha \in (0, 1)$.

Folgerung aus Satz 7: Die Funktion $\psi(z) = T_\Omega[g](z)$, $z \in \overline{\Omega}$, ist Dini-stetig mit dem Stetigkeitsmodul

$$\omega(t) = 2\gamma \|g\|_\infty t \log \frac{\vartheta}{t}, \qquad t \in [0, +\infty), \quad \vartheta := \operatorname{diam} \Omega. \qquad (22)$$

Zu jedem Hölderexponenten $\alpha \in (0, 1)$ ist somit $\psi = \psi(z)$ in $\overline{\Omega}$ Hölder-stetig.

Satz 8. (Allgemeiner Hebbarkeitssatz)

Seien die Voraussetzungen I. bis IV. von Satz 1 erfüllt. Weiter genüge die Funktion $f = f(z)$ der Bedingung

$$\sup_{z \in G'} |f(z)| < +\infty,$$

und die rechte Seite $g = g(z)$ der inhomogenen Cauchy-Riemannschen Differentialgleichung (1) erfülle

$$\sup_{z \in G'} |g(z)| < +\infty.$$

Dann ist die Funktion $f = f(z)$ Hölder-stetig in die singulären Punkt $\zeta_1, \ldots, \zeta_N \in G$ fortsetzbar zu beliebigem Hölderexponenten $\alpha \in (0, 1)$.

Beweis: Man verwende Satz 2 und Satz 7.   q.e.d.

§5 Die inhomogene Cauchy-Riemannsche Differentialgleichung

Neben der hervorragenden Monographie [V] verweisen wir auf

I. N. Vekua: *Systeme von Differentialgleichungen erster Ordnung vom elliptischen Typus und Randwertaufgaben.* Deutscher Verlag der Wissenschaften, Berlin, 1956.

Definition 1. *In der offenen Menge $\Omega \subset \mathbb{C}$ sei die stetige Funktion $\Phi : \Omega \to \mathbb{C}$ gegeben. Zu einem festen Punkt $z_0 \in \Omega$ betrachten wir Normalgebiete G_k, $k = 1, 2, \ldots$, vom topologischen Typ der Kreisscheibe mit dem Flächeninhalt $|G_k|$ und der Länge ihrer Randkurven $|\partial G_k|$, welche die Inklusion*

$$z_0 \in G_k \subset \Omega, \qquad k \in \mathbb{N}, \tag{1}$$

und die Bedingung

$$\lim_{k \to \infty} |\partial G_k| = 0 \tag{2}$$

erfüllen. Wenn für alle diese Folgen von Gebieten $\{G_k\}_{k=1,2,\ldots}$ der Grenzwert

$$\lim_{k \to \infty} \frac{1}{2i|G_k|} \int\limits_{\partial G_k} \Phi(z)\, dz =: \frac{d}{d\bar{z}}\, \Phi(z_0) \tag{3}$$

existiert, so nennen wir $\Phi = \Phi(z)$ an der Stelle z_0 (schwach) im Sinne von Pompeiu differenzierbar.

Bemerkung: Für $\Phi \in C^1(\Omega, \mathbb{C})$ erhalten wir mit dem Gaußschen Integralsatz in komplexer Form die Identität

$$\frac{d}{d\bar{z}}\, \Phi(z_0) = \Phi_{\bar{z}}(z_0) \qquad \text{für alle} \quad z_0 \in \Omega, \tag{4}$$

wobei rechts die Wirtingerableitung, links die Pompeiuableitung steht.

Definition 2. *Für die offene Menge $\Omega \subset \mathbb{C}$ erklären wir die Vekuasche Funktionenklasse*

$$C_{\bar{z}}(\Omega) := \left\{ \Phi \in C^0(\Omega, \mathbb{C}) \;:\; \begin{array}{c} \text{für alle } z \in \Omega \text{ existiert} \\ \dfrac{d}{d\bar{z}}\, \Phi(z) =: g(z) \text{ mit } g \in C^0(\Omega, \mathbb{C}) \end{array} \right\}.$$

Hilfssatz 1. *Die Differentiationsregeln in der Klasse $C^1(\Omega)$ bleiben auch in der Klasse $C_{\bar{z}}(\Omega)$ gültig, sofern in der Formel nur Φ und $\Phi_{\bar{z}}$ vorkommen.*

Beweis: Seien

$$B := \left\{ \zeta = \xi + i\eta \in \mathbb{C} \;:\; |\zeta| < 1 \right\}$$

die Einheitskreisscheibe und $\chi = \chi(\zeta) \in C_0^\infty(B, [0, +\infty))$ eine Glättungsfunktion mit der Eigenschaft

$$\iint\limits_B \chi(\xi, \eta)\, d\xi d\eta = 1.$$

Für eine beliebige Funktion $\Phi = \Phi(z) \in C_{\bar{z}}(\Omega)$ betrachten wir nun die geglättete Funktion

$$\Phi^\varepsilon(z) := \iint\limits_\Omega \frac{1}{\varepsilon^2}\, \chi\left(\frac{\zeta - z}{\varepsilon}\right) \Phi(\zeta)\, d\xi d\eta, \qquad z \in \Omega \quad \text{mit} \quad \text{dist}\,(z, \mathbb{C} \setminus \Omega) \geq \varepsilon, \tag{5}$$

wobei $0 < \varepsilon < \varepsilon_0$ erfüllt ist. Als Übungsaufgabe zeige man, daß in jeder kompakten Menge $\Theta \subset \Omega$ die Aussagen

$$\Phi^{\varepsilon}(z) \longrightarrow \Phi(z) \qquad \text{für} \quad \varepsilon \to 0+ \quad \text{gleichmäßig in} \quad \Theta \tag{6}$$

sowie

$$\Phi^{\varepsilon}_{\bar{z}}(z) \longrightarrow \frac{d}{d\bar{z}}\Phi(z) \qquad \text{für} \quad \varepsilon \to 0+ \quad \text{gleichmäßig in} \quad \Theta \tag{7}$$

richtig sind. Hiermit kann man nun die Differentiationsregeln in die Klasse $C_{\bar{z}}(\Omega)$ übertragen.

q.e.d.

Hilfssatz 2. *Seien $\Omega \subset \mathbb{C}$ eine beschränkte offene Menge und $g \in C^0(\Omega, \mathbb{C}) \cap L^\infty(\Omega, \mathbb{C})$ eine Funktion. Dann ist*

$$\Psi(z) := T_\Omega[g](z), \qquad z \in \Omega,$$

in jedem Punkt $z_0 \in \Omega$ im Pompeiuschen Sinne nach $\bar{z}$ differenzierbar, und es gilt

$$\frac{d}{d\bar{z}}\Psi(z_0) = g(z_0), \qquad z_0 \in \Omega. \tag{8}$$

Beweis: Wie in Definition 1 sei $\{G_k\}_{k=1,2,\dots}$ eine Folge von Gebieten, die sich auf den Punkt $z_0 \in \Omega$ zusammenzieht. Wir verwenden die charakteristische Funktion

$$\chi_{G_k}(z) := \begin{cases} 1, z \in G_k, \\ 0, z \in \mathbb{C} \setminus G_k \end{cases}.$$

Nun folgt

$$\frac{1}{2i|G_k|} \int_{\partial G_k} \Psi(z)\,dz = \frac{1}{2i|G_k|} \int_{\partial G_k} \left(-\frac{1}{\pi} \iint_\Omega \frac{g(\zeta)}{\zeta - z}\,d\xi d\eta \right) dz$$

$$= \frac{1}{2\pi i|G_k|} \iint_\Omega \left(g(\zeta) \int_{\partial G_k} \frac{1}{z - \zeta}\,dz \right) d\xi d\eta$$

$$= \frac{1}{2\pi i|G_k|} \iint_\Omega \left(g(\zeta) 2\pi i \chi_{G_k}(\zeta) \right) d\xi d\eta$$

$$= \frac{1}{|G_k|} \iint_{G_k} g(\zeta)\,d\xi d\eta$$

für $k = 1, 2, 3, \dots$ Schließlich erhalten wir

$$\frac{d}{d\bar{z}}\Psi(z_0) = \lim_{k \to \infty} \left\{ \frac{1}{2i|G_k|} \int_{\partial G_k} \Psi(z)\,dz \right\} = g(z_0)$$

für alle $z_0 \in \Omega$.

q.e.d.

Bemerkung: Im allgemeinen gehört die Funktion $\Psi = \Psi(z)$ nicht zur Klasse $C^1(\Omega)$, jedoch zur Klasse $C_{\overline{z}}(\Omega)$.

Satz 1. (Pompeiu, Vekua)
Seien $\Omega \subset \mathbb{C}$ eine offene Menge und $g \in C^0(\Omega, \mathbb{C})$ eine stetige Funktion. Dann sind die folgenden Aussagen äquivalent:

(a) $f = f(z)$ gehört der Vekuaschen Funktionenklasse $C_{\overline{z}}(\Omega)$ an und genügt der Differentialgleichung

$$\frac{d}{d\overline{z}} f(z) = g(z), \qquad z \in \Omega, \tag{9}$$

im Pompeiuschen Sinne;

(b) $f = f(z)$ gehört zur Klasse $C^0(\Omega, \mathbb{C})$, und für jedes Normalgebiet $G \subset\subset \mathbb{C}$ gilt die Integraldarstellung

$$f(z) = \frac{1}{2\pi i} \int\limits_{\partial G} \frac{f(\zeta)}{\zeta - z} d\zeta - \frac{1}{\pi} \iint\limits_{G} \frac{g(\zeta)}{\zeta - z} d\xi d\eta, \qquad z \in G. \tag{10}$$

Beweis: Wir zeigen die Richtung $(a) \Rightarrow (b)$. Sei $f \in C_{\overline{z}}(\Omega)$ mit

$$\frac{d}{d\overline{z}} f(z) = g(z), \qquad z \in \Omega.$$

Dann gibt es eine Folge von Funktionen $f_k(z) \in C^1(\Omega, \mathbb{C})$, $k = 1, 2, \ldots$, mit

$$\begin{cases} f_k(z) \longrightarrow f(z), & z \in \Theta \\ f_{k_{\overline{z}}}(z) \longrightarrow \dfrac{d}{d\overline{z}} f(z), z \in \Theta \end{cases} \quad \text{gleichmäßig für} \quad k \to \infty \tag{11}$$

in jeder kompakten Menge $\Theta \subset \Omega$. Für jedes Normalgebiet $G \subset\subset \Omega$ gilt wegen Satz 2 aus § 4 die Identität

$$f_k(z) = \frac{1}{2\pi i} \int\limits_{\partial G} \frac{f_k(\zeta)}{\zeta - z} d\zeta - \frac{1}{\pi} \iint\limits_{G} \frac{\frac{\partial}{\partial \overline{\zeta}} f_k(\zeta)}{\zeta - z} d\xi d\eta, \qquad z \in G, \quad k \in \mathbb{N}.$$

Für $k \to \infty$ erhalten wir also die Integraldarstellung (10).

Wir zeigen die Richtung $(b) \Rightarrow (a)$. Das Kurvenintegral in (10) stellt eine analytische Funktion in G dar, während $T_G[g]$ in G stetig und im Pompeiuschen Sinne schwach nach $\overline{z}$ differenzierbar ist. Somit folgt

$$\frac{d}{d\overline{z}} f(z) = g(z), \qquad z \in G,$$

gemäß Hilfssatz 2.   q.e.d.

Definition 3. *Eine Funktion* $g : \Omega \to \mathbb{C}$ *nennen wir auf der offenen Menge* $\Omega \subset \mathbb{C}$ *Hölder-stetig, falls es zu jeder kompakten Menge* $\Theta \subset \Omega$ *eine Konstante* $H = H(\Theta) \in [0, +\infty)$ *und einen Exponenten* $\alpha = \alpha(\Theta) \in (0, 1]$ *so gibt, daß*

$$|g(z_1) - g(z_2)| \le H(\Theta)|z_1 - z_2|^{\alpha(\Theta)} \qquad \text{für alle} \quad z_1, z_2 \in \Theta \qquad (12)$$

erfüllt ist.

Definition 4. *Seien* $G \subset \mathbb{C}$ *ein Normalgebiet,* $z \in G$ *ein fester Punkt und* $f : \overline{G} \setminus \{z\} \to \mathbb{C} \in C^0(\overline{G} \setminus \{z\})$ *eine stetige Funktion. Für alle* $0 \le \varepsilon < \operatorname{dist}\{z, \mathbb{C} \setminus G\}$ *betrachten wir die Gebiete*

$$G_\varepsilon(z) := \Big\{ \zeta \in G : |\zeta - z| > \varepsilon \Big\}.$$

Wir nennen

$$\iint\limits_{G_0(z)}\!\!\!\!\!\!\!\bigcirc\;\; f(\zeta) \, d\xi d\eta := \lim_{\varepsilon \to 0+} \iint\limits_{G_\varepsilon(z)} f(\zeta) \, d\xi d\eta \qquad (13)$$

den Cauchyschen Hauptwert des Integrals

$$\iint\limits_{G_0(z)} f(\zeta) \, d\xi d\eta,$$

falls der Grenzwert in (13) existiert.

Bemerkung: Falls das uneigentliche Integral $\iint\limits_{G_0(z)} f(\zeta) \, d\xi d\eta$ existiert, so folgt

$$\iint\limits_{G_0(z)}\!\!\!\!\!\!\!\bigcirc\;\; f(\zeta) \, d\xi d\eta = \iint\limits_{G_0(z)} f(\zeta) \, d\xi d\eta. \qquad (14)$$

Beispiel 1: Wir betrachten die Funktion

$$\Lambda(z) := \Lambda_G(z) := T_G[1](z) = -\frac{1}{\pi} \iint\limits_{G} \frac{1}{\zeta - z} \, d\xi d\eta = -\frac{1}{\pi} \iint\limits_{G_0(z)}\!\!\!\!\!\!\!\bigcirc\;\; \frac{1}{\zeta - z} \, d\xi d\eta$$

für alle $z \in G$. Nun liefert der Gaußsche Integralsatz in komplexer Form

$$\Lambda(z) = -\frac{1}{\pi} \lim_{\varepsilon \to 0+} \iint\limits_{G_\varepsilon(z)} \frac{1}{\zeta - z} \, d\xi d\eta$$

$$= -\frac{1}{\pi} \lim_{\varepsilon \to 0+} \iint\limits_{G_\varepsilon(z)} \frac{d}{d\overline{\zeta}} \frac{\overline{\zeta}}{\zeta - z} \, d\xi d\eta$$

$$= -\frac{1}{\pi} \lim_{\varepsilon \to 0+} \frac{1}{2i} \int\limits_{\partial G_\varepsilon(z)} \frac{\overline{\zeta}}{\zeta - z} \, d\zeta$$

$$= -\frac{1}{2\pi i} \int\limits_{\partial G} \frac{\overline{\zeta}}{\zeta - z} \, d\zeta + \frac{1}{2\pi i} \lim_{\varepsilon \to 0+} \oint\limits_{|\zeta - z| = \varepsilon} \frac{\overline{\zeta}}{\zeta - z} \, d\zeta$$

für alle $z \in G$. Mit Hilfe der Transformation $\zeta = z + \varepsilon e^{i\varphi}$, $d\zeta = i\varepsilon e^{i\varphi}\,d\varphi$, berechnen wir ferner

$$
\lim_{\varepsilon \to 0+} \oint_{|\zeta - z| = \varepsilon} \frac{\overline{\zeta}}{\zeta - z}\,d\zeta = \lim_{\varepsilon \to 0+} \int_0^{2\pi} \frac{\overline{(z + \varepsilon e^{i\varphi})}}{\varepsilon e^{i\varphi}}\, i\varepsilon e^{i\varphi}\,d\varphi
$$

$$
= i \lim_{\varepsilon \to 0+} \int_0^{2\pi} \overline{(z + \varepsilon e^{i\varphi})}\,d\varphi
$$

$$
= i \lim_{\varepsilon \to 0+} \left(2\pi\overline{z} + \varepsilon \int_0^{2\pi} e^{-i\varphi}\,d\varphi \right)
$$

$$
= 2\pi i \overline{z}.
$$

Somit folgt

$$
\Lambda(z) = \overline{z} - \frac{1}{2\pi i} \int_{\partial G} \frac{\overline{\zeta}}{\zeta - z}\,d\zeta, \qquad z \in G. \tag{15}
$$

Die Funktion $\Lambda = \Lambda(z)$ gehört zur Klasse $C^\infty(G)$, und es gelten

$$
\Lambda_{\overline{z}}(z) = 1, \qquad z \in G, \tag{16}
$$

als auch

$$
\Lambda_z(z) = -\frac{1}{2\pi i} \int_{\partial G} \frac{\overline{\zeta}}{(\zeta - z)^2}\,d\zeta, \qquad z \in G. \tag{17}
$$

Nun ist

$$
\lim_{\varepsilon \to 0+} \oint_{|\zeta - z| = \varepsilon} \frac{\overline{\zeta}}{(\zeta - z)^2}\,d\zeta = \lim_{\varepsilon \to 0+} \int_0^{2\pi} \frac{\overline{z} + \varepsilon e^{-i\varphi}}{\varepsilon^2 e^{2i\varphi}}\, i\varepsilon e^{i\varphi}\,d\varphi
$$

$$
= i \lim_{\varepsilon \to 0+} \left\{ \frac{\overline{z}}{\varepsilon} \int_0^{2\pi} e^{-i\varphi}\,d\varphi + \int_0^{2\pi} e^{-2i\varphi}\,d\varphi \right\},
$$

wobei wir erneut die Substitution $\zeta = z + \varepsilon e^{i\varphi}$ benutzen. Nun verschwinden beide Integrale in der letzten Zeile, so daß

$$
\lim_{\varepsilon \to 0+} \oint_{|\zeta - z| = \varepsilon} \frac{\overline{\zeta}}{(\zeta - z)^2}\,d\zeta = 0
$$

folgt. Somit erhalten wir

$$\Lambda_z(z) = -\frac{1}{2\pi i} \int\limits_{\partial G} \frac{\overline{\zeta}}{(\zeta - z)^2}\, d\zeta + \lim_{\varepsilon \to 0+} \frac{1}{2\pi i} \oint\limits_{|\zeta - z| = \varepsilon} \frac{\overline{\zeta}}{(\zeta - z)^2}\, d\zeta$$

$$= -\frac{1}{2\pi i} \lim_{\varepsilon \to 0+} \int\limits_{\partial G_\varepsilon(z)} \frac{\overline{\zeta}}{(\zeta - z)^2}\, d\zeta,$$

und der Gaußsche Integralsatz liefert

$$\Lambda_z(z) = -\frac{1}{\pi} \lim_{\varepsilon \to 0+} \iint\limits_{G_\varepsilon(z)} \frac{d}{d\zeta} \frac{\overline{\zeta}}{(\zeta - z)^2}\, d\xi d\eta$$

$$= -\frac{1}{\pi} \oiint\limits_{G_0(z)} \frac{1}{(\zeta - z)^2}\, d\xi d\eta.$$

Damit ist schließlich

$$\Lambda_z(z) = -\frac{1}{\pi} \oiint\limits_{G_0(z)} \frac{1}{(\zeta - z)^2}\, d\xi d\eta, \qquad z \in G. \tag{18}$$

Wir haben hier also den Cauchyschen Hauptwert eines Integrals vor uns, welches nicht absolut konvergiert.

Hilfssatz 3. *Sei $G \subset \mathbb{C}$ ein Normalgebiet, und die Funktion $g : \overline{G} \to \mathbb{C} \in C^0(\overline{G}, \mathbb{C})$ sei in G Hölder-stetig. Dann existiert für alle $z \in G$ der Cauchysche Hauptwert des Integrals*

$$\chi(z) = \Pi_G[g](z) := -\frac{1}{\pi} \oiint\limits_{G_0(z)} \frac{g(\zeta)}{(\zeta - z)^2}\, d\xi d\eta$$

$$= \lim_{\varepsilon \to 0+} \left\{ -\frac{1}{\pi} \iint\limits_{G_\varepsilon(z)} \frac{g(\zeta)}{(\zeta - z)^2}\, d\xi d\eta \right\}. \tag{19}$$

Die Funktion $\chi : G \to \mathbb{C}$ ist stetig in G.

Definition 5. *Wir nennen Π_G aus (19) den Vekuaschen Integraloperator.*

Beweis von Hilfssatz 3: Für alle $z \in G$ und $0 < \varepsilon < \text{dist}\,(z, \mathbb{C} \setminus G)$ gilt

$$-\frac{1}{\pi} \iint\limits_{G_\varepsilon(z)} \frac{g(\zeta)}{(\zeta - z)^2}\, d\xi d\eta = -\frac{1}{\pi} \iint\limits_{G_\varepsilon(z)} \frac{g(\zeta) - g(z)}{(\zeta - z)^2}\, d\xi d\eta - \frac{g(z)}{\pi} \iint\limits_{G_\varepsilon(z)} \frac{1}{(\zeta - z)^2}\, d\xi d\eta.$$

$$\tag{20}$$

Nun ist das Integral

$$\Phi(z) := -\frac{1}{\pi} \iint\limits_{G_0(z)} \frac{g(\zeta) - g(z)}{(\zeta - z)^2} \, d\xi d\eta, \qquad z \in G,$$

absolut konvergent, und $\Phi : G \to \mathbb{C}$ ist stetig. Verwenden wir die Funktion $\Lambda = \Lambda(z)$, $z \in G$, aus Beispiel 1, so erhalten wir für $\varepsilon \to 0+$ aus (20) die Identität

$$\chi(z) = \Phi(z) + g(z)\Lambda_z(z), \qquad z \in G, \tag{21}$$

und $\chi = \chi(z)$ ist stetig in G. \hfill q.e.d.

Hilfssatz 4. *Sei $G \subset \mathbb{C}$ ein Normalgebiet, und die Funktion $g \in C^0(\overline{G}, \mathbb{C})$ sei Hölder-stetig in G. Dann gehört die Funktion*

$$\Psi(z) := T_G[g](z) = -\frac{1}{\pi} \iint\limits_{G} \frac{g(\zeta)}{\zeta - z} \, d\xi d\eta, \qquad z \in G,$$

zur Klasse $C^1(G, \mathbb{C})$, und es gelten

$$\Psi_{\bar{z}}(z) = g(z), \quad \Psi_z(z) = \Pi_G[g](z) \qquad \textit{für alle} \quad z \in G. \tag{22}$$

Beweis:

1. Sei $z_0 \in G$ ein fester Punkt mit $g(z_0) = 0$. Wir berechnen nun für $z \in G \setminus \{z_0\}$ mit Hilfe der Formel (19) aus dem Beweis von Satz 7 in §4 den Differenzenquotienten

$$\frac{\Psi(z) - \Psi(z_0)}{z - z_0} = -\frac{1}{\pi} \iint\limits_{G} \frac{g(\zeta) - g(z_0)}{(\zeta - z_0)(\zeta - z)} \, d\xi d\eta.$$

Somit folgt

$$\lim_{\substack{z \to z_0 \\ z \neq z_0}} \frac{\Psi(z) - \Psi(z_0)}{z - z_0} = -\frac{1}{\pi} \iint\limits_{G} \frac{g(\zeta) - g(z_0)}{(\zeta - z_0)^2} \, d\xi d\eta = \Pi_G[g - g(z_0)](z_0).$$
$$\tag{23}$$

Wählen wir speziell $z = z_0 + \delta$ bzw. $z = z_0 + i\delta$, $\delta \to 0$, $\delta \neq 0$, so liefert der Grenzwert (23) die Beziehung

$$\Psi_x(z_0) = \Pi_G[g - g(z_0)](z_0) = -i\Psi_y(z_0), \tag{24}$$

und folglich haben wir

$$\Psi_{\bar{z}}(z_0) = 0, \quad \Psi_z(z_0) = \Pi_G[g - g(z_0)](z_0). \tag{25}$$

2. Sei nun $z_0 \in G$ ein fester Punkt, so betrachten wir die Funktion

$$g(z) = \left\{g(z) - g(z_0)\right\} + g(z_0) =: \tilde{g}(z) + g(z_0).$$

Wir erhalten mit Hilfe von Beispiel 1 die Identität

$$\Psi(z) = T_G[g](z) = T_G[\tilde{g} + g(z_0)](z)$$
$$= T_G[\tilde{g}](z) + g(z_0)T_G[1](z)$$
$$= T_G[\tilde{g}](z) + g(z_0)\Lambda(z)$$

für alle $z \in G$. Nach dem ersten Punkt können wir den ersten Summanden an der Stelle z_0 nach z und $\overline{z}$ differenzieren mit dem Ergebnis (25), und der zweite Summand ist unendlich oft in G differenzierbar mit dem Resultat (16), (18). Wir erhalten also

$$\Psi_{\overline{z}}(z_0) = 0 + g(z_0) \cdot 1$$

sowie

$$\Psi_z(z_0) = \Pi_G[\tilde{g}](z_0) + g(z_0)\Pi_G[1](z_0) = \Pi_G[g](z_0).$$

Somit folgen

$$\Psi_z(z_0) = \Pi_G[g](z_0), \quad \Psi_{\overline{z}}(z_0) = g(z_0) \qquad \text{für alle} \quad z_0 \in G. \qquad (26)$$

Da die rechten Seiten stetig in G sind, gehört die Funktion $\Psi = \Psi(z)$ zur Klasse $C^1(G, \mathbb{C})$.

q.e.d.

Hilfssatz 5. *Im Normalgebiet $G \subset \mathbb{C}$ sei die Funktion $g : \overline{G} \to \mathbb{C}$ der Klasse $C^1(\overline{G}, \mathbb{C})$ gegeben. Dann gilt*

$$\Pi_G[g](z) = T_G\left[\frac{\partial}{\partial \zeta} g\right](z) - \frac{1}{2\pi i} \int\limits_{\partial G} \frac{g(\zeta)}{\zeta - z} \, d\overline{\zeta} \qquad (27)$$

für alle $z \in G$.

Beweis: Es ist

$$\Pi_G[g](z) = \lim\limits_{\varepsilon \to 0+} \left\{ -\frac{1}{\pi} \iint\limits_{G_\varepsilon(z)} \frac{g(\zeta)}{(\zeta - z)^2} \, d\xi d\eta \right\}, \qquad z \in G.$$

Wir berechnen mit Hilfe des Gaußschen Satzes in komplexer Form

$$\lim\limits_{\varepsilon \to 0+} \iint\limits_{G_\varepsilon(z)} \frac{\overline{g}(\zeta)}{(\overline{\zeta} - \overline{z})^2} \, d\xi d\eta = - \lim\limits_{\varepsilon \to 0+} \iint\limits_{G_\varepsilon(z)} \frac{\partial}{\partial \overline{\zeta}} \left(\frac{\overline{g}(\zeta)}{\overline{\zeta} - \overline{z}} \right) d\xi d\eta$$

$$+ \lim\limits_{\varepsilon \to 0+} \iint\limits_{G_\varepsilon(z)} \frac{1}{\overline{\zeta} - \overline{z}} \frac{\partial}{\partial \overline{\zeta}} \overline{g}(\zeta) \, d\xi d\eta$$

$$= - \lim\limits_{\varepsilon \to 0+} \frac{1}{2i} \int\limits_{\partial G_\varepsilon(z)} \frac{\overline{g}(\zeta)}{\overline{\zeta} - \overline{z}} \, d\zeta + \iint\limits_{G_0(z)} \frac{\frac{\partial}{\partial \overline{\zeta}} \overline{g}(\zeta)}{\overline{\zeta} - \overline{z}} \, d\xi d\eta.$$

Wir setzen wieder $\zeta = z + \varepsilon e^{i\varphi}$. Dann ist

$$\lim_{\varepsilon \to 0+} \oint_{|\zeta-z|=\varepsilon} \frac{\overline{g}(\zeta)}{\overline{\zeta} - \overline{z}}\, d\zeta = \lim_{\varepsilon \to 0+} \int_{0}^{2\pi} \frac{\overline{g}(z + \varepsilon e^{i\varphi})}{\varepsilon e^{-i\varphi}}\, i\varepsilon e^{i\varphi}\, d\varphi$$

$$= i \lim_{\varepsilon \to 0+} \left\{ \int_{0}^{2\pi} \overline{g}(z + \varepsilon e^{i\varphi}) e^{2i\varphi}\, d\varphi \right\},$$

also

$$\lim_{\varepsilon \to 0+} \oint_{|\zeta-z|=\varepsilon} \frac{\overline{g}(\zeta)}{\overline{\zeta} - \overline{z}}\, d\zeta = 0.$$

Es folgt

$$\lim_{\varepsilon \to 0+} \iint_{G_\varepsilon(z)} \frac{\overline{g}(\zeta)}{(\overline{\zeta} - \overline{z})^2}\, d\xi d\eta = -\frac{1}{2i} \int_{\partial G} \frac{\overline{g}(\zeta)}{\overline{\zeta} - \overline{z}}\, d\zeta + \iint_{G_0(z)} \frac{\frac{\partial}{\partial \overline{\zeta}} \overline{g}(\zeta)}{\overline{\zeta} - \overline{z}}\, d\xi d\eta$$

für alle $z \in G$. Wir erhalten dann für alle $z \in G$ die Identität

$$\Pi_G[g](z) = \lim_{\varepsilon \to 0+} \left\{ -\frac{1}{\pi} \iint_{G_\varepsilon(z)} \frac{g(\zeta)}{(\zeta - z)^2}\, d\xi d\eta \right\}$$

$$= -\frac{1}{\pi} \overline{\left\{ \lim_{\varepsilon \to 0+} \iint_{G_\varepsilon(z)} \frac{\overline{g}(\zeta)}{(\overline{\zeta} - \overline{z})^2}\, d\xi d\eta \right\}}$$

$$= -\frac{1}{\pi} \left(\frac{1}{2i} \int_{\partial G} \frac{g(\zeta)}{\zeta - z}\, d\overline{\zeta} + \iint_{G_0(z)} \frac{g_\zeta(\zeta)}{\zeta - z}\, d\xi d\eta \right)$$

$$= T_G \left[\frac{\partial}{\partial \zeta} g \right] (z) - \frac{1}{2\pi i} \int_{\partial G} \frac{g(\zeta)}{\zeta - z}\, d\overline{\zeta},$$

was der Behauptung entspricht.   q.e.d.

Wir fassen unsere Überlegungen zusammen zu dem wichtigen

Satz 2. (Regularitätssatz)
Sei $\Omega \subset \mathbb{C}$ eine offene Menge, in der eine Funktion $g \in C^k(\Omega, \mathbb{C})$ mit $k \in \mathbb{N} \cup \{0\}$ gegeben ist. Weiter gehöre die Funktion $f = f(z)$ zur Vekuaschen Funktionenklasse $C_{\overline{z}}(\Omega)$ und genüge der inhomogenen Cauchy-Riemannschen Differentialgleichung

$$\frac{d}{d\bar{z}} f(z) = g(z), \qquad z \in \Omega, \tag{28}$$

im Pompeiuschen Sinne. Dann gehört f zur Regularitätsklasse $C^k(\Omega, \mathbb{C})$, und ihre Ableitungen der Ordnung k sind Dini-stetig mit dem in § 4, Satz 7 angegebenen Stetigkeitsmodul. Falls zusätzlich alle k-ten Ableitungen der rechten Seite $g = g(z)$ Hölder-stetige Funktionen in Ω sind, folgt $f \in C^{k+1}(\Omega, \mathbb{C})$.

Beweis:

1. Nach Satz 1 ist die Differentialgleichung (28) äquivalent zur Integralgleichung

$$f(z) = \frac{1}{2\pi i} \int\limits_{\partial G} \frac{f(\zeta)}{\zeta - z} d\zeta + T_G[g](z), \qquad z \in G,$$

in beliebigen Normalgebieten $G \subset\subset \Omega$. Der erste Summand auf der rechten Seite stellt eine holomorphe Funktion in G dar, und folglich wird die Regularität von $f = f(z)$ durch die Regularität der Funktion

$$\Psi(z) := T_G[g](z), \qquad z \in G,$$

bestimmt. Für $k = 0$ entnehmen wir Satz 7 aus § 4, daß die Funktion $\Psi = \Psi(z)$ und somit $f = f(z)$ in G Dini-stetig mit dem dort angegebenen Stetigkeitsmodul sind. Falls zusätzlich die rechte Seite $g = g(z)$ Hölder-stetig in Ω ist, liefern die Hilfssätze 3, 4

$$\Psi \in C^1(G); \quad \Psi_{\bar{z}}(z) = g(z), \quad \Psi_z(z) = \Pi_G[g](z), \qquad z \in G. \tag{29}$$

2. Für $k = 1$ folgt $g \in C^1(\Omega)$, und wir erhalten aus (29), daß $\Psi_{\bar{z}} \in C^1(\Omega)$ richtig ist. Weiter liefert der Hilfssatz 5

$$\Psi_z(z) = \Pi_G[g](z) = T_G\left[\frac{\partial}{\partial \zeta} g\right](z) - \frac{1}{2\pi i} \int\limits_{\partial G} \frac{g(\zeta)}{\zeta - z} d\bar{\zeta}, \qquad z \in G \subset\subset \Omega. \tag{30}$$

Hier ist der zweite Summand auf der rechten Seite wieder holomorph in G, während

$$\Phi(z) := T_G\left[\frac{\partial}{\partial \zeta} g\right](z), \qquad z \in G,$$

Dini-stetig ist. Falls nun zusätzlich g_z und $g_{\bar{z}}$ bzw. g_x und g_y Hölder-stetig in Ω sind, so erhalten wir aus (30) zusammen mit Hilfssatz 4, daß $\Psi_z \in C^1(\Omega)$ sowie

$$\begin{aligned}
\Psi_{zz} &= \frac{\partial}{\partial z} \left\{ T_G\left[\frac{\partial}{\partial \zeta} g\right](z) - \frac{1}{2\pi i} \int\limits_{\partial G} \frac{g(\zeta)}{\zeta - z} d\bar{\zeta} \right\} \\
&= \Pi_G\left[\frac{\partial}{\partial \zeta} g\right](z) - \frac{1}{2\pi i} \int\limits_{\partial G} \frac{g(\zeta)}{(\zeta - z)^2} d\bar{\zeta}
\end{aligned} \tag{31}$$

für alle $z \in G$ richtig sind. Weiter gelten

$$\Psi_{z\bar{z}}(z) = g_z(z) = \Psi_{\bar{z}z}(z) \qquad \text{in} \quad G, \tag{32}$$

als auch

$$\Psi_{\bar{z}\bar{z}}(z) = g_{\bar{z}}(z) \qquad \text{in} \quad G. \tag{33}$$

Somit folgt $\Psi \in C^2(\Omega)$, und die Ableitungen berechnen sich nach den oben angegebenen Formeln.

3. Für $k = 2, 3, \ldots$ setzt man den Prozeß entsprechend fort. Hierbei verwendet man wesentlich die Formel

$$\Pi_G \left[\frac{\partial^{k-1}}{\partial \zeta^{k-1}} g \right](z) = T_G \left[\frac{\partial^k}{\partial \zeta^k} g \right](z) - \frac{1}{2\pi i} \int\limits_{\partial G} \frac{\frac{d^{k-1}}{d\zeta^{k-1}} g(\zeta)}{\zeta - z} \, d\zeta$$

für alle $z \in G$. \hfill q.e.d.

§6 Pseudoholomorphe Funktionen

Sei $\Omega \subset \mathbb{C}$ eine offene Menge, so erklären wir den linearen *Raum der komplexen Potentiale*

$$\mathcal{B}(\Omega) := \Big\{ a : \Omega \to \mathbb{C} \ : \ \text{es gibt eine beschränkte offene Menge } \Theta \subset \Omega,$$
$$\text{so daß } a \in C^0(\Theta, \mathbb{C}) \cap L^\infty(\Theta, \mathbb{C}) \text{ und } a(z) = 0 \text{ für alle } z \in \Omega \setminus \Theta$$
$$\text{erfüllt sind} \Big\}.$$

Definition 1. *Eine Funktion* $f = f(z) = u(x, y) + iv(x, y)$, $(x, y) \in \Omega$, *der Klasse* $C^0(\Omega, \mathbb{C}) \cap C_{\bar{z}}(\Omega)$ *heißt pseudoholomorph in* Ω, *falls es ein komplexes Potential* $a \in \mathcal{B}(\Omega)$ *so gibt, daß die Differentialgleichung*

$$\frac{d}{d\bar{z}} f(z) = a(z) f(z), \quad z \in \Omega, \tag{1}$$

im Pompeiuschen Sinne erfüllt ist.

Beispiel 1: In der beschränkten offenen Menge $\Omega \subset \mathbb{C}$ genüge die Funktion $f \in C_{\bar{z}}(\Omega)$ der Differentialungleichung

$$|f_{\bar{z}}(z)| \le M |f(z)|, \qquad z \in \Omega, \tag{2}$$

mit einer Konstanten $M \in [0, +\infty)$. Wir erklären nun die offene Menge

$$\Theta := \Big\{ z \in \Omega \ : \ f(z) \neq 0 \Big\}$$

und wählen als Potential

$$a(z) := \begin{cases} \dfrac{f_{\bar{z}}(z)}{f(z)} \,, & z \in \Theta \\[2ex] 0, & z \in \Omega \setminus \Theta \end{cases} \tag{3}$$

mit $\|a\|_\infty \leq M$. Folglich ist (1) erfüllt, und die Funktion $f = f(z)$ ist pseudo-holomorph in Ω.

Falls das Potential

$$a(z) := \frac{1}{2} \left\{ \alpha(x,y) + i\beta(x,y) \right\}$$

Hölder-stetig in Ω ist, gehört nach dem Regularitätssatz aus §5 die Lösung von (1) zur Klasse $C^1(\Omega)$. Wir können nun (1) in ein reelles Differentialglei-chungssystem umrechnen. Dazu beachten wir zunächst

$$2f_{\bar{z}} = f_x + if_y = (u_x - v_y) + i(v_x + u_y)$$

sowie

$$2af = (\alpha + i\beta)(u + iv) = (\alpha u - \beta v) + i(\alpha v + \beta u).$$

Somit ist (1) äquivalent zu dem System

$$\begin{aligned} u_x - v_y &= \alpha u - \beta v, \\ v_x + u_y &= \alpha v + \beta u \end{aligned} \tag{4}$$

in Ω bzw.

$$\begin{pmatrix} \dfrac{\partial}{\partial x} & -\dfrac{\partial}{\partial y} \\[2ex] \dfrac{\partial}{\partial y} & \dfrac{\partial}{\partial x} \end{pmatrix} \begin{pmatrix} u(x,y) \\ v(x,y) \end{pmatrix} = \begin{pmatrix} \alpha(x,y) & -\beta(x,y) \\ \beta(x,y) & \alpha(x,y) \end{pmatrix} \begin{pmatrix} u(x,y) \\ v(x,y) \end{pmatrix} \quad \text{in} \quad \Omega. \tag{5}$$

Satz 1. (Ähnlichkeitsprinzip von Bers und Vekua)
Auf der offenen Menge $\Omega \subset \mathbb{C}$ sei eine pseudoholomorphe Funktion $f = f(z)$ mit zugehörigem Potential $a \in \mathcal{B}(\Omega)$ und zugehöriger offener Menge $\Theta \subset \Omega$ gegeben. Weiter sei

$$\Psi(z) := -\frac{1}{\pi} \iint\limits_{\Theta} \frac{a(\zeta)}{\zeta - z} \, d\xi d\eta, \qquad z \in \Omega, \tag{6}$$

die gemäß Satz 7 aus §4 Dini-stetige Funktion. Dann ist die Funktion

$$\Phi(z) := f(z) \, e^{-\Psi(z)}, \qquad z \in \Omega,$$

in Ω holomorph, und es gilt die Vekuasche Darstellungsformel

$$f(z) = e^{\Psi(z)} \Phi(z), \qquad z \in \Omega. \tag{7}$$

Beweis: Sei $\chi_n \in C_0^\infty(\Theta, [0, 1])$, $n = 1, 2, \ldots$, eine Funktionenfolge mit

$$\lim_{n \to \infty} \chi_n(z) = \chi(z) := \begin{cases} 1, \ z \in \Theta \\ 0, \ z \in \mathbb{C} \setminus \Theta \end{cases}.$$

Wir betrachten dann die Funktionen

$$\Psi_n(z) := T_{\mathbb{C}}[a\chi_n](z) = -\frac{1}{\pi} \iint\limits_{\mathbb{C}} \frac{a(\zeta)\chi_n(\zeta)}{\zeta - z} \, d\xi d\eta, \qquad z \in \mathbb{C}, \tag{8}$$

für $n = 1, 2, \ldots$ der Klasse $C_{\bar{z}}(\mathbb{C})$, welche

$$\frac{d}{d\bar{z}} \Psi_n(z) = a(z)\chi_n(z), \qquad z \in \mathbb{C}, \quad n \in \mathbb{N}, \tag{9}$$

erfüllen. Wir studieren nun die Folge

$$\Phi_n(z) := f(z) e^{-\Psi_n(z)}, \qquad z \in \Omega, \quad n = 1, 2, 3, \ldots \tag{10}$$

der Klasse $C_{\bar{z}}(\Omega)$ und berechnen unter Beachtung von (1)

$$\frac{d}{d\bar{z}} \Phi_n(z) = e^{-\Psi_n(z)} \left\{ \frac{d}{d\bar{z}} f(z) - f(z) \frac{d}{d\bar{z}} \Psi_n(z) \right\}$$

$$= e^{-\Psi_n(z)} \left\{ a(z)f(z) - f(z)a(z)\chi_n(z) \right\} \tag{11}$$

$$= e^{-\Psi_n(z)} a(z)f(z) \left\{ 1 - \chi_n(z) \right\}$$

für $z \in \Omega$ und $n = 1, 2, \ldots$. Mit Hilfe von Satz 1 aus §5 erhalten wir für jedes Normalgebiet $G \subset\subset \Omega$ die Identität

$$\Phi_n(z) = \frac{1}{2\pi i} \int\limits_{\partial G} \frac{\Phi_n(\zeta)}{\zeta - z} \, d\zeta - \frac{1}{\pi} \iint\limits_{G} \frac{e^{-\Psi_n(\zeta)} a(\zeta) f(\zeta) \{1 - \chi_n(\zeta)\}}{\zeta - z} \, d\xi d\eta \tag{12}$$

für alle $z \in G$ und $n = 1, 2, \ldots$. Mit dem Lebesgueschen Konvergenzsatz stellt man leicht

$$\lim_{n \to \infty} \Phi_n(z) = \lim_{n \to \infty} \left\{ f(z) \exp \left(\frac{1}{\pi} \iint\limits_{\mathbb{C}} \frac{a(\zeta)\chi_n(\zeta)}{\zeta - z} \, d\xi d\eta \right) \right\}$$

$$= f(z) \exp \left\{ \frac{1}{\pi} \iint\limits_{\Theta} \frac{a(\zeta)}{\zeta - z} \, d\xi d\eta \right\} \tag{13}$$

$$= f(z) \exp \left\{ -\Psi(z) \right\}$$

$$= \Phi(z)$$

für alle $z \in \Omega$ fest. Durch Grenzübergang in (12) erhalten wir

$$\Phi(z) = \frac{1}{2\pi i} \int\limits_{\partial G} \frac{\Phi(\zeta)}{\zeta - z}\, d\zeta, \qquad z \in G, \tag{14}$$

für jedes Normalgebiet $G \subset\subset \Omega$. Somit ist $\Phi = \Phi(z)$ in Ω holomorph.

q.e.d.

Auf Grund der Vekuaschen Darstellungsformel kann man viele Eigenschaften der holomorphen Funktionen auf die Klasse der pseudoholomorphen Funktionen übertragen.

Satz 2. (Carleman)
Auf der offenen Menge $\Omega \subset \mathbb{C}$ sei die pseudoholomorphe Funktion $f : \Omega \to \mathbb{C}$ gegeben. Weiter seien $z_0 \in \Omega$ und $\{z_k\}_{k=1,2,\dots} \subset \Omega \setminus \{z_0\}$ eine Punktfolge mit

$$\lim_{k \to \infty} z_k = z_0, \quad f(z_k) = 0 \quad \text{für alle} \quad k \in \mathbb{N}.$$

Dann folgt

$$f(z) \equiv 0 \qquad in \quad \Omega.$$

Beweis: Man verknüpfe den Identitätssatz für holomorphe Funktionen mit dem obigen Satz 1.

q.e.d.

Entsprechend kann man das Prinzip vom Argument auf pseudoholomorphe Funktionen übertragen.

Satz 3. (Eindeutigkeitssatz von Vekua)
Sei $f : \mathbb{C} \to \mathbb{C}$ eine pseudoholomorphe Funktion mit der Eigenschaft

$$\lim_{\varepsilon \to 0+} \sup_{|z| \geq \frac{1}{\varepsilon}} |f(z)| = 0. \tag{15}$$

Dann folgt

$$f(z) \equiv 0 \qquad in \quad \mathbb{C}.$$

Beweis: Seien $a \in \mathcal{B}(\mathbb{C})$ das zu $f = f(z)$ gehörige komplexe Potential und $\Theta \subset \mathbb{C}$ die zugehörige beschränkte offene Menge. Nach Satz 1 gilt

$$f(z) = e^{\Psi(z)}\, \Phi(z), \qquad z \in \mathbb{C},$$

mit einer holomorphen Funktion $\Phi = \Phi(z)$, $z \in \mathbb{C}$. Weiter ist

$$\Psi(z) := -\frac{1}{\pi} \iint\limits_{\Theta} \frac{a(\zeta)}{\zeta - z}\, d\xi d\eta, \qquad z \in \mathbb{C},$$

beschränkt, denn es gibt ein festes $C \in (0, +\infty)$, so daß die Abschätzung

$$\left|\Psi(z)\right| \le \frac{1}{\pi}\left\|a\right\|_\infty \iint\limits_\Theta \frac{1}{|\zeta - z|}\,d\xi d\eta \le \frac{1}{\pi}\left\|a\right\|_\infty C, \qquad z \in \mathbb{C},$$

richtig ist. Somit ist die holomorphe Funktion

$$\Phi(z) = f(z)\,e^{-\Psi(z)}, \qquad z \in \Omega,$$

beschränkt und nach dem Satz von Liouville konstant. Wegen (15) folgt

$$\lim_{\varepsilon \to 0+} \sup_{|z| \ge \frac{1}{\varepsilon}} |\Phi(z)| = 0,$$

und somit erhalten wir

$$f(z)\,e^{-\Psi(z)} = \Phi(z) \equiv 0 \qquad \text{in} \quad \mathbb{C}.$$

Schließlich gilt also

$$f(z) \equiv 0 \qquad \text{in} \quad \mathbb{C},$$

womit die Behauptung gezeigt ist.   q.e.d.

Bemerkung: Eine ganze pseudoholomorphe Funktion, welche im Unendlichen verschwindet, ist identisch Null.

§7 Konforme Abbildungen

Wir beginnen mit der

Definition 1. *Seien $\Omega_j \subset \mathbb{C}$, $j = 1, 2$, zwei Gebiete, so nennen wir die Abbildung $w = f(z) : \Omega_1 \to \Omega_2$ konform, falls die folgenden Eigenschaften erfüllt sind:*

(a) $f : \Omega_1 \to \Omega_2$ ist bijektiv,
(b) $f : \Omega_1 \to \Omega_2$ ist holomorph,
(c) es gilt $J_f(z) = |f'(z)|^2 > 0$ für alle $z \subset \Omega_1$.

Bemerkung: Aufgrund von Satz 1 aus §3 kann man die Bedingung (c) aus den Eigenschaften (a) und (b) herleiten.

Bemerkung: Unter einer konformen Abbildung bleiben die orientierten Winkel zwischen zwei sich schneidenden Kurvenbögen erhalten.

Definition 2. *Zwei Gebiete $\Omega_1, \Omega_2 \subset \mathbb{C}$ heißen konform äquivalent, falls es eine konforme Abbildung $f : \Omega_1 \to \Omega_2$ gibt.*

Definition 3. *Sei $\Omega \subset \mathbb{C}$ ein Gebiet, so nennen wir*

$$Aut(\Omega) := \Big\{ f : \Omega \to \Omega : f \text{ ist konform} \Big\}$$

die Automorphismengruppe des Gebietes Ω.

Bemerkung: Als Übungsaufgabe zeige man, daß Aut (Ω) eine Gruppe bez. der Verknüpfung

$$f_1, f_2 \in \text{Aut}\,(\Omega), \qquad f := f_2 \circ f_1 \in \text{Aut}\,(\Omega)$$

mit dem Einselement $f = id_\Omega$ bildet.

Definition 4. *Seien $a, b, c, d \in \mathbb{C}$ mit*

$$det \begin{pmatrix} a\ b \\ c\ d \end{pmatrix} = ad - bc \neq 0$$

und

$$\mathbb{C}^* := \Big\{ z \in \mathbb{C} \, : \, cz + d \neq 0 \Big\}$$

gegeben. Dann nennen wir

$$w = f(z) := \frac{az + b}{cz + d}, \qquad z \in \mathbb{C}^*,$$

eine Möbiustransformation bzw. eine gebrochen lineare Transformation.

Für die Koeffizientenmatrix

$$\begin{pmatrix} 1\ b \\ 0\ 1 \end{pmatrix}$$

erhalten wir eine *Translation*

$$f(z) = z + b, \qquad z \in \mathbb{C},$$

um den Vektor $b \in \mathbb{C}$. Die Koeffizientenmatrix

$$\begin{pmatrix} a\ 0 \\ 0\ 1 \end{pmatrix}$$

liefert eine *Drehstreckung*

$$f(z) = az, \qquad z \in \mathbb{C},$$

mit einem $a \in \mathbb{C} \setminus \{0\}$ um den Winkel $\varphi = \arg a$ und den Betrag $|a|$. Beide Abbildungen sind konform auf $\mathbb{C}$, stetig auf $\overline{\mathbb{C}} = \mathbb{C} \cup \{\infty\}$ fortsetzbar, und es gilt $f(\infty) = \infty$.

Für die Koeffizientenmatrix

$$\begin{pmatrix} 0\ 1 \\ 1\ 0 \end{pmatrix}$$

erhalten wir die *Spiegelung am Einheitskreis*

$$f(z) = \frac{1}{z}, \qquad z \in \mathbb{C} \setminus \{0\},$$

welche auf $\mathbb{C} \setminus \{0\}$ konform ist und stetig auf $\overline{\mathbb{C}} = \mathbb{C} \cup \{\infty\}$ fortsetzbar mit $f(0) = \infty$.

Wir sprechen von einer *elementaren Abbildung*, wenn es sich um eine Translation, Drehstreckung oder eine Spiegelung am Einheitskreis handelt.

Satz 1. *Zu jeder Möbiustransformation*

$$f(z) = \frac{az + b}{cz + d}, \qquad z \in \mathbb{C}^*,$$

gibt es endlich viele elementare Abbildungen $f_1(z), \ldots, f_n(z)$ *mit* $n \in \mathbb{N}$, *so daß die Darstellung*

$$f(z) = f_n \circ \ldots \circ f_2 \circ f_1(z), \qquad z \in \mathbb{C}^*,$$

richtig ist. Das Gebiet $\mathbb{C}^*$ *wird konform durch* $f = f(z)$ *auf* $f(\mathbb{C}^*)$ *abgebildet. Jeder Kreis in* $\mathbb{C}$ *wird durch* $f = f(z)$ *in einen Kreis oder eine Gerade abgebildet, und ebenso wird jede Gerade in* $\mathbb{C}$ *durch diese Funktion in eine Gerade oder einen Kreis in* $\mathbb{C}$ *abgebildet.*

Bemerkung: Fassen wir eine Gerade als einen Kreis über den unendlich fernen Punkt auf, so ist eine Möbiustransformation *kreistreu*.

Beweis von Satz 1:

1. Für eine *ganze lineare Transformation* $f(z) = az + b$, $z \in \mathbb{C}$, mit $a \in \mathbb{C} \setminus \{0\}$ und $b \in \mathbb{C}$ wählen wir als elementare Abbildungen

$$f_1(z) := az, \quad f_2(z) := z + b$$

und erhalten

$$f_2 \circ f_1(z) = az + b = f(z), \qquad z \in \mathbb{C}.$$

2. Für eine beliebige *gebrochen lineare Funktion*

$$f(z) = \frac{az + b}{cz + d}, \qquad z \in \mathbb{C}^*,$$

mit $c \neq 0$ wählen wir

$$f_1(z) := cz + d, \quad f_2(z) := \frac{1}{z}, \quad f_3(z) := \frac{bc - ad}{c} z + \frac{a}{c}$$

und erhalten

$$f_3 \circ f_2 \circ f_1(z) = f_3 \left(\frac{1}{cz + d} \right) = \frac{bc - ad}{c} \frac{1}{cz + d} + \frac{a}{c}$$

$$= \frac{bc - ad + acz + ad}{c(cz + d)} = \frac{az + b}{cz + d} = f(z)$$

für alle $z \in \mathbb{C}^*$. Da nach dem Punkt 1. die Abbildungen f_1, f_2 und f_3 als Komposition elementarer Abbildungen darstellbar sind, ist dieses auch für $f = f(z)$ der Fall.

3. Da die elementaren Abbildungen $\overline{\mathbb{C}}$ topologisch auf $\overline{\mathbb{C}}$ abbilden, ist auch $f : \overline{\mathbb{C}} \to \overline{\mathbb{C}}$ topologisch. Ferner ist $f : \mathbb{C}^* \to f(\mathbb{C}^*)$ analytisch, und es gilt für

$$f(z) = \frac{az + b}{cz + d}, \qquad z \in \mathbb{C}^*,$$

die Identität

$$f'(z) = \frac{acz + ad - caz - cb}{(cz + d)^2} = \frac{ad - bc}{(cz + d)^2} \neq 0 \qquad \text{für alle} \quad z \in \mathbb{C}^*.$$

Somit ist $f : \mathbb{C}^* \to f(\mathbb{C}^*)$ konform.

4. Offenbar bilden ganze lineare Transformationen Kreise in Kreise und Geraden in Geraden ab. Um die Kreistreue der Möbiustransformationen zu zeigen, ist diese Eigenschaft nur für die Spiegelung am Einheitskreis noch nachzuweisen:

Kreise und Geraden in der $z = x + iy$-Ebene werden beschrieben durch

$$0 = \alpha(x^2 + y^2) + \beta x + \gamma y + \delta \tag{1}$$

mit geeigneten reellen Zahlen $\alpha, \beta, \gamma, \delta \in \mathbb{R}$. Wir setzen nun

$$a := \frac{1}{2}(\beta - i\gamma) \in \mathbb{C}$$

und formen (1) um in die Gestalt

$$0 = \alpha z \overline{z} + 2 \operatorname{Re}(az) + \delta = \alpha z \overline{z} + az + \overline{az} + \delta. \tag{2}$$

In $\mathbb{C} \setminus \{0\}$ multiplizieren wir (2) mit $\frac{1}{z} \frac{1}{\overline{z}}$ und erhalten

$$0 = \alpha + a\frac{1}{\overline{z}} + \overline{a}\frac{1}{z} + \delta\frac{1}{z}\frac{1}{\overline{z}}, \qquad z \in \mathbb{C} \setminus \{0\}.$$

Setzen wir $w = \frac{1}{z}$ und $\overline{w} = \frac{1}{\overline{z}}$, so erhalten wir die Kreis/Geraden-Gleichung

$$0 = \alpha + a\overline{w} + \overline{a}w + \delta w\overline{w} = \delta w\overline{w} + 2\operatorname{Re}(\overline{a}w) + \alpha. \tag{3}$$

Somit bildet $z \to \frac{1}{z}$ Kreise/Geraden in Kreise/Geraden ab.

q.e.d.

Bemerkungen:

1. Seien

$$f(z) = \frac{az + b}{cz + d} \quad \text{und} \quad \varphi(z) = \frac{\alpha z + \beta}{\gamma z + \delta}$$

Möbiustransformationen, so ist auch

$$F(z) = f \circ \varphi(z)$$

eine Möbiustransformation der Form

$$F(z) = \frac{Az + B}{Cz + D}$$

mit der Koeffizientenmatrix

$$\begin{pmatrix} A & B \\ C & D \end{pmatrix} = \begin{pmatrix} a & b \\ c & d \end{pmatrix} \circ \begin{pmatrix} \alpha & \beta \\ \gamma & \delta \end{pmatrix}. \tag{4}$$

2. Zu einer Möbiustransformation

$$f(z) = \frac{az + b}{cz + d}$$

erhalten wir mit

$$g(z) = \frac{-dz + b}{cz - a}$$

ihre inverse Abbildung. Man zeige diese Bemerkungen als Übungsaufgabe.

Beispiel 1: Seien

$$B := \left\{ z = x + iy \in \mathbb{C} \; : \; |z| < 1 \right\}$$

die Einheitskreisscheibe und

$$H^+ := \left\{ w = u + iv \in \mathbb{C} \; : \; u > 0 \right\}$$

die obere Halbebene. Wir betrachten dann die Möbiustransformation

$$f(z) = \frac{z + i}{iz + 1}, \qquad z \in \mathbb{C} \setminus \{i\}, \tag{5}$$

und berechnen

$$f(0) = i, \quad f(i) = \lim_{z \to i} f(z) = \infty, \quad f(1) = \frac{1 + i}{i + 1} = 1$$

sowie

$$f(-i) = 0, \quad f(-1) = \frac{-1 + i}{-i + 1} = -1.$$

Somit sind die Gebiete H^+ und B konform äquivalent mittels $f : B \to H^+$.

Beispiel 2: Sei $z_0 \in B$ ein beliebiger fester Punkt. Wir betrachten dann die Möbiustransformation

$$w = f(z) = \frac{z - z_0}{\overline{z}_0 z - 1}, \qquad z \in \overline{B}, \tag{6}$$

mit der Koeffizientenmatrix

$$\begin{pmatrix} 1 & -z_0 \\ \overline{z}_0 & -1 \end{pmatrix},$$

wobei

$$\det \begin{pmatrix} 1 & -z_0 \\ \overline{z}_0 & -1 \end{pmatrix} = -1 + |z_0|^2 < 0$$

sowie $f(z_0) = 0$ gelten. Wir berechnen

$$|f(1)| = \left| \frac{1 - z_0}{\overline{z}_0 - 1} \right| = \left| \frac{1 - z_0}{1 - z_0} \right| = 1,$$

$$|f(-1)| = \left| \frac{-1 - z_0}{-1 - \overline{z}_0} \right| = \left| \frac{-1 - z_0}{-1 - z_0} \right| = 1,$$

$$|f(i)| = \left| \frac{i - z_0}{i\overline{z}_0 - 1} \right| = \left| \frac{i - z_0}{-\overline{z}_0 - i} \right| = \left| \frac{i - z_0}{\overline{z}_0 + i} \right| = \left| \frac{i - z_0}{z_0 - i} \right| = 1.$$

Wir haben also $f : \partial B \to \partial B$ sowie $f(z_0) = 0$, und $f = f(z)$ ist eine konforme Abbildung von B auf B.

Definition 5. *Sei $f : \Omega \to \Omega$ eine stetige Abbildung vom Gebiet $\Omega \subset \overline{\mathbb{C}}$ in sich. Wir nennen $z_0 \in \Omega$ einen Fixpunkt der Abbildung $f = f(z)$, falls*

$$f(z_0) = z_0$$

richtig ist. Falls $0 \in \Omega$ gilt und 0 ein Fixpunkt der Abbildung ist, so nennen wir diese nullpunkttreu.

Fundamental zur Bestimmung der Automorphismengruppe Aut (B) ist der folgende

Satz 2. (Schwarzsches Lemma)
Sei $w = f(z) : B \to B$ eine holomorphe, nullpunkttreue Funktion. Dann folgt

$$|f(z)| \le |z| \qquad \text{für alle} \quad z \in B.$$

Existiert ein $z_0 \in B \backslash \{0\}$ mit $|f(z_0)| = |z_0|$, so besitzt $f = f(z)$ die Darstellung

$$f(z) = e^{i\vartheta} z, \qquad z \in B,$$

mit einem gewissen $\vartheta \in [0, 2\pi)$.

Beweis: Die Funktion

$$g(z) := \frac{f(z)}{z}, \qquad z \in B \backslash \{0\},$$

ist holomorph nach B fortsetzbar, und es gilt

$$\limsup_{z \to \partial B} |g(z)| \le 1.$$

Nach § 3, Satz 3 folgt nun

$$\sup_{z \in B} |g(z)| \le \limsup_{z \to \partial B} |g(z)| \le 1,$$

und somit haben wir

$$|f(z)| \le |z| \quad \text{für alle} \quad z \in B.$$

Existiert ein $z_0 \in B \setminus \{0\}$ mit $|f(z_0)| = |z_0|$, so folgt $|g(z_0)| = 1$. Somit ist nach dem oben angegebenen Satz die Abbildung $g = g(z)$ konstant, also gelten

$$g(z) = e^{i\vartheta}, \quad z \in B,$$

bzw.

$$f(z) = e^{i\vartheta} z, \quad z \in B,$$

mit einem $\vartheta \in [0, 2\pi)$.
q.e.d.

Satz 3. (Automorphismen des Einheitskreises)
Ein Automorphismus $w = f(z) : B \to B$ des Einheitskreises hat notwendig die Gestalt

$$w = f(z) = e^{i\vartheta} \frac{z - z_0}{\overline{z}_0 z - 1}, \quad z \in B, \tag{7}$$

mit $z_0 := f^{-1}(0) \in B$ und $\vartheta \in [0, 2\pi)$. Umgekehrt ist jede Abbildung der Gestalt (7) mit $z_0 \in B$ und $\vartheta \in [0, 2\pi)$ ein Automorphismus von B. Insbesondere haben die nullpunkttreuen Automorphismen von B die Gestalt

$$f(z) = e^{i\vartheta} z, \quad z \in B, \tag{8}$$

mit einem $\vartheta \in [0, 2\pi)$.

Beweis:

1. Aufgrund von Beispiel 2 sind alle Möbiustransformationen der Form (7) Automorphismen des Einheitskreises.
2. Ist $w = f(z)$, $z \in B$, ein nullpunkttreuer Automorphismus von B, so folgt aus Satz 2 die Abschätzung

$$|w| = |f(z)| \le |z| \quad \text{für alle} \quad z \in B.$$

Nun ist aber auch die Umkehrabbildung $z = g(w)$, $w \in B$, ein nullpunkttreuer Automorphismus von B, und es folgt

$$|z| = |g(w)| \le |w| \quad \text{für alle} \quad w \in B.$$

Insgesamt erhalten wir

$$|z| \le |w| = |f(z)| \le |z|, \quad z \in B$$

bzw.

$$|f(z)| = |z|, \quad z \in B.$$

Somit gibt es nach Satz 2 ein $\vartheta \in [0, 2\pi)$ mit

$$f(z) = e^{i\vartheta} z, \quad z \in B.$$

3. Ist nun $w = f(z) : B \to B$ ein beliebiger Automorphismus von B, so setzen wir $z_0 := f^{-1}(0)$. Wir betrachten dann die Möbiustransformation

$$w = g(z) := \frac{z - z_0}{\overline{z}_0 z - 1}, \qquad z \in B,$$

und erhalten den folgenden nullpunkttreuen Automorphismus von B:

$$h(w) := f \circ g^{-1}(w), \qquad w \in B.$$

Aus dem zweiten Punkt folgt

$$f \circ g^{-1}(w) = e^{i\vartheta} w, \qquad w \in B,$$

mit einem $\vartheta \in [0, 2\pi)$, bzw. für $w = g(z)$ erhalten wir

$$f(z) = e^{i\vartheta} g(z) = e^{i\vartheta} \frac{z - z_0}{\overline{z}_0 z - 1}, \qquad z \in B,$$

womit die Aussage gezeigt ist. q.e.d.

Bemerkungen:

1. Mit Hilfe von Satz 3 kann man die *Poincarésche Halbebene* studieren, welche ein Modell einer nichteuklidischen Geometrie liefert.

2. Als Übungsaufgabe zeige man

$$\mathrm{Aut}(B) = \left\{ f(z) = e^{i\vartheta} \frac{z - z_0}{\overline{z}_0 z - 1} : z_0 \in B, \ \vartheta \in [0, 2\pi) \right\}$$

$$= \left\{ f = \frac{az + b}{\overline{b}z + \overline{a}} : a, b \in \mathbb{C}, \ a\overline{a} - b\overline{b} = 1 \right\}.$$

3. Mit Hilfe von Beispiel 2 ermittle man dann als Übungsaufgabe

$$\mathrm{Aut}\,(H^+) = \left\{ f(z) = \frac{\alpha z + \beta}{\gamma z + \delta} : \alpha, \beta, \gamma, \delta \in \mathbb{R} \ \text{mit} \ \alpha\delta - \beta\gamma = 1 \right\}.$$

Haben wir in der komplexen Ebene Gebiete, die von einem Kreis oder von einer Geraden berandet werden, können wir mit einer Möbiustransformation diese konform aufeinander abbilden. Dieses besagt folgender

Satz 4. *Seien die Punkte $z_\nu \in \overline{\mathbb{C}}$ und $w_\nu \in \overline{\mathbb{C}}$ für $\nu = 1, 2, 3$ mit $z_\nu \neq z_\mu$ und $w_\nu \neq w_\mu$, $\nu \neq \mu$, beliebig vorgegeben. Dann gibt es genau eine Möbiustransformation*

$$f(z) = \frac{az + b}{cz + d} \qquad mit \quad f(z_\nu) = w_\nu, \quad \nu = 1, 2, 3.$$

Bemerkung: Insbesondere ist eine Möbiustransformation mit mindestens drei Fixpunkten die identische Abbildung.

Beweis von Satz 4:

1. Wir beweisen die Existenz. Falls $z_1, z_2, z_3 \in \mathbb{C}$ richtig sind, betrachten wir

$$f(z) := \frac{z - z_1}{z - z_3} : \frac{z_2 - z_1}{z_2 - z_3}, \qquad z \in \mathbb{C} \setminus \{z_3\},$$

und beachten

$$f(z_1) = 0, \quad f(z_2) = 1, \quad f(z_3) = \infty.$$

Falls einer der Punkte z_1, z_2, z_3 gleich ∞ ist, also ohne Einschränkung sei $z_3 = \infty$, so setzen wir

$$f(z) = \frac{z - z_1}{z_2 - z_1}, \qquad z \in \mathbb{C},$$

und wir erhalten

$$f(z_1) = 0, \quad f(z_2) = 1, \quad f(z_3) = \infty.$$

Entsprechend konstruieren wir eine Abbildung $g = g(w)$ mit

$$g(w_1) = 0, \quad g(w_2) = 1, \quad g(w_3) = \infty.$$

Wir erhalten dann mit $h(z) := g^{-1} \circ f(z)$ eine Möbiustransformation, welche

$$h(z_1) = g^{-1}(f(z_1)) = g^{-1}(0) = w_1, \quad h(z_2) = w_2, \quad h(z_3) = w_3$$

erfüllt.

2. Wir zeigen die Eindeutigkeit. Seien $f_j(z)$, $j = 1, 2$, zwei Möbiustransformationen mit

$$f_j(z_\nu) = w_\nu, \qquad \nu = 1, 2, 3, \quad j = 1, 2.$$

Dann hat die Möbiustransformation $f_2^{-1} \circ f_1(z) : \overline{\mathbb{C}} \to \overline{\mathbb{C}}$ die Fixpunkte z_ν, $\nu = 1, 2, 3$. Wählen wir nun eine Möbiustransformation $g = g(z)$ mit

$$g(0) = z_1, \quad g(1) = z_2, \quad g(\infty) = z_3,$$

so besitzt die Abbildung

$$h(z) := g^{-1} \circ f_2^{-1} \circ f_1 \circ g(z), \qquad z \in \overline{\mathbb{C}},$$

die Fixpunkte $0, 1$ und ∞. Da nun

$$h(z) = \frac{az + b}{cz + d}, \qquad z \in \overline{\mathbb{C}},$$

gilt, folgern wir

$$0 = h(0) = \frac{b}{d},$$

also $b = 0$. Weiter gelten

$$\infty = \lim_{z \to \infty} h(z) = \lim_{z \to \infty} \frac{az}{cz + d}$$

und damit $c = 0$. Schließlich haben wir

$$1 = h(1) = \frac{a}{d} \cdot 1,$$

so daß $\frac{a}{d} = 1$ richtig ist. Dann folgen aber

$$h(z) = z \qquad \text{für alle} \quad z \in \overline{\mathbb{C}}$$

bzw.

$$g^{-1} \circ f_2^{-1} \circ f_1 \circ g(z) = z, \qquad z \in \overline{\mathbb{C}}.$$

Dieses ist gleichbedeutend mit

$$f_2^{-1} \circ f_1(z) = z, \qquad z \in \overline{\mathbb{C}},$$

womit wir nun

$$f_1(z) = f_2(z) \qquad \text{für alle} \quad z \in \overline{\mathbb{C}}$$

gezeigt haben.   q.e.d.

Wir wollen nun die zur Einheitskreisscheibe B konform äquivalenten Gebiete $\Omega \subset \overline{\mathbb{C}}$ ermitteln. Da $\overline{\mathbb{C}}$ kompakt ist, B aber nicht kompakt, können diese beiden Gebiete nicht konform äquivalent sein. Da nämlich eine konforme Abbildung insbesondere topologisch ist, müssen topologische Eigenschaften konform äquivalenter Gebiete übereinstimmen. Nun ist

$$f(z) := \frac{z}{1 + |z|}, \qquad z \in \mathbb{C},$$

eine topologische Abbildung von $\mathbb{C}$ in B. Es kann aber keine solche konforme Abbildung geben, da diese nach dem Satz von Liouville konstant wäre. Folglich sind $\mathbb{C}$ und B nicht konform äquivalent. Nun gilt aber der fundamentale

Satz 5. (Riemannscher Abbildungssatz)
Sei $\Omega \subset \mathbb{C}$ mit $\Omega \neq \mathbb{C}$ ein einfach zusammenhängendes Gebiet. Dann gibt es eine konforme Abbildung $f : \Omega \to B$.

Bemerkung: Die Gesamtheit der konformen Abbildungen von Ω auf die Einheitskreisscheibe B sind dann von der Form $g \circ f$ mit $g \in \text{Aut}\,(B)$.

Bevor wir zu dem Beweis des Satzes übergehen, benötigen wir die folgenden Aussagen.

Hilfssatz 1. (Arzelà-Ascoli)

Seien $m, n \in \mathbb{N}$, $K \subset \mathbb{R}^n$ eine kompakte Menge, und schließlich sei die Menge der Funktionen

$$\mathcal{F} := \left\{ f_\iota : K \to \mathbb{R}^m \ : \ \iota \in J \right\}$$

mit einer Indexmenge J gegeben, welche die folgenden Eigenschaften besitzt:

(1) Die Menge $\mathcal{F}$ ist gleichmäßig beschränkt, das heißt es gibt eine Konstante $\mu > 0$ mit

$$|f_\iota(x)| \leq \mu \qquad \text{für alle} \quad x \in K \quad \text{und alle} \quad \iota \in J.$$

(2) Die Menge $\mathcal{F}$ ist gleichgradig stetig; es gibt also zu jedem $\varepsilon > 0$ ein $\delta = \delta(\varepsilon) > 0$, so daß für alle $x', x'' \in K$ mit $|x' - x''| < \delta$ und für alle $\iota \in J$ die Ungleichung

$$|f_\iota(x') - f_\iota(x'')| < \varepsilon$$

erfüllt ist.

Behauptung: *Dann enthält $\mathcal{F}$ eine in K gleichmäßig konvergente Teilfolge $g^{(k)} \in \mathcal{F}$, $k = 1, 2, 3, \ldots$, welche gleichmäßig gegen eine stetige Funktion $g \in C^0(K, \mathbb{R}^m)$ konvergiert.*

Dieser Satz wird üblicherweise im Zusammenhang mit dem Peanoschen Existenzsatz in der Anfängervorlesung gezeigt.

Hilfssatz 2. *Sei $G \subset \mathbb{C} \setminus \{0\}$ ein einfach zusammenhängendes Gebiet mit $z_1 = r_1 e^{i\varphi_1} \in G$, $r \in (0, +\infty)$, $\varphi \in [0, 2\pi)$, und $w_1 = \sqrt{r_1} e^{\frac{i}{2}\varphi_1}$. Dann gibt es genau eine konforme Abbildung*

$$f(z) = \sqrt{z}, \qquad z \in G,$$

auf das einfach zusammenhängende Gebiet $\widetilde{G} := f(G) \subset \mathbb{C} \setminus \{0\}$ mit den Eigenschaften

$$f^2(z) = z, \quad f'(z) = \frac{1}{2f(z)} \qquad \text{für alle} \quad z \in G \tag{9}$$

und

$$f(z_1) = w_1 \tag{10}$$

sowie

$$\widetilde{G} \cap (-\widetilde{G}) = \emptyset \qquad \text{mit} \quad -\widetilde{G} := \left\{ w \in \mathbb{C} : -w \in G \right\}. \tag{11}$$

Beweis: Wir betrachten die in G holomorphe Funktion

$$g(z) := \int\limits_{z_1}^{z} \frac{1}{\zeta} \, d\zeta = \log z - \log z_1, \qquad z \in G.$$

Dabei ist das Integral längs einer beliebigen Kurve von z_1 nach z in G auszu-
werten und die Logarithmusfunktion längs dieses Weges stetig fortzusetzen.
Die Funktion

$$f(z) := w_1 \exp\left\{\frac{1}{2} g(z)\right\}, \qquad z \in G,$$

ist dann holomorph, und sie erfüllt die Bedingungen

$$f(z_1) = w_1 \exp 0 = w_1$$

sowie

$$f^2(z) = w_1^2 \exp g(z) = r_1 e^{i\varphi_1} e^{\log z} e^{-\log z_1}$$

$$= \frac{z_1 z}{z_1} = z \qquad \text{für alle} \quad z \in G.$$

Die Eigenschaft (11) ist nach Konstruktion klar.   q.e.d.

Hilfssatz 3. (Hurwitz)
*Auf dem Gebiet $\Omega \subset \mathbb{C}$ konvergieren die holomorphen Funktionen $f_k : \Omega \to \mathbb{C}$,
$k = 1, 2, 3, \ldots$, in jedem Kompaktum gleichmäßig gegen die nichtkonstante,
holomorphe Funktion $f : \Omega \to \mathbb{C}$. Weiter seien die Funktionen $f_k = f_k(z)$
injektiv für alle $k \in \mathbb{N}$. Dann ist $f = f(z)$ injektiv.*

Beweis: Wäre $f = f(z)$ nicht injektiv, so gibt es zwei verschiedene Punkte
$z_1, z_2 \in \Omega$ mit der Eigenschaft

$$f(z_1) = w_1 = f(z_2).$$

Wir betrachten nun die Funktion

$$g(z) := f(z) - w_1.$$

Diese besitzt die beiden Nullstellen z_1 und z_2. In diesen Punkten haben wir
für die Indizes $i(g, z_j) = n_j \in \mathbb{N}$, $j = 1, 2$. Betrachten wir nun Funktionen

$$g_k(z) := f_k(z) - w_1, \qquad z \in K_j := \left\{z \in \mathbb{C} : |z - z_j| \leq \varepsilon_j\right\},$$

mit hinreichend kleinem $\varepsilon_j > 0$ für $j = 1, 2$ und $k = 1, 2, 3, \ldots$, so erhalten
wir für deren Windungszahlen

$$W(g_k, K_j) = i(g, z_j) = n_j \in \mathbb{N}, \qquad j = 1, 2, \quad k \geq k_0 ; \tag{12}$$

hierbei ist $k_0 \in \mathbb{N}$ hinreichend groß zu wählen. Wegen (12) besitzt aber
$g_k = g_k(z)$ für $k \geq k_0$ mindestens zwei Nullstellen, was der vorausgesetz-
ten Injektivität von $f_k = f_k(z)$ widerspricht.
                                                                    q.e.d.

Wir kommen nun zu dem

Beweis von Satz 5:

1. Sei $\Omega \subset \mathbb{C}$ mit $\Omega \neq \mathbb{C}$ ein einfach zusammenhängendes Gebiet, so existiert zunächst ein $z_0 \in \mathbb{C} \setminus \Omega$. Durch die konforme Abbildung

$$f(z) := z - z_0, \qquad z \in \Omega,$$

können wir zum konform äquivalenten Gebiet

$$\Omega \subset \mathbb{C} \setminus \{0\} \qquad (13)$$

übergehen. Mit der konformen Abbildung

$$f(z) = \sqrt{z}, \qquad z \in \Omega,$$

aus Hilfssatz 2 gelangen wir zu einem konform äquivalenten Gebiet mit

$$\Omega \cap (-\Omega) = \emptyset. \qquad (14)$$

2. Wir gehen jetzt von einem einfach zusammenhängenden Gebiet mit den Eigenschaften (13), (14) aus und wählen einen festen Punkt $z_0 \in \Omega$. Wir betrachten die Funktionenmenge

$$\mathcal{F} := \Big\{ f : \Omega \to B \; : \; f \text{ ist holomorph und injektiv in } \Omega, \;\; f(z_0) = 0 \Big\}.$$

Mit dem *Extremalprinzip von P. Koebe* suchen wir nun diejenige Abbildung $f \in \mathcal{F}$, welche der Bedingung

$$|f'(z_0)| = \sup_{\Phi \in \mathcal{F}} |\Phi'(z_0)| \qquad (15)$$

genügt. Zunächst ist die Klasse $\mathcal{F}$ nicht leer. Wegen (14) gibt es nämlich ein $z_1 \in \mathbb{C}$ und ein $\varrho > 0$, so daß für alle $z \in \mathbb{C}$ mit $|z - z_1| \leq \varrho$ die Aussage $z \notin \Omega$ erfüllt ist. Die Funktion

$$f_1(z) := \frac{1}{z - z_1}, \qquad z \in \Omega,$$

ist wegen

$$|f_1(z)| \leq \frac{1}{\varrho}, \qquad z \in \Omega,$$

beschränkt. Durch Anwendung der konformen Abbildung

$$f_2(w) := r\{w - f_1(z_0)\}, \qquad w \in \mathbb{C},$$

mit hinreichend kleinem $r > 0$ erhalten wir schließlich eine zulässige Abbildung

$$f := f_2 \circ f_1 \in \mathcal{F}.$$

3. Sei $f \in \mathcal{F}$ eine beliebige Funktion, so gilt für deren Dirichletintegral

$$D(f) := \iint\limits_{\Omega} \left\{ |f_x|^2 + |f_y|^2 \right\} dxdy = 2 \iint\limits_{\Omega} |f_x \wedge f_y| \, dxdy \le 2\pi.$$

Ist nun $z_1 \in \Omega$ ein beliebiger Punkt, und ist $\delta > 0$ so klein gewählt, daß die Kreisscheibe

$$B_\delta(z_1) := \left\{ z \in \mathbb{C} : |z - z_1| < \delta \right\}$$

die Inklusion $B_\delta(z_1) \subset\subset \Omega$ erfüllt, so gibt es nach dem Oszillationslemma von Courant und Lebesgue ein $\delta^* \in [\delta, \sqrt{\delta}]$ mit der Eigenschaft

$$\int\limits_{z \,:\, |z-z_1|=\delta^*} |df(z)| \le \frac{2\sqrt{2}\pi}{\sqrt{-\log \delta}}. \tag{16}$$

Beachten wir noch die Injektivität der Abbildung $f = f(z)$, so erhalten wir für die Durchmesser der entsprechenden Gebiete

$$\operatorname{diam} f\Big(B_\delta(z_1)\Big) \le \operatorname{diam} f\Big(B_{\delta^*}(z_1)\Big) \le \frac{\sqrt{2}\pi}{\sqrt{-\log \delta}}. \tag{17}$$

Für jede kompakte Menge $K \subset \Omega$ ist somit die Funktionenklasse

$$\mathcal{F}_K := \Big\{ f : K \to \mathbb{C} : f \in \mathcal{F} \Big\}$$

gleichgradig stetig und gleichmäßig beschränkt. Nach Hilfssatz 1 können wir also aus jeder Folge $\{f_k\}_{k=1,2,\ldots} \subset \mathcal{F}$ eine in jedem Kompaktum $K \subset \Omega$ gleichmäßig konvergente Teilfolge auswählen.

4. Verwenden wir nun noch Hilfssatz 3, so erhalten wir die *Kompaktheit der Funktionenklasse* $\mathcal{F}$: Aus jeder Folge $\{f_k\}_{k=1,2,\ldots} \subset \mathcal{F}$ mit

$$0 < |f_k'(z_0)| \le |f_{k+1}'(z_0)|, \qquad k \in \mathbb{N},$$

kann man eine Teilfolge $\{f_{k_l}\}_{l=1,2,\ldots}$ auswählen, die in jedem Kompaktum $K \subset \Omega$ gleichmäßig gegen eine Funktion $f \in \mathcal{F}$ konvergiert. Wir finden so eine Funktion $f \in \mathcal{F}$ mit der Extremaleigenschaft (15).

Schließlich haben wir noch

$$f(\Omega) = B \tag{18}$$

zu zeigen.

5. Wäre $G := f(\Omega) \subset B$ mit $G \ne B$ erfüllt, so existiert ein $z_1 \in B \setminus G$. Die Abbildung

$$w = \psi_1(z) := \frac{z - z_1}{\overline{z}_1 z - 1}, \qquad z \in B,$$

gehört zu Aut (B) und erfüllt die Eigenschaften

$$\psi_1(z_1) = 0, \quad \psi_1(0) = z_1\,.$$

Auf dem einfach zusammenhängenden Gebiet

$$G_1 := \psi_1(G) \subset B \setminus \{0\}$$

betrachten wir die konforme Wurzelfunktion aus Hilfssatz 2, nämlich

$$w = \psi_2(z) := \sqrt{z}\,, \qquad z \in G_1\,,$$

mit $z_2 := \sqrt{z_1}$. Wir erhalten das einfach zusammenhängende Gebiet

$$G_2 := \psi_2(G_1) \subset B \setminus \{0\}$$

mit $z_2 \in G_2$. Schließlich verwenden wir den Automorphismus

$$w = \psi_3(z) = \frac{z - z_2}{\overline{z}_2 z - 1}\,, \qquad z \in B,$$

mit der Eigenschaft

$$\psi_3(z_2) = 0$$

und erklären

$$G_3 := \psi_3(G_2) \subset B.$$

Die Komposition

$$\psi := \psi_3 \circ \psi_2 \circ \psi_1 \,:\, G \longrightarrow G_3$$

ist konform, und es gilt

$$\psi(0) = \psi_3 \circ \psi_2 \circ \psi_1(0) = \psi_3 \circ \psi_2(z_1) = \psi_3(z_2) = 0.$$

Wir beachten $\psi \circ f \in \mathcal{F}$, denn es ist

$$\psi \circ f(z_0) = \psi(0) = 0.$$

Nun berechnen wir

$$(\psi \circ f)'(z_0) = \psi'(0)f'(z_0)$$

$$= \psi_3'(z_2)\psi_2'(z_1)\psi_1'(0)f'(z_0)$$

$$= \frac{1}{\overline{z}_2 z_2 - 1}\,\frac{1}{2\sqrt{z_1}}\,(\overline{z}_1 z_1 - 1)f'(z_0)$$

$$= \frac{1}{\overline{z}_2 z_2 - 1}\,\frac{1}{2z_2}\,\left\{(\overline{z}_2 z_2)^2 - 1\right\}f'(z_0)$$

$$= \frac{|z_2|^2 + 1}{2z_2}\,f'(z_0),$$

wobei wir $z_2 = \sqrt{z_1}$ beachten. Aus $0 < |z_2| < 1$ folgen

$$(1 - |z_2|)^2 > 0, \qquad \text{also} \quad |z_2|^2 - 2|z_2| + 1 > 0$$

beziehungsweise

$$\frac{|z_2|^2 + 1}{2|z_2|} > 1.$$

Dieses ergibt aber mit

$$|(\psi \circ f)'(z_0)| = \frac{|z_2|^2 + 1}{2|z_2|} |f'(z_0)| > |f'(z_0)| = \sup_{\Phi \in \mathcal{F}} |\Phi'(z_0)|$$

einen Widerspruch. Damit ist alles gezeigt.   q.e.d.

§8 Randverhalten konformer Abbildungen

Wir beginnen mit der

Definition 1. *Ein beschränktes Gebiet $\Omega \subset \mathbb{C}$ nennen wir Jordangebiet, falls dessen Rand $\partial\Omega = \Gamma$ eine Jordankurve bildet mit der topologischen, positiv orientierten Darstellung $\gamma : \partial B \to \Gamma$ und der Parametrisierung*

$$\beta(t) := \gamma(e^{it}), \qquad t \in \mathbb{R}.$$

Für $k \in \mathbb{N}$ nennen wir Γ im Punkt $z_1 = \beta(t_1) \in \Gamma$ mit $t_1 \in [0, 2\pi)$ k-mal stetig differenzierbar und regulär, falls es ein $\varepsilon = \varepsilon(t_1) > 0$ derart gibt, so daß

$$\beta \in C^k((t_1 - \varepsilon, t_1 + \varepsilon), \mathbb{C})$$

sowie

$$\beta'(t) \neq 0 \qquad \text{für alle} \quad t \in (t_1 - \varepsilon, t_1 + \varepsilon)$$

richtig sind. Falls zusätzlich die Potenzreihenentwicklung

$$\beta(t) = \sum_{k=0}^{\infty} \frac{1}{k!} \beta^{(k)}(t_1)(t - t_1)^k \qquad \text{für} \quad t_1 - \varepsilon < t < t_1 + \varepsilon \qquad (1)$$

gültig ist, nennen wir $z_1 = \beta(t_1)$ einen regulären, analytischen Randpunkt. Wir sprechen von einer C^k-Jordankurve (bzw. einer analytischen Jordankurve) Γ, falls jeder Randpunkt $z_1 \in \Gamma$ regulär und k-mal stetig differenzierbar (bzw. analytisch) ist.

Satz 1. (Carathéodory, Courant)
Sei $\Omega \subset \mathbb{C}$ ein Jordangebiet. Dann ist die konforme Abbildung $f : \Omega \to B$ stetig auf den Abschluß $\overline{\Omega}$ als topologische Abbildung $f : \overline{\Omega} \to \overline{B}$ fortsetzbar.

Beweis:

1. Zu festem $z_1 = \beta(t_1) \in \Gamma$ betrachten wir für $0 < \delta < \delta_0$ diejenige Zusammenhangskomponente $G_\delta(z_1)$ der offenen Menge $\{z \in \Omega : |z - z_1| < \delta\}$ mit $z_1 \in \partial G_\delta(z_1)$. Zu $t_2 < t_3$ bezeichne

$$\beta[t_2, t_3] := \Big\{ \beta(t) : t_2 \leq t \leq t_3 \Big\}$$

den Jordanbogen auf Γ vom Punkt $z_2 = \beta(t_2)$ zum Punkt $z_3 = \beta(t_3)$. Der Rand von $G_\delta(z_1)$ besteht aus einem Kreissegment $S_\delta(z_1) \subset \Omega$ und einem Jordanbogen

$$\Gamma_\delta(z_1) := \beta[t_2, t_3] \qquad \text{mit} \quad t_2 < t_1 < t_3 \,.$$

Danach gilt

$$\partial G_\delta(z_1) = \Gamma_\delta(z_1) \,\dot\cup\, S_\delta(z_1).$$

Nach dem Courant-Lebesgueschen Lemma, welches auch auf diese Situation übertragen werden kann, gibt es zu vorgegebenem $\delta > 0$ ein $\delta^* \in [\delta, \sqrt{\delta}]$ mit der Eigenschaft

$$\int\limits_{z \in S_{\delta^*}(z_1)} |df(z)| \leq \frac{2\sqrt{2}\,\pi}{\sqrt{-\log \delta}} \,. \tag{2}$$

Nun ist $f(S_{\delta^*}(z_1)) \subset B$ ein Jordanscher Kurvenbogen endlicher Länge, welcher seine Endpunkte - stetig fortgesetzt - auf ∂B hat. Da die Abbildung $f : \Omega \to B$ injektiv ist, folgt

$$\operatorname{diam} f(G_\delta(z_1)) \leq \operatorname{diam} f(G_{\delta^*}(z_1)) \leq \frac{2\sqrt{2}\,\pi}{\sqrt{-\log \delta}} \,. \tag{3}$$

Somit ist $f = f(z)$ gleichmäßig stetig auf Ω und folglich auf $\overline{\Omega}$ stetig fortsetzbar.

2. Ebenso beweist man die stetige Fortsetzbarkeit der Umkehrfunktion

$$g(w) := f^{-1}(w), \qquad w \in B,$$

auf den Abschluß $\overline{B}$. Hierzu benötigt man den Stetigkeitsmodul der Jordankurve Γ im folgenden Sinne: Zu jedem $\varepsilon > 0$ gibt es ein $\delta = \delta(\varepsilon) > 0$, so daß für je zwei aufeinanderfolgende Punkte $z_j = \beta(t_j) \in \Gamma$, $j = 1, 2$, mit $t_1 < t_2$ und $|z_1 - z_2| \leq \delta(\varepsilon)$ die Abschätzung

$$\operatorname{diam} \beta[t_1, t_2] := \sup_{t_1 \leq \tau_1 < \tau_2 \leq t_2} |\beta(\tau_1) - \beta(\tau_2)| \leq \varepsilon \tag{4}$$

gültig ist.

3. Da nun $f = f(z)$ auf $\overline{\Omega}$ und $g = g(w)$ auf ganz $\overline{B}$ stetig fortsetzbar sind, ist die Abbildung $f : \overline{\Omega} \to \overline{B}$ topologisch.

q.e.d.

Satz 2. (Analytisches Randverhalten)
*Sei $z = g(w) : B \to \Omega$ eine konforme Abbildung auf das Jordangebiet $\Omega \subset \mathbb{C}$,
welche topologisch gemäß $g : \overline{B} \to \overline{\Omega}$ erweitert werden kann. Im Punkt $z_1 =
g(w_1) \in \Gamma = \partial\Omega$ mit $w_1 \in \partial B$ sei der Rand Γ regulär und analytisch. Dann
gibt es eine konvergente Potenzreihe*

$$\sum_{k=0}^{\infty} a_k(w - w_1)^k \qquad \text{für alle} \quad w \in \mathbb{C} \quad \text{mit} \quad |w - w_1| < \varepsilon$$

*mit den Koeffizienten $a_k \in \mathbb{C}$, $k \in \mathbb{N}_0$, und $a_1 \neq 0$ bei hinreichend kleinem
$\varepsilon > 0$, so daß die Darstellung*

$$g(w) = \sum_{k=0}^{\infty} a_k(w - w_1)^k \qquad \text{für alle} \quad w \in B \quad \text{mit} \quad |w - w_1| < \varepsilon \quad (5)$$

*erfüllt ist. Also kann $g = g(w)$ im Punkt $w_1 \in \partial B$ analytisch über den Rand
∂B erweitert werden.*

Beweis:

1. Da $z_1 = g(w_1) = \beta(t_1) \in \Gamma$ ein regulärer und analytischer Randpunkt
   von Γ ist, gilt

$$\beta(t) = \sum_{k=0}^{\infty} \frac{1}{k!} \beta^{(k)}(t_1)(t - t_1)^k, \qquad t_1 - \varepsilon < t < t_1 + \varepsilon, \qquad (6)$$

mit $\beta'(t_1) \neq 0$. Nun können wir die konvergente Potenzreihe mit $r =
(t + is) \in \mathbb{C}$ ins Komplexe erweitern und erhalten die Funktion

$$h(r) := \sum_{k=0}^{\infty} \frac{1}{k!} \beta^{(k)}(t_1)(r - t_1)^k \qquad \text{für alle} \quad r \in \mathbb{C} \quad \text{mit} \quad |r - t_1| < \varepsilon.$$

$$(7)$$

Wegen $\beta'(t_1) \neq 0$ existiert in einer Umgebung von $z_1 = h(t_1)$ die holomorphe Umkehrabbildung h^{-1}.

2. Wir verwenden nun die Möbiustransformation

$$\ell : H^+ \longrightarrow B \qquad \text{konform mit} \quad \ell(0) = w_1.$$

Auf die holomorphe Abbildung

$$\Psi(\zeta) := h^{-1} \circ g \circ \ell(\zeta), \qquad \zeta \in H^+ \quad \text{mit} \quad |\zeta| < \varepsilon \quad (8)$$

können wir das Schwarzsche Spiegelungsprinzip anwenden und erhalten
die holomorphe Funktion

$$\Psi(\zeta), \qquad |\zeta| < \varepsilon, \qquad (9)$$

auf der vollen Kreisscheibe um den Nullpunkt. Nun ist auch die Funktion

$$h \circ \Psi \circ \ell^{-1}(w) = \sum_{k=0}^{\infty} a_k (w - w_1)^k \qquad \text{für alle} \quad |w - w_1| < \varepsilon \qquad (10)$$

holomorph, und wir haben sie in eine konvergente Potenzreihe um den Punkt $w_1 \in \partial B$ entwickelt. Aus (8) und (10) erhalten wir schließlich

$$g(w) = \sum_{k=0}^{\infty} a_k (w - w_1)^k \qquad \text{für alle} \quad w \in B \quad \text{mit} \quad |w - w_1| < \varepsilon. \qquad (11)$$

Da $g : \overline{B} \to \overline{\Omega}$ topologisch ist, muß in der Entwicklung (11) der Koeffizient $a_1 \neq 0$ erfüllen.

q.e.d.

Bemerkung: Falls der Rand Γ ein Polygon ist, kann man die konforme Abbildung $g : B \to \Omega$ mit $\Gamma = \partial\Omega$ mit Hilfe der *Schwarz-Christoffel-Formeln* nahezu explizit durch ein Kurvenintegral darstellen.

Satz 3. (Randpunktlemma)
Auf der Kreisscheibe

$$B_\varrho(z_1) := \Big\{ z \in \mathbb{C} : |z - z_1| < \varrho \Big\}, \qquad z_1 \in \mathbb{C}, \quad \varrho > 0,$$

sei die holomorphe Funktion

$$w = f(z) : B_\varrho(z_1) \longrightarrow B \in C^1(\overline{B_\varrho(z_1)}, \overline{B}) \qquad (12)$$

derart gegeben, daß

$$|f(z_1)| \leq 1 - \varepsilon \qquad \text{mit einem} \quad \varepsilon > 0$$

erfüllt ist. Weiter sei $z_2 \in \partial B_\varrho(z_1)$ ein Randpunkt mit $|f(z_2)| = 1$. Dann gilt

$$|f'(z_2)| \geq \frac{\varepsilon^2}{\varrho}. \qquad (13)$$

Beweis: Betrachte die Funktion

$$\ell(w) := z_1 + (z_2 - z_1)w, \qquad w \in \overline{B},$$

mit

$$\ell(0) = z_1, \quad \ell(1) = z_2, \quad |\ell'(w)| = |z_2 - z_1| = \varrho \qquad \text{für alle} \quad w \in \overline{B}. \qquad (14)$$

Setzen wir nun $w_1 = f(z_1) \in B$ und $w_2 = f(z_2) \in \partial B$, so verwenden wir die Möbiustransformation

$$h(w) := e^{i\vartheta} \, \frac{w - w_1}{\overline{w}_1 w - 1}, \qquad w \in \overline{B},$$

mit geeignetem $\vartheta \in [0, 2\pi)$. Wir erhalten dann

$$h(w_1) = 0, \quad h(w_2) = 1 \tag{15}$$

und berechnen

$$
\begin{aligned}
|h'(w_2)| &= \frac{|(\overline{w}_1 w_2 - 1) - \overline{w}_1(w_2 - w_1)|}{|\overline{w}_1 w_2 - 1|^2} = \frac{|1 - |w_1|^2|}{|1 - \overline{w}_1 w_2|^2} \\
&\leq \frac{1}{(1 - |\overline{w}_1 w_2|)^2} = \frac{1}{(1 - |w_1|)^2} \\
&\leq \frac{1}{(1 - (1 - \varepsilon))^2} = \frac{1}{\varepsilon^2} \, .
\end{aligned}
\tag{16}
$$

Wir betrachten nun die nullpunkttreue, holomorphe Abbildung

$$\Phi(w) := h \circ f \circ \ell(w), \qquad w \in \overline{B},$$

der Klasse $C^1(\overline{B}, \overline{B})$. Das Schwarzsche Lemma liefert

$$|\Phi(w)| \leq |w|, \qquad w \in \overline{B}. \tag{17}$$

Also folgt für alle $r \in (0, 1)$ die Ungleichung

$$\left| \frac{\Phi(r) - \Phi(1)}{r - 1} \right| \geq \frac{|\Phi(1)| - |\Phi(r)|}{1 - r} \geq \frac{1 - r}{1 - r} = 1,$$

und somit haben wir

$$|\Phi'(1)| \geq 1. \tag{18}$$

Die Kombination von (14), (16) und (18) liefert

$$1 \leq |\Phi'(1)| = |h'(w_2) f'(z_2) \ell'(1)| \leq \frac{1}{\varepsilon^2} |f'(z_2)| \varrho$$

bzw.

$$|f'(z_2)| \geq \frac{\varepsilon^2}{\varrho} \, ,$$

womit die Aussage gezeigt ist. \hfill q.e.d.

Satz 4. (Lipschitz-Abschätzung)
Das C^2-Jordangebiet $\Omega \subset \mathbb{C}$ werde konform durch $f : \Omega \to B$ abgebildet mit der Umkehrabbildung $z = g(w) : B \to \Omega$. Dann folgt

$$\sup_{w \in B} |g'(w)| < +\infty, \tag{19}$$

und somit ist $g = g(w)$ Lipschitz-stetig auf $\overline{B}$.

Beweis: Nach dem Weierstraßschen Approximationssatz können wir das Gebiet Ω durch Jordangebiete Ω_n, $n \in \mathbb{N}$, so approximieren, daß deren berandende analytische Jordankurven $\Gamma_n = \partial\Omega_n$ einschließlich ihrer Ableitungen bis zur zweiten Ordnung für $n \to \infty$ gegen die C^2-Jordankurve $\Gamma = \partial\Omega$ konvergieren. Wir betrachten nun die konformen Abbildungen

$$g_n : \overline{B} \longrightarrow \overline{\Omega}_n \in C^1(\overline{B}, \overline{\Omega}_n)$$

mit den Umkehrabbildungen

$$f_n : \overline{\Omega}_n \longrightarrow \overline{B} \in C^1(\overline{\Omega}_n, \overline{B})$$

gemäß Satz 2 für alle $n \in \mathbb{N}$, welche im Innern gleichmäßig mit ihren Ableitungen gegen die Funktion $g \in C^0(\overline{B}, \overline{\Omega})$ bzw. deren Umkehrfunktion $f \in C^0(\overline{\Omega}, \overline{B})$ für $n \to \infty$ konvergieren. Nun gibt es ein festes $\varrho > 0$ unabhängig von $n \in \mathbb{N}$, so daß jedes Gebiet Ω_n in jedem Randpunkt $z_2 \in \Gamma_n = \partial\Omega_n$ einen Stützkreis

$$B_\varrho(z_1) \subset \Omega_n \qquad \text{mit} \quad z_1 \in \Omega_n, \ z_2 \in \partial B_\varrho(z_1) \cap \Gamma_n$$

zuläßt. Weiter gibt es wegen $f_n \to f$ für $n \to \infty$ ein $\varepsilon > 0$ unabhängig von $n \in \mathbb{N}$, so daß die Abschätzung

$$|f_n(z_1)| \leq |f(z_1)| + |f_n(z_1) - f(z_1)| \leq 1 - \varepsilon \qquad \text{für alle} \quad n \geq n_0(\varepsilon) \quad (20)$$

richtig ist, wobei $n_0(\varepsilon)$ derart gewählt wird, daß

$$|f(z_1)| \leq 1 - 2\varepsilon, \qquad |f_n(z_1) - f(z_1)| \leq \varepsilon$$

erfüllt sind. Nach Satz 3 folgt dann

$$|f'_n(z_2)| \geq \frac{\varepsilon^2}{\varrho}, \qquad n \geq n_0(\varepsilon),$$

und mit $w_2 = f_n(z_2)$ erhalten wir für die Umkehrabbildug

$$|g'_n(w_2)| \leq \frac{\varrho}{\varepsilon^2} \qquad \text{für alle} \quad w_2 \in \partial B \quad \text{und} \quad n \geq n_0(\varepsilon). \quad (21)$$

Das Maximumprinzip für holomorphe Funktionen liefert

$$\sup_B |g'_n(w)| \leq \frac{\varrho}{\varepsilon^2}, \qquad n \geq n_0(\varepsilon), \quad (22)$$

und für $n \to \infty$ erhalten wir schließlich mit

$$\sup_B |g'(w)| < +\infty \quad (23)$$

die Behauptung.   q.e.d.

Bemerkungen:

1. Sei $z_1 = \beta(t_1) \in \Gamma$ ein beliebiger Randpunkt. Ohne Einschränkung nehmen wir $t_1 = 0 \in \mathbb{R}$ und $z_1 = 0 \in \mathbb{C}$ an. Wir betrachten dann die Abbildung

$$h(r) = h(t + is) := \beta(t) + is\beta'(t_1), \qquad |r - t_1| < \varepsilon, \qquad (24)$$

und berechnen

$$\frac{\partial}{\partial \overline{r}} h(t_1) = \frac{1}{2} \left\{ h_t(t_1) + ih_s(t_1) \right\} = \frac{1}{2} \left\{ \beta'(t_1) + i^2 \beta'(t_1) \right\} = 0.$$

Gehen wir nun von $z = h(r)$ zur Umkehrabbildung $r = h^{-1}(z)$ über, so folgt

$$\frac{\partial}{\partial \overline{z}} h^{-1}(z_1) = 0.$$

Wir schätzen jetzt wir folgt ab:

$$\left| \frac{\partial}{\partial \overline{z}} h^{-1}(z) \right| = \left| \frac{\partial}{\partial \overline{z}} h^{-1}(z) - \frac{\partial}{\partial \overline{z}} h^{-1}(z_1) \right| \leq c_1 |z - z_1| = c_1 |z|$$

$$= c_1 |h(r)| \leq c_1 c_2 |r| = c_1 c_2 |h^{-1}(z)|$$

für alle $z \in \mathbb{C}$ mit $|z - z_1| < \varepsilon$. Hierbei sind $c_1, c_2 \in (0, +\infty)$ zwei positive Konstanten, und wir haben $h, h^{-1} \in C^1$ bei Anwendung des Mittelwertsatzes im $\mathbb{R}^2$ benutzt. Also ist die Funktion $h^{-1} = h^{-1}(z)$ pseudoholomorph, nämlich

$$\left| \frac{\partial}{\partial \overline{z}} h^{-1}(z) \right| \leq c_3 |h^{-1}(z)|, \qquad |z - z_1| < \varepsilon. \qquad (25)$$

Wie im Beweis von Satz 2 setzen wir nun in $h^{-1} = h^{-1}(z)$ die holomorphe Funktion $g \circ \ell(\zeta)$, $\zeta \in H^+$, $|\zeta| < \varepsilon$, ein und erhalten mit

$$\Psi(\zeta) := h^{-1} \circ g \circ \ell(\zeta), \qquad \zeta \in H^+, \qquad |\zeta| < \varepsilon, \qquad (26)$$

eine pseudoholomorphe Funktion. Wegen Satz 4 gilt nämlich

$$|\Psi_{\overline{\zeta}}(\zeta)| = \left| \frac{\partial}{\partial z} h^{-1} \Big|_{g \circ \ell(\zeta)} (g \circ \ell)_{\overline{\zeta}} + \frac{\partial}{\partial \overline{z}} h^{-1} \Big|_{g \circ \ell(\zeta)} \overline{(g \circ \ell)_\zeta} \right|$$

$$= \left| \frac{\partial}{\partial \overline{z}} h^{-1} \Big(g \circ \ell(\zeta) \Big) \right| \left| g'(\ell(\zeta)) \right| \left| \ell'(\zeta) \right|$$

$$\leq c_3 c_4 c_5 \left| h^{-1} \circ g \circ \ell(\zeta) \right|$$

$$= c_3 c_4 c_5 \left| \Psi(\zeta) \right|$$

für alle $\zeta \in H^+$, $|\zeta| < \varepsilon$. Mit Hilfe der Integraldarstellung aus Satz 1 in §5 können wir für die pseudoholomorphe Funktion $\Psi = \Psi(\zeta)$ mit reellen Werten auf $(-\varepsilon, +\varepsilon)$ leicht ein Spiegelungsprinzip herleiten und erhalten die pseudoholomorphe Funktion

$$\left| \frac{d}{d\overline{\zeta}} \Psi(\zeta) \right| \le c_6 \, |\Psi(\zeta)|, \qquad |\zeta| < \varepsilon. \tag{27}$$

Auf diese wenden wir nun das Ähnlichkeitsprinzip von Bers und Vekua an und erhalten für Ψ und dann auch für g asymptotische Entwicklungen auf dem Rand ∂B. Die dabei auftretenden Funktionen gehören aber im allgemeinen nicht mehr zur Regularitätsklasse C^1.

2. Wir wollen nun zeigen, daß $g \in C^1(\overline{B}, \mathbb{C})$ gilt und deren Ableitung $g'(w) : \overline{B} \to \mathbb{C} \setminus \{0\}$ einer Hölderbedingung zu jedem Exponenten $\alpha \in (0, 1)$ genügt.

Wir benötigen die folgende Aussage, die wir mit der Theorie harmonischer Funktionen aus Kapitel V beweisen wollen.

Hilfssatz 1. (Hardy, Littlewood)
Die holomorphe Funktion $G(w) = x(w) + iy(w) \in C^1(\overline{B})$ erfülle

$$\left| \frac{d}{dt} y(e^{it}) \right| \le l < +\infty \qquad \text{für alle } t \in \mathbb{R}. \tag{28}$$

Dann gibt es eine Konstante $L = L(l) \in (0, +\infty)$, so daß

$$|G'(w)| \le L \qquad \text{für alle } w \in \overline{B} \tag{29}$$

richtig ist.

Beweis: Wir betrachten die Jordankurve

$$\Gamma := \Big\{ (\cos t, \sin t, y(e^{it})) \in \mathbb{R}^3 \ : \ 0 \le t \le 2\pi \Big\}.$$

Sie erlaubt wegen (28) in jedem Punkt

$$(u_0, v_0, y_0) = (u_0, v_0, y(u_0, v_0)) \in \Gamma$$

eine untere und obere Stützebene

$$y^\pm(u, v) := y_0 + \alpha^\pm(u - u_0) + \beta^\pm(v - v_0), \qquad (u, v) \in \mathbb{R}^2, \tag{30}$$

ganz auf einer Seite von Γ. Für ihr Steigungsmaß gibt es eine Konstante $L = L(l) \in (0, +\infty)$, so daß für die reellen Koeffizienten $\alpha^\pm, \beta^\pm$ die Bedingung

$$\sqrt{(\alpha^\pm)^2 + (\beta^\pm)^2} \le L \tag{31}$$

erfüllt ist. Aufgrund des Maximumprinzips für harmonische Funktionen haben wir

$$y^-(u,v) \leq y(u,v) \leq y^+(u,v) \qquad \text{für alle} \quad (u,v) \in \overline{B},$$

$$y^-(u_0,v_0) = y_0 = y^+(u_0,v_0). \tag{32}$$

Somit folgt

$$\left| \frac{\partial}{\partial r} y(re^{it}) \right|_{r=1} \leq L \qquad \text{für alle} \quad t \in \mathbb{R} \tag{33}$$

und mit (28) die Ungleichung

$$|y_w(w)| \leq L \qquad \text{für alle} \quad w \in \partial B. \tag{34}$$

Das Maximumprinzip für die holomorphe Funktion y_w liefert

$$|y_w(w)| \leq L \qquad \text{für alle} \quad w \in \overline{B}. \tag{35}$$

Beachten wir nun noch die Cauchy-Riemannschen Differentialgleichungen für die Funktion $G(w) = x(w) + iy(w)$, $w \in \overline{B}$, so erhalten wir die Abschätzung (29).

q.e.d.

Satz 5. ($C^{1,1}$-Regularität)

Sei $g : B \to \Omega$ eine konforme Abbildung auf das C^2-Jordangebiet $\Omega \subset \subset \mathbb{C}$ mit der berandenden C^2-Jordankurve $\Gamma = \partial \Omega$. Dann folgt $g \in C^1(\overline{B}, \overline{\Omega})$ und

$$g'(w) \neq 0 \qquad \text{für alle} \quad w \in \overline{B}.$$

Weiter gibt es eine Lipschitzkonstante $L = L(g) \in (0, +\infty)$, so daß

$$|g'(w_1) - g'(w_2)| \leq L|w_1 - w_2| \qquad \text{für alle} \quad w_1, w_2 \in \overline{B}$$

erfüllt ist.

Beweis: Wie im Beweis von Satz 4 approximieren wir $g : \overline{B} \to \overline{\Omega}$ gleichmäßig in $\overline{B}$ durch konforme Abbildungen $g_n : \overline{B} \to \overline{\Omega}_n$, $n = 1, 2, \ldots$, mit

$$\sup_B |g_n'(w)| \leq c_1, \qquad n \in \mathbb{N}.$$

Setzen wir

$$G_n(w) := \log g_n'(w) = \log |g_n'(w)| + i \arg g_n'(w), \qquad w \in \overline{B}, \quad n \in \mathbb{N}, \tag{36}$$

so ist offenbar

$$\lim_{n \to \infty} G_n(0) = \lim_{n \to \infty} \log g_n'(0) = \log g'(0) \in \mathbb{C} \tag{37}$$

richtig. Wir haben nun noch

$$\sup_{w \in B} |G_n'(w)| \leq c_2, \qquad n \in \mathbb{N}, \tag{38}$$

nachzuweisen. Hierzu assoziieren wir mit der Abbildung $g_n = g_n(w)$ die Gaußsche Metrik

$$ds_n^2 = E_n(w)\,(du^2 + dv^2) = |g_n'(w)|^2(du^2 + dv^2). \tag{39}$$

Für die geodätische Krümmung κ_n der Randkurve $\Gamma_n = \partial\Omega_n$ entnehmen wir
einer Vorlesung über Differentialgeometrie (z.B. [BL]) die Formel

$$\frac{\partial}{\partial r}\log\sqrt{E_n(r\cos t, r\sin t)}\bigg|_{r=1} = \kappa_n\sqrt{E_n(\cos t, \sin t)} - 1, \qquad t\in\mathbb{R}. \tag{40}$$

Die Abbildung $G_n(w) = x_n(w) + iy_n(w)$, $w\in\overline{B}$, aus (36) erfüllt dann wegen
(40) und Satz 4 die Abschätzung

$$\left|\frac{\partial}{\partial r}x_n(re^{it})\right|_{r=1} \le \tilde{c}_2 \qquad \text{für alle} \quad t\in\mathbb{R}, \quad n\in\mathbb{N} \tag{41}$$

mit einer Konstante $\tilde{c}_2$. Die Cauchy-Riemannschen Differentialgleichungen liefern

$$\left|\frac{d}{dt}y_n(e^{it})\right| \le \tilde{c}_2 \qquad \text{für alle} \quad t\in\mathbb{R}, \quad n\in\mathbb{N}. \tag{42}$$

Mit Hilfssatz 1 erhalten wir somit die Abschätzung (38).

Die Funktionenfolge $\{G_n\}_{n=1,2,\dots}$ ist also gleichgradig stetig und gleichmäßig
beschränkt. Nach dem Satz von Arzelà-Ascoli können wir übergehen zu ei-
ner auf $\overline{B}$ gleichmäßig konvergenten Teilfolge $\{G_{n_k}\}_{k=1,2,\dots}$ und erhalten die
stetige Funktion

$$G(w) := \lim_{k\to\infty} G_{n_k}(w), \qquad w\in\overline{B}.$$

Nun haben wir

$$G(w) = \lim_{k\to\infty} G_{n_k}(w) = \lim_{k\to\infty}\log g_{n_k}'(w) = \log g'(w), \qquad w\in B.$$

Also ist

$$\Phi(w) := \log g'(w), \qquad w\in B,$$

stetig auf $\overline{B}$ fortsetzbar, und wir erhalten die Stetigkeit von $g'(w) : \overline{B} \to$
$\mathbb{C}\setminus\{0\}$. Da die Funktionen $\{G_n\}_{n=1,2,\dots}$ gemeinsam einer Lipschitzbedingung
in $\overline{B}$ genügen, bleibt dieses auch für die Grenzfunktion $G = G(w)$ bzw. für
$g = g(w)$, $w\in\overline{B}$, richtig.

q.e.d.

Bemerkung: Um die Aussage $g \in C^2(\overline{B})$ zu erhalten, muß man höhere Regularität der Randkurve $\Gamma = \partial\Omega$ voraussetzen.

V

Potentialtheorie und Kugelfunktionen

§1 Die Poissonsche Differentialgleichung im $\mathbb{R}^n$

Die Lösungen von 2-dimensionalen Differentialgleichungen kann man häufig als Integraldarstellungen über die Kreislinie S^1 erhalten. Als Beispiel sei nur die Cauchysche Integralformel genannt. Entsprechend werden bei n-dimensionalen Differentialgleichungen Integrale über die $(n-1)$-dimensionale Sphäre

$$S^{n-1} := \left\{ \xi = (\xi_1, \ldots, \xi_n) \in \mathbb{R}^n \; : \; \xi_1^2 + \ldots + \xi_n^2 = 1 \right\}, \qquad n \geq 2, \quad (1)$$

erscheinen. Wir wollen nun zunächst den Flächeninhalt dieser Sphäre S^{n-1} bestimmen. Sei $f = f(\xi) : S^{n-1} \to \mathbb{R} \in C^0(S^{n-1}, \mathbb{R})$ gegeben, so setzen wir

$$\int\limits_{S^{n-1}} f(\xi)\, d\omega_\xi = \int\limits_{|\xi|=1} f(\xi)\, d\omega_\xi := \sum_{i=1}^{N} \int\limits_{\Sigma_i} f(\xi)\, d\omega_\xi; \qquad (2)$$

mit $\Sigma_1, \ldots, \Sigma_N$ bezeichnen wir hierbei $N \in \mathbb{N}$ reguläre Flächenstücke mit dem Oberflächenelement $d\omega_\xi$, für die gilt

$$S^{n-1} = \bigcup_{i=1}^{N} \overline{\Sigma}_i, \qquad \overline{\Sigma}_i \cap \overline{\Sigma}_j = \partial \Sigma_i \cap \partial \Sigma_j, \quad i \neq j.$$

Wir betrachten nun eine stetige Funktion

$$f : \left\{ x = r\xi \in \mathbb{R}^n \; : \; a < r < b, \; \xi \in S^{n-1} \right\} \to \mathbb{R}$$

mit $0 \leq a < b \leq +\infty$ und erklären die offenen Mengen

$$\mathcal{O}_i := \left\{ x = r\xi \; : \; \xi \in \Sigma_i, \; r \in (a,b) \right\}, \qquad i = 1, \ldots, N.$$

Insofern $\displaystyle\int_{a<|x|<b} |f(x)|\,dx < +\infty$ erfüllt ist, setzen wir

$$\int\limits_{a<|x|<b} f(x)\,dx = \sum_{i=1}^{N} \int\limits_{\mathcal{O}_i} f(x)\,dx. \tag{3}$$

Die Flächen Σ_i parametrisieren wir wie folgt:

$$\Sigma_i: \quad \xi = \xi(t) = \xi(t_1,\ldots,t_{n-1}): T_i \to \Sigma_i \in C^1(T_i,\Sigma_i), \qquad i=1,\ldots,N,$$

mit den Parametergebieten $T_i \subset \mathbb{R}^{n-1}$. In

$$x = x(t,r) = x(t_1,\ldots,t_{n-1},r) = r\xi(t_1,\ldots,t_{n-1}), \qquad t \in T_i, \quad r \in (a,b), \tag{4}$$

erhalten wir dann eine Parameterdarstellung der Mengen $\mathcal{O}_i$, $i=1,\ldots,N$. Für die Funktionaldeterminante dieser Abbildung berechnen wir

$$J_x(t,r) = \begin{vmatrix} r\xi_{t_1}(t) \\ \vdots \\ r\xi_{t_{n-1}}(t) \\ \xi(t) \end{vmatrix} = r^{n-1} \begin{vmatrix} \xi_{t_1}(t) \\ \vdots \\ \xi_{t_{n-1}}(t) \\ \xi(t) \end{vmatrix} = r^{n-1}\Big(\xi(t)\cdot \xi_{t_1} \wedge \ldots \wedge \xi_{t_{n-1}}\Big).$$

Dabei bezeichnet $\wedge$ das Vektorprodukt im $\mathbb{R}^n$. Es gilt $\xi_{t_1} \wedge \ldots \wedge \xi_{t_{n-1}} = (D_1(t),\ldots,D_n(t))$ mit

$$D_j(t) := (-1)^{n+j}\frac{\partial(\xi_1,\ldots,\xi_{j-1},\xi_{j+1},\ldots,\xi_n)}{\partial(t_1,\ldots,t_{n-1})}, \quad j=1,\ldots,n.$$

Wegen $|\xi(t)| = 1$ ist $\xi(t)\cdot \xi_{t_i}(t) = 0$ für alle $i=1,\ldots,n-1$ erfüllt. Deshalb sind die Vektoren $\xi(t)$ und $\xi_{t_1} \wedge \ldots \wedge \xi_{t_{n-1}}$ parallel, und es folgt

$$J_x(t,r) = r^{n-1}\sqrt{\sum_{j=1}^{n} D_j(t)^2}. \tag{5}$$

Setzen wir noch $d\omega_\xi = \sqrt{\sum_{j=1}^{n} D_j(t)^2}\,dt_1\ldots dt_{n-1}$, $t \in T_i$, so erhalten wir

$$\int\limits_{\mathcal{O}_i} f(x)\,dx = \int\limits_{T_i\times(a,b)} f(r\xi(t))r^{n-1}\sqrt{\sum_{j=1}^{n} D_j(t)^2}\,dt_1\ldots dt_{n-1}\,dr$$

$$= \int\limits_{a}^{b} r^{n-1}\,dr \int\limits_{\Sigma_i} f(r\xi)\,d\omega_\xi, \qquad i=1,\ldots,N.$$

Summation über $i = 1, \ldots, N$ liefert schließlich

$$\int\limits_{a < |x| < b} f(x)\, dx = \int\limits_a^b r^{n-1}\, dr \int\limits_{S^{n-1}} f(r\xi)\, d\omega_\xi. \tag{6}$$

Speziell für Funktionen $f \in C^0(\mathbb{R}^n, \mathbb{R})$ mit $\int\limits_{\mathbb{R}^n} |f(x)|\, dx < +\infty$ notieren wir die Beziehung

$$\int\limits_{\mathbb{R}^n} f(x)\, dx = \int\limits_0^{+\infty} r^{n-1}\, dr \int\limits_{S^{n-1}} f(r\xi)\, d\omega_\xi. \tag{7}$$

Bevor wir mit der Berechnung des Oberflächeninhalts der Sphäre S^{n-1} fortfahren, wollen wir explizit eine Berechnungsvorschrift für das in (2) erklärte Integral angeben. Dazu betrachten wir die folgende spezielle Parametrisierung von S^{n-1}:

$$\Sigma_\pm : \ \xi_i = t_i, \quad i = 1, \ldots, n-1, \qquad \xi_n = \pm\sqrt{1 - t_1^2 - \ldots - t_{n-1}^2},$$

$$t = (t_1, \ldots, t_{n-1}) \in T := \left\{ t \in \mathbb{R}^{n-1} \ : \ |t| < 1 \right\}.$$

Wir berechnen

$$\begin{vmatrix} \dfrac{\partial \xi_1}{\partial t_1} & \cdots & \dfrac{\partial \xi_{n-1}}{\partial t_1} & \dfrac{\partial \xi_n}{\partial t_1} \\ \vdots & & \vdots & \vdots \\ \dfrac{\partial \xi_1}{\partial t_{n-1}} & \cdots & \dfrac{\partial \xi_{n-1}}{\partial t_{n-1}} & \dfrac{\partial \xi_n}{\partial t_{n-1}} \\ \lambda_1 & \cdots & \lambda_{n-1} & \lambda_n \end{vmatrix} = \begin{vmatrix} 1 & \cdots & 0 & -\dfrac{\xi_1}{\xi_n} \\ \vdots & \ddots & \vdots & \vdots \\ 0 & \cdots & 1 & -\dfrac{\xi_{n-1}}{\xi_n} \\ \lambda_1 & \cdots & \lambda_{n-1} & \lambda_n \end{vmatrix} = \sum_{j=1}^{n-1} \lambda_j \frac{\xi_j}{\xi_n} + \lambda_n.$$

Für das Oberflächenelement von $\Sigma_\pm$ erhalten wir somit

$$d\omega_\xi = \sqrt{\sum_{j=1}^n D_j(t)^2}\, dt_1 \ldots dt_{n-1} = \sqrt{\frac{\sum\limits_{j=1}^n \xi_j(t)^2}{\xi_n(t)^2}}\, dt_1 \ldots dt_{n-1}$$

$$= \frac{dt_1 \ldots dt_{n-1}}{\sqrt{1 - t_1^2 - \ldots - t_{n-1}^2}}, \qquad t \in T.$$

Insgesamt folgt also aus (2)

$$\int\limits_{|\xi|=1} f(\xi)\, d\omega_\xi$$

$$= \int\limits_{|t|<1} \frac{f(t_1, \ldots, t_{n-1}, +\sqrt{\ldots}) + f(t_1, \ldots, t_{n-1}, -\sqrt{\ldots})}{\sqrt{1 - t_1^2 - \ldots - t_{n-1}^2}}\, dt_1 \ldots dt_{n-1}, \tag{8}$$

wobei wir abkürzend $\sqrt{\ldots} = \sqrt{1 - t_1^2 - \ldots - t_{n-1}^2}$ gesetzt haben.

Wir kehren nun zur Berechnung des *Inhalts der $(n-1)$-dimensionalen Sphäre* S^{n-1}

$$\omega_n := \int_{S^{n-1}} d\omega_\xi$$

zurück: Ist $g = g(r) : (0, +\infty) \to \mathbb{R}$ eine stetige Funktion und gilt für die Funktion $f(x) = g(|x|)$

$$\int_{\mathbb{R}^n} |f(x)| \, dx < +\infty,$$

so erhalten wir aus (7)

$$\int_{\mathbb{R}^n} g(|x|) \, dx = \left(\int_0^{+\infty} r^{n-1} g(r) \, dr \right) \left(\int_{S^{n-1}} d\omega_\xi \right)$$

$$= \omega_n \int_0^{+\infty} r^{n-1} g(r) \, dr.$$

(9)

Wir wählen speziell die Funktion $g(r) = e^{-r^2}$, $r \in (0, +\infty)$. Damit folgt

$$\omega_n \int_0^{+\infty} r^{n-1} e^{-r^2} \, dr = \int_{\mathbb{R}^n} e^{-|x|^2} \, dx = \int_{\mathbb{R}^n} e^{-x_1^2 - \ldots - x_n^2} \, dx_1 \ldots dx_n$$

$$= \left(\int_{-\infty}^{+\infty} e^{-t^2} \, dt \right)^n = \sqrt{\pi}^n,$$

(10)

denn es gilt

$$\int_{-\infty}^{+\infty} e^{-t^2} \, dt = \sqrt{\iint_{\mathbb{R}^2} e^{-|x|^2} \, dx \, dy} = \sqrt{2\pi \int_0^{+\infty} e^{-r^2} r \, dr}$$

$$= \sqrt{\pi} \sqrt{\left[-e^{-r^2} \right]_0^{+\infty}} = \sqrt{\pi}.$$

Definition 1. *Mit*

$$\Gamma(z) := \int_0^{+\infty} t^{z-1} e^{-t} \, dt, \qquad z \in \mathbb{C} \quad mit \quad \mathrm{Re}\, z > 0,$$

bezeichnen wir die Gammafunktion.

Bemerkung: Es gilt

$$\Gamma(z+1) = z\Gamma(z) \quad \text{für} \quad z \in \mathbb{C} \quad \text{mit} \quad \operatorname{Re} z > 0.$$

Insbesondere erhält man durch Induktion

$$\Gamma(n) = (n-1)! \quad \text{für} \quad n = 1, 2, \ldots$$

Mit Hilfe der Substitution $t = \varrho^2$, $dt = 2\varrho\, d\varrho$ berechnen wir

$$\Gamma\left(\frac{1}{2}\right) = \int\limits_0^{+\infty} t^{-\frac{1}{2}} e^{-t}\, dt = \int\limits_0^{+\infty} \frac{1}{\varrho} e^{-\varrho^2} 2\varrho\, d\varrho$$

$$= 2\int\limits_0^{+\infty} e^{-\varrho^2}\, d\varrho = \int\limits_{-\infty}^{+\infty} e^{-\varrho^2}\, d\varrho = \sqrt{\pi},$$

und schließlich bemerken wir noch (man substituiere $t = r^2$, $dt = 2r\, dr$)

$$\Gamma\left(\frac{n}{2}\right) = \int\limits_0^{+\infty} t^{\frac{n-2}{2}} e^{-t}\, dt = \int\limits_0^{+\infty} r^{n-2} e^{-r^2} 2r\, dr = 2\int\limits_0^{+\infty} r^{n-1} e^{-r^2}\, dr.$$

Wir erhalten also aus (10) für den Inhalt der Sphäre S^{n-1}

$$\omega_n = \frac{2\left(\Gamma(\frac{1}{2})\right)^n}{\Gamma(\frac{n}{2})}. \tag{11}$$

Definition 2. *Sei $\Omega \subset \mathbb{R}^n$, $n \geq 2$, eine offene Menge, so nennen wir die Funktion $\varphi = \varphi(x) \in C^2(\Omega, \mathbb{R})$ harmonisch in Ω, falls sie der Laplaceschen Differentialgleichung*

$$\Delta\varphi(x) = \varphi_{x_1 x_1}(x) + \ldots + \varphi_{x_n x_n}(x) = 0 \quad \text{für alle} \quad x \in \Omega \tag{12}$$

genügt.

Wir wollen nun zunächst die radialsymmetrischen harmonischen Funktionen im $\mathbb{R}^n \setminus \{0\}$ bestimmen. Hierzu machen wir den Ansatz

$$\varphi(x) = f(|x|), \quad x \in \mathbb{R}^n \setminus \{0\}, \tag{13}$$

mit einer Funktion $f = f(r) : (0, +\infty) \to \mathbb{R} \in C^2((0, +\infty), \mathbb{R})$. Nach Kap. I, § 8 können wir den Laplaceoperator in n-dimensionalen Polarkoordinaten $(\xi, r) \in S^{n-1} \times (0, +\infty)$ wie folgt zerlegen:

$$\Delta = \frac{\partial^2}{\partial r^2} + \frac{n-1}{r}\frac{\partial}{\partial r} + \frac{1}{r^2}\Lambda, \tag{14}$$

wobei der Operator Λ unabhängig von r ist. Somit ist φ genau dann harmonisch in $\mathbb{R}^n \setminus \{0\}$, wenn f der gewöhnlichen Differentialgleichung

$$\frac{\partial^2 f}{\partial r^2}(r) + \frac{n-1}{r}\frac{\partial f}{\partial r}(r) = 0, \qquad r \in (0, +\infty), \qquad (15)$$

genügt. Die Lösungsmenge dieser gewöhnlichen Differentialgleichung ist 2-dimensional, und man prüft leicht nach: Die allgemeine Lösung von (15) lautet

$$f(r) = a + b \log r, \quad r \in (0, +\infty), \quad a, b \in \mathbb{R}, \qquad \text{falls} \quad n = 2,$$

$$f(r) = a + b r^{2-n}, \quad r \in (0, +\infty), \quad a, b \in \mathbb{R}, \qquad \text{falls} \quad n \geq 3.$$

Wir bemerken, daß für Lösungen $f \not\equiv \text{const}$ von (15)

$$\lim_{r \to 0+} |f(r)| = +\infty$$

erfüllt ist. Die radialsymmetrischen Lösungen $\varphi(x) = f(|x|)$, $x \in \mathbb{R}^n \setminus \{0\}$, der Laplaceschen Differentialgleichung haben also in $x = 0$ eine *Singularität*. Diese ermöglicht es uns, eine Integraldarstellung für die Lösungen der Poissonschen Differentialgleichung herzuleiten. Eine vergleichbare Situation hatten wir beim Cauchyschen Integral vorgefunden.

Definition 3. *Ein Gebiet $G \subset \mathbb{R}^n$, das den Voraussetzungen des Gaußschen Satzes aus Kap. I, § 5 genügt, nennen wir ein Normalgebiet im $\mathbb{R}^n$.*

Definition 4. *Sei $G \subset \mathbb{R}^n$ ein Normalgebiet. Wir erklären die Funktion*

$$\varphi(y; x) := \frac{1}{2\pi} \log |y - x| + \psi(y; x), \quad x, y \in G \quad \text{mit} \quad x \neq y, \qquad n = 2, \ (16)$$

beziehungsweise

$$\varphi(y; x) := \frac{1}{(2-n)\omega_n} |y - x|^{2-n} + \psi(y; x), \quad x, y \in G \quad \text{mit} \quad x \neq y, \qquad n \geq 3.$$
$$(17)$$

Hierbei ist für jedes feste $x \in G$ die Funktion $\psi(\cdot; x)$ mit $y \mapsto \psi(y; x)$ harmonisch in G und aus der Klasse $C^1(\overline{G})$, und es ist $\psi \in C^0(\overline{G} \times \overline{G})$. Dann nennen wir $\varphi(y; x)$ eine Grundlösung der Laplacegleichung in G.

Von fundamentaler Bedeutung für die Potentialtheorie ist der folgende

Satz 1. *Im Normalgebiet $G \subset \mathbb{R}^n$, $n \geq 2$, sei eine Lösung $u = u(x) \in C^2(G) \cap C^1(\overline{G})$ der* Poissonschen Differentialgleichung

$$\Delta u(x) = f(x), \qquad x \in G, \qquad (18)$$

mit der Funktion $f = f(x) \in C^0(\overline{G})$ als rechte Seite *gegeben. Dann gilt für alle $x \in G$ die* Integraldarstellung

$$u(x) = \int\limits_{\partial G} \left(u(y)\frac{\partial\varphi}{\partial\nu}(y;x) - \varphi(y;x)\frac{\partial u}{\partial\nu}(y) \right) d\sigma(y)$$

$$+ \int\limits_{G} \varphi(y;x)f(y)\, dy. \tag{19}$$

Dabei ist $\nu : \partial G \to \mathbb{R}^n$ die äußere Einheitsnormale an ∂G, $d\sigma(y)$ ist das Oberflächenelement auf ∂G, und $\varphi(y;x)$ ist eine Grundlösung.

Beweis:

1. Wir führen den Beweis nur für den Fall $n \geq 3$ durch. Sei $x \in G$ ein fester Punkt, und sei $\varepsilon_0 > 0$ so klein gewählt, daß die Bedingung

$$B_\varepsilon(x) := \Big\{ y \in \mathbb{R}^n : |y - x| < \varepsilon \Big\} \subset\subset G$$

für alle $0 < \varepsilon < \varepsilon_0$ erfüllt ist. Wir führen die Polarkoordinaten

$$y = x + r\xi, \qquad \xi \in \mathbb{R}^n \quad \text{mit} \quad |\xi| = 1,$$

um den Punkt x ein und bezeichnen mit $\frac{\partial}{\partial r}$ die radiale Ableitung. Auf das Gebiet $G_\varepsilon := G \setminus \overline{B_\varepsilon(x)}$ wenden wir nun die Greensche Formel an und erhalten für alle $\varepsilon \in (0, \varepsilon_0)$

$$\int\limits_{G_\varepsilon} f(y)\varphi(y;x)\, dy$$

$$= \int\limits_{G_\varepsilon} \Big(\Delta u(y)\varphi(y;x) - u(y)\Delta_y\varphi(y;x) \Big)\, dy$$

$$= \int\limits_{\partial G_\varepsilon} \left(\varphi(y;x)\frac{\partial u}{\partial\nu}(y) - u(y)\frac{\partial\varphi}{\partial\nu}(y;x) \right) d\sigma(y) \tag{20}$$

$$= \int\limits_{\partial G} \left(\varphi(y;x)\frac{\partial u}{\partial\nu}(y) - u(y)\frac{\partial\varphi}{\partial\nu}(y;x) \right) d\sigma(y)$$

$$- \int\limits_{\partial B_\varepsilon(x)} \left(\varphi(y;x)\frac{\partial u}{\partial r}(y) - u(y)\frac{\partial\varphi}{\partial r}(y;x) \right) d\sigma(y).$$

2. Unter Beachtung von (17) erhalten wir nun

$$\lim_{\varepsilon \to 0+} \int\limits_{\partial B_\varepsilon(x)} \varphi(y;x)\frac{\partial u}{\partial r}(y)\, d\sigma(y) = 0. \tag{21}$$

Weiter berechnen wir

$$\lim_{\varepsilon \to 0+} \int\limits_{\partial B_\varepsilon(x)} u(y) \frac{\partial \varphi}{\partial r}(y;x)\, d\sigma(y)$$

$$= \lim_{\varepsilon \to 0+} \int\limits_{\partial B_\varepsilon(x)} u(y) \frac{1}{\omega_n} |y-x|^{1-n}\, d\sigma(y)$$

$$+ \lim_{\varepsilon \to 0+} \int\limits_{\partial B_\varepsilon(x)} u(y) \frac{\partial}{\partial r} \psi(y;x)\, d\sigma(y) \tag{22}$$

$$= \lim_{\varepsilon \to 0+} \int\limits_{\partial B_\varepsilon(x)} \left(u(y) - u(x) \right) \frac{1}{\omega_n} |y-x|^{1-n}\, d\sigma(y)$$

$$+ u(x) \lim_{\varepsilon \to 0+} \int\limits_{\partial B_\varepsilon(x)} \frac{1}{\omega_n} \varepsilon^{1-n}\, d\sigma(y)$$

$$= u(x).$$

3. Aus (20), (21) und (22) können wir nun für $\varepsilon \to 0+$ die behauptete Identität

$$\int\limits_G f(y)\varphi(y;x)\, dy + \int\limits_{\partial G} \left(u(y) \frac{\partial \varphi}{\partial \nu}(y;x) - \varphi(y;x) \frac{\partial u}{\partial \nu}(y) \right) d\sigma(y) = u(x)$$

für beliebiges $x \in G$ folgern.   q.e.d.

Satz 2. *Zu gegebenem Punkt $\overset{\circ}{x} = (\overset{\circ}{x}_1, \ldots, \overset{\circ}{x}_n) \in \mathbb{R}^n$ und Radius $R \in (0 + \infty)$ betrachten wir die Kugel $B_R(\overset{\circ}{x}) := \{ x \in \mathbb{R}^n \ : \ |x - \overset{\circ}{x}| < R \}$. Die Funktion*

$$u = u(x_1, \ldots, x_n) \in C^2(B_R(\overset{\circ}{x})) \cap C^1(\overline{B_R(\overset{\circ}{x})})$$

sei eine Lösung der Laplacegleichung $\Delta u(x_1, \ldots, x_n) = 0$ in $B_R(\overset{\circ}{x})$. Dann gibt es eine Potenzreihe

$$\mathcal{P}(x_1, \ldots, x_n) = \sum_{k_1, \ldots, k_n = 0}^{\infty} a_{k_1 \ldots k_n} x_1^{k_1} \cdot \ldots \cdot x_n^{k_n}$$

für $x_j \in \mathbb{C}$ mit $|x_j| \le \dfrac{R}{4n}, \quad j = 1, \ldots, n,$

mit den reellen Koeffizienten $a_{k_1 \ldots k_n} \in \mathbb{R}$ für $k_1, \ldots, k_n = 0, 1, 2, \ldots$, welche im angegebenen komplexen Polyzylinder absolut konvergent ist, so daß folgendes gilt:

$$u(x) = \mathcal{P}(x_1 - \overset{\circ}{x}_1, \ldots, x_n - \overset{\circ}{x}_n) \quad \text{für} \quad x \in \mathbb{R}^n \quad \text{mit} \quad |x_j - \overset{\circ}{x}_j| \le \frac{R}{4n}. \tag{23}$$

Beweis:

1. Es genügt, die Behauptung für den Fall $\overset{\circ}{x} = 0$ und $R = 1$ zu beweisen, wie man mit Hilfe der Transformation $Ty := \overset{\circ}{x} + Ry$, $y \in B_1(0)$, mit $T : B_1(0) \to B_R(\overset{\circ}{x})$ leicht einsehen kann. Außerdem befassen wir uns nur mit dem Fall $n \geq 3$. Mit

$$\varphi(y; x) := \frac{1}{(2-n)\omega_n} |y - x|^{2-n}, \qquad y \in B := B_1(0),$$

erhalten wir für jedes feste $x \in B$ eine Grundlösung der Laplacegleichung in B. Satz 1 liefert die Darstellungsformel

$$u(x) = \int_{\partial B} \left(u(y) \frac{\partial \varphi}{\partial \nu}(y; x) - \varphi(y; x) \frac{\partial u}{\partial \nu}(y) \right) d\sigma(y), \qquad x \in B. \tag{24}$$

Nun ist für festes $x \in B$ und $y \in \partial B$ folgendes richtig

$$\begin{aligned}
\tfrac{\partial}{\partial \nu} \varphi(y; x) = y \cdot \nabla_y \varphi(y; x) &= \frac{1}{\omega_n} y \cdot \left(|y - x|^{1-n} \nabla_y |y - x| \right) \\
&= \frac{1}{\omega_n} y \cdot \left(|y - x|^{-n}(y - x) \right) = \frac{1}{\omega_n |y - x|^n} y \cdot (y - x).
\end{aligned} \tag{25}$$

2. Für beliebiges $\lambda \in \mathbb{R}$, $y \in \partial B$ und $x = (x_1, \ldots, x_n) \in \mathbb{C}^n$ mit $|x_j| \leq \frac{1}{4n}$, $j = 1, \ldots, n$, betrachten wir die Größe

$$|y - x|^\lambda := \left(\sum_{j=1}^n (y_j - x_j)^2 \right)^{\frac{\lambda}{2}} = \left(1 - 2 \sum_{j=1}^n y_j x_j + \sum_{j=1}^n x_j^2 \right)^{\frac{\lambda}{2}}.$$

Setzen wir abkürzend

$$\varrho := -2 \sum_{j=1}^n y_j x_j + \sum_{j=1}^n x_j^2 \quad \in \mathbb{C},$$

so erkennen wir

$$|y - x|^\lambda = (1 + \varrho)^{\frac{\lambda}{2}} = \sum_{l=0}^\infty \binom{\frac{\lambda}{2}}{l} \varrho^l = \sum_{l=0}^\infty \binom{\frac{\lambda}{2}}{l} \left(-2 \sum_{j=1}^n y_j x_j + \sum_{j=1}^n x_j^2 \right)^l.$$

Es gilt nämlich

$$\begin{aligned}
|\varrho| = \left| -2 \sum_{j=1}^n y_j x_j + \sum_{j=1}^n x_j^2 \right| &\leq 2 \sum_{j=1}^n |y_j| \, |x_j| + \sum_{j=1}^n |x_j|^2 \\
&\leq 2 \frac{1}{4n} n + \frac{1}{16n^2} n \leq \frac{3}{4} < 1.
\end{aligned}$$

3. Für jedes feste $y \in \partial B$ ist also die Funktion

$$\psi(x) := |y - x|^{\lambda}, \qquad x_k \in \mathbb{C} \quad \text{mit} \quad |x_j| \leq \frac{1}{4n}, \quad j = 1, \ldots, n,$$

holomorph. Wegen (25) ist somit auch

$$F(x, y) := u(y) \frac{\partial \varphi}{\partial \nu}(y; x) - \varphi(y; x) \frac{\partial u}{\partial \nu}(y), \qquad |x_j| \leq \frac{1}{4n},$$

für jedes feste $y \in \partial B$ holomorph im angegebenen Polyzylinder und beschränkt. Satz 11 aus Kap. IV, §2 über holomorphe Parameterintegrale liefert nun, daß wegen (24) die Funktion $u(x)$ holomorph im angegebenen Polyzylinder ist. Somit kann u wie angegeben in eine Potenzreihe entwickelt werden. Da die Funktion $u(x)$ reellwertig ist, sind auch die Koeffizienten $a_{k_1 \ldots k_n}$ als Koeffizienten der zugehörigen Taylorreihe reell.

q.e.d.

Satz 3. *Seien $\overset{\circ}{x} \in \mathbb{R}^n$, $R \in (0, +\infty)$ und $\lambda \in \mathbb{R}$ mit $\lambda < n$ gegeben. Weiter sei die Funktion $f = f(y_1, \ldots, y_n)$ in einer offenen Umgebung $\mathcal{U} \subset \mathbb{C}^n$, für die $\mathcal{U} \supset\supset B_R(\overset{\circ}{x})$ gelte, holomorph. Dann ist die Funktion*

$$F(x_1, \ldots, x_n) := \int\limits_{B_R(\overset{\circ}{x})} \frac{f(y)}{|y - x|^{\lambda}} \, dy, \qquad x \in B_R(\overset{\circ}{x}), \tag{26}$$

um den Punkt $\overset{\circ}{x}$ lokal in eine konvergente Potenzreihe entwickelbar.

Beweis: Durch Anwendung der Transformation

$$Ty := \overset{\circ}{x} + Ry, \qquad y \in B_1(0),$$

können wir unsere Betrachtungen auf den Fall $\overset{\circ}{x} = 0$, $R = 1$ einschränken. Wir untersuchen also das singuläre Integral

$$F(x_1, \ldots, x_n) := \int\limits_{|y| < 1} \frac{f(y)}{|y - x|^{\lambda}} \, dy, \qquad x \in B := B_1(0).$$

Zu festem $x \in B$ betrachten wir die Variablentransformation von E. E. Levi

$$y = x + \varrho(\xi - x) = (1 - \varrho)x + \varrho\xi, \qquad 0 < \varrho \leq 1, \quad |\xi| = 1;$$

$$\xi_n = \xi_n(\xi_1, \ldots, \xi_{n-1}) = \pm \sqrt{1 - \sum_{i=1}^{n-1} \xi_i^2}.$$

Die so erklärte Abbildung $(\xi_1, \ldots, \xi_{n-1}, \varrho) \mapsto y$ ist bijektiv, und es gilt

$$\frac{\partial(y_1,\ldots,y_n)}{\partial(\xi_1,\ldots,\xi_{n-1},\varrho)} = \begin{vmatrix} \dfrac{\partial y_1}{\partial \xi_1} & \cdots & \dfrac{\partial y_n}{\partial \xi_1} \\ \vdots & & \vdots \\ \dfrac{\partial y_1}{\partial \xi_{n-1}} & \cdots & \dfrac{\partial y_n}{\partial \xi_{n-1}} \\ \dfrac{\partial y_1}{\partial \varrho} & \cdots & \dfrac{\partial y_n}{\partial \varrho} \end{vmatrix} = \begin{vmatrix} \varrho & \cdots & 0 & -\varrho\dfrac{\xi_1}{\xi_n} \\ \vdots & \ddots & \vdots & \vdots \\ 0 & \cdots & \varrho & -\varrho\dfrac{\xi_{n-1}}{\xi_n} \\ \xi_1 - x_1 & \cdots & \xi_{n-1}-x_{n-1} & \xi_n - x_n \end{vmatrix}$$

$$= \varrho^{n-1} \begin{vmatrix} 1 & \cdots & 0 & -\dfrac{\xi_1}{\xi_n} \\ \vdots & \ddots & \vdots & \vdots \\ 0 & \cdots & 1 & -\dfrac{\xi_{n-1}}{\xi_n} \\ \xi_1 - x_1 & \cdots & \xi_{n-1}-x_{n-1} & \xi_n - x_n \end{vmatrix}$$

$$= \varrho^{n-1} \frac{1}{\xi_n}\left(\sum_{i=1}^{n-1} \xi_i(\xi_i - x_i) + \xi_n(\xi_n - x_n) \right)$$

$$= \frac{\varrho^{n-1}}{\xi_n}\left(1 - \sum_{i=1}^{n} \xi_i x_i \right) \neq 0 \qquad \text{für} \quad |\xi| = 1, \quad |x| < 1.$$

Die Transformationsformel für mehrfache Integrale liefert nun

$$F(x) = \int\limits_{|y|<1} \frac{f(y)}{|y-x|^\lambda}\, dy$$

$$= \int\limits_0^1 \int\limits_{\substack{\xi_1^2+\ldots+\xi_{n-1}^2<1 \\ \xi_n(\xi_1,\ldots,\xi_{n-1})>0}} \frac{f(x+\varrho(\xi-x))}{\varrho^\lambda |\xi-x|^\lambda} \frac{\varrho^{n-1}}{|\xi_n|}\left(1 - \sum_{k=1}^{n} \xi_k x_k \right) d\xi_1 \ldots d\xi_{n-1}\, d\varrho$$

$$+ \int\limits_0^1 \int\limits_{\substack{\xi_1^2+\ldots+\xi_{n-1}^2<1 \\ \xi_n(\xi_1,\ldots,\xi_{n-1})<0}} \frac{f(x+\varrho(\xi-x))}{\varrho^\lambda |\xi-x|^\lambda} \frac{\varrho^{n-1}}{|\xi_n|}\left(1 - \sum_{k=1}^{n} \xi_k x_k \right) d\xi_1 \ldots d\xi_{n-1}\, d\varrho$$

$$= \int\limits_0^1 \varrho^{n-1-\lambda}\left(\int\limits_{|\xi|=1} \frac{f(x+\varrho(\xi-x))}{|\xi-x|^\lambda}(1 - \xi \cdot x)\, d\omega_\xi \right) d\varrho.$$

Wie im Beweis von Satz 2 entwickelt man die Funktion $|\xi - x|^\lambda$ in eine konvergente Potenzreihe und stellt mit Hilfe von Satz 11 aus Kap. IV, § 2 fest, daß die Funktion $F(x)$ in einer Umgebung des Punktes $x = 0$ in eine Potenzreihe entwickelbar ist.

q.e.d.

Definition 5. *Eine Funktion $\varphi = \varphi(x_1, \ldots, x_n) : \Omega \to \mathbb{R}$ auf der offenen Menge $\Omega \subset \mathbb{R}^n$ nennen wir reellanalytisch in Ω, wenn es für jeden Punkt $\overset{\circ}{x} = (\overset{\circ}{x}_1, \ldots, \overset{\circ}{x}_n) \in \Omega$ eine für hinreichend kleines $\varepsilon = \varepsilon(\overset{\circ}{x}) > 0$ konvergente Potenzreihe*

$$\mathcal{P}(z_1, \ldots, z_n) = \sum_{k_1, \ldots, k_n = 0}^{\infty} a_{k_1 \ldots k_n} z_1^{k_1} \cdot \ldots \cdot z_n^{k_n}$$

für $z_j \in \mathbb{C}$ mit $|z_j| \leq \varepsilon$, $j = 1, \ldots, n$,

mit den reellen Koeffizienten $a_{k_1 \ldots k_n} \in \mathbb{R}$ für $k_1, \ldots, k_n = 0, 1, 2, \ldots$ so gibt, daß die Identität

$$\varphi(x_1, \ldots, x_n) = \mathcal{P}(x_1 - \overset{\circ}{x}_1, \ldots, x_n - \overset{\circ}{x}_n), \qquad |x_j - \overset{\circ}{x}_j| \leq \varepsilon, \quad j = 1, \ldots, n,$$

erfüllt ist.

Satz 4. (Analytizitätstheorem für die Poissongleichung)

In der offenen Menge $\Omega \subset \mathbb{R}^n$, $n \geq 2$, sei die reellanalytische Funktion $f = f(x_1, \ldots, x_n) : \Omega \to \mathbb{R}$ gegeben. Ferner sei $u = u(x_1, \ldots, x_n) \in C^2(\Omega)$ eine Lösung der Poissonschen Differentialgleichung

$$\Delta u(x_1, \ldots, x_n) = f(x_1, \ldots, x_n), \qquad (x_1, \ldots, x_n) \in \Omega.$$

Dann ist $u(x)$ reellanalytisch in Ω.

Beweis: Sei $\overset{\circ}{x} \in \Omega$ und $B_R(\overset{\circ}{x}) \subset\subset \Omega$, so stellen wir mit Hilfe von Satz 1 die Lösung u durch die Grundlösung φ dar als

$$u(x) = \int_{\partial B_R(\overset{\circ}{x})} \left(u(y) \frac{\partial \varphi}{\partial \nu}(y; x) - \varphi(y; x) \frac{\partial u}{\partial \nu}(y) \right) d\sigma(y) + \int_{B_R(\overset{\circ}{x})} \varphi(y; x) f(y) \, dy$$

mit $x \in B_R(\overset{\circ}{x})$. Nach Satz 2 stellt das erste Integral auf der rechten Seite eine um den Punkt $\overset{\circ}{x}$ reellanalytische Funktion dar. Satz 3 zeigt, daß auch das zweite Integral eine um den Punkt $\overset{\circ}{x}$ reellanalytische Funktion liefert.

q.e.d.

§2 Die Poissonsche Integralformel mit ihren Folgerungen

In Satz 1 aus § 1 haben wir mittels der Grundlösung $\varphi(y; x)$ eine Integraldarstellung für die Lösungen der Poissongleichung in einem Normalgebiet G gewonnen. Besonders einfach wird diese Darstellungsformel, wenn $\varphi(.;x)$ auf ∂G verschwindet. Dieses motiviert die folgende

Definition 1. *In einem Normalgebiet $G \subset \mathbb{R}^n$ sei eine Grundlösung $\varphi = \varphi(y;x)$ gegeben. Diese nennen wir Greensche Funktion für das Gebiet G, falls für alle $x \in G$ die Randbedingung*

$$\varphi(y;x) = 0 \qquad \text{für alle} \quad y \in \partial G \tag{1}$$

erfüllt ist.

Satz 1. *Für die Hyperkugel $B_R := \{y \in \mathbb{R}^n \ : \ |y| < R\}$ mit $R \in (0, +\infty)$ und $n \geq 2$ haben wir die folgende Greensche Funktion:*

$$\varphi(y;x) = \frac{1}{2\pi} \log \left| \frac{R(y-x)}{R^2 - \overline{x}y} \right|, \qquad y \in \overline{B}_R, \quad x \in B_R, \tag{2}$$

im Falle $n = 2$ und

$$\varphi(y;x) = \frac{1}{(2-n)\omega_n} \left(\frac{1}{|y-x|^{n-2}} - \frac{\left(\frac{R}{|x|}\right)^{n-2}}{\left|y - \frac{R^2}{|x|^2}x\right|^{n-2}} \right)$$

$$= \frac{1}{(2-n)\omega_n} \left(\frac{1}{|y-x|^{n-2}} - \frac{R^{n-2}}{(R^4 - 2R^2(x \cdot y) + |x|^2|y|^2)^{\frac{n-2}{2}}} \right) \tag{3}$$

für $y \in \overline{B}_R$, $x \in B_R$ im Falle $n \geq 3$.

Beweis:

1. Wir betrachten zunächst den Fall $n = 2$. Für festes $x \in B_R$ ist

$$f(y) := \frac{R(y-x)}{R^2 - \overline{x}y} = \frac{Ry - Rx}{-\overline{x}y + R^2}, \qquad y \in \mathbb{C},$$

eine Möbiustransformation mit der nichtsingulären Koeffizientenmatrix

$$\begin{pmatrix} R & -Rx \\ -\overline{x} & R^2 \end{pmatrix}, \qquad \det \begin{pmatrix} R & -Rx \\ -\overline{x} & R^2 \end{pmatrix} = R(R^2 - |x|^2) > 0.$$

Weiter gilt

$$|f(R)| = \left| \frac{R^2 - Rx}{-\overline{x}R + R^2} \right| = \left| \frac{R^2 - Rx}{R^2 - \overline{x}R} \right| = 1,$$

$$|f(-R)| = \left| \frac{-R^2 - Rx}{R\overline{x} + R^2} \right| = \left| \frac{R^2 + Rx}{R^2 + Rx} \right| = 1,$$

$$|f(iR)| = \left| \frac{iR^2 - Rx}{-iR\overline{x} + R^2} \right| = \left| \frac{iR^2 - Rx}{R^2 + iRx} \right| = \left| \frac{R^2 + iRx}{R^2 + iRx} \right| = 1,$$

$$f(0) = -\frac{x}{R} \quad \in B_1.$$

Somit folgt

$$|f(y)| = 1 \qquad \text{für alle} \quad y \in \partial B_R$$

und dann

$$\varphi(y; x) = \frac{1}{2\pi} \log \left| \frac{R(y - x)}{R^2 - \overline{x}y} \right| = 0$$

für alle $y \in \partial B_R$ und alle $x \in B_R$. Schließlich bemerken wir noch

$$
\begin{aligned}
\varphi(y; x) &= \frac{1}{2\pi} \log \left| \frac{y - x}{R - \frac{\overline{x}}{R}y} \right| = \frac{1}{2\pi} \log |y - x| - \frac{1}{2\pi} \log \left| R - \frac{\overline{x}}{R}y \right| \\
&= \frac{1}{2\pi} \log |y - x| - \frac{1}{2\pi} \log \left| -\frac{\overline{x}}{R}\left(y - \frac{R^2}{\overline{x}} \right) \right| \\
&= \frac{1}{2\pi} \log |y - x| - \frac{1}{2\pi} \log \left| y - \frac{R^2}{|x|^2}x \right| - \frac{1}{2\pi} \log \left| \frac{\overline{x}}{R} \right| \\
&=: \frac{1}{2\pi} \log |y - x| + \psi(y; x), \qquad y \in B_R, \quad x \in B_R \setminus \{0\}.
\end{aligned}
$$

Die Funktion $\psi(\cdot; x)$ ist als Realteil einer holomorphen Funktion harmonisch in $\overline{B}_R$.

2. Wir betrachten nun den Fall $n \geq 3$ und machen den folgenden Ansatz:

$$\varphi(y; x) = \frac{1}{(2 - n)\omega_n} \left(\frac{1}{|y - x|^{n-2}} - \frac{K}{|y - \lambda x|^{n-2}} \right), \qquad y \in \overline{B}_R,$$

mit festem $x \in B_R$ und noch zu fixierenden Konstanten K und λ. Zunächst bemerken wir, daß die Funktion

$$\psi(y; x) := -\frac{1}{(2 - n)\omega_n} \frac{K}{|y - \lambda x|^{n-2}}$$

harmonisch in $y \in \overline{B}_R$ ist, falls $\lambda x \notin \overline{B}_R$. Die Bedingung $\varphi(y; x) = 0$ für alle $y \in \partial B_R$ ist genau dann erfüllt, wenn

$$\frac{1}{|y - x|^{n-2}} = \frac{K}{|y - \lambda x|^{n-2}}$$

beziehungsweise

$$K^{\frac{2}{n-2}} |y - x|^2 = |y - \lambda x|^2 \qquad \text{für alle} \quad y \in \partial B_R$$

richtig ist. Wegen $|y| = R$ läßt sich das weiter umformen zu

$$K^{\frac{2}{n-2}} (R^2 - 2(y \cdot x) + |x|^2) = R^2 - 2\lambda(y \cdot x) + \lambda^2 |x|^2$$

und schließlich zu

$$R^2\left(K^{\frac{2}{n-2}} - 1\right) - 2(x \cdot y)\left(K^{\frac{2}{n-2}} - \lambda\right) + |x|^2\left(K^{\frac{2}{n-2}} - \lambda^2\right) = 0.$$

Setzen wir nun $\lambda := K^{\frac{2}{n-2}}$, so erhalten wir

$$0 = R^2(\lambda - 1) + |x|^2(\lambda - \lambda^2) = (\lambda - 1)\{R^2 - \lambda|x|^2\}.$$

Da der Fall $\lambda = 1$, $K = 1$ und somit $\varphi \equiv 0$ als trivial nicht in Frage kommt, wählen wir $\lambda := \left(\frac{R}{|x|}\right)^2$ und $K = \lambda^{\frac{n-2}{2}} = \left(\frac{R}{|x|}\right)^{n-2}$. Nun erhalten wir mit

$$\varphi(y;x) = \frac{1}{(2-n)\omega_n}\left(\frac{1}{|y-x|^{n-2}} - \frac{\left(\frac{R}{|x|}\right)^{n-2}}{\left|y - \left(\frac{R}{|x|}\right)^2 x\right|^{n-2}}\right), \qquad y \in \overline{B}_R,$$

für $x \in B_R \setminus \{0\}$ die Greensche Funktion für das Gebiet B_R. Wegen

$$\frac{\frac{R}{|x|}}{\left|y - \frac{R^2}{|x|^2}x\right|} = \frac{R}{\left||x|y - R^2\frac{x}{|x|}\right|} = \left(\frac{R^2}{|x|^2|y|^2 - 2R^2(x \cdot y) + R^4}\right)^{\frac{1}{2}}$$

folgt für diese noch

$$\varphi(y;x) = \frac{1}{(2-n)\omega_n}\left(\frac{1}{|y-x|^{n-2}} - \frac{R^{n-2}}{(|x|^2|y|^2 - 2R^2(x \cdot y) + R^4)^{\frac{n-2}{2}}}\right)$$

für alle $y \in \overline{B}_R$ und $x \in B_R$.   q.e.d.

Satz 2. (Poissonsche Integralformel)
In der Kugel $B_R := \{y \in \mathbb{R}^n : |y| < R\}$ vom Radius $R \in (0, +\infty)$ im $\mathbb{R}^n$, $n \geq 2$, löse die Funktion $u = u(x) = u(x_1, .., x_n) \in C^2(B_R) \cap C^0(\overline{B}_R)$ die Poissonsche Differentialgleichung

$$\Delta u(x) = f(x), \qquad x \in B_R,$$

mit der rechten Seite $f = f(x) \in C^0(\overline{B}_R)$. Dann gilt für alle $x \in B_R$ die Poissonsche Integraldarstellung

$$u(x) = \frac{1}{R\omega_n}\int\limits_{|y|=R} \frac{|y|^2 - |x|^2}{|y-x|^n}u(y)\,d\sigma(y) + \int\limits_{|y|\leq R}\varphi(y;x)f(y)\,dy. \qquad (4)$$

Dabei ist $\varphi = \varphi(y;x)$ die in Satz 1 angegebene Greensche Funktion.

Beweis:

1. Wir setzen zunächst $u \in C^2(\overline{B}_R)$ voraus. Dann liefert Satz 1 aus §1 die Identität

$$u(x) = \int\limits_{|y|=R} u(y)\frac{\partial\varphi}{\partial\nu}(y;x)\,d\sigma(y) + \int\limits_{|y|\le R} \varphi(y;x)f(y)\,dy, \qquad x \in B_R.$$

Wir beschränken uns zunächst auf den Fall $n \ge 3$. Nach Satz 1 haben wir als Greensche Funktion

$$\varphi(y;x) = \frac{1}{(2-n)\omega_n}\Big(|y-x|^{2-n} - K|y-\lambda x|^{2-n}\Big), \qquad y \in \overline{B}_R,\ x \in B_R,$$

$$\text{mit}\quad \lambda := \left(\frac{R}{|x|}\right)^2 \quad \text{und}\quad K = \left(\frac{R}{|x|}\right)^{n-2} = \lambda^{\frac{n-2}{2}}.$$

Ist nun $x \in B_R$ fest und $y \in \partial B_R$ beliebig, so berechnen wir

$$\frac{\partial}{\partial\nu}\varphi(y;x) = \frac{y}{R}\cdot\nabla_y\varphi(y;x)$$

$$= \frac{1}{R\omega_n}y\cdot\left(|y-x|^{1-n}\frac{y-x}{|y-x|} - K|y-\lambda x|^{1-n}\frac{y-\lambda x}{|y-\lambda x|}\right)$$

$$= \frac{1}{R\omega_n}y\cdot\left(\frac{y-x}{|y-x|^n} - K\frac{y-\lambda x}{|y-\lambda x|^n}\right).$$

Diese Formel bleibt auch für $n = 2$ richtig, wobei dann $K = 1$ erfüllt ist. Wir beachten noch

$$|y-\lambda x|^2 = R^2 - 2\lambda(x\cdot y) + \lambda^2|x|^2$$

$$= R^2 - 2\frac{R^2}{|x|^2}(x\cdot y) + \frac{R^4}{|x|^2}$$

$$= \frac{R^2}{|x|^2}\Big(|x|^2 - 2(x\cdot y) + R^2\Big) = \lambda|y-x|^2$$

beziehungsweise

$$|y-\lambda x|^n = \lambda^{\frac{n}{2}}|y-x|^n.$$

Es folgt schließlich

$$\frac{\partial}{\partial\nu}\varphi(y;x) = \frac{1}{R\omega_n|y-x|^n}y\cdot\left(y - x - K\lambda^{-\frac{n}{2}}(y-\lambda x)\right)$$

$$= \frac{1}{R\omega_n|y-x|^n}y\cdot\left((1-\lambda^{-\frac{n}{2}}K)y - (1-K\lambda^{\frac{-n+2}{2}})x\right)$$

$$= \frac{|y|^2}{R\omega_n|y-x|^n}\left(1-\frac{1}{\lambda}\right) = \frac{|y|^2}{R\omega_n|y-x|^n}\left(1-\frac{|x|^2}{R^2}\right)$$

$$= \frac{|y|^2 - |x|^2}{R\omega_n|y-x|^n} \qquad \text{für alle}\quad y \in \partial B_R \quad \text{und}\quad x \in B_R.$$

Wir erhalten somit die Poissonsche Integraldarstellung

$$u(x) = \frac{1}{R\omega_n} \int\limits_{|y|=R} \frac{|y|^2 - |x|^2}{|y-x|^n} u(y)\, d\sigma(y) + \int\limits_{|y|\leq R} \varphi(y;x) f(y)\, dy, \qquad x \in B_R.$$

2. Ist nun $u \in C^2(B_R) \cap C^0(\overline{B}_R)$, so gilt nach Teil 1 des Beweises für alle $\varrho \in (0,R)$ die Identität

$$u(x) = \frac{1}{\varrho\omega_n} \int\limits_{|y|=\varrho} \frac{|y|^2 - |x|^2}{|y-x|^n} u(y)\, d\sigma(y) + \int\limits_{|y|\leq\varrho} \varphi(y;x,\varrho) f(y)\, dy$$

wobei $\varphi(y;x,\varrho)$ die Greensche Funktion für B_ϱ bezeichnet. Für $\varrho \to R-$ erhalten wir dann

$$u(x) = \frac{1}{R\omega_n} \int\limits_{|y|=R} \frac{|y|^2 - |x|^2}{|y-x|^n} u(y)\, d\sigma(y) + \int\limits_{|y|\leq R} \varphi(y;x,R) f(y)\, dy,$$

für alle $x \in B_R$.   q.e.d.

Bemerkungen:

1. Im Spezialfall $n = 2$ und $f = 0$ erhalten wir für $0 \leq \varrho < R$ und $0 \leq \vartheta < 2\pi$

$$u(\varrho\cos\vartheta, \varrho\sin\vartheta) = \frac{1}{2\pi} \int\limits_0^{2\pi} \frac{R^2 - \varrho^2}{R^2 - 2\varrho R\cos(\lambda - \vartheta) + \varrho^2}\, u(R\cos\lambda, R\sin\lambda)\, d\lambda.$$

2. Wir nennen

$$P(x,y,R) := \frac{1}{R\omega_n} \frac{|y|^2 - |x|^2}{|y-x|^n}, \qquad y \in \overline{B}_R, \quad x \in B_R,$$

den *Poissonschen Kern.*

3. Später werden wir das Randverhalten des Poissonschen Integrals untersuchen.

Satz 3. *In einem Gebiet $G \subset \mathbb{R}^n$ sei eine Lösung $u = u(x) \in C^2(G)$ der Poissonschen Differentialgleichung $\Delta u(x) = f(x)$, $x \in G$, gegeben. Dann gilt für jede Kugel $B_R(a) \subset\subset G$ die Identität*

$$u(a) = \frac{1}{2\pi R} \int\limits_{|x-a|=R} u(x)\, d\sigma(x) - \frac{1}{2\pi} \iint\limits_{|x-a|\leq R} \log\left(\frac{R}{|x-a|}\right) f(x)\, dx \qquad (5)$$

im Falle $n = 2$ bzw.

$$u(a) = \frac{1}{R^{n-1}\omega_n} \int\limits_{|x-a|=R} u(x)\,d\sigma(x)$$

$$-\frac{1}{(n-2)\omega_n} \int\limits_{|x-a|\leq R} \left(|x-a|^{2-n} - R^{2-n}\right) f(x)\,dx \tag{6}$$

im Falle $n \geq 3$.

Beweis: Durch eine Translation können wir $a = 0$ erreichen. Wir betrachten dann die Greensche Funktion

$$\varphi(y;0) = \frac{1}{2\pi} \log\left|\frac{y}{R}\right| = -\frac{1}{2\pi} \log\frac{R}{|y|}, \qquad y \in \overline{B}_R, \qquad n = 2,$$

beziehungsweise

$$\varphi(y;0) = -\frac{1}{(n-2)\omega_n} \left(\frac{1}{|y|^{n-2}} - \frac{1}{R^{n-2}}\right), \qquad y \in \overline{B}_R, \qquad n \geq 3.$$

Die Poissonsche Integralformel liefert nun

$$u(0) = \frac{1}{2\pi R} \int\limits_{|y|=R} u(y)\,d\sigma(y) - \frac{1}{2\pi} \iint\limits_{|y|\leq R} \log\left(\frac{R}{|y|}\right) f(y)\,dy$$

im Falle $n = 2$ und

$$u(0) = \frac{1}{R^{n-1}\omega_n} \int\limits_{|y|=R} u(y)\,d\sigma(y) - \frac{1}{(n-2)\omega_n} \int\limits_{|y|\leq R} \left(\frac{1}{|y|^{n-2}} - \frac{1}{R^{n-2}}\right) f(y)\,dy$$

im Falle $n \geq 3$. \hfill q.e.d.

Folgerung: Für harmonische Funktionen u gilt die *Mittelwerteigenschaft*

$$u(a) = \frac{1}{R^{n-1}\omega_n} \int\limits_{|y-a|=R} u(y)\,d\sigma(y), \tag{7}$$

falls $B_R(a) \subset\subset G$ erfüllt ist.

Satz 4. (Harnacksche Ungleichung)
Die Funktion $u(x) \in C^2(B_R)$ *sei in der Kugel* $B_R = \{y \in \mathbb{R}^n : |y| < R\}$ *mit* $R \in (0, +\infty)$ *harmonisch, und es gelte* $u(x) \geq 0$ *für alle* $x \in B_R$. *Dann folgt*

$$\frac{1 - \frac{|x|}{R}}{\left(1 + \frac{|x|}{R}\right)^{n-1}} u(0) \leq u(x) \leq \frac{1 + \frac{|x|}{R}}{\left(1 - \frac{|x|}{R}\right)^{n-1}} u(0) \qquad \text{für alle} \quad x \in B_R. \tag{8}$$

Beweis: Wir nehmen zunächst $u \in C^2(\overline{B}_R)$ an und können dann durch Grenzübergang die Ungleichung auch für Funktionen $u \in C^2(B_R)$ beweisen. Satz 2 entnehmen wir

$$u(x) = \int\limits_{|y|=R} P(x,y,R)u(y)\,d\sigma(y), \qquad x \in B_R.$$

Für beliebige $y \in \mathbb{R}^n$ mit $|y| = R$ und $x \in B_R$ ist die folgende Ungleichung erfüllt:

$$\frac{|y|^2 - |x|^2}{(R + |x|)^n} \leq \frac{|y|^2 - |x|^2}{|y - x|^n} \leq \frac{|y|^2 - |x|^2}{(R - |x|)^n}.$$

Multiplizieren wir diese Ungleichung mit $\frac{1}{R\omega_n}u(y)$ und integrieren anschließend über ∂B_R, so folgt

$$\frac{1}{R\omega_n}\frac{R^2 - |x|^2}{(R + |x|)^n}\int\limits_{|y|=R} u(y)\,d\sigma(y) \leq u(x) \leq \frac{1}{R\omega_n}\frac{R^2 - |x|^2}{(R - |x|)^n}\int\limits_{|y|=R} u(y)\,d\sigma(y).$$

Die Mittelwerteigenschaft harmonischer Funktionen ausnutzend erhalten wir nun

$$R^{n-2}\frac{R^2 - |x|^2}{(R + |x|)^n}\,u(0) \leq u(x) \leq R^{n-2}\frac{R^2 - |x|^2}{(R - |x|)^n}\,u(0)$$

beziehungsweise

$$\frac{1 - \frac{|x|^2}{R^2}}{\left(1 + \frac{|x|}{R}\right)^n}\,u(0) \leq u(x) \leq \frac{1 - \frac{|x|^2}{R^2}}{\left(1 - \frac{|x|}{R}\right)^n}\,u(0), \qquad x \in B_R.$$

Hieraus ergibt sich schließlich

$$\frac{1 - \frac{|x|}{R}}{\left(1 + \frac{|x|}{R}\right)^{n-1}}\,u(0) \leq u(x) \leq \frac{1 + \frac{|x|}{R}}{\left(1 - \frac{|x|}{R}\right)^{n-1}}\,u(0), \qquad x \in B_R.$$

q.e.d.

Satz 5. (Liouvillescher Satz für harmonische Funktionen)

Sei $u(x) : \mathbb{R}^n \to \mathbb{R}$ eine harmonische Funktion, welche $u(x) \leq M$ für alle $x \in \mathbb{R}^n$ mit einer Konstanten $M \in \mathbb{R}$ erfüllt. Dann folgt $u(x) \equiv const$, $x \in \mathbb{R}^n$.

Beweis: Wir betrachten die harmonische Funktion $v(x) := M - u(x)$, $x \in \mathbb{R}^n$, und stellen $v(x) \geq 0$ für alle $x \in \mathbb{R}^n$ fest. Die Harnacksche Ungleichung liefert somit

$$\frac{1 - \frac{|x|}{R}}{\left(1 + \frac{|x|}{R}\right)^{n-1}}v(0) \leq v(x) \leq \frac{1 + \frac{|x|}{R}}{\left(1 - \frac{|x|}{R}\right)^{n-1}}v(0), \qquad x \in B_R, \quad R > 0.$$

Für $R \to +\infty$ erhalten wir $v(x) = v(0)$ für alle $x \in \mathbb{R}^n$ und damit $u(x) \equiv \mathrm{const}, x \in \mathbb{R}^n$.

q.e.d.

Von fundamentaler Bedeutung für das folgende ist die

Definition 2. *Sei $G \subset \mathbb{R}^n$ ein Gebiet und $u = u(x) = u(x_1, ..., x_n) : G \to \mathbb{R} \in C^0(G)$ eine stetige Funktion. Wir nennen u schwachharmonisch (superharmonisch, subharmonisch), falls*

$$u(a) = (\geq, \leq) \frac{1}{r^{n-1}\omega_n} \int\limits_{|x-a|=r} u(x)\,d\sigma(x) = \frac{1}{\omega_n} \int\limits_{|\xi|=1} u(a + r\xi)\,d\sigma(\xi)$$

für alle $a \in G$ und $r \in (0, \vartheta(a))$ mit einem gewissen $\vartheta(a) \in (0, \mathrm{dist}(a, \mathbb{R}^n \setminus G)]$ richtig ist.

Bemerkungen:

1. Eine Funktion $u : G \to \mathbb{R} \in C^0(G)$ ist superharmonisch genau dann, wenn $-u$ subharmonisch ist.

2. Eine Funktion ist schwachharmonisch genau dann, wenn sie sowohl superharmonisch als auch subharmonisch ist.

3. Eine schwachharmonische Funktion wird durch die Mittelwerteigenschaft charakterisiert und sollte nicht verwechselt werden mit gewissen schwachen Lösungen der Laplacegleichung im Sobolevraum, welche i.a. nicht einmal stetige Funktionen darstellen.

4. Sind $u, v : G \to \mathbb{R}$ superharmonische Funktionen und $\alpha \in [0, +\infty)$, so sind auch die stetigen Funktionen

$$w_1(x) := \alpha u(x),$$

$$w_2(x) := u(x) + v(x),$$

$$w_3(x) := \min\{u(x), v(x)\}, \qquad x \in G,$$

superharmonisch. Für w_1 und w_2 ist die Aussage klar. Sei $a \in G$ und $r \in (0, \vartheta(a))$, so folgt

$$\frac{1}{\omega_n} \int\limits_{|\xi|=1} w_3(a + r\xi)\,d\sigma(\xi) = \frac{1}{\omega_n} \int\limits_{|\xi|=1} \min\{u(a + r\xi), v(a + r\xi)\}\,d\sigma(\xi)$$

$$\leq \min\left\{\frac{1}{\omega_n} \int\limits_{|\xi|=1} u(a + r\xi)\,d\sigma(\xi), \frac{1}{\omega_n} \int\limits_{|\xi|=1} v(a + r\xi)\,d\sigma(\xi)\right\}$$

$$\leq \min\{u(a), v(a)\} = w_3(a).$$

5. Sind $u, v : G \to \mathbb{R}$ subharmonisch und $\alpha \in [0, +\infty)$, so sind auch

$$w_1(x) := \alpha u(x),$$

$$w_2(x) := u(x) + v(x),$$

$$w_3(x) := \max\{u(x), v(x)\}, \qquad x \in G,$$

subharmonische Funktionen in G.

Satz 6. *In einem Gebiet $G \subset \mathbb{R}^n$ sei eine Funktion $u = u(x) \in C^2(G)$ gegeben. Dann ist diese zweimal stetig differenzierbare Funktion genau dann schwachharmonisch (superharmonisch, subharmonisch) in G, wenn*

$$\Delta u(x) = 0 \ (\leq 0, \ \geq 0) \qquad \text{für alle} \quad x \in G$$

richtig ist.

Beweis: Wir führen den Beweis nur für den Fall $n \geq 3$ durch. Sei $f(x) := \Delta u(x)$, $x \in G$, erklärt, so folgt $f \in C^0(G)$. Für alle $a \in G$ und alle $r \in (0, \vartheta(a))$ erhalten wir aus Satz 3 die Identität

$$u(a) = \frac{1}{r^{n-1}\omega_n} \int\limits_{|x-a|=r} u(x)\, d\sigma(x)$$

$$-\frac{1}{(n-2)\omega_n} \int\limits_{|x-a|\leq r} (|x - a|^{2-n} - r^{2-n}) f(x)\, dx.$$

Setzen wir

$$\chi(a, r) := -\frac{1}{(n-2)\omega_n} \int\limits_{|x-a|\leq r} (|x - a|^{2-n} - r^{2-n}) f(x)\, dx,$$

so folgt offenbar: u ist genau dann schwachharmonisch (superharmonisch, subharmonisch), wenn

$$\chi(a, r) = 0 \ (\geq 0, \ \leq 0) \qquad \text{für alle} \quad a \in G, \quad r \in (0, \vartheta(a))$$

gilt. Beachten wir schließlich noch $|x - a|^{2-n} - r^{2-n} \geq 0$ für alle $x \in G$ mit $|x - a| \leq r$, so erhalten wir die Behauptung.

q.e.d.

Satz 7. (Maximum- und Minimumprinzip)
Eine im Gebiet $G \subset \mathbb{R}^n$ superharmonische (subharmonische) Funktion $u = u(x) : G \to \mathbb{R}$ nehme in einem Punkt $\overset{\circ}{x} \in G$ ihr globales Minimum (Maximum) an, d.h. es gilt

$$u(x) \geq u(\overset{\circ}{x}) \ \left(u(x) \leq u(\overset{\circ}{x}) \right) \qquad \text{für alle} \quad x \in G.$$

Dann folgt

$$u(x) \equiv const \quad in \quad G.$$

Beweis: Da durch $u \to -u$ subharmonische Funktionen in superharmonische übergehen, ist die Aussage nur für superharmonische Funktionen zu zeigen. Nun nehme die superharmonische Funktion $u : G \to \mathbb{R} \in C^0(G)$ ihr globales Minimum in einem Punkt $\overset{\circ}{x} \in G$ an. Wir betrachten dann die nichtleere Menge

$$G^* := \left\{ x \in G \, : \, u(x) = \inf_{y \in G} u(y) = u(\overset{\circ}{x}) \right\},$$

welche in G abgeschlossen ist. Wir zeigen nun, daß G^* auch offen ist. Ist nämlich $a \in G^*$ ein beliebiger Punkt, so haben wir

$$\inf_{y \in G} u(y) = u(a) \geq \frac{1}{\omega_n} \int\limits_{|\xi|=1} u(a + r\xi) \, d\sigma(\xi) \qquad \text{für alle} \quad r \in (0, \vartheta(a)). \quad (9)$$

Somit folgt $u(x) = u(a)$ für alle $x \in \mathbb{R}^n$ mit $|x - a| < \vartheta(a)$. Folglich ist G^* offen. Da nun G ein Gebiet ist, sieht man durch Fortsetzung längs Wegen leicht $u(x) \equiv u(\overset{\circ}{x})$ für alle $x \in G$ ein, d.h. es gilt $u(x) \equiv const, x \in G$.

$\hfill$ q.e.d.

Satz 8. *In einem beschränkten Gebiet $G \subset \mathbb{R}^n$ sei die Funktion $u : G \to \mathbb{R} \in C^0(G)$ superharmonisch (subharmonisch). Weiter sei für alle Punktfolgen $\{x^{(k)}\}_{k=1,2,\ldots} \subset G$ mit $\lim\limits_{k \to \infty} x^{(k)} = x \in \partial G$ die Eigenschaft*

$$\liminf_{k \to \infty} u(x^{(k)}) \geq M \qquad \left(\limsup_{k \to \infty} u(x^{(k)}) \leq M \right)$$

mit einer Konstante $M \in \mathbb{R}$ erfüllt. Dann folgt

$$u(x) \geq M \quad \left(u(x) \leq M \right) \qquad \text{für alle} \quad x \in G.$$

Beweis: Es genügt, superharmonische Funktionen $u : G \to \mathbb{R}$ zu betrachten. Wäre dann die Behauptung $u(x) \geq M$ für alle $x \in G$ falsch, so gibt es ein $\xi \in G$ mit $\mu := u(\xi) < M$. Wir konstruieren nun eine Folge von zusammenhängenden, kompakten Teilmengen von G, welche G ausschöpfen, d.h. $\Theta_j \uparrow G$ für $j \to \infty$, und für die gilt

$$\xi \in \Theta_1 \subset \Theta_2 \subset \ldots$$

In jedem Kompaktum Θ_j nimmt nach Satz 7 die superharmonische Funktion u ihr Minimum in einem Randpunkt $y^{(j)} \in \partial \Theta_j$ an, so daß gilt

$$u(y^{(j)}) \leq u(\xi) = \mu \qquad \text{für} \quad j = 1, 2, \ldots$$

Wählen wir nun aus der Folge $\{y^{(j)}\}_{j=1,2,\ldots} \subset \overline{G}$ eine konvergente Teilfolge $\{x^{(k)}\}_{k=1,2,\ldots} \subset \{y^{(j)}\}_{j=1,2,\ldots}$ aus, so erhalten wir damit eine Folge $\{x^{(k)}\}_{k=1,2,\ldots} \subset G$ mit

$$\lim_{k \to \infty} x^{(k)} = x \in \partial G \qquad \text{und} \qquad \liminf_{k \to \infty} u(x^{(k)}) \leq \mu < M.$$

Dieses widerspricht aber der Voraussetzung

$$\liminf_{k \to \infty} u(x^{(k)}) \geq M \qquad \text{für alle} \quad \{x^{(k)}\}_{k=1,2,\ldots} \subset G \quad \text{mit} \quad \lim_{k \to \infty} x^{(k)} \in \partial G.$$

q.e.d.

Satz 9. *Sei $G \subset \mathbb{R}^n$ ein beschränktes Gebiet. Ferner seien $u = u(x)$, $v = v(x) : \overline{G} \to \mathbb{R} \in C^0(\overline{G})$ zwei Funktionen, die in G schwachharmonisch sind. Dann folgt*

$$\sup_{x \in \overline{G}} |u(x) - v(x)| \leq \sup_{x \in \partial G} |u(x) - v(x)|.$$

Beweis: Die Funktion $w(x) := u(x) - v(x)$, $x \in \overline{G}$, ist stetig in $\overline{G}$ und schwachharmonisch in G. Setzen wir $M := \sup_{x \in \partial G} |u(x) - v(x)|$, so folgt aus Satz 8

$$-M \leq w(x) \leq M \qquad \text{für alle} \quad x \in G.$$

Dieses liefert die angegebene Ungleichung. q.e.d.

Satz 10. *Sei $G \subset \mathbb{R}^n$ ein beschränktes Normalgebiet. Dann ist die Greensche Funktion $\varphi_G(y; x)$ für das Gebiet eindeutig bestimmt, und es gilt*

$$\varphi_G(y; x) < 0 \qquad \text{für alle} \quad y \in G \quad \text{und festes} \quad x \in G. \tag{10}$$

Beweis: (nur für $n \geq 3$)

1. Seien die zwei Greenschen Funktionen

$$\varphi_j(y; x) = \frac{1}{(2-n)\omega_n} |y - x|^{2-n} + \psi_j(y; x), \qquad y \in \overline{G}, \quad x \in G; \quad j = 1, 2,$$

gegeben. Dann folgt $0 = \varphi_1(y; x) = \varphi_2(y; x)$ für $y \in \partial G$, $x \in G$ und somit

$$\psi_1(y; x) = \psi_2(y; x), \qquad y \in \partial G, \quad x \in G.$$

Nach Satz 9 gilt nun $\psi_1(y; x) \equiv \psi_2(y; x)$, also auch

$$\varphi_1 \equiv \varphi_2, \qquad y \in G, \quad x \in G.$$

2. Ist nun

$$\varphi_G(y; x) = \frac{1}{(2-n)\omega_n} |y - x|^{2-n} + \psi(y; x), \qquad y \in \overline{G},$$

die Greensche Funktion für das Gebiet G zu festem $x \in G$. Dann ist $\chi(y) := \varphi(y; x) : G \setminus \{x\} \to \mathbb{R}$ harmonisch. Für beliebige Folgen $\{y^{(k)}\}_{k=1,2,\ldots} \subset G' := G \setminus \{x\}$ mit $\lim_{k \to \infty} y^{(k)} \in \partial G' = \partial G \cup \{x\}$ gilt nun

$$\limsup_{k \to \infty} \chi(y^{(k)}) \leq 0.$$

Satz 8 liefert somit $\chi(y) \leq 0$ für alle $y \in G'$, und aus Satz 7 folgt dann (10).

q.e.d.

Bemerkung: Die Frage nach der Existenz einer Greenschen Funktion für beliebige Gebiete G bleibt offen.

§3 Das Dirichletproblem für die Laplacegleichung im $\mathbb{R}^n$

In diesem Paragraphen sei immer $G \subset \mathbb{R}^n$ ein beschränktes Gebiet, und $f = f(x) : \partial G \to \mathbb{R} \in C^0(\partial G)$ bezeichne eine stetige Funktion auf dessen Rand ∂G. Unser Interesse gilt dem folgenden *Dirichletschen Randwertproblem für die Laplacegleichung*

$$u = u(x) \in C^2(G) \cap C^0(\overline{G}),$$
$$\Delta u(x) = 0 \qquad \text{für alle} \quad x \in G, \tag{1}$$
$$u(x) = f(x) \qquad \text{für alle} \quad x \in \partial G.$$

Satz 1. (Eindeutigkeitssatz)
Seien $u(x)$, $v(x)$ zwei Lösungen des Dirichletproblems (1) bei gegebenem G und f. Dann folgt
$$u(x) \equiv v(x) \qquad in \quad \overline{G}.$$

Beweis: Die Funktion $w(x) := v(x) - u(x)$, $x \in \overline{G}$, gehört zur Klasse $C^2(G) \cap C^0(\overline{G})$, ist insbesondere schwachharmonisch in G und hat die Randwerte

$$w(x) = v(x) - u(x)$$
$$= f(x) - f(x) = 0 \qquad \text{für alle} \quad x \in \partial G.$$

Nach Satz 9 aus § 2 folgt $w(x) \equiv 0$ in $\overline{G}$ bzw.

$$v(x) \equiv u(x), \qquad x \in \overline{G}.$$
$$\text{q.e.d.}$$

Mit Hilfe des Poissonschen Integrals kann man das Dirichletproblem auf Kugeln explizit lösen.

Satz 2. *Auf der Kugel $B_R(a) := \{y \in \mathbb{R}^n \; : \; |y - a| < R\}$ mit $a \in \mathbb{R}^n$ und $R \in (0, +\infty)$ betrachten wir das Poissonsche Integral*

$$u(x) := \frac{1}{R\omega_n} \int\limits_{|y-a|=R} \frac{|y - a|^2 - |x - a|^2}{|y - x|^n} f(y) \, d\sigma(y), \qquad x \in B_R(a). \tag{2}$$

Dann gehört u der Regularitätsklasse $C^2(B_R(a)) \cap C^0(\overline{B_R(a)})$ an, ist harmonisch in $B_R(a)$, und es gilt

$$\lim_{\substack{x \to \mathring{x} \\ x \in B_R(a)}} u(x) = f(\mathring{x}) \qquad \text{für alle} \quad \mathring{x} \in \partial B_R(a). \tag{3}$$

Die angegebene Funktion u löst also das Dirichletproblem (1) auf der Kugel $G = B_R(a)$ bei gegebener stetiger Randfunktion $f : \partial B_R(a) \to \mathbb{R}$.

Beweis:

1. Wir betrachten zunächst den Fall $a = 0$, $R = 1$ und setzen $B := B_1(0) \subset \mathbb{R}^n$. Dann erhalten wir die Funktion

$$u(x) = \frac{1}{\omega_n} \int\limits_{|y|=1} \frac{|y|^2 - |x|^2}{|y-x|^n} f(y)\, d\sigma(y) = \int\limits_{|y|=1} P(y;x) f(y)\, d\sigma(y), \quad x \in B,$$

(4)

mit dem Poissonschen Kern

$$P(y;x) := \frac{1}{\omega_n} \frac{|y|^2 - |x|^2}{|y-x|^n}, \qquad y \in \partial B, \quad x \in B.$$

2. Formel (4) entnehmen wir sofort $u \in C^2(B)$. Weiter ist nach Teil 1 des Beweises von Satz 2 aus § 2 die Identität

$$\begin{aligned} P(y;x) &= \frac{1}{\omega_n} \frac{|y|^2 - |x|^2}{|y-x|^n} = \frac{\partial}{\partial \nu} \varphi(y;x) \\ &= y \cdot \nabla_y \varphi(y;x), \qquad y \in \partial B, \quad x \in B, \end{aligned}$$

(5)

erfüllt. Hierbei ist $\varphi(y;x)$ die in § 2, Satz 1 angegebene Greensche Funktion für die Einheitskugel B. Wir bemerken, daß φ symmetrisch ist, d.h.

$$\varphi(x;y) = \varphi(y;x) \qquad \text{für alle} \quad x, y \in B \quad \text{mit} \quad x \neq y.$$

(6)

Weiter gilt

$$\Delta_x P(y;x) = y \cdot \nabla_y \Big(\Delta_x \varphi(y;x) \Big) = 0, \qquad x \in B, \quad y \in \partial B.$$

(7)

Somit erhalten wir

$$\Delta u(x) = \int\limits_{|y|=1} \Delta_x P(y;x) f(y)\, d\sigma(y) = 0 \qquad \text{für alle} \quad x \in B.$$

(8)

3. Wenden wir Satz 2 aus § 2 auf die harmonische Funktion $v(x) \equiv 1$ für $x \in \overline{B}$ an, so erhalten wir

$$1 = \frac{1}{\omega_n} \int\limits_{|y|=1} \frac{|y|^2 - |x|^2}{|y-x|^n}\, 1\, d\sigma(y) = \int\limits_{|y|=1} P(y;x)\, d\sigma(y) \qquad \text{für alle} \quad x \in B.$$

(9)

Weiter ist $P(y;x) > 0$ für alle $y \in \partial B$ und alle $x \in B$ erfüllt.

4. Wir zeigen nun, daß für alle $\overset{\circ}{x} \in \partial B$ die Beziehung

$$\lim_{\substack{x \to \overset{\circ}{x} \\ x \in B}} u(x) = f(\overset{\circ}{x})$$

richtig ist. Zunächst gilt für alle $x \in B$

$$u(x) - f(\overset{\circ}{x}) = \frac{1}{\omega_n} \int\limits_{|y|=1} \frac{|y|^2 - |x|^2}{|y-x|^n} \left(f(y) - f(\overset{\circ}{x}) \right) d\sigma(y)$$

$$= \frac{1}{\omega_n} \int\limits_{\substack{y \in \partial B \\ |y-\overset{\circ}{x}| \geq 2\delta}} \frac{|y|^2 - |x|^2}{|y-x|^n} \left(f(y) - f(\overset{\circ}{x}) \right) d\sigma(y) \qquad (10)$$

$$+ \frac{1}{\omega_n} \int\limits_{\substack{y \in \partial B \\ |y-\overset{\circ}{x}| \leq 2\delta}} \frac{|y|^2 - |x|^2}{|y-x|^n} \left(f(y) - f(\overset{\circ}{x}) \right) d\sigma(y).$$

Da f stetig im Punkt $\overset{\circ}{x}$ ist, gibt es zu vorgegebenem $\varepsilon > 0$ ein $\delta = \delta(\varepsilon) > 0$, so daß $|f(y) - f(\overset{\circ}{x})| \leq \varepsilon$ für alle $y \in \partial B$ mit $|y - \overset{\circ}{x}| \leq 2\delta$ richtig ist. Somit folgt

$$\left| \frac{1}{\omega_n} \int\limits_{\substack{y \in \partial B \\ |y-\overset{\circ}{x}| \leq 2\delta}} \frac{|y|^2 - |x|^2}{|y-x|^n} \left(f(y) - f(\overset{\circ}{x}) \right) d\sigma(y) \right|$$

$$\leq \frac{1}{\omega_n} \int\limits_{\substack{y \in \partial B \\ |y-\overset{\circ}{x}| \leq 2\delta}} \frac{|y|^2 - |x|^2}{|y-x|^n} \left| f(y) - f(\overset{\circ}{x}) \right| d\sigma(y) \qquad (11)$$

$$\leq \varepsilon \qquad \text{für alle} \quad x \in B.$$

Falls nun $x \in B$ mit $|x - \overset{\circ}{x}| \leq \delta$ gewählt wird, gilt für $y \in \partial B$ mit $|y - \overset{\circ}{x}| \geq 2\delta$ die Abschätzung

$$|y - x| \geq |y - \overset{\circ}{x}| - |\overset{\circ}{x} - x| \geq 2\delta - \delta = \delta.$$

Damit folgt für alle $y \in \partial B$ mit $|y - \overset{\circ}{x}| \geq 2\delta$ und $x \in B$ mit $|x - \overset{\circ}{x}| \leq \eta < \delta$

$$\frac{|y|^2 - |x|^2}{|y-x|^n} \leq \frac{(|y| + |x|)(|y| - |x|)}{\delta^n}$$

$$\leq \frac{2}{\delta^n}(|\overset{\circ}{x}| - |x|) \leq \frac{2}{\delta^n}|\overset{\circ}{x} - x|$$

$$\leq \frac{2\eta}{\delta^n}.$$

Setzen wir noch $M := \sup\limits_{y \in \partial B} |f(y)|$, so können wir wie folgt abschätzen:

$$\left| \frac{1}{\omega_n} \int\limits_{\substack{y \in \partial B \\ |y - \overset{\circ}{x}| \geq 2\delta}} \frac{|y|^2 - |x|^2}{|y - x|^n} \left(f(y) - f(\overset{\circ}{x}) \right) d\sigma(y) \right|$$

$$\leq \frac{1}{\omega_n} \int\limits_{\substack{y \in \partial B \\ |y - \overset{\circ}{x}| \geq 2\delta}} \frac{|y|^2 - |x|^2}{|y - x|^n} \left| f(y) - f(\overset{\circ}{x}) \right| d\sigma(y) \tag{12}$$

$$\leq \frac{2M}{\omega_n} \int\limits_{\substack{y \in \partial B \\ |y - \overset{\circ}{x}| \geq 2\delta}} \frac{|y|^2 - |x|^2}{|y - x|^n} d\sigma(y)$$

$$\leq \frac{2M}{\omega_n \delta^n} 2\eta \omega_n \leq \varepsilon,$$

falls $\eta \in (0, \delta)$ hinreichend klein gewählt wird. Insgesamt erhalten wir mit Hilfe von (10), (11) und (12)

$$|u(x) - f(\overset{\circ}{x})| \leq 2\varepsilon \qquad \text{für alle} \quad x \in B \quad \text{mit} \quad |x - \overset{\circ}{x}| \leq \eta. \tag{13}$$

Somit folgt

$$\lim_{\substack{x \to \overset{\circ}{x} \\ x \in B}} u(x) = f(\overset{\circ}{x}) \qquad \text{für alle} \quad \overset{\circ}{x} \in \partial B.$$

5. Die Funktion

$$u(x) := \frac{1}{\omega_n} \int\limits_{|y| = 1} \frac{|y|^2 - |x|^2}{|y - x|^n} f(y) \, d\sigma(y), \qquad x \in B,$$

löst das Dirichletproblem auf der Einheitskugel B. Verwenden wir nun die Transformation

$$x = T\xi = \frac{1}{R}(\xi - a), \qquad \xi \in \overline{B_R(a)},$$

so erhalten wir mit $v(\xi) := u(T\xi)$, $\xi \in \overline{B_R(a)}$, eine Lösung des Dirichletproblems

$$v = v(\xi) \in C^2(B_R(a)) \cap C^0(\overline{B_R(a)}),$$

$$\Delta v(\xi) = 0 \qquad \text{für alle} \quad \xi \in B_R(a), \tag{14}$$

$$v(\xi) = g(\xi) \qquad \text{für alle} \quad \xi \in \partial B_R(a),$$

wobei wir noch $g(\xi) := f(T\xi)$, $\xi \in \partial B_R(a)$, gesetzt haben. Für

$$\eta := T^{-1} y = Ry + a, \qquad y \in \partial B,$$

gilt $\eta \in \partial B_R(a)$ und $d\sigma(\eta) = R^{n-1} d\sigma(y)$. Damit berechnen wir

$$v(\xi) = u(T\xi) \; = \; \frac{1}{\omega_n} \int\limits_{|y|=1} \frac{|y|^2 - |T\xi|^2}{|y - T\xi|^n} f(y) \, d\sigma(y)$$

$$= \frac{1}{\omega_n} \int\limits_{|\eta-a|=R} \frac{|T\eta|^2 - |T\xi|^2}{|T\eta - T\xi|^n} f(T\eta) \frac{1}{R^{n-1}} \, d\sigma(\eta)$$

$$= \frac{1}{R^{n-1}\omega_n} \int\limits_{|\eta-a|=R} \frac{\frac{1}{R^2}\left(|\eta - a|^2 - |\xi - a|^2\right)}{\frac{1}{R^n}|\eta - \xi|^n} g(\eta) \, d\sigma(\eta)$$

$$= \frac{1}{R\omega_n} \int\limits_{|\eta-a|=R} \frac{|\eta - a|^2 - |\xi - a|^2}{|\eta - \xi|^n} g(\eta) \, d\sigma(\eta), \qquad \xi \in B_R(a).$$

q.e.d.

Satz 3. (Regularitätssatz)

In einem Gebiet $G \subset \mathbb{R}^n$ sei die schwachharmonische Funktion $u = u(x)$: $G \to \mathbb{R} \in C^0(G)$ gegeben. Dann ist u reellanalytisch in G und genügt der Laplacegleichung $\Delta u(x) = 0$ für alle $x \in G$.

Beweis: Sei $a \in G$ beliebig gewählt, so betrachten wir zu geeignetem $R \in (0, +\infty)$ die Kugel $B_R(a) \subset\subset G$. In dieser Kugel lösen wir mit Hilfe von Satz 2 das Dirichletproblem

$$v = v(x) \in C^2(B_R(a)) \cap C^0(\overline{B_R(a)}),$$

$$\Delta v(x) = 0 \quad \text{für alle} \quad x \in B_R(a), \tag{15}$$

$$v(x) = u(x) \quad \text{für alle} \quad x \in \partial B_R(a).$$

Satz 9 aus §2 liefert nun $u(x) \equiv v(x)$ in $\overline{B_R(a)}$. Somit gilt $u \in C^2(G)$ und $\Delta u(x) = 0$ für alle $x \in G$. Nach §1, Satz 4 ist ferner u reellanalytisch in G.

q.e.d.

Wir wollen nun das Dirichletproblem (1) für eine große Klasse von Gebieten G lösen. Hierzu verwenden wir eine von *O. Perron* vorgeschlagene Methode.

Definition 1. *Sei $G \subset \mathbb{R}^n$ ein beschränktes Gebiet und $u = u(x) : G \to \mathbb{R} \in C^0(G)$ eine stetige Funktion. Dann erklären wir die harmonisch abgeänderte Funktion*

$$v(x) := [u]_{a,R}(x)$$

$$:= \begin{cases} u(x), & x \in G \text{ mit } |x - a| \geq R \\[2ex] \dfrac{1}{R\omega_n} \displaystyle\int\limits_{|y-a|=R} \dfrac{|y - a|^2 - |x - a|^2}{|y - x|^n} u(y) \, d\sigma(y), & x \in G \text{ mit } |x - a| < R \end{cases}$$

für alle $a \in G$ und $R \in (0, \text{dist}(a, \mathbb{R}^n \setminus G))$.

Bemerkung: Die Funktion $v = v(x) : G \to \mathbb{R} \in C^0(G)$ ist in $B_R(a)$ harmonisch und stimmt auf $G \setminus B_R(a)$ mit der ursprünglichen Funktion überein.

Sehr wichtig ist nun der folgende

Hilfssatz 1. *Seien $a \in G$ und $R \in (0, dist(a, \mathbb{R}^n \setminus G))$ fest gewählt, und $u = u(x)$ sei eine in G superharmonische Funktion. Dann ist auch die harmonisch abgeänderte Funktion*

$$v(x) := [u]_{a,R}(x), \qquad x \in G,$$

superharmonisch in G, und es gilt

$$v(x) \le u(x) \qquad \text{für alle} \quad x \in G.$$

Beweis:

1. Wir zeigen zunächst $v(x) \le u(x)$ für alle $x \in G$. Dazu ist offenbar nur $v(x) \le u(x)$ für alle $x \in \overline{B_R(a)}$ nachzuweisen. Die Funktion

$$w(x) := u(x) - v(x), \qquad x \in \overline{B_R(a)},$$

ist in $B_R(a)$ superharmonisch. Jede Punktfolge $\{x^{(k)}\}_{k=1,2,\cdots} \subset B_R(a)$ mit $\lim\limits_{k \to \infty} x^{(k)} = \overset{\circ}{x} \in \partial B_R(a)$ erfüllt ferner

$$\liminf_{k \to \infty} w(x^{(k)}) = w(\overset{\circ}{x}) = 0.$$

Nach § 2, Satz 8 folgt $w(x) \ge 0$, $x \in B_R(a)$, beziehungsweise

$$v(x) \le u(x) \qquad \text{für alle} \quad x \in B_R(a).$$

2. Wir zeigen nun, daß v superharmonisch in G ist. Sei $\xi \in \partial B_R(a)$ ein beliebiger Punkt und $\vartheta(\xi) \in (0, dist(\xi, \mathbb{R}^n \setminus G)]$. Unter Beachtung von Teil 1 des Beweises erhalten wir dann

$$\frac{1}{\varrho^{n-1} \omega_n} \int\limits_{|x-\xi|=\varrho} v(x)\, d\sigma(x) \le \frac{1}{\varrho^{n-1} \omega_n} \int\limits_{|x-\xi|=\varrho} u(x)\, d\sigma(x) \le u(\xi) = v(\xi)$$

für alle $\varrho \in (0, \vartheta(\xi))$. Somit ist v superharmonisch in G, denn in $B_R(a)$ ist v ohnehin harmonisch und in $G \setminus \overline{B_R(a)}$ superharmonisch.

$$\text{q.e.d.}$$

Wir benötigen noch den folgenden

Hilfssatz 2. (Harnacksches Lemma)
Sei $w_k(x) : G \to \mathbb{R}$, $k = 1, 2, \ldots$, eine Folge harmonischer Funktionen in G, welche im folgenden Sinne absteigend ist:

$$w_1(x) \ge w_2(x) \ge w_3(x) \ge \ldots \qquad \text{für alle} \quad x \in G.$$

Weiter konvergiere die Folge in einem Punkt $\overset{\circ}{x} \in G$, d.h.

$$\lim_{k \to \infty} w_k(\overset{\circ}{x}) > -\infty.$$

Dann konvergiert die Folge $\{w_k(x)\}_{k=1,2}$, in jedem Kompaktum $\Theta \subset G$ gleichmäßig gegen eine in G harmonische Funktion

$$w(x) := \lim_{k \to \infty} w_k(x), \qquad x \in G.$$

Beweis: Sei o.E. $\overset{\circ}{x} = 0$ und die Kugel $B_R \subset G$ mit einem $R \in (0, +\infty)$. Zu $k, l \in \mathbb{N}$ mit $k \le l$ erklären wir die nichtnegative Funktion $v_{kl}(x) := w_k(x) - w_l(x) \ge 0, x \in B_R$, und wenden auf diese die Harnacksche Ungleichung an

$$0 \le v_{kl}(x) \le \frac{1 + \frac{|x|}{R}}{\left(1 - \frac{|x|}{R}\right)^{n-1}} v_{kl}(0) \le \frac{1 + \frac{1}{2}}{\left(1 - \frac{1}{2}\right)^{n-1}} v_{kl}(0), \qquad x \in \overline{B_{\frac{R}{2}}}.$$

Setzen wir noch $K := \frac{3}{2} \cdot (\frac{1}{2})^{1-n} = 3 \cdot 2^{n-2}$, so folgt

$$|w_k(x) - w_l(x)| \le K|w_k(0) - w_l(0)|$$

$$\text{für alle} \quad x \in \overline{B_{\frac{R}{2}}} \quad \text{und alle} \quad k, l \in \mathbb{N}. \tag{16}$$

Da $\lim\limits_{k \to \infty} w_k(0)$ existiert, konvergiert die Folge $\{w_k(x)\}_{k=1,2,\dots}$ gleichmäßig in $\overline{B_{\frac{R}{2}}}$ gegen die Funktion $w(x)$. Überdecken wir nun ein Kompaktum $\Theta \subset G$ durch endlich viele Kugeln, so können wir einsehen, daß die Funktionenfolge $\{w_k(x)\}_{k=1,2,\dots}$ in Θ gleichmäßig gegen die Funktion $w(x)$ konvergiert. Durch Grenzübergang in der Poissonschen Integralformel erkennen wir schließlich, daß die Grenzfunktion $w(x)$ in G harmonisch ist.

q.e.d.

Als Ansatz zur Lösung des Dirichletproblems verwenden wir die folgende Menge zulässiger Funktionen

$$\mathcal{M} := \Big\{ v : G \to \mathbb{R} \in C^0(G) : v \text{ ist in } G \text{ superharmonisch, und}$$

$$\text{für alle Folgen } \{x^{(k)}\}_{k=1,2,\dots} \subset G \text{ mit } \lim_{k \to \infty} x^{(k)} = x^* \in \partial G$$

$$\text{gilt } \liminf_{k \to \infty} v(x^{(k)}) \ge f(x^*) \Big\}.$$

Hierbei bezeichnet $f : \partial G \to \mathbb{R}$ wieder eine stetige Randfunktion. Da

$$v(x) := M := \max_{x \in \partial G} f(x) \quad \in \mathcal{M}$$

gilt, ist $\mathcal{M} \ne \emptyset$.

Hilfssatz 3. *Sei die Funktion*

$$u(x) := \inf_{v \in \mathcal{M}} v(x), \qquad x \in G,$$

erklärt. Dann ist u harmonisch in G, und es gilt

$$m \le u(x) \le M \qquad \text{für alle} \quad x \in G.$$

Dabei haben wir $m := \inf_{x \in \partial G} f(x)$, $M := \sup_{x \in \partial G} f(x)$ *gesetzt.*

Beweis:

1. Sei $\{x^i\}_{i=1,2,3,\ldots} \subset G$ eine in G dichte Punktfolge. Dann existiert für alle $i \in \mathbb{N}$ eine Funktionenfolge $\{v_{ij}\}_{j=1,2,\ldots} \subset \mathcal{M}$ mit

$$\lim_{j \to \infty} v_{ij}(x^i) = u(x^i).$$

Nach dem Minimumprinzip ist $v_{ij}(x) \ge m$ für alle $x \in G$ und alle $i, j \in \mathbb{N}$. Zu jedem $k \in \mathbb{N}$ erklären wir nun die Funktion

$$v_k(x) := \min_{1 \le i,j \le k} v_{ij}(x), \qquad x \in G.$$

Offenbar gilt $v_k(x) \ge v_{k+1}(x)$, $x \in G$, für alle $k \in G$. Weil das Minimum endlich vieler superharmonischer Funktionen nach einer früheren Bemerkung wieder superharmonisch ist, folgt

$$v_k \in \mathcal{M}, \qquad k = 1, 2, \ldots$$

Da $u(x^i) \le v_k(x^i) \le v_{ik}(x^i)$ für $1 \le i \le k$ richtig ist, erhalten wir noch

$$\lim_{k \to \infty} v_k(x^i) = u(x^i) \qquad \text{für alle} \quad i = 1, 2, \ldots$$

2. In einer Kreisscheibe $B_R(a) \subset\subset G$ ändern wir v_k harmonisch ab zu

$$w_k(x) := [v_k]_{a,R}(x), \qquad x \in G.$$

Unter Beachtung von Hilfssatz 1 folgt $\{w_k\}_{k=1,2,\ldots} \subset \mathcal{M}$. Ferner gilt $w_k(x) \ge w_{k+1}(x)$ in $B_R(a)$ für alle $k \in \mathbb{N}$ und

$$u(x^i) \le w_k(x^i) \le v_k(x^i) \qquad \text{für alle} \quad i, k \in \mathbb{N}.$$

Somit erhalten wir

$$\lim_{k \to \infty} w_k(x^i) = u(x^i) \qquad \text{für alle} \quad i \in \mathbb{N}.$$

Nach dem Harnackschen Lemma konvergiert die Folge $\{w_k(x)\}_{k=1,2,\ldots}$ in $B_R(a)$ gleichmäßig gegen eine harmonische Funktion $w(x)$, und es gilt

$$w(x^i) = u(x^i) \qquad \text{für alle} \quad x^i \in B_R(a), \quad i = 1, 2, \ldots$$

Da w und u stetige Funktionen sind, folgt $u(x) = w(x)$, $x \in \overline{B_R(a)}$. Somit muß u in G harmonisch sein, denn $B_R(a) \subset\subset G$ war beliebig gewählt.

3. Wegen $M \in \mathcal{M}$ folgt $u(x) \le M$ für alle $x \in G$. Da $v_{ij}(x) \ge m$ für alle $x \in G$ und alle $i, j \in \mathbb{N}$ richtig ist, und damit insbesondere $v_k(x) \ge m$ in G für $k \in \mathbb{N}$ gilt, erhalten wir auch

$$u(x) = \lim_{k \to \infty} v_k(x) \ge m \qquad \text{für alle} \quad x \in G.$$

q.e.d.

Definition 2. *Sei $G \subset \mathbb{R}^n$ ein beschränktes Gebiet. Einen Randpunkt $x \in \partial G$ nennen wir regulär, wenn es eine superharmonische Funktion $\Phi(y) = \Phi(y; x)$: $G \to \mathbb{R}$ mit*

$$\lim_{\substack{y \to x \\ y \in G}} \Phi(y) = 0$$

und

$$\varrho(\varepsilon) := \inf_{\substack{y \in G \\ |y-x| \ge \varepsilon}} \Phi(y) > 0 \qquad \text{für alle} \quad \varepsilon > 0$$

gibt. Ist jeder Randpunkt von G regulär, so sprechen wir von einem Dirichletgebiet.

Bemerkung: Ein Punkt $x \in \partial G$ ist genau dann regulär, wenn es ein $r > 0$ und eine superharmonische Funktion $\Psi = \Psi(y) : G \cap B_r(x) \to \mathbb{R}$ mit

$$\lim_{\substack{y \to x \\ y \in G \cap B_r(x)}} \Psi(y) = 0 \qquad \text{und} \qquad \inf_{\substack{r > |y-x| \ge \varepsilon \\ y \in G}} \Psi(y) > 0, \quad 0 < \varepsilon < r,$$

gibt. Hierzu setzen wir $m := \inf\limits_{\substack{r > |y-x| \ge \frac{1}{2}r \\ y \in G}} \Psi(y) > 0$ und betrachten die in G superharmonische Funktion

$$\Phi(y) := \begin{cases} \min\left(1, \dfrac{2\Psi(y)}{m}\right), & y \in G \cap B_r(x) \\ 1, & y \in G \setminus B_r(x) \end{cases}.$$

Satz 4. (Existenzsatz)
Sei $G \subset \mathbb{R}^n$ ein beschränktes Gebiet mit $n \ge 2$. Dann ist das Dirichletproblem

$$u = u(x) \in C^2(G) \cap C^0(\overline{G}),$$
$$\Delta u(x) = 0 \qquad in \quad G, \tag{17}$$
$$u(x) = f(x) \qquad auf \quad \partial G$$

für alle stetigen Randfunktionen $f : \partial G \to \mathbb{R}$ genau dann lösbar, wenn G im Sinne von Definition 2 ein Dirichletgebiet ist.

Beweis:

„$\Longrightarrow$" Das Dirichletproblem sei für alle stetigen $f : \partial G \to \mathbb{R}$ lösbar. Ist nun $\xi \in \partial G$ beliebig, so wählen wir $f(y) := |y - \xi|$, $y \in \partial G$, und lösen zu diesen Randwerten das Dirichletproblem (17). Für die harmonische Funktion $u = u(x) : \overline{G} \to \mathbb{R}$ folgt nach dem Minimumprinzip

$$u(x) > 0 \qquad \text{für alle} \quad x \in \overline{G} \setminus \{\xi\}.$$

Somit ist ξ ein regulärer Randpunkt.

„$\Longleftarrow$" Sei G ein Dirichletgebiet und $x \in \partial G$ ein beliebiger regulärer Randpunkt. Dann gibt es eine zugehörige superharmonische Funktion $\Phi(y) = \Phi(y; x) : G \to \mathbb{R}$ gemäß Definition 2. Da $f : \partial G \to \mathbb{R}$ stetig ist, existiert zu vorgegebenem $\varepsilon > 0$ ein $\delta = \delta(\varepsilon) > 0$ mit $|f(y) - f(x)| \leq \varepsilon$ für alle $y \in \partial G$ mit $|y - x| \leq \delta$. Wir erklären nun

$$\eta(\varepsilon) := \inf_{\substack{y \in G \\ |y-x| \geq \delta(\varepsilon)}} \Phi(y) > 0.$$

1. Die *obere Barrierefunktion*

$$v^+(y) := f(x) + \varepsilon + (M - m)\frac{\Phi(y)}{\eta(\varepsilon)}, \qquad y \in G,$$

sei gegeben. Offenbar ist v^+ superharmonisch in G. Ferner gilt für eine beliebige Folge $\{y^{(k)}\}_{k=1,2,\ldots} \subset G$ mit $y^{(k)} \to y^+ \in \partial G$ für $k \to \infty$

$$\liminf_{k \to \infty} v^+(y^{(k)}) \geq f(y^+).$$

Also ist $v^+ \in \mathcal{M}$ erfüllt.

2. Nun betrachten wir die *untere Barrierefunktion*

$$v^-(y) := f(x) - \varepsilon - (M - m)\frac{\Phi(y)}{\eta(\varepsilon)}, \qquad y \in G.$$

Sei $v \in \mathcal{M}$ beliebig gewählt. Für eine Folge $\{y^{(k)}\}_{k=1,2,\ldots} \subset G$ mit $y^{(k)} \to y^- \in \partial G$ für $k \to \infty$ berechnen wir

$$\liminf_{k \to \infty} \left(v(y^{(k)}) - v^-(y^{(k)}) \right)$$

$$\geq \liminf_{k \to \infty} \left(v(y^{(k)}) - f(y^-) \right) + \liminf_{k \to \infty} \left(f(y^-) - v^-(y^{(k)}) \right)$$

$$\geq 0.$$

Weiter ist $v - v^-$ superharmonisch in G, und Satz 8 aus § 2 liefert $v - v^- \geq 0$ in G bzw.

$$v(y) \geq v^-(y), \qquad y \in G,$$

für alle $v \in \mathcal{M}$.

3. Für die in Hilfsatz 3 konstruierte harmonische Funktion

$$u(y) := \inf_{v \in \mathcal{M}} v(y), \qquad y \in G,$$

zeigen wir nun, daß u stetig die Randwerte f annimmt. Wegen 1. und 2. ist

$$v^-(y) \le u(y) \le v^+(y) \qquad \text{für alle} \quad y \in G$$

erfüllt, d.h. es gilt

$$f(x) - \varepsilon - (M - m)\frac{\Phi(y)}{\eta(\varepsilon)} \le u(y) \le f(x) + \varepsilon + (M - m)\frac{\Phi(y)}{\eta(\varepsilon)}, \qquad y \in G.$$

Beachten wir noch $\lim\limits_{\substack{y \in G \\ y \to x}} \Phi(y) = 0$, so erhalten wir

$$|f(x) - u(y)| \le \varepsilon + (M - m)\frac{\Phi(y)}{\eta(\varepsilon)} \le 2\varepsilon$$

für alle $y \in G$ mit $|y - x| \le \delta^*(\varepsilon)$. Somit folgt

$$\lim_{\substack{y \in G \\ y \to x}} u(y) = f(x).$$

Also löst u das Dirichletproblem (17) für die Randwerte f.   q.e.d.

Satz 5. (Poincarébedingung)
Ein Randpunkt $x \in \partial G$ ist regulär, wenn es eine Kugel $B_r(a)$ mit $a \in \mathbb{R}^n$ und $r \in (0, +\infty)$ gibt, so daß $\overline{G} \cap \overline{B_r(a)} = \{x\}$ erfüllt ist. Insbesondere sind dann beschränkte Gebiete mit regulärem C^2-Rand Dirichletgebiete.

Beweis: Indem man für $n = 2$ die in G harmonische Funktion

$$\Phi(y) := \log\left(\frac{|y - a|}{r}\right), \qquad y \in G,$$

und für $n \ge 3$ die harmonische Funktion

$$\Phi(y) := r^{2-n} - |y - a|^{2-n}, \qquad y \in G,$$

betrachtet, folgt unmittelbar die Behauptung.   q.e.d.

Satz 6. *Sei $B_R := \{x \in \mathbb{R}^n \ : \ |x| < R\}$ eine Kugel vom Radius $R > 0$ und die punktierte Kugel $\dot{B}_R := B_R \setminus \{0\}$ erklärt. Die Funktion $u = u(x) \in C^2(\dot{B}_R) \cap C^0(\overline{B_R})$ sei harmonisch in $\dot{B}_R$. Dann ist u harmonisch in B_R.*

Beweis: Wir beschränken unsere Betrachtungen auf den Fall $n \ge 3$ und setzen

$$v(x) := \frac{1}{R\omega_n} \int\limits_{|y|=R} \frac{R^2 - |x|^2}{|y - x|^n} u(y) \, d\sigma(y), \qquad x \in B_R.$$

Die Funktion v ist harmonisch in B_R und stetig in $\overline{B_R}$ mit den Randwerten

$$v(x) = u(x), \qquad x \in \partial B_R.$$

Da u und v stetig in $\overline{B_R}$ sind, gibt es eine Konstante $M > 0$, so daß

$$\sup_{x \in B_R} |u(x) - v(x)| \leq M$$

erfüllt ist. Zu vorgegebenem $\varepsilon > 0$ können wir nun ein $\delta = \delta(\varepsilon) \in (0, R)$ so wählen, daß

$$M \leq \varepsilon \Big(|x|^{2-n} - R^{2-n} \Big) \qquad \text{für alle} \quad x \in \mathbb{R}^n \quad \text{mit} \quad |x| = \delta(\varepsilon)$$

gilt. Betrachten wir die Kugelschale $K_\varepsilon := \{ x \in \mathbb{R}^n \; : \; \delta(\varepsilon) \leq |x| \leq R \}$, so folgt

$$|u(x) - v(x)| \leq \varepsilon \Big(|x|^{2-n} - R^{2-n} \Big) \qquad \text{für alle} \quad x \in \partial K_\varepsilon.$$

Das Maximumprinzip für harmonische Funktionen liefert nun

$$|u(x) - v(x)| \leq \varepsilon \Big(|x|^{2-n} - R^{2-n} \Big) \qquad \text{für alle} \quad x \in K_\varepsilon.$$

Da $\varepsilon > 0$ beliebig gewählt war und $\delta(\varepsilon) \downarrow 0$ für $\varepsilon \downarrow 0$ zu erreichen ist, erhalten wir

$$u(x) \equiv v(x), \qquad x \in \dot{B}_R.$$

Nun sind u und v stetig in $\overline{B_R}$, und es folgt

$$u(x) \equiv v(x), \qquad x \in \overline{B_R}.$$

Somit ist u harmonisch in B_R. \hfill q.e.d.

Bemerkungen:

1. Beim Riemannschen Hebbarkeitssatz für holomorphe Funktionen genügt es, die Beschränktheit der Funktionen in der Umgebung der singulären Stelle zu fordern, um die Funktion holomorph in diesen Punkt fortzusetzen.

2. Es gibt beschränkte Gebiete, für die das Dirichletproblem nicht zu beliebigen Randwerten lösbar ist. Betrachten wir zum Beispiel

$$G := \dot{B}_R, \qquad \partial G = \partial B_R \cup \{0\}.$$

Zu den Randwerten $f(x) = 1$, $|x| = R$, und $f(0) = 0$ gibt es wegen Satz 6 offenbar keine harmonische Funktion.

§4   Die Theorie der Kugelfunktionen: Fourierreihen

Die Theorie der Kugelfunktionen wurde von Laplace und Legrende begründet und wird in der Quantenmechanik zur Untersuchung des Spektrums des Wasserstoffatoms verwendet. Die hier vorgetragene Theorie für beliebige Raumdimensionen $n \geq 2$ verdankt man G.Herglotz. Wir verwenden in diesem und im nächsten Paragraphen die in Kapitel II, § 6 eingeführten Banach- und Hilberträume. Zunächst betrachten wir den Fall $n = 2$.

Sei $S^1 := \{x \in \mathbb{R}^2 \ : \ |x| = 1\}$ die Einheitskreislinie; die Funktionen $u = u(x) \in C^0(S^1, \mathbb{R})$ können wir mit den 2π-periodischen, stetigen Funktionen

$$C^0_{2\pi}(\mathbb{R}, \mathbb{R}) := \left\{ v : \mathbb{R} \to \mathbb{R} \in C^0(\mathbb{R}, \mathbb{R}) \ : \ \begin{array}{c} v(\varphi + 2\pi k) = v(\varphi) \\ \text{für alle } \varphi \in \mathbb{R}, \ k \in \mathbb{Z} \end{array} \right\}$$

identifizieren mittels $\hat{u}(\varphi) := u(e^{i\varphi})$, $0 \leq \varphi \leq 2\pi$. Der Raum $C^0(S^1, \mathbb{R})$ ist mit der Norm

$$\|u\|_0 := \max_{x \in S^1} |u(x)|, \qquad u \in C^0(S^1, \mathbb{R}), \tag{1}$$

ein Banachraum mit der Topologie der gleichmäßigen Konvergenz. Mit dem inneren Produkt

$$(u, v) := \int_0^{2\pi} u(e^{i\varphi}) v(e^{i\varphi}) \, d\varphi, \qquad u, v \in C^0(S^1, \mathbb{R}), \tag{2}$$

wird $C^0(S^1, \mathbb{R})$ zu einem Prä-Hilbertraum. Schließen wir nun diesen Raum in der vom inneren Produkt (2) induzierten L^2-Norm

$$\|u\| := \sqrt{(u, u)}, \qquad u \in C^0(S^1, \mathbb{R}), \tag{3}$$

ab, so erhalten wir den Lebesgueraum $L^2(S^1, \mathbb{R})$ der quadratintegrablen, meßbaren Funktionen auf S^1. Wir notieren weiter die Ungleichung

$$\|u\| \leq \sqrt{2\pi} \|u\|_0 \qquad \text{für alle} \quad u \in C^0(S^1, \mathbb{R}). \tag{4}$$

Konvergiert also eine Folge bez. der Banachraumnorm $\|\cdot\|_0$, so ist dieses auch bez. der Hilbertraumnorm $\|\cdot\|$ der Fall. Die Umkehrung ist jedoch nicht richtig, denn der Hilbertraum $L^2(S^1, \mathbb{R})$ enthält auch unstetige Funktionen.

Satz 1. (Fourierreihen)
Das System der Funktionen

$$\frac{1}{\sqrt{2\pi}}, \quad \frac{1}{\sqrt{\pi}} \cos k\varphi, \quad \frac{1}{\sqrt{\pi}} \sin k\varphi, \qquad \varphi \in [0, 2\pi], \quad k = 1, 2, \ldots,$$

bildet ein vollständiges Orthonormalsystem, kurz v.o.n.S., im Prä-Hilbertraum $\mathcal{H} := C^0(S^1, \mathbb{R})$ ausgestattet mit dem in (2) angegebenen inneren Produkt.

Beweis:

1. Man rechnet leicht nach, daß das angegebene Funktionensystem $\mathcal{S}$ ortho-
normiert ist, d.h. $\|u\| = 1$ für alle $u \in \mathcal{S}$ und $(u,v) = 0$ für alle $u,v \in \mathcal{S}$ mit
$u \neq v$. Es bleibt zu zeigen, daß dieses Orthonormalsystem von Funktionen
vollständig im Prä-Hilbertraum $\mathcal{H}$ ist. Nach Satz 5 aus Kap. II, § 6 ist zu
zeigen, daß für jedes $u \in \mathcal{H}$ ihre zugehörige Fourierreihe diese Funktion
bez. der Hilbertraumnorm $\|\cdot\|$ approximiert.

2. Sei also

$$u = u(x) \in \mathcal{H} = C^0(S^1, \mathbb{R})$$

beliebig gegeben. Wir setzen dann u harmonisch in die Kreisscheibe

$$B = \{x \in \mathbb{R}^2 \; : \; |x| < 1\}$$

fort mittels

$$u(z) = \frac{1}{2\pi} \int\limits_0^{2\pi} \frac{1-r^2}{|e^{i\varphi} - z|^2} u(e^{i\varphi})\, d\varphi, \qquad |z| < 1, \tag{5}$$

wobei wir $z = re^{i\vartheta}$ gesetzt haben. Wir entwickeln nun den Poissonschen
Kern wie folgt:

$$
\begin{aligned}
\frac{1-r^2}{|e^{i\varphi} - z|^2} &= \frac{1-r^2}{|e^{i\varphi} - re^{i\vartheta}|^2} \\[2mm]
&= \frac{1-r^2}{|1 - re^{i(\vartheta-\varphi)}|^2} \\[2mm]
&= \frac{1-r^2}{(1 - re^{i(\vartheta-\varphi)})(1 - re^{i(\varphi-\vartheta)})} \\[2mm]
&= -1 + \frac{1}{1 - re^{i(\varphi-\vartheta)}} + \frac{1}{1 - re^{-i(\varphi-\vartheta)}} \\[2mm]
&= -1 + \sum_{k=0}^{\infty} r^k e^{ik(\varphi-\vartheta)} + \sum_{k=0}^{\infty} r^k e^{-ik(\varphi-\vartheta)} \\[2mm]
&= 1 + 2\sum_{k=1}^{\infty} r^k \cos k(\varphi - \vartheta).
\end{aligned}
\tag{6}
$$

Die Reihe konvergiert hierbei lokal gleichmäßig für $0 \le r < 1$ und $\varphi, \vartheta \in \mathbb{R}$.
Nun gilt

$$\cos k(\varphi - \vartheta) = \cos k\varphi \cos k\vartheta + \sin k\varphi \sin k\vartheta,$$

und wir erhalten mit $g(\varphi) := u(e^{i\varphi})$, $\varphi \in [0, 2\pi)$,

$$u(re^{i\vartheta}) = \frac{1}{2\pi} \int\limits_0^{2\pi} \left\{ 1 + 2\sum_{k=1}^{\infty} r^k \Big(\cos k\varphi \cos k\vartheta + \sin k\varphi \sin k\vartheta \Big) \right\} g(\varphi)\, d\varphi$$

$$= \frac{1}{2\pi} \int\limits_0^{2\pi} g(\varphi)\, d\varphi + \sum_{k=1}^{\infty} \left\{ \left(\frac{1}{\pi} \int\limits_0^{2\pi} g(\varphi) \cos k\varphi\, d\varphi \right) r^k \cos k\vartheta \right.$$

$$\left. + \left(\frac{1}{\pi} \int\limits_0^{2\pi} g(\varphi) \sin k\varphi\, d\varphi \right) r^k \sin k\vartheta \right\}.$$

Wir setzen schließlich

$$a_k := \frac{1}{\pi} \int\limits_0^{2\pi} g(\varphi) \cos k\varphi\, d\varphi, \qquad k = 0, 1, 2, \ldots, \tag{7}$$

und

$$b_k := \frac{1}{\pi} \int\limits_0^{2\pi} g(\varphi) \sin k\varphi\, d\varphi, \qquad k = 1, 2, \ldots. \tag{8}$$

Damit erhalten wir in

$$u(re^{i\vartheta}) = \frac{1}{2} a_0 + \sum_{k=1}^{\infty} \Big(a_k \cos k\vartheta + b_k \sin k\vartheta \Big) r^k, \qquad 0 \le r < 1, \ 0 \le \vartheta < 2\pi, \tag{9}$$

die *Fourierentwicklung einer in $|z| < 1$ harmonischen Funktion.*

3. Da $u(z)$ stetig in $\overline{B}$ ist, gibt es zu vorgegebenem $\varepsilon > 0$ ein $r \in (0,1)$, so daß

$$|u(re^{i\vartheta}) - g(\vartheta)| \le \varepsilon \qquad \text{für alle} \quad \vartheta \in [0, 2\pi) \tag{10}$$

richtig ist. Weiter können wir ein $N = N(\varepsilon) \in \mathbb{N}$ so wählen, daß

$$\left| \frac{a_0}{2} + \sum_{k=1}^{N} r^k \Big(a_k \cos k\vartheta + b_k \sin k\vartheta \Big) - u(re^{i\vartheta}) \right| \le \varepsilon \qquad \text{für alle} \quad \vartheta \in [0, 2\pi) \tag{11}$$

erfüllt ist. Zu vorgegebenem $\varepsilon > 0$ finden wir also reelle Koeffizienten $A_0, \ldots, A_N$ und $B_1, \ldots, B_N$, so daß für das *trigonometrische Polynom*

$$F_\varepsilon(\vartheta) := A_0 + \sum_{k=1}^{N} \Big(A_k \sin k\vartheta + B_k \cos k\vartheta \Big), \qquad 0 \le \vartheta < 2\pi,$$

die Ungleichung

$$|F_\varepsilon(\vartheta) - g(\vartheta)| \le 2\varepsilon \qquad \text{für alle} \quad \vartheta \in [0, 2\pi) \tag{12}$$

richtig ist. Aus (4) erhalten wir damit

$$\|F_\varepsilon - g\| \leq 2\sqrt{2\pi}\,\varepsilon. \tag{13}$$

Wegen der Minimaleigenschaft der Fourierkoeffizienten gemäß Kap. II, §6, Hilfssatz 1 approximiert die zum angegebenen Funktionssystem zugehörige Fourierreihe die vorgegebene Funktion bez. der Hilbertraumnorm. Nach Satz 5 aus Kap. II, §6 ist dieses Funktionensystem ein vollständiges Orthonormalsystem in $\mathcal{H}$.

q.e.d.

Bemerkung: Die Frage, für welche $g = g(\vartheta)$ die Identität (9) punktweise auch für $r = 1$ richtig bleibt, d.h.

$$u(e^{i\vartheta}) = \frac{1}{2}a_0 + \sum_{k=1}^{\infty} \Big(a_k \cos k\vartheta + b_k \sin k\vartheta\Big), \qquad 0 \leq \vartheta < 2\pi,$$

lassen wir unbeantwortet. Wir haben nur die Konvergenz im quadratischen Mittel gezeigt. Für stetige Funktionen ist die oben angegebene Identität im allgemeinen *nicht* erfüllt. Durch Konvergenzuntersuchungen bei Fourierreihen hat die Analysis wesentliche Impulse erhalten.

Wir wollen nun die Beziehung der trigonometrischen Funktionen zum Laplaceoperator untersuchen. Zunächst erinnern wir an die Darstellung des Laplaceoperators in Polarkoordinaten:

$$\Delta = \frac{\partial^2}{\partial r^2} + \frac{1}{r}\frac{\partial}{\partial r} + \frac{1}{r^2}\frac{\partial^2}{\partial \varphi^2}. \tag{14}$$

Für eine beliebige C^2-Funktion $f = f(r)$ haben wir demnach die Identität

$$\Delta\left(f(r)\,{\cos k\varphi \atop \sin k\varphi}\right) = \left(f''(r) + \frac{1}{r}f'(r) - \frac{k^2}{r^2}f(r)\right){\cos k\varphi \atop \sin k\varphi} = \Big(L_k f(r)\Big){\cos k\varphi \atop \sin k\varphi}.$$

Dabei haben wir

$$L_k f(r) := f''(r) + \frac{1}{r}f'(r) - \frac{k^2}{r^2}f(r), \qquad r > 0,$$

gesetzt. Beachten wir noch

$$L_k(r^k) = k(k-1)r^{k-2} + kr^{k-2} - k^2 r^{k-2} = 0, \qquad k = 0, 1, 2, \ldots,$$

so erhalten wir insbesondere

$$\Delta(r^k \cos k\varphi) = 0 = \Delta(r^k \sin k\varphi), \qquad k = 0, 1, 2, \ldots \tag{15}$$

Hilfssatz 1. *Sei $u = u(x_1, x_2) \in C^2(B_R)$ mit $B_R := \{(x_1, x_2) \in \mathbb{R}^2 : x_1^2 + x_2^2 < R^2\}$ gegeben. Mit*

$$a_k(r) = \frac{1}{\pi} \int\limits_0^{2\pi} u(re^{i\varphi}) \cos k\varphi \, d\varphi, \qquad b_k(r) = \frac{1}{\pi} \int\limits_0^{2\pi} u(re^{i\varphi}) \sin k\varphi \, d\varphi \qquad (16)$$

bezeichnen wir die Fourierkoeffizienten der Funktion u und mit

$$\tilde{a}_k(r) = \frac{1}{\pi} \int\limits_0^{2\pi} \Delta u(re^{i\varphi}) \cos k\varphi \, d\varphi, \qquad \tilde{b}_k(r) = \frac{1}{\pi} \int\limits_0^{2\pi} \Delta u(re^{i\varphi}) \sin k\varphi \, d\varphi \qquad (17)$$

die Fourierkoeffizienten der Funktion Δu für $0 < r < R$. Nun gilt

$$\tilde{a}_k(r) = L_k a_k(r), \qquad \tilde{b}_k(r) = L_k b_k(r), \qquad 0 < r < R. \qquad (18)$$

Bemerkung: Die Fourierkoeffizienten von Δu ergeben sich also durch formale Differentiation der Fourierreihe

$$u(re^{i\vartheta}) = \frac{1}{2}a_0(r) + \sum_{k=1}^{\infty} \Big(a_k(r) \cos k\vartheta + b_k(r) \sin k\vartheta\Big).$$

Beweis von Hilfssatz 1: Es gilt

$$\tilde{a}_k(r) = \frac{1}{\pi} \int\limits_0^{2\pi} \Delta u(re^{i\varphi}) \cos k\varphi \, d\varphi,$$

$$= \frac{1}{\pi} \int\limits_0^{2\pi} \left\{ \left(\frac{\partial^2}{\partial r^2} + \frac{1}{r} \frac{\partial}{\partial r} + \frac{1}{r^2} \frac{\partial^2}{\partial \varphi^2} \right) u(re^{i\varphi}) \right\} \cos k\varphi \, d\varphi$$

$$= \left(\frac{\partial^2}{\partial r^2} + \frac{1}{r} \frac{\partial}{\partial r} \right) \left\{ \frac{1}{\pi} \int\limits_0^{2\pi} u(re^{i\varphi}) \cos k\varphi \, d\varphi \right\} - \frac{k^2}{\pi r^2} \int\limits_0^{2\pi} u(re^{i\varphi}) \cos k\varphi \, d\varphi$$

$$= L_k a_k(r), \qquad 0 < r < R, \quad k = 0, 1, 2, \ldots$$

Entsprechend zeigt man die Beziehung (18) für die Funktionen $b_k(r)$.   q.e.d.

Satz 2. *Sei $k \in \mathbb{R}$ und $\dot{\mathbb{R}}^2 := \mathbb{R}^2 \setminus \{0\}$. Weiter bezeichne $H_k = H_k(\xi) : S^1 \to \mathbb{R}$ eine auf dem Einheitskreis S^1 erklärte Funktion mit den Eigenschaften $|x|^k H_k\left(\frac{x}{|x|}\right) \in C^2(\dot{\mathbb{R}}^2)$ und*

$$\Delta \left\{ |x|^k H_k\left(\frac{x}{|x|} \right) \right\} = 0, \qquad x \in \dot{\mathbb{R}}^2.$$

Dann folgt $k \in \mathbb{Z}$, und es gilt

$$H_k(e^{i\vartheta}) = A_k \cos k\vartheta + B_k \sin k\vartheta$$

mit reellen Konstanten A_k, B_k.

Beweis: Zunächst berechnen wir

$$0 = \Delta\left\{|x|^k H_k\left(\frac{x}{|x|}\right)\right\}$$

$$= \left(\frac{\partial^2}{\partial r^2} + \frac{1}{r}\frac{\partial}{\partial r} + \frac{1}{r^2}\frac{\partial^2}{\partial\varphi^2}\right)\left[r^k H_k(e^{i\varphi})\right]$$

$$= \left[k(k-1)r^{k-2} + kr^{k-2}\right]H_k(e^{i\varphi}) + r^{k-2}\frac{\partial^2}{\partial\varphi^2}H_k(e^{i\varphi}).$$

Somit genügt $H_k(e^{i\varphi})$ der linearen gewöhnlichen Differentialgleichung

$$\frac{d^2}{d\varphi^2}H_k(e^{i\varphi}) + k^2 H_k(e^{i\varphi}) = 0, \qquad 0 \le \varphi \le 2\pi,$$

d.h. es gilt

$$H_k(e^{i\varphi}) = A_k\cos k\varphi + B_k\sin k\varphi, \qquad A_k, B_k \in \mathbb{R},$$

falls $k \neq 0$ ist. Da H_k periodisch in $[0, 2\pi]$ ist, folgt $k \in \mathbb{Z}$. Im Fall $k = 0$ erhalten wir die Lösung

$$H_0(e^{i\varphi}) = A_0 + B_0\varphi, \qquad A_0, B_0 \in \mathbb{R}.$$

Also muß $B_0 = 0$ gelten, und der Satz ist bewiesen.   q.e.d.

§5 Die Theorie der Kugelfunktionen in n Variablen

Satz 2 aus §4 legt die folgende Definition der Kugelfunktionen im $\mathbb{R}^n$ nahe:

Definition 1. *Sei* $H_k = H_k(x_1, \ldots, x_n) \in C^2(\dot{\mathbb{R}}^n)$ *eine harmonische Funktion auf der Menge* $\dot{\mathbb{R}}^n := \mathbb{R}^n \setminus \{0\}$, *welche homogen vom Grade* k *ist, d.h.*

$$H_k(tx_1, \ldots, tx_n) = t^k H(x_1, \ldots, x_n) \qquad \text{für alle} \quad x \in \dot{\mathbb{R}}^n, \quad t \in (0, +\infty).$$

Dann heißt

$$H_k = H_k(\xi_1, \ldots, \xi_n) : S^{n-1} \to \mathbb{R}$$

eine n-dimensionale Kugelfunktion oder auch sphärisch harmonische Funktion vom Grade k; *hierbei bezeichnet*

$$S^{n-1} := \{\xi = (\xi_1, \ldots, \xi_n) \in \mathbb{R}^n \ : \ \xi_1^2 + \ldots + \xi_n^2 = 1\}$$

die $(n-1)$-*dimensionale Einheitssphäre im* $\mathbb{R}^n$.

In diesem Paragraphen beantworten wir für $n \ge 2$ die folgenden Fragen:

1. Gibt es Kugelfunktionen in allen Dimensionen und für welchen Homogenitätsgrad k?

2. Sind die Kugelfunktionen vollständig?

3. In welcher Beziehung stehen die Kugelfunktionen zum Laplaceoperator?

In Kap. I, § 8 haben wir den Laplaceoperator im $\mathbb{R}^n$ in Kugelkoordinaten dargestellt. Mit $r \in (0, +\infty)$ und $\xi = (\xi_1, \ldots, \xi_n) \in S^{n-1}$ ergab sich für eine Funktion $u = u(r\xi)$ die Identität

$$\Delta u(r\xi) = \frac{\partial^2}{\partial r^2} u(r\xi) + \frac{n-1}{r} \frac{\partial}{\partial r} u(r\xi) + \frac{1}{r^2} \Lambda u(r\xi); \tag{1}$$

hierbei ist Λ der invariante Laplace-Beltrami-Operator auf der Sphäre S^{n-1}. Wir statten nun den Funktionenraum $C^0(S^{n-1}, \mathbb{R})$ mit dem inneren Produkt

$$(u, v) := \int\limits_{S^{n-1}} u(\xi) v(\xi) \, d\sigma(\xi), \qquad u, v \in C^0(S^{n-1}, \mathbb{R}), \tag{2}$$

aus und erhalten einen Prä-Hilbertraum $\mathcal{H} = C^0(S^{n-1}, \mathbb{R})$. Mit

$$\|u\| := \sqrt{(u, u)}$$

wird $\mathcal{H}$ zu einem normierten Raum.

Satz 1. *Genau dann ist*

$$H_k = H_k(\xi_1, \ldots, \xi_n) : S^{n-1} \to \mathbb{R}$$

eine n-dimensionale Kugelfunktion vom Grade $k \in \mathbb{R}$, wenn die Differentialgleichung

$$\Lambda H_k(\xi) + k\Big\{k + (n-2)\Big\} H_k(\xi) = 0, \qquad \xi \in S^{n-1}, \tag{3}$$

erfüllt ist. Sind H_k und H_l zwei Kugelfunktionen zu verschiedenen Graden $k \neq l$ und gilt $k + l \neq 2 - n$, so folgt

$$(H_k, H_l) = 0. \tag{4}$$

Beweis:

1. Es gilt wegen (1) die Identität

$$0 = \Delta H_k(r\xi) = \Delta\Big\{r^k H_k(\xi)\Big\}$$

$$= \Big\{k(k-1)r^{k-2} + k(n-1)r^{k-2}\Big\} H_k(\xi) + r^{k-2} \Lambda H_k(\xi)$$

bzw. äquivalent

$$\Lambda H_k(\xi) + \Big\{k^2 + (n-2)k\Big\} H_k(\xi) = 0, \qquad \xi \in S^{n-1}.$$

2. Die Symmetrie von Λ aus Satz 3 in Kap. I, § 8 liefert

$$\left\{k^2 + (n-2)k\right\} \int\limits_{S^{n-1}} H_k(\xi) H_l(\xi)\, d\sigma(\xi)$$

$$= -\int\limits_{S^{n-1}} \left(\Lambda H_k(\xi)\right) H_l(\xi)\, d\sigma(\xi)$$

$$= -\int\limits_{S^{n-1}} H_k(\xi) \left(\Lambda H_l(\xi)\right) d\sigma(\xi)$$

$$= \left\{l^2 + (n-2)l\right\} \int\limits_{S^{n-1}} H_k(\xi) H_l(\xi)\, d\sigma(\xi).$$

Somit folgt

$$0 = \left\{k^2 - l^2 + (n-2)(k-l)\right\}(H_k, H_l) = \{k-l\}\{k+l+n-2\}(H_k, H_l)$$

und dann $(H_k, H_l) = 0$, falls $k \neq l$ und $k + l \neq 2 - n$ erfüllt ist.

q.e.d.

Bemerkungen: Die Kugelfunktionen vom Grade k sind also Eigenfunktionen des Laplace-Beltrami-Operators Λ auf der Sphäre S^{n-1} zum Eigenwert $-k\{k + (n-2)\}$. Die Orthogonalitätsbedingung (4) ist insbesondere dann erfüllt, wenn $k \geq 0$, $l \geq 0$ und $k \neq l$ gilt.

Im Moment wissen wir allerdings noch nicht, für welche $k \in \mathbb{R}$ es (nichtverschwindende) Kugelfunktionen vom Grade k gibt. Dieses wollen wir jetzt untersuchen. Zu gegebener stetiger Randfunktion werden wir mit Hilfe des Poissonschen Integrals eine harmonische Funktion konstruieren und diese in homogene harmonische Funktionen vom Grade $k = 0, 1, 2, \ldots$ zerlegen. Hierzu müssen wir den Poissonschen Kern geeignet mit Hilfe von Potenzreihen entwickeln.

Für festes $\nu > 0$ und für $h = \cos\vartheta \in [-1, +1]$ mit $\vartheta \in [0, \pi]$ betrachten wir den folgenden Ausdruck in $t \in (-1, +1)$:

$$(1 - 2ht + t^2)^{-\nu} = (1 - 2(\cos\vartheta)t + t^2)^{-\nu}$$

$$= (1 - e^{i\vartheta}t)^{-\nu}(1 - e^{-i\vartheta}t)^{-\nu}$$

$$= \left\{\sum_{m=0}^{\infty} \binom{-\nu}{m}(-e^{i\vartheta}t)^m\right\}\left\{\sum_{m=0}^{\infty} \binom{-\nu}{m}(-e^{-i\vartheta}t)^m\right\}$$

$$= \left\{\sum_{m=0}^{\infty} \begin{bmatrix}\nu\\m\end{bmatrix} e^{im\vartheta}t^m\right\}\left\{\sum_{m=0}^{\infty} \begin{bmatrix}\nu\\m\end{bmatrix} e^{-im\vartheta}t^m\right\}.$$

Dabei haben wir

$$\begin{bmatrix} \nu \\ m \end{bmatrix} := \binom{-\nu}{m}(-1)^m = \frac{-\nu(-\nu-1)(-\nu-2)\ldots(-\nu-m+1)}{m!}(-1)^m$$

$$= \frac{\nu(\nu+1)(\nu+2)\ldots(\nu+m-1)}{m!}, \qquad m \in \mathbb{N},$$

$$\begin{bmatrix} \nu \\ 0 \end{bmatrix} := 1$$

gesetzt. Erklären wir nun die reellen Koeffizienten

$$c_m^{(\nu)}(h) := \sum_{k=0}^{m} \begin{bmatrix} \nu \\ k \end{bmatrix} \begin{bmatrix} \nu \\ m-k \end{bmatrix} e^{ik\vartheta} e^{-i(m-k)\vartheta}$$

$$= \sum_{k=0}^{m} \begin{bmatrix} \nu \\ k \end{bmatrix} \begin{bmatrix} \nu \\ m-k \end{bmatrix} e^{-i(m-2k)\vartheta}$$

$$= \frac{1}{2} \sum_{k=0}^{m} \begin{bmatrix} \nu \\ k \end{bmatrix} \begin{bmatrix} \nu \\ m-k \end{bmatrix} \left\{ e^{i(m-2k)\vartheta} + e^{-i(m-2k)\vartheta} \right\}$$

$$= \sum_{k=0}^{m} \begin{bmatrix} \nu \\ k \end{bmatrix} \begin{bmatrix} \nu \\ m-k \end{bmatrix} \cos(m-2k)\vartheta,$$

so erhalten wir für $t \in (-1, +1)$ die Identität

$$(1 - 2ht + t^2)^{-\nu} = \sum_{m=0}^{\infty} c_m^{(\nu)}(h)t^m, \qquad t \in (-1, +1). \tag{5}$$

Wegen des Binomischen Lehrsatzes ist für $p \in \mathbb{Z}$ die Entwicklung

$$\cos p\vartheta = \frac{1}{2}\Big(e^{ip\vartheta} + e^{-ip\vartheta}\Big) = \frac{1}{2}\Big\{(e^{i\vartheta})^p + (e^{-i\vartheta})^p\Big\}$$

$$= \frac{1}{2}\Big\{(\cos\vartheta + i\sin\vartheta)^p + (\cos\vartheta - i\sin\vartheta)^p\Big\}$$

$$= (\cos\vartheta)^p - \binom{p}{2}(\cos\vartheta)^{p-2}(\sin\vartheta)^2 + \binom{p}{4}(\cos\vartheta)^{p-4}(\sin\vartheta)^4 - \ldots$$

richtig. Wegen $\sin^2\vartheta = 1 - \cos^2\vartheta$ sind also die *Gegenbaurschen Polynome* $c_m^{(\nu)}(h)$ Polynome in $h = \cos\vartheta$ vom Grade m. Weiter entnehmen wir der Beziehung

$$\sum_{m=0}^{\infty} c_m^{(\nu)}(-h)(-t)^m = (1 - 2ht + t^2)^{-\nu} = \sum_{m=0}^{\infty} c_m^{(\nu)}(h)t^m$$

durch Koeffizientenvergleich die Bedingungen

$$c_m^{(\nu)}(-h) = (-1)^m c_m^{(\nu)}(h), \qquad m = 0, 1, 2, \dots \tag{6}$$

Somit sind die Gegenbaurschen Polynome darstellbar in der Form

$$c_m^{(\nu)}(h) = \gamma_m^{(\nu)} h^m + \gamma_{m-2}^{(\nu)} h^{m-2} + \dots \tag{7}$$

mit den reellen Konstanten $\gamma_m^{(\nu)}, \gamma_{m-2}^{(\nu)}, \dots$ Weiter gilt die Abschätzung

$$\left| c_m^{(\nu)}(h) \right| \le \sum_{k=0}^{m} \begin{bmatrix} \nu \\ k \end{bmatrix} \begin{bmatrix} \nu \\ m-k \end{bmatrix} = c_m^{(\nu)}(1) \qquad \text{für alle} \quad h \in [-1, +1]. \tag{8}$$

Für $\nu = \frac{1}{2}$ erhalten wir mit $c_m^{(\frac{1}{2})}(h)$ die *Legendrepolynome*. Sei nun $n \in \mathbb{N} \setminus \{1\}$. Mit Hilfe von (5) entwickeln wir für $t \in (-1, +1)$ und $h \in [-1, +1]$

$$\frac{1 - t^2}{(1 - 2ht + t^2)^{\frac{n}{2}}} = \sum_{m=0}^{\infty} c_m^{(\frac{n}{2})}(h)(1 - t^2)t^m =: \sum_{m=0}^{\infty} P_m(h; n)t^m. \tag{9}$$

Für den Fall $n = 2$ haben wir im Beweis von Satz 1 aus §4 (vergleiche Formel (6)) die Entwicklung

$$\frac{1 - t^2}{1 - 2ht + t^2} = 1 + 2\sum_{m=1}^{\infty} (\cos m\vartheta)t^m, \qquad t \in (-1, +1), \tag{10}$$

hergeleitet. Demnach gilt $P_0(h; 2) = 1$ und $P_m(h; 2) = 2\cos m\vartheta$, $m = 1, 2, \dots$ Im Falle $n \ge 3$ berechnen wir

$$\left(1 + \frac{2t}{n-2} \frac{\partial}{\partial t} \right) \frac{1}{(1 - 2ht + t^2)^{\frac{n}{2} - 1}} = \frac{1 - 2ht + t^2 + \frac{2-n}{2} \frac{2t}{n-2}(-2h + 2t)}{(1 - 2ht + t^2)^{\frac{n}{2}}}$$

$$= \frac{1 - t^2}{(1 - 2ht + t^2)^{\frac{n}{2}}}.$$

Wir haben also die Identität

$$\frac{1 - t^2}{(1 - 2ht + t^2)^{\frac{n}{2}}} = \left(1 + \frac{2t}{n-2} \frac{\partial}{\partial t} \right) \frac{1}{(1 - 2ht + t^2)^{\frac{n}{2} - 1}}, \qquad t \in (-1, +1). \tag{11}$$

Zusammen mit (9) folgt nun

$$\sum_{m=0}^{\infty} P_m(h; n)t^m = \frac{1 - t^2}{(1 - 2ht + t^2)^{\frac{n}{2}}} = \left(1 + \frac{2t}{n-2} \frac{\partial}{\partial t} \right) \sum_{m=0}^{\infty} c_m^{(\frac{n}{2} - 1)}(h)t^m,$$

und wir erhalten durch Koeffizientenvergleich die Formel

$$P_m(h; n) = c_m^{(\frac{n}{2} - 1)}(h) \left(\frac{2m}{n-2} + 1 \right), \qquad m = 0, 1, 2, \dots \tag{12}$$

Aus (8) und (12) ergibt sich die Abschätzung

$$|P_m(h;n)| \le P_m(1;n), \qquad h \in [-1,+1], \quad m \in \{0,1,2,\ldots\}. \qquad (13)$$

Diese gilt allgemein für $n = 2, 3, \ldots$

Wir können nun den Poissonschen Kern entwickeln: Sei $\eta \in S^{n-1}$ fest gewählt und $x = r\xi$ mit $r \in [0,1)$ und $\xi \in S^{n-1}$ variabel. Für einen Homogenitätsparameter $\tau \in \mathbb{R}$ mit $|\tau r| < 1$ erhalten wir mit Hilfe der Entwicklung (9)

$$\frac{|\eta|^2 - |\tau x|^2}{|\eta - \tau x|^n} = \frac{1 - (\tau r)^2}{\left\{ |\eta - (\tau r)\xi|^2 \right\}^{\frac{n}{2}}}$$

$$= \frac{1 - (\tau r)^2}{\left\{ 1 - 2(\tau r)(\xi,\eta) + (\tau r)^2 \right\}^{\frac{n}{2}}} \qquad (14)$$

$$= \sum_{m=0}^{\infty} \left\{ P_m\Big((\xi,\eta);n\Big) r^m \right\} \tau^m.$$

Nun gilt für jedes $x \in \mathbb{R}^n$ mit $|x| < 1$ und jedes $\tau \in \mathbb{R}$ mit $|\tau x| < 1$ die Identität

$$0 = \Delta_x \left\{ \frac{|\eta|^2 - |\tau x|^2}{|\eta - \tau x|^n} \right\} = \sum_{m=0}^{\infty} \Delta_x \left\{ P_m\Big((\xi,\eta);n\Big) r^m \right\} \tau^m.$$

Somit liefert ein Koeffizientenvergleich für festes $\eta \in S^{n-1}$

$$\Delta_x \left\{ P_m\Big((\xi,\eta);n\Big) r^m \right\} = 0, \qquad |x| < 1, \quad m = 0,1,2,\ldots. \qquad (15)$$

Aufgrund von (7) und (12) haben wir die Darstellung

$$P_m\Big((\xi,\eta);n\Big) r^m = \Big(\pi_m^{(m)}(\xi,\eta)^m + \pi_{m-2}^{(m)}(\xi,\eta)^{m-2} + \ldots \Big) r^m$$

$$= \pi_m^{(m)}(x,\eta)^m + \pi_{m-2}^{(m)}(x,\eta)^{m-2}|x|^2 + \ldots$$

mit reellen Konstanten $\pi_m^{(m)}, \pi_{m-2}^{(m)}, \ldots$ Also ist $P_m((\xi,\eta);n)r^m$ ein homogenes Polynom m-ten Grades in den Variablen $x_1, \ldots, x_n$. Wegen (15) erhalten wir somit für jedes feste $\eta \in S^{n-1}$ mit $P_m((\xi,\eta);n)$ eine n-dimensionale Kugelfunktion vom Grade $m \in \{0,1,2,\ldots\}$. Falls nun $f = f(\eta) : S^{n-1} \to \mathbb{R} \in C^0(S^{n-1}, \mathbb{R})$ gegeben ist, so ist auch

$$\tilde{f}(\xi) := \frac{1}{\omega_n} \int\limits_{|\eta|=1} P_m\Big((\xi,\eta);n\Big) f(\eta)\, d\sigma(\eta), \qquad \xi \in S^{n-1},$$

eine n-dimensionale Kugelfunktion vom Grade m, wobei $\tilde{f}(\xi)r^m$ ein homogenes Polynom in den Variablen $x_1, \ldots, x_n$ darstellt.

Satz 2. *Sei $f = f(x) : S^{n-1} \to \mathbb{R} \in C^0(S^{n-1}, \mathbb{R})$ vorgegeben, und die Funktion $u = u(x) : B := \{x \in \mathbb{R}^n : |x| < 1\} \to \mathbb{R}$ der Klasse $C^2(B) \cap C^0(\overline{B})$ löse das Dirichletproblem*

$$\Delta u(x) = 0 \qquad \text{für alle} \quad x \in B,$$

$$u(x) = f(x) \qquad \text{für alle} \quad x \in \partial B = S^{n-1}.$$

Dann gilt für jedes $R \in (0,1)$ die Darstellung

$$u(x) = \sum_{m=0}^{\infty} \left\{ \frac{1}{\omega_n} \int\limits_{|\eta|=1} P_m\Big(\xi_1\eta_1 + \ldots + \xi_n\eta_n; n\Big) f(\eta) \, d\sigma(\eta) \right\} r^m \qquad (16)$$

mit $x = r\xi$, $\xi \in S^{n-1}$ und $0 \leq r \leq R$. Die Reihe auf der rechten Seite konvergiert gleichmäßig.

Beweis: Die eindeutige Lösung des o.a. Dirichletproblems wird durch das Poissonsche Integral gegeben. Mit Hilfe der Entwicklung (14) für $\tau = 1$ folgt

$$u(x) = \frac{1}{\omega_n} \int\limits_{|\eta|=1} \frac{|\eta|^2 - |x|^2}{|\eta - x|^n} f(\eta) \, d\sigma(\eta)$$

$$= \frac{1}{\omega_n} \int\limits_{|\eta|=1} \left\{ \sum_{m=0}^{\infty} P_m\Big((\xi, \eta); n\Big) r^m \right\} f(\eta) \, d\sigma(\eta), \qquad x \in B.$$

Nun erhalten wir für alle $\xi, \eta \in S^{n-1}$ und $0 \leq r \leq R < 1$ unter Beachtung von (9) und (13) die Ungleichung

$$\left| \sum_{m=0}^{\infty} P_m\Big((\xi, \eta); n\Big) r^m \right| \leq \sum_{m=0}^{\infty} \left| P_m\Big((\xi, \eta); n\Big) \right| r^m \leq \sum_{m=0}^{\infty} P_m(1; n) R^m$$

$$= \frac{1 - R^2}{(1 - 2R + R^2)^{\frac{n}{2}}} = \frac{1 + R}{(1 - R)^{n-1}}.$$

Nach dem Weierstraßschen Majorantentest konvergiert die Reihe

$$\sum_{m=0}^{\infty} P_m\Big((\xi, \eta); n\Big) r^m$$

gleichmäßig auf $S^{n-1} \times S^{n-1} \times [0, R]$ für alle $R \in (0,1)$. Somit folgt

$$u(x) = \sum_{m=0}^{\infty} \left\{ \frac{1}{\omega_n} \int\limits_{|\eta|=1} P_m\Big(\xi_1\eta_1 + \ldots + \xi_n\eta_n; n\Big) f(\eta) \, d\sigma(\eta) \right\} r^m, \qquad |x| \leq R,$$

wobei für alle $R \in (0,1)$ die angegebene Reihe gleichmäßig konvergiert.

q.e.d.

Für $k = 0, 1, 2, \ldots$ bezeichnen wir mit

$$\mathcal{M}_k := \Big\{ f : S^{n-1} \to \mathbb{R} \; : \; f \text{ ist } n\text{-dimensionale Kugelfunktion vom Grade } k \Big\}$$

den *linearen Raum der n-dimensionalen Kugelfunktionen der Ordnung k*. Wir wissen bereits $\dim \mathcal{M}_k \geq 1$ für $k = 0, 1, 2, \ldots$, und wir wollen im folgenden $\dim \mathcal{M}_k < +\infty$ zeigen. Für $f = f(\eta) \in \mathcal{H} = C^0(S^{n-1}, \mathbb{R})$ erklären wir den *Projektor auf* $\mathcal{M}_k$

$$\boldsymbol{P}_k f(\xi) = \hat{f}(\xi) := \frac{1}{\omega_n} \int\limits_{|\eta|=1} P_k\Big(\xi_1\eta_1 + \ldots + \xi_n\eta_n; n\Big) f(\eta)\, d\sigma(\eta).$$

Satz 3. *Für jedes* $k = 0, 1, 2, \ldots$ *hat der lineare Operator* $\boldsymbol{P}_k : \mathcal{H} \to \mathcal{H}$ *die folgenden Eigenschaften:*

a) $(\boldsymbol{P}_k f, g) = (f, \boldsymbol{P}_k g)$ *für alle* $f, g \in \mathcal{H}$;
b) $\boldsymbol{P}_k(\mathcal{H}) = \mathcal{M}_k$;
c) $\boldsymbol{P}_k \circ \boldsymbol{P}_k = \boldsymbol{P}_k$.

Beweis:

a) Seien $f, g \in \mathcal{H}$ beliebig gewählt. Dann gilt

$$(\boldsymbol{P}_k f, g) = \int\limits_{|\xi|=1} \boldsymbol{P}_k f(\xi) g(\xi)\, d\sigma(\xi)$$

$$= \int\limits_{|\xi|=1} \int\limits_{|\eta|=1} P_k(\xi_1\eta_1 + \ldots + \xi_n\eta_n) f(\eta) g(\xi)\, d\sigma(\eta)\, d\sigma(\xi)$$

$$= (f, \boldsymbol{P}_k g).$$

b) und c) In den Vorüberlegungen zu Satz 2 haben wir bereits

$$\hat{f}(\xi) = \boldsymbol{P}_k f(\xi) \quad \in \mathcal{M}_k \qquad \text{für alle} \quad f \in \mathcal{H}$$

eingesehen. Somit gilt $\boldsymbol{P}_k(\mathcal{H}) \subset \mathcal{M}_k$. Sei nun $f \in \mathcal{M}_k$ beliebig gewählt. Dann folgt $\Delta_x(f(\xi)r^k) = 0$ in $\mathbb{R}^n$ mit $x = r\xi$, und nach Satz 2 haben wir die Darstellung

$$f(\xi)r^k = \sum_{m=0}^{\infty} \Big(\boldsymbol{P}_m f(\xi)\Big) r^m, \qquad \xi \in S^{n-1}. \quad r \in [0,1),$$

Ein Koeffizientenvergleich liefert

$$f(\xi) = \boldsymbol{P}_k f(\xi), \qquad \xi \in S^{n-1}.$$

Damit erhalten wir $\mathcal{M}_k \subset \boldsymbol{P}_k(\mathcal{H})$ und $\boldsymbol{P}_k \circ \boldsymbol{P}_k = \boldsymbol{P}_k$.

q.e.d.

Wir zeigen nun, daß dim $\mathcal{M}_k \in \mathbb{N}$ für $k = 0, 1, 2, \ldots$ richtig ist. Hierzu wählen wir für festes $k \in \{0, 1, 2, \ldots\}$ ein Orthonormalsystem $\{\varphi_\alpha\}_{\alpha=1,\ldots,N}$ der Dimension $N \in \mathbb{N}$ im linearen Teilraum $\mathcal{M}_k \subset \mathcal{H}$. Dann haben wir

$$(\varphi_\alpha, \varphi_\beta) = \delta_{\alpha\beta} \qquad \text{für alle} \quad \alpha, \beta \in \{1, \ldots, N\}$$

und

$$\boldsymbol{P}_k \varphi_\alpha(\xi) = \varphi_\alpha(\xi), \qquad \alpha = 1, \ldots, N.$$

Somit folgt für jedes $\xi \in S^{n-1}$

$$\int\limits_{|\eta|=1} \frac{1}{\omega_n} P_k\Big((\xi, \eta); n\Big) \varphi_\alpha(\eta) \, d\sigma(\eta) = \varphi_\alpha(\xi), \qquad \alpha = 1, \ldots, N.$$

Die Besselsche Ungleichung liefert nun

$$\sum_{\alpha=1}^{N} \varphi_\alpha^2(\xi) = \sum_{\alpha=1}^{N} \left\{ \int\limits_{|\eta|=1} \frac{1}{\omega_n} P_k\Big((\xi, \eta); n\Big) \varphi_\alpha(\eta) \, d\sigma(\eta) \right\}^2$$

$$\leq \int\limits_{|\eta|=1} \left\{ \frac{1}{\omega_n} P_k\Big((\xi, \eta); n\Big) \right\}^2 d\sigma(\eta) \qquad \text{für alle} \quad \xi \in S^{n-1}.$$

Es gilt also

$$N = \int\limits_{|\xi|=1} \sum_{\alpha=1}^{N} \varphi_\alpha^2(\xi) \, d\sigma(\xi)$$

$$\leq \int\limits_{|\xi|=1} \int\limits_{|\eta|=1} \left\{ \frac{1}{\omega_n} P_k\Big((\xi, \eta); n\Big) \right\}^2 d\sigma(\eta) \, d\sigma(\xi).$$

Für die Dimension von $\mathcal{M}_k$ erhalten wir demnach die Abschätzung

$$\dim \mathcal{M}_k \leq \int\limits_{|\xi|=1} \int\limits_{|\eta|=1} \left\{ \frac{1}{\omega_n} P_k\Big((\xi, \eta); n\Big) \right\}^2 d\sigma(\eta) \, d\sigma(\xi) < +\infty, \quad k = 0, 1, 2, \ldots$$

$$(17)$$

Wir setzen nun $N = N(k, n) := \dim \mathcal{M}_k$ und wählen N orthonormierte Funktionen $H_{k1}(\xi), \ldots, H_{kN}(\xi)$ in $\mathcal{M}_k$, welche den Vektorraum $\mathcal{M}_k$ aufspannen. Jedes $f \in \mathcal{M}_k$ läßt sich in der Form

$$f(\xi) = c_1 H_{k1}(\xi) + \ldots + c_N H_{kN}(\xi), \qquad \xi \in S^{n-1},$$

mit den reellen Koeffizienten $c_j = c_j[f]$, $j = 1, \ldots, N$, darstellen. Ist allgemeiner $f = f(\xi) \in \mathcal{H}$, so haben wir die Identität

$$\frac{1}{\omega_n} \int\limits_{|\eta|=1} P_k\Big((\xi,\eta);n\Big) f(\eta)\, d\sigma(\eta) = c_1[f] H_{k1}(\xi) + \ldots + c_N[f] H_{kN}(\xi)$$

mit reellen Konstanten $c_1[f], \ldots, c_N[f]$. Es folgt

$$c_l[f] = \int\limits_{|\xi|=1} H_{kl}(\xi) \left\{ \frac{1}{\omega_n} \int\limits_{|\eta|=1} P_k\Big((\xi,\eta);n\Big) f(\eta)\, d\sigma(\eta) \right\} d\sigma(\xi)$$

$$= \int\limits_{|\eta|=1} f(\eta) \left\{ \frac{1}{\omega_n} \int\limits_{|\xi|=1} P_k\Big((\xi,\eta);n\Big) H_{kl}(\xi)\, d\sigma(\xi) \right\} d\sigma(\eta)$$

$$= \int\limits_{|\eta|=1} f(\eta) H_{kl}(\eta)\, d\sigma(\eta).$$

Somit ergibt sich

$$\frac{1}{\omega_n} \int\limits_{|\eta|=1} P_k\Big((\xi,\eta);n\Big) f(\eta)\, d\sigma(\eta) = \int\limits_{|\eta|=1} \left\{ \sum_{l=1}^{N(k,n)} H_{kl}(\xi) H_{kl}(\eta) \right\} f(\eta)\, d\sigma(\eta)$$

beziehungsweise

$$\int\limits_{|\eta|=1} \left\{ \frac{1}{\omega_n} P_k\Big((\xi,\eta);n\Big) - \sum_{l=1}^{N(k,n)} H_{kl}(\xi) H_{kl}(\eta) \right\} f(\eta)\, d\sigma(\eta) = 0$$

für alle $\xi \in S^{n-1}$ und jedes $f = f(\eta) \in \mathcal{H}$. Da nun die Funktionen $P_k((\xi,\eta);n)$ und $H_{kl}(\xi)$ stetig sind, erhalten wir das *Additionstheorem für die n-dimensionalen Kugelfunktionen*

$$\sum_{l=1}^{N(k,n)} H_{kl}(\xi) H_{kl}(\eta) = \frac{1}{\omega_n} P_k\Big(\xi_1\eta_1 + \ldots + \xi_n\eta_n; n\Big), \qquad \xi, \eta \in S^{n-1}, \quad (18)$$

für $k = 0, 1, 2, \ldots$ und $n = 2, 3, \ldots$ Setzen wir in (18) $\xi = \eta$ ein und integrieren über die Einheitssphäre S^{n-1}, so folgt

$$N(k,n) = \int\limits_{|\xi|=1} \sum_{l=1}^{N(k,n)} \Big(H_{kl}(\xi)\Big)^2 d\sigma(\xi) = P_k(1;n).$$

Wegen (9) erhalten wir somit die Entwicklung

$$\sum_{k=0}^{\infty} N(k,n) t^k = \sum_{k=0}^{\infty} P_k(1;n) t^k = \frac{1-t^2}{(1-t)^n} = \frac{1+t}{(1-t)^{n-1}}, \qquad |t| < 1.$$

Wir fassen unsere Ergebnisse zusammen zum folgenden

Satz 4. *I. Die Anzahl $N(k,n)$ aller linear unabhängiger n-dimensionaler Kugelfunktionen der Ordnung k ist endlich. Die Zahl $N(k,n) = \dim \mathcal{M}_k$ wird bestimmt durch die Gleichung*

$$\frac{1+t}{(1-t)^{n-1}} = \sum_{k=0}^{\infty} N(k,n)t^k, \qquad |t| < 1. \tag{19}$$

II. Sind $H_{k1}(\xi), \ldots, H_{kN}(\xi)$ die $N = N(k,n)$ orthonormierten Kugelfunktionen der Ordnung k, d.h. ist

$$\int\limits_{|\xi|=1} H_{kl}(\xi) H_{kl'}(\xi)\, d\sigma(\xi) = \delta_{ll'} \qquad \textit{für} \quad l,l' \in \{1, \ldots, N\} \tag{20}$$

erfüllt, so gilt die Darstellung

$$\sum_{l=1}^{N(k,n)} H_{kl}(\xi) H_{kl}(\eta) = \frac{1}{\omega_n} P_k\Big(\xi_1\eta_1 + \ldots + \xi_n\eta_n; n\Big) \tag{21}$$

für alle $\xi, \eta \in S^{n-1}$. Dabei sind die Funktionen $P_k(h; n)$ erklärt durch die Gleichung

$$\frac{1-t^2}{(1-2ht+t^2)^{\frac{n}{2}}} = \sum_{k=0}^{\infty} P_k(h; n)t^k, \qquad -1 < t < +1, \quad -1 \le h \le +1. \tag{22}$$

III. Für jede Lösung $u = u(x) \in C^2(B) \cap C^0(\overline{B})$ des Dirichletproblems

$$\Delta u(x) = 0 \qquad \textit{in} \quad B,$$
$$u(x) = f(x) \qquad \textit{auf} \quad \partial B = S^{n-1}$$

gilt die gleichmäßig konvergente Reihendarstellung

$$u(x) = \sum_{k=0}^{\infty} \left\{ \sum_{l=1}^{N(k,n)} \left(\int\limits_{|\eta|=1} f(\eta) H_{kl}(\eta)\, d\sigma(\eta) \right) H_{kl}(\xi) \right\} r^k \tag{23}$$

mit $x = r\xi$, $\xi \in S^{n-1}$ und $0 \le r \le R$; dabei kann $R \in (0,1)$ beliebig gewählt werden.

Beweis: Die Aussage III folgt sofort aus (18) zusammen mit Satz 2.

q.e.d.

Als Analogon zu Satz 1 aus §4 erhalten wir nun für beliebiges $n \ge 2$ den

Satz 5. (Vollständigkeit der Kugelfunktionen)
Die n-dimensionalen Kugelfunktionen $\{H_{kl}(\xi)\}_{k=0,1,2,\ldots;\ l=1,\ldots,N(k,n)}$ bilden in $\mathcal{H}$ ein vollständiges, orthonormiertes Funktionensystem. Genauer gilt

$$(H_{kl}, H_{k'l'}) = \delta_{kk'}\delta_{ll'}, \qquad k, k' = 0, 1, 2, \ldots, \quad l, l' = 1, \ldots, N(k,n),$$

und für jedes $f \in \mathcal{H}$ haben wir

$$\lim_{M \to \infty} \left\| f(\xi) - \sum_{k=0}^{M} \sum_{l=1}^{N(k,n)} f_{kl} H_{kl}(\xi) \right\| = 0$$

beziehungsweise äquivalent

$$\|f\|^2 = \sum_{k=0}^{\infty} \sum_{l=1}^{N(k,n)} f_{kl}^2.$$

Hierbei haben wir für die Fourierkoeffizienten die Abkürzungen

$$f_{kl} := (f, H_{kl}), \qquad k = 0, 1, 2, \ldots, \quad l = 1, \ldots, N(k,n)$$

verwendet.

Beweis: Wir haben nur noch die Vollständigkeit des Systems der n-dimensionalen Kugelfunktionen zu zeigen. Zu jedem $f \in \mathcal{H}$ gibt es eine Funktion $u = u(x)$ mit den folgenden Eigenschaften:

1. u ist harmonisch für alle $|x| < 1$;
2. u ist stetig für $|x| \le 1$ und erfüllt die Randbedingung

$$u(x) = f(x) \qquad \text{für alle} \quad |x| = 1.$$

Nach Satz 4, Aussage III gibt es zu jedem $\varepsilon > 0$ ein $r \in (0,1)$ und ein $M = M(\varepsilon) \in \mathbb{N}$, so daß

$$\left| f(\xi) - \sum_{k=0}^{M(\varepsilon)} r^k \sum_{l=1}^{N(k,n)} f_{kl} H_{kl}(\xi) \right| \le \varepsilon \qquad \text{für alle} \quad \xi \in S^{n-1}$$

erfüllt ist. Damit folgt

$$\left\| f(\xi) - \sum_{k=0}^{M(\varepsilon)} r^k \sum_{l=1}^{N(k,n)} f_{kl} H_{kl}(\xi) \right\| \le \sqrt{\omega_n}\, \varepsilon,$$

und die Minimaleigenschaft der Fourierkoeffizienten liefert

$$\left\| f(\xi) - \sum_{k=0}^{M(\varepsilon)} \sum_{l=1}^{N(k,n)} f_{kl} H_{kl}(\xi) \right\| \le \sqrt{\omega_n}\, \varepsilon.$$

Hieraus ergibt sich sofort die Behauptung.   q.e.d.

Folgerungen aus Satz 5:

1. Sind $f(\xi)$ und $g(\xi)$ zwei auf S^{n-1} reelle, stetige Funktionen, so gilt die *Parsevalsche Gleichung*

$$\int_{|\xi|=1} f(\xi)g(\xi)\,d\sigma(\xi) = \sum_{k=0}^{\infty} \sum_{l=1}^{N(k,n)} f_{kl}\,g_{kl}$$

mit

$$f_{kl} = \int_{|\xi|=1} f(\xi)H_{kl}(\xi)\,d\sigma(\xi), \qquad g_{kl} = \int_{|\xi|=1} g(\xi)H_{kl}(\xi)\,d\sigma(\xi).$$

2. Es gibt keine (nichttrivialen) Kugelfunktionen H_j der Ordnung $j \neq 0, \pm 1, \pm 2, \ldots$ Nach Satz 1 wäre für eine solche Funktion $(H_j, H_{kl}) = 0$ erfüllt. Da aber das Funktionensystem $\{H_{kl}\}_{k=0,1,2,\ldots;\ l=1,\ldots,N(k,n)}$ vollständig in $\mathcal{H}$ ist, folgt dann $H_j = 0$ für alle $j \neq 0, \pm 1, \pm 2, \ldots$

Zum Schluß wollen wir noch die Beziehung der Kugelfunktionen zum Laplaceoperator im $\mathbb{R}^n$ untersuchen. Zunächst gilt nach (1) die Zerlegung

$$\Delta = \frac{\partial^2}{\partial r^2} + \frac{n-1}{r}\frac{\partial}{\partial r} + \frac{1}{r^2}\Lambda \quad \text{im} \quad \mathbb{R}^n.$$

Für eine beliebige C^2-Funktion $f = f(r)$ ergibt sich damit unter Beachtung von (3) die Identität

$$\begin{aligned}
\Delta\{f(r)H_{kl}(\xi)\} &= \left\{ f''(r) + \frac{n-1}{r}f'(r) - \frac{k(k+(n-2))}{r^2}f(r) \right\}H_{kl}(\xi) \\
&= \Big(L_{k,n}f(r)\Big)H_{kl}(\xi), \qquad l = 1,\ldots,N(k,n),
\end{aligned} \qquad (24)$$

mit dem Operator

$$L_{k,n}f(r) := \left(\frac{\partial^2}{\partial r^2} + \frac{n-1}{r}\frac{\partial}{\partial r} - \frac{k(k+(n-2))}{r^2} \right)f(r).$$

Offenbar gilt $L_{k,2} = L_k$ mit dem Operator L_k aus §4.

Sei die Funktion $u = u(x_1,\ldots,x_n) \in C^2(B_R)$ mit $B_R := \{x \in \mathbb{R}^n \ :\ |x| < R\}$ beliebig gewählt. Wir entwickeln nun u in $\mathcal{H}$ nach den Kugelfunktionen

$$u = u(r\xi) = \sum_{k=0}^{\infty} \sum_{l=1}^{N(k,n)} f_{kl}(r)H_{kl}(\xi), \qquad 0 \leq r < R, \quad \xi \in S^{n-1}, \qquad (25)$$

mit den n-dimensionalen Fourierkoeffizienten

$$f_{kl}(r) := \int\limits_{|\eta|=1} u(r\eta)H_{kl}(\eta)\,d\sigma(\eta), \qquad k = 0,1,2,\ldots, \qquad l = 1,\ldots,N(k,n).$$

(26)

Entwickeln wir auch die Funktion $\tilde{u}(x) = \Delta u(x)$, $x \in B_R$, in $\mathcal{H}$ nach Kugelfunktionen, so erhalten wir die n-dimensionale Fourierreihe

$$\Delta u(x) = \Delta u(r\xi) = \sum_{k=0}^{\infty} \sum_{l=1}^{N(k,n)} \tilde{f}_{kl}(r)H_{kl}(\xi), \qquad 0 \le r < R, \quad \xi \in S^{n-1}, \quad (27)$$

mit den Fourierkoeffizienten $\tilde{f}_{kl}(r) = L_{k,n}f_{kl}(r)$. Wir erhalten also die Reihe für Δu in $\mathcal{H}$ durch formale Differentiation der Reihe für u. Dieses beinhaltet der folgende

Hilfssatz 1. *Sei die Funktion $u = u(x) \in C^2(B_R)$ gegeben und ihre Fourierkoeffizienten $f_{kl}(r)$ gemäß Formel (26) erklärt. Dann gilt für die Fourierkoeffizienten $\tilde{f}_{kl}(r)$ von Δu, nämlich*

$$\tilde{f}_{kl}(r) := \int\limits_{|\eta|=1} \Delta u(r\eta)H_{kl}(\eta)\,d\sigma(\eta), \qquad k = 0,1,2,\ldots, \qquad l = 1,\ldots,N(k,n),$$

die Identität

$$\tilde{f}_{kl}(r) = L_{k,n}f_{kl}(r), \qquad k = 0,1,2,\ldots, \qquad l = 1,\ldots,N(k,n), \qquad (28)$$

mit $0 \le r < R$.

Beweis: Sei $0 \le r < R$ gewählt. Wir berechnen mit Hilfe von (3)

$$\tilde{f}_{kl}(r) = \int\limits_{|\xi|=1} \Delta u(r\xi)H_{kl}(\xi)\,d\sigma(\xi)$$

$$= \int\limits_{|\xi|=1} \left\{ \left(\frac{\partial^2}{\partial r^2} + \frac{n-1}{r}\frac{\partial}{\partial r} + \frac{1}{r^2}\Lambda \right) u(r\xi) \right\} H_{kl}(\xi)\,d\sigma(\xi)$$

$$= \left(\frac{\partial^2}{\partial r^2} + \frac{n-1}{r}\frac{\partial}{\partial r} \right) \int\limits_{|\xi|=1} u(r\xi)H_{kl}(\xi)\,d\sigma(\xi)$$

$$+ \frac{1}{r^2} \int\limits_{|\xi|=1} u(r\xi)\Lambda H_{kl}(\xi)\,d\sigma(\xi)$$

$$= \left(\frac{\partial^2}{\partial r^2} + \frac{n-1}{r}\frac{\partial}{\partial r} - \frac{k(k+(n-2))}{r^2} \right) \int\limits_{|\xi|=1} u(r\xi)H_{kl}(\xi)\,d\sigma(\xi)$$

$$= L_{k,n}f_{kl}(r) \qquad \text{für} \quad k = 0,1,2,\ldots, \qquad l = 1,\ldots,N(k,n).$$

q.e.d.

Bemerkung: Die wichtigste partielle Differentialgleichung zweiter Ordnung in der Quantenmechanik, nämlich die Schrödingergleichung, enthält den Laplaceoperator als Hauptteil. Eben deshalb ist es wichtig, die Eigenwerte dieses Operators zu untersuchen.

Lineare partielle Differentialgleichungen im $\mathbb{R}^n$

In diesem Kapitel werden wir die verschiedenen Typen partieller Differentialgleichungen im $\mathbb{R}^n$ kennenlernen. Wir behandeln das Maximumprinzip für elliptische Differentialgleichungen und werden damit die Eindeutigkeit des gemischten Randwertproblems bei quasilinearen elliptischen Differentialgleichungen nachweisen. Dann wenden wir uns dem Anfangswertproblem der parabolischen Wärmeleitungsgleichung zu. Schließlich betrachten wir das Cauchysche Anfangswertproblem für die hyperbolische Wellengleichung im $\mathbb{R}^n$ und zeigen deren Invarianz unter Lorentztransformationen. Die vorgestellten Differentialgleichungen stehen im Zentrum der Mathematischen Physik.

§1 Das Maximumprinzip für elliptische Differentialgleichungen

Wir wollen eine Klasse von Differentialgleichungen betrachten, die den Laplaceoperator enthält.

Definition 1. *Sei $\Omega \subset \mathbb{R}^n$ mit $n \in \mathbb{N}$ ein Gebiet, in dem die stetigen Koeffizientenfunktionen $a_{ij}(x), b_i(x), c(x) : \Omega \to \mathbb{R} \in C^0(\Omega)$ für $i, j = 1, \ldots, n$ erklärt sind. Weiter sei die Matrix $(a_{ij}(x))_{i,j=1,\ldots,n}$ für alle $x \in \Omega$ symmetrisch. Den linearen, partiellen Differentialoperator zweiter Ordnung $\mathcal{L} : C^2(\Omega) \to C^0(\Omega)$ erklärt durch*

$$\mathcal{L}u(x) := \sum_{i,j=1}^{n} a_{ij}(x)\frac{\partial^2}{\partial x_i \partial x_j}u(x) + \sum_{i=1}^{n} b_i(x)\frac{\partial}{\partial x_i}u(x) + c(x)u(x), \qquad x \in \Omega,$$

(1)

nennen wir elliptisch (bzw. degeneriert elliptisch), falls

$$\sum_{i,j=1}^{n} a_{ij}(x)\xi_i\xi_j > 0 \qquad \left(bzw. \quad \sum_{i,j=1}^{n} a_{ij}(x)\xi_i\xi_j \geq 0\right)$$

für alle $\xi = (\xi_1, \ldots, \xi_n) \in \mathbb{R}^n \setminus \{0\}$ und alle $x \in \Omega$ erfüllt ist. Gibt es Elliptizitätskonstanten $0 < m \leq M < +\infty$ so daß

$$m|\xi|^2 \leq \sum_{i,j=1}^{n} a_{ij}(x)\xi_i\xi_j \leq M|\xi|^2$$

für alle $\xi = (\xi_1, \ldots, \xi_n) \in \mathbb{R}^n$ und alle $x \in \Omega$ richtig ist, so heißt $\mathcal{L}$ gleichmäßig elliptisch. Im Falle $c(x) \equiv 0$, $x \in \Omega$, bezeichnen wir den reduzierten Differentialoperator mit $\mathcal{M}u(x) := \mathcal{L}u(x)$, $x \in \Omega$.

Bemerkung: Ein gleichmäßig elliptischer Differentialoperator ist elliptisch, und ein elliptischer Differentialoperator ist degeneriert elliptisch. Der Laplaceoperator ergibt sich für $a_{ij}(x) \equiv \delta_{ij}$, $b_i(x) \equiv 0$, $c(x) \equiv 0$ mit $i, j = 1, \ldots, n$ und ist daher gleichmäßig elliptisch mit $m = M = 1$.

Hilfssatz 1. *Sei $\mathcal{M} = \mathcal{M}u$, $u \in C^2(\Omega)$, ein reduzierter, degeneriert elliptischer Differentialoperator auf dem Gebiet $\Omega \subset \mathbb{R}^n$. Im Punkt $z \in \Omega$ nehme u ein Maximum an, d.h.*

$$u(x) \leq u(z) \qquad \text{für alle} \quad x \in \Omega.$$

Dann gilt $\{\mathcal{M}u(x)\}_{x=z} \leq 0$.

Beweis: Da $u(x)$ in $z \in \Omega$ ein Maximum annimmt, folgt $u_{x_i}(z) = 0$ für $i = 1, \ldots, n$, und somit

$$\mathcal{M}u(z) = \sum_{i,j=1}^{n} a_{ij}(z)u_{x_ix_j}(z) + \sum_{i=1}^{n} b_i(z)u_{x_i}(z) = \sum_{i,j=1}^{n} u_{x_ix_j}(z)a_{ij}(z).$$

Nun ist $A := (a_{ij}(z))_{i,j=1,\ldots,n}$ eine symmetrische, positiv-semidefinite $n \times n$-Matrix; es gibt also eine orthogonale Matrix $S = (s_{ij})_{i,j=1,\ldots,n}$ und eine Diagonalmatrix

$$\Lambda := \begin{pmatrix} \lambda_1 & & 0 \\ & \ddots & \\ 0 & & \lambda_n \end{pmatrix}$$

mit $\lambda_j \geq 0$ für $j = 1, \ldots, n$, so daß

$$A = S^* \circ \Lambda \circ S \tag{2}$$

richtig ist (Hauptachsentransformation). Erklären wir nun

$$\Lambda^{\frac{1}{2}} := \begin{pmatrix} \sqrt{\lambda_1} & & 0 \\ & \ddots & \\ 0 & & \sqrt{\lambda_n} \end{pmatrix},$$

so folgt

$$A = S^* \circ \Lambda \circ S = S^* \circ (\Lambda^{\frac{1}{2}})^* \circ \Lambda^{\frac{1}{2}} \circ S$$
$$= (\Lambda^{\frac{1}{2}} \circ S)^* \circ \Lambda^{\frac{1}{2}} \circ S = T^* \circ T \tag{3}$$

mit $T := \Lambda^{\frac{1}{2}} \circ S =: (t_{ij})_{i,j=1,\dots,n}$. Wir erhalten also

$$A = T^* \circ T = \left(\sum_{k=1}^{n} t_{ki} t_{kj} \right)_{i,j=1,\dots,n}. \tag{4}$$

Da die Hessematrix $(u_{x_i x_j}(z))_{i,j=1,\dots,n}$ negativ-semidefinit ist, ergibt sich schließlich

$$\mathcal{M}u(z) = \sum_{i,j=1}^{n} u_{x_i x_j}(z) a_{ij}(z)$$
$$= \sum_{i,j,k=1}^{n} u_{x_i x_j}(z) t_{ki} t_{kj}$$
$$= \sum_{k=1}^{n} \left(\sum_{i,j=1}^{n} u_{x_i x_j}(z) t_{ki} t_{kj} \right) \le 0.$$

q.e.d.

Satz 1. (Eindeutigkeit und Stabilität)

I. *$\mathcal{L}$ sei ein degeneriert elliptischer Differentialoperator auf dem beschränkten Gebiet $\Omega \subset \mathbb{R}^n$ mit der Koeffizientenfunktion $c(x) \le 0$, $x \in \Omega$.*

II. *Es gebe Konstanten $0 < m \le M < +\infty$, so daß*

$$m \le a_{11}(x) \le M, \quad |b_1(x)| \le M, \quad |c(x)| \le M \qquad \text{für alle} \quad x \in \Omega;$$
$$\Omega \subset B_M := \left\{ x \in \mathbb{R}^n \ : \ |x| < M \right\} \tag{5}$$

erfüllt ist.

III. *Schließlich sei $u = u(x) \in C^2(\Omega) \cap C^0(\overline{\Omega})$ eine Lösung des Dirichletproblems*

$$\mathcal{L}u(x) = f(x) \quad \text{in} \quad \Omega, \qquad u(x) = g(x) \quad \text{auf} \quad \partial\Omega \tag{6}$$

mit Funktionen $f = f(x) \in C^0(\Omega) \cap L^\infty(\Omega)$ und $g = g(x) \in C^0(\partial\Omega)$.

Behauptung: *Dann gibt es eine Konstante $\gamma = \gamma(m, M) \in [0, +\infty)$, so daß gilt*

$$|u(x)| \le \max_{y \in \partial\Omega} |g(y)| + \gamma(m, M) \sup_{y \in \Omega} |f(y)|, \qquad x \in \overline{\Omega}. \tag{7}$$

Beweis:

1. Wir betrachten die Hilfsfunktion $v(x) := e^{\beta x_1}$, $x \in \overline{\Omega}$, mit zunächst noch beliebigem $\beta > 0$. Wir berechnen

$$\mathcal{L}v(x) = a_{11}(x)\beta^2 e^{\beta x_1} + b_1(x)\beta e^{\beta x_1} + c(x)e^{\beta x_1}$$

$$\geq e^{\beta x_1}\left(m\beta^2 - M\beta - M\right)$$

$$\geq e^{-\beta(m,M)M}, \qquad x \in \Omega,$$

wobei wir $\beta = \beta(m, M)$ so groß gewählt haben, daß $m\beta^2 - M\beta - M \geq 1$ erfüllt ist.

2. Mit noch zu fixierendem $\varrho > 0$ erklären wir die Hilfsfunktion

$$w(x) := \pm u(x) + \varrho\Big(v(x) - e^{\beta M}\Big) - \max_{y \in \partial\Omega}|g(y)|, \qquad x \in \overline{\Omega}.$$

Wegen $c(x) \leq 0$ in Ω können wir abschätzen

$$\mathcal{L}w(x) = \pm\mathcal{L}u(x) + \varrho\mathcal{L}v(x) - c(x)\Big(\varrho e^{\beta M} + \max_{y \in \partial\Omega}|g(y)|\Big)$$

$$\geq \pm f(x) + \varrho e^{-\beta M} \tag{8}$$

$$\geq -\sup_{y \in \Omega}|f(y)| + \varrho e^{-\beta M}, \qquad x \in \Omega.$$

Wählen wir nun $\varrho = e^{\beta(m,M)M}\big(\sup_{y \in \Omega}|f(y)| + \varepsilon\big)$ mit festem $\varepsilon > 0$, so folgt

$$\mathcal{L}w(x) \geq \varepsilon > 0 \qquad \text{für alle} \quad x \in \Omega. \tag{9}$$

3. Für $x \in \partial\Omega$ berechnen wir

$$w(x) = \pm u(x) + \varrho(v(x) - e^{\beta M}) - \max_{y \in \partial\Omega}|g(y)|$$

$$\leq \pm g(x) - \max_{y \in \partial\Omega}|g(y)| \leq 0.$$

Nun gilt $w(x) \leq 0$ sogar für alle $x \in \overline{\Omega}$. Wäre dieses nämlich nicht der Fall, so existiert ein $z \in \Omega$ mit $w(x) \leq w(z)$ für alle $x \in \Omega$. Hilfssatz 1 liefert dann

$$\mathcal{L}w(z) = \mathcal{M}w(z) + c(z)w(z) \leq 0$$

im Widerspruch zu (9). Also folgt

$$\pm u(x) \leq \max_{y \in \partial\Omega}|g(y)| + \varrho e^{\beta M} = \max_{y \in \partial\Omega}|g(y)| + e^{2\beta M}\Big(\sup_{y \in \Omega}|f(y)| + \varepsilon\Big)$$

für alle $x \in \overline{\Omega}$ and alle $\varepsilon > 0$. Nach Grenzübergang $\varepsilon \downarrow 0$ ergibt sich schließlich

$$|u(x)| \leq \max_{y \in \partial\Omega}|g(y)| + \gamma(m, M)\sup_{y \in \Omega}|f(y)|, \qquad x \in \overline{\Omega},$$

mit $\gamma(m, M) := e^{2\beta(m,M)M}$. \hfill q.e.d.

Bemerkungen zu Satz 1:

1. Die Abschätzung (7) ist schon für gewöhnliche Differentialgleichungen ($n = 1$) interessant. Sie ist gültig für gleichmäßig elliptische Differentialoperatoren im $\mathbb{R}^n$, $n = 2, 3, \ldots$, und auch für parabolische Differentialoperatoren wie etwa $\Delta_x - \frac{\partial}{\partial t}$, $(x, t) \in \mathbb{R}^n \times [0, +\infty)$, welcher bei der Wärmeleitungsgleichung erscheint (vgl. § 3).

2. Auf die Voraussetzung $c(x) \le 0$, $x \in \Omega$, kann in Satz 1 nicht verzichtet werden, wie das folgende Beispiel zeigt: Für die Funktion

$$u = u(x) = \sin x_1 \cdot \ldots \cdot \sin x_n, \qquad x = (x_1, \ldots, x_n) \in \Omega := (0, \pi)^n \subset \mathbb{R}^n,$$

berechnen wir

$$\Delta u(x) = \sum_{i=1}^n u_{x_i x_i}(x) = -nu(x), \qquad x \in \Omega,$$

d.h. u genügt dem homogenen Dirichletproblem

$$\Delta u(x) + nu(x) = 0 \quad \text{in} \quad \Omega, \qquad u(x) = 0 \quad \text{auf} \quad \partial\Omega.$$

Eine Abschätzung der Form (7) gilt hier offenbar nicht.

3. Sind $u_j(x) \in C^2(\Omega) \cap C^0(\overline{\Omega})$ zwei Lösungen der Probleme

$$\mathcal{L}u_j(x) = f_j(x) \quad \text{in} \quad \Omega, \qquad u_j(x) = g_j(x) \quad \text{auf} \quad \partial\Omega, \qquad j = 1, 2,$$

so liefert Satz 1 angewendet auf die Funktion $u(x) := u_1(x) - u_2(x)$ die Abschätzung

$$|u_1(x) - u_2(x)| \le \max_{y \in \partial\Omega} |g_1(y) - g_2(y)| + \gamma(m, M) \sup_{y \in \Omega} |f_1(y) - f_2(y)| \quad (10)$$

für alle $x \in \overline{\Omega}$. Hieraus folgt die eindeutige Lösbarkeit des Dirichletproblems (6) und die stetige Abhängigkeit der Lösung von den Randwerten und der rechten Seite der Differentialgleichung.

4. Die Frage nach der Existenz einer Lösung $u = u(x) \in C^2(\Omega) \cap C^0(\overline{\Omega})$ des Dirichletproblems (6) ist positiv zu beantworten für gleichmäßig elliptische Differentialoperatoren $\mathcal{L}$ mit $c(x) \le 0$, $x \in \Omega$, insofern die Funktionen $a_{ij}(x)$, $b_i(x)$, $c(x)$, $f(x)$ Hölder-stetig in $\overline{\Omega}$ sind und der Rand $\partial\Omega$ des beschränkten Gebietes $\Omega \subset \mathbb{R}^n$ lokal als Nullstellenmenge einer nichtdegenerierten C^2-Funktion $\varphi = \varphi(x)$ mit Hölder-stetigen zweiten Ableitungen erscheint, und falls $g : \partial\Omega \to \mathbb{R}$ stetig ist. Diese Existenzaussage kann ausgehend von der Poissongleichung

$$\Delta u(x) = f(x), \qquad x \in \Omega,$$

mittels einer *Kontinuitätsmethode* auf die Klasse der gleichmäßig elliptischen Differentialoperatoren übertragen werden. Dieses wurde von J. Leray und P. Schauder durchgeführt und ist z.B. der Monographie [GT], insbesondere Kap. 4 und 6 zu entnehmen. Wir werden diese Methoden in Kapitel IX vorstellen.

Hilfssatz 2. (Randpunktlemma von E. Hopf)

I. Seien auf der Kugel $G := B_r(\xi) := \{x \in \mathbb{R}^n : |x - \xi| < r\}$ die Koeffizientenfunktionen $a_{ij}(x), b_i(x) \in C^0(\overline{G})$ so gegeben, daß der reduzierte partielle Differentialoperator

$$\mathcal{M}u(x) := \sum_{i,j=1}^n a_{ij}(x)\frac{\partial^2}{\partial x_i \partial x_j}u(x) + \sum_{i=1}^n b_i(x)\frac{\partial}{\partial x_i}u(x), \qquad x \in G,$$

gleichmäßig elliptisch in G ist mit den Elliptizitätskonstanten $0 < m \leq M < +\infty$.

II. Eine Lösung $u = u(x) \in C^2(G) \cap C^0(\overline{G})$ der Differentialungleichung

$$\mathcal{M}u(x) \geq 0 \qquad \text{für alle} \quad x \in G$$

sei vorgelegt, und für einen festen Punkt $z \in \partial G$ gelte

$$u(x) \leq u(z) \quad \text{für alle} \quad x \in \overline{G} \qquad \text{und} \qquad u(\xi) < u(z). \qquad (11)$$

III. Schließlich existiere im Punkt $z \in \partial G$ die Ableitung von u in Richtung der äußeren Normale $\nu = \nu(z) := |z - \xi|^{-1}(z - \xi) \in S^{n-1}$, nämlich

$$\frac{\partial u}{\partial \nu}(z) := \lim_{t \to 0-} \frac{d}{dt}u(z + t\nu(z)) = \lim_{t \to 0-} \frac{u(z) - u(z + t\nu(z))}{-t}.$$

Behauptung: *Dann folgt*

$$\frac{\partial u}{\partial \nu}(z) > 0. \qquad (12)$$

Beweis:

1. Es genügt, die Aussage für den Fall $G = B := B_1(0)$ und $u(z) = 0$ zu beweisen. Haben wir nämlich ein $u = u(x)$ mit den Eigenschaften I, II, III gegeben, so betrachten wir die Funktion

$$v(y) := u(\xi + ry) - u(\xi + r\eta), \qquad y \in B.$$

Zeigen wir nun (12) für $v(y)$ im Punkt $\eta \in \partial B$, dann folgt (12) für $u(x)$ im Punkt $z = \xi + r\eta \in \partial B_r(\xi)$.

2. Sei also nun $u = u(x)$, $x \in \overline{B}$, mit den Eigenschaften I, II, III gegeben, und es gelte $u(z) = 0$. Zu noch festzulegendem Parameter $\alpha > 0$ betrachten wir die Hilfsfunktion

$$\varphi(x) := e^{-\alpha|x|^2} - e^{-\alpha} = e^{-\alpha(x_1^2 + \ldots + x_n^2)} - e^{-\alpha}, \qquad x = (x_1, \ldots, x_n) \in \overline{B}.$$

Wir bemerken $\varphi(x) = 0$ für alle $x \in \partial B$ und berechnen

$$\varphi_{x_i}(x) = -2\alpha x_i e^{-\alpha(x_1^2 + \ldots + x_n^2)},$$

$$\varphi_{x_i x_j}(x) = \left(4\alpha^2 x_i x_j - 2\alpha\delta_{ij}\right)e^{-\alpha(x_1^2 + \ldots + x_n^2)}, \qquad x \in B.$$

Somit erhalten wir

$$\mathcal{M}\varphi(x) = \left\{ 4\alpha^2 \sum_{i,j=1}^{n} a_{ij}(x)x_ix_j - 2\alpha \sum_{i=1}^{n} a_{ii}(x) - 2\alpha \sum_{i=1}^{n} x_ib_i(x) \right\} e^{-\alpha|x|^2}$$

$$\geq 4\alpha^2 e^{-\alpha|x|^2} \left\{ m|x|^2 - \frac{1}{2\alpha} \sum_{i=1}^{n} \left(a_{ii}(x) + x_ib_i(x) \right) \right\}, \qquad x \in \overline{B}.$$

(13)

3. Wir bestimmen nun ein $r_1 \in (0,1)$ und ein $k_1 \in (-\infty, 0)$, so daß

$$u(x) \leq k_1 \qquad \text{für alle} \quad x \in \partial B_{r_1}(0) \tag{14}$$

richtig ist. Wegen (13) können wir $\alpha \in (0, +\infty)$ so groß wählen, daß die Ungleichung

$$\mathcal{M}\varphi(x) > 0 \qquad \text{für alle} \quad x \in \Omega := \left\{ x \in \mathbb{R}^n \; : \; r_1 < |x| < 1 \right\} \tag{15}$$

erfüllt ist. Nun erklären wir die Hilfsfunktion

$$v(x) := u(x) + \varepsilon\varphi(x), \qquad x \in \Omega,$$

wobei wir $\varepsilon > 0$ so klein wählen, daß wegen (14) die Ungleichung

$$v(x) \leq 0 \qquad \text{für alle} \quad x \in \partial\Omega \tag{16}$$

gilt. Ferner liefern (15) und die Voraussetzung II

$$\mathcal{M}v(x) = \mathcal{M}u(x) + \varepsilon\mathcal{M}\varphi(x) > 0 \qquad \text{für alle} \quad x \in \Omega. \tag{17}$$

Nach Hilfssatz 1 nimmt daher $v(x)$ ihr Maximum auf $\partial\Omega$ an, so daß aus (16) folgt $v(x) \leq 0$, $x \in \overline{\Omega}$, bzw.

$$u(x) \leq -\varepsilon\varphi(x) = \varepsilon\left(e^{-\alpha} - e^{-\alpha|x|^2} \right), \qquad x \in \overline{\Omega}. \tag{18}$$

Wir erklären nun die Funktionen

$$\tilde{u}(r) := u(rz), \quad \tilde{v}(r) := -\varepsilon\varphi(rz), \qquad r_1 \leq r \leq 1.$$

Wegen $\tilde{u}(r) \leq \tilde{v}(r)$ für $r_1 \leq r \leq 1$ und $\tilde{u}(1) = \tilde{v}(1) = 0$ erhalten wir

$$\frac{d}{dr}\tilde{u}(r)\Big|_{r=1} \geq \frac{d}{dr}\tilde{v}(r)\Big|_{r=1} = \frac{d}{dr}\left\{ \varepsilon(e^{-\alpha} - e^{-\alpha r^2}) \right\}_{r=1} = 2\alpha\varepsilon e^{-\alpha} > 0.$$

Dieses liefert die behauptete Ungleichung (12).   q.e.d.

Bemerkung: Man kann mit der o.a. Methode auch eine quantitative Abschätzung für $\frac{\partial u}{\partial \nu}(z)$ nach unten gewinnen.

Satz 2. (Das Hopfsche Maximumprinzip)

I. $\mathcal{M} = \mathcal{M}u$, $u \in C^2(\Omega)$, bezeichne einen reduzierten elliptischen Differentialoperator auf dem Gebiet $\Omega \subset \mathbb{R}^n$, $n \in \mathbb{N}$.

II. Für $u = u(x) \in C^2(\Omega)$ sei die Differentialungleichung

$$\mathcal{M}u(x) \geq 0, \qquad x \in \Omega,$$

erfüllt, und u nehme in einem Punkt $z \in \Omega$ ihr Maximum an, d.h.

$$u(z) \geq u(x) \qquad \text{für alle} \quad x \in \Omega.$$

Behauptung: *Dann folgt $u(x) \equiv u(z)$ für alle $x \in \Omega$.*

Beweis: Wir betrachten die nichtleere, in Ω abgeschlossene Menge

$$\Theta := \left\{ x \in \Omega \ : \ u(x) = \sup_{y \in \Omega} u(y) =: s \right\} \neq \emptyset$$

und zeigen, daß diese Menge offen ist. Da Ω ein Gebiet ist, folgt durch Fortsetzung längs Wegen die Identität $\Theta = \Omega$ und somit

$$u(x) \equiv s = u(z) \qquad \text{für alle} \quad x \in \Omega.$$

Sei also $\xi \in \Theta$ beliebig gewählt. Dann betrachten wir für beliebiges $\eta \in \Omega$ mit

$$|\eta - \xi| < \frac{1}{2} \operatorname{dist}(\xi, \mathbb{R}^n \setminus \Omega)$$

die Kugel $G := B_\varrho(\eta)$ vom Radius $\varrho := |\eta - \xi|$ um den Punkt η. Offenbar gilt $G \subset\subset \Omega$ und $\xi \in \partial G$. Wir können also Elliptizitätskonstanten $0 < m \leq M < +\infty$ so angeben, daß $\mathcal{M}u$, $u \in C^2(G)$, gleichmäßig elliptisch ist. Wäre nun $u(\eta) < s = u(\xi)$ erfüllt, so liefert Hilfssatz 2 die Ungleichung

$$\frac{\partial u}{\partial \nu}(\xi) = \nabla u(\xi) \cdot \nu > 0$$

im Widerspruch zu $\nabla u(\xi) = 0$. Somit folgt $u(\eta) = s$. Da dies für beliebige $\eta \in \Omega$ mit $|\eta - \xi| < \frac{1}{2} \operatorname{dist}(\xi, \mathbb{R}^n \setminus \Omega)$ gilt, erhalten wir $B_r(\xi) \subset \Theta$ mit einem $0 < r < \frac{1}{2} \operatorname{dist}(\xi, \mathbb{R}^n \setminus \Omega)$. Also ist Θ offen.   q.e.d.

Satz 3. (Scharfes Maximumprinzip)

I. Sei $\Omega \subset \mathbb{R}^n$ ein Gebiet und $z \in \partial\Omega$ ein Randpunkt von Ω, für den folgendes gilt: Es gibt eine Kugel $B_\varrho(z)$ und eine Funktion $\varphi = \varphi(x) \in C^2(B_\varrho(z))$ mit $\nabla\varphi(z) \neq 0$ und $\varphi(z) = 0$, so daß

$$\Omega \cap B_\varrho(z) = \left\{ x \in B_\varrho(z) \ : \ \varphi(x) < 0 \right\}$$

erfüllt ist.

II. *Die Koeffizientenfunktionen* $a_{ij}(x), b_i(x) \in C^0(\overline{\Omega})$, $i, j = 1, \ldots, n$, *seien so gegeben, daß der reduzierte partielle Differentialoperator*

$$\mathcal{M}u(x) = \sum_{i,j=1}^n a_{ij}(x) \frac{\partial^2}{\partial x_i \partial x_j} u(x) + \sum_{i=1}^n b_i(x) \frac{\partial}{\partial x_i} u(x), \qquad x \in \Omega,$$

gleichmäßig elliptisch auf Ω ist.

III. *Die Funktion* $u = u(x) \in C^2(\Omega) \cap C^0(\overline{\Omega})$ *genüge der Differentialunglei-chung*

$$\mathcal{M}u(x) \geq 0 \qquad \text{für alle} \quad x \in \Omega.$$

IV. *Schließlich nehme u in z ihr Maximum an, d.h.*

$$u(x) \leq u(z) \qquad \text{für alle} \quad x \in \Omega,$$

und für ihre dort existierende Ableitung in Richtung der äußeren Normale ν an $\partial\Omega$ gelte

$$\frac{\partial u}{\partial \nu}(z) = 0.$$

Behauptung: *Dann folgt $u(x) \equiv u(z)$ für alle $x \in \overline{\Omega}$.*

Beweis: Wegen Voraussetzung I kann man eine Kugel $G = B_r(\xi)$ mit einem $\xi \in \Omega$ und $r > 0$ so bestimmen, daß

$$G \subset \Omega, \qquad \overline{G} \cap \partial\Omega = \{z\}, \qquad \nu(z) = |z - \xi|^{-1}(z - \xi)$$

richtig ist. Wäre nun $u(\xi) < u(z)$ erfüllt, so würde nach dem Hopfschen Randpunktlemma $\frac{\partial u}{\partial \nu}(z) > 0$ folgen, im Widerspruch zu Voraussetzung IV. Also nimmt u ihr Maximum im inneren Punkt $\xi \in \Omega$ an, und Satz 2 liefert $u(x) \equiv u(z)$ für alle $x \in \Omega$.

q.e.d.

Beispiel 1. Für $n = 2, 3, \ldots$ betrachten wir den Sektor

$$S := \left\{ x + iy = re^{i\varphi} : r > 0, \ \varphi \in \left(-\frac{\pi}{2n}, \frac{\pi}{2n} \right) \right\}$$

und die Funktion $v = v(x, y) : \overline{S} \to \mathbb{R}$ erklärt durch

$$v(x, y) := -\text{Re}((x + iy)^n) = -r^n \cos n\varphi, \qquad x + iy = re^{i\varphi} \in \overline{S}.$$

Offenbar gilt:

$$\begin{aligned}
&v \in C^2(\overline{S}), \qquad \Delta v(x, y) = 0 \ \text{in} \ S, \qquad v(x, y) < 0 \ \text{in} \ S, \\
&v(x, y) = 0 \ \text{auf} \ \partial S, \qquad v(0, 0) = 0, \qquad \nabla v(0, 0) = 0.
\end{aligned} \qquad (19)$$

Die harmonische, nicht konstante Funktion v nimmt also in einem Randpunkt mit verschwindendem Gradienten ihr Maximum an. Die Voraussetzung I in Satz 3 kann daher nicht gestrichen werden.

Entscheidend für die Anwendbarkeit des Maximumprinzips auf lineare elliptische Differentialoperatoren $\mathcal{L}$ ist die Vorzeichenbedingung

$$c(x) \leq 0, \qquad x \in \Omega.$$

Definition 2. *Der lineare elliptische Differentialoperator $\mathcal{L}$ heißt stabil, falls es eine Funktion $v(x) : \Omega \to (0, +\infty) \in C^2(\Omega)$ mit*

$$\mathcal{L}v(x) \leq 0 \qquad \text{für alle} \quad x \in \Omega$$

gibt.

Ist die o.a. Vorzeichenbedingung erfüllt, so ist $\mathcal{L}$ stabil mit $v(x) \equiv 1$, $x \in \Omega$. Andererseits, wenn $\mathcal{L}$ stabil ist, so machen wir den *Produktansatz*

$$u(x) = w(x)v(x), \quad x \in \Omega, \qquad bzw. \qquad w(x) = \frac{u(x)}{v(x)}, \quad x \in \Omega.$$

Wir berechnen

$$\mathcal{L}u(x) = \sum_{i,j=1}^{n} a_{ij}(x)[w(x)v(x)]_{x_i x_j} + \sum_{i=1}^{n} b_i(x)[w(x)v(x)]_{x_i} + c(x)w(x)v(x)$$

$$= \sum_{i,j=1}^{n} a_{ij}(x)w_{x_i x_j}v + \sum_{i,j=1}^{n} a_{ij}(x)[w_{x_i}v_{x_j} + w_{x_j}v_{x_i}] + \sum_{i,j=1}^{n} a_{ij}(x)wv_{x_i x_j}$$

$$+ \sum_{i=1}^{n} b_i(x)w_{x_i}(x)v(x) + \sum_{i=1}^{n} b_i(x)w(x)v_{x_i}(x) + c(x)w(x)v(x)$$

$$= \sum_{i,j=1}^{n} \left\{ v(x)a_{ij}(x) \right\} w_{x_i x_j}$$

$$+ \sum_{i=1}^{n} \left\{ v(x)b_i(x) + \sum_{j=1}^{n}[a_{ij}(x) + a_{ji}(x)]v_{x_j}(x) \right\} w_{x_i} + \left\{ \mathcal{L}v(x) \right\} w$$

$$=: \sum_{i,j=1}^{n} \tilde{a}_{ij}(x)w_{x_i x_j}(x) + \sum_{i=1}^{n} \tilde{b}_i(x)w_{x_i}(x) + \tilde{c}(x)w(x) \quad =: \quad \widetilde{\mathcal{L}}v(x).$$

Wir erhalten also für $w(x)$ einen elliptischen Differentialoperator $\widetilde{\mathcal{L}}$, welcher der o.a. Vorzeichenbedingung an $\tilde{c}(x) := \mathcal{L}v(x)$ genügt. Somit ist auf $\widetilde{\mathcal{L}}$ das Maximumprinzip anwendbar, und es folgt

Satz 4. *Sei $\mathcal{L}$ ein stabiler elliptischer Differentialoperator auf dem beschränkten Gebiet $\Omega \subset \mathbb{R}^n$ und die Funktion $u = u(x) \in C^2(\Omega) \cap C^0(\overline{\Omega})$ löse das homogene Dirichletproblem*

$$\mathcal{L}u(x) = 0 \quad in \quad \Omega, \qquad u(x) = 0 \quad auf \quad \partial\Omega.$$

Dann folgt $u(x) \equiv 0$ in $\overline{\Omega}$.

§2 Quasilineare elliptische Differentialgleichungen

Wir untersuchen nun eine Klasse elliptischer Differentialgleichungen, welche die linearen Gleichungen als Spezialfall enthalten, nämlich die quasilinearen Differentialgleichungen. Es sei $\Omega \subset \mathbb{R}^n$ ein beschränktes Gebiet. Wir betrachten die Koeffizientenfunktionen

$$A^{ij} = A^{ij}(x,p) = A^{ij}(x_1,\ldots,x_n;p_1,\ldots,p_n) \in C^0(\overline{\Omega} \times \mathbb{R}^n, \mathbb{R})$$

für $i,j = 1,\ldots,n$. Zu jedem $(x,p) \in \overline{\Omega} \times \mathbb{R}^n$ sei die Matrix $(A^{ij}(x,p))_{i,j=1,\ldots,n}$ symmetrisch und positiv-definit. Die partiellen Ableitungen

$$A_{p_k}^{ij}(x,p) := \frac{\partial}{\partial p_k} A^{ij}(x,p) \in C^0(\overline{\Omega} \times \mathbb{R}^n, \mathbb{R}), \qquad i,j,k = 1\ldots,n,$$

sollen existieren. Ferner wählen wir eine Funktion

$$B = B(x,z,p) = B(x_1,\ldots,x_n;z;p_1,\ldots,p_n) : \overline{\Omega} \times \mathbb{R} \times \mathbb{R}^n \to \mathbb{R},$$

die der Regularitätsklasse $C^0(\overline{\Omega} \times \mathbb{R}^{1+n})$ angehöre und für welche die partiellen Ableitungen $B_z, B_{p_1}, \ldots, B_{p_n} \in C^0(\overline{\Omega} \times \mathbb{R}^{1+n})$ existieren. Schließlich schreiben wir noch abkürzend

$$B_p := (B_{p_1}, \ldots, B_{p_n}) \qquad \text{und} \qquad A_p^{ij} := (A_{p_1}^{ij}, \ldots, A_{p_n}^{ij}), \quad i,j = 1,\ldots,n.$$

Für Funktionen $u = u(x) \in C^2(\Omega)$ betrachten wir nun den Differentialoperator

$$Qu(x) := \sum_{i,j=1}^{n} A^{ij}(x, \nabla u(x)) \frac{\partial^2}{\partial x_i \partial x_j} u(x) + B(x, u(x), \nabla u(x)), \qquad x \in \Omega. \tag{1}$$

Den Anteil

$$\sum_{i,j=1}^{n} A^{ij}(x, \nabla u(x)) \frac{\partial^2}{\partial x_i \partial x_j} u(x)$$

nennt man *Hauptteil* des Operators Q. Der Term $B(x, u(x), \nabla u(x))$ niederer Ordnung heißt *Nebenteil* von Q.

Bemerkung: Wir untersuchen hier nur quasilineare Operatoren Q, deren Hauptteile von u unabhängige Koeffizientenfunktionen A^{ij} besitzen.

Beispiel 1. Es sei $n = 2$, und wir schreiben $(x_1, x_2) =: (x,y)$. Die Funktion

$$H = H(x,y,z) : \overline{\Omega} \times \mathbb{R} \to \mathbb{R}$$

sei stetig und besitze die stetige partielle Ableitung $H_z(x,y,z) : \overline{\Omega} \times \mathbb{R} \to \mathbb{R}$. Wir betrachten eine Lösung $z = \zeta(x,y) : \Omega \to \mathbb{R} \in C^2(\Omega)$ der *nichtparametrischen Gleichung vorgeschriebener mittlerer Krümmung*

$$\mathcal{M}\zeta(x,y) := \Big(1+\zeta_y^2(x,y)\Big)\zeta_{xx} - 2\zeta_x\zeta_y\zeta_{xy} + \Big(1+\zeta_x^2(x,y)\Big)\zeta_{yy}(x,y)$$

$$= 2H(x,y,\zeta(x,y))\Big(1+|\nabla\zeta(x,y)|^2\Big)^{\frac{3}{2}}, \qquad (x,y)\in\Omega. \tag{2}$$

Die Fläche

$$X(x,y) := (x,y,\zeta(x,y)), \qquad (x,y)\in\Omega,$$

ist ein Graph über der x,y-Ebene, welcher in jedem Punkt $X(x,y)$ die vorge-schriebene mittlere Krümmung $H(X(x,y))$ hat. Man nennt $\mathcal{M}$ den *Minimal-flächenoperator* und

$$\mathcal{M}\zeta(x,y) = 0, \qquad (x,y)\in\Omega,$$

ist die sehr intensiv studierte *Minimalflächengleichung*. Der Operator $\mathcal{M}\zeta$ bildet den Hauptteil eines quasilinearen, elliptischen Differentialoperators mit den Koeffizienten

$$\begin{pmatrix} A^{11}(p) & A^{12}(p) \\ A^{21}(p) & A^{22}(p) \end{pmatrix} := \begin{pmatrix} 1+p_2^2 & -p_1p_2 \\ -p_1p_2 & 1+p_1^2 \end{pmatrix}. \tag{3}$$

Setzen wir noch

$$B(x,y,z,p) := -2H(x,y,z)(1+p_1^2+p_2^2)^{\frac{3}{2}}, \tag{4}$$

so wird Gleichung (2) zur quasilinearen, elliptischen Differentialgleichung

$$\mathcal{Q}\zeta(x,y) = 0, \qquad (x,y)\in\Omega.$$

Wir betrachten nun zwei Lösungen $u = u(x) \in C^2(\Omega)$ und $v = v(x) \in C^2(\Omega)$ der allgemeinen quasilinearen, elliptischen Differentialgleichung

$$\mathcal{Q}u(x) := \sum_{i,j=1}^{n} A^{ij}(x,\nabla u(x))\frac{\partial^2}{\partial x_i \partial x_j}u(x) + B(x,u(x),\nabla u(x)) = 0, \qquad x\in\Omega,$$
$$\tag{5}$$

beziehungsweise

$$\mathcal{Q}v(x) := \sum_{i,j=1}^{n} A^{ij}(x,\nabla v(x))\frac{\partial^2}{\partial x_i \partial x_j}v(x) + B(x,v(x),\nabla v(x)) = 0, \qquad x\in\Omega.$$
$$\tag{6}$$

Für die Differenzfunktion

$$w(x) := u(x) - v(x) \in C^2(\Omega,\mathbb{R})$$

leiten wir eine lineare, elliptische Differentialgleichung her. Aus (5) und (6) folgt zunächst

$$0 = Qu(x) - Qv(x)$$

$$= \sum_{i,j=1}^{n} A^{ij}(x, \nabla u(x)) \frac{\partial^2}{\partial x_i \partial x_j} w(x)$$

$$+ \sum_{i,j=1}^{n} \left\{ A^{ij}(x, \nabla u(x)) - A^{ij}(x, \nabla v(x)) \right\} \frac{\partial^2}{\partial x_i \partial x_j} v(x) \qquad (7)$$

$$+ \left\{ B(x, u(x), \nabla u(x)) - B(x, u(x), \nabla v(x)) \right\}$$

$$+ \left\{ B(x, u(x), \nabla v(x)) - B(x, v(x), \nabla v(x)) \right\}, \qquad x \in \Omega.$$

Wir setzen

$$a_{ij} = a_{ij}(x) := A^{ij}(x, \nabla u(x)), \qquad x \in \Omega; \qquad i,j = 1,\ldots,n, \qquad (8)$$

und bemerken $a_{ij} \in C^0(\Omega, \mathbb{R})$. Weiter berechnen wir

$$B(x, u(x), \nabla v(x)) - B(x, v(x), \nabla v(x))$$

$$= \int_0^1 \frac{d}{dt} B(x, v(x) + tw(x), \nabla v(x)) \, dt$$

$$= w(x) \int_0^1 B_z(x, v(x) + tw(x), \nabla v(x)) \, dt \qquad (9)$$

und erklären die stetige Funktion

$$c(x) := \int_0^1 B_z(x, v(x) + tw(x), \nabla v(x)) \, dt, \qquad x \in \Omega. \qquad (10)$$

Schließlich beachten wir noch

$$B(x, u(x), \nabla u(x)) - B(x, u(x), \nabla v(x))$$

$$= \int_0^1 \frac{d}{dt} B(x, u(x), \nabla v(x) + t\nabla w(x)) \, dt$$

$$= \nabla w(x) \cdot \int_0^1 B_p(x, u(x), \nabla v(x) + t\nabla w(x)) \, dt \qquad (11)$$

und

$$A^{ij}(x, \nabla u(x)) - A^{ij}(x, \nabla v(x)) = \int\limits_0^1 \frac{d}{dt} A^{ij}(x, \nabla v(x) + t\nabla w(x))\, dt$$

$$= \nabla w(x) \cdot \int\limits_0^1 A_p^{ij}(x, \nabla v(x) + t\nabla w(x))\, dt.$$

Wir definieren die Koeffizientenfunktionen

$$(b_1(x), \ldots, b_n(x)) = b(x) := \sum_{i,j=1}^n v_{x_i x_j}(x) \int\limits_0^1 A_p^{ij}(x, \nabla v(x) + t\nabla w(x))\, dt$$

$$+ \int\limits_0^1 B_p(x, u(x), \nabla v(x) + t\nabla w(x))\, dt, \qquad x \in \Omega,$$

$$(12)$$

und notieren $b_i = b_i(x) \in C^0(\Omega)$, $i = 1, \ldots, n$. Insgesamt erhalten wir für $w = w(x)$ die lineare, elliptische Differentialgleichung

$$\sum_{i,j=1}^n a_{ij}(x) \frac{\partial^2}{\partial x_i \partial x_j} w(x) + \sum_{i=1}^n b_i(x) \frac{\partial}{\partial x_i} w(x) + c(x) w(x) = 0, \qquad x \in \Omega, \ (13)$$

mit den in (8), (10) und (12) angegebenen Koeffizientenfunktionen.

Beispiel 2. Seien auf dem Gebiet $\Omega \subset \mathbb{R}^2$ zwei Lösungen $u = u(x,y) \in C^2(\Omega)$ und $v = v(x,y) \in C^2(\Omega)$ der Minimalflächengleichung

$$\mathcal{M}u(x,y) = 0 = \mathcal{M}v(x,y), \qquad (x,y) \in \Omega,$$

gegeben. Dann genügt $w(x,y) := u(x,y) - v(x,y)$, $(x,y) \in \Omega$, der linearen, elliptischen Differentialgleichung

$$a(x,y)w_{xx}(x,y) + 2b(x,y)w_{xy} + c(x,y)w_{yy}(x,y)$$

$$+ d(x,y)w_x(x,y) + e(x,y)w_y(x,y) = 0 \quad \text{in} \quad \Omega$$

$$(14)$$

mit den Koeffizientenfunktionen

$$a(x,y) = 1 + u_y^2, \qquad b(x,y) = -u_x u_y, \qquad c(x,y) = 1 + u_x^2$$

und

$$d(x,y) = -(u_y + v_y)v_{xy} + (u_x + v_x)v_{yy}, \qquad e(x,y) = (u_y + v_y)v_{xx} - (u_x + v_x)v_{xy}.$$

Satz 1. (Eindeutige Lösbarkeit des gemischten Randwertproblems)

I. Es sei $\Omega \subset \mathbb{R}^2$ ein beschränktes Gebiet. Der Rand $\partial\Omega$ enthalte eine - eventuell leere - Teilmenge $\Gamma \subsetneq \partial\Omega$ mit den folgenden Eigenschaften:

a) Die Menge $\partial\Omega \setminus \Gamma$ ist abgeschlossen.

b) Für alle $\xi \in \Gamma$ gibt es ein $\varrho = \varrho(\xi) \in (0, +\infty)$ und eine Funktion $\varphi = \varphi(x) \in C^2(B_\varrho(\xi))$ mit $\varphi(\xi) = 0$ und $\nabla\varphi(\xi) \neq 0$, so daß gilt

$$\Omega \cap B_\varrho(\xi) = \Big\{ y \in B_\varrho(\xi) \ : \ \varphi(y) < 0 \Big\}.$$

II. *Die stetigen Funktionen $f = f(x) : \partial\Omega \setminus \Gamma \to \mathbb{R}$ und $g = g(x) : \Gamma \to \mathbb{R}$ seien vorgelegt.*

III. *Die beiden Funktionen $u = u(x) : \overline{\Omega} \to \mathbb{R}$ und $v = v(x) : \overline{\Omega} \to \mathbb{R}$ der Regularitätsklasse $C^2(\Omega) \cap C^0(\overline{\Omega}) \cap C^1(\Omega \cup \Gamma)$ seien Lösungen des gemischten, quasilinearen, elliptischen Randwertproblems*

$$\sum_{i,j=1}^{n} A^{ij}(x, \nabla u(x)) \frac{\partial^2}{\partial x_i \partial x_j} u(x) + B(x, u(x), \nabla u(x)) = 0, \qquad x \in \Omega, \ (15)$$

$$u(x) = f(x), \qquad x \in \partial\Omega \setminus \Gamma, \tag{16}$$

$$\frac{\partial}{\partial\nu} u(x) = g(x), \qquad x \in \Gamma. \tag{17}$$

Dabei bezeichnet $\nu = \nu(x) : \Gamma \to S^{n-1}$ die äußere Normale auf Γ an Ω.

IV. *Schließlich gelte*

$$B_z(x, z, p) \leq 0 \qquad \text{für alle} \quad (x, z, p) \in \Omega \times \mathbb{R}^{1+n}.$$

Behauptung: *Dann folgt $u(x) \equiv v(x)$ für alle $x \in \overline{\Omega}$.*

Bemerkung: Eine Randbedingung der Form (16) nennt man *Dirichletsche Randbedingung.* In (17) haben wir eine *Neumannsche Randbedingung* vorliegen.

Beweis von Satz 1: Die Funktion

$$w(x) := u(x) - v(x) \in C^2(\Omega) \cap C^0(\overline{\Omega}) \cap C^1(\Omega \cup \Gamma)$$

genügt der linearen, elliptischen Differentialgleichung (13), die in einer Umgebung von Γ gleichmäßig elliptisch ist. Weiter erfüllt w die homogenen Randbedingungen

$$w(x) = 0, \ x \in \partial\Omega \setminus \Gamma, \qquad \text{und} \qquad \frac{\partial}{\partial\nu} w(x) = 0, \ x \in \Gamma. \tag{18}$$

Wegen Voraussetzung IV gilt für den in (10) erklärten Koeffizienten

$$c(x) \leq 0 \qquad \text{für alle} \quad x \in \Omega.$$

Nach Satz 2 und Satz 3 aus § 1 kann $w(x)$ weder in Ω noch auf Γ ihr globales Maximum und globales Minimum annehmen. Somit folgt $w(x) \equiv 0$ beziehungsweise

$$u(x) \equiv v(x) \qquad \text{in} \quad \Omega.$$

q.e.d.

Beispiel 3. Das Dirichletproblem für die nichtparametrische Gleichung vorgeschriebener mittlerer Krümmung

$$\zeta = \zeta(x,y) \in C^2(\Omega) \cap C^0(\overline{\Omega}),$$

$$\mathcal{M}\zeta(x,y) = 2H(x,y,\zeta(x,y))\left(1 + |\nabla\zeta(x,y)|^2\right)^{\frac{3}{2}} \quad \text{in} \quad \Omega, \qquad (19)$$

$$\zeta(x,y) = f(x,y) \quad \text{auf} \quad \partial\Omega$$

hat höchstens eine Lösung, falls $H_z \geq 0$ in $\Omega \times \mathbb{R}$ erfüllt ist.

Bemerkung: Die Frage nach der Existenz einer Lösung für das gemischte Randwertproblem in Satz 1 ist sehr schwierig. Schon für die Minimalflächengleichung (also $H \equiv 0$ in (19)) hat das Dirichletproblem (19) nur für konvexe Gebiete eine Lösung zu beliebigen stetigen Randfunktionen $f : \partial\Omega \to \mathbb{R}$. Für einen direkten parametrischen Zugang zum Dirichletproblem (19) verweisen wir auf die Arbeit

> F. Sauvigny: *Flächen vorgeschriebener mittlerer Krümmung mit eineindeutiger Projektion auf eine Ebene.* Mathematische Zeitschrift, Bd. 180 (1982), S. 41-67.

Eine allgemeine Theorie für quasilineare, elliptische Differentialgleichungen ist dem Buch von D. Gilbarg und N. Trudinger [GT], Teil 2 (insbesondere Kap. 14-16) zu entnehmen.

Wir weisen schließlich darauf hin, daß bei quasilinearen, elliptischen Differentialgleichungen C^0-Stabilitätsaussagen nur m. H. der Kontrolle der ersten Ableitungen der Lösung bis zum Rand bewiesen werden können.

§3 Die Wärmeleitungsgleichung

Sei $\mathbb{R}_+ := (0,+\infty)$ gesetzt; mit $\kappa \in \mathbb{R}_+$ bezeichnen wir den *konstanten Wärmeleitungskoeffizienten.* Wir betrachten Funktionen

$$u = u(x,t) = u(x_1,\ldots,x_n,t) : \mathbb{R}^n \times \mathbb{R}_+ \to \mathbb{R} \in C^2(\mathbb{R}^n \times \mathbb{R}_+), \qquad (1)$$

welche die *Wärmeleitungsgleichung*

$$\frac{\partial}{\partial t}u(x,t) = \kappa\Delta_x u(x,t), \qquad (x,t) \in \mathbb{R}^n \times \mathbb{R}_+, \qquad (2)$$

erfüllen. Für $n = 1$ modelliert eine Lösung von (2) die Temperaturverteilung in einem isolierten Draht, und für $n = 3$ erhalten wir die Temperaturverteilung in einem wärmeleitenden Medium. Gehen wir von einer Lösung $u = u(x,t)$ von (1), (2) über zur Funktion

$$v = v(x,t) := u(\sqrt{\kappa}x_1,\ldots,\sqrt{\kappa}x_n,t), \qquad (x,t) \in \mathbb{R}^n \times \mathbb{R}_+,$$

so erhalten wir für v die Differentialgleichung

$$\frac{\partial}{\partial t}v(x,t) = \Delta_x v(x,t) \quad \text{in} \quad \mathbb{R}^n \times \mathbb{R}_+. \tag{3}$$

Die Differentialgleichung (2) bzw. (3) ist nicht invariant unter der Zeitspiegelung $t \to (-t)$. Also beschreibt die Wärmeleitungsgleichung einen irreversiblen Prozeß, welcher zwischen Vergangenheit und Zukunft unterscheidet. Jedoch ist die Wärmeleitungsgleichung invariant unter der linearen Substitution

$$\xi = ax, \quad x \in \mathbb{R}^n; \quad \tau = a^2 t, \quad t \in \mathbb{R}_+, \tag{4}$$

mit einem $a \in \mathbb{R} \setminus \{0\}$. Die Größe $|x|^2/t$ ist ebenfalls invariant unter der Transformation (4); sie erscheint oft im Zusammenhang mit dieser Differentialgleichung.

Wir suchen nun eine Lösung von (3) mit dem Ansatz

$$v = v(x,t) = \exp i(\lambda t + \xi \cdot x), \quad (x,t) \in \mathbb{R}^n \times \mathbb{R}_+,$$

mit $\lambda \in \mathbb{C}$ und $\xi = (\xi_1, \dots, \xi_n) \in \mathbb{R}^n$. Damit ergibt sich aus (3)

$$0 = \frac{\partial}{\partial t}v(x,t) - \Delta_x v(x,t)$$

$$= e^{i(\lambda t + \xi \cdot x)}\left(i\lambda + |\xi|^2\right), \quad (x,t) \in \mathbb{R}^n \times \mathbb{R}_+.$$

Setzen wir $i\lambda = -|\xi|^2$, so erhalten wir mit

$$v(x,t) = e^{-|\xi|^2 t} e^{i\xi \cdot x}, \quad (x,t) \in \mathbb{R}^n \times \mathbb{R}_+, \tag{5}$$

eine Lösung der Wärmeleitungsgleichung (3).

Für jedes feste $t \in \mathbb{R}_+$ beschreibt $v(\cdot, t)$ eine ebene Wellenfunktion, die konstant ist auf den Ebenen $\xi \cdot x = const$. Die Phasenebene hat den Einheitsnormalenvektor $|\xi|^{-1}\xi$, und die Länge der Welle ist $L = 2\pi|\xi|^{-1}$. Genauer gilt

$$v\left(x + \frac{2\pi l}{|\xi|}\frac{\xi}{|\xi|}, t\right) = v(x,t) \quad \text{für alle} \quad (x,t) \in \mathbb{R}^n \times \mathbb{R}_+ \quad \text{und alle} \quad l \in \mathbb{Z}. \tag{6}$$

Die Amplitude der Welle ist

$$|v(x,t)| = e^{-|\xi|^2 t} = e^{-\frac{4\pi^2 t}{L^2}},$$

und somit fallen die Lösungen exponentiell mit der Zeit ab.

Zu einer gegebenen Funktion $g = g(\xi) \in C_0^\infty(\mathbb{R}^n, \mathbb{R})$ betrachten wir nun die Funktion

$$u(x,t) := (2\pi)^{-\frac{n}{2}} \int_{\mathbb{R}^n} e^{(i\xi \cdot x - |\xi|^2 t)} g(\xi) \, d\xi$$

$$= (2\pi)^{-\frac{n}{2}} \int_{-\infty}^{+\infty} \cdots \int_{-\infty}^{+\infty} e^{i(\xi_1 x_1 + \ldots \xi_n x_n)} e^{-|\xi|^2 t} g(\xi) \, d\xi_1 \ldots d\xi_n. \tag{7}$$

Wir berechnen

$$u_t(x,t) = (2\pi)^{-\frac{n}{2}} \int_{\mathbb{R}^n} e^{i\xi \cdot x} e^{-|\xi|^2 t} (-|\xi|^2) g(\xi) \, d\xi$$

und

$$\Delta_x u(x,t) = (2\pi)^{-\frac{n}{2}} \int_{\mathbb{R}^n} e^{i\xi \cdot x} e^{-|\xi|^2 t} (-|\xi|^2) g(\xi) \, d\xi$$

für alle $(\xi,t) \in \mathbb{R}^n \times \mathbb{R}_+$. Es folgt

$$\Delta_x u(x,t) - u_t(x,t) = 0, \qquad (x,t) \in \mathbb{R}^n \times \mathbb{R}_+. \tag{8}$$

Weiter erfüllt $u(x,t)$ die Anfangsbedingung

$$u(x,0) = (2\pi)^{-\frac{n}{2}} \int_{\mathbb{R}^n} e^{i\xi \cdot x} g(\xi) \, d\xi, \qquad x \in \mathbb{R}^n. \tag{9}$$

Es stellt sich nun die Frage, für welche Funktionen $f(x) : \mathbb{R}^n \to \mathbb{R}$ wir das Anfangswertproblem

$$u(x,0) = f(x), \quad x \in \mathbb{R}^n; \qquad u \in C^0(\mathbb{R}^n \times [0 + \infty)) \tag{10}$$

für die Wärmeleitungsgleichung (8) lösen können. Hierzu benötigen wir den

Satz 1. (Fourier-Plancherelsches Integraltheorem)
Der lineare Operator

$$\tilde{g}(x) := \mathbf{F}^{-1}(g)\Big|_x := (2\pi)^{-\frac{n}{2}} \int_{\mathbb{R}^n} e^{i\xi \cdot x} g(\xi) \, d\xi, \qquad g \in C_0^\infty(\mathbb{R}^n), \tag{11}$$

kann stetig fortgesetzt werden auf den Hilbertraum

$$\mathcal{H} := L^2(\mathbb{R}^n) := \left\{ \varphi : \mathbb{R}^n \to \mathbb{C} : \begin{array}{l} \varphi \text{ ist Lebesgue-meßbar, und} \\ \text{es gilt } \int_{\mathbb{R}^n} |\varphi(\xi)|^2 \, d\xi < +\infty \end{array} \right\}$$

mit dem inneren Produkt

$$(\varphi, \psi) := \int_{\mathbb{R}^n} \varphi(\xi) \overline{\psi}(\xi) \, d\xi, \qquad \varphi, \psi \in \mathcal{H}.$$

Die Abbildung $\mathbf{F}^{-1} : \mathcal{H} \to \mathcal{H}$ *besitzt die Umkehrabbildung*

$$\hat{f}(\xi) := \mathbf{F}(f)\Big|_{\xi} := (2\pi)^{-\frac{n}{2}} \int_{\mathbb{R}^n} e^{-i\xi \cdot x} f(x)\, dx, \qquad f \in C_0^\infty(\mathbb{R}^n), \qquad (12)$$

die wiederum stetig auf $\mathcal{H}$ *fortgesetzt werden kann. Weiter sind* $\mathbf{F}$ *und* $\mathbf{F}^{-1}$
isometrische Operatoren auf $\mathcal{H}$, *d.h.*

$$(\mathbf{F}\varphi, \mathbf{F}\psi) = (\varphi, \psi) = (\mathbf{F}^{-1}\varphi, \mathbf{F}^{-1}\psi) \qquad \text{für alle} \quad \varphi, \psi \in \mathcal{H},$$

und es gilt

$$(\mathbf{F}\varphi, \psi) = (\varphi, \mathbf{F}^{-1}\psi) \qquad \text{für alle} \quad \varphi, \psi \in \mathcal{H}.$$

Beweis: Dieser Satz wird in Kapitel VIII, § 5 bewiesen.

Definition 1. *Wir nennen den Operator* $\mathbf{F} : \mathcal{H} \to \mathcal{H}$ *die Fouriertransforma-tion und* $\mathbf{F}^{-1}$ *die inverse Fouriertransformation.*

Wir wählen nun in (7) die Funktion

$$g(\xi) = \mathbf{F}(f)\Big|_{\xi} = \hat{f}(\xi) = (2\pi)^{-\frac{n}{2}} \int_{\mathbb{R}^n} e^{-i\xi \cdot x} f(x)\, dx, \qquad f \in \mathcal{H},$$

so daß $g(\xi) \in C_0^\infty(\mathbb{R}^n)$ erfüllt ist. Damit folgt aus (9)

$$\begin{aligned}
u(x,0) &= (2\pi)^{-\frac{n}{2}} \int_{\mathbb{R}^n} e^{i\xi \cdot x} \hat{f}(\xi)\, d\xi \\
&= \mathbf{F}^{-1} \circ \mathbf{F}(f)\Big|_{x} = f(x), \qquad x \in \mathbb{R}^n.
\end{aligned} \qquad (13)$$

Ferner berechnen wir

$$\begin{aligned}
u(x,t) &= (2\pi)^{-\frac{n}{2}} \int_{\mathbb{R}^n} e^{i\xi \cdot x} e^{-|\xi|^2 t} \hat{f}(\xi)\, d\xi \\
&= (2\pi)^{-n} \int_{\mathbb{R}^n} \int_{\mathbb{R}^n} e^{i\xi \cdot x} e^{-|\xi|^2 t} e^{-i\xi \cdot y} f(y)\, dy\, d\xi \\
&= (2\pi)^{-n} \int_{\mathbb{R}^n} \left(\int_{\mathbb{R}^n} e^{i\xi \cdot (x-y) - |\xi|^2 t}\, d\xi \right) f(y)\, dy.
\end{aligned} \qquad (14)$$

Mit Hilfe der Substitution

$$\xi = \frac{i(x-y)}{2t} + \frac{1}{\sqrt{t}} \eta, \quad d\xi = t^{-\frac{n}{2}}\, d\eta, \qquad \eta \in \mathbb{R}^n,$$

ermitteln wir

$$\int\limits_{\mathbb{R}^n} e^{i\xi\cdot(x-y)-|\xi|^2 t}\, d\xi = \int\limits_{\mathbb{R}^n} e^{\left(-\frac{|x-y|^2}{2t}+\frac{i}{\sqrt{t}}\eta\cdot(x-y)+\frac{|x-y|^2}{4t}-\frac{i}{\sqrt{t}}\eta\cdot(x-y)-|\eta|^2\right)} t^{-\frac{n}{2}}\, d\eta$$

$$= \int\limits_{\mathbb{R}^n} e^{-\frac{|x-y|^2}{4t}} e^{-|\eta|^2} t^{-\frac{n}{2}}\, d\eta$$

$$= t^{-\frac{n}{2}} e^{-\frac{|x-y|^2}{4t}} \int\limits_{\mathbb{R}^n} e^{-|\eta|^2}\, d\eta$$

$$= t^{-\frac{n}{2}} e^{-\frac{|x-y|^2}{4t}} \left(\int\limits_{-\infty}^{+\infty} e^{-\varrho^2}\, d\varrho \right)^n,$$

also

$$\int\limits_{\mathbb{R}^n} e^{i\xi\cdot(x-y)-|\xi|^2 t}\, d\xi = \pi^{\frac{n}{2}} t^{-\frac{n}{2}} e^{-\frac{|x-y|^2}{4t}}. \tag{15}$$

Setzen wir nun (15) in (14) ein, so folgt

$$u(x,t) = (4\pi t)^{-\frac{n}{2}} \int\limits_{\mathbb{R}^n} e^{-\frac{|x-y|^2}{4t}} f(y)\, dy, \qquad (x,t) \in \mathbb{R}^n \times (0,+\infty). \tag{16}$$

Wir erhalten also mit (16) eine Lösung des Anfangswertproblems (10) für die Wärmeleitungsgleichung (8).

Definition 2. *Die Funktion*

$$K(x,y,t) := (4\pi t)^{-\frac{n}{2}} \exp\left\{ -\frac{|x-y|^2}{4t} \right\}, \qquad x \in \mathbb{R}^n, \quad y \in \mathbb{R}^n, \quad t \in \mathbb{R}_+,$$

nennen wir die Kernfunktion der Wärmeleitungsgleichung.

Hilfssatz 1. *Für die Kernfunktion* $K(x,y,t) : \mathbb{R}^n \times \mathbb{R}^n \times \mathbb{R}_+ \to \mathbb{R}_+$ *der Wärmeleitungsgleichung gilt:*

(i) $K \in C^2(\mathbb{R}^n \times \mathbb{R}^n \times \mathbb{R}_+)$ *und*

$$\left(\frac{\partial}{\partial t} - \Delta_x \right) K(x,y,t) = 0 \qquad im \quad \mathbb{R}^n \times \mathbb{R}^n \times \mathbb{R}_+.$$

(ii) Für alle $(x,t) \in \mathbb{R}^n \times \mathbb{R}_+$ *haben wir*

$$\int\limits_{\mathbb{R}^n} K(x,y,t)\, dy = 1.$$

(iii) Für jedes $\delta > 0$ *konvergiert*

$$\int\limits_{y:|y-x|>\delta} K(x,y,t)\, dy \to 0 \ (t \to 0+) \qquad \text{gleichmäßig für alle} \quad x \in \mathbb{R}^n.$$

Beweis:

(i) Formel (15) entnehmen wir

$$K(x,y,t) = (4\pi t)^{-\frac{n}{2}} \exp\left\{-\frac{|x-y|^2}{4t}\right\} = (2\pi)^{-n} \int\limits_{\mathbb{R}^n} e^{i(x-y)\cdot\xi - |\xi|^2 t}\, d\xi.$$

Da nun aber

$$\left(\frac{\partial}{\partial t} - \Delta_x\right)\left\{e^{i(x-y)\cdot\xi - |\xi|^2 t}\right\} = 0 \quad \text{in } \mathbb{R}^n \times \mathbb{R}^n \times \mathbb{R}_+$$

richtig ist und das angegebene Integral bei Differentiation nach t und x absolut konvergent bleibt, folgt

$$\left(\frac{\partial}{\partial t} - \Delta_x\right) K(x,y,t) = (2\pi)^{-n} \int\limits_{\mathbb{R}^n} \left(\frac{\partial}{\partial t} - \Delta_x\right)\left\{e^{i(x-y)\cdot\xi - |\xi|^2 t}\right\} d\xi = 0$$

für alle $(x,y,t) \in \mathbb{R}^n \times \mathbb{R}^n \times \mathbb{R}_+$.

(ii) Mit Hilfe der Substitution $y = x + \sqrt{4t}\eta$, $dy = (4t)^{\frac{n}{2}}\, d\eta$ berechnen wir für $\delta \geq 0$

$$\int\limits_{y:|y-x|>\delta} K(x,y,t)\, dy = (4\pi t)^{-\frac{n}{2}} \int\limits_{y:|y-x|>\delta} \exp\left\{-\frac{|x-y|^2}{4t}\right\} dy$$

$$= \pi^{-\frac{n}{2}} \int\limits_{\eta:|\eta|>\frac{\delta}{\sqrt{4t}}} e^{-|\eta|^2}\, d\eta \quad \text{für alle } (x,t) \in \mathbb{R}^n \times \mathbb{R}_+. \tag{17}$$

Setzen wir in (17) $\delta = 0$ ein, so folgt

$$\int\limits_{\mathbb{R}^n} K(x,y,t)\, dy = \pi^{-\frac{n}{2}} \int\limits_{\mathbb{R}^n} \exp(-|\eta|^2)\, d\eta = \pi^{-\frac{n}{2}} \pi^{\frac{n}{2}} = 1.$$

(iii) Im Falle $\delta > 0$ entnehmen wir Formel (17)

$$\int\limits_{y:|y-x|>\delta} K(x,y,t)\, dy = \pi^{-\frac{n}{2}} \int\limits_{\eta:|\eta|>\frac{\delta}{\sqrt{4t}}} e^{-|\eta|^2}\, d\eta \;\to\; 0\,(t \to 0+)$$

gleichmäßig für alle $x \in \mathbb{R}^n$.   q.e.d.

Unabhängig vom Fourier-Plancherelschen Integraltheorem beweisen wir nun den

Satz 2. *Sei $f = f(x) : \mathbb{R}^n \to \mathbb{R} \in C^0(\mathbb{R}^n)$ eine stetige, beschränkte Funktion, und es sei*

$$u(x,t) := \int\limits_{\mathbb{R}^n} K(x,y,t) f(y)\, dy$$

$$= (4\pi t)^{-\frac{n}{2}} \int\limits_{\mathbb{R}^n} e^{-\frac{|x-y|^2}{4t}} f(y)\, dy, \qquad (x,t) \in \mathbb{R}^n \times \mathbb{R}_+, \tag{18}$$

definiert. Dann gelten die folgenden Behauptungen:

(i) Setzen wir $\mathbb{C}_+ := \{t = \sigma + i\tau \in \mathbb{C} : \ \sigma > 0\}$, *so gibt es eine holomorphe Funktion* $U : \mathbb{C}^n \times \mathbb{C}_+ \to \mathbb{C}$, *so daß*

$$u(x,t) = U(x,t) \qquad \text{für alle} \quad (x,t) \in \mathbb{R}^n \times \mathbb{R}_+$$

richtig ist. Insbesondere folgt $u \in C^\infty(\mathbb{R}^n \times \mathbb{R}_+)$.

(ii) u erfüllt die Wärmeleitungsgleichung

$$\Delta_x u(x,t) - \frac{\partial}{\partial t} u(x,t) = 0 \qquad \text{in} \quad \mathbb{R}^n \times \mathbb{R}_+.$$

(iii) Es gilt $u \in C^0(\mathbb{R}^n \times [0, +\infty))$, *und u genügt der Anfangsbedingung*

$$u(x,0) = f(x) \qquad \text{für alle} \quad x \in \mathbb{R}^n.$$

(iv) Schließlich haben wir die Ungleichung

$$\inf_{y \in \mathbb{R}^n} f(y) \le u(x,t) \le \sup_{y \in \mathbb{R}^n} f(y) \qquad \text{für alle} \quad (x,t) \in \mathbb{R}^n \times \mathbb{R}_+, \tag{19}$$

wobei die Gleichheit nur dann eintritt, wenn $f : \mathbb{R}^n \to \mathbb{R}$ *konstant ist.*

Beweis:

(i) Wir setzen zunächst $K : \mathbb{R}^n \times \mathbb{R}^n \times \mathbb{R}_+ \to \mathbb{R}_+$ wie folgt auf das Gebiet $\mathbb{C}^n \times \mathbb{R}^n \times \mathbb{C}_+$ fort: Zu $x = \xi + i\eta \in \mathbb{C}^n$, $y \in \mathbb{R}^n$ und $t = \sigma + i\tau \in \mathbb{C}_+$ erklären wir

$$K(x,y,t) := (4\pi)^{-\frac{n}{2}} (t^2)^{-\frac{n}{4}} \exp\left\{ - \frac{(x-y) \cdot (x-y)}{4t} \right\}$$

für $(x,y,t) \in \mathbb{C}^n \times \mathbb{R}^n \times \mathbb{C}_+$. Zu jedem festen $y \in \mathbb{R}^n$ ist $K(x,y,t) :$ $\mathbb{C}^n \times \mathbb{C}_+ \to \mathbb{C}$ holomorph, und $K : \mathbb{C}^n \times \mathbb{R}^n \times \mathbb{C}_+ \to \mathbb{C}$ ist stetig. Weiter gilt

$$|K(x,y,t)| = (4\pi)^{-\frac{n}{2}} (|t|^2)^{-\frac{n}{4}} \exp\left\{ - \operatorname{Re}\frac{(x-y) \cdot (x-y)}{4t} \right\}$$

$$= (4\pi)^{-\frac{n}{2}} (\sigma^2 + \tau^2)^{-\frac{n}{4}} \exp\left\{ - \frac{1}{4}\operatorname{Re}\frac{(\xi - y + i\eta) \cdot (\xi - y + i\eta)}{\sigma + i\tau} \right\}. \tag{20}$$

Wir berechnen nun

$$\mathrm{Re}\frac{(\xi - y + i\eta) \cdot (\xi - y + i\eta)}{\sigma + i\tau}$$

$$= \frac{1}{\sigma^2 + \tau^2}\mathrm{Re}\Big\{(\sigma - i\tau)\big[(\xi - y)^2 - \eta^2 + 2i\eta \cdot (\xi - y)\big]\Big\}$$

$$= \frac{1}{\sigma^2 + \tau^2}\Big\{\sigma(\xi - y)^2 - \sigma\eta^2 + 2\tau\eta \cdot (\xi - y)\Big\} \tag{21}$$

$$= \frac{1}{\sigma(\sigma^2 + \tau^2)}\Big\{|\sigma(\xi - y) + \tau\eta|^2 - \tau^2\eta^2 - \sigma^2\eta^2\Big\}$$

$$= \frac{1}{\sigma(\sigma^2 + \tau^2)}|\sigma(\xi - y) + \tau\eta|^2 - \frac{1}{\sigma}\eta^2.$$

Aus (20) und (21) erhalten wir die Beziehung

$$|K(x, y, t)|$$

$$= (4\pi)^{-\frac{n}{2}}(\sigma^2 + \tau^2)^{-\frac{n}{4}}\exp\Big\{\frac{1}{4\sigma}|\eta|^2 - \frac{1}{4\sigma(\sigma^2 + \tau^2)}|\sigma(\xi - y) + \tau\eta|^2\Big\}$$

$$= \Big(1 + \frac{\tau^2}{\sigma^2}\Big)^{-\frac{n}{4}}\exp\Big\{\frac{|\eta|^2}{4\sigma}\Big\}\sigma^{-\frac{n}{2}}(4\pi)^{-\frac{n}{2}}\exp\Big\{-\frac{|\sigma(\xi - y) + \tau\eta|^2}{4\sigma(\sigma^2 + \tau^2)}\Big\}$$

$$= \Big(1 + \frac{\tau^2}{\sigma^2}\Big)^{+\frac{n}{4}}\exp\Big\{\frac{|\eta|^2}{4\sigma}\Big\}K\Big(\xi + \frac{\tau}{\sigma}\eta, y, \sigma + \frac{\tau^2}{\sigma}\Big)$$

$$=: \Theta_{x,t}(y) \qquad \text{für alle} \quad (x, y, t) \in \mathbb{C}^n \times \mathbb{R}^n \times \mathbb{C}_+.$$

Das Parameterintegral

$$U(x, t) := \int\limits_{\mathbb{R}^n} K(x, y, t) f(y)\, dy, \qquad (x, t) \in \mathbb{C}^n \times \mathbb{C}_+,$$

hat also eine integrable Majorante. Nach Satz 11 aus Kapitel V, §1 ist daher $U : \mathbb{C}^n \times \mathbb{C}_+ \to \mathbb{C}$ eine holomorphe Funktion.

(ii) Die Wärmeleitungsgleichung für $u(x, t)$ erhalten wir sofort aus (18) zusammen mit Hilfssatz 1, (i).

(iii) Wir wollen nun die stetige Annahme der Anfangswerte zeigen. Sei $\xi \in \mathbb{R}^n$ und $\varepsilon > 0$ vorgegeben; dann gibt es ein $\delta = \delta(\xi, \varepsilon) > 0$, so daß

$$|f(y) - f(\xi)| < \varepsilon \qquad \text{für alle} \quad |y - \xi| < 2\delta$$

gilt. Wir setzen noch

$$M := \sup\{|f(y)| \,:\, y \in \mathbb{R}^n\} < +\infty.$$

Damit erhalten wir für alle $(x, t) \in \mathbb{R}^n \times \mathbb{R}_+$ mit $|x - \xi| < \delta$ und $0 < t < \vartheta$ die folgende Ungleichung:

$$|u(x,t) - f(\xi)| = \left| \int\limits_{\mathbb{R}^n} K(x,y,t)(f(y) - f(\xi))\, dy \right|$$

$$\leq \int\limits_{y:|y-x|\leq\delta} K(x,y,t)|f(y) - f(\xi)|\, dy$$

$$+ \int\limits_{y:|y-x|\geq\delta} K(x,y,t)|f(y) - f(\xi)|\, dy \qquad (22)$$

$$\leq \int\limits_{y:|y-\xi|\leq 2\delta} K(x,y,t)|f(y) - f(\xi)|\, dy$$

$$+2M \int\limits_{y:|y-x|\geq\delta} K(x,y,t)\, dy$$

$$\leq \varepsilon + 2M\varepsilon,$$

falls wir $\vartheta > 0$ hinreichend klein wählen. In der letzten Ungleichung haben wir noch Hilfssatz 1, (ii) und (iii) verwendet. Aus Formel (22) können wir nun ablesen

$$\lim_{t\to 0+} u(x,t) = f(x) \qquad \text{für alle} \quad x \in \mathbb{R}^n.$$

(iv) Die Aussage (19) folgt sofort aus der Integraldarstellung (18) zusammen mit Hilfssatz 1, (ii).

q.e.d.

Bemerkungen:

1. Für beschränkte, stetige Funktionen $f : \mathbb{R}^n \to \mathbb{R}$ erhalten wir mit der in (18) erklärten Funktion $u(x,t)$ eine (beschränkte) Lösung des Anfangswertproblems für die Wärmeleitungsgleichung. Es gibt aber auch weitere (unbeschränkte) Lösungen desselben Problems; siehe hierzu [J], Kap. VII, § 1. Wir zeigen im Anschluß, daß das Anfangswertproblem für die Wärmeleitungsgleichung in der Klasse der beschränkten Lösungen eindeutig lösbar ist.

2. Mittels (18) kann man auch Lösungen des Anfangswertproblems konstruieren zu Anfangswerten $f : \mathbb{R}^n \to \mathbb{R}$, die einer Abschätzung

$$|f(x)| \leq M e^{a|x|^2}, \qquad x \in \mathbb{R}^n,$$

genügen. Dann existiert die Lösung (18) allerdings nur für Zeiten $0 \leq t < \frac{1}{4a}$.

Wir wollen nun ein Maximumprinzip für parabolische Differentialgleichungen beweisen: Sei $\Omega \subset \mathbb{R}^n$, $n \in \mathbb{N}$, ein beschränktes Gebiet. Wir betrachten den *parabolischen Zylinder*

$$\Omega_T := \Big\{ (x,t) \in \mathbb{R}^n \times \mathbb{R}_+ \ : \ x \in \Omega, \ t \in (0,T] \Big\},$$

zu vorgegebenem $T \in \mathbb{R}_+$. Dieser hat als *parabolischen Rand* die Menge

$$\Delta\Omega_T := \Big\{ (x,t) \in \mathbb{R}^n \times [0,+\infty) \ : \ (x,t) \in (\partial\Omega \times [0,T]) \cup (\Omega \times \{0\}) \Big\}.$$

Hilfssatz 2. *Die Funktion* $u = u(x,t) \in C^2(\Omega_T)$ *genüge der Differentialungleichung*

$$\Delta_x u(x,t) - \frac{\partial}{\partial t} u(x,t) > 0, \qquad (x,t) \in \Omega_T.$$

Dann kann u *in keinem Punkt von* Ω_T *ihr Maximum annehmen.*

Beweis: Wir nehmen an, u würde in einem Punkt $(\xi,\tau) \in \Omega_T$ das Maximum annehmen. Ist $(\xi,\tau) \in \overset{\circ}{\Omega}_T$ richtig, so liefert § 1, Hilfssatz 1 die Ungleichung

$$\Big(\Delta_x - \frac{\partial}{\partial t} \Big) u(\xi,\tau) \leq 0$$

im Widerspruch zur Voraussetzung. Also muß $(\xi,\tau) \in \Omega_T \backslash \overset{\circ}{\Omega}_T$ gelten, und insbesondere $\tau = T$. Weiter liefert die Differentialungleichung

$$\Delta_x u(\xi,T) > \frac{\partial}{\partial t} u(\xi,T) \geq 0. \tag{23}$$

Nun nimmt aber auch die Funktion $\tilde{u}(x) := u(x,T)$, $x \in \Omega$, im Punkt $\xi \in \Omega$ ihr Maximum an. Der Hilfssatz 1 aus § 1 liefert damit $\Delta\tilde{u}(\xi) \leq 0$ im Widerspruch zu (23).

q.e.d.

Hilfssatz 3. *Die Funktion* $u = u(x,t) \in C^2(\Omega_T) \cap C^0(\Omega_T \cup \Delta\Omega_T)$ *sei eine Lösung der Differentialungleichung*

$$\Delta_x u(x,t) - \frac{\partial}{\partial t} u(x,t) \geq 0, \qquad (x,t) \in \Omega_T,$$

und genüge der Randbedingung

$$u(x,t) \leq 0, \qquad (x,t) \in \Delta\Omega_T.$$

Dann folgt $u(x,t) \leq 0$ *in* $\Omega_T \cup \Delta\Omega_T$.

Beweis: Zu beliebigem $\varepsilon > 0$ betrachten wir die Hilfsfunktion $w(x,t) := u(x,t) - \varepsilon t$ und beachten

$$\Big(\Delta_x - \frac{\partial}{\partial t} \Big) w(x,t) = \Big(\Delta_x - \frac{\partial}{\partial t} \Big) u(x,t) + \varepsilon > 0 \qquad \text{in} \quad \Omega_T.$$

Als Randbedingung ermitteln wir

$$w(x,t) = u(x,t) - \varepsilon t \leq 0 \qquad \text{auf} \quad \Delta\Omega_T.$$

Aus Hilfssatz 2 folgt somit $w(x,t) \leq 0$ bzw. $u(x,t) \leq \varepsilon t$ in Ω_T. Der Grenzübergang $\varepsilon \downarrow 0$ liefert

$$u(x,t) \leq 0 \qquad \text{in} \quad \Omega_T \cup \Delta\Omega_T.$$

q.e.d.

Satz 3. (Parabolisches Maximum-Minimum-Prinzip)
Sei $u = u(x,y) \in C^2(\Omega_T) \cap C^0(\Omega_T \cup \Delta\Omega_T)$ eine Lösung der Wärmeleitungs-gleichung

$$\Delta_x u(x,t) - \frac{\partial}{\partial t}u(x,t) = 0, \qquad (x,t) \in \Omega_T.$$

Dann folgt

$$\min_{(\xi,\tau)\in\Delta\Omega_T} u(\xi,\tau) =: m \leq u(x,t) \leq M := \max_{(\xi,\tau)\in\Delta\Omega_T} u(\xi,\tau), \qquad (x,t) \in \Omega_T.$$

Beweis: Wendet man Hilfssatz 3 auf die Hilfsfunktionen

$$u(x,t) - M \quad \text{und} \quad m - u(x,t), \qquad (x,t) \in \Omega_T \cup \Delta\Omega_T,$$

an, so erhält man sofort die Behauptung.   q.e.d.

Satz 4. (Eindeutigkeitssatz für die Wärmeleitungsgleichung)
*Gegeben sei die beschränkte, stetige Funktion $f = f(x) : \mathbb{R}^n \to \mathbb{R} \in C^0(\mathbb{R}^n)$.
Dann gibt es genau eine beschränkte Lösung u des Anfangswertproblems für
die Wärmeleitungsgleichung zu dieser Funktion f, d.h.*

$$u = u(x,t) \in C^2(\mathbb{R}^n \times \mathbb{R}_+, \mathbb{R}) \cap C^0(\mathbb{R}^n \times [0,+\infty), \mathbb{R}),$$

$$\Delta_x u(x,t) - \frac{\partial}{\partial t}u(x,t) = 0 \quad in \quad \mathbb{R}^n \times \mathbb{R}_+,$$

$$u(x,0) = f(x), \qquad x \in \mathbb{R}^n, \tag{24}$$

$$\sup_{(x,t)\in\mathbb{R}^n\times\mathbb{R}_+} |u(x,t)| < +\infty.$$

Beweis: Seien $u = u(x,t)$ und $v = v(x,t)$ zwei Lösungen von (24), so setzen
wir

$$M := \sup_{\mathbb{R}^n\times\mathbb{R}_+} |u(x,t)| + \sup_{\mathbb{R}^n\times\mathbb{R}_+} |v(x,t)| \in [0,+\infty).$$

Für die Funktion

$$w(x,t) := u(x,t) - v(x,t) \in C^2(\mathbb{R}^n \times \mathbb{R}_+, \mathbb{R}) \cap C^0(\mathbb{R}^n \times [0,+\infty), \mathbb{R})$$

gilt dann

$$\Delta_x w(x,t) - \frac{\partial}{\partial t}w(x,t) = 0 \quad in \quad \mathbb{R}^n \times \mathbb{R}_+,$$

$$u(x,0) = 0, \qquad x \in \mathbb{R}^n, \tag{25}$$

$$|w(x,t)| \leq M \quad \text{für alle} \quad (x,t) \in \mathbb{R}^n \times [0,+\infty).$$

Wir wählen nun Zahlen $T \in \mathbb{R}_+$ und $R \in \mathbb{R}_+$ und erklären zu der Kugel
$B_R := \{x \in \mathbb{R}^n : |x| < R\}$ den parabolischen Zylinder

$$B_{R,T} := \Big\{ (x,t) \in \mathbb{R}^n \times \mathbb{R}_+ \; : \; x \in B_R,\; t \in (0,T] \Big\}$$

mit dem parabolischen Rand

$$\Delta B_{R,T} = \Big\{ (x,t) \in \overline{B_R} \times [0,T] \; : \; x \in \partial B_R \text{ oder } t = 0 \Big\}.$$

Auf $B_{R,T}$ betrachten wir sowohl die Lösung $w(x,t)$ des Problems (25) als auch die Funktion

$$W(x,t) := \frac{2nM}{R^2} \Big(\frac{|x|^2}{2n} + t \Big). \tag{26}$$

Die Funktion W genügt der Differentialgleichung

$$\Big(\Delta_x - \frac{\partial}{\partial t} \Big) W(x,t) = \frac{2nM}{R^2}(1-1) = 0, \qquad (x,t) \in B_{R,T},$$

und auf dem parabolischen Rand gilt

$$|w(x,t)| \le W(x,t), \qquad (x,t) \in \Delta B_{R,T}.$$

Anwendung des parabolischen Maximum-Minimum-Prinzips liefert nun

$$|w(x,t)| \le W(x,t) = \frac{2nM}{R^2} \Big(\frac{|x|^2}{2n} + t \Big), \qquad (x,t) \in B_{R,T}. \tag{27}$$

Lassen wir nun $R \to +\infty$ streben in Formel (27), so folgt

$$w(x,t) = 0, \qquad x \in \mathbb{R}^n, \quad t \in (0,T],$$

mit beliebigem $T \in \mathbb{R}_+$. Somit haben wir $w(x,t) \equiv 0$ bzw. $u(x,t) \equiv v(x,t)$ in $\mathbb{R}^n \times \mathbb{R}_+$.

q.e.d.

Wir betrachten nun noch ein Anfangs-Randwertproblem für die eindimensionale Wärmeleitungsgleichung. Für weitere Ergebnisse über die Wärmeleitungsgleichung verweisen wir auf [GuLe], Ch. 5 und 9.

Beispiel 1. (Ein Anfangs-Randwert-Problem für die eindimensionale Wärmeleitungsgleichung) Wir suchen eine Lösung $v = v(x,t)$, $0 < x < L$, $t > 0$, der *eindimensionalen Wärmeleitungsgleichung*

$$v_{xx}(x,t) - v_t(x,t) = 0, \qquad x \in (0,L), \quad t \in (0,+\infty), \tag{28}$$

unter den *Randbedingungen*

$$v(0,t) = 0 = v(L,t), \qquad t \in [0,+\infty), \tag{29}$$

und der *Anfangsbedingung*

$$v(x,0) = f(x), \qquad x \in (0,L). \tag{30}$$

Dabei ist $f = f(x) : [0, L] \to \mathbb{R}$ eine stetige Funktion mit $f(0) = 0 = f(L)$.

Das Problem (28)-(30) modelliert eine Temperaturverteilung in einem isolierten Draht unter Festhalten der Temperaturen am Rand des Drahtes. Wir werden eine Lösung von (28)-(30) mit Hilfe von Spiegelungsmethoden gewinnen. Dazu spiegeln wir f ungerade an den Punkten $x = 0$ und $x = L$, so daß

$$f(-x) = -f(x), \quad f(L + (L - x)) = -f(x), \qquad x \in \mathbb{R}, \tag{31}$$

erfüllt ist. Setzen wir nun

$$\varphi(x) := \begin{cases} f(x), 0 \le x \le L \\ 0, \quad \text{sonst} \end{cases},$$

so erscheint die fortgesetzte Funktion f in der Form

$$f(x) = \sum_{-\infty}^{+\infty} \Big\{ \varphi(2nL + x) - \varphi(2nL - x) \Big\}, \qquad x \in \mathbb{R}. \tag{32}$$

Zu dieser Anfangsverteilung $f : \mathbb{R} \to \mathbb{R}$, die stetig und beschränkt ist, lösen wir nun global die Wärmeleitungsgleichung. Verwenden wir noch die Substitutionen

$$\xi = 2nL \pm y, \quad d\xi = \pm dy, \qquad n = 0, \pm 1, \pm 2, \ldots,$$

so erhalten wir

$$
\begin{aligned}
u(x, t) &= \int\limits_{-\infty}^{+\infty} K(x, y, t) f(y) \, dy \\
&= \int\limits_{-\infty}^{+\infty} K(x, y, t) \sum_{n=-\infty}^{+\infty} \Big\{ \varphi(2nL + y) - \varphi(2nL - y) \Big\} \, dy \\
&= \int\limits_{-\infty}^{+\infty} \varphi(\xi) \sum_{n=-\infty}^{+\infty} \Big\{ K(x, \xi - 2nL, t) - K(x, 2nL - \xi, t) \Big\} \, d\xi \\
&= \int\limits_{0}^{L} G(x, \xi, t) f(\xi) \, d\xi.
\end{aligned}
\tag{33}
$$

Dabei haben wir gesetzt

$$
\begin{aligned}
G(x, \xi, t) &:= \sum_{n=-\infty}^{+\infty} \Big\{ K(x, \xi - 2nL, t) - K(x, 2nL - \xi, t) \Big\} \\
&= \frac{1}{\sqrt{4\pi t}} \sum_{n=-\infty}^{+\infty} \Big\{ e^{-\frac{1}{4t}(x - \xi + 2nL)^2} - e^{-\frac{1}{4t}(x + \xi - 2nL)^2} \Big\} \\
&= \frac{1}{2L} \Big\{ \vartheta\Big(\frac{x - \xi}{2L}, \frac{i\pi t}{L^2} \Big) - \vartheta\Big(\frac{x + \xi}{2L}, \frac{i\pi t}{L^2} \Big) \Big\},
\end{aligned}
\tag{34}
$$

wobei wir mit

$$\vartheta(z,\tau) := \frac{1}{\sqrt{-i\tau}} \sum_{n=-\infty}^{+\infty} \exp\left(-i\pi\frac{(z+n)^2}{\tau}\right) \tag{35}$$

die *Thetafunktion* bezeichnen.

Die Funktionen $u(x,t) + u(-x,t)$ und $u(x,t) + u(2L-x,t)$ sind Lösungen der Wärmeleitungsgleichung (28) in $\mathbb{R} \times \mathbb{R}_+$ zu homogenen Anfangsbedingungen. Satz 4 liefert nun

$$u(x,t) + u(-x,t) \equiv 0 \equiv u(x,t) + u(2L-x,t), \qquad (x,t) \in \mathbb{R} \times [0,+\infty). \tag{36}$$

Somit erfüllt $v(x,t) := u(x,t)$, $x \in [0,L]$, $t \in [0,+\infty)$, das Anfangs-Randwertproblem (28)-(30) für die eindimensionale Wärmeleitungsgleichung.

§4 Charakteristische Flächen

In einem Gebiet $\Omega \subset \mathbb{R}^{n+1}$, $n \in \mathbb{N}$, betrachten wir die *lineare partielle Differentialgleichung zweiter Ordnung*

$$\mathcal{L}u(y) := \sum_{j,k=1}^{n+1} a_{jk}(y)\frac{\partial^2}{\partial y_j \partial y_k}u(y) + \sum_{j=1}^{n+1} b_j(y)\frac{\partial}{\partial y_j}u(y) + c(y)u(y) = h(y) \tag{1}$$

für $y \in \Omega$. Die Koeffizientenfunktionen $a_{jk}(y)$, $b_j(y)$ und $c(y)$ mit $j,k = 1,\ldots,n+1$, sowie die rechte Seite $h(y)$ gehören der Regularitätsklasse $C^0(\Omega,\mathbb{R})$ an, und für alle $y \in \Omega$ sei die Matrix $(a_{jk}(y))_{j,k=1,\ldots,n+1}$ symmetrisch.

Definition 1. *Sei $\varphi = \varphi(y_1,\ldots,y_{n+1}) : \Omega \to \mathbb{R} \in C^2(\Omega)$ eine nichtkonstante Funktion, für welche die Menge*

$$\mathcal{F} := \left\{ y \in \Omega \ : \ \varphi(y) = 0 \right\}$$

nicht leer ist. Wir nennen $\mathcal{F}$ eine charakteristische Fläche für die Differentialgleichung (1), falls die zugehörige quadratische Form

$$Q[\varphi](y) := \sum_{j,k=1}^{n+1} a_{jk}(y)\frac{\partial\varphi}{\partial y_j}(y)\frac{\partial\varphi}{\partial y_k}(y), \qquad y \in \Omega, \tag{2}$$

die Bedingung

$$Q[\varphi](y) = 0 \qquad \text{für alle} \quad y \in \mathcal{F}$$

erfüllt. Andererseits heißt $\mathcal{F}$ nichtcharakteristische Fläche, wenn gilt

$$Q[\varphi](y) \neq 0 \qquad \text{für alle} \quad y \in \mathcal{F}.$$

Im Falle $n = 1$ sprechen wir von charakteristischen bzw. nichtcharakteristischen Kurven.

Bemerkung: Da wir nicht $\nabla\varphi(y) \neq 0$ auf $\mathcal{F}$ voraussetzen, kann $\mathcal{F}$ singuläre Punkte haben. Im allgemeinen ist $\mathcal{F} \subset \mathbb{R}^{n+1}$ also keine Hyperfläche.

Beispiel 1. Ist $\mathcal{L}$ elliptisch in Ω, d.h. die Matrix $(a_{jk}(x))_{j,k=1,\ldots,n+1}$ ist für alle $x \in \Omega$ positiv-definit, so kann es keine charakteristischen Flächen geben.

Beispiel 2. Wir betrachten den Differentialoperator der Wärmeleitungsgleichung

$$\mathcal{L} := \Delta_x - \frac{\partial}{\partial t} \quad \text{im} \quad \mathbb{R}^n \times \mathbb{R}_+.$$

Dann erhalten wir die quadratische Form

$$Q[\varphi](x,t) = \sum_{j=1}^{n} (\varphi_{x_j}(x,t))^2, \qquad (x,t) \in \mathbb{R}^n \times \mathbb{R}_+.$$

Wählen wir nun für ein festes $\tau \in \mathbb{R}$ die Funktion $\varphi(x,t) := t - \tau$, so ist die Fläche

$$\mathcal{F} := \left\{ (x,t) \in \mathbb{R}^n \times \mathbb{R} \ : \ \varphi(x,t) = 0 \right\} = \mathbb{R}^n \times \{\tau\}$$

charakteristisch. Insbesondere ist also die Ebene $\mathbb{R}^n \times \{0\}$ eine charakteristische Fläche für die Wärmeleitungsgleichung.

Definition 2. *Zu dem Gebiet $\Omega \subset \mathbb{R}^n$ und Zahlen $-\infty \leq t_1 < t_2 \leq +\infty$ betrachten wir die Dose*

$$\Omega_{t_1,t_2} := \left\{ (x,t) \in \mathbb{R}^n \times \mathbb{R} \ : \ x \in \Omega, \ t \in (t_1,t_2) \right\}.$$

Wir erklären den d'Alembert-Operator $\square : C^2(\Omega_{t_1,t_2}) \to C^0(\Omega_{t_1,t_2})$ durch

$$\square u(x_1,\ldots,x_n,t) := \frac{\partial^2}{\partial t^2} u(x_1,\ldots,x_n,t) - c^2 \Delta_x u(x_1,\ldots,x_n,t) \qquad (3)$$

für $(x_1,\ldots,x_n,t) \in \Omega \times (t_1,t_2)$. Dabei ist $c > 0$ eine feste positive Konstante (welche im physikalischen Kontext die Lichtgeschwindigkeit darstellt).

Beispiel 3. Für die *homogene Wellengleichung*

$$\square u(x_1,\ldots,x_n,t) = 0 \quad \text{im} \quad \mathbb{R}^n \times \mathbb{R}$$

erhalten wir als assoziierte quadratische Form

$$Q[\varphi](x,t) = (\varphi_t(x,t))^2 - c^2 |\nabla_x \varphi(x,t)|^2, \qquad (x,t) \in \mathbb{R}^n \times \mathbb{R}.$$

Zu festem $(\xi,\tau) = (\xi_1,\ldots,\xi_n,\tau) \in \mathbb{R}^n \times \mathbb{R}$ erklären wir die Funktion

$$\varphi(x,t) := \frac{c^2}{2}(t-\tau)^2 - \frac{1}{2}|x-\xi|^2, \qquad (x,t) \in \mathbb{R}^n \times \mathbb{R}, \qquad (4)$$

und berechnen

$$Q[\varphi](x,t) = c^4(t-\tau)^2 - c^2|x-\xi|^2$$

$$= 2c^2\left\{\frac{c^2}{2}(t-\tau)^2 - \frac{1}{2}|x-\xi|^2\right\}$$

$$= 2c^2\varphi(x,t), \qquad (x,t) \in \mathbb{R}^n \times \mathbb{R}.$$

Mit

$$\mathcal{F}(\xi,\tau) := \left\{(x,t) \in \mathbb{R}^{n+1} \; : \; \varphi(x,t) = 0\right\} = \left\{(x,t) \in \mathbb{R}^{n+1} \; : \; |x-\xi| = c|t-\tau|\right\} \tag{5}$$

erhalten wir also für jedes $(\xi,\tau) \in \mathbb{R}^{n+1}$ charakteristische Flächen für die Wellengleichung. Diese sind Kegeloberflächen mit der Spitze (ξ,τ) und dem Öffnungswinkel $\alpha = \arctan c$.

Wir kommen nun zu einem für die Wellengleichung grundlegenden Resultat:

Satz 1. (Energieabschätzung für die Wellengleichung)
Der Punkt $(\xi,\tau) = (\xi_1,\ldots,\xi_n,\tau) \in \mathbb{R}^n \times \mathbb{R}_+$ mit dem zugehörigen Kegel

$$K = K(\xi,\tau) := \left\{(x,t) \in \mathbb{R}^n \times \mathbb{R}_+ \; : \; t \in (0,\tau), \; |x-\xi| < c(\tau-t)\right\}$$

sei gegeben. Weiter sei $u = u(x,t) \in C^2(K) \cap C^1(\overline{K})$ eine Lösung der homogenen Wellengleichung

$$\Box u(x,t) + q(x,t)\frac{\partial}{\partial t}u(x,t) = 0 \qquad in \quad K. \tag{6}$$

Hierbei ist $q = q(x,t) \in C^0(K,[0,+\infty))$ ein nichtnegatives, stetiges Potential auf K.
Dann gilt für alle $s \in (0,\tau)$ die Energieungleichung

$$\int\limits_{x:|x-\xi|<c(\tau-s)} \left\{c^2|\nabla_x u(x,s)|^2 + |\frac{\partial}{\partial t}u(x,s)|^2\right\} dx$$

$$\leq \int\limits_{x:|x-\xi|<c\tau} \left\{c^2|\nabla_x u(x,0)|^2 + |\frac{\partial}{\partial t}u(x,0)|^2\right\} dx. \tag{7}$$

Beweis:

1. Mit Hilfe der Transformation $(x,t) \mapsto (c(x+\xi),t)$ ziehen wir uns auf den Fall $\xi = 0$, $c = 1$ zurück. Die Koeffizientenmatrix des d'Alembert-Operators hat dann die Form

$$(a_{jk})_{j,k=1,\ldots,n+1} = \begin{pmatrix} -1 & & & 0 \\ & \ddots & & \\ & & -1 & \\ 0 & & & +1 \end{pmatrix}. \tag{8}$$

Für $s \in (0, \tau)$ betrachten wir die Dose

$$D = D(s) := \left\{ (x, t) \in \mathbb{R}^n \times \mathbb{R}_+ \ : \ |x| < \tau - t, \ t \in (0, s) \right\},$$

dessen Rand $\partial D = \mathcal{F}_0 \cup \mathcal{F}_s \cup \mathcal{F}$ aus den drei Hyperflächen $\mathcal{F}_0$, $\mathcal{F}_s$ und $\mathcal{F}$ besteht. Dabei ist $\mathcal{F} = \partial D \cap \partial K(0, \tau)$ eine charakteristische Fläche für die Differentialgleichung (6) mit der äußeren Normale

$$
\begin{aligned}
\nu = \nu(x, t) \ &= \ (\nu_1(x, t), \ldots, \nu_n(x, t), \nu_{n+1}(x, t)) \\
&= (\tilde{\nu}(x, t), \nu_{n+1}(x, t)) \ = \ \left(\frac{1}{\sqrt{2}} \frac{x}{|x|}, \frac{1}{\sqrt{2}} \right), \qquad (x, t) \in \mathcal{F}.
\end{aligned}
\tag{9}
$$

Für die Flächen

$$\mathcal{F}_0 := \left\{ (x, t) \in \partial D \setminus \partial K(0, \tau) \ : \ t = 0 \right\}$$

beziehungsweise

$$\mathcal{F}_s := \left\{ (x, t) \in \partial D \setminus \partial K(0, \tau) \ : \ t = s \right\}$$

erhalten wir die äußere Normale

$$\nu = \nu(x, 0) = (0, \ldots, 0, -1), \qquad (x, 0) \in \mathcal{F}_0,$$

$$\nu = \nu(x, s) = (0, \ldots, 0, +1), \qquad (x, s) \in \mathcal{F}_s.$$

2. Wir multiplizieren nun (6) mit $2u_t(x, t)$ und berechnen

$$
\begin{aligned}
0 &= 2u_t(u_{tt} - \Delta_x u(x, t)) + 2q(x, t)(u_t(x, t))^2 \\
&= \frac{\partial}{\partial t} \left[(u_t)^2 \right] - 2\mathrm{div}_x(u_t \nabla_x u) + 2\nabla_x u_t \cdot \nabla_x u + 2q(u_t)^2 \\
&= \frac{\partial}{\partial t} \left[|\nabla_x u(x, t)|^2 + |\frac{\partial}{\partial t} u(x, t)|^2 \right] + \mathrm{div}_x(-2u_t \nabla_x u) + 2q(u_t)^2
\end{aligned}
\tag{10}
$$

für $(x, t) \in D$. Integrieren wir (10) mit Hilfe des Gaußschen Satzes über die Dose $D = D(s)$, so erhalten wir

$$
\begin{aligned}
0 = 2 \int\limits_D q(x, t)(u_t(x, t))^2 \, dx \, dt &+ \int\limits_{\mathcal{F}_s} \left\{ |\nabla_x u(x, s)|^2 + |\frac{\partial}{\partial t} u(x, s)|^2 \right\} dx \\
&- \int\limits_{\mathcal{F}_0} \left\{ |\nabla_x u(x, 0)|^2 + |\frac{\partial}{\partial t} u(x, 0)|^2 \right\} dx \\
&+ \int\limits_{\mathcal{F}} \left\{ -2u_t \nabla_x u \cdot \tilde{\nu} + \frac{1}{\sqrt{2}} \left(|\nabla_x u|^2 + |u_t|^2 \right) \right\} d\sigma(x, t) \\
\geq \int\limits_{\mathcal{F}_s} \left\{ |\nabla_x u(x, s)|^2 + |u_t(x, s)|^2 \right\} dx &- \int\limits_{\mathcal{F}_0} \left\{ |\nabla_x u(x, 0)|^2 + |u_t(x, 0)|^2 \right\} dx.
\end{aligned}
$$

Es ist nämlich $q(u_t)^2$ nichtnegativ, und gemäß Formel (9) gilt

$$|2u_t \nabla_x u \cdot \tilde{\nu}| \leq 2|u_t||\nabla_x u||\tilde{\nu}| = \frac{2}{\sqrt{2}}|u_t||\nabla_x u| \leq \frac{1}{\sqrt{2}}\Big(|\nabla_x u|^2 + |u_t|^2\Big)$$

auf $\mathcal{F}$. Es folgt also

$$\int\limits_{\mathcal{F}_s} \Big\{|\nabla_x u(x,s)|^2 + |\frac{\partial}{\partial t}u(x,s)|^2\Big\}\, dx \leq \int\limits_{\mathcal{F}_0} \Big\{|\nabla_x u(x,0)|^2 + |\frac{\partial}{\partial t}u(x,0)|^2\Big\}\, dx.$$

q.e.d.

Aus Satz 1 erhalten wir nun den

Satz 2. (Eindeutigkeit des Cauchyschen Anfangswertproblems für die Wellengleichung)
Die Voraussetzungen von Satz 1 seien erfüllt, und $u = u(x,t)$ genüge zusätzlich den homogenen Cauchyschen Anfangsbedingungen

$$u(x,0) = 0 = u_t(x,0) \qquad \textit{für alle} \quad x \in \mathbb{R}^n \quad \textit{mit} \quad |x - \xi| < c\tau. \tag{11}$$

Dann folgt $u(x,t) \equiv 0$ auf $K = K(\xi,\tau)$.

Beweis: Aus den Anfangsbedingungen (11) lesen wir ab

$$c^2|\nabla_x u(x,0)|^2 + |\frac{\partial}{\partial t}u(x,0)|^2 = 0, \qquad |x - \xi| < c\tau,$$

und die Energieabschätzung aus Satz 1 liefert

$$\int\limits_{x:|x-\xi|<c(\tau-s)} \Big\{c^2|\nabla_x u(x,s)|^2 + |\frac{\partial}{\partial t}u(x,s)|^2\Big\}\, dx = 0 \qquad \text{für alle} \quad s \in (0,\tau).$$

Somit folgt $\nabla_x u(x,t) \equiv 0 \equiv u_t(x,t)$ auf K, und daher $u(x,t) \equiv const$. Wiederum aus (11) erhalten wir schließlich

$$u(x,t) \equiv 0 \qquad \text{in} \quad K$$

q.e.d.

In den Paragraphen §§ 5,6 werden wir mit Hilfe von Integralformeln explizit Lösungen des Cauchyschen Anfangswertproblems für die Wellengleichung in den Dimensionen $n = 1,3,5,\ldots$ bzw. $n = 2,4,6,\ldots$ angeben.

Wir wenden uns nun wieder der Differentialgleichung (1) zu: Für eine gewöhnliche Differentialgleichung 2.Ordnung schreibt man in einem festen Punkt den Funktionswert und die erste Ableitung als Anfangswerte vor. Ein höherdimensionales Analogon stellt das *Cauchysche Anfangswertproblem für die partielle Differentialgleichung (1)* dar.

In einem Gebiet $\Omega \subset \mathbb{R}^{n+1}$ sei die partielle Differentialgleichung

$$\mathcal{L}u(y) = h(y), \quad y \in \Omega; \qquad u = u(y) \in C^2(\Omega), \tag{12}$$

gemäß (1) gegeben. Ferner sei $\varphi = \varphi(y) : \Omega \to \mathbb{R} \in C^3(\Omega)$ mit $\nabla\varphi(y) \neq 0$, $y \in \Omega$, eine Funktion, so daß die Fläche

$$\emptyset \neq \mathcal{F} := \Big\{ y \in \Omega : \varphi(y) = 0 \Big\} \subset \Omega$$

eine Hyperfläche im $\mathbb{R}^{n+1}$ darstellt. Auf $\mathcal{F}$ schreiben wir nun die Funktion $f = f(y) : \mathcal{F} \to \mathbb{R} \in C^2(\mathcal{F})$ vor und fordern die Anfangsbedingung 0-ter Ordnung

$$u(y) = f(y), \qquad y \in \mathcal{F}. \tag{13}$$

Mit dieser Anfangsbedingung sind die an $\mathcal{F}$ tangentialen Ableitungen von u bereits vorgeschrieben. Bezeichnet $\nu(y) := |\nabla\varphi(y)|^{-1}\nabla\varphi(y)$, $y \in \mathcal{F}$, die Normale an die Fläche $\mathcal{F}$, so schreiben wir weiter eine Funktion $g = g(y) : \mathcal{F} \to \mathbb{R} \in C^1(\mathcal{F})$ vor und verlangen als Anfangsbedingung 1-ter Ordnung

$$\frac{\partial}{\partial\nu}u(y) = g(y), \qquad y \in \mathcal{F}. \tag{14}$$

Mit (13) und (14) ist $\nabla u(y)$ auf $\mathcal{F}$ festgelegt. Es empfiehlt sich nun, wie folgt neue Koordinaten einzuführen:

Es sei $\Gamma \subset \mathbb{R}^n$ ein Gebiet und $\gamma = \gamma(x_1, \ldots, x_n) : \Gamma \to \mathcal{F} \in C^2(\Gamma)$ eine reguläre Parameterdarstellung der Fläche $\mathcal{F}$. Wir schreiben

$$\nu(x_1, \ldots, x_n) := \nu(\gamma(x_1, \ldots, x_n)), \qquad x = (x_1, \ldots, x_n) \in \Gamma,$$

für die parametrisierte Normale an die Fläche $\mathcal{F}$ und betrachten die *Parametertransformation* $\theta = \theta(x_1, \ldots, x_n, t) : \Gamma_\varepsilon \to \Omega \in C^2(\Gamma_\varepsilon, \mathbb{R}^{n+1})$ auf der Dose $\Gamma_\varepsilon := \Gamma \times (-\varepsilon, \varepsilon) \subset \mathbb{R}^{n+1}$, welche wie folgt erklärt ist:

$$\begin{aligned} \theta(x_1, \ldots, x_n, t) &:= \gamma(x_1, \ldots, x_n) + t\nu(x_1, \ldots, x_n), \\ x = (x_1, \ldots, x_n) &\in \Gamma, \quad t \in (-\varepsilon, \varepsilon). \end{aligned} \tag{15}$$

Dabei ist $\varepsilon > 0$ hinreichend klein gewählt und $\Omega := \theta(\Gamma_\varepsilon)$ gesetzt worden. Mit $\partial\theta = (\theta_{x_1}, \ldots, \theta_{x_n}, \theta_t) : \Gamma_\varepsilon \to \mathbb{R}^{(n+1)\times(n+1)}$ bezeichnen wir die Funktionalmatrix von θ und bemerken

$$\partial\theta(x,0) = (\gamma_{x_1}, \ldots, \gamma_{x_n}, \nu)\Big|_x. \tag{16}$$

Für die symmetrische Matrix-Funktion

$$B^{-1}(x,t) := \partial\theta(x,t) \circ (\partial\theta(x,t))^*, \qquad (x,t) \in \Gamma_\varepsilon, \tag{17}$$

gilt nun

$$B^{-1}(x,0) \circ \nu(x) = (\gamma_{x_1}, \ldots, \gamma_{x_n}, \nu) \circ \begin{pmatrix} \gamma_{x_1}^* \\ \vdots \\ \gamma_{x_n}^* \\ \nu^* \end{pmatrix} \circ \nu(x) = \nu(x), \qquad x \in \Gamma. \tag{18}$$

Somit ist $\nu(x)$ Eigenvektor der Matrix $B^{-1}(x,0)$ zum Eigenwert 1 und ebenso Eigenvektor zum gleichen Eigenwert von $B(x,0)$. Wir betrachten nun die Funktion

$$\tilde{u}(x_1,\ldots,x_n,t) := u \circ \theta(x_1,\ldots,x_n,t) : \Gamma_\varepsilon \to \mathbb{R}. \tag{19}$$

Setzen wir

$$\tilde{f}(x) := f \circ \gamma(x), \quad \tilde{g}(x) := g \circ \gamma(x), \qquad x \in \Gamma, \tag{20}$$

so erhalten wir die zu (13) äquivalente Anfangsbedingung 0-ter Ordnung

$$\tilde{u}(x,0) = \tilde{f}(x), \qquad x \in \Gamma, \tag{21}$$

und die zu (14) äquivalente Anfangsbedingung 1-ter Ordnung

$$\frac{\partial}{\partial t}\tilde{u}(x,0) = \tilde{g}(x), \qquad x \in \Gamma. \tag{22}$$

Wir beweisen nun den folgenden

Satz 3. *Sei $\mathcal{F}$ eine charakteristische Fläche für den Differentialoperator $\mathcal{L}$ aus (1), und die Funktion $u = u(y) \in C^2(\Omega)$ genüge den Cauchyschen Anfangsbedingungen (13) und (14) auf $\mathcal{F}$. Dann ist $\mathcal{L}u(y)$ für alle $y \in \mathcal{F}$ bereits durch die Anfangswerte $f \in C^2(\mathcal{F})$ und $g \in C^1(\mathcal{F})$ bestimmt.*

Beweis:

1. Mit Hilfe der Parametertransformation θ gehen wir gemäß (19) über zur Funktion $\tilde{u}(x,t)$, $(x,t) \in \Gamma_\varepsilon$, welche dann auf Γ den Anfangsbedingungen (21), (22) genügt. Durch Differentiation nach x_j und x_k erhalten wir

$$\tilde{u}_{x_j}(x,0) = \tilde{f}_{x_j}(x), \quad \tilde{u}_{x_j x_k}(x,0) = \tilde{f}_{x_j x_k}(x), \quad \tilde{u}_{x_j t}(x,0) = \tilde{g}_{x_j}(x)$$

für alle $x \in \Gamma$ und $j,k = 1,\ldots,n$. Aus (19) folgt

$$\nabla_{(x,t)}\tilde{u}(x,t) = \nabla_y u(\theta(x,t)) \circ \partial\theta(x,t), \qquad (x,t) \in \Gamma_\varepsilon. \tag{23}$$

Setzen wir $\partial u(y) := (\nabla_y u(y))^*$, $y \in \Omega$, und $\partial\tilde{u}(x,t) := (\nabla_{(x,t)}\tilde{u}(x,t))^*$, $(x,t) \in \Gamma_\varepsilon$, so schreibt sich (23) in der Form

$$\partial\tilde{u}(x,t) = (\partial\theta(x,t))^* \circ \partial u(\theta(x,t)), \qquad (x,t) \in \Gamma_\varepsilon.$$

Multiplizieren wir nun diese Identität von links mit $\partial\theta(x,t)$, so folgt

$$\partial\theta(x,t) \circ \partial\tilde{u}(x,t) = \partial\theta(x,t) \circ (\partial\theta(x,t))^* \circ \partial u(\theta(x,t)),$$

und wegen $B^{-1} = \partial\theta \circ (\partial\theta)^*$ schließlich

$$\partial u(\theta(x,t)) = B(x,t) \circ \partial\theta(x,t) \circ \partial\tilde{u}(x,t), \qquad (x,t) \in \Gamma_\varepsilon. \tag{24}$$

2. Für $t = 0$ entnehmen wir der Identität (24), daß $\nabla_y u(y)$ für alle $y \in \mathcal{F}$ bestimmt ist. Nun beachten wir

$$
\begin{aligned}
\mathcal{L}u(y) &= \sum_{j,k=1}^{n+1} a_{jk}(y) \frac{\partial^2}{\partial y_j \partial y_k} u(y) + \sum_{j=1}^{n+1} b_j(y) \frac{\partial}{\partial y_j} u(y) + c(y)u(y) \\
&= \mathcal{M}u(y) + \sum_{k=1}^{n+1} \left\{ b_k(y) - \sum_{j=1}^{n+1} \frac{\partial a_{jk}}{\partial y_j}(y) \right\} \frac{\partial}{\partial y_k} u(y) + c(y)u(y)
\end{aligned}
\tag{25}
$$

für $y \in \Omega$, wobei wir

$$
\mathcal{M}u(y) := \sum_{j=1}^{n+1} \frac{\partial}{\partial y_j} \left\{ \sum_{k=1}^{n+1} a_{jk}(y) \frac{\partial}{\partial y_k} u(y) \right\}, \qquad y \in \Omega,
$$

gesetzt haben. Es genügt also zu zeigen, daß $\mathcal{M}u(y)$ für alle $y \in \mathcal{F}$ durch die Anfangsdaten bestimmt ist. Dazu gehen wir über zu der sogenannten *schwachen Differentialgleichung*: Sei $\chi = \chi(y_1, \ldots, y_{n+1}) \in C_0^\infty(\Omega)$ eine beliebige Testfunktion, und sei mit

$$
\tilde{\chi} = \tilde{\chi}(x,t) = \chi \circ \theta(x,t) : \Gamma_\varepsilon \to \mathbb{R} \in C_0^2(\Gamma_\varepsilon)
$$

die transformierte Testfunktion bezeichnet. Analog zu (24) erhalten wir die Beziehung

$$
\partial \chi(\theta(x,t)) = B(x,t) \circ \partial \theta(x,t) \circ \partial \tilde{\chi}(x,t), \qquad (x,t) \in \Gamma_\varepsilon. \tag{26}
$$

Für eine beliebige Testfunktion $\chi \in C_0^\infty(\Omega)$ liefert der Gaußsche Integralsatz die Identität

$$
\begin{aligned}
\int_\Omega \chi(y) \mathcal{M}u(y)\, dy &= \int_\Omega \left\{ \chi(y) \sum_{j=1}^{n+1} \frac{\partial}{\partial y_j} \left(\sum_{k=1}^{n+1} a_{jk}(y) \frac{\partial}{\partial y_k} u(y) \right) \right\} dy \\
&= -\int_\Omega \left\{ \sum_{j,k=1}^{n+1} a_{jk}(y) \frac{\partial}{\partial y_j} \chi(y) \frac{\partial}{\partial y_k} u(y) \right\} dy \\
&= -\int_\Omega \left\{ (\partial \chi(y))^* \circ A(y) \circ \partial u(y) \right\} dy
\end{aligned}
\tag{27}
$$

mit der symmetrischen Matrix $A(y) := (a_{jk}(y))_{j,k=1,\ldots,n+1}$, $y \in \Omega$.

3. Nun wenden wir die Transformationsformel an: Für die Abbildung $y = \theta(x,t)$, $(x,t) \in \Gamma_\varepsilon$, bezeichnen wir mit $J_\theta(x,t)$ den Betrag der Funktionaldeterminante, d.h.

$$
J_\theta(x,t) := |\det \partial \theta(x,t)|, \qquad (x,t) \in \Gamma_\varepsilon.
$$

Beachten wir die Identitäten (24) und (26), so folgt aus (27)

$$
\int_\Omega \chi(y) \mathcal{M} u(y)\, dy = -\int_\Omega \left\{ (\partial \chi(y))^* \circ A(y) \circ \partial u(y) \right\} dy
$$

$$
= -\int_{\Gamma_\epsilon} (\partial \chi(\theta(x,t)))^* \circ A(\theta(x,t)) \circ \partial u(\theta(x,t)) J_\theta(x,t)\, dx\, dt
$$

$$
= -\int_{\Gamma_\epsilon} (\partial \tilde{\chi}(x,t))^* \circ C(x,t) \circ \partial \tilde{u}(x,t) J_\theta(x,t)\, dx\, dt
$$

mit

$$
(c_{jk}(x,t))_{j,k=1,\ldots,n+1} = C(x,t)
$$
$$
:= (\partial \theta(x,t))^* \circ B(x,t) \circ A(\theta(x,t)) \circ B(x,t) \circ \partial \theta(x,t).
$$

Wir berechnen nun

$$
c_{n+1,n+1}(x,0) = \nu(x)^* \circ B(x,0) \circ A(\gamma(x)) \circ B(x,0) \circ \nu(x)
$$
$$
= (B(x,0) \circ \nu(x))^* \circ A(\gamma(x)) \circ B(x,0) \circ \nu(x)
$$
$$
= \nu(x)^* \circ A(\gamma(x)) \circ \nu(x) \;\; = \;\; 0, \qquad x \in \Gamma,
$$

denn $\mathcal{F}$ ist eine charakteristische Fläche für $\mathcal{L}$. Wir haben also

$$
c_{n+1,n+1}(x,0) = 0 \qquad \text{für alle} \quad x \in \Gamma. \tag{28}
$$

Außerdem beachten wir

$$
\int_\Omega \chi(y) \mathcal{M} u(y)\, dy = -\int_{\Gamma_\epsilon} \left\{ \sum_{j,k=1}^n c_{jk}(x,t) \tilde{\chi}_{x_j} \tilde{u}_{x_k} \right\} J_\theta(x,t)\, dx\, dt
$$

$$
-\int_{\Gamma_\epsilon} \left\{ \sum_{j=1}^n c_{j,n+1}(x,t) \tilde{\chi}_{x_j} \tilde{u}_t \right\} J_\theta(x,t)\, dx\, dt
$$

$$
-\int_{\Gamma_\epsilon} \left\{ \sum_{k=1}^n c_{n+1,k}(x,t) \tilde{\chi}_t \tilde{u}_{x_k} \right\} J_\theta(x,t)\, dx\, dt
$$

$$
-\int_{\Gamma_\epsilon} c_{n+1,n+1}(x,t) \tilde{\chi}_t \tilde{u}_t J_\theta(x,t)\, dx\, dt
$$

und finden damit

$$\int\limits_{\Omega} \chi(y)\mathcal{M}u(y)\,dy = \sum_{j,k=1}^{n} \int\limits_{I_\varepsilon} \left(c_{jk}(x,t)\tilde{u}_{x_k}J_\theta \right)_{x_j} \tilde{\chi}(x,t)\,dx\,dt$$

$$+ \sum_{j=1}^{n} \int\limits_{I_\varepsilon} \left(c_{j,n+1}(x,t)\tilde{u}_t J_\theta \right)_{x_j} \tilde{\chi}(x,t)\,dx\,dt$$

$$+ \sum_{k=1}^{n} \int\limits_{I_\varepsilon} \left(c_{n+1,k}(x,t)\tilde{u}_{x_k}J_\theta \right)_{t} \tilde{\chi}(x,t)\,dx\,dt \qquad (29)$$

$$+ \int\limits_{I_\varepsilon} \left(c_{n+1,n+1}(x,t)J_\theta \right)_{t} \tilde{u}_t\tilde{\chi}(x,t)\,dx\,dt$$

$$+ \int\limits_{I_\varepsilon} c_{n+1,n+1}(x,t)\tilde{u}_{tt}J_\theta\tilde{\chi}(x,t)\,dx\,dt$$

4. Sei $\psi(z) \in C_0^\infty(B,[0,+\infty))$ mit $B := \{z \in \mathbb{R}^{n+1} : |z| < 1\}$ eine Test-funktion mit

$$\int\limits_{B} \psi(z)\,dz = 1.$$

Wir betrachten zu einem festen $\eta \in \mathcal{F}$ die Folge von Testfunktionen

$$\chi_l(y) := l^{n+1}\psi(l(y-\eta)), \quad y \in \mathbb{R}^{n+1}, \qquad l = 1,2,\dots$$

Wir stellen fest, daß $\chi_l(y) = 0$ für alle $|y - \eta| \geq l^{-1}$ richtig ist und bemerken

$$\int\limits_{\mathbb{R}^{n+1}} \chi_l(y)\,dy = 1 \qquad \text{für} \quad l = 1,2,\dots$$

Setzen wir schließlich noch $\tilde{\chi}_l(x,t) := \chi_l \circ \theta(x,t)$, $l = 1,2,\dots$, so entnehmen wir Formel (28)

$$\lim_{l\to\infty} \int\limits_{I_\varepsilon} c_{n+1,n+1}(x,t)\tilde{u}_{tt}(x,t)J_\theta(x,t)\tilde{\chi}_l(x,t)\,dx\,dt = 0. \qquad (30)$$

Setzen wir nun die Folge der Testfunktionen $\{\chi_l(y)\}_{l=1,2,\dots}$ in die Identität (29) ein, so verschwindet auf der rechten Seite in der Grenze der letzte Term. Da aber die übrigen Terme gemäß Teil 1 des Beweises durch $\mathcal{F}$, $f(y)$ und $g(y)$, $y \in \mathcal{F}$, eindeutig festgelegt sind und da für die linke Seite in der Grenze gilt

$$\mathcal{M}u(\eta) = \lim_{l\to\infty} \int\limits_{\Omega} \chi_l(y)\mathcal{M}u(y)\,dy, \qquad \eta \in \mathcal{F},$$

ist der Beweis des Satzes erbracht.   q.e.d.

Bemerkungen:

1. Das Cauchysche Anfangswertproblem (12), (13), (14) ist nicht für beliebige rechte Seiten h lösbar, falls $\mathcal{F}$ eine charakteristische Fläche ist. Man sollte also zur Lösung des Cauchyschen Anfangswertproblems von nichtcharakteristischen Anfangsflächen $\mathcal{F}$ ausgehen. Für die Wellengleichung werden wir als Anfangsebene die nichtcharakteristische Grundfläche des o.a. Kegels wählen.

2. Betrachten wir das Cauchysche Anfangswertproblem (12), (13), (14) auf einer nichtcharakteristischen Fläche $\mathcal{F}$, so ist

$$c_{n+1,n+1}(x,0) = \nu(x)^* \circ A(\gamma(x)) \circ \nu(x) \neq 0, \qquad x \in \Gamma,$$

erfüllt. Lokalisieren wir also Gleichung (29) wie in Teil 4 des obigen Beweises, so können wir $\ddot{u}_{tt}(x,0)$, $x \in \Gamma$, aus der Differentialgleichung (12) und den Anfangsdaten (13), (14) ermitteln. Somit sind für das Cauchysche Anfangswertproblem (12), (13), (14) auf nichtcharakteristischen Flächen schon die zweiten Ableitungen $(u_{y_j y_k}(y))_{j,k=1,\ldots,n+1}$, $y \in \mathcal{F}$, vorgeschrieben. Entsprechende Aussagen kann man für die höheren Ableitungen herleiten, falls diese existieren.

§5   Die Wellengleichung im $\mathbb{R}^n$ für $n = 1, 3, 2$

Zu hinreichend regulären Funktionen $f = f(x_1, \ldots, x_n), g = g(x_1, \ldots, x_n)$: $\mathbb{R}^n \to \mathbb{R}$ wollen wir das *Cauchysche Anfangswertproblem für die n-dimensionale Wellengleichung* lösen:

$$u = u(x,t) = u(x_1, \ldots, x_n, t) \in C^2(\mathbb{R}^n \times [0, +\infty), \mathbb{R}), \qquad (1)$$

$$\Box u(x,t) = \frac{\partial^2}{\partial t^2} u(x,t) - c^2 \Delta_x u(x,t) = 0, \qquad (x,t) \in \mathbb{R}^n \times \mathbb{R}_+, \quad (2)$$

$$u(x,0) = f(x), \qquad \frac{\partial}{\partial t} u(x,0) = g(x), \qquad x \in \mathbb{R}^n. \qquad (3)$$

Hierbei bezeichnet $c > 0$ eine positive Konstante. Wir fassen (1), (2), (3) zum Problem $\mathcal{P}(f, g, n)$ oder abkürzend $\mathcal{P}(n)$ zusammen. Zunächst betrachten wir den **Fall n=1** der eindimensionalen Wellengleichung

$$u_{tt}(x,t) - c^2 u_{xx}(x,t) = 0, \qquad (x,t) \in \mathbb{R} \times \mathbb{R}. \qquad (4)$$

Physikalisch beschreibt $u(x,t)$ die vertikale Auslenkung einer schwingenden Saite aus der Ruhelage $x \in \mathbb{R}$ in Abhängigkeit von der Zeit $t \in \mathbb{R}$. Gemäß § 4, Beispiel 3 erhalten wir als charakteristische Linien der eindimensionalen Wellengleichung die Geraden

$$x = \alpha \pm ct, \qquad t \in \mathbb{R}, \qquad (5)$$

mit beliebigem $\alpha \in \mathbb{R}$. Wir führen nun diese Charakteristiken gemäß

$$\xi = x + ct, \qquad \eta = x - ct \tag{6}$$

als *charakteristische Parameter* in die Differentialgleichung (4) ein. Wir entnehmen (6) noch

$$x = \frac{1}{2}(\xi + \eta), \qquad t = \frac{1}{2c}(\xi - \eta) \tag{7}$$

und betrachten die Funktion

$$U(\xi, \eta) := u\Big(\frac{1}{2}(\xi + \eta), \frac{1}{2c}(\xi - \eta)\Big), \qquad (\xi, \eta) \in \mathbb{R}^2. \tag{8}$$

Wir ermitteln

$$U_\xi = u_x\Big(\frac{1}{2}(\xi + \eta), \frac{1}{2c}(\xi - \eta)\Big)\frac{1}{2} + u_t\Big(\frac{1}{2}(\xi + \eta), \frac{1}{2c}(\xi - \eta)\Big)\frac{1}{2c}$$

und dann

$$U_{\xi\eta} = \frac{1}{4}u_{xx}\Big(\frac{1}{2}(\xi + \eta), \frac{1}{2c}(\xi - \eta)\Big) - \frac{1}{4c}u_{xt}(\ldots) + \frac{1}{4c}u_{tx}(\ldots) - \frac{1}{4c^2}u_{tt}(\ldots)$$

$$= -\frac{1}{4c^2}\Big\{ u_{tt}\Big(\frac{1}{2}(\xi + \eta), \frac{1}{2c}(\xi - \eta)\Big) - c^2 u_{xx}\Big(\frac{1}{2}(\xi + \eta), \frac{1}{2c}(\xi - \eta)\Big)\Big\}$$

$$= -\frac{1}{4c^2}\Box u\Big(\frac{1}{2}(\xi + \eta), \frac{1}{2c}(\xi - \eta)\Big).$$

Somit erscheint die Wellengleichung (4) in charakteristischen Parametern als

$$\frac{\partial^2}{\partial\xi\partial\eta}U(\xi, \eta) = 0, \qquad (\xi, \eta) \in \mathbb{R}^2. \tag{9}$$

Wegen $\frac{\partial}{\partial\eta}(U_\xi(\xi, \eta)) = 0$ ist $U_\xi = F'(\xi)$ unabhängig von η, und es folgt

$$U(\xi, \eta) = F(\xi) + G(\eta).$$

Kehren wir zurück zu den Parametern (x, t), so folgt

$$u(x, t) = F(x + ct) + G(x - ct), \qquad (x, t) \in \mathbb{R}^2. \tag{10}$$

Die Lösung gehört zur Klasse $C^2(\mathbb{R}^2)$ genau dann, wenn $F, G \in C^2(\mathbb{R})$ erfüllt ist. Die Funktionen $v(x, t) := F(x + ct)$ und $w(x, t) := G(x - ct)$ genügen den Gleichungen

$$v_t - cv_x = 0 \quad \text{bzw.} \quad w_t + cw_x = 0 \quad \text{im} \quad \mathbb{R}^2.$$

Allgemein erhalten wir durch Superposition je einer $C^2(\mathbb{R}^2)$-Lösung dieser Gleichungen eine Lösung von (4). Wir können nämlich den eindimensionalen d'Alembert-Operator wie folgt zerlegen:

$$\Box = \frac{\partial^2}{\partial t^2} - c^2 \frac{\partial^2}{\partial x^2} = \left(\frac{\partial}{\partial t} + c\frac{\partial}{\partial x}\right)\left(\frac{\partial}{\partial t} - c\frac{\partial}{\partial x}\right). \tag{11}$$

Physikalisch interpretiert besteht die Lösung (10) von (4) aus einer einlaufenden und einer auslaufenden Welle, welche sich mit gleicher absoluter Geschwindigkeit in entgegengesetzte Richtungen bewegen.

Wir wollen nun das Anfangswertproblem $\mathcal{P}(f, g, 1)$ lösen: Wir verlangen $f = f(x) \in C^2(\mathbb{R}, \mathbb{R})$ und $g = g(x) \in C^1(\mathbb{R}, \mathbb{R})$ und berechnen für die in (10) gegebene Funktion $u(x, y)$

$$u(x, 0) = F(x) + G(x) = f(x),$$

$$u_x(x, 0) = F'(x) + G'(x) = f'(x),$$

$$u_t(x, 0) = cF'(x) - cG'(x) = g(x), \qquad x \in \mathbb{R}.$$

Die letzten beiden Gleichungen liefern

$$F'(x) = \frac{1}{2c}\{cf'(x) + g(x)\} = \frac{1}{2}f'(x) + \frac{1}{2c}g(x),$$

$$G'(x) = \frac{1}{2c}\{cf'(x) - g(x)\} = \frac{1}{2}f'(x) - \frac{1}{2c}g(x), \qquad x \in \mathbb{R},$$

und nach Integration von 0 bis x ergibt sich

$$F(x) = \frac{1}{2}f(x) + \frac{1}{2c}\int\limits_0^x g(\xi)\,d\xi + c_1,$$

$$G(x) = \frac{1}{2}f(x) - \frac{1}{2c}\int\limits_0^x g(\xi)\,d\xi + c_2$$

mit zwei Konstanten $c_1, c_2 \in \mathbb{R}$. Wegen $F(x) + G(x) = f(x)$ folgt noch $c_1 + c_2 = 0$, und wir erhalten als Lösung des Cauchyschen Anfangswertproblems $\mathcal{P}(f, g, 1)$

$$u(x, t) = F(x + ct) + G(x - ct) = \frac{1}{2}\{f(x + ct) + f(x - ct)\} + \frac{1}{2c}\int\limits_{x-ct}^{x+ct} g(\xi)\,d\xi$$

für $x \in \mathbb{R}$, $t \in \mathbb{R}$. Verwenden wir nun noch Satz 2 aus § 4, so ergibt sich der folgende

Satz 1. (d'Alembert)
Zu vorgegebenen Funktionen $f = f(x) \in C^2(\mathbb{R})$ und $g = g(x) \in C^1(\mathbb{R})$ stellt die Funktion

$$u(x,t) = \frac{1}{2}\Big\{ f(x+ct) + f(x-ct) \Big\} + \frac{1}{2c} \int\limits_{x-ct}^{x+ct} g(\xi)\,d\xi, \qquad (x,t) \in \mathbb{R}^2, \quad (12)$$

die eindeutig bestimmte Lösung des Cauchyschen Anfangswertproblems für die eindimensionale Wellengleichung $\mathcal{P}(f,g,1)$ *dar.*

Bemerkung: (Abhängigkeitsgebiet der eindimensionalen Wellengleichung)
Der Funktionswert $u(x,t)$ hängt nur von den Anfangswerten auf dem Intervall $[x-ct, x+ct]$ ab, d.h. von den Daten innerhalb des charakteristischen Kegels mit der Spitze (x,t). Dieses stimmt überein mit der Aussage von § 4, Satz 2. Andererseits kann ein Anfangswert an der Stelle ξ nur wirksam werden innerhalb des Doppelkegels

$$\Big\{ (x,t) \in \mathbb{R}^2 \ : \ |x-\xi| = c|t| \Big\}.$$

Die Signale können sich also höchstens mit der Geschwindigkeit c ausbreiten.

Wir betrachten nun das Cauchysche Anfangswertproblem für die Wellengleichung im $\mathbb{R}^n$, $n \in \mathbb{N}$. Schon in der d'Alembertschen Lösungsformel (12) erscheint ein *sphärischer Mittelwert*, welcher uns auch in höheren Dimensionen $n \in \mathbb{N}$ eine explizite Lösung des Problems $\mathcal{P}(f,g,n)$ ermöglichen wird.

Definition 1. *Sei* $f = f(x) \in C^2(\mathbb{R}^n)$ *gegeben. Wir nennen die Funktion*

$$v = v(x,r) = M(x,r;f) := \frac{1}{\omega_n} \int\limits_{|\xi|=1} f(x+r\xi)\,d\sigma(\xi), \qquad (x,r) \in \mathbb{R}^n \times \mathbb{R},$$

(13)

den sphärischen Integralmittelwert von f *über die Sphäre*

$$\partial B_{|r|}(x) := \Big\{ y \in \mathbb{R}^n \ : \ |y-x| = |r| \Big\}.$$

Satz 2. (F. John)
Zu vorgegebenem $f = f(x) \in C^k(\mathbb{R}^n)$ *mit* $k \geq 2$ *gehört die Funktion* $v = v(x,r) = M(x,r;f) : \mathbb{R}^n \times \mathbb{R} \to \mathbb{R}$ *der Regularitätsklasse* $C^k(\mathbb{R}^n \times \mathbb{R})$ *an, und es gelten die folgenden Aussagen:*

a) $v(x,0) = f(x)$ *für alle* $x \in \mathbb{R}^n$.
b) $v(x,-r) = v(x,r)$ *für alle* $x \in \mathbb{R}^n$, $r \in \mathbb{R}$.
c) $\dfrac{\partial}{\partial r} v(x,0) = 0$ *für alle* $x \in \mathbb{R}^n$.
d) $\dfrac{\partial^2}{\partial r^2} v(x,r) + \dfrac{n-1}{r} \dfrac{\partial}{\partial r} v(x,r) - \Delta_x v(x,r) = 0$ *im* $\mathbb{R}^n \times (\mathbb{R} \setminus \{0\})$.

Bemerkung: Man nennt die in d) angegebene Gleichung die *Darboux'sche Differentialgleichung.*

Beweis von Satz 2:

a) Aus (13) ersehen wir $v \in C^k(\mathbb{R}^n \times \mathbb{R})$ und

$$v(x, 0) = \frac{1}{\omega_n} \int\limits_{|\xi|=1} f(x) \, d\sigma(\xi) = f(x) \qquad \text{für alle} \quad x \in \mathbb{R}^n.$$

b) *und* c) Ebenfalls aus (13) lesen wir sofort ab $v(x, -r) = v(x, r)$ und Differentiation liefert $-v_r(x, 0) = v_r(x, 0)$ für alle $x \in \mathbb{R}^n$.

d) Wir führen auf der Sphäre $S^{n-1}(x) := \{y \in \mathbb{R}^n \; : \; |y - x| = 1\}$ Polarkoordinaten ein:

$$y = x + r\xi, \qquad \xi \in S^{n-1}, \quad r > 0.$$

Nach Kapitel I, §8 wird der Laplaceoperator in diesen Koordinaten zu

$$\Delta = \frac{\partial^2}{\partial r^2} + \frac{n-1}{r} \frac{\partial}{\partial r} + \frac{1}{r^2} \Lambda,$$

wobei Λ den Laplace-Beltrami-Operator auf der Sphäre S^{n-1} bezeichnet. In Satz 3 aus Kapitel I, §8 haben wir die Symmetrie von Λ auf S^{n-1} nachgewiesen. Wir erhalten damit für alle $x \in \mathbb{R}^n$ und $r > 0$ die Gleichung

$$\Delta_x v(x, r) = \frac{1}{\omega_n} \int\limits_{|\xi|=1} \Delta_x f(x + r\xi) \, d\sigma(\xi)$$

$$= \frac{1}{\omega_n} \int\limits_{|\xi|=1} \left\{ \frac{\partial^2}{\partial r^2} + \frac{n-1}{r} \frac{\partial}{\partial r} + \frac{1}{r^2} \Lambda \right\} f(x + r\xi) \, d\sigma(\xi)$$

$$= \left\{ \frac{\partial^2}{\partial r^2} + \frac{n-1}{r} \frac{\partial}{\partial r} \right\} v(x, r) + \frac{1}{r^2 \omega_n} \int\limits_{|\xi|=1} 1 \cdot \Lambda f(x + r\xi) \, d\sigma(\xi)$$

$$= \left\{ \frac{\partial^2}{\partial r^2} + \frac{n-1}{r} \frac{\partial}{\partial r} \right\} v(x, r) + \frac{1}{r^2 \omega_n} \int\limits_{|\xi|=1} (\Lambda 1) \cdot f(x + r\xi) \, d\sigma(\xi)$$

$$= \left\{ \frac{\partial^2}{\partial r^2} + \frac{n-1}{r} \frac{\partial}{\partial r} \right\} v(x, r),$$

denn $\Lambda 1 = 0$. Also ist die Darboux'sche Differentialgleichung für alle $x \in \mathbb{R}^n$ und $r > 0$ erfüllt. Da diese invariant unter der Spiegelung $r \mapsto -r$ ist, bleibt sie gültig für alle $x \in \mathbb{R}^n$ und $r < 0$.

q.e.d.

Wir betrachten nun den **Fall n=3** der dreidimensionalen Wellengleichung. Physikalisch stellen deren Lösungen Wellen aus der Akustik oder der Optik dar. Wir beweisen den folgenden

Satz 3. (Kirchhoff)
Es seien Funktionen $f = f(x) \in C^3(\mathbb{R}^3)$ und $g = g(x) \in C^2(\mathbb{R}^3)$ vorgegeben. Dann wird das Cauchysche Anfangswertproblem $\mathcal{P}(f, g, 3)$ für die dreidimensionale Wellengleichung eindeutig gelöst durch die Funktion

$$u(x,t) = \frac{\partial}{\partial t}\Big\{tM(x,ct;f)\Big\} + tM(x,ct;g)$$

$$= \frac{1}{4\pi c^2 t^2} \iint\limits_{|y-x|=ct} \Big\{tg(y) + f(y) + \nabla f(y) \cdot (y-x)\Big\}\, d\sigma(y) \tag{14}$$

für $(x,t) \in \mathbb{R}^3 \times \mathbb{R}_+$.

Beweis:

1. Gemäß Satz 2 für den Fall $n = 3$ erfüllt die Funktion $v(x,r) = M(x,r;g)$, $(x,r) \in \mathbb{R}^3 \times (\mathbb{R} \setminus \{0\})$, die Darboux'sche Differentialgleichung

$$0 = v_{rr}(x,r) + \frac{2}{r}v_r(x,r) - \Delta_x v(x,r) = \frac{1}{r}\{rv(x,r)\}_{rr} - \Delta_x v(x,r).$$

Multiplikation mit r liefert

$$0 = \frac{\partial^2}{\partial r^2}\{rv(x,r)\} - \Delta_x\{rv(x,r)\}, \qquad (x,r) \in \mathbb{R}^3 \times \mathbb{R}.$$

Wir betrachten nun die Funktion

$$\psi(x,t) := \frac{1}{c}\Big\{ctv(x,ct)\Big\} = tv(x,ct) = t\frac{1}{4\pi} \iint\limits_{|\xi|=1} g(x+ct\xi)\, d\sigma(\xi)$$

mit $(x,t) \in \mathbb{R}^3 \times \mathbb{R}$. Diese genügt der Wellengleichung

$$\Box\psi(x,t) = \frac{\partial^2}{\partial t^2}\psi(x,t) - c^2\Delta_x\psi(x,t) = 0 \qquad \text{im} \quad \mathbb{R}^3 \times \mathbb{R} \tag{15}$$

und erfüllt die Anfangsbedingungen

$$\psi(x,0) = 0, \quad \frac{\partial}{\partial t}\psi(x,0) = v(x,0) = g(x) \qquad \text{für alle} \quad x \in \mathbb{R}^3. \tag{16}$$

2. Wie in Teil 1 des Beweises sieht man, dass die Funktion

$$\chi(x,t) := tM(x,ct;f) = \frac{t}{4\pi} \iint\limits_{|\xi|=1} f(x+ct\xi)\, d\sigma(\xi), \qquad (x,t) \in \mathbb{R}^3 \times \mathbb{R},$$

der Wellengleichung $\Box\chi(x,t) = 0$ im $\mathbb{R}^3 \times \mathbb{R}$ genügt. Ferner gilt $\chi \in C^3(\mathbb{R}^3 \times \mathbb{R})$. Wir betrachten nun die Funktion

$$\varphi(x, t) := \frac{\partial}{\partial t} \chi(x, t) \;=\; \frac{\partial}{\partial t} \{ t M(x, ct; f) \}$$

$$= M(x, ct; f) + t \frac{\partial}{\partial t} M(x, ct; f)$$

$$= \frac{1}{4\pi} \iint\limits_{|\xi|=1} f(x + ct\xi)\, d\sigma(\xi) + \frac{t}{4\pi} \frac{\partial}{\partial t} \left\{ \iint\limits_{|\xi|=1} f(x + ct\xi)\, d\sigma(\xi) \right\}$$

$$= \frac{1}{4\pi} \iint\limits_{|\xi|=1} \left\{ f(x + ct\xi) + ct \nabla f(x + ct\xi) \cdot \xi \right\} d\sigma(\xi).$$

Auch φ erfüllt die Wellengleichung, und wir haben die Anfangsbedingungen

$$\varphi(x, 0) = M(x, 0; f) = f(x),$$

$$\frac{\partial}{\partial t} \varphi(x, 0) = \frac{\partial^2}{\partial t^2} \chi(x, 0) = c^2 \Delta_x \chi(x, 0) = c^2 \left\{ t \Delta_x M(x, ct; f) \right\}_{t=0} = 0 \tag{17}$$

für alle $x \in \mathbb{R}^3$.

3. Mit

$$u(x, t) := \varphi(x, t) + \psi(x, t) \;=\; \frac{\partial}{\partial t} \left\{ t M(x, ct; f) \right\} + t M(x, ct; g)$$

$$= \frac{1}{4\pi} \iint\limits_{|\xi|=1} \left\{ f(x + ct\xi) + ct \nabla f(x + ct\xi) \cdot \xi + t g(x + ct\xi) \right\} d\sigma(\xi)$$

für $(x, t) \in \mathbb{R}^3 \times \mathbb{R}$ erhalten wir eine Lösung der Wellengleichung, und wegen (16), (17) genügt u den Anfangsbedingungen

$$u(x, 0) = f(x), \quad \frac{\partial}{\partial t} u(x, 0) = g(x), \qquad x \in \mathbb{R}^3.$$

Verwenden wir nun die Substitution $y = x + ct\xi$, $d\sigma(y) = c^2 t^2 d\sigma(\xi)$, so folgt für alle $(x, t) \in \mathbb{R}^3 \times \mathbb{R}_+$ die Identität

$$u(x, t) = \frac{1}{4\pi c^2 t^2} \iint\limits_{|y-x|=ct} \left\{ t g(y) + f(y) + \nabla f(y) \cdot (y - x) \right\} d\sigma(y).$$

q.e.d.

Nun behandeln wir den **Fall n=2** mit Hilfe der *Hadamardschen Abstiegsmethode*. Die Lösungen der zweidimensionalen Wellengleichung modellieren Wellenbewegungen von Oberflächen, etwa von Wasserwellen.

Satz 4. *Zu vorgegebenen Funktionen $f = f(y) = f(y_1, y_2) \in C^3(\mathbb{R}^2)$ und $g = g(y) = g(y_1, y_2) \in C^2(\mathbb{R}^2)$ erhalten wir die eindeutige Lösung des Cauchyschen Anfangswertproblems $\mathcal{P}(f, g, 2)$ in der Form*

$$u(x,t) = u(x_1, x_2, t)$$

$$= \frac{1}{2\pi ct} \iint\limits_{y:|y-x|<ct} \left\{ tg(y) + f(y) + \nabla f(y) \cdot (y - x) \right\} \frac{1}{\sqrt{c^2t^2 - r^2}} \, dy_1 \, dy_2$$

für $(x,t) \in \mathbb{R}^2 \times \mathbb{R}_+$ *und mit* $r := |y - x| = \sqrt{(y_1 - x_1)^2 + (y_2 - x_2)^2}$.

Beweis: Für $x \in \mathbb{R}^2 = \mathbb{R}^2 \times \{0\}$ und $t \in \mathbb{R}_+$ betrachten wir die Funktion

$$u(x,t) = \frac{1}{4\pi c^2 t^2} \iint\limits_{|\eta - x| = ct} \left\{ tg(\eta) + f(\eta) + \nabla f(\eta) \cdot (\eta - x) \right\} d\sigma(\eta)$$

$$= \frac{1}{2\pi c^2 t^2} \iint\limits_{\substack{|\eta - x| = ct \\ z > 0}} \left\{ tg(y_1, y_2) + f(y_1, y_2) + \nabla f(y_1, y_2) \cdot (y - x) \right\} d\sigma(\eta)$$

(18)

mit $\eta = (y_1, y_2, z) \in \mathbb{R}^3$ und mit $f(\eta) := f(y_1, y_2)$ und $g(\eta) := g(y_2, y_2)$. Wir parametrisieren die obere Halbsphäre $|\eta - x| = ct$, $z > 0$ gemäß

$$c^2 t^2 = |\eta - x|^2 = (y_1 - x_1)^2 + (y_2 - x_2)^2 + z^2,$$

$$z = z(y) = z(y_1, y_2) = \sqrt{c^2 t^2 - (y_1 - x_1)^2 - (y_2 - x_2)^2} = \sqrt{c^2 t^2 - r^2}$$

mit dem Parametergebiet $\{y = (y_1, y_2) \in \mathbb{R}^2 \; : \; |y - x| < ct\}$. Wegen

$$\sqrt{1 + \left(\frac{\partial}{\partial r} z(r) \right)^2} = \sqrt{1 + \left(\frac{-r}{\sqrt{c^2 t^2 - r^2}} \right)^2} = \frac{ct}{\sqrt{c^2 t^2 - r^2}}, \qquad r < ct,$$

berechnet sich das Oberflächenelement der oberen Halbssphäre zu

$$d\sigma(y_1, y_2) = \sqrt{1 + \left(\frac{\partial}{\partial r} z(r) \right)^2} \, r \, dr \, d\varphi = \frac{ct}{\sqrt{c^2 t^2 - r^2}} \, dy_1 \, dy_2. \qquad (19)$$

Setzen wir nun (19) in (18) ein, so folgt

$$u(x,t) = \frac{1}{2\pi ct} \iint\limits_{y:|y-x|<ct} \left\{ tg(y) + f(y) + \nabla f(y) \cdot (y - x) \right\} \frac{1}{\sqrt{c^2t^2 - r^2}} \, dy_1 \, dy_2.$$

q.e.d.

Bemerkungen zu Satz 3 und Satz 4:

1. Während im Falle $n = 1$ die Anfangsregularität $f \in C^2(\mathbb{R})$, $g \in C^1(\mathbb{R})$ ausreicht, müssen wir für $n = 2, 3$ die Anfangsregularität $f \in C^3(\mathbb{R}^n)$, $g \in C^2(\mathbb{R}^n)$ fordern. Die Wellengleichung bewirkt also einen Regularitätsverlust im Falle $n = 2, 3$. Dieses Phänomen setzt sich auch in höheren Dimensionen fort (vgl. § 6).

2. Nach Satz 3 hängt bei der dreidimensionalen Wellengleichung der Wert der Lösung u an der Stelle (x, t) von den Anfangswerten f und g auf der Sphäre

$$\partial B_{ct}(x) = \left\{ y \in \mathbb{R}^3 \ : \ |y - x| = ct \right\}$$

ab, d.h. $\partial B_{ct}(x)$ ist der Abhängigkeitsbereich für $u(x, t)$.
Andererseits beeinflussen die Anfangswerte f, g nahe einem Punkt y zur Zeit $t = 0$ nur die Punkte (x, t) nahe dem Kegelmantel $|x - y| = ct$ mit der Spitze $x \in \mathbb{R}^3$. Die Signale in der Kugel $B_\varrho := \{x \in \mathbb{R}^3 \ : \ |x - y| < \varrho\}$ beeinflussen $u(x, t)$ nur im Gebiet

$$\Omega := \bigcup_{x \in B_\varrho} M(x), \qquad M(x) := \left\{ (z, t) \in \mathbb{R}^3 \times \mathbb{R}_+ \ : \ |z - x| = ct \right\}.$$

Die Signale im $\mathbb{R}^3$ können *scharf* übertragen werden. Dieses ist möglich, da der Abhängigkeitsbereich von $u(x, t)$ eine Sphäre und nicht eine offene Menge im $\mathbb{R}^3$ ist. Das ist das *Huygens'sche Prinzip in der scharfen Form*. Schon für die Wellengleichung im $\mathbb{R}^2$ (und viele andere hyperbolische Gleichungen) ist dieses Prinzip verletzt. Gemäß Satz 4 hängt $u(x, t)$ bei der zweidimensionalen Wellengleichung ab von den Anfangswerten auf einer zweidimensionalen Kreisscheibe. Somit pflanzen sich wie etwa bei Wasserwellen die Störungen unendlich weit fort.

3. Sind $f \in C_0^3(B_\varrho)$, $g \in C_0^2(B_\varrho)$ mit einem $\varrho > 0$, so gibt es nach Satz 3 eine Konstante $C \in (0, +\infty)$, so daß

$$|u(x, t)| \leq \frac{C}{t}, \qquad (x, t) \in \mathbb{R}^3 \times \mathbb{R}_+,$$

erfüllt ist. Die Wellen im $\mathbb{R}^3$ - und somit auch im $\mathbb{R}^2$ (vgl. Beweis von Satz 4) - haben eine Amplitude, die sich asymptotisch wie $\frac{1}{t}$ für $t \to +\infty$ verhält.

§6 Die Wellengleichung im $\mathbb{R}^n$ für $n \geq 2$

Wir setzen nun die Überlegungen aus §5 fort, werden allerdings zur Vereinfachung die Konstante $c > 0$ in der Wellengleichung durch $c = 1$ festsetzen. Eine Übertragung der Ergebnisse dieses Paragraphen auf beliebige $c > 0$ überlassen wir dem Leser. Wir beginnen mit dem

Satz 1. (Mittelwertsatz von Asgeirsson)
Für eine Funktion $u = u(x, y) = u(x_1, \ldots, x_n, y_1, \ldots, y_n) \in C^2(\mathbb{R}^n \times \mathbb{R}^n)$ mit $n \geq 2$ sind die beiden folgenden Aussagen äquivalent:

I. Es genügt u der ultrahyperbolischen Differentialgleichung

$$\left(\sum_{i=1}^n \frac{\partial^2}{\partial x_i^2} - \sum_{i=1}^n \frac{\partial^2}{\partial y_i^2} \right) u(x_1, \ldots, x_n, y_1, \ldots, y_n) = 0 \qquad im \quad \mathbb{R}^n \times \mathbb{R}^n. \quad (1)$$

II. Für alle $(x, y, r) \in \mathbb{R}^n \times \mathbb{R}^n \times \mathbb{R}_+$ gilt die Identität

$$\frac{1}{\omega_n} \int\limits_{|\xi|=1} u(x + r\xi, y) \, d\sigma(\xi) = \frac{1}{\omega_n} \int\limits_{|\xi|=1} u(x, y + r\xi) \, d\sigma(\xi). \qquad (2)$$

Beweis:

$I \Rightarrow II:$ Da (2) invariant unter der Spiegelung $r \to -r$ ist, können wir o.E. $r \geq 0$ annehmen. Wir betrachten die Funktionen

$$\mu = \mu(x, y, r) := \frac{1}{\omega_n} \int\limits_{|\xi|=1} u(x + r\xi, y) \, d\sigma(\xi)$$

und

$$\nu = \nu(x, y, r) := \frac{1}{\omega_n} \int\limits_{|\xi|=1} u(x, y + r\xi) \, d\sigma(\xi)$$

für $(x, y, r) \in \mathbb{R}^n \times \mathbb{R}^n \times [0, +\infty)$. Zunächst bemerken wir

$$\mu(x, y, 0) = u(x, y) = \nu(x, y, 0) \qquad \text{für alle} \quad (x, y) \in \mathbb{R}^n \times \mathbb{R}^n \qquad (3)$$

sowie

$$\mu_r(x, y, 0) = 0 = \nu_r(x, y, 0) \qquad \text{für alle} \quad (x, y) \in \mathbb{R}^n \times \mathbb{R}^n. \qquad (4)$$

Nach Satz 2 aus §5 genügen μ bzw. ν den Darboux'schen Differentialgleichungen

$$\mu_{rr}(x, y, r) + \frac{n-1}{r}\mu_r(x, y, r) - \Delta_x\mu(x, y, r) = 0,$$

$$\nu_{rr}(x, y, r) + \frac{n-1}{r}\nu_r(x, y, r) - \Delta_y\nu(x, y, r) = 0 \qquad (5)$$

für $(x, y, r) \in \mathbb{R}^n \times \mathbb{R}^n \times \mathbb{R}_+$. Weiter liefert die ultrahyperbolische Differentialgleichung (1) die Identität

$$\Delta_y\nu(x, y, r) = \Delta_y\left\{ \frac{1}{\omega_n} \int\limits_{|\xi|=1} u(x, y + r\xi) \, d\sigma(\xi) \right\}$$

$$= \frac{1}{\omega_n} \int\limits_{|\xi|=1} \Delta_y u(x, y + r\xi) \, d\sigma(\xi)$$

$$= \frac{1}{\omega_n} \int\limits_{|\xi|=1} \Delta_x u(x, y + r\xi) \, d\sigma(\xi)$$

$$= \Delta_x\left\{ \frac{1}{\omega_n} \int\limits_{|\xi|=1} u(x, y + r\xi) \, d\sigma(\xi) \right\}$$

$$= \Delta_x\nu(x, y, r) \qquad \text{für alle} \quad (x, y, r) \in \mathbb{R}^n \times \mathbb{R}^n \times \mathbb{R}_+.$$

Wegen (3), (4) und (5) genügt also die Funktion $\varphi(x,y,r) := \mu(x,y,r) - \nu(x,y,r)$ dem Anfangwertproblem

$$\varphi_{rr}(x,y,r) + \frac{n-1}{r}\varphi_r(x,y,r) - \Delta_x\varphi(x,y,r) = 0 \qquad \text{im } \mathbb{R}^n \times \mathbb{R}^n \times \mathbb{R}_+,$$

$$\varphi(x,y,0) = 0, \quad \varphi_r(x,y,0) = 0 \qquad \text{im } \mathbb{R}^n \times \mathbb{R}^n.$$

$$(6)$$

Nach Satz 2 aus §4 folgt nun $\varphi(x,y,r) = 0$ in jeder kompakten Teilmenge des $\mathbb{R}^n \times \mathbb{R}^n \times \mathbb{R}_+$ und damit auch $\mu(x,y,r) = \nu(x,y,r)$ in $\mathbb{R}^n \times \mathbb{R}^n \times \mathbb{R}_+$ bzw. (2).

$II \Rightarrow I$: Sei $(x_0, y_0) \in \mathbb{R}^n \times \mathbb{R}^n$ ein Punkt, in dem die ultrahyperbolische Differentialgleichung (1) nicht erfüllt ist, d.h.

$$\Delta_x(x_0, y_0) \neq \Delta_y(x_0, y_0).$$

Da $u \in C^2(\mathbb{R}^n \times \mathbb{R}^n)$ richtig ist, gibt es dann ein $\varrho > 0$, so daß gilt

$$\Delta_x u(x', y') \neq \Delta_y(x'', y'') \qquad \text{für alle} \quad (x', y'), (x'', y'') \in Z_\varrho(x_0, y_0), \quad (7)$$

wobei wir $Z_\varrho(x_0, y_0) := \{(x,y) \in \mathbb{R}^n \times \mathbb{R}^n : |x - x_0| + |y - y_0| \leq \varrho\}$ gesetzt haben. Wir differenzieren nun (2) nach r und erhalten an der Stelle $(x,y,r) = (x_0, y_0, \varrho)$ mit Hilfe des Gaußschen Integralsatzes und dem Mittelwertsatz der Integralrechnung

$$0 = \int\limits_{|\xi|=1} \nabla_x u(x_0 + \varrho\xi, y_0) \cdot \xi \, d\sigma(\xi) - \int\limits_{|\xi|=1} \nabla_y u(x_0, y_0 + \varrho\xi) \cdot \xi \, d\sigma(\xi)$$

$$= \frac{1}{\varrho^{n-1}} \int\limits_{|x-x_0|\leq\varrho} \Delta_x u(x, y_0) \, dx - \frac{1}{\varrho^{n-1}} \int\limits_{|y-y_0|\leq\varrho} \Delta_y(x_0, y) \, dy \qquad (8)$$

$$= \Big(\Delta_x u(\tilde{x}, y_0) - \Delta_y u(x_0, \tilde{y})\Big) |B|\varrho$$

für ein $\tilde{x} \in \mathbb{R}^n$ mit $|\tilde{x} - x_0| \leq \varrho$ und ein $\tilde{y} \in \mathbb{R}^n$ mit $|\tilde{y} - y_0| \leq \varrho$; hierbei bezeichnet $|B|$ das Volumen der n-dimensionalen Einheitskugel. Nun steht aber (8) im Widerspruch zu (7). Also ist in allen Punkten $(x,y) \in \mathbb{R}^n \times \mathbb{R}^n$ die Differentialgleichung (1) erfüllt.

q.e.d.

Im folgenden benötigen wir Überlegungen, die wir zu Beginn der n-dimensionalen Potentialtheorie in Kapitel V, §1 mit den Formeln (1)-(11) durchgeführt haben. Weiter stellen wir die folgende Aussage bereit:

Hilfssatz 1. *Für jede stetige Funktion $h = h(t): [-1,1] \to \mathbb{R} \in C^0([-1,1])$ und für $n \in \mathbb{N}$ mit $n \geq 3$ gilt die Identität*

$$\int\limits_{\xi \in \mathbb{R}^n:\ |\xi|=1} h(\xi_n) \, d\sigma(\xi) = \omega_{n-1} \int\limits_{-1}^{1} h(s)(1-s^2)^{\frac{n-3}{2}} \, ds.$$

Beweis: Zunächst parametrisieren wir

$$\int\limits_{|\xi|=1} h(\xi_n)\, d\sigma(\xi)$$

$$= \int\limits_{t\in\mathbb{R}^{n-1}:\, |t|<1} \frac{h(\sqrt{1-t_1^2-\ldots-t_{n-1}^2}) + h(-\sqrt{1-t_1^2-\ldots-t_{n-1}^2})}{\sqrt{1-t_1^2-\ldots-t_{n-1}^2}}\, dt_1\ldots dt_{n-1}.$$

Setzen wir nun $t = \varrho\tau$ mit $\varrho \in (0,1)$ und $\tau \in \mathbb{R}^{n-1}$, $|\tau| = 1$, so erhalten wir nach Formel (6) aus Kapitel V, § 1

$$\int\limits_{|\xi|=1} h(\xi_n)\, d\sigma(\xi) = \omega_{n-1} \int\limits_0^1 \frac{h(\sqrt{1-\varrho^2}) + h(-\sqrt{1-\varrho^2})}{\sqrt{1-\varrho^2}}\, \varrho^{n-2}\, d\varrho.$$

Schließlich ergibt sich mit der Transformation $s = \sqrt{1-\varrho^2}$, $d\varrho = -\frac{s}{\sqrt{1-s^2}}\, ds$

$$\int\limits_{|\xi|=1} h(\xi_n)\, d\sigma(\xi) = \omega_{n-1} \int\limits_0^1 (h(s) + h(-s)) \frac{1}{s}(1-s^2)^{\frac{n-2}{2}}\, \frac{s}{\sqrt{1-s^2}}\, ds$$

$$= \omega_{n-1} \int\limits_0^1 (h(s) + h(-s))(1-s^2)^{\frac{n-3}{2}}\, ds$$

$$= \omega_{n-1} \int\limits_{-1}^1 h(s)(1-s^2)^{\frac{n-3}{2}}\, ds.$$

q.e.d.

Hilfssatz 2. (Abelsche Integralgleichung)
Zu gegebener Funktion $f = f(x) \in C^2(\mathbb{R}^n)$, $n \geq 3$, sei $u = u(x,t) \in C^2(\mathbb{R}^n, \mathbb{R})$ eine Lösung des Problems

$$\Box u(x,t) = \left(\frac{\partial^2}{\partial t^2} - \Delta_x\right) u(x,t) = 0 \qquad im \quad \mathbb{R}^n \times \mathbb{R},$$

$$u(x,0) = f(x), \quad u_t(x,0) = 0 \qquad im \quad \mathbb{R}^n. \tag{9}$$

Dann ist u spiegelsymmetrisch zur Ebene $t = 0$, d.h.

$$u(x,-t) = u(x,t) \qquad \text{für alle} \quad (x,t) \in \mathbb{R}^n \times \mathbb{R},$$

und genügt der Integralgleichung

$$\int\limits_{-r}^r u(x,\varrho)(r^2-\varrho^2)^{\frac{n-3}{2}}\, d\varrho = \frac{\omega_n}{\omega_{n-1}} r^{n-2} M(x,r;f), \qquad (x,r) \in \mathbb{R}^n \times \mathbb{R}_+. \tag{10}$$

Beweis: Wir bemerken zunächst, daß u spiegelsymmetrisch zur Ebene $t = 0$ sein muß. Denn ist $u = u(x,t)$, $(x,t) \in \mathbb{R}^n \times [0,+\infty)$, die gegebene Lösung von $\Box u = 0$ in $\mathbb{R}^n \times [0,+\infty)$, so löst die Funktion $\tilde{u}(x,t) := u(x,-t)$ diese Gleichung in $\mathbb{R}^n \times (-\infty,0]$, und für die zusammengesetzte Funktion

$$w(x,t) := \begin{cases} u(x,t), & x \in \mathbb{R}^n,\ t \geq 0 \\ \tilde{u}(x,t), & x \in \mathbb{R}^n,\ t \leq 0 \end{cases}$$

gilt $w(x,0) = f(x)$, $w_t(x,0) = 0$ für $x \in \mathbb{R}^n$. Nach Satz 2 aus §4 folgt also $w = u$ in $\mathbb{R}^n \times \mathbb{R}$ und damit die behauptete Symmetrieeigenschaft.

Wir betrachten nun die Funktion $v = v(x,y) := u(x_1,\ldots,x_n,y_n)$. Diese genügt wegen (9) der ultrahyperbolischen Differentialgleichung

$$\Delta_x v(x,y) = \Delta_y v(x,y) \qquad \text{im} \quad \mathbb{R}^n \times \mathbb{R}^n.$$

Ferner haben wir $v(x,0) = f(x)$, $x \in \mathbb{R}^n$, und Satz 1 liefert

$$\int_{|\xi|=1} v(x,r\xi)\,d\sigma(\xi) = \int_{|\xi|=1} v(x+r\xi,0)\,d\sigma(\xi)$$

$$= \int_{|\xi|=1} f(x+r\xi)\,d\sigma(\xi)$$

$$= \omega_n M(x,r;f), \qquad (x,r) \in \mathbb{R}^n \times \mathbb{R}_+.$$

Beachten wir noch Hilfssatz 1 und verwenden wir die Transformation $\varrho = rs$, $ds = \frac{d\varrho}{r}$, so folgt

$$\omega_n M(x,r;f) = \int_{|\xi|=1} v(x,r\xi)\,d\sigma(\xi) = \int_{|\xi|=1} u(x,r\xi_n)\,d\sigma(\xi)$$

$$= \omega_{n-1} \int_{-1}^{1} u(x,rs)(1-s^2)^{\frac{n-3}{2}}\,ds$$

$$= \omega_{n-1} \int_{-r}^{r} u(x,\varrho)\left(1 - \frac{\varrho^2}{r^2}\right)^{\frac{n-3}{2}} \frac{1}{r}\,d\varrho$$

$$= \frac{\omega_{n-1}}{r^{n-2}} \int_{-r}^{r} u(x,\varrho)(r^2-\varrho^2)^{\frac{n-3}{2}}\,d\varrho,$$

was äquivalent zu (10) ist.   q.e.d.

Wir wollen nun zunächst die Abelsche Integralgleichung (10) für ungerade Dimensionen $n \geq 3$ lösen. Dazu setzen wir $m = \frac{n-3}{2} \in \{0,1,2,\ldots\}$, und wir erklären für festes $x \in \mathbb{R}^n$ die Funktionen

$$\varphi(r) := \frac{\omega_n}{\omega_{n-1}} r^{n-2} M(x,r;f), \quad \psi(r) := u(x,r), \qquad r \in \mathbb{R}_+.$$

Dann schreibt sich (10) als

$$\int_{-r}^{r} \psi(\varrho)(r^2 - \varrho^2)^m \, d\varrho = \varphi(r), \qquad r \in \mathbb{R}_+. \tag{11}$$

Wir setzen nun $f \in C^{m+3}(\mathbb{R}^n) = C^{\frac{n+3}{2}}(\mathbb{R}^n)$ voraus. Da für $r \to 0+$ beide Seiten der Identität (11) gegen Null streben, ist (11) äquivalent zu

$$\int_{-r}^{r} \psi(\varrho)(r^2 - \varrho^2)^{m-1} \, d\varrho = \frac{1}{2mr} \frac{d}{dr} \varphi(r), \qquad r \in \mathbb{R}_+.$$

Wieder gehen beide Seiten gegen Null für $r \to 0+$, und m-maliges Wiederholen dieser Differentiation liefert, daß (11) äquivalent ist zu der Identität

$$\int_{-r}^{r} \psi(\varrho) \, d\varrho = \frac{1}{2^m m!} \left(\frac{1}{r} \frac{d}{dr} \right)^m \varphi(r), \qquad r \in \mathbb{R}_+. \tag{12}$$

Schließlich ergibt nochmaliges Differenzieren die zu (11) äquivalente Beziehung

$$\psi(r) + \psi(-r) = \frac{1}{2^m m!} \frac{d}{dr} \left(\frac{1}{r} \frac{d}{dr} \right)^m \varphi(r), \qquad r \in \mathbb{R}_+. \tag{13}$$

Wir setzen nun $n = 2k + 1$ mit $k \in \mathbb{N}$ und bemerken $m = k - 1 \in 0, 1, 2, \ldots$ Gemäß Formel (11) aus Kapitel V, § 1 haben wir die Beziehung

$$\omega_n = \frac{2(\Gamma(\frac{1}{2}))^n}{\Gamma(\frac{n}{2})}. \tag{14}$$

Wir können also berechnen

$$\frac{\omega_n}{\omega_{n-1}} = \frac{\omega_{2k+1}}{\omega_{2k}} = \frac{2(\Gamma(\frac{1}{2}))^{2k+1}}{\Gamma(k+\frac{1}{2})} : \frac{2(\Gamma(\frac{1}{2}))^{2k}}{\Gamma(k)}$$

$$= \frac{\Gamma(\frac{1}{2})\Gamma(k)}{\Gamma(k+\frac{1}{2})} = \frac{\Gamma(\frac{1}{2})(k-1)!}{\frac{1}{2}(\frac{1}{2}+1)\ldots(\frac{1}{2}+(k-1))\Gamma(\frac{1}{2})}$$

$$= \frac{2^k (k-1)!}{1 \cdot 3 \cdot \ldots \cdot (2k-1)}.$$

Somit folgt

$$\frac{1}{2^m m!} \frac{\omega_n}{\omega_{n-1}} = \frac{1}{2^{k-1}(k-1)!} \frac{(k-1)! 2^k}{1 \cdot 3 \cdot \ldots \cdot (2k-1)} = \frac{2}{1 \cdot 3 \cdot \ldots \cdot (n-2)}. \tag{15}$$

Beschränken wir uns nun auf Lösungen, welche spiegelsymmetrisch zur Ebene $t = 0$ sind, d.h.

$$u(x, -t) = u(x, t) \qquad \text{für alle} \quad (x, t) \in \mathbb{R}^n \times \mathbb{R}, \tag{16}$$

so erhalten wir aus (13) und (15) die folgende Lösung der Abelschen Integralgleichung (10):

$$u(x, t) = \frac{1}{1 \cdot 3 \cdot \ldots \cdot (n-2)} \frac{\partial}{\partial t} \left(\frac{1}{t} \frac{\partial}{\partial t}\right)^{\frac{n-3}{2}} \left\{ t^{n-2} M(x, t; f) \right\} \tag{17}$$

für $(x, t) \in \mathbb{R}^n \times \mathbb{R}_+$ und $n = 3, 5, 7, \ldots$ Wir beweisen nun den

Hilfssatz 3. *Zu gegebener Funktion $f \in C^{\frac{n+3}{2}}(\mathbb{R}^n)$, $n = 3, 5, 7, \ldots$, gehört die in (17) erklärte und gemäß (16) gespiegelte Funktion $u = u(x, t)$, $(x, t) \in \mathbb{R}^n \times \mathbb{R}$, der Regularitätsklasse $C^2(\mathbb{R}^n \times \mathbb{R})$ an und ist die eindeutige Lösung des Cauchyschen Anfangswertproblems (9).*

Beweis: Die Funktion $\chi(x, t) := M(x, t; f)$ gehört der Regularitätsklasse $C^{\frac{n+3}{2}}(\mathbb{R}^n \times \mathbb{R})$ an. Der Differentialoperator $\frac{1}{t} \frac{\partial}{\partial t}$ vermindert die Differentiationsstufe um 1 und somit folgt für die in (17) erklärte und gemäß (16) gespiegelte Funktion

$$u = u(x, t) \in C^{\frac{n+3}{2} - \frac{n-3}{2} - 1}(\mathbb{R}^n \times \mathbb{R}) = C^2(\mathbb{R}^n \times \mathbb{R}).$$

Beachten wir noch

$$\left(\frac{1}{t} \frac{d}{dt}\right) t^k = k t^{k-2}, \qquad k \in \mathbb{Z},$$

so können wir berechnen

$$1 \cdot 3 \cdot \ldots \cdot (n-2) \, u(x, t)$$

$$= \frac{\partial}{\partial t} \left(\frac{1}{t} \frac{\partial}{\partial t}\right)^{\frac{n-3}{2}} \left\{ t^{n-2} \chi(x, t) \right\}$$

$$= \frac{\partial}{\partial t} \left(\frac{1}{t} \frac{\partial}{\partial t}\right)^{\frac{n-3}{2} - 1} \left\{ (n-2) t^{n-4} \chi + t^{n-3} \chi_t \right\}$$

$$= \frac{\partial}{\partial t} \left(\frac{1}{t} \frac{\partial}{\partial t}\right)^{\frac{n-3}{2} - 2} \left\{ (n-2)(n-4) t^{n-6} \chi + c t^{n-5} \chi_t + t^{n-4} \mu \right\}$$

$$= \ldots = \frac{\partial}{\partial t} \left\{ (n-2)(n-4) \ldots \cdot 1 \, t \chi + c t^2 \chi_t + t^3 \mu \right\}$$

$$= 1 \cdot 3 \cdot \ldots \cdot (n-2) \left[\chi(x, t) + c t \chi_t(x, t) + t^2 \mu(x, t) \right]$$

mit Konstanten $c \in \mathbb{R}$ und Funktionen $\mu = \mu(x, t)$. Hieraus ersehen wir (vgl. §5, Satz 2)

$$u(x,0) = \chi(x,0) = f(x), \quad u_t(x,0) = c\chi_t(x,0) = 0, \qquad x \in \mathbb{R}^n.$$

Wir zeigen nun, daß u der Wellengleichung genügt: Unter Beachtung der Darboux'schen Differentialgleichung formen wir zunächst um

$$1 \cdot 3 \cdot \ldots \cdot (n-2)\left\{u_{tt}(x,t) - \Delta_x u(x,t)\right\}$$

$$= \left(\frac{\partial}{\partial t}\right)^3 \left(\frac{1}{t}\frac{\partial}{\partial t}\right)^{\frac{n-3}{2}}\left\{t^{n-2}\chi(x,t)\right\} - \frac{\partial}{\partial t}\left(\frac{1}{t}\frac{\partial}{\partial t}\right)^{\frac{n-3}{2}}\left\{t^{n-2}\Delta_x\chi(x,t)\right\}$$

$$= \left(\frac{\partial}{\partial t}\right)^3 \left(\frac{1}{t}\frac{\partial}{\partial t}\right)^{\frac{n-3}{2}}\left\{t^{n-2}\chi\right\} - \frac{\partial}{\partial t}\left(\frac{1}{t}\frac{\partial}{\partial t}\right)^{\frac{n-3}{2}}\left\{t^{n-2}\chi_{tt} + (n-1)t^{n-3}\chi_t\right\}$$

Wir betrachten nun den gewöhnlichen, linearen Differentialoperator L : $C^{\frac{n+3}{2}}(\mathbb{R}) \to C^0(\mathbb{R})$ erklärt durch

$$L\varphi := \left(\frac{d}{dt}\right)^3 \left(\frac{1}{t}\frac{d}{dt}\right)^{\frac{n-3}{2}}\left\{t^{n-2}\varphi\right\} - \frac{d}{dt}\left(\frac{1}{t}\frac{d}{dt}\right)^{\frac{n-3}{2}}\left\{t^{n-2}\frac{d^2}{dt^2}\varphi + (n-1)t^{n-3}\frac{d}{dt}\varphi\right\}$$

für $\varphi = \varphi(t) \in C^{\frac{n+3}{2}}(\mathbb{R})$. Wir zeigen $L : C^{\frac{n+3}{2}}(\mathbb{R}) \to \mathcal{O}$ mit $\mathcal{O}(t) \equiv 0$, indem wir diese Beziehung auf dem dichten Raum der Polynome nachprüfen und nach dem Weierstraßschen Approximationssatz die Aussage erschließen. Dann folgt $\square u = 0$ in $\mathbb{R}^n \times \mathbb{R}$.

Sei also nun $\varphi(t) = t^k$ mit $k \in \mathbb{N} \cup \{0\}$. Wir berechnen

$$L\varphi = \left(\frac{d}{dt}\right)^3 \left(\frac{1}{t}\frac{d}{dt}\right)^{\frac{n-3}{2}}\left\{t^{n+k-2}\right\}$$

$$- \frac{d}{dt}\left(\frac{1}{t}\frac{d}{dt}\right)^{\frac{n-3}{2}}\left\{k(k-1)t^{k+n-4} + k(n-1)t^{k+n-4}\right\}$$

$$= \left(\frac{d}{dt}\right)^3 \left(\frac{1}{t}\frac{d}{dt}\right)^{\frac{n-3}{2}}\left\{t^{n+k-2}\right\} - \frac{d}{dt}\left(\frac{1}{t}\frac{d}{dt}\right)^{\frac{n-3}{2}}\left\{k(k+n-2)t^{k+n-4}\right\}$$

$$= \frac{d}{dt}\left\{\left(\frac{d}{dt}\right)^2\left[(n+k-2)\cdot\ldots\cdot(k+3)t^{k+1}\right]\right.$$

$$\left. -(n+k-2)\cdot\ldots\cdot(k+1)kt^{k-1}\right\}$$

$$= \frac{d}{dt}\left\{(n+k-2)\cdot\ldots\cdot(k+3)(k+1)kt^{k-1}\right.$$

$$\left. -(n+k-2)\cdot\ldots\cdot(k+1)kt^{k-1}\right\} = 0.$$

Aus der Linearität von L erhalten wir die Aussage für beliebige Polynome und damit ist der Hilfssatz bewiesen.   q.e.d.

Mit Hilfssatz 3 zeigen wir nun den

Satz 2. *Die Funktionen* $f = f(x), g = g(x) \in C^{\frac{n+3}{2}}(\mathbb{R}^n)$ *mit ungeradem* $n \geq$ *3 seien gegeben. Dann wird das Cauchysche Anfangswertproblem* $\mathcal{P}(f,g,n)$ *für die n-dimensionale Wellengleichung eindeutig durch die Funktion*

$$\psi(x,t) = \frac{1}{1 \cdot 3 \cdot \ldots \cdot (n-2)} \left\{ \frac{\partial}{\partial t} \left(\frac{1}{t} \frac{\partial}{\partial t} \right)^{\frac{n-3}{2}} \left(t^{n-2} M(x,t;f) \right) \right.$$
$$\left. + \left(\frac{1}{t} \frac{\partial}{\partial t} \right)^{\frac{n-3}{2}} \left(t^{n-2} M(x,t;g) \right) \right\}, \qquad (x,t) \in \mathbb{R}^n \times \mathbb{R}_+, \tag{18}$$

gelöst. Dabei haben wir

$$M(x,t;f) := \frac{1}{\omega_n} \int\limits_{|\xi|=1} f(x+t\xi) \, d\sigma(\xi), \qquad (x,t) \in \mathbb{R}^n \times \mathbb{R}_+,$$

gesetzt.

Beweis: Nach Hilfssatz 3 löst die an der Ebene $t = 0$ mittels (16) gespiegelte Funktion

$$u(x,t) := \frac{1}{1 \cdot 3 \cdot \ldots \cdot (n-2)} \frac{\partial}{\partial t} \left(\frac{1}{t} \frac{\partial}{\partial t} \right)^{\frac{n-3}{2}} \left\{ t^{n-2} M(x,t;f) \right\}, \quad (x,t) \in \mathbb{R}^n \times \mathbb{R}_+,$$

das folgende Cauchysche Anfangswertproblem:

$$\Box u(x,t) = 0 \quad \text{im} \quad \mathbb{R}^n \times \mathbb{R},$$
$$u(x,0) = f(x), \quad u_t(x,0) = 0 \quad \text{im} \quad \mathbb{R}^n. \tag{19}$$

Analog erfüllt die Funktion

$$v(x,t) := \frac{1}{1 \cdot 3 \cdot \ldots \cdot (n-2)} \frac{\partial}{\partial t} \left(\frac{1}{t} \frac{\partial}{\partial t} \right)^{\frac{n-3}{2}} \left\{ t^{n-2} M(x,t;g) \right\}, \quad (x,t) \in \mathbb{R}^n \times \mathbb{R}_+,$$

wenn sie wie in (16) gespiegelt wird, das Problem

$$\Box v(x,t) = 0 \quad \text{im} \quad \mathbb{R}^n \times \mathbb{R},$$
$$v(x,0) = g(x), \quad v_t(x,0) = 0 \quad \text{im} \quad \mathbb{R}^n. \tag{20}$$

Wir erklären nun die Funktion

$$w(x,t) := \int\limits_0^t v(x,\tau) \, d\tau$$

$$= \frac{1}{1 \cdot 3 \cdot \ldots \cdot (n-2)} \int\limits_0^t \frac{\partial}{\partial \tau} \left(\frac{1}{\tau} \frac{\partial}{\partial \tau} \right)^{\frac{n-3}{2}} \left\{ \tau^{n-2} M(x,\tau;g) \right\} d\tau$$

$$= \frac{1}{1 \cdot 3 \cdot \ldots \cdot (n-2)} \left(\frac{1}{t} \frac{\partial}{\partial t} \right)^{\frac{n-3}{2}} \left\{ t^{n-2} M(x,t;g) \right\}, \quad (x,t) \in \mathbb{R}^n \times \mathbb{R}_+.$$

Es gilt

$$w(x,0) = 0, \quad w_t(x,0) = v(x,0) = g(x) \qquad \text{im} \quad \mathbb{R}^n. \tag{21}$$

Weiter ermitteln wir mit Hilfe von (20)

$$w_{tt}(x,t) = \frac{\partial}{\partial t} v(x,t) = \int\limits_0^t v_{\tau\tau}(x,\tau)\, d\tau$$

$$= \int\limits_0^t \Delta_x v(x,\tau)\, d\tau = \Delta_x \int\limits_0^t v(x,\tau)\, d\tau$$

$$= \Delta_x w(x,t)$$

beziehungsweise

$$\Box w(x,t) = 0 \qquad \text{im} \quad \mathbb{R}^n \times \mathbb{R}_+. \tag{22}$$

Wegen (19), (21) und (22) erhalten wir mit $\psi(x,t) := u(x,t) + w(x,t)$, $(x,t) \in \mathbb{R}^n \times \mathbb{R}_+$, die in (18) erklärte Lösung von $\mathcal{P}(f,g,n)$, welche gemäß Satz 2 aus §4 eindeutig ist.

$$\text{q.e.d.}$$

Mit Hilfe der Hadamardschen Abstiegsmethode wollen wir nun $\mathcal{P}(f,g,n)$ für gerades $n \geq 2$ lösen:

Satz 3. *Sei $n \geq 2$ eine gerade, natürliche Zahl, und seien die Funktionen $f = f(x), g = g(x) \in C^{\frac{n+4}{2}}(\mathbb{R}^n)$ gegeben. Dann wird das Cauchysche Anfangswertproblem $\mathcal{P}(f,g,n)$ für die n-dimensionale Wellengleichung eindeutig gelöst durch die Funktion*

$$\psi(x,t) = \alpha_n \left\{ \frac{\partial}{\partial t} \left(\frac{1}{t} \frac{\partial}{\partial t} \right)^{\frac{n-2}{2}} \left[\int\limits_0^t \frac{s^{n-1}}{\sqrt{t^2 - s^2}} M(x,s;f)\, ds \right] \right.$$

$$\left. + \left(\frac{1}{t} \frac{\partial}{\partial t} \right)^{\frac{n-2}{2}} \left[\int\limits_0^t \frac{s^{n-1}}{\sqrt{t^2 - s^2}} M(x,s;g)\, ds \right] \right\}, \qquad (x,t) \in \mathbb{R}^n \times \mathbb{R}_+;$$

dabei ist $\alpha_2 = 1$ und

$$\alpha_n = \frac{1}{2 \cdot 4 \cdot \ldots \cdot (n-2)} \qquad \text{für} \quad n = 4, 6, \ldots$$

gesetzt worden.

Beweis:

1. Wir setzen die Anfangswerte auf den $\mathbb{R}^{n+1}$ wie folgt fort:

$$f^*(x_1, \ldots, x_n, x_{n+1}) := f(x_1, \ldots, x_n),$$

$$g^*(x_1, \ldots, x_n, x_{n+1}) := g(x_1, \ldots, x_n)$$

für $(x_1, \ldots, x_{n+1}) =: y \in \mathbb{R}^{n+1}$. Damit gilt $f^*, g^* \in C^{\frac{(n+1)+3}{2}}(\mathbb{R}^{n+1})$, und mit Hilfe von Satz 2 können wir die eindeutig bestimmte Lösung von $\mathcal{P}(f^*, g^*, n+1)$ wie folgt explizit angeben:

$$\psi(y,t) = \frac{1}{1 \cdot 3 \cdot \ldots \cdot (n-1)} \left\{ \frac{\partial}{\partial t} \left(\frac{1}{t} \frac{\partial}{\partial t} \right)^{\frac{n-2}{2}} \left(t^{n-1} M(y,t; f^*) \right) \right.$$

$$\left. + \left(\frac{1}{t} \frac{\partial}{\partial t} \right)^{\frac{n-2}{2}} \left(t^{n-1} M(y,t; g^*) \right) \right\}, \qquad (y,t) \in \mathbb{R}^{n+1} \times \mathbb{R}_+.$$

$$(23)$$

2. Wir berechnen nun den Integralmittelwert

$$M(y,t; f^*) = M(x,t; f^*) = \frac{1}{\omega_{n+1}} \int\limits_{\xi \in \mathbb{R}^{n+1}, \, |\xi|=1} f(x_1 + t\xi_1, \ldots, x_n + t\xi_n) \, d\sigma(\xi).$$

Dazu wählen wir die Parametrisierung

$$\xi_{n+1} = \pm\sqrt{1 - \xi_1^2 - \ldots - \xi_n^2}, \quad d\sigma(\xi) = \frac{d\xi_1 \ldots d\xi_n}{\sqrt{1 - \xi_1^2 - \ldots - \xi_n^2}}$$

für $\xi_1^2 + \ldots \xi_n^2 < 1$ und erhalten

$$M(x,t; f^*) = \frac{2}{\omega_{n+1}} \int\limits_{\xi_1^2 + \ldots \xi_n^2 < 1} \frac{f(x_1 + t\xi_1, \ldots, x_n + t\xi_n)}{\sqrt{1 - \xi_1^2 - \ldots - \xi_n^2}} \, d\xi_1 \ldots d\xi_n.$$

Nun führen wir Polarkoordinaten im $\mathbb{R}^n$ ein: Wir schreiben $\xi_i = \varrho\eta_i$, $i = 1, \ldots, n$, mit $\varrho = |\xi|$ und $|\eta| = 1$, $\eta = (\eta_1, \ldots, \eta_n)$. Dann folgt

$$M(x,t; f^*) = \frac{2}{\omega_{n+1}} \int\limits_0^1 \left\{ \frac{\varrho^{n-1}}{\sqrt{1 - \varrho^2}} \int\limits_{|\eta|=1} f(x + t\varrho\eta) \, d\sigma(\eta) \right\} d\varrho$$

$$= \frac{2\omega_n}{\omega_{n+1}} \int\limits_0^1 \frac{\varrho^{n-1}}{\sqrt{1 - \varrho^2}} M(x, t\varrho; f) \, d\varrho$$

$$\overset{s=t\varrho}{=} \frac{2\omega_n}{\omega_{n+1}} \int\limits_0^t \frac{s^{n-1}}{t^n \sqrt{1 - (\frac{s}{t})^2}} M(x, s; f) \, ds$$

$$= \frac{2\omega_n}{\omega_{n+1}} \frac{1}{t^{n-1}} \int\limits_0^t \frac{s^{n-1}}{\sqrt{t^2 - s^2}} M(x, s; f) \, ds.$$

3. Für $n = 2$ gilt $\frac{2\omega_n}{\omega_{n+1}} = 1$. Für $n = 4, 6, \ldots$ berechnen wir mit Hilfe von (14)

$$\frac{2\omega_n}{\omega_{n+1}} = 2\frac{2(\Gamma(\frac{1}{2}))^n}{\Gamma(\frac{n}{2})} : \frac{2(\Gamma(\frac{1}{2}))^{n+1}}{\Gamma(\frac{n+1}{2})} = \frac{2}{\Gamma(\frac{1}{2})}\frac{\Gamma(\frac{n+1}{2})}{\Gamma(\frac{n}{2})}$$

$$= \frac{2}{\Gamma(\frac{1}{2})}\frac{\Gamma(\frac{1}{2})\cdot\frac{1}{2}(\frac{1}{2}+1)\ldots(\frac{1}{2}+(\frac{n}{2}-1))}{1\cdot 2\cdot\ldots\cdot(\frac{n}{2}-1)}$$

$$= \frac{1\cdot 3\cdot\ldots\cdot(n-1)}{2^{\frac{n}{2}-1}\cdot 1\cdot 2\cdot\ldots\cdot(\frac{n}{2}-1)} = \frac{1\cdot 3\cdot\ldots\cdot(n-1)}{2\cdot 4\cdot\ldots\cdot(n-2)}.$$

4. Die in (23) angegebene Funktion ψ hängt nicht von x_{n+1} ab. Nach den Ergebnissen aus 2. und 3. läßt sich die Lösung $\psi(x,t) = \psi(x,x_{n+1},t)$ des Problems $\mathcal{P}(f,g,n)$ nun schreiben als

$$\psi(x,t) = \frac{1}{2\cdot 4\cdot\ldots\cdot(n-2)}\left\{\frac{\partial}{\partial t}\left(\frac{1}{t}\frac{\partial}{\partial t}\right)^{\frac{n-2}{2}}\left[\int_0^t \frac{s^{n-1}}{\sqrt{t^2-s^2}}M(x,s;f)\,ds\right]\right.$$

$$\left.+\left(\frac{1}{t}\frac{\partial}{\partial t}\right)^{\frac{n-2}{2}}\left[\int_0^t \frac{s^{n-1}}{\sqrt{t^2-s^2}}M(x,s;g)\,ds\right]\right\},\qquad (x,t)\in\mathbb{R}^n\times\mathbb{R}_+,$$

für $n = 4,6,8,\ldots$ Im Falle $n = 2$ erhalten wir

$$\psi(x,t) = \frac{\partial}{\partial t}\left[\int_0^t \frac{s}{\sqrt{t^2-s^2}}M(x,s;f)\,ds\right] + \int_0^t \frac{s}{\sqrt{t^2-s^2}}M(x,s;g)\,ds$$

für $(x,t)\in\mathbb{R}^2\times\mathbb{R}_+$.   q.e.d.

§7 Die inhomogene Wellengleichung und ein Anfangsrandwertproblem

Zu einer vorgegebenen Funktion $h = h(x,t) \in C^2(\mathbb{R}^n\times[0,+\infty),\mathbb{R})$ wollen wir nun das Cauchysche Anfangswertproblem $\mathcal{P}(f,g,h,n)$ für die *inhomogene Wellengleichung* betrachten, nämlich

$$u = u(x,t) = u(x_1,\ldots,x_n,t) \in C^2(\mathbb{R}^n\times[0,+\infty),\mathbb{R}),$$
$$\Box u(x,t) = h(x,t)\qquad\text{im }\mathbb{R}^n\times\mathbb{R}_+,\tag{1}$$
$$u(x,0) = f(x),\quad u_t(x,0) = g(x)\qquad\text{im }\mathbb{R}^n.$$

Können wir die inhomogene Wellengleichung für die Anfangswerte $f(x) \equiv 0$, $g(x) \equiv 0$ im $\mathbb{R}^n$ lösen, so liefert Superposition mit einer Lösung des in §5 und §6 betrachteten Anfangswertproblems $\mathcal{P}(f,g,n)$ für die homogene Wellengleichung eine Lösung des Problems $\mathcal{P}(f,g,h,n)$. Also setzen wir im folgenden voraus

$$f(x) \equiv 0, \quad g(x) \equiv 0, \quad x \in \mathbb{R}^n. \tag{2}$$

Wir konstruieren nun eine Lösung $u(x,t)$ von $\mathcal{P}(0,0,h,n)$ mit dem folgenden *Ansatz von Duhamel:*

$$u(x,t) = \int_0^t U(x,t,s)\,ds, \quad (x,t) \in \mathbb{R}^n \times \mathbb{R}_+. \tag{3}$$

Dabei sind $U = U(x,t,s)$ für jedes feste $s \in [0,t]$ Lösungen der Wellengleichung

$$\Box U(x,t,s) = \frac{\partial^2}{\partial t^2} U(x,t,s) - c^2 \Delta_x U(x,t,s) \equiv 0 \quad \text{im} \quad \mathbb{R}^n \times \mathbb{R}_+, \tag{4}$$

die den Anfangsbedingungen

$$U(x,s,s) = 0, \quad U_t(x,s,s) = h(x,s), \quad x \in \mathbb{R}^n, \tag{5}$$

genügen. Dann löst u aus (3) nämlich das Problem $\mathcal{P}(0,0,h,n)$. Denn zunächst gilt offenbar $u(x,0) = 0$, und wegen

$$u_t(x,t) = U(x,t,t) + \int_0^t U_t(x,t,s)\,ds = \int_0^t U_t(x,t,s)\,ds$$

folgt auch $u_t(x,0) = 0$. Weiter berechnen wir

$$u_{tt}(x,t) = U_t(x,t,t) + \int_0^t U_{tt}(x,t,s)\,ds$$

$$= h(x,t) + c^2 \int_0^t \Delta_x U(x,t,s)\,ds$$

$$= h(x,t) + c^2 \Delta_x u(x,t), \quad (x,t) \in \mathbb{R}^n \times \mathbb{R}_+.$$

Anstatt nun das Problem (4), (5) zu lösen, gehen wir über zur Funktion

$$V(x,t,s) = U(x,t+s,s), \tag{6}$$

welche dann für jedes feste $s \in [0,t]$ dem Problem

$$\Box V(x,t,s) \equiv 0, \quad (x,t) \in \mathbb{R}^n \times \mathbb{R}_+,$$
$$V(x,0,s) = 0, \quad V_t(x,0,s) = h(x,s), \quad x \in \mathbb{R}^n, \tag{7}$$

genügt. Das Problem (7) können wir mit den Integralformeln aus §5 und §6 explizit lösen. Wir wollen uns auf den physikalisch wichtigen Fall $n = 3$ beschränken und entnehmen §5, Satz 3 die Formel

$$V(x,t,s) = \frac{1}{4\pi c^2 t} \iint\limits_{|y-x|=ct} h(y,s)\,d\sigma(y),$$

für $h = h(x,t) \in C^2(\mathbb{R}^3 \times [0,+\infty))$. Wir setzen nun

$$U(x,t,s) = V(x,t-s,s) = \frac{1}{4\pi c^2 (t-s)} \iint\limits_{|y-x|=c(t-s)} h(y,s)\,d\sigma(y), \qquad s \in [0,t],$$

in die Duhamelsche Formel (3) ein und erhalten den

Satz 1. *Sei* $h = h(x,t) \in C^2(\mathbb{R}^3 \times [0,+\infty))$ *vorgegeben. Dann wird das Cauchysche Anfangswertproblem* $\mathcal{P}(0,0,h,3)$ *für die inhomogene Wellengleichung gelöst durch die Funktion*

$$u = u(x,t) = \frac{1}{4\pi c^2} \int\limits_0^t \left\{ \frac{1}{t-s} \iint\limits_{|y-x|=c(t-s)} h(y,s)\,d\sigma(y) \right\} ds, \qquad (x,t) \in \mathbb{R}^3 \times \mathbb{R}_+.$$

$$(8)$$

Bemerkung: Die Lösung $u(x,t)$ hängt nur ab von den Werten von h auf dem rückwärtigen charakteristischen Kegel

$$\left\{ (y,s) \in \mathbb{R}^3 \times \mathbb{R} : |y-x| = c(t-s),\ 0 < s < t \right\}$$

mit der Spitze $(x,t) \in \mathbb{R}^3 \times \mathbb{R}_+$ und der Grundfläche in der Ebene $t = 0$.

Bisher haben wir Lösungen der Wellengleichung betrachtet, die sich räumlich über den ganzen $\mathbb{R}^n$, $n \in \mathbb{N}$, ausdehnen. Wir wählen nun eine beschränkte, offene Menge $\Omega \subset \mathbb{R}^n$ mit glattem C^2-Rand und betrachten das folgende *Anfangs-Randwert-Problem* $\mathcal{P}_0(f,g,\Omega)$ *für die n-dimensionale Wellengleichung:* Gesucht ist eine Funktion $u = u(x,t) : \overline{\Omega} \to \mathbb{R}$ aus der Klasse

$$\mathcal{F} := \left\{ v(x,t) \in C^2(\Omega \times [0,+\infty)) : \begin{array}{l} v(\cdot,t), v_t(\cdot,t), v_{tt}(\cdot,t) \in C^0(\overline{\Omega}) \\ \text{für alle } t \in [0,+\infty) \end{array} \right\},$$

für die gilt

$$\begin{aligned} &\Box u(x,t) = u_{tt}(x,t) - c^2 \Delta_x u(x,t) \equiv 0 \quad \text{in}\quad \Omega \times (0,+\infty), \\ &u(x,0) = f(x) \quad \text{in}\quad \Omega, \\ &u_t(x,0) = g(x) \quad \text{in}\quad \Omega, \\ &u(x,t) = 0 \quad \text{in}\quad \partial\Omega \times [0,+\infty). \end{aligned}$$

$$(9)$$

Hierbei sind $f,g : \overline{\Omega} \to \mathbb{R}$ vorgegebene Anfangsfunktionen der Regularitätsklasse $C^1(\overline{\Omega})$. Die *Energie von u zur Zeit t* bezeichnen wir mit

$$E(t) := \frac{1}{2} \int\limits_{\Omega} \left\{ |u_t(x,t)|^2 + c^2 |\nabla_x u(x,t)|^2 \right\} dx, \qquad 0 \le t < +\infty. \qquad (10)$$

Eine Lösung $u \in \mathcal{F}$ von (9) besitzt endliche Energie. Dies sieht man mittels partieller Integration ein, welche wir gemäß Hilfssatz 1 aus Kapitel VIII, §9 durchführen können. Wir berechnen für eine Lösung $u \in \mathcal{F}$ des Problems $\mathcal{P}_0(f,g,\Omega)$

$$\frac{d}{dt} E(t) = \int\limits_{\Omega} \left\{ u_t u_{tt} + c^2 \nabla_x u \cdot \nabla_x u_t \right\} dx$$

$$= \int\limits_{\Omega} \left\{ u_t u_{tt} - c^2 u_t \Delta_x u \right\} dx$$

$$= \int\limits_{\Omega} u_t \Box u \, dx \; = \; 0, \qquad t \in [0,+\infty).$$

Es folgt also

$$E(t) = const, \qquad t \in [0,+\infty), \qquad (11)$$

für Lösungen $u = u(x,t) \in \mathcal{F}$ von $\mathcal{P}_0(f,g,\Omega)$. Für den Fall

$$f(x) \equiv 0, \quad g(x) \equiv 0, \qquad x \in \Omega,$$

ergibt sich wegen

$$E(0) = \frac{1}{2} \int\limits_{\Omega} \left\{ (g(x))^2 + c^2 |\nabla f(x)|^2 \right\} dx$$

die Aussage $E(t) \equiv 0$, $t \in [0,+\infty)$, beziehungsweise

$$u_t \equiv 0, \quad \nabla_x u \equiv 0 \qquad \text{in} \quad \Omega \times [0,+\infty).$$

Somit folgt $u(x,t) \equiv 0$ für homogene Anfangswerte $f \equiv 0 \equiv g$. Da (9) ein lineares Problem ist, erhalten wir den

Satz 2. *Zum Problem $\mathcal{P}_0(f,g,\Omega)$ gibt es höchstens eine Lösung.*

Mit Hilfe der Spektraltheorie (vgl. Kapitel VIII, §9) wollen wir nun eine Lösung von $\mathcal{P}_0(f,g,\Omega)$ konstruieren. Der dortige Spektralsatz von Weyl besagt, daß es zum Gebiet Ω eine Folge von Eigenfunktionen $v_k = v_k(x) : \overline{\Omega} \to \mathbb{R} \in C^2(\Omega) \cap C^0(\overline{\Omega})$ mit

$$v_k(x) = 0, \quad x \in \partial\Omega, \qquad \text{und} \qquad \int\limits_{\Omega} (v_k(x))^2 \, dx = 1$$

zu den Eigenwerten $0 < \lambda_1 \le \lambda_2 \le \lambda_3 \le \ldots \to +\infty$ so gibt, daß

$$\Delta v_k(x) + \lambda_k v_k(x) = 0, \qquad x \in \Omega, \tag{12}$$

für $k = 1, 2, \ldots$ erfüllt ist. Diese Funktionen $\{v_k(x)\}_{k=1,2,\ldots}$ bilden ein vollständiges Orthonormalsystem in $L^2(\Omega)$.

Beispiel 1. Für den Fall $n = 1$ und $\Omega = [0, \pi]$ finden wir in

$$v_k(x) = \sqrt{\frac{2}{\pi}} \sin(kx), \qquad x \in [0, \pi], \qquad k = 1, 2, \ldots,$$

die gesuchten Eigenfunktionen und Lösungen von (12).

Eine Lösung von $\mathcal{P}_0(f, g, \Omega)$ erhalten wir nun mit dem Ansatz

$$u(x, t) = \sum_{k=1}^{\infty} a_k(t) v_k(x), \qquad (x, t) \in \Omega \times [0, +\infty). \tag{13}$$

Offenbar gilt $u(x, t) = 0$ auf $\partial\Omega \times [0, +\infty)$. Weiter ist die Wellengleichung

$$0 = \Box u(x, t) = \sum_{k=1}^{\infty} \Big(a_k''(t) + c^2 \lambda_k a_k(t) \Big) v_k(x)$$

äquivalent zu den gewöhnlichen Differentialgleichungen

$$a_k''(t) + c^2 \lambda_k a_k(t) = 0, \qquad k = 1, 2, \ldots \tag{14}$$

Nun berücksichtigen wir noch die Anfangsbedingungen

$$f(x) = u(x, 0) = \sum_{k=1}^{\infty} a_k(0) v_k(x), \qquad x \in \Omega, \tag{15}$$

und

$$g(x) = u_t(x, 0) = \sum_{k=1}^{\infty} a_k'(0) v_k(x), \qquad x \in \Omega. \tag{16}$$

Diese sind äquivalent zu

$$a_k(0) = \int_{\Omega} f(x) v_k(x) \, dx, \quad a_k'(0) = \int_{\Omega} g(x) v_k(x) \, dx, \qquad k = 1, 2, \ldots \tag{17}$$

Aus (14) und (17) ermitteln wir die eindeutig bestimmten Koeffizientenfunktionen

$$a_k(t) = \int_{\Omega} \left\{ f(x) \cos(c\sqrt{\lambda_k} t) + g(x) \frac{\sin(c\sqrt{\lambda_k} t)}{c\sqrt{\lambda_k}} \right\} v_k(x) \, dx, \qquad k = 1, 2, \ldots \tag{18}$$

Wir erhalten somit den folgenden

Satz 3. *Die eindeutig bestimmte Lösung von $\mathcal{P}_0(f, g, \Omega)$ ist durch die Funktionenreihe (13) mit den Koeffizienten (18) gegeben.*

§8 Klassifikation, Transformation und Reduktion partieller Differentialgleichungen

In einem Gebiet $\Omega \subset \mathbb{R}^n$, $n \geq 2$, betrachten wir die lineare Differentialgleichung zweiter Ordnung

$$\mathcal{L}u(x) := \sum_{i,j=1}^{n} a_{ij}(x)\frac{\partial^2}{\partial x_i \partial x_j}u(x) + \sum_{i=1}^{n} b_i(x)\frac{\partial}{\partial x_i}u(x) + c(x)u(x) = d(x) \quad (1)$$

mit $x \in \Omega$ und $u = u(x) \in C^2(\Omega)$. Die Koeffizientenfunktionen a_{ij}, b_i, c, $i, j = 1, \ldots, n$, und die rechte Seite d gehören der Regularitätsklasse $C^0(\Omega)$ an, und die Matrix $(a_{ij}(x))_{i,j=1,\ldots,n}$ ist symmetrisch für alle $x \in \Omega$. Mit dem Gebiet $\Theta \subset \mathbb{R}^n$ betrachten wir den Diffeomorphismus

$$\xi = \xi(x) = (\xi_1(x_1,\ldots,x_n),\ldots,\xi_n(x_1,\ldots,x_n)) : \Omega \to \Theta \in C^2(\Omega, \mathbb{R}^n) \quad (2)$$

mit der Umkehrabbildung

$$x = x(\xi) = (x_1(\xi_1\ldots,\xi_n),\ldots,x_n(\xi_1,\ldots,\xi_n)) : \Theta \to \Omega \in C^2(\Theta, \mathbb{R}^n). \quad (3)$$

Wir erklären die Funktion

$$v(\xi) := u(x_1(\xi_1,\ldots,\xi_n),\ldots,x_n(\xi_1,\ldots,\xi_n)) : \Theta \to \mathbb{R} \in C^2(\Theta)$$

und berechnen

$$\frac{\partial u}{\partial x_i} = \sum_{k=1}^{n} \frac{\partial v}{\partial \xi_k}\frac{\partial \xi_k}{\partial x_i}, \qquad i = 1,\ldots,n, \quad (4)$$

und

$$\frac{\partial^2 u}{\partial x_i \partial x_j} = \sum_{k,l=1}^{n} \frac{\partial^2 v}{\partial \xi_k \partial \xi_l}\frac{\partial \xi_k}{\partial x_i}\frac{\partial \xi_l}{\partial x_j} + \ldots, \qquad i,j = 1,\ldots,n. \quad (5)$$

Hierbei bezeichnet ... Terme in $1 = v^0$, v und $\frac{\partial v}{\partial \xi_k}$, $k = 1,\ldots,n$. Mit dieser Konvention erhalten wir aus (1), (4) und (5) die Differentialgleichung

$$\sum_{k,l=1}^{n} A_{kl}(\xi)\frac{\partial^2}{\partial \xi_k \partial \xi_l}v(\xi) + \ldots = 0 \qquad \text{in} \quad \Theta, \quad (6)$$

mit den Koeffizienten

$$A_{kl}(\xi) := \sum_{i,j=1}^{n} a_{ij}(x(\xi))\frac{\partial \xi_k}{\partial x_i}\frac{\partial \xi_l}{\partial x_j}, \qquad \xi \in \Theta, \qquad k,l = 1,\ldots,n. \quad (7)$$

Offenbar ist mit $\partial \xi := (\frac{\partial \xi_i}{\partial x_j})_{i,j=1,\ldots,n}$ die Matrix

$$(A_{kl}(\xi))_{k,l=1,\ldots,n} = \partial \xi(x(\xi)) \circ (a_{ij}(x(\xi))_{i,j=1,\ldots,n} \circ (\partial \xi(x(\xi)))^*$$

für jedes $\xi \in \Theta$ eine reelle, symmetrische $n \times n$-Matrix mit $\frac{n}{2}(n+1)$ unabhängigen Koeffizienten. Unser Ziel ist es nun, die Parametertransformation (2) so zu wählen, daß die führende Koeffizientenmatrix $(A_{kl}(\xi))_{k,l=1,...,n}$ möglichst einfach wird. Wir haben hierzu n Funktionen $\xi_1(x), \ldots, \xi_n(x)$ zur Verfügung und können durch Herauskürzen eines Faktors $A_{kl}(\xi)$ in der homogenen Differentialgleichung (6) noch einen Koeffizienten zu 1 normieren. Damit können wir insgesamt höchstens $(n+1)$ Bedingungen erfüllen. Wir unterscheiden nun den

Fall n=2: Es gilt $\frac{n}{2}(n+1) = n+1$, und wir können die Parametertransformation (2) so wählen, daß $(A_{kl}(\xi))_{k,l=1,2}$ in der Umgebung eines jeden Punktes x, wo $(a_{ij}(x))_{i,j=1,2} \neq 0$ gilt, in einer der folgenden *Normalformen* erscheint:

$$\begin{pmatrix} 1 & 0 \\ 0 & 1 \end{pmatrix}, \quad \begin{pmatrix} 1 & 0 \\ 0 & -1 \end{pmatrix}, \quad \begin{pmatrix} 1 & 0 \\ 0 & 0 \end{pmatrix}. \tag{8}$$

Diese Transformation wurde im wesentlichen schon von C. F. Gauß durchgeführt. Wie wir im folgenden sehen werden, zeichnet diese Möglichkeit der lokalen Reduktion auf die Normalform den zweidimensionalen Fall in der Theorie partieller Differentialgleichungen aus.

Fall n=3: Man kann die drei Transformationsfunktionen $\xi_1(x), \xi_2(x), \xi_3(x)$ dazu nutzen, um die Koeffizienten in (6) außerhalb der Diagonale zu annulieren, d.h. um

$$A_{12}(\xi) \equiv 0, \quad A_{13}(\xi) \equiv 0, \quad A_{23}(\xi) \equiv 0 \quad \text{in} \quad \Theta$$

zu erreichen. Gilt $(a_{ij}(x))_{i,j=1,2,3} \neq 0$, so kann man die Homogenität der Gleichung (6) noch nutzen, um eines der Diagonalelemente auf 1 zu normieren, z.B. $A_{11}(\xi) \equiv 1$ in Θ. Die beiden übrigen Diagonalelemente (in unserem Fall $A_{22}(\xi)$ und $A_{33}(\xi)$) bleiben aber unbestimmt. Eine Überführung in eine der Formen

$$\begin{pmatrix} 1 & 0 & 0 \\ 0 & 1 & 0 \\ 0 & 0 & 1 \end{pmatrix}, \quad \begin{pmatrix} 1 & 0 & 0 \\ 0 & -1 & 0 \\ 0 & 0 & -1 \end{pmatrix}, \quad \begin{pmatrix} 1 & 0 & 0 \\ 0 & 1 & 0 \\ 0 & 0 & 0 \end{pmatrix}$$

ist also im allgemeinen nicht möglich. Die obigen Matrizen entsprechen in der angegebenen Reihenfolge der Laplacegleichung im $\mathbb{R}^3$, der Wellengleichung im $\mathbb{R}^2$ und der Wärmeleitungsgleichung im $\mathbb{R}^2$.

Fall n=4,5,...: Im Falle $n = 4$ haben wir sechs Nichtdiagonalelemente, welche im allgemeinen nicht durch die vier Parameterfunktionen $\xi_1(x), \ldots, \xi_4(x)$ annuliert werden können. Wir bemerken, daß alle zeitabhängigen partiellen Differentialgleichungen im $\mathbb{R}^3$ (wie Wellen- und Wärmeleitungsgleichung) Differentialgleichungen im $\mathbb{R}^4$ sind.

In höheren Dimensionen treten die angedeuteten Probleme in noch stärkerem Maße auf.

Es ist nun aber möglich, für alle Dimensionen $n = 2, 3, \ldots$ die Differentialgleichung (1) in einem festen Punkt $x^0 \in \Omega$ in eine Normalform zu überführen. Zur Vereinfachung wählen wir $x^0 = 0 \in \Omega$, was wir durch eine Translation des $\mathbb{R}^n$ immer erreichen können. Wir betrachten die homogen-lineare Transformation

$$\xi_i = \sum_{j=1}^{n} f_{ij} x_j, \quad i = 1, \ldots, n, \qquad \xi = \xi(x) = F \circ x, \qquad (9)$$

mit der reellen Koeffizientenmatrix $F = (f_{ij})_{i,j=1,\ldots,n} \in \mathbb{R}^{n \times n}$. Entwickeln wir nun

$$a_{ij}(x) = \alpha_{ij} + o(1), \quad x \to 0, \qquad i, j = 1, \ldots,$$

und setzen $A := (\alpha_{ij})_{i,j=1,\ldots,n} \in \mathbb{R}^{n \times n}$, so wird die Koeffizientenmatrix $(a_{ij}(x))_{i,j=1,\ldots,n}$ transformiert in

$$(A_{kl}(\xi))_{k,l=1,\ldots,n} = F \circ A \circ F^* + o(1), \qquad \xi \to 0. \qquad (10)$$

Da A eine symmetrische Matrix ist, gibt es eine orthogonale Matrix F, so daß

$$\Lambda = \begin{pmatrix} \lambda_1 & & 0 \\ & \ddots & \\ 0 & & \lambda_n \end{pmatrix} := F \circ A \circ F^* \qquad (11)$$

zu einer Diagonalmatrix wird. Wählen wir nun noch

$$G := \begin{pmatrix} \mu_1 & & 0 \\ & \ddots & \\ 0 & & \mu_n \end{pmatrix} \quad \text{mit} \quad \mu_k = \begin{cases} 1, & \text{falls } \lambda_k = 0 \\ \dfrac{1}{\sqrt{|\lambda_k|}}, & \text{falls } \lambda_k \neq 0 \end{cases}, \quad k = 1, \ldots, n,$$

so erhalten wir

$$(G \circ F) \circ A \circ (G \circ F)^* = G \circ \Lambda \circ G^* = \begin{pmatrix} \varepsilon_1 & & 0 \\ & \ddots & \\ 0 & & \varepsilon_n \end{pmatrix} \qquad (12)$$

mit $\varepsilon_k \in \{-1, 0, 1\}$ für $k = 1, \ldots, n$. Setzen wir noch $M := G \circ F$, so erhalten wir den

Satz 1. *Für jeden festen Punkt $x^0 \in \Omega$ gibt es eine affin-lineare Transformation $\xi = \xi(x) = M \circ (x - x^0)$ mit der reellen Koeffizientenmatrix $M \in \mathbb{R}^{n \times n}$, so daß die Differentialgleichung (1) in transformierter Form (6) die Koeffizienten-Matrix*

$$(A_{kl}(\xi))_{k,l=1,\ldots,n} = \begin{pmatrix} \varepsilon_1 & & 0 \\ & \ddots & \\ 0 & & \varepsilon_n \end{pmatrix} + o(1), \quad \xi \to x^0,$$

mit $\varepsilon_k \in \{-1, 0, 1\}$, $k = 1, \ldots, n$, hat.

Definition 1. *Die Differentialgleichung (1) heißt elliptisch im Punkt $x^0 \in \Omega$, falls alle Eigenwerte der Matrix $(a_{ij}(x^0))_{i,j=1,\ldots,n}$ nicht verschwinden und das gleiche Vorzeichen haben. Ist (1) elliptisch für alle $x^0 \in \Omega$, so nennen wir die Differentialgleichung elliptisch in Ω.*

Bemerkung: Durch eventuelle Multiplikation mit (-1) erreichen wir, daß $(a_{ij}(x^0))_{i,j=1,\ldots,n}$ positiv definit wird. Bei der punktweisen Transformation in die Normalform erhalten wir die führende Matrix

$$\begin{pmatrix} 1 & & 0 \\ & \ddots & \\ 0 & & 1 \end{pmatrix}.$$

Die Laplacegleichung

$$\Delta u(x, \ldots, x_n) = 0$$

ist die einfachste und wichtigste elliptische Differentialgleichung im $\mathbb{R}^n$. Bei elliptischen Differentialgleichungen gibt es keine charakteristischen Flächen (vgl. § 4).

Definition 2. *Die Differentialgleichung (1) heißt hyperbolisch im Punkt $x^0 \in \Omega$, falls alle Eigenwerte der Matrix $(a_{ij}(x^0))_{i,j=1,\ldots,n}$ nicht verschwinden und genau ein Eigenwert im Vorzeichen von den übrigen abweicht. Ist dieses für alle $x^0 \in \Omega$ der Fall, so sprechen wir von einer hyperbolischen Differentialgleichung in Ω.*

Bemerkung: Mittels eventueller Multiplikation von (1) mit (-1) erhalten wir bei punktweiser Transformation in die Normalform die führende Matrix

$$\begin{pmatrix} 1 & & & 0 \\ & -1 & & \\ & & \ddots & \\ 0 & & & -1 \end{pmatrix}.$$

Als wichtigste und einfachste hyperbolische Differentialgleichung haben wir die Wellengleichung

$$\Box u(x_1, \ldots, x_n, t) = 0$$

im $\mathbb{R}^n$ kennengelernt. Bei hyperbolischen Gleichungen erhalten wir charakteristische Flächen, die bei der Wellengleichung einfach Kegelmäntel sind (siehe § 4).

Definition 3. *Die Differentialgleichung (1) heißt ultrahyperbolisch im Punkt $x^0 \in \Omega$, falls alle Eigenwerte der Matrix $(a_{ij}(x^0))_{i,j=1,\ldots,n}$ nicht verschwinden und mindestens zwei positives und zwei negatives Vorzeichen haben. Gilt dieses für alle $x^0 \in \Omega$, so ist die Differentialgleichung (1) ultrahyperbolisch in Ω.*

Bemerkung: Zum Beispiel ist für $n \geq 2$ die Differentialgleichung

$$\Delta_x u(x_1, \ldots, x_n, y_1, \ldots, y_n) = \Delta_y u(x_1, \ldots, x_n; y_1, \ldots, y_n)$$

ultrahyperbolisch im $\mathbb{R}^{2n}$.

Definition 4. *Falls $\det(a_{ij}(x^0))_{i,j=1,\ldots,n} = 0$ erfüllt ist, heißt (1) parabolisch im Punkt $x^0 \in \Omega$; wir nennen (1) parabolisch in Ω, falls $\det(a_{ij}(x))_{i,j=1,\ldots,n} = 0$ für alle $x \in \Omega$ gilt.*

Bemerkung: Gleichung (1) ist genau dann parabolisch in Ω, wenn ein Eigenwert von $(a_{ij}(x))_{i,j=1,\ldots,n} = 0$ für alle $x \in \Omega$ verschwindet. Als Hauptbeispiel haben wir hier die Wärmeleitungsgleichung im $\mathbb{R}^n$

$$u_t(x_1, \ldots, x_n, t) = \Delta_x u(x_1, \ldots, x_n, t).$$

Wir wollen nun diejenigen affin-linearen Transformationen bestimmen, welche die Wellengleichung im $\mathbb{R}^n$, $n \in \mathbb{N}$, invariant lassen. Dazu betrachten wir die *Transformationsmatrix* $F = (f_{kl})_{k,l=1,\ldots,n+1} \in \mathbb{R}^{(n+1)\times(n+1)}$ und den *Translationsvektor* $f = (f_1, \ldots, f_{n+1})^* \in \mathbb{R}^{n+1}$. Wir erklären die affin-lineare, nichtsinguläre, positiv-orientierte Transformation $\varphi : \mathbb{R}^{n+1} \to \mathbb{R}^{n+1}$ durch

$$(\xi, \tau) = (\xi_1, \ldots, \xi_n, \tau) = \varphi(x, t) = (\varphi_1(x_1, \ldots, x_n, t), \ldots, \varphi_{n+1}(x_1, \ldots, x_n, t))$$

mit

$$\xi_k = \sum_{l=1}^{n} f_{kl} x_l + f_{k,n+1} t + f_k, \qquad k = 1, \ldots, n,$$

$$\tau = \sum_{l=1}^{n} f_{n+1,l} x_l + f_{n+1,n+1} t + f_{n+1} \tag{13}$$

beziehungsweise

$$(\xi, \tau)^* = F \circ (x, t)^* + f, \qquad (x, t) \in \mathbb{R}^{n+1}. \tag{14}$$

Definition 5. *Die Transformation (13) bzw. (14) heißt Lorentztransformation, falls für alle $u = u(\xi, \tau) = u(\xi_1, \ldots, \xi_n, \tau) \in C^2(\mathbb{R}^{n+1})$ die Invarianzbedingung*

$$\Box_{(x,t)} \{u \circ \varphi\}\Big|_{(x,t)} = \{\Box_{(\xi,\tau)} u(\xi, \tau)\} \circ \varphi(x, t) \qquad im \quad \mathbb{R}^{n+1} \tag{15}$$

erfüllt ist. Dabei haben wir den d'Alembertoperator

$$\Box_{(x,t)} := -c^2 \Big(\frac{\partial^2}{\partial x_1^2} + \ldots + \frac{\partial^2}{\partial x_n^2} \Big) + \frac{\partial^2}{\partial t^2}$$

mit der Konstante $c > 0$ verwendet.

Bemerkungen:

1. Aus (15) ersehen wir sofort, daß die Menge der Lorentztransformationen $\varphi : \mathbb{R}^{n+1} \to \mathbb{R}^{n+1}$ eine Gruppe $\mathcal{G}$ mit der Komposition von Abbildungen als Verknüpfung und mit dem neutralen Element $\varphi = \mathrm{id}_{\mathbb{R}^{n+1}}$ bildet. Wir nennen $\mathcal{G}$ die *Lorentzgruppe.*
2. Die Untergruppe $\mathcal{G}_0 := \{\varphi \in \mathcal{G} : \varphi(0) = 0\}$ der *nullpunkttreuen Lorentztransformationen* besteht aus den Abbildungen (14) mit $f = 0$, welche die Bedingung (15) erfüllen.

Aufgrund der Berechnungen zu Beginn dieses Paragraphen ist die Invarianzbedingung (15) äquivalent zu der Bedingung

$$F \circ \begin{pmatrix} -c^2 & & & 0 \\ & \ddots & & \\ & & -c^2 & \\ 0 & & & 1 \end{pmatrix} \circ F^* = \begin{pmatrix} -c^2 & & & 0 \\ & \ddots & & \\ & & -c^2 & \\ 0 & & & 1 \end{pmatrix}. \tag{16}$$

Definition 6. *Diejenigen Lorentztransformationen $\varphi = \varphi(x_1, \ldots, x_n, t) \in \mathcal{G}$, für welche die Ortsmessung zeitunabhängig ist, d.h.*

$$\frac{d}{dt}\varphi_k(x_1, \ldots, x_n, t) \equiv 0, \qquad k = 1, \ldots, n, \tag{17}$$

für welche die Zeitmessung ortsunabhängig ist, d.h.

$$\frac{d}{dx_k}\varphi_{n+1}(x_1, \ldots, x_n, t) \equiv 0, \qquad k = 1, \ldots, n, \tag{18}$$

und welche keine Zeitumkehr bewirken, d.h.

$$\frac{d}{dt}\varphi_{n+1}(x_1, \ldots, x_n, t) > 0, \tag{19}$$

nennen wir Galileitransformationen.

Bemerkung: Die Galileitransformationen $\mathcal{G}' \subset \mathcal{G}$ bilden eine Untergruppe der Lorentztransformationen.

Ist (13) eine Galileitransformation, so erhalten wir die Bedingungen

$$f_{k,n+1} = 0 = f_{n+1,k}, \quad k = 1, \ldots, n, \qquad f_{n+1,n+1} > 0.$$

Setzen wir nun

$$F' := \begin{pmatrix} f_{11} & \cdots & f_{1n} \\ \vdots & & \vdots \\ f_{n1} & \cdots & f_{nn} \end{pmatrix} \in \mathbb{R}^{n \times n}, \qquad F = \begin{pmatrix} F' & 0 \\ 0 & f_{n+1,n+1} \end{pmatrix},$$

so erhalten wir aus (16)

$$F' \circ (F')^* = \begin{pmatrix} 1 & & 0 \\ & \ddots & \\ 0 & & 1 \end{pmatrix}, \qquad f_{n+1,n+1} = 1, \qquad \det F' > 0.$$

Diese Überlegungen ergeben den folgenden

Satz 2. *In der Klasse der Lorentztransformationen (13) haben die Galileitransformationen die Form*

$$\xi^* = F' \circ x^* + f', \qquad t = t + f_{n+1} \tag{20}$$

mit der positiv-orientierten, orthogonalen $n \times n$-Matrix

$$F' := \begin{pmatrix} f_{11} & \cdots & f_{1n} \\ \vdots & & \vdots \\ f_{n1} & \cdots & f_{nn} \end{pmatrix},$$

dem Translationsvektor $f' = (f_1, \ldots, f_n)^* \in \mathbb{R}^n$ und der Zeitverschiebung $f_{n+1} \in \mathbb{R}$.

Ist nun $\psi = \psi(x,t) = \psi(x_1, \ldots, x_n, t) \in \mathcal{G}$ eine beliebige Lorentztransformation, so setzen wir aus einer Translation im (x,t)-Raum und einer Drehung im x-Raum eine Galileitransformation $\chi = \chi(x,t) \in \mathcal{G}'$ so zusammen, daß die Lorentztransformation

$$\varphi = \varphi(\xi, \tau) = \chi \circ \psi \circ \chi^{-1}(\xi, \tau) \tag{21}$$

die folgenden Bedingungen erfüllt:

$$\varphi \in \mathcal{G}_0, \tag{22}$$

$$\varphi_k(\xi_1, \ldots, \xi_n, \tau) = \xi_k \quad \text{für} \quad k = 2, \ldots, n, \qquad (\xi, \tau) \in \mathbb{R}^{n+1}. \tag{23}$$

Somit reicht es aus, die nullpunkttreuen Lorentztransformationen im Falle $n = 1$ zu studieren: Für die reelle 2×2-Matrix

$$F = \begin{pmatrix} \alpha & \beta \\ \gamma & \delta \end{pmatrix} \in \mathbb{R}^{2 \times 2}$$

lesen wir aus (16) die Bedingung

$$F \circ \begin{pmatrix} -c^2 & 0 \\ 0 & 1 \end{pmatrix} \circ F^* = \begin{pmatrix} -c^2 & 0 \\ 0 & 1 \end{pmatrix} \tag{24}$$

ab. Erklären wir noch die symmetrische Matrix

$$\Lambda := \begin{pmatrix} ic & 0 \\ 0 & 1 \end{pmatrix}, \qquad \Lambda^{-1} = \begin{pmatrix} -\frac{i}{c} & 0 \\ 0 & 1 \end{pmatrix},$$

so können wir (24) äquivalent umformen zu

$$F \circ \Lambda \circ \Lambda^* \circ F^* = \Lambda \circ \Lambda^*$$

beziehungsweise

$$(\Lambda^{-1} \circ F \circ \Lambda) \circ (\Lambda^{-1} \circ F \circ \Lambda)^* = E,$$

wobei E die Einheitsmatrix im $\mathbb{R}^2$ bezeichnet. Die Matrix $G := \Lambda^{-1} \circ F \circ \Lambda$ ist somit orthogonal, und es gilt $\det G > 0$. Wir haben also $G \in SO(2)$ und erhalten

$$G = \begin{pmatrix} \cos z & \sin z \\ -\sin z & \cos z \end{pmatrix} \qquad \text{mit} \quad z \in \mathbb{C}.$$

Mit $z = i\vartheta$, $\vartheta \in \mathbb{R}$, berechnen wir nun

$$F = \Lambda \circ G \circ \Lambda^{-1} \;=\; \begin{pmatrix} ic & 0 \\ 0 & 1 \end{pmatrix} \circ \begin{pmatrix} \cos z & \sin z \\ -\sin z & \cos z \end{pmatrix} \circ \begin{pmatrix} -\frac{i}{c} & 0 \\ 0 & 1 \end{pmatrix}$$

$$= \begin{pmatrix} ic & 0 \\ 0 & 1 \end{pmatrix} \circ \begin{pmatrix} -\frac{i}{c}\cos z & \sin z \\ \frac{i}{c}\sin z & \cos z \end{pmatrix} \;=\; \begin{pmatrix} \cos z & ic\sin z \\ \frac{i}{c}\sin z & \cos z \end{pmatrix}$$

$$= \begin{pmatrix} \cos(i\vartheta) & -c\frac{1}{i}\sin(i\vartheta) \\ -\frac{1}{c}\frac{1}{i}\sin(i\vartheta) & \cos(i\vartheta) \end{pmatrix} \;=\; \begin{pmatrix} \cosh\vartheta & -c\sinh\vartheta \\ -\frac{1}{c}\sinh\vartheta & \cosh\vartheta \end{pmatrix}.$$

Insgesamt erhalten wir den wichtigen

Satz 3. *Zu jeder Lorentztransformation $\psi \in \mathcal{G}$ gibt es eine Galileitransformation $\chi \in \mathcal{G}'$ und eine spezielle hyperbolische Transformation*

$$\varphi(x_1, \ldots, x_n, t) := \begin{pmatrix} \cosh\vartheta & 0 \ldots 0 & -c\sinh\vartheta \\ 0 & 1 & 0 & 0 \\ \vdots & & \ddots & & \vdots \\ 0 & 0 & 1 & 0 \\ -\frac{1}{c}\sinh\vartheta & 0 \ldots 0 & \cosh\vartheta \end{pmatrix} \circ \begin{pmatrix} x_1 \\ \vdots \\ x_n \\ t \end{pmatrix}, \qquad (25)$$

so daß die folgende Darstellung gilt:

$$\psi = \chi^{-1} \circ \varphi \circ \chi. \qquad (26)$$

In der klassischen Physik sind diejenigen Bezugssysteme (x_1, x_2, x_3, t) und $(\xi_1, \xi_2, \xi_3, \tau)$ gleichwertig, welche durch eine Galileitransformation aufeinander bezogen sind. Aufgrund von Satz 3 geht der Koordinatenursprung des einen Systems durch eine solche Bewegung aus dem Koordinatenursprung des anderen hervor, während die Zeit einfach transferiert wird. Wegen (20) stimmt die Zeitmessung in beiden Systemen überein, d.h.

$$d\tau = dt. \tag{27}$$

Ebenso ist die Abstandsmessung in beiden Systemen gleich; genauer gilt

$$d\xi_1^2 + d\xi_2^2 + d\xi_3^2 = dx_1^2 + dx_2^2 + dx_3^2. \tag{28}$$

In der *relativistischen Physik* von A. Einstein werden die Galileitransformationen $\mathcal{G}'$ durch die größere Gruppe $\mathcal{G}$ der Lorentztransformationen ersetzt. Da diese simultan Orts- und Zeit-Koordinaten transferieren, ist eine getrennte Zeit- und Orts-Messung *nicht* mehr möglich. In der speziellen Relativitätstheorie nimmt man an, daß die Lichtgeschwindigkeit in allen aufeinander bezogenen Bezugssystemen den gleichen Wert c hat, insofern sich diese Systeme zueinander mit einer Geschwindigkeit kleiner als c bewegen. Messen wir die physikalischen Erscheinungen mit dem d'Alembertoperator

$$\frac{1}{c^2}\Box = \frac{1}{c^2}\frac{\partial^2}{\partial t^2} - \Delta_x,$$

so ergeben sich die Lorentztransformationen als diejenigen Abbildungen, mit denen zwei äquivalente Bezugssysteme aufeinander bezogen sind.

Betrachten wir nun zunächst den Fall $n = 1$, so haben wir die spezielle hyperbolische Transformation

$$\begin{pmatrix} \xi \\ \tau \end{pmatrix} = \begin{pmatrix} \cosh\vartheta & -c\sinh\vartheta \\ -\frac{1}{c}\sinh\vartheta & \cosh\vartheta \end{pmatrix} \circ \begin{pmatrix} x \\ t \end{pmatrix}. \tag{29}$$

Hieraus folgt

$$\begin{pmatrix} d\xi \\ c\,d\tau \end{pmatrix} = \begin{pmatrix} \cosh\vartheta & -c\sinh\vartheta \\ -\sinh\vartheta & c\cosh\vartheta \end{pmatrix} \circ \begin{pmatrix} dx \\ dt \end{pmatrix}$$

und somit

$$c^2\,d\tau^2 - d\xi^2 = \sinh^2\vartheta\,dx^2 - 2c\sinh\vartheta\,\cosh\vartheta\,dx\,dt + c^2\cosh^2\vartheta\,dt^2$$

$$- \left(\cosh^2\vartheta\,dx^2 - 2c\cosh\vartheta\,\sinh\vartheta\,dx\,dt + c^2\sinh^2\vartheta\,dt^2 \right)$$

$$= c^2\,dt^2 - dx^2.$$

Zusammen mit Satz 3 und (27), (28) erhalten wir die Invarianzeigenschaft

$$c^2\,d\tau^2 - d\xi_1^2 - d\xi_2^2 - d\xi_3^2 = c^2\,dt^2 - dx_1^2 - dx_2^2 - dx_3^2. \tag{30}$$

Die Lorentztransformationen erhalten also den Abstand zweier Ereignisse (x_1, x_2, x_3, t) und $(\xi_1, \xi_2, \xi_3, \tau)$ in der *Minkowskischen Metrik*

$$d\sigma^2 := c^2\,d\tau^2 - d\xi_1^2 - d\xi_2^2 - d\xi_3^2. \tag{31}$$

Die Größe $d\tau$ bzw. $d\xi_1^2 + d\xi_2^2 + d\xi_3^2$ werden unter Lorentztransformationen i.a. *nicht* erhalten.

Einen Vektor (x_1, x_2, x_3, t) nennen wir zeitartig (bzw. raumartig), falls

$$c^2 t^2 > x_1^2 + x_2^2 + x_3^2 \qquad (\text{bzw.} \quad c^2 t^2 < x_1^2 + x_2^2 + x_3^2)$$

erfüllt ist. Zwei Ereignisse (x_1', x_2', x_3', t'), $(x_1'', x_2'', x_3'', t'')$ finden zu verschiedenen Zeiten (bzw. an verschiedenen Orten) statt, falls der Vektor

$$(x_1' - x_1'', x_2' - x_2'', x_3' - x_3'', t' - t'')$$

zeitartig (bzw. raumartig) ist. Wir finden dann eine Lorentztransformation, so daß beide Ereignisse am gleichen Ort (bzw. zur gleichen Zeit) stattfinden. Die Fläche

$$ct^2 = x_1^2 + x_2^2 + x_3^2$$

schließlich ist der charakteristische Lichtkegel, auf welchem je zwei Ereignisse durch eine Lorentztransformation ineinander überführt werden können.

Literaturverzeichnis

[BS]   H. Behnke, F. Sommer: *Theorie der analytischen Funktionen einer komplexen Veränderlichen.* Grundlehren der Math. Wissenschaften **77**, Springer-Verlag, Berlin ..., 1955.

[BL]   W. Blaschke, K. Leichtweiss: *Elementare Differentialgeometrie.* Grundlehren der Math. Wissenschaften **1**, 5. Auflage, Springer-Verlag, Berlin ..., 1973.

[CH]   R. Courant, D. Hilbert: *Methoden der mathematischen Physik I, II.* Heidelberger Taschenbücher, Springer-Verlag, Berlin ..., 1968.

[D]   K. Deimling: *Nichtlineare Gleichungen und Abbildungsgrade.* Hochschultext, Springer-Verlag, Berlin ..., 1974.

[DHKW] U. Dierkes, S. Hildebrandt, A. Küster, O. Wohlrab: *Minimal surfaces I, II.* Grundlehren der Math. Wissenschaften **295, 296**, Springer-Verlag, Berlin ..., 1992.

[E]   L. C. Evans: *Partial Differential Equations.* AMS-Publication, Providence, RI., 1998.

[G]   P. R. Garabedian: *Partial Differential Equations.* Chelsea, New York, 1986.

[GT]   D. Gilbarg, N. S. Trudinger: *Elliptic Partial Differential Equations of Second Order.* Grundlehren der Math. Wissenschaften **224**, Springer-Verlag, Berlin ..., 1983.

[Gr]   H. Grauert: *Funktionentheorie I.* Vorlesungsskriptum an der Universität Göttingen im Wintersemester 1964/65.

[GF]   H. Grauert, K. Fritzsche: *Einführung in die Funktionentheorie mehrerer Veränderlicher.* Hochschultext, Springer-Verlag, Berlin ..., 1974.

[GL]   H. Grauert, I. Lieb: *Differential- und Integralrechnung III.* 1. Auflage, Heidelberger Taschenbücher, Springer-Verlag, Berlin ..., 1968.

[GuLe] R. B. Guenther, J. W. Lee: *Partial Differential Equations of Mathematical Physics and Integral Equations.* Prentice Hall, London, 1988.

[H1]   E. Heinz: *Differential- und Integralrechnung III.* Ausarbeitung einer Vorlesung an der Georg-August-Universität Göttingen im Wintersemester 1986/87.

[H2]   E. Heinz: *Partielle Differentialgleichungen.* Vorlesung an der Georg-August-Universität Göttingen im Sommersemester 1973.

412   Literaturverzeichnis

[H3]   E. Heinz: *Lineare Operatoren im Hilbertraum I*. Vorlesung an der Georg-August-Universität Göttingen im Wintersemester 1973/74.

[H4]   E. Heinz: *Fixpunktsätze*. Vorlesung an der Georg-August-Universität Göttingen im Sommersemester 1975.

[H5]   E. Heinz: *Hyperbolische Differentialgleichungen*. Vorlesung an der Georg-August-Universität Göttingen im Wintersemester 1975/76.

[H6]   E. Heinz: *Elliptische Differentialgleichungen*. Vorlesung an der Georg-August-Universität Göttingen im Sommersemester 1976.

[H7]   E. Heinz: *On certain nonlinear elliptic systems and univalent mappings*. Journal d'Analyse Math. 5, 197-272 (1956/57).

[H8]   E. Heinz: *An elementary analytic theory of the degree of mapping*. Journal of Math. and Mechanics 8, 231-248 (1959).

[He1]   G. Hellwig: *Partielle Differentialgleichungen*. B. G. Teubner-Verlag, Stuttgart, 1960.

[He2]   G. Hellwig: *Differentialoperatoren der mathematischen Physik*. Springer-Verlag, Berlin ..., 1964.

[Hi1]   S. Hildebrandt: *Analysis 1*. Springer-Verlag, Berlin ..., 2002.

[Hi2]   S. Hildebrandt: *Analysis 2*. Springer-Verlag, Berlin ..., 2003.

[HS]   F. Hirzebruch und W. Scharlau: *Einführung in die Funktionalanalysis*. Bibl. Inst., Mannheim, 1971.

[HC]   A. Hurwitz, R. Courant: *Funktionentheorie*. Grundlehren der Math. Wissenschaften 3, 4. Auflage, Springer-Verlag, Berlin ..., 1964.

[J]   F. John: *Partial Differential Equations*. Springer-Verlag, New York ..., 1982.

[Jo]   J. Jost: *Partielle Differentialgleichungen. Elliptische (und parabolische) Gleichungen*. Springer-Verlag, Berlin ..., 1998.

[M]   C. Müller: *Spherical Harmonics*. Lecture Notes in Math. 17, Springer-Verlag, Berlin ..., 1966.

[R]   W. Rudin: *Principles of Mathematical Analysis*. McGraw Hill, New York, 1953.

[S1]   F. Sauvigny: *Analysis I*. Vorlesungsskriptum an der BTU Cottbus im Wintersemester 1994/95.

[S2]   F. Sauvigny: *Analysis II*. Vorlesungsskriptum an der BTU Cottbus im Sommersemester 1995.

[V]   I. N. Vekua: *Verallgemeinerte analytische Funktionen*. Akademie-Verlag, Berlin, 1963.

Sachverzeichnis